现代林业信息技术与应用

吴保国　苏晓慧 等　编著

科 学 出 版 社

北　京

内 容 简 介

本书是作者在长期从事林业信息化与林业信息技术的科研与应用过程，以及承担的国家科研课题研究的成果基础上提炼的内容。

本书内容取材新颖，全面介绍了林业信息化过程中应用的林业信息技术和信息技术应用的研究成果。全书共12章，分别为林业信息技术与林业信息化，计算机网络技术，数据库技术，数据仓库、数据挖掘、大数据与云技术，遥感技术，地理信息系统技术，农林业物联网技术，森林可视化技术应用，林业信息系统，森林资源管理信息系统案例，森林培育专家决策支持系统案例，森林病虫害诊治专家系统案例。本书注意理论联系实际，概念清晰，叙述简练易懂，在重要章节后面均有该章所讲技术在林业上的应用案例，可帮助读者学习理解相关内容，并在实际工作中结合自己的需要进行应用。

本书可供农林类高等院校的信息管理与信息系统、计算机、地理信息系统、大数据等信息技术类相关专业的本科生和研究生，各省市农林业部门从事农林业信息管理的工作人员，农林业信息系统研究与开发及应用人员学习参考。

图书在版编目(CIP)数据

现代林业信息技术与应用/吴保国等编著. —北京：科学出版社，2021.3

ISBN 978-7-03-068085-3

Ⅰ.①现… Ⅱ.①吴… Ⅲ. ①林业-信息技术-高等学校-教材 Ⅳ.①S7-39

中国版本图书馆CIP数据核字（2021）第029241号

责任编辑：孙露露 王会明 / 责任校对：王 颖

责任印制：吕春珉 / 封面设计：东方人华平面设计部

科学出版社 出版

北京东黄城根北街16号

邮政编码：100717

http://www.sciencep.com

铭浩彩色印装有限公司印刷

科学出版社发行 各地新华书店经销

*

2021年3月第 一 版 开本：787×1092 1/16

2021年3月第一次印刷 印张：25 1/2

字数：576 000

定价：149.00元

（如有印装质量问题，我社负责调换〈铭浩〉）

销售部电话 010-62136230 编辑部电话 010-62138978-2010

版权所有，侵权必究

举报电话：010-64030229；010-64034315；13501151303

本书编写人员

（按姓名笔画排序）

马　驰　王成德　王建明　王超群　刘建成
孙　想　苏晓慧　李成赞　杨　刚　吴保国
闵志强　沈立辉　张　翰　陈　栋　陈玉玲
袁津生　钱建平　高　飞　孰恩莹　海占广
董　晨　韩焱云　曾　怡

序

很高兴终于看到《现代林业信息技术与应用》一书完稿出版。

现代林业是充分利用先进科学技术的林业，林业信息化是现代林业建设的重要组成部分。林业信息技术是促进林业科学发展的重要手段。通过林业信息技术的广泛应用，可促进传统林业的转型升级，为林业的生产管理、经营决策、科学研究和技术推广等提供新的管理方法、决策技术、试验手段和传播途径，促进传统经验型林业向现代精确型林业转变。林业信息技术是现代信息技术与林业科学相结合的新兴交叉学科，主要研究现代信息技术在林业领域应用的理论与技术。林业信息技术的研究与推广在美国、英国、澳大利亚和加拿大等发达国家已历经半个多世纪的发展历程，在林业科学研究和林业生产管理中发挥了十分重要的作用，并显示出巨大的应用潜力。

现代信息技术是一个内容十分广泛的技术群，它包括网络技术、数据库技术、大数据与云技术、遥感技术、地理信息系统技术、物联网技术、虚拟现实技术、人工智能技术、机器人技术等。现代信息技术在林业中的逐步应用必将进一步提升林业经营管理水平、提高林业作业效率、增强林业资源决策能力、促进生态文明建设，保障现代林业可持续发展。在国家科技部门的支持下，越来越多的农林领域专家致力于将现代信息技术应用于林业，促进实现林业现代化。

吴保国教授于 1984 年参与创建了我国第一个林业信息管理专业，1987 年参与筹建了原林业部信息中心，2012 年主持创建了林业信息工程学科并成立了北京林业大学林业信息化研究所。30 多年来，吴教授长期从事林业信息化与数字林业、林业信息管理与林业信息技术、林业专家系统与决策支持系统、森林资源信息管理、森林资源经营管理、数据库技术应用等方面的教学与科研工作；主持多项国家级课题，取得了系统性的重要研究成果。

《现代林业信息技术与应用》是作者团队数年努力的成果。该书围绕现代林业信息技术及应用这一主题，详细阐述了林业信息技术与林业信息化的现状，深入系统地分析了网络技术、数据库技术、数据仓库、大数据与云技术、遥感技术、地理信息系统技术、物联网技术、森林可视化技术等特征及其在林业中的应用，提出了林业信息系统的技术框架，结合多年实践介绍了森林资源管理信息系统、森林培育专家决策支持系统、森林病虫害诊治专家系统等案例。书籍内容翔实、案例具体，风格质朴，突出新颖性和实用性。该书为现代林业信息技术体系的建立提供了有益的借鉴参考，对推动我国林业向精准化、数字化、智能化方向发展起到积极作用。

本书可以作为信息领域研究学者的参考书，也可以作为林业信息化领域研究学者的参考书，希望有志于上述研究的学者，能够从本书中获得启发。相信该书的出版对于我国林业信息技术研究、教学和实践应用具有重要的参考价值。

最后在该书出版之际，我谨祝以作者为首的研究团队，取得更加辉煌的成就！

赵春江

中国工程院 院士

国家农业信息化工程技术研究中心 主任

2020 年 12 月

前　言

以信息技术为核心的高新技术的应用，推动各个领域的变革与发展，世界正在由工业化进入信息化时代。林业信息化是现代林业建设的重要组成部分，是促进林业科学发展的重要手段，是保障林业可持续发展的必然选择。现代林业信息技术的广泛应用将加速林业现代化建设进程，现代信息技术已成为林业系统各类专业人员必须学习和掌握的技术。

本书对现代林业信息技术做了全面的介绍，基本覆盖了林业部门所应用的信息技术，以帮助林业系统各类专业人员学习和掌握必需的现代林业信息技术。

本书共12章。第1章林业信息技术与林业信息化，介绍现代林业信息技术、林业信息化与数字林业的基本概念和我国林业信息化、智慧林业与大数据战略；第2章计算机网络技术，介绍现代通信技术与计算机网络的概念、网络体系结构、交换网络、局域网技术与网络新技术；第3章数据库技术，介绍数据库的基本原理、SQL、数据库设计与应用系统开发、关系数据库产品、数据库技术的发展、林业资源数据与林业数据库案例；第4章数据仓库、数据挖掘、大数据与云技术，介绍数据仓库、联机查询分析与数据挖掘技术，大数据与云计算技术，数据挖掘与大数据应用案例；第5章遥感技术，介绍遥感技术的概念、原理，遥感图像处理、遥感处理软件，遥感技术在林业中的应用案例；第6章地理信息系统技术，介绍GIS的原理、构成，空间分析和应用，GIS的二次开发，GIS与RS、GPS的集成技术林业应用案例；第7章农林业物联网技术，介绍农林业物联网技术的原理、农林业物联网技术应用案例；第8章森林可视化技术应用，介绍植物虚拟与现实关键技术、植物生长模拟与虚拟现实应用、林分可视化模拟技术、树木建模与林分生长可视化模拟、虚拟现实技术在林业中的应用案例；第9章林业信息系统，介绍信息系统的基本概念，管理信息系统，人工智能与专家、决策支持系统，林业信息、专家与决策支持系统；第10章森林资源管理信息系统案例，介绍森林资源管理信息系统的结构、数据库设计，森林资源数据管理、统计、查询与可视化，数据库更新技术，森林空间资源数据服务系统；第11章森林培育专家决策支持系统案例，介绍森林培育专家决策支持系统的组成、体系结构与功能结构，森林培育专家系统、速生林培育专家咨询系统、造林地的立地评价方法与评价系统等系统，森林培育专家决策支持系统运行案例；第12章森林病虫害诊治专家系统案例，介绍系统总体设计、森林害虫诊断专家系统、森林病害诊断专家系统、系统运行案例。

本书由北京林业大学吴保国教授负责全书的统编，并编写了第1、3、10、11、12章；袁津生教授编写了第2章；吴保国教授、陈玉玲博士、陈栋博士合作编写了第4章；曾怡副教授编写了第5章；苏晓慧讲师编写了第6章；钱建平研究员与孙想研究员合作编写了第7章；杨刚副教授、吴保国教授、王成德博士合作编写了第8章；苏晓慧讲师与吴保国教授合作编写了第9章。第10～12章基于吴保国教授主持的科研课题研究成果论文编写，海占广博士、郭恩莹博士、韩焱云博士、董晨博士、马驰硕士、李成赞硕士、高飞硕士、张翰硕士、王超群硕士、沈立辉硕士等参加了课题研究，发表了相应的论文。除了上述编著人员外，刘建成博士、王建明博士、闵志强博士等对本书第 4～6 章的部分内容进行了完善。在此，对参与编写人员表示衷心的感谢！

由于信息技术发展迅速，本书所涉及的林业信息技术较多，鉴于编者水平有限，书中不足和疏漏之处难以避免，有些应用案例内容需要在实践中进一步检验和深化研究，在此真诚地希望广大读者批评指正。

本书的出版得到国家“十一五”科技支撑课题“速生丰产林生产经营过程信息化关键技术研究与应用”（2006BAD10A03）和国家“十二五”863 计划课题“数字化森林与牧场经营管理关键技术研究”（2012AA102003）的资助，在此表示感谢。

编　者

2019 年 12 月

目　录

第 1 章　林业信息技术与林业信息化

科学化、信息化、机械化是现代林业的三大支柱。信息技术作为现代科学技术最集中的体现，是深化林业改革发展、推动现代林业建设的重要力量。我国的林业信息技术应用起步于 20 世纪 80 年代初期的森林资源调查和森林资源数据处理。随着信息技术的发展，数据库技术、遥感技术、地理信息系统（geographic information system，GIS）技术、全球卫星导航技术、网络技术、可视化技术、专家系统与决策支持系统技术等在林业中得到了广泛应用，为林业信息化提供了技术上的保证，推动了林业信息化的发展，提高了林业科学管理水平，带动了林业现代化，为以森林生态为核心的生态环境建设做出了显著贡献。

1.1　信息技术与信息化概述

1.1.1　数据与信息

数据是将现实世界中的各种信息记录下来的、可以识别的物理符号，是信息的载体和具体表示形式。数据有数字、文字、图形、图像、声音等多种表现形式。数据可用多种不同的形式来表示同一个信息，信息不随它的数据形式的变化而改变。因此，可以将数据定义为一个已知的事实，它能够被记录并具有固定的含义。

信息是一种已经被加工为特定形式的数据，这种数据形式对接收者当前和将来的决策具有明显的或实际的价值。

在信息社会中，信息是一种资源，与物质和能量同等重要，是一个企业赖以生存和发展所必需的。根据信息论的观点，任何社会实践活动都可以抽象为人流、物流、财流、能源流和信息流这五种流运动，其中起主导和支配作用的是信息流，它调节和控制着其他各流的数量、方向、速度和目标，从而使社会实践活动更具有目的性和规律性。信息是维持生产活动、经济活动和社会活动必不可少的资源，因此，信息是有价值的，信息成为构成客观世界的三大要素（信息、能源和材料）之一。人们为了获取有价值的信息用于决策，就需要对数据进行处理。信息的生产、加工与处理成为创造财富的基础，信息产业已由先导产业变为主导产业。信息革命不仅引发了生产方式、管理方式的转型，还将导致经济结构、社会结构的重大变化，信息化程度的高低已成为衡量一个国家是否具有国际竞争力的重要标志。

1.1.2　信息技术与信息化

1. 信息技术

信息技术是指以计算机和现代通信为核心技术，实现信息获取、信息传递、信息存储、信息处理、信息显示、信息分配、信息控制与信息服务利用等一系列扩展信息功能的技术。

信息通过传感技术（传感器、感知与识别）获取，信息的传输通过通信技术实现，信息的处理（存储、查询、计算、共享等）通过计算机技术进行，信息的应用通过管理、存储、查询、共享、控制与决策实现。因此，在各种各样的信息技术中，传感技术、通信技术、计算机技术和控制技术是信息技术的四大基本技术，其中计算机技术和通信技术是信息技术的两大支柱。传感技术用于信息获取，通信技术用于信息传递与存储，计算机技术用于信息的处理，控制技术用于信息执行等。

2. 信息化

信息化是用现代信息技术对人类社会的信息和知识的生产进行全面改造，并因此导致人类社会生产体系的组织结构和经济结构发生全面变革的过程，是推动人类社会从工业社会向信息社会转变的过程。

信息化是当今时代发展的大趋势，代表着先进生产力。十八大报告明确将“信息化水平大幅提升”作为全面建成小康社会的目标之一，将信息化作为加快转变经济发展方式的重要途径，作为推进经济结构战略性调整的重要内容与手段。2014 年 2 月 27 日，习近平总书记在中央网络安全和信息化领导小组第一次会议上指出“没有信息化就没有现代化”，将信息化提升到前所未有的战略高度；同时指出，“网络信息是跨国界流动的，信息流引领技术流、资金流、人才流，信息资源日益成为重要生产要素和社会财富，信息掌握的多寡成为国家软实力和竞争力的重要标志”。

信息化代表了信息技术被高度应用，信息资源被高度共享，从而使得人的智能潜力及社会物质资源潜力被充分发挥，个人行为、组织决策和社会运行趋于合理化的理想状态。

1.2 林业信息技术与信息化

1.2.1 林业信息技术

林业是进行生态保护和建设、木材和其他林产品生产，以及森林旅游、休闲、文化康养的产业。

林业部门主要对森林、草原、湿地、荒漠化、生物多样性，以及森林公园、自然保护区等生态环境建设进行管理。

林业信息技术是指利用信息技术在林业生产活动中，对林业数据进行采集、存储、传递、处理、分析和应用，为林业生产、管理与研究等提供数据查询、统计、资源变化监测、经营管理辅助决策、技术咨询、控制等多项服务的技术总称。也就是说，凡是能用于林业生产活动中的信息技术统称为林业信息技术。

林业信息技术涉及林业数据库与数据处理、管理信息系统、GIS、遥感技术、网络技术、全球卫星导航、专家系统与决策支持系统、虚拟现实与可视化、自动控制、云计算与大数据、人工智能物联网等技术在林业领域的综合运用。

从信息技术应用上划分，林业信息技术可分为如下 3 类综合运用技术。

1. 林业信息采集技术

林业信息采集技术主要包括激光与超声波测距测高技术，林业生产过程中对各种林业数据（温湿度、风向风速、降雨量、二氧化碳、光照与有效光辐射、水分、pH值、树木直径等）进行实时采集的传感器采集技术，对森林火灾、病虫害等灾害进行实时监测与监控用的视频传感器（可见光、红外视频摄像头与数码相机）技术，对森林资源、湿地、荒漠化进行调查与变化监测的航天航空遥感卫星，以及可见光、多光谱、激光雷达等传感器技术，进行外业调查的手机与平板计算机等移动设备与卫星定位技术，对动物活动进行跟踪的带定位与无线发射的动物项圈技术等。

2. 林业信息传输技术

林业信息传输主要使用有线网络、WLAN（wireless local area networks，无线局域网）、LR-WPAN（low-rate wireless personal area networks，低速无线个人区域网络）、LPWAN（low power wide area networks，低功耗广域网络）、手机网络（GPRS、3G、4G、5G）和微波通信等网络通信技术，将采集到的各种林业信息，通过网络高速度、高质量、准确及时、安全可靠地实时传输至服务器上的林业信息系统中，实现林业信息系统资料的实时采集与更新。

3. 林业信息处理技术

林业信息处理技术是指将信息技术与数学分析方法相结合，根据用户对林业数据的利用目的与需求，对数据进行处理分析、统计汇总，提取指导林业经营和生产的信息，为林业生产、经营管理提供咨询服务和决策支持的技术。信息处理技术的核心是数据库与大数据技术、数据统计分析技术、GIS 技术、遥感技术、云计算技术、物联网技术、微电子技术、人工智能技术、辅助决策支持系统技术、可视化技术与虚拟现实等技术，结合数理统计、多元统计、机器学习、人工智能等对数据进行处理分析。

随着现代林业信息技术的广泛应用，信息技术将为21世纪林业科学技术带来新的革命，加速林业现代化建设进程，推进林业信息化建设，为以森林资源为主体的生态环境建设的飞速发展提供美丽中国服务。

1.2.2 林业信息化

林业信息化是指以网络化、智能化、虚拟化和知识生产、分配、使用、完善为目标，在整个林业领域，应用各种信息技术与林业科学技术，有效合理地开发利用森林、湿地、草原等资源，提高林业的生态、社会、经济效益，促进林业生产的科学管理水平，为森林生态环境建设与木材生产、林副产品及森林旅游休闲、文化康养服务，推动林业的可持续发展的动态演进过程。

林业信息化建设是一个过程，在林业领域充分发挥信息技术在信息与知识的获取、处理、传播等方面的作用，构建各种林业信息系统、管理系统、辅助决策支持系统、办公自动化系统等，为林业决策者、管理者和生产者提供服务。

林业信息化的核心内容就是先进的林业科学理论与信息技术的综合集成应用。林业信息化的重心是森林资源监测、森林资源数据更新、森林培育与经营管理的信息化，通过信息化提高森林资源的经营管理水平和林地生产力。

1.2.3 数字林业

数字林业是指在“数字地球”和“数字中国”大框架的指导下，应用遥感技术、计算机技术、全球卫星导航定位系统技术、网络技术、数据库技术、智能技术、数据分析技术、可视化技术等信息技术，通过网络把地球上的各种林业信息用地理坐标确定与连接起来，实现数据的标准化、规范化采集与更新，实现数据的充分共享。

建设数字林业要从全国的角度出发，建立全国统一具有空间坐标的森林、湿地、荒漠化、生物等资源的林业资源数据库，实现数据的二、三维显示和多级分辨的图形浏览和知识查询，为各级用户根据需求实时获取有关信息服务，为林业资源数据的管理与分析、数据共享提供了精确、快速、有力的支撑手段。

数字林业的实质是信息化的林业。数字林业的建设为林业建设提供了一个更广泛、更形象化的信息处理环境，推动了林业生产各个环节的信息化进程，为林业和全社会提供信息服务。

1.2.4 智慧林业

智慧林业是指以信息和知识为核心要素，将互联网、物联网、大数据、人工智能和智能装备等现代信息技术与林业深度跨界融合，实现以森林为主体的生态环境建设保护与林业生产全过程的信息感知、定量决策、智能控制、精准投入、管理协同高效、个性化服务的全新生态环境建设保护与林业生产新模式，是林业信息化发展从数字化到网络化再到智能化的高级阶段。

实施智慧林业的目的是促进林业资源管理、生态系统构建、绿色产业发展等协同化推进，实现生态、经济、社会综合效益最大化。智慧林业的主要内容是通过立体感知体系、管理协同体系、服务便捷体系、生态价值体系等来体现智慧林业的智慧。智慧林业的核心是利用现代信息技术实现高效快捷的数据采集，通过网络实现数据的互联互通和共享，计算机的数据处理分析，对数据进行解释决策，下达指令进行控制执行，建立一种智慧化发展的长效机制，实现林业高效高质发展，使林业实现智慧感知、智慧管理、智慧服务。智慧林业的关键技术主要有云计算技术、物联网技术、大数据技术、虚拟现实技术、移动互联网技术、遥感技术、全球卫星导航定位技术、GIS 技术、人工智能技术等信息技术。制定统一的技术标准及管理服务规范是智慧林业建设的关键。

智慧林业的具体特征：①林业信息资源数字化；②林业资源相互感知化；③林业信息传输互联化；④林业系统管控智能化；⑤林业体系运转一体化；⑥林业管理服务协同化；⑦林业创新发展生态化；⑧林业综合效益最优化。

1.2.5 林业信息技术应用与信息化发展历史

1. 林业信息技术的起步

我国从 20 世纪 70 年代开展了林业信息技术的研究，经过 20 多年的努力，林业信息技术有了长足的发展，取得了明显的成就。我国林业信息技术的应用与发展与北京林业大学、中国林业科学研究院资源信息研究所、原林业部积极推进林业计算机应用及林业信息系统建设紧密相连。

林业领域最先是在森林资源数据处理中应用信息技术。传统的森林资源调查数据系统建立的森林资源档案的数据更新和数据分析工作量过大，为此，北京林业大学森林经理学科的董乃钧和周沛村等于 1975 年开始在云南组织计算机学习，并将计算机用于森林分层抽样调查中的数据处理，在中国最先在森林调查中应用计算机技术。20 世纪 80 年代初，他们采用美国德州仪器公司的 TI59 型可编程序计算器，开发了各类森林调查数据处理程序等；在当时的国家科学技术委员会、农业部、林业部的组织下，举办了多期培训班，促进了该项技术在农林系统中的普及应用，取得了很好的效果；之后，又选择了日本的 PC-1500、PC800 等支持 BASIC 语言的微型计算机进行推广应用，林业调查设计单位开始从森林资源数据手工数据处理阶段迈向计算机数据处理阶段。基于上述工作，北京林业大学森林经理学科获得了国家计划委员会、国家科学技术委员会、财政部授予的科技推广先进单位，董乃钧等 3 人被评为科技推广先进个人。

2. 计算机技术推广

随着计算机技术的飞速发展、PC 机的问世，我国的森林资源管理工作上了新的台阶。为了使森林资源数据更好地为森林经营服务，及时更新森林资源数据及其变化状态作为森林经营决策的基础，提高林业科学管理水平；1983 年，北京林业大学森林经理教研室开始使用 TR80 微型计算机用于森林资源数据处理；1983 年底，林业部资源司、规划院开始在林业调查规划院推广 S/09 微型计算机在森林资源数据处理中的应用。该计算机采用类似 Linux 的多用户多任务分时操作系统，可带 4～6 台终端同时使用。北京林业大学信息教研室董乃钧、陈谋询、吴保国、赵天忠、武刚等负责该计算机的使用培训工作，并举办了第一届全国各省林业调查规划设计院 S/09 微型计算机应用技术培训班，为各省林业部门的森林资源调查数据处理培养了第一批专业人才，这些人成为各省林业调查规划设计院信息中心的骨干和负责人。

1984～1992 年，北京林业大学信息教研室受原林业部资源司、计划司、种苗总站、北京市林业局、河北省林科所、四川甘孜地区林业局、浙江开化林场、四川洪雅林场等单位委托，举办了十多期森林资源及其信息管理、林业数学模型、林业计算机统计、计算机在林业中的应用和种苗计算机管理、信息化等类型的研讨班或培训班。

3. 信息系统开发

我国林业部门从 20 世纪 80 年代初开始使用数据库技术进行森林资源管理，基于数据库技术开发了很多森林资源管理信息系统。1984 年，北京林业大学森林经理教研室董乃钧、陈谋询、周沛春、吴保国、赵天忠、赵方等开始研建基于微型计算机关系数据库 dBASE II 的林业局（场）级森林资源管理信息系统，以甘肃天水小陇山林业试验局为试区，开发了我国第一个森林资源管理信息系统。该研究系统全面地提出了森林资源系统的概念、整体结构与实施方法、技术，研究了包括数据采集、数据储存（数据、方法、模型）、图形图像处理、预测和更新、经营分析、投资决策与模拟等子系统及其软件。研究成果以国内首创的评价，通过了成果鉴定。该系统的研建树立了计算机在林业中应用的重要里程碑，使先进手段产生了管理效益。这一成果于1988年冬获林业部科技进步一等奖，陈谋询、董乃钧、朱振家、崔赛华、徐泽鸿、徐厚庆、武刚、王瑞娟、周沛村、吴保国、张志芸等获奖；并于1989年获国家科技进步三等奖。陈谋询组织开发的地方（三级）森林资源监测系统和经营型林场的森林资源管理信息系统（1994）获林业部科技进步三等奖两项。同期，中国林业科学研究院资源信息研究所的唐守正等在中国林业科学研究院热带林业实验中心开展了营林生产和森林资源信息动态管理方法的研究，开发了森林资源信息动态管理系统(1994)。

20世纪90年代初，GIS开始在森林资源管理信息系统中应用，林业工作者开展了自主版权的GIS软件开发工作，唐守正等（1991）、陈谋询等（1994）研制了用于DOS平台的GIS原型系统。1994年，中国林业科学研究院资源信息研究所的唐小明主持开发了基于Windows平台的GIS商品软件ViewGIS（原名为WinGIS），推动了我国森林资源管理信息系统的应用与发展。森林资源管理信息系统在中国的推广和应用，丰富了森林经理学科的内涵，促进了林业相关学科的信息技术的应用与发展。

1992年，北京林业大学信息教研室在陈谋询的带领下，与林业部种苗总站合作开展种苗信息化建设的研究，制定方案，进行培训，完成了林业系统的第一个种苗领域的信息化规划，推动了林业的信息化进程。吴保国等为原林业部的种苗站开发了全国种苗年报系统，供各省林业厅种苗站管理与上报种苗年报信息使用。

1993年以来，林业部各司局结合自身的业务工作需要开展了信息化工作，由林业部信息中心、林业部调查规划设计院、中国林业科学研究院、北京林业大学、东北林业大学等各林业大专院校和各基层林业单位等先后对森林资源调查规划、林业统计年报、林业财务管理、森林资源管理与监测、林火管理、森林病虫害管理、国家造林项目、林业行政管理、人事管理、林业部办公自动化系统及野生动植物、森林公园、国家自然保护区管理等领域进行了管理信息系统的研究探讨，探索开发了森林资源管理信息系统、林业计划管理信息系统、林业基础数据库、林业调查规划数据库、森林资源监测系统、中国荒漠化监测系统、全国湿地资源监测信息管理系统、全国陆生野生动物普查和监测信息管理系统、卫星林火监测系统、林业种苗信息管理系统等信息系统，这些系统的研建，推动了我国林业信息化的发展。

4. 遥感技术的应用

20世纪80年代初，中国林业科学研究院资源信息研究所以徐冠华院士为代表的第一批林业遥感研究团队开始研制计算机卫星遥感图像处理软件。原林业部规划院的美国的超级小型机VAX 750、北京林业大学的森林经理遥感实验室VAX 730与其配套的I^2S图像处理设备的引进，推动了计算机遥感卫星图像处理技术在森林资源调查中小班区划、森林分类、森林病虫害监测、森林火灾的损失评估等工作中的应用。

20世纪90年代，李增元、车学俭、陈尔学等首次将合成孔径雷达技术引入我国的林业遥感应用中。自2000年起，以鞠洪波、李增元等为代表的林业遥感技术研究专家推进了遥感技术林业应用体系的建立。2010年，国家“高分辨率对地观测系统重大专项”启动，其中包含高分林业遥感应用示范系统专项。

5. 林业信息技术人才培养

新技术的传播应用，人才是关键，在北京林业大学的大力支持下，1984 年成立了以沈国舫院士为组长的林业信息管理专业筹建领导小组，下设以陈谋询为负责人的办公室；原北京林业大学的森林经理教研室中的董乃钧、周沛村、陈谋询、赵天忠、吴保国、崔赛华、苏喜友、武刚组建信息管理教研室，陈谋询任教研室主任。经过两年努力，1986 年建立了我国农、林、牧行业的第一个培养信息技术应用与信息化管理人才的林业信息管理专业。1986 年 6 月，林业信息管理专业本科向全国招生，9 月第一届新生入学，吴保国担任林业信息管理专业的第一任班主任。同时，在森林经理学下招收林业信息管理方向的硕士与博士生。从本届本科生起，在完成基础应用、基础理论教学的基础上，国内率先开设了林学与数学、计算机应用、林业测量与计算机成图、林业调查规划、森林资源经济、林业数学模型、数据库原理与应用、数据处理课程设计、林业控制和决策、林业管理信息系统等复合型课程。因该专业符合社会发展对人才的需要，毕业生显示了很强的适应能力，早期培养的学生成为我国林业信息化的主力军。1998 年教育部进行专业调整，林业信息管理专业和其他相关专业合并成信息管理与信息系统专业，1999 年首次以新专业名称招生。从 2010 年开始，中南林业大学、西南林业大学、北京林业大学等林业大学先后成立了林业信息工程学科，其中北京林业大学 2012 年由吴保国组织筹建了林业信息工程学科，2014 年开始招收硕士与博士研究生。林业信息工程学科专门培养从事林业信息化、技术与应用研究的硕士与博士研究生，服务于林业信息化建设。

6. 林业信息化推进

为保障信息化工作的开展，林业部于 1987 年成立了经济信息系统建设领导小组，同时成立了经济信息筹建办公室，指导林业信息化建设，在全国范围推进以森林资源信息系统为核心的林业信息系统的建设，建立了森林资源、造林绿化和天然林保护、退耕还林、防沙治沙等林业重点工程建设的现代化林业信息化管理体系。1995 年 2 月，经济信息系统建设领导小组改名为林业部信息工作领导小组，林业部在部办公会议中明确指出“现代信息是改善人类生存环境，发展经济，促进人类可持续发展的重要基础”，“加强林业信息工作，是适应加快林业两大体系建设，支持林业宏观决策科学化，促进林业管理现代化的具有全局性、战略性的基础工作”。

1986 年 12 月，中国林学会成立了计算机应用分会，董乃钧任主任委员，徐冠华、胡润民任副主任委员，张志鹏任秘书长。计算机应用分会协助林业部对林业信息技术与林业信息化的推进做了许多实际工作，分会成立至今历经 7 届理事会。

1.3 林业信息化建设现状

1.3.1 我国林业信息化现状

进入 21 世纪，我国林业信息化与林业信息技术应用开始了一个崭新的阶段。

1.“十五”“十一五”期间

随着国家信息化的发展与信息技术的进步、科技部“十五”“十一五”林业信息领域科研课题经费的投入，林业信息技术的应用得到了快速发展。国家林业局为加快推进林业信息化，逐步建立起功能齐备、互通共享、高效便捷、稳定安全的林业信息化体系，促进林业决策科学化、办公规范化、监督透明化和服务便捷化，提升林业信息化水平。根据中央有关推进信息化建设的重要文件精神，结合我国林业发展实际，在深入调查研究和充分科学论证的基础上，2009 年 2 月，国家林业局组织专家编制发布了《全国林业信息化建设纲要（2008—2020）》（以下简称《纲要》）和《全国林业信息化建设技术指南（2008—2020）》，并将其作为指导全国林业信息化建设的纲领性文件。《纲要》遵循国家信息化建设有关规定，针对发展现代林业需求，提出了全国林业信息化建设的指导思想、基本原则、建设目标、总体框架、建设内容、行动计划和保障措施，构建了林业信息化建设总体蓝图。《纲要》明确提出林业信息化建设要按照现代林业建设总体部署，以全面实现林业信息化为目标，以信息资源开发利用为中心，以林业电子政务建设为重点，以资源整合和信息共享为突破口，以完善体制机制为保障，采取统一规划、统一标准；统一管理，分级负责；强化服务，面向应用；整合资源，促进共享；注重应用，适度超前；试验点先行，稳步发展的指导思想。

2.“十二五”期间

在“十二五”期间，国家林业局发布了《国家林业局关于进一步加快林业信息化发展的指导意见》和《中国智慧林业发展指导意见》。通过“十一五”与“十二五”林业信息化建设，国家林业局电子政务骨干传输网络框架基本形成；初步形成国家和地方级的数据采集体系，建立了一批数据库系统，实现了中央与地方的森林资源信息交换，建立了覆盖全国的基础地理空间数据库系统、TM 陆地资源卫星图像数据库，全国森林资源连续清查数据库、全国森林资源分布图形数据库、森林火灾数据库、荒漠化土地类型数据库和生物多样性数据库等数据库建设也取得了成效，建立了一批专业数据库，大部分省级林业部门建立了森林资源数据库及有关专业数据库；国家林业局和部分省级林业部门相继开发了林业重点工程、森林资源管理、森林防火、林业有害生物防治、营造林和林业行政审批等业务管理信息系统，以及国家林业局资源司林地一张图系统，部分省建立了电子办证系统和基础 GIS 并投入运用；全国林业门户网站体系基本建成，形成了以国家林业局门户网站为主体，以国家林业局司局单位专业网站和省级林业部门网站为“两翼”，以市县林业部门网站为支撑的全国林业门户网站体系；建立了林业信息应用与服务体系，实现信息技术在林业资源监测、评价、规划、管理、保护与合理利用的各个环节的应用，重要的行政许可项目实现在线处理；完成我国林业信息资源目录体系与交换体系、林业信息化标准规范体系，并在全国林业信息化工作中得到应用。

3. “十三五”期间

在“十三五”期间，林业信息化将顺应全球信息化大势，以国家信息化战略为指引，以全面支撑引领林业现代化建设为目标，全面融入林业工作全局，紧贴林业改革发展、资源保护、生态修复、产业发展等各项事业。按照党中央国务院关于推进信息化建设和林业改革发展系列决策部署、全国林业厅局长会议和第四届全国林业信息化工作会议等精神要求，国家林业局编制发布了一系列信息化建设的行动计划和发展的指导意见。

（1）“互联网+”林业行动计划

“互联网+”代表一种新的经济形态，即充分发挥互联网在生产要素配置中的优化和集成作用，将互联网的创新成果深度融合于经济社会各领域之中，提升实体经济的创新力和生产力，形成更广泛的以互联网为基础设施和实现工具的经济发展新形态。“互联网+”与传统行业不是简单的两者相加，而是利用信息通信技术及互联网平台，让互联网与传统行业进行深度融合，创造新的发展生态。“互联网+”有三个层次：第一个层次即万物互联，人和人、人和机器、人和物，通过计算实现智能互联互通；第二个层次是用互联网拥抱传统产业，出现产业互联网或者行业互联网；第三个层次为智能的工作和生活。

国家林业局于 2016 年 3 月 22 日正式印发《“互联网+”林业行动计划——全国林业信息化“十三五”发展规划》。规划的指导思想是深入贯彻党中央、国务院关于推进林业改革发展和加快信息化建设的系列决策部署，以提升林业现代化水平为目标，全面推进“互联网+”林业建设，实现互联网思维、立体化感知、大数据决策、智能型生产、协同化办公、云信息服务，支撑引领林业改革发展，为建设美丽中国和生态文明做出更大贡献。规划的建设原则是在遵循统一规划、统一标准、统一制式、统一平台、统一管理的“五个统一”基础上，坚持开放共享、融合创新、提升转型、引领跨越、安全可控的基本原则。

（2）国家林业大数据发展的指导意见

国家林业局编制了《国家林业局落实〈促进大数据发展行动纲要〉的三年工作方案》，出台了《关于加快中国林业大数据发展的指导意见》的发布，开启了林业大数据建设的新时代。指导意见明确了林业大数据建设的主要任务和示范工程。

（3）智慧林业发展指导意见

国家林业局组织制定了《中国智慧林业发展指导意见》。指导意见指出，充分利用云计算、物联网、大数据、移动互联网等新一代信息技术，通过感知化、物联化、智能化的手段，形成林业立体感知、管理协同高效、生态价值凸显、服务内外一体的林业发展新模式，不断提高生态林业和民生林业发展水平，实现林业的智能、安全、生态、和谐。指导意见明确了智慧林业的基本内涵及特征、数字林业与智慧林业的关系，实施智慧林业的主要支撑技术；给出了智慧林业总体架构图，明确了我国智慧林业建设的任务和重点工程，以及智慧林业建设的推进策略与保障措施。

（4）林业物联网发展的指导意见

2016 年 6 月，国家林业局印发了《关于推进中国林业物联网发展的指导意见》。指导意见阐释了林业物联网建设的总体要求，即要以促进转变林业发展方式、提升林业质量效益为宗旨，以林业核心业务物联网应用为重点，以提升林业现代化水平为目标，加快推进林业物联网建设与应用。

（5）中国林业云建设

2017 年，国家林业局相继出台了《国家林业局关于促进中国林业云发展的指导意见（林信发〔2017〕116 号）》和《国家林业局关于促进中国林业移动互联网发展的指导意见（林信发〔2017〕114 号）》，明确了中国林业云和移动互联网发展思路和具体任务。

1.3.2 林业信息技术应用

进入21世纪以来，GIS、卫星遥感（remote sensing，RS）、全球定位系统（global positioning system，GPS）、数据库技术和网络技术等在林业中得到了广泛应用，尤其以GIS、RS、GPS（简称3S）为代表的“数字化”技术在森林资源管理、森林资源调查、林业专题图的编制、森林经营区划、森林防火、森林工程、森林病虫害等方面得到了广泛应用。

目前林业系统的信息技术应用研究热点主要集中在以下技术上：

1）物联网+传感器技术：利用视频传感器监测火灾；利用温湿度传感器、太阳辐射传感器、降雨量传感器、风速与风向标传感器、二氧化碳传感器、PM2.5传感器、土壤温度与含水量传感器、树木直径传感器等获取监测点的气象因子，建立自动无人值守生态定位观测站及信息林；利用物联网+传感器技术对传统林木害虫诱捕器进行改造，安装特殊的监控传感器，通过无线网络传输服务器，利用机器学习图像识别技术对林木害虫进行识别监测等。

2）遥感技术：利用高分卫星和无人机遥感影像对森林进行区划、森林资源调查与监测，利用气象卫星遥感影像监测火灾，利用高分卫星遥感影像进行灾后评估、对森林病虫害进行监测，利用无人机遥感影像对森林经营作业进行检查，利用多光谱影像对森林类型进行识别，利用激光雷达对林分的平均胸径、平均树高、平均树冠长度和林分株数进行测量。

3）大数据技术：开展了生态大数据研究，构建了林业数据仓库，进行数据挖掘研究。例如，利用多次一类连续调查数据、二类调查数据构建数据仓库，利用这些历史数据建立林分生长模型等。

4）GIS和全球卫星导航定位集成技术：利用GIS与全球卫星导航定位技术，在移动终端上开发用于森林资源外业的数据采集系统、用于森林管护员的林业位置服务与森林事件采集系统等。

5）云技术：利用并行计算、流式计算、可视化、数据挖掘、分布式计算等技术，建立林业云大数据分析处理平台，对林业海量数据进行高效存储、管理和分布式运算，实现林业大数据的采集、统计分析和数据挖掘，满足林业信息共享、业务协同与林业云高效运营的要求。例如，中国林业一张图可实现森林资源监管、应用系统搭建及基础设施虚拟共享等服务。

6）人工智能技术：将决策技术与森林经营结合，研制人工林经营决策支持系统，实现人工林经营生产的智能化预测、科学决策指导等；利用知识工程、模式识别、图像处理等技术构建的森林病虫害专家系统进行病虫害智能识别与智能防治；利用知识图谱、自然语言处理技术实现林业知识的组织与智能问答；通过机器学习技术实现对森林立地规则的知识提取；利用深度学习方法对森林遥感影像进行分类、识别森林病虫害等。

1.3.3 信息系统建设

1. 门户网站与办公自动化建设

2000年，国家林业局建设了国家林业局门户网站、办公业务网、办公业务资源网和各类管理信息系统及专业数据库；打造了由微博、微信、客户端、微门户组成的林业新媒体，形成了集信息发布、网上办事、互动交流、大数据分析等功能于一体的中国林业政务新平台，提高林业政务效率，方便林企林农网上办事，持续扩大林业互联网影响力；建设了国家林业局综合办公系统，实现全局（包括京外和国家林业局院外直属单位）办公自动化，全网全覆盖无遗漏；推行电子签章，取代手动签名；移动办公全线推开，打破了传统办公方式的时空限制，大大提高了办公效率。

2. 智慧林业云平台建设

各省市林业部门紧紧围绕“加快林业信息化、推进林业现代化”的总体思路，落实国家林业和草原局关于加快信息化建设的政策方针，建设了满足自己业务工作的智慧林业云平台。

3. 国家级森林资源信息服务平台与森林资源一张图数据库建设

国家级森林资源信息服务平台系统采用 C/S 和 B/S 混合应用架构，在天地图的总体框架的基础上，整合了全国林地图斑数据、林地专题数据、森林资源调查数据等数据资源，在 Web 上实现了地图基础浏览、快速搜索定位、林业专题信息的成果展示、林班数据的查询、林地数据的统计分析、多边形区域查询统计等功能，为国家林业局提供二、三维一体化的国家级森林资源信息服务。平台提供了森林资源一张图遥感影像、林地图斑、林地调查界线等基础数据的互联网服务接口，实现了异构 GIS 平台间林地资源信息网上在线服务；提供了林地一张图专题图的信息服务接口，为林地分布、天然林人工林分布、保护等级等专题数据制作提供支持。

4. 森林资源信息管理系统建设

我国的第一个森林资源信息管理系统起源于 20 世纪 80 年代初北京林业大学森林经理教研室，经过十几年的发展，该系统已逐渐走向成熟。我国各省林业厅局负责森林资源调查与管理的部门与省林业调查规划设计院制定了省级森林资源数据库的数据采集和数据库建设规范，各省调查规划院、科研院、大学、涉林的软件企业通过合作或自行开发了很多基于 GIS 的县级森林资源信息管理系统。系统为各级林业局的各职能部门提供基础森林资源数据服务，为森林资源监测和调查管理、林地管理和森林资源监督管理提供业务支持，为林业经营单位科学经营森林资源提供技术支撑。

1.3.4 林业数据与数据库建设

1. 林业数据

林业数据种类繁多，且每天都在产生大量的数据。除遥感影像数据外，林业数据的产生来自各级林业管理部门下达的各种任务、基层林业部门林业生产中的经营活动，以及各种突发事件（森林火灾、地质灾害、森林病虫害、有害生物入侵等），这些数据大多数是通过外业实地抽样调查，或者通过下级部门按要求上报的林业经营活动数据（各种统计表），以及各野外生境定位设备传感器采集的监测数据和林业网站的访问数据获取的。与大数据（总体）相比，林业数据属于小样本数据，采集需要投入费用，这些数据大多需要实地调查，采集困难，不能实时获取。

（1）林业数据的种类

林业数据主要是森林资源数据、湿地数据、荒漠化数据和生物多样性数据。另外，在生产管理中产生的数据，如各级林业管理部门下达的各种任务、基层林业部门在林业生产中的各种经营活动、林地流转、各种林业事件（毁林开荒、盗砍森林、征占用林地、森林火灾、风灾、病虫害、有害生物入侵）、林下经济、林产品交易等也都属于林业数据。

（2）林业生产管理中的重要数据

1）森林资源数据：主要包括一类调查数据（全国连续清查样地调查数据，5 年调查一次，分省进行），二类调查数据（森林资源小班调查数据，分县进行，每 10 年进行一次），三类调查数据（作业调查数据，如造林设计调查、采伐调查等）；造林数据（如北京的百万亩平原生态公益林造林数据）、森林经营活动数据（造林、抚育间伐、采伐等）；各省林业局、林场、科研院所与高校的临时或国定样地、标准地调查数据。

2）遥感影像数据：包括各种卫星遥感、航空遥感和无人机遥感影像数据。

3）生态环境数据：荒漠化和荒漠化调查与监测数据、湿地和湿地调查与监测数据、生态旅游与森林公园数据、自然保护区数据、森林病虫害数据、古树名录数据库等。

4）林业工程数据：退耕还林还草数据工程、天然林保护工程数据、京津风沙源治理工程数据、野生动植物保护及自然保护区建设工程数据、重点地区以速生丰产用材林为主的林业产业建设工程数据、三北和长江中下游地区等重点防护林体系建设工程数据。

5）森林火灾数据、林业案件数据、林改数据。

6）生态旅游数据、自然保护区数据、森林公园数据、国有与乡镇林场数据。

7）种苗生产数据、调运数据、销售数据。

8）林果数据、林下经济产品数据、特种养殖数据。

9）木材产品生产（纸浆、人造板、家具等）数据。

10）林产品进出口数据、林产化工产品数据、造纸的纸浆数据、家具生产进出口数据等。

林业生产管理数据大都具有位置信息，因此林业资源数据包括空间（向量）数据与属性数据。除遥感影像数据外，林业生产管理数据基本上存储在关系数据库中。

2. 林业数据库建设

林业数据库是国家自然基础数据库的重要组成部分。由于缺乏统一规划和标准，林业各级主管部门建立了许多不同类型的数据库。这些数据为各种林业业务应用系统、林业政务信息资源共享和林业公益性信息服务提供信息支撑。建立的数据库主要有以下 5 类：

1）基础类的数据库：主要有国家森林资源连续清查数据库、森林资源规划设计调查数据库（森林资源小班数据库）、森林资源作业设计调查数据库、荒漠化调查与监测数据库、湿地调查与监测数据库、自然保护区数据库、国家野生动植物数据库、森林公园数据库、生物多样性数据库、国家重点湿地监测及评价数据库等。

2）林业专题类数据库：营造林数据库，生态公益林数据库，森林防火监控与应急数据库，林业有害生物数据库，森林病虫害发生、防治及灾害数据库，野生动物疫源疫病监测数据库，沙尘暴灾害应急和监测管理数据库，全国荒漠化、沙化土地分布数据库，森林经营数据（森林抚育间伐、森林采伐等）数据库，林地流转数据库，林权交易数据库、战略储备林数据库等。

3）林业工程类数据库：退耕还林还草数据工程数据库、天然林保护工程数据库、京津风沙源治理工程数据库、野生动植物保护及自然保护区建设工程数据库、重点地区以速生丰产用材林为主的林业产业建设工程数据库、三北和长江中下游地区等重点防护林体系建设工程数据库等。

4）林业生产管理数据库：种苗生产、调运、销售数据库，林产品（木材、纸浆、人造板、家具等）进出口数据库等。

5）公共基础类数据库：基础地理数据库、遥感影像数据库、生态定位站监测数据库、林业年度统计数据库等。

1.3.5　森林培育与经营的信息化科研课题

1. “十一五”期间

科技部启动了一系列国家科技支撑计划项目课题，涉及林业信息化的项目主要内容如下。

（1）速生丰产林生产经营过程信息化关键技术研究与应用课题

该课题由北京林业大学吴保国主持，中国林业科学研究院资源信息研究所和东北林业大学信息学院为协作单位。课题总目标是在充分分析林农的认知方式和信息需求的基础上，研究面向林农的信息服务机制及相关的知识管理、知识表达技术，以杨树、桉树等速生树种为对象，研制速生丰产林培育技术远程咨询服务系统和速生丰产林生产（培育）、经营过程智能决策支持系统，为林业企业、林场和广大林农提供服务。

（2）森林资源综合监测技术体系研究项目

该项目由中国林业科学研究院资源信息研究所鞠洪波主持。项目研究的主要目标是构建结构合理、内容完善、协调一致、具有可操作性的森林资源综合监测、分析与评价指标体系；构建传统调查与现代信息技术相结合的天-空-地一体化、点-线-面多尺度、资源-工程-灾害综合监测技术体系；研究森林资源综合监测技术和方法，建立综合监测技术系统，并开展应用示范。

2. “十二五”期间

科技部启动了由中国林业科学研究院资源信息研究所鞠洪波主持的国家高技术研究发展计划（863 计划）“数字化森林资源监测技术”项目。项目面向林业信息化发展的行业重大需求，在现有森林资源监测技术体系的基础上，从森林资源监测技术、模型模拟技术、经营管理技术等方面开展前沿技术研究，突破制约林业信息化发展的森林资源信息获取时间长、精度低、可视化程度低、预测模拟困难等技术难点，实现森林资源“精确监测、直观模拟、高效管理”的总体目标。项目包括 3 个课题：

1）数字化森林资源监测关键技术研究，由资源信息研究所鞠洪波主持。研究内容：高时效森林资源信息快速提取技术、高精度森林类型识别技术、森林结构参数反演技术、森林火灾监测物联网智能预警技术。

2）数字化森林模型与可视化模拟关键技术研究，由资源信息研究所张怀清主持。研究内容：树木数字化模型与可视化模拟技术、林分数字化模型与可视化模拟技术、森林经营可视化模拟技术、森林景观数字化模型与可视化模拟技术。

3）数字化森林与牧场经营管理关键技术研究，由北京林业大学吴保国主持。研究内容：森林、牧场生境因子精准获取与评价技术、经营管理知识库构建与管理技术、森林经营管理决策支持技术、草畜平衡诊断与牧场优化管理技术、森林与牧场经营管理决策支持系统与应用。

参考文献

李世东，2015．中国智慧林业顶层设计与地方实践[M]．北京：中国林业出版社．
李世东，2016．中国林业大数据发展战略研究报告[M]．北京：中国林业出版社．
倪金生，李道亮，姜航，2007．农林信息技术[M]．北京：电子工业出版社．
王庆杰，靳爱仙，杨新民，2006．林业政务信息化发展与研究[J]．林业资源管理(2)：40-45．
许等平，罗鹏，郑冬梅，等，2018．林地一张图国家级互联网服务平台设计与实现[J]．林业资源管理(3)：121-128．
国家林业局，2009．全国林业信息化建设纲要（2008—2020）[A]．
国家林业局，2009．全国林业信息化建设技术指南（2008—2020）[Z]．
国家林业局，2013．中国智慧林业发展指导意见[Z]．
国家林业局，2016．“互联网+”林业行动计划[Z]．
国家林业局，2016．关于推进中国林业物联网发展的指导意见[Z]．
国家林业局，2017．关于加快中国林业大数据发展的指导意见[Z]．
国家林业局，2017．关于推进中国林业移动互联网发展的指导意见[Z]．
国家林业局，2017．关于促进中国林业云发展的指导意见[Z]．

第 2 章　计算机网络技术

计算机网络在初期是计算机与通信相结合的产物，它的出现和发展使计算机应用发生了质的变化。在经历了以大型主机为核心的集中式运算和以个人计算机为基本单元的分布式处理后，计算机的处理模式已发展成现在的网络计算，其应用范围已远远超出了科学计算，成为无所不在的工具。今天，网络对人类社会信息化产生的影响越来越大。人们在这个精彩的网络世界里进行远程教学、网上办公、电子购物、浏览网页、电子查询、视频点播等各项活动。

2.1　计算机网络的基本概念

2.1.1　计算机网络的定义

计算机网络是利用通信设备和线路将地理位置不同的、功能独立的多个计算机系统互联起来，以功能完善的网络软件，如通信协议、信息交换方式及网络操作系统等实现网络中信息传递和资源共享的系统。

计算机网络从逻辑功能上可以分为资源子网和通信子网两大部分。资源子网由主计算机系统、终端、终端控制器、联网外部设备、各种软件资源与信息资源组成，负责全网的数据处理业务，向网络用户提供各种网络资源与网络服务；通信子网由路由器、通信线路与其他通信设备组成，完成网络数据传输、转发等通信处理任务。

计算机资源主要指计算机硬件、软件与数据。网络用户不但可以使用本地计算机资源，而且可以通过网络访问联网的远程计算机资源，还可以调用网中几台不同的计算机共同完成某项任务。

联网的计算机是不同地理位置的多台独立的“自治计算机”。互联的计算机之间可以没有明确的主从关系，每台计算机可以联网工作，也可以独立工作。联网计算机可以为本地用户提供服务，也可以为远程网络用户提供服务。

联网计算机必须遵循全网统一的网络协议。计算机网络是由多个互联的结点组成的，结点之间要做到有条不紊地交换数据，每个结点都必须遵循一些事先约定好的通信规则。

2.1.2　计算机网络的分类

1. 按网络覆盖范围划分

根据计算机网络所覆盖的地理范围不同，通常将计算机网络分为广域网（wide area network，WAN）、局域网（local area network，LAN）、城域网（metropolitan area network，MAN）和个人区域网（personal area network，PAN）4 种。广域网的跨度通常比较大，可以覆盖一个市、一个省，也可以覆盖一个国家、几个国家，甚至可以覆盖全世界。局域网的跨度比较小，通常限制在一个办公室或实验室、某个办公大楼，也可扩展到整个校园或企业，但其覆盖距离一般不超过 10km。城域网是介于广域网和局域网的一种网络，其覆盖距离一般为几十千米。城域网设计的目标是满足城市地区范围内的某个行业或各个行业的企业、机关事业单位的局域网互联需求，以满足大量用户之间的数据、语音、图形/图像与视频信息等数据的相互传输。个人区域网就是在本人工作的地方把属于个人使用的电子设备用无线技术连接起来的网络，因此也常称为无线个人区域网 WPAN（wireless PAN，WPAN），其范围约为 10m，典型的应用如便携式计算机、掌上电脑及蜂窝电话等。

2. 按网络的性质划分

按照计算机网络的性质，可以把计算机网络分成公用数据网（public data network，PDN）和专用计算机网（private computer network，PCN）两种。

公用数据网一般由国家电信部门组建，并由它们进行管理和收费，如中国公用计算机互联网（CHINANET）、中国公用分组交换数据网（CHINAPAC）等。通过提供公共的数据通信子网和共享资源，可以为所有入网用户提供各种数据通信服务和资源服务。

专用计算机网一般由某个部门或单位组建，专门用于本部门或本单位的数据传输，不允许其他部门或单位使用，它通常采用专用的通信线路。专用计算机网以校园网、企业网为代表。

2.1.3 计算机网络的拓扑结构

计算机网络的拓扑结构主要分为总线型、星型、环型、树型、网状型和全互连型等，如图 2-1 所示。

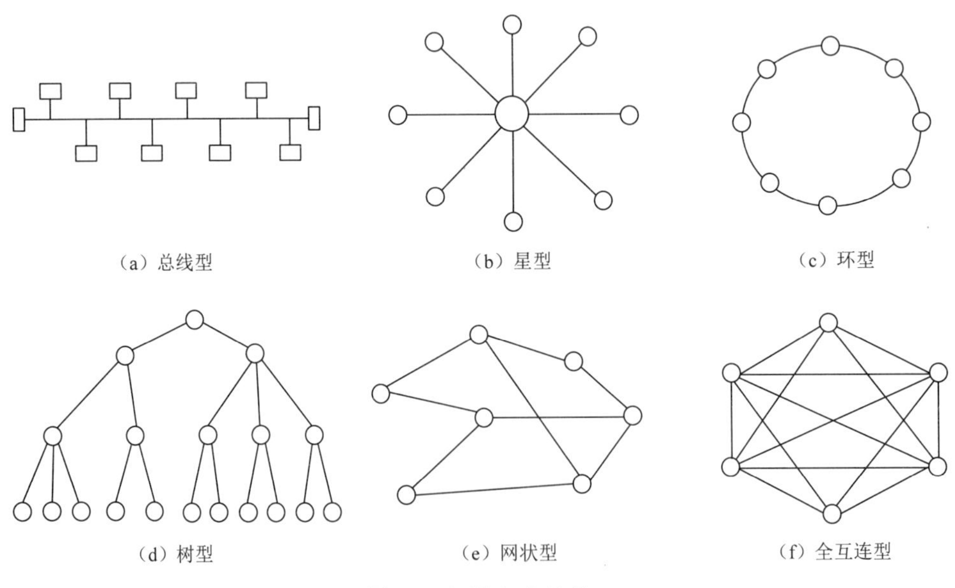

图 2-1 网络拓扑结构

1. 总线型拓扑结构

总线型拓扑结构的网络是将各个结点与一根总线相连，网络中所有的结点都通过 T 形连接器与总线进行信息传输，任何一个结点的信息都可以沿着总线向两个方向传输，并被总线中任何一个结点所接收。在总线两端连接的器件称为终端阻抗匹配器或终止器，主要与总线进行阻抗匹配，吸收传送到终端的能量，避免产生不必要的干扰。

2. 星型拓扑结构

星型拓扑结构的网络以中央结点为中心，并与各个结点连接。如果一个工作站需要传输数据，它首先必须通过中央结点，中央结点接收各分散结点的信息再转发给相应结点，因此中央结点相当复杂，负担比其他结点重得多。中央结点目前多采用集线器（HUB）与其他结点连接。

3. 环型拓扑结构

环型拓扑结构的各结点是连接在一条首尾相连的闭合环型线路中的。环型网络中的信息传送是单向的，即沿一个方向从一个结点传到另一个结点。由于信息按固定方向单向流动，两个结点之间仅有一条通路，因此系统中无信道选择的问题。

4. 树型拓扑结构

树型拓扑结构是一种分级结构，和星型网络比，其线路总长度较短，故成本较低，但结构较星型网络复杂。在树型网络中，任意两个结点之间不产生回路，每条通路都支持双向传输。两个结点之间的通路，有时需要经过中间主结点才能连通。树型网络的主要优点是扩充方便、灵活，成本低，易推广。此外，天然的分级结构使得这种网络比较适用于分主次或分等级的层次型管理系统。

5. 其他类型的拓扑结构

其他类型的拓扑结构还有网状型拓扑结构和分布式拓扑结构。网状网络中的各结点的连接没有一定的规则，一般是在结点的地理位置分散的远程网中使用；分布式拓扑结构中任何一个结点都与其他结点相连，网络结构可用性比较好，但是网络布线复杂，特别是在相距比较远的多结点之间。

2.1.4　计算机网络的主要性能指标

影响计算机网络性能的因素有很多，如传输距离、使用的线路、传输技术、带宽（bandwidth）等，对用户而言，其影响主要体现在所获得的网络速度不一样。计算机网络的主要性能指标是带宽、误码率、吞吐量（throughput）和时延（delay 或 latency）。

1. 带宽

在局域网和广域网中，使用带宽来描述它们的传输容量。带宽的单位为赫、千赫、兆赫（Hz、kHz、MHz）等。在通信线路上传输数字信号时，带宽就等同于数字信道所能传输的最高数据率。

数字信道传输数字信号的速率称为数据率或比特率，带宽的单位是比特每秒（bit/s），即通信线路每秒所能传输的比特数。目前，以太网的带宽有 10Mbit/s、100Mbit/s、1000Mbit/s

和 10Gbit/s 等几种类型。

2. 误码率

在数据通信中，在一定时间内收到的数字信号中发生差错的比特数与同一时间所收到的数字信号的总比特数之比称为误码率，即“在多少位数据中出现一位差错”。误码率是衡量数据在规定时间内数据传输精确性的指标。

3. 吞吐量

吞吐量是指一组特定的数据在特定的时间段经过特定的路径所传输的信息量的实际测量值。吞吐量更经常地用于对现实世界中的网络测量，以便知道实际上到底有多少数据量能够通过网络。吞吐量受网络的带宽或网络的额定速率的限制。由于诸多原因使得吞吐量常常远小于所用介质本身可以提供的最大数字带宽。决定吞吐量的因素主要有网络互联设备、所传输的数据类型、网络的拓扑结构、网络上的并发用户数量、用户的计算机、服务器和拥塞等。

4. 时延

时延是指一个报文或分组从一个网络（或一条链路）的一端传输到另一端所需的时间。通常来说，时延由以下几个部分组成：

1）发送时延：结点在发送数据时使数据块从结点进入传输介质所需的时间。

2）传播时延：电磁波在信道上需要传播一定的距离而花费的时间。

3）处理时延：数据在交换结点为存储转发而进行一些必要的处理所花费的时间。

4）排队时延：结点缓存队列中分组排队所经历的时延。

数据经历的总时延就是发送时延、传播时延、处理时延和排队时延之和：

总时延=发送时延+传播时延+处理时延+排队时延

2.2 计算机网络体系结构

计算机网络体系结构是一种将网络结构化的方法，其目的是划分网络系统的基本组成部分，说明各组成部分存在的目的和实现功能，以及各组成部分之间如何相互作用和结合，最终实现各种网络的应用。

2.2.1 网络协议与因特网体系结构

1. 网络协议

网络协议就是为网络进行数据交换而建立的规则、约定或者标准。在网络系统中，为了保证网络上通过通信线路和设备互相连接起来的各种大小不同、厂家不同、结构不同、系统软件不同的计算机系统协同工作，实现信息交换，人们制定了一整套约定，这就是网络协议。一个网络协议主要由以下三个要素组成：

1）语义：用于解释比特流的每一部分的意义。

2）语法：用户数据与控制信息的结构与格式，以及数据出现的顺序的意义。

3）时序：事件实现顺序的详细说明。

网络中使用很多类型的协议，一些协议用于在电缆中传输比特流，另一些协议用于在计算机屏幕上显示信息。计算机程序使用协议为用户提供服务。协议可以提供自身的服务，或者和程序一起为用户和其他程序提供服务。

网络协议具有如下特点：

1）网络协议具有层次性。由于网络系统体系结构是有层次的，因此网络协议也被分为多个层次，在每个层次内又可以分成若干子层次，协议各层次之间有高低之分。

2）网络协议具有可靠性和有效性。如果网络协议不可靠就会造成通信混乱和中断，只有网络协议有效，才能实现系统内的各种资源共享。

2. 因特网体系结构

实现计算机系统之间相互通信的方法通常是对网络进行分层次功能描述，进而分层次设计实现。在分层体系结构中，每一层都对相互作用的集合有明确定义的，称为对等协议；层与层之间的界限是另外一些相互作用的集合，称为接口协议。接口是同一结点内相邻层之间交换信息的连接点，同一个结点的相邻层之间存在着明确规定的接口。网络协议是按层次结构组织的，网络层次结构模型与各层协议的集合称为网络体系结构。

目前比较流行的因特网体系结构是将网络系统分成5个层次：应用层、传输层、网络层、数据链路层和物理层，如图2-2所示。以下分别介绍这几个层次的基本特点和主要功能。

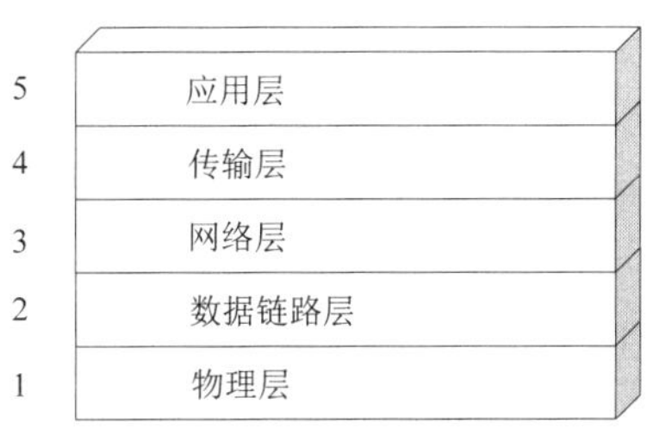

图2-2　网络系统层次模型

（1）应用层

应用层协议规定了彼此通信的两个端系统应用程序之间信息交换的格式和操作规则，包括通信双方如何请求、响应、管理一个网络应用。常见的应用层协议主要如下：

1）超文本传输协议（hyper text transfer protocol，HTTP）：提供了Web网页服务中客户端与服务器端进行数据交流的数据及管理信息格式。

2）文件传输协议（file transfer protocol，FTP）：定义了网络中不同端系统之间进行文件传输的相关规则。

3）简单邮件传输协议（simple mail transfer protocol，SMTP）：电子邮件采用的数据传输与控制规范。

4）域名系统（domain name system，DNS）：实现了网络设备名称到IP地址映射服务功能。

（2）传输层

传输层的主要任务是为网络应用提供进一步的服务。因特网并不能为端系统提供可靠的数据传输，通过发送端和接收端之间运行的传输控制协议（transmission control protocol，TCP）可以对网络中传输的数据分组进行差错控制，对出现问题的分组要求发送端重新发送，最终为网络应用提供可靠的数据。除了 TCP 之外，传输层还有另一种传输协议：用户数据报协议（user datagram protocol，UDP）。UDP 为网络应用提供传输层最基本的功能，它不提供可靠的、具有流量控制的数据传输服务。但 UDP 因其简单，能够达到较 TCP 更高的数据传输速率，因此是一些对数据传输数据率要求较高，而对数据传输的可靠性并不十分敏感的网络应用所选择的传输协议。

传输层的另一个任务是实现网络应用的分用和复用，具体来说就是端系统同时运行多个网络应用时，以端口号区别属于不同网络应用的数据分组。为此，传输层负责在发送端为这些不同的应用数据添加上端口号形成传输层的数据分组，并在接收端按照分组的端口号将数据分别提交给不同的应用程序。

（3）网络层

应用层与传输层的主要功能由进行数据通信的端系统实现，而网络层的任务是由端系统和网络设备（路由器）共同完成的。

网络层的任务有两个：端系统将数据按因特网的统一传输格式进行数据分组格式化，路由器根据数据分组的目的地址为该分组选择相应的路径。

网际协议（internet protocol，IP）是最主要的网络层协议，也是实现异构网络互联的基础。网络层架设在所有与硬件相关的网络技术之上，当数据分组跨越有不同物理特征的网络时，以统一的 IP 数据报分组格式在网络之间传输。IP 可以作用在端系统和路由器之间，以及路由器和路由器之间的网络层上。

（4）数据链路层

数据链路层主要负责网络中结点到结点之间的链路管理及数据传输控制，主要任务是将数据以一定的分组格式从一个结点运输到相邻的另一个结点。数据链路层协议定义了相邻结点之间的数据传输格式、差错校验方法、流量控制及寻址方法等。这里所说的地址是硬件地址，也称物理地址。物理地址仅在一个物理网络中有效，属于局部地址。而 IP 地址是一个逻辑地址，是因特网在全球范围内使用的全局地址。数据分组从源端点到目的端点传输通常会穿越不同的网络，经过若干条传输链路，每条链路都分别有其各自独特的物理特性，形成了对应这些不同的物理特性的链路层协议。因此，同一个分组在不同的链路上传输，可能会涉及不同的链路协议。

（5）物理层

物理层是网络分层结构的最底层，主要任务是将链路层形成的数据分组中的比特序列从一个结点通过传输介质传输到另一个结点。物理层定义了发送结点如何将比特序列转换成能够在传输介质上传输的脉冲信号，以及接收结点怎样识别这些脉冲信号并将其还原成原始的比特序列等一系列与传输介质物理特性相关的技术规则。

2.2.2 报文、报文段、数据报、数据帧、比特的概念

图 2-3 所示为从主机 1 发送一条消息到主机 2 的数据流向，图中的实线箭头表明数据

是真实地从一层传递到下一层（或上一层）；而计算机之间相同层次之间以虚线连接，意味着它们之间并没有物理上的连接，而通过所谓的逻辑连接实现不同层次的协议交流。

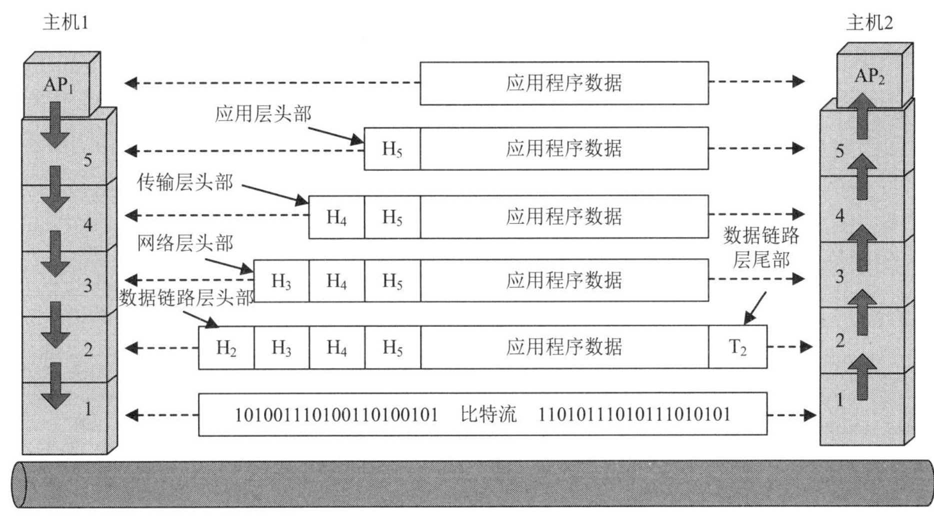

图 2-3 不同层次的数据分组

发送端应用程序产生的消息通过应用层向下层传递，通过每一层时，系统为数据添加相应的头部信息与尾部信息。这些头部信息包含实现这一层功能所需要的必要信息，如控制信息、说明信息、地址信息、差错校验码等，最后数据分组以比特流的形式从物理层发出。接收端从物理层接收到这些比特流，并经过逐层地处理向上层传递数据，通过每一层时，都会查看数据分组携带的这一层首部信息，如利用差错校验信息可以检查接收的数据是否传输正确，利用地址信息可以判定这个数据分组是否是发往本地的分组等。经过底层处理之后，将分组属于这一层的头部信息去掉，数据部分继续向上层提交，直到最终由发送端发出的纯消息传送到接收端的应用程序。

1. 应用层数据

应用层数据单位为报文。应用层头部信息和应用层数据部分（原始数据消息）组成应用层报文。应用层首部信息由发送端的应用层添加，被接收端的应用层读取，包含一些彼此通信的应用程序相互理解的控制信息，目的是使两端应用层能够互相明白对方的意图，控制其下一步的操作。当接收端通过首部信息完成了某些操作后，便去掉首部信息，再将原始数据提交给相应的应用程序。

2. 传输层数据

传输层数据单位为报文段。应用层报文作为传输层的数据部分，与传输层的头部信息一同构成传输层数据，称为报文段。传输层头部信息包含运行传输层协议的一些控制信息。例如，对于 TCP 传输协议，首部信息包括分组的序列号、端口号、差错校验码、传输控制信息等；而 UDP 传输协议首部信息只有端口号和校验信息。传输层头部信息只有发送端和接收端的传输层能够读懂，如接收端传输层通过收到传输层数据的头部信息了解所接收的数据的正确性和完整性，并决定是否需要发送端重新发送某些数据。当接收端传输层正确接收到一组数据时，便删除传输层的头部，将数据部分（应用层报文）提交给应用层相应的应用程序。

3. 网络层数据

网络层数据单位为数据报。传输层报文段作为网络层的数据部分，与网络层头部信息结合构成网络层数据，称为数据报。网络层最重要的头部信息包括发送端与接收端的IP地址，路由器利用这些信息为分组选择路径，并将分组从一个网络传输到另一个网络，直到目的端结点。接收端网络层收到数据报时，如果与自己的IP地址吻合并且数据校验正确，便不再需要网络层的头部信息，将其删除并把数据部分（报文段）提交给其上层的传输层。

4. 数据链路层数据

数据链路层数据单位为数据帧。数据报作为网络层数据部分，加上链路层头部及尾部信息，形成链路层的数据帧。链路层头部信息根据网络和传输技术的不同而不同，可能包含链路控制信息、地址信息、校验码信息等。数据帧通过物理层相应的编码技术形成比特流，并发送到传输介质中。当接收端的物理层将数据帧提交到链路层后，接收端的链路层通过数据帧的首部信息进行操作控制，如检查地址信息是否吻合、进行差错校验和差错控制、流量控制等。对于正确接收的数据帧，接收端链路层将链路层的首部信息删除，并将数据报提交上一层（网络层）处理。

5. 物理层数据

物理层数据单位为比特。物理层是网络系统的最底层，它建立在物理通信介质的基础上，作为系统和通信介质的接口，用来实现数据链路实体间透明的比特流传输。为建立、维持和拆除物理连接，物理层规定了传输介质的机械特性、电气特性、功能特性和过程特性，其作用是使原始的数据比特流能在物理媒体上传输，具体涉及接插件的规格、“0”“1”信号的电平表示、收发双方的协调等内容。

2.3 交换网络

报文分组交换又称为分组交换，它是现代计算机网络技术的基础，典型代表是美国国防部高级研究计划局（Advanced Research Projects Agency）的ARPANET，通常称为ARPA网。其核心技术是分组交换技术。

2.3.1 电路交换和分组交换

1. 电路交换技术

电话交换网采用电路交换技术。电话交换网的特点主要有两个：一是用户在通话之前需要通过交换机的线路交换，在两台电话机之间建立线路连接；二是电话交换网主要用于模拟语音信号传输。例如，两部电话机只需要用一对电线就能够互相连接起来，N 部电话机两两相连，需 $N(N-1)/2$ 对电线。当电话机的数量很大时，这种连接方法需要的电线对的数量与电话机数的平方成正比；当电话机的数量增多时，就需要使用交换机完成全网的交换任务。在这里，“交换”的含义就是转接，即把一条电话线转接到另一条电话线，使它们连通起来。从通信资源的分配角度来看，“交换”就是按照某种方式动态地分配传输线路的资源。电路交换是面向连接的，电路交换需要3个阶段：建立连接、数据传输和释放连接。

电路交换的基本特点是通信双方通过交换网络进行数据通信时，网络为这个通信在其所经过的每一段链路上预留一部分固定的链路带宽资源。双方在通信过程中，一直独立占用这部分预先分配的固定链路带宽资源，直到通信结束，网络才将这部分资源收回以备其他通信使用。

2. 分组交换技术

分组交换技术是在一个网状结构、分布式控制的计算机网络中，将待传输的计算机数据预先分成多个短的、有固定格式的分组；不直接连接的两台计算机之间通信，要通过中间结点利用“存储转发”的方法转发分组；每个中间转发结点都可以独立地根据链路状态与通信量，通过路由选择算法为每个分组选择合适的传输路径。中间转发结点就是目前广泛使用的路由器。同时，还要考虑，如果网络中的任何一个中间结点或一段链路出现故障，可以绕过故障结点或链路转发该分组。具备这种特性的计算机网络称为分组交换网。因此，分组交换技术的3个重要概念是分组、路由选择与存储转发。分组传输过程如图2-4所示。

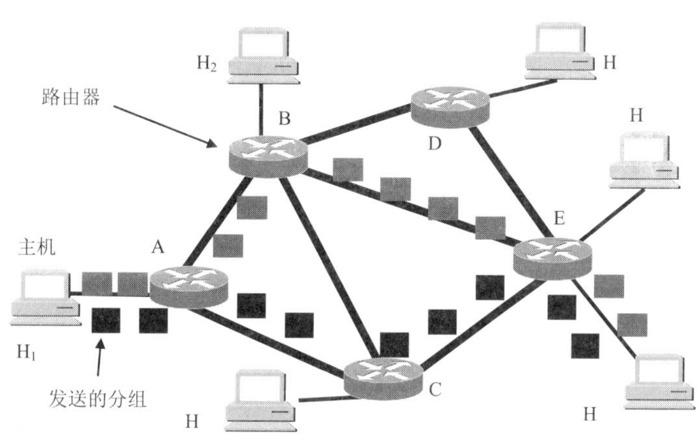

图2-4 分组传输过程

2.3.2 分组交换网络

为了能够充分提高网络资源的使用效率，分组交换网络将链路资源以分组为单位动态分配给有需要的数据传输。分组交换是计算机网络采用的主要数据交换方式。

分组交换网络中的数据以分组形式传输，分组交换设备从一个端口连接的链路接收数据分组，然后为所接收的分组选择通往下一个交换结点的输出链路，并将数据分组从连接该输出链路的端口转发给下一个交换结点。为了实现对数据分组的转发操作，进入分组交换网络的每个数据分组首部都要携带描述该分组的目标地址标识信息，每个分组交换设备本身都维护一个路径转发表，该路径转发表描述了交换机各个端口所连接的链路与不同目标地址标识之间的对应关系。分组交换机接收到一个数据分组时，查看分组首部的目标地址标识信息，再对照其转发表确定从哪个端口输出该数据分组，通过若干分组交换机转发，最终将分组传送到目的结点。

分组交换并不像电路交换那样为数据通信分配固定的链路带宽，所有进入交换设备的数据分组在交换设备缓冲区中排队等待转发处理，交换结点能够根据当前网络流量状况动态地分配网络中的链路资源。当某时段进入网络的分组比较少时，交换结点中排队等待转发的数据分组也相对较少，交换结点能够以较快的转发速度处理并转发数据分组；反之，交换结点中排队等待的分组比较多，致使交换结点的转发处理速度也相应下降。

2.4 网络互联

2.4.1 网络互联设备

网络互联时，必须解决在物理上如何把两种网络连接起来；一种网络如何与另一种网络实现互访与通信，如何解决它们之间协议方面的差别；如何处理速率与带宽的差别等问题。要解决这些问题，其协调、转换机制的部件就是中继器、网桥、路由器、接入设备和网关等。

网络互联设备根据不同层实现的机理不同，又具体分为网络传输介质互联设备、网络物理层互联设备、数据链路层互联设备、网络层互联设备和应用层互联设备 5 类。

1. 网络传输介质互联设备

用于网络传输介质的互联设备一般有 T 形连接器、收发器、屏蔽或非屏蔽双绞线连接器 RJ-45、RS-232 接口（DB-25）、网络接口单元、调制解调器等。

2. 网络物理层互联设备

（1）中继器

中继器（repeater）是局域网互联的最简单设备。中继器可以用来连接不同的物理介质，并在各种物理介质中传输数据包。某些多端口的中继器很像多端口的集线器，它可以连接不同类型的介质。中继器工作在 OSI（open system interconnection，开放式系统互联）体系结构的物理层，它接收并识别网络信号，然后再生信号并将其发送到网络的其他分支上。要保证中继器能够正确工作，首先要保证每一个分支中的数据包和逻辑链路协议是相同的。

中继器是扩展网络的最廉价的方法。当扩展网络的目的是突破距离和结点的限制时，并且连接的网络分支都不会产生太多的数据流量，成本又不能太高时，就可以考虑选择中继器。采用中继器连接网络分支的数目受具体的网络体系结构限制。

（2）集线器

集线器是有多个端口的中继器。集线器是一种以星型拓扑结构将通信线路集中在一起的设备，相当于总线，工作在物理层，是局域网中应用最广的连接设备。

3. 数据链路层互联设备

（1）网桥

网桥（bridge）是一个局域网与另一个局域网之间建立连接的桥梁。网桥是网络层中的一种设备，它的作用是扩展网络和通信手段，在各种传输介质中转发数据信号，扩展网络距离，同时又有选择地将有地址的信号从一个传输介质发送到另一个传输介质，并能有效地限制两个介质系统中无关紧要的通信。

网桥可分为本地网桥和远程网桥。本地网桥是指在传输介质允许长度范围内互联网络的网桥；远程网桥是指连接的距离超过网络的常规范围时使用的远程桥，通过远程网桥互联的局域网将成为城域网或广域网。网桥可以是专门的硬件设备，也可以由计算机加装的网桥软件来实现，这时计算机上会安装多个网卡（网络适配器）。

（2）交换机

交换机（switch）工作在数据链路层。交换机拥有一条很高带宽的背部总线和内部交换矩阵。交换机的所有端口都连接到这条背部总线上，控制电路收到数据帧以后，处理端口会查找内存中的地址对照表以确定目的 MAC（media access control，介质访问控制网卡的硬件地址）的网卡连接在哪个端口上，通过内部交换矩阵迅速将数据帧传送到目的端口；目的 MAC 若不存在，则广播到所有端口，接收端口回应后交换机会“学习”新的地址，并把它添加入内部 MAC 地址表中。

交换机可分为广域网交换机和局域网交换机。广域网交换机主要应用于电信领域，是提供通信用的基础平台；而局域网交换机则应用于局域网络，用于连接终端设备。交换机按采用技术可分为直通交换（cut-through）和存储转发交换（store-and-forward）。直通交换指在收到信息帧中的目标地址之后便开始转发该数据帧，而不必等到数据帧接收完毕再开始转发。该方法适用于同速率端口和碰撞误码率低的环境。存储转发交换指将接收到的数据帧经过校验和确认后再开始转发该帧。该方法可以过滤坏的数据帧，适用于不同速率端口和碰撞误码率高的环境。图 2-5 所示为以太网交换机。

图 2-5 以太网交换机

4. 网络层互联设备

网络层互联设备主要是路由器（router），如图 2-6 所示。路由器工作在 OSI 体系结构中的网络层，这意味着它可以在多个网络上交换和路由数据包。路由器适用于连接多个逻辑上分开的网络，对用户提供最佳的通信路径。路由器利用路由表为数据传输选择路径，路由表包含网络地址及各个地址之间距离的清单，路由器利用路由表查找数据包从当前位置到目的地址的正确路径。路由器使用最少时间算法或最优路径算法调整信息传递路径，如果某一网络路径发生故障或堵塞，路由器可选择另一条路径，以保证信息的正常传输。

路由器可进行数据格式的转换，成为不同协议之间网络互联的必要设备。

图 2-6　路由器

网桥所具有的功能，路由器都有，在网络上路由器本身有自己的网络地址，而网桥没有。由网桥连接的网络仍然是一个逻辑网络，而路由器则将网络分成若干个逻辑子网。为了管理网络，一般要利用路由器将大型的网络划分成多个子网。

5. *应用层互联设备*

应用层互联设备主要是网关（gateway）。网关是一种软件产品，又称协议转换器，可以支持不同协议之间的转换，实现不同协议网络之间的互联。在一个计算机网络中，当连接不同类型而协议差别又较大的网络时，则要选用网关设备。网关的功能体现在 OSI 模型的最高层，它将协议进行转换，将数据重新分组，以便在两个不同类型的网络系统之间进行通信。由于协议转换是一件复杂的事，一般来说，网关只进行一对一转换，或是少数几种特定应用协议的转换，网关很难实现通用的协议转换。目前，网关已成为网络上每个用户都能访问大型主机的通用工具。

网关从一个环境中读取数据，剥去数据的老协议，然后用目标网络的协议进行重新包装。

2.4.2　路由器

路由就是指通过相互连接的网络把信息从源地点移动到目标地点的活动。路由器是用来实现路由选择功能的一种媒介系统设备。在网络核心部分起特殊作用的是路由器。路由器是实现分组交换的关键构件，其任务是转发收到的分组，这是网络核心部分最重要的功能。一般来说，在路由过程中，信息至少会经过一个或多个中间结点。通常，人们会把路由与交换进行对比，这主要是因为在普通用户看来两者所实现的功能是完全一样的。其实，路由和交换之间的主要区别就是交换发生在 OSI 参考模型的第二层（数据链路层），而路由发生在第三层（网络层）。这一区别决定了路由和交换在移动信息的过程中需要使用不同的控制信息，所以两者实现各自功能的方式是不同的。

路由器通过路由决定数据的转发，其转发策略称为路由选择（routing），这也是路由器名称的由来。作为不同网络之间互相连接的枢纽，路由器系统构成了基于 TCP/IP 的因特网的骨架。路由器的处理速度是网络通信的主要瓶颈之一，它的可靠性则直接影响着网络互联的质量。图 2-7 所示为由路由器连接的网络。

1. *路由器的作用*

路由器的一个作用是连通不同的网络，另一个作用是选择信息传送的线路。从过滤网络流量的角度来看，路由器的作用与交换机非常相似。但是与工作在数据链路层的交换机不同，路由器使用专门的软件协议从逻辑上对整个网络进行划分。例如，一台支持 IP 的路由器可以把网络划分成多个子网段，只有指向特殊 IP 地址的网络流量才可以通过路由器。对于每一个接收到的数据包，路由器都会重新计算其校验值，并写入新的物理地址。因此，使用路由器转发和过滤数据的速度往往要比只查看数据包物理地址的交换机慢。但是，对于那些结构复杂的网络，使用路由器可以提高网络的整体效率。路由器的另外一个明显优势就是可以自动过滤网络广播。从总体上说，在网络中添加路由器的整个安装过程要比即插即用的交换机复杂得多。

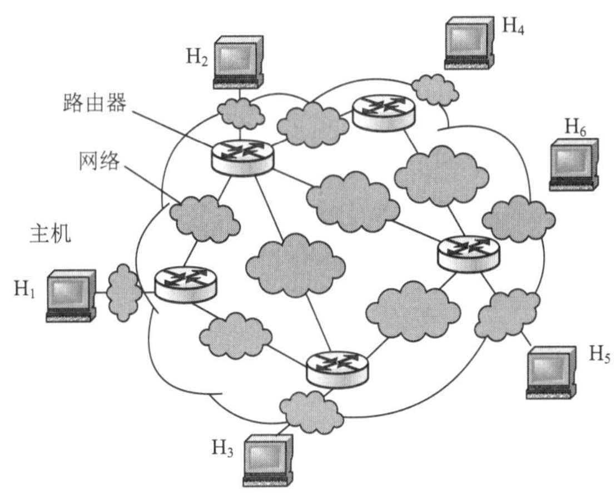

图 2-7 由路由器连接的网络

2. 路由器的工作原理

路由器的主要工作就是为经过路由器的每个数据帧寻找一条最佳传输路径，并将该数据有效地传送到目的站点。由此可见，选择最佳路径策略，即路由算法是路由器的关键所在。为了完成这项工作，在路由器中保存着各种传输路径的相关数据的路径表（routing table）供路由选择时使用。路径表中保存着子网的标志信息、网上路由器的个数和下一个路由器的名字等内容。路径表可以是由系统管理员固定设置好的，也可以由系统动态修改；可以由路由器自动调整，也可以由主机控制。

（1）静态路径表

由系统管理员事先固定设置好的路径表称为静态（static）路径表，一般在系统安装时就根据网络的配置情况预先设定，它不会随未来网络结构的改变而改变。

（2）动态路径表

动态（dynamic）路径表是路由器根据网络系统的运行情况而自动调整的路径表。路由器根据路由协议（routing protocol）提供的功能，自动学习和记忆网络运行情况，在需要时自动计算数据传输的最佳路径。

3. 路由器的结构

路由器主要由输入端口、输出端口、交换结构和路由选择处理器组成，如图 2-8 所示。

输入端口是物理链路和输入包的进口处，一个输入端口具有许多功能：一是进行数据链路层的封装和解封装；二是在转发表中查找输入包目的地址，从而决定目的端口（称为路由查找）；三是端口要对收到的包分成几个预定义的服务级别；四是端口可能需要运行一些网络协议，如 SLIP（serial line internet protocol，串行线路网际协议）、PPP（point-to-point protocol，点对点协议）等。一旦路由查找完成，必须用交换开关将包送到其输出端口。

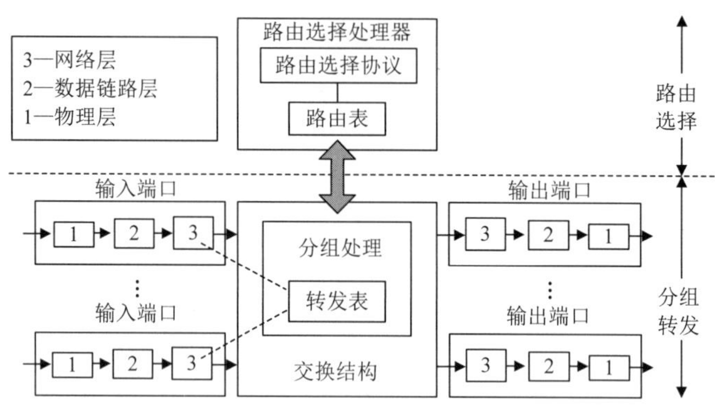

图 2-8 路由器的结构

交换结构可以使用多种不同的技术来实现，迄今为止使用最多的交换开关技术是总线、交叉开关和共享存储器。

输出端口在包被发送到输出链路之前对包存储，可以实现复杂的调度算法以支持优先级等要求。与输入端口一样，输出端口同样要能支持数据链路层的封装和解封装，以及许多较高级协议。

路由处理器计算转发表实现路由协议，并运行对路由器进行配置和管理的软件。同时，它还处理那些目的地址不在转发表中的包。

4. 路由器的类型

（1）接入路由器

接入路由器连接家庭或 ISP（internet service provider，互联网服务提供商）内的小型企业客户。接入路由器将来会支持许多异构和高速端口，并能够在各个端口运行多种协议，同时还要避开电话交换网。

（2）企业或校园级路由器

企业或校园级路由器连接许多终端系统，其主要目标是以尽量便宜的方法实现尽可能多的端点互联，并且进一步要求支持不同的服务质量。另外，企业或校园级路由器应能有效地支持广播和组播。企业网络可以处理历史遗留的各种 LAN 技术，支持多种协议；还要支持防火墙、包过滤及大量的管理和安全策略，以及 VLAN（virtual local area network，虚拟局域网）。

（3）骨干级路由器

骨干级路由器可实现企业级网络的互联，应保证速度和可靠性。硬件可靠性可以采用电话交换网中的技术，如热备份、双电源、双数据通路等来获得。骨干 IP 路由器的主要性能瓶颈是在转发表中查找某个路由所耗的时间。当收到一个包时，输入端口在转发表中查找该包的目的地址以确定其目的端口，当包越短或者当包要发往许多目的端口时，势必增加路由查找的代价。因此，将一些常访问的目的端口放到缓存中能够提高路由查找的效率。

2.4.3 因特网协议 TCP/IP

TCP/IP 是指传输控制协议和网际协议，但是 TCP/IP 不仅仅是指这两个单独的协议，而是包含了一系列构成互联网基础的网络协议。TCP/IP 组合了 100 多个协议，包括 FTP、SMTP、UDP、Telnet 协议（用于远程访问）、普通文件传输协议（trivial file transfer protocol，TFTP）、地址解析协议（address resolution protocol，ARP）和网际控制消息协议（Internet control messages protocol，ICMP）等协议。这些协议是用来把计算机和数据通信设备组织到计算机网络中的标准通信协议，它们要管理传输数据的路线、实际的传输及处理传输过程中出现的错误。

随着因特网的发展，目前流行的 IPv4 协议（网际协议版本 4）已经接近它的功能上限。IPv4 致命的两个缺陷在于：地址只有 32 位，IP 地址空间有限；不支持服务等级（quality of service，QoS），无法管理带宽和优先级，故而不能很好地支持现今越来越多的实时的语音和视频应用。因此，IPv6（网际协议版本 6）浮出水面，用以取代 IPv4。

因特网协议也称 TCP/IP。TCP/IP 是一个结构化的层次模型，分层的目的是把复杂的网络划分成更容易管理的不同层次。TCP/IP 划分为 4 个层次：应用层、传输层、网络层和网络接口层，该层次模型中最主要的层次是传输层和网络层。传输层的主要功能是对网络中传输的数据分组提供必要的传输质量保证，网络层的主要功能是提供一种互联不同网络采用的数据分组传输格式和控制方法。TCP/IP 中的 IP 主要负责在计算机之间搬运数据包，而 TCP 主要负责传输数据的正确性。

TCP 是面向连接的协议。面向连接的意思是在一个应用程序开始传送数据到另一个应用程序之前，它们之间必须相互沟通，即它们之间需要相互传送一些必要的参数，以确保数据的正确传送。TCP 弥补了 IP 的某些不足，其中比较突出的有两个方面：一是 TCP 能够保证在 IP 数据包丢失时进行重发，能够删除重复收到的 IP 数据包，还能保证准确地按原发送端的发送顺序重新组装数据；二是 TCP 能区别属于同一应用报文的一组 IP 数据包，并能鉴别应用报文的性质。

在 IP 中规定了在因特网上进行通信时应遵守的规则，如 IP 数据包的组成、路由器如何将 IP 数据包送到目的主机等。IP 的主要任务是把来自传输层的消息段装配成数据包，同时负责安排数据包的传送路线及在接收端把数据包还原成原来的消息段。IP 能够承载多种不同的高层协议的数据，这些协议使用一个唯一的 IP 协议号进行标识，即 IP 地址。IP 面向无连接，因特网中的结点路由器根据每个 IP 包中的 IP 地址进行寻址，这样同一个主机发出的属于同一报文的 IP 包可能会经过不同的路径到达目的主机。IP 在 RFC791 文件中有详细的描述。

各种物理网络在数据链路层传输的基本单元为帧（MAC 帧），其帧格式随物理网络而异，各物理网络的物理地址（MAC 地址）也随物理网络而异。IP 的作用就是向传输层（TCP 层）提供统一的 IP 包，即将各种不同类型的 MAC 帧转换为统一的 IP 包，并将 MAC 帧的物理地址变换为全网统一的逻辑地址（IP 地址）。这样，这些不同物理网络 MAC 帧的差异对上层而言就不复存在了。正因为这一转换，才实现了不同类型物理网络的互联。

IP 的三大功能为寻址、路由选择和分段与组装。

2.5 网络服务模式

网络服务是指一些在网络上运行的、面向服务的、基于分布式程序的软件模块。网络服务采用 HTTP 和 XML（extensible markup language，可扩展标记语言）等互联网通用标准，使人们可以在不同的地方通过不同的终端设备访问 Web 上的数据，如网上订票、查看订座情况。网络服务在电子商务、电子政务、公司业务流程电子化等应用领域有广泛的应用。网络是为计算机系统实现各种网络应用进行数据传输而设计的。网络或者链路完成从一点到另一点的数据传送，但网络本身并不产生数据，也不需要理解数据本身的含义。

2.5.1 计算机端系统和网络

端系统指的是处在因特网的边缘部分的所有主机，这些主机称为端系统；或者说端系统是进行数据通信的主机，而网络中其他通信设备如交换机、路由器等称为中间系统。计算机端系统可以通过物理链路直接连接进行数据通信，也可以通过网络或者相互连接的网络间接实现数据通信。端系统上运行的各种网络应用程序实现不同的网络应用，如文件传输、电子邮件、Web 网页浏览等。图 2-9 给出了端系统服务模式。这样的服务系统要求有两个应用程序，一个运行在 Web 服务器所在的计算机上，称为网络应用服务程序；另一个运行在远端计算机上，称为网络应用服务请求程序，或者客户程序。远端计算机上运行的应用程序首先发送一个请求到提供 Web 服务的主机，当这个请求到达以后，Web 服务器上运行的应用程序通过必要的处理后返回远端计算机用户请求的网页。

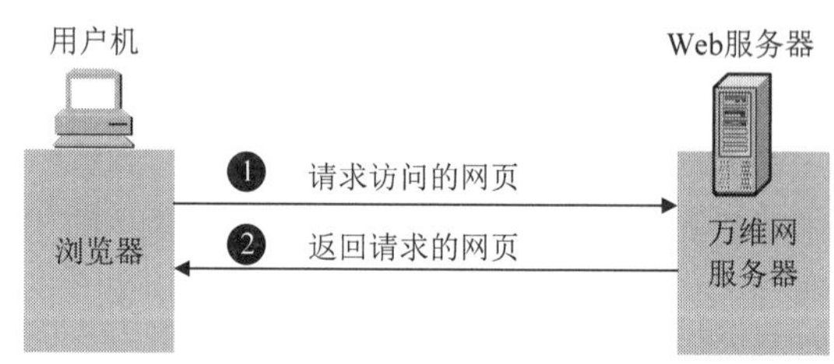

图 2-9 端系统服务模式

为了实现某一种网络应用，计算机端系统应用程序需要解决的基本问题是提出服务请求和返回服务响应。至于这些服务请求或响应消息以哪一种网络技术通过哪些网络结点和链路从一端传输到另一端，以什么样的分组格式在网络中传输，又怎样在网络中准确地识别对方等一系列问题都由网络负责解决。

传输网络的主要任务是依据分组的首部信息转发和传递数据分组。这部分工作是所有的网络应用进行数据通信都需要面临的，因此网络设计的基本思想是将这些与数据传输相关的网络技术设计成公共的网络服务，各种应用程序使用这种公共的网络服务实现所需要的数据传输。例如，用户计算机希望访问一个网页时，用户计算机的应用程序会向这个服务器发送一个 Web 服务请求，但这则请求消息并不能直接在网络中传输，而是被封装成相应格式的数据分组在网络中传输。分组到达 Web 服务器时被重新恢复成用户计算机程序所发出原始请求消息，再被送到 Web 服务程序。类似地，Web 服务程序通过相应的处理，返回的响应消息同样被封装成相应的分组在网络中传输。这里将应用程序发送或接收的数据称为消息，主要目的是希望与网络中传输的“数据分组”概念区别开来。基于这种网络设计思想，端系统应用程序只要解决彼此之间消息的发送、接收、理解和处理，而数据分组在网络中传输则利用公共网络所提供的服务实现。

2.5.2　C/S 模式与 B/S 模式

1. C/S 模式

从应用层的应用程序工作模型的角度，应用程序分为客户端程序与服务器程序。以 E-mail 应用程序为例，E-mail 应用程序分为服务器端的邮局程序与客户端的邮箱程序。用户在自己的计算机中安装并运行客户端的邮箱程序，就能够成为电子邮件系统的客户端，可以发送和接收电子邮件；而安装邮局程序的计算机就成为电子邮件服务器，它为客户提供电子邮件服务。提供服务的应用程序进程不间断地运行在服务器主机上，等待远端的服务请求；而远端的计算机根据需要随时向这个不间断的服务进程提出一个应用服务请求，这种服务方式称为客户/服务（client/server）模式。提供服务的端系统称为服务器（server），请求服务的远端计算机称为客户机（client），客户机使用服务器所提供的资源。

2. B/S 模式

B/S 模式即浏览器/服务器（browser/server）模式。B/S 是对 C/S 结构的一种改进。在这种结构下，软件应用的业务逻辑完全在应用服务器端实现，客户端只需要使用浏览器即可进行业务处理，是一种全新的软件系统构造技术。这种结构成为当今应用软件的首选体系结构。

2.5.3　P2P 模式

P2P（peer to peer）模式是网络结点之间采取对等的方式，通过直接交换信息来共享计算机资源和服务的工作模式，如图 2-10 所示。在 P2P 网络环境中，所有计算机都处于一种对等的地位，整个网络通常不依赖于专用的集中式服务器。P2P 网络中的每台计算机既可以作为网络服务的使用者，也可以向其他提出服务请求的客户提供资源和服务。这些资源可以是数据资源、存储资源或计算机资源等。

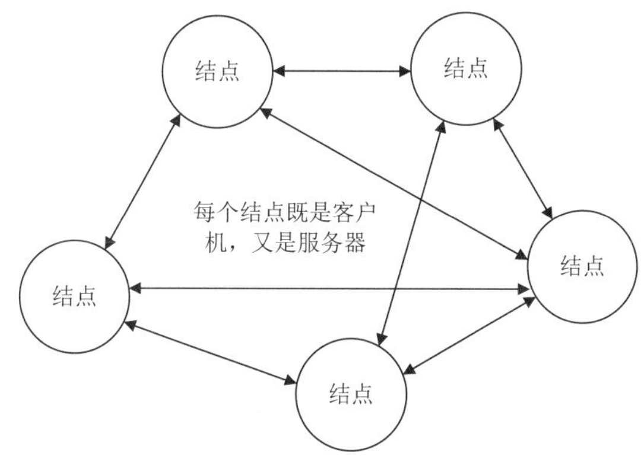

图 2-10　P2P 工作模式

目前，P2P 技术已广泛应用于实时通信、协同工作、内容分发与分布式计算等领域。P2P 网络则淡化了服务提供者与服务使用者的界限，所有结点同时身兼服务提供者与服务使用者的双重身份，以达到“进一步扩大网络资源共享范围和深度，提高网络资源利用率，使信息共享达到最大化”的目的。

2.6 局域网技术

2.6.1 局域网的定义及组成

局域网是由一组计算机及相关设备通过共用的通信线路或无线连接的方式组合在一起的系统，它们在一个有限的地理范围进行资源共享和信息交换。就其技术性定义而言，它是通过特定类型的传输媒体（如电缆、光缆和无线媒体）和网卡将计算机连接在一起，并受网络操作系统监控的网络系统。

局域网有着较高的数据传输速率，误码率也很低，但是对传输距离有一定的限制；另外，对同一个局域网中能够连接的结点数量也有一定的要求。典型的局域网由一台或多台服务器和若干个工作站组成。

局域网由资源子网和通信子网构成。资源子网包括分布在各个结点的服务器、工作站等计算机，以及网络操作系统等软件资源；通信子网包括传输介质、网卡、通信连接部件与通信协议软件。其具体设备如下：

1）服务器：为局域网提供共享资源的基本设备。常见的局域网服务器有文件服务器、打印服务器和通信服务器等，分别向用户提供共享的文件（如数据库和应用程序）、打印机和远程通信服务等。

2）工作站：网络用户进入局域网的结点，通常由 PC 机担任。

3）网卡：网卡的工作原理就是整理由计算机发往网线的数据，并将数据分解为适当大小的数据包之后向网络上发送出去。每块网卡都有一个唯一的物理地址，即 MAC 地址。以太网网卡有 10Mbit/s、100Mbit/s、10Mbit/s/100Mbit/s 及千兆网卡。

4）传输介质：计算机网络中发送者和接收者之间的物理通路，包括通信电缆和无线信道（如微波线路和卫星线路）。而局域网的典型传输介质是双绞线、同轴电缆和光缆。

5）集线器或交换机：连接若干工作站，然后集中连接到局域网总线。

2.6.2 以太网

以太网（Ethernet）的核心技术是随机争用型介质访问控制方法，即带有碰撞检测的载波监听多路访问（carrier sense multiple access with collision detection，CSMA/CD）方法。CSMA/CD 是针对总线型结构网络提出的一种技术方法，为充分利用公共传输介质，它建立在以竞争方式争用公共传输介质的思想基础之上，其实现原理如下：

每个欲发送数据的结点在传输数据之前，首先测试（监听）公共传输介质，看有无数据在“介质”上传送。如果有数据在其上传输，那么就一直等待“介质”出现空闲，或者随机延迟一段时间后再行测试“介质”。重复此过程，直到出现空闲。如果没有数据在“介质”上传输或经等待后出现空闲，则立即占用“介质”传输数据。

但采用该方法仍然可能存在这样的情况，即两个或多个欲发送数据的结点，在发现“介质”空闲，即无数据在其上传输的情况下，同时占用“介质”传输数据。那么，它们发送的数据就会在公共传输介质上发生碰撞，从而导致数据传输失败。为避免这种情况发生，该方法还采用了一种碰撞检测技术，每个发送结点在将数据发送出去后还要检测可能发生的碰撞，一旦发生碰撞，则立刻取消本次数据传输，并采用某种“退避算法”退避一定时间后再行侦听公共传输介质，以确定下次发送数据的时机。

2.6.3　局域网传输介质

连接网络首先要用的就是传输线，它是所有网络的最低要求。常见的传输线有 4 种基本类型：同轴电缆、双绞线、光纤和无线电波。

1. 同轴电缆

同轴电缆的中央是铜芯，铜芯外包着一层绝缘层，绝缘层外为一层屏蔽层，屏蔽层将电线很好地包起来，再往外就是外包皮了。

2. 双绞线

双绞线有两种基本类型：屏蔽双绞线（shielded twisted pair，STP）和非屏蔽双绞线（unshielded twisted pair，UTP），它们一般由 4 对 8 条芯线两两成对相互缠绕在一起的导线来形成传输电路。导线绞在一起主要是防止干扰（线对上的差分信号具有共模抑制干扰作用）。

3. 光纤

光纤由 3 部分组成：纤芯、包层和护套。纤芯是最内层部分，它由一根或多根非常细的由玻璃或塑料制成的绞合线或纤维组成。每一根纤维都由各自的包层包着，包层是玻璃或塑料涂层，它具有与纤芯不同的光学特性。最外层是护套，它包着一根或一束已加包层的纤维。护套由塑料或其他材料制成，用于防止潮气、擦伤、压伤或外界带来的其他危害。

4. 无线电波

无线电通信包括两个独特的网络：移动网络和 LAN 网络。利用 LAN 网，机器可以通过发射机和接收机连接起来；利用移动网，机器可以通过蜂窝式通信系统连接起来，该通信系统由无线电通信部门提供。

2.6.4　无线局域网

无线局域网是利用无线技术在空中传输数据、话音和视频信号的网络。作为传统布线网络的一种替代方案或延伸，无线局域网不仅能够满足移动和特殊应用领域网络的要求，还能覆盖有线网络难以涉及的范围。无线局域网不仅能够作为一种独立的移动通信网络来使用，而且可以作为传统局域网的补充。无线局域网以微波、激光与红外线等无线电波作为传输介质，可部分或全部代替传统局域网中的同轴电缆、双绞线与光纤，实现了移动计算网络中移动结点的物理层与数据链路层功能，并为移动计算机网络提供物理网络接口。

1. 红外无线局域网

红外无线信号是按视距方式传播的，即发送点必须能够直接看到接收点，中间没有阻挡。红外线频谱是非常宽的，所以就有可能提供极高的数据传输速率。红外线不会穿过墙壁或其他的不透明物体，但可以通过天花板反射来覆盖整个房间。红外无线局域网具有通信安全性好，抗干扰性强，系统安装简单，易于管理等优点，不足之处是传输距离受到一定的限制。红外无线局域网有 3 种基本的数据传输技术：定向光束红外传输、全方位红外传输和漫反射红外传输。

2. 扩频无线局域网

扩频通信是军事电子对抗中经常使用的一种方法，它将数据基带信号频谱扩展几倍或几十倍，以牺牲通信频带宽度为代价，来提高无线通信系统的抗干扰性与安全性。扩频无线局域网采用了传统的扩频通信技术。目前，扩频无线局域网主要采用跳频扩频与直接序列扩频技术。

3. 无线局域网标准 IEEE 802.11

IEEE 802.11 中 MAC 的基本存取方式称为 CSMA/CA（carrier sense multiple access with collision avoidance）。因为在无线传输中感测载波及碰撞侦测都是不可靠的，所以其感测载波有困难。另外，通常无线电波经天线送出去时，自己是无法监视到的，因此碰撞侦测实质上也做不到。在 IEEE 802.11 中，感测载波由两种方式来达成，第一是实际去听是否有电波在传，并加上优先权的观念；另一个是虚拟的感测载波，告知人们稍后会有多长时间可供传送数据以防止碰撞。

4. 无线局域网设备

1）无线网卡。无线网卡的作用和以太网中的网卡的作用基本相同，它作为无线局域网的接口，能够实现无线局域网各客户机间的连接与通信。

2）无线局域网的接入点（access point，AP）。无线 AP 就是无线局域网的接入点、无线网关，它的作用类似于有线网络中的集线器。

3）无线天线。当无线网络中各网络设备相距较远时，随着信号的减弱，传输速率会明显下降，以致无法实现无线网络的正常通信，此时就要借助于无线天线对所接收或发送的信号进行增强。

2.6.5 网络接入

网络接入是指通过某种通信设施将用户计算机或用户网络与 ISP 连接。目前网络接入技术主要包括有线接入与无线接入两类。有线接入主要有利用电话交换网的 ADSL（asymmetric digital subscriber line，非对称数字用户环路）技术（也称宽带接入因特网技术）、利用有线电视网的 Cable Modem 技术、光纤接入技术、局域网接入技术等；无线接入主要有 IEEE 802.11 标准的 WLAN 接入、IEEE 802.16 标准的 WMAN 接入，以及正在发展的 Ad hoc 接入技术。

1. 电话线接入 ISP

现有的电话网络为居住在本地的任何住户提供普通的电话接通服务，利用现有的电话线实现用户计算机和本地 ISP 的相互连接，使其既能传输电话语音信号，同时又可以传输计算机数据，这对于家庭计算机用户接入因特网是非常经济方便的。在此基础上发展起来的 ADSL 技术的最大特点是不需要改造信号传输线路，完全可以利用普通铜质电话线作为传输介质，配上专用的 ADSL Modem 即可实现数据高速传输。ADSL 支持上行速率为 640kbit/s～1Mbit/s，下行速率为 1～8Mbit/s，其有效的传输距离为 3～5km。

2. 有线电视接入 ISP

有线电视网采用基于光纤和同轴电缆混合的网络技术 HFC（hybrid fiber coax）。HFC 网络系统采用光缆和同轴电缆混合方式，即主干网络与服务区之间采用光缆，而服务区到用户住宅采用同轴电缆。通过 HFC 网络传输计算机数据的基本思想是利用有线电视网络连接到住户的电缆线，分离出一部分带宽用于传输计算机数据，并通过线缆调制解调设备（cable modem）将计算机数据转换成能够在有线电视模拟信道上传输的信号，与有线电视信号一起传输，本地有线电视公司再将相应的计算机数据分离出来，通过本地 ISP 接入因特网。

Cable Modem 连接方式可分为两种，即对称速率型和非对称速率型。前者的数据上传速率和数据下载速率相同，都为 500kbit/s～2Mbit/s；后者的数据上传速率为 500kbit/s～10Mbit/s，数据下载速率为 2～40Mbit/s。

3. 专线接入技术

高速专线接入服务主要是通过租用电信部门架设的公共传输网接入因特网主干。这些公共传输网络专门用于计算机数据传输，其传输数据率和交换处理速度都很高，并且大部分网络采用光纤传输。因此，与其他接入技术相比，这种专线接入方式的最大优势是数据传输质量好、传输距离长、抗干扰能力强、可靠性高，是企业、学校、政府机关等规模较大的网络接入主干 ISP 的良好选择。

4. 无线接入技术

随着计算机和通信技术的发展，出现了多种不同类型的无线网络，它们分别适合于不同的应用领域。利用无线网络能够使无线数据终端在任何时候从任何地方接入因特网，为用户实现读取电子邮件、查询重要数据、浏览 Web 页面等操作。

目前通过无线网络系统接入因特网有两种常用方式：一种是通过蜂窝移动通信系统接入因特网，实现某些因特网的网络应用；另一种是利用无线局域网技术，将移动数据终端接入有线局域网，使其成为有线局域网的一个组成部分，进而实现各种基于因特网的应用。

5. 卫星接入技术

目前，国内一些因特网服务提供商开展了卫星接入因特网的业务，适合地方偏远又需要较高带宽的用户。卫星通信需要安装一个甚小口径终端（very small aperture terminal，

VSAT）。VSAT 是一种天线口径很小的卫星通信地球站，又称微型地球站或小型地球站。其特点是天线直径很小（一般为 0.3～2.4m），设备结构紧凑，固体化，智能化，价格便宜，安装方便，对使用环境要求不高，且不受地面网络的限制，组网灵活。

2.7 TCP/IP

TCP/IP 又称网络通信协议，该协议是因特网的基础。TCP/IP 是网络中使用的基本通信协议，它包括上百个各种功能的协议，如远程登录、文件传输和电子邮件等，而 TCP 和 IP 是保证数据完整传输的两个基本的重要协议。

2.7.1 TCP/IP 体系结构

从体系结构来看，TCP/IP 分为 4 层，即接口层、网络层、传输层和应用层，如图 2-11 所示。

应用层	Telnet、FTP、SMTP、HTTP、DNS
传输层	TCP、UDP、RSVP
网络层	IP、ICMP、ARP、RARP
接口层	LAN、ARPANET、SATNET

图 2-11 TCP/IP 体系结构

接口层：TCP/IP 只定义了各种物理网络与 TCP/IP 之间的网络接口。这些物理网络包括多种广域网，如以太网、令牌环网等，以及各种标准局域网。

网络层：包含 4 个重要协议，即 IP、ICMP、ARP 和 RARP（reverse address resolution protocol，反向地址转换协议）。IP 主要提供端到端的分组发送功能，用以标识网络号及主机结点号的编址标识功能；ICMP 是提供差错报告服务的协议，它在 IP 层加入一类特殊用途的报文机制，以满足 IP 报告差错的需求；ARP 通过 IP 地址解析对方主机的物理地址；RARP 的作用正好相反，通过物理地址解析 IP 地址。

传输层：使源端和目标端主机上的对等实体可以进行会话。TCP/IP 的传输层定义了 3 个协议：TCP、UDP 和 RSVP（resource reservation protocol，资源预留协议）。TCP 是一个面向连接的协议，允许从一台机器发出的字节流无差错地发往互联网上的其他机器。它把输入的字节流分成报文段并传给 IP 层。在接收端，TCP 接收进程把收到的报文再组装成输出流。TCP 还要处理流量控制，以避免快速发送方向低速接收方发送过多报文而使接收方无法处理。UDP 是一个不可靠的无连接协议，用于不需要 TCP 的排序和流量控制能力而是自己完成这些功能的应用程序。

应用层：包含所有高层协议。最早引入的应用层协议包括 Telnet 协议、FTP 和 SMTP。Telnet 允许一台机器上的用户登录到远程机器上并且进行工作；FTP 提供了有效地把数据从一台机器移动到另一台机器的方法；SMTP 最初仅是一种文件传输方式，但是后来为它提出了专门的协议。近年来又增加了很多协议，如域名系统（domain name system）服务，用于把主机名映射到网络地址；网络新闻传输协议（network news transfer protocol，NNTP），用于传递新闻文章；HTTP 用于在万维网（WWW）上获取主页等。

2.7.2 IP

IP 是 TCP/IP 体系中两个重要的协议之一，IP 定义了用以实现面向无连接服务的网络层分组格式，其中包括 IP 寻址方式。不同网络技术的主要区别在数据链路层和物理层，如不同的局域网技术和广域网技术。而 IP 则能够将不同的网络技术在 TCP/IP 的网络层统一在一个 IP 之下，以统一的 IP 分组传输提供对异构网络互联的支持。

1. IP 地址

在因特网中，每台计算机和其他设备都规定了一种地址，称为 IP 地址。由于有 IP 地址，才保证了用户在联网的计算机上操作时，能够高效且方便地从连接在网络中的千千万万台计算机或设备中找到需要联系的计算机或设备对象。IP 地址以 32 位二进制位的形式存储于计算机中。32 位的 IP 地址结构由网络标识和主机号两部分组成。其中，网络标识用于标识该主机所在的网络，而主机号则表示该主机在相应网络中的特定位置。正是因为网络标识所给出的网络位置信息，才使得路由器能够在通信子网中为 IP 分组选择一条合适的路径。

由于 32 位的 IP 地址不太容易书写和记忆，因此通常采用带点十进制标识法（dotted decimal notation）来表示 IP 地址。在这种格式下，将 32 位的 IP 地址分为 4 个 8 位，每个 8 位组以一个十进制数表示，取值范围为 0～255；代表相邻 8 位组的十进制数以小圆点分割。所以，带点十进制表示的最低 IP 地址为 0.0.0.0，最高 IP 地址为 255.255.255.255。

为适应不同规模的网络，通常 IP 地址被分为 A、B、C、D 和 E 5 类，如图 2-12 所示。其中 A、B、C 类作为普通的主机地址，D 类用于提供网络组播服务，E 类保留给未来扩充使用。

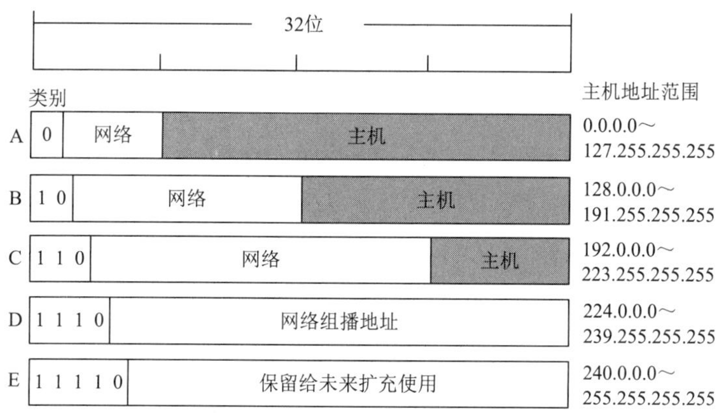

图 2-12 IP 地址的 5 种类型

2. 子网掩码

子网掩码又称网络掩码，是一种用来指明一个 IP 地址的哪些位标识的是主机所在的子网及哪些位标识的是主机的位掩码。子网掩码不能单独存在，它必须结合 IP 地址一起使用。

子网掩码只有一个作用，就是将某个 IP 地址划分成网络地址和主机地址两部分。通过 IP 地址的二进制与子网掩码的二进制进行与运算，确定某个设备的网络地址和主机号，即通过子网掩码分辨一个网络的网络部分和主机部分。A 类 IP 地址的子网掩码为 255.0.0.0，每个网络支持的最大主机数为 $256^3-2=16777214$（台）；B 类 IP 地址的子网掩码为 255.255.0.0，每个网络支持的最大主机数为 $256^2-2=65534$（台）；C 类 IP 地址的子网掩码为 255.255.255.0，每个网络支持的最大主机数为 256−2=254（台）。

例如，一个 C 类地址为 192.9.200.13，其默认的子网掩码为 255.255.255.0，则它的网络号和主机号可按如下方法得到：

1）将 IP 地址 192.9.200.13 转换为二进制：

11000000 00001001 11001000 00001101

2）将子网掩码 255.255.255.0 转换为二进制：

11111111 11111111 11111111 00000000

3）将两个二进制数进行逻辑与（AND）运算，得出的结果即为网络部分：

11000000 00001001 11001000 00000000

转换为十进制为 192.9.200.0，即网络号。

4）将子网掩码取反再与 IP 地址进行逻辑与（AND）运算，得到的结果即为主机部分：

00000000 00000000 00000000 00001101

转换为十进制的结果为 0.0.0.13，即主机号为 13。

3. 路由选择

在目的主机和原主机之间可能存在多条路径，因此，在传送数据分组之前必须选择合适的路径，这就是路由选择问题。路由选择通过路由器实现，路由器一般利用最短通路算法，计算源主机或者源网络通向其他主机或者网络的最短路径，路径选择算法的好坏直接影响到网络资源的利用率和网络的性能。在图 2-13 所示的网络中，当网络 1 中的主机 A 要和网络 4 中的主机 B 通信时，网络 1 中的主机 A 必须确定两个问题：

1）主机 A 是将数据分组发送给网络中的主机或者是网络设备；

2）当有多台网络设备时，应该将分组发送给哪一个网络设备。

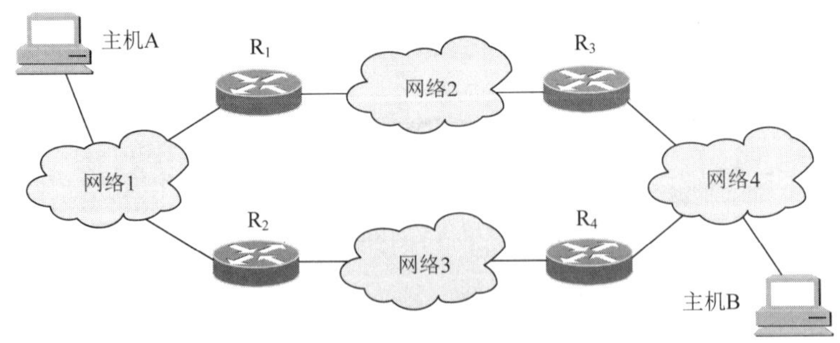

图 2-13　路由选择

在该例中，主机 A 首先要判断分组是发送给本网络中的主机还是其他网络中的主机，这个判断需要根据目的地址中的网络标识来确定。如果网络标识相同，则说明目的主机和本主机在同一网络，这时可以用直接发送的方式进行。当目的地址的网络标识和本主机不同时，则说明该分组需要通过路由器传输，主机 A 就需要知道路由器地址；当主机 A 所在的网络中有多个路由器时，主机 A 还必须选择将数据发送给哪一个路由器。

这个过程就是路由选择，路由选择采用表驱动的方式实现。也就是说，在主机 A 中有一个路由表，记录通向每一个网络的路由。当主机要发送数据分组时，首先查找主机中的路由表，然后根据路由表中的路由记录确定数据发送的目的路由器；路由器中同样保存有路由表，路由器收到分组后，同样根据分组中目的主机的网络标识确定是直接发送还是转发给其他路由器，如果是转发，就要查找自己的路由表，寻找下一跳路由器地址。一般来说，路由表中应包括目的地址、下一个路由器地址、到达目的网络或主机的距离等。

4. IPv6

IP 地址用一个 32 位二进制的数表示一个主机号码，但 32 位地址资源有限，IP 地址的需求量越来越大，已经不能满足用户的需求了，使得 IP 地址的发放愈趋严格，各项资料显示全球 IPv4 地址可能已全部发完。因此，大多数计算机上网时的 IP 地址是通过自动获取动态分配的 IP 地址，或者是共享一个 IP 地址。为了扩大地址空间，因特网研究组织发布新的主机标识方法，即用 IPv6 替代现行的 IPv4（现行的 IP）。IPv6 地址的 128 位（16 字节）写成 8 个 16 位的无符号整数，每个整数用 4 个十六进制位表示，这些数之间用冒号（：）分开。IPv6 被广泛应用以后，128 位的地址长度有 $2^{128}-1$ 个地址，几乎可以不受限制地提供地址，全世界的联入互联网的所有设备就都会有相对应的一个 IP 地址。

5. 域名

IP 地址是因特网中计算机路由寻址的数字体标识，不容易记忆，因此使用域名这种由一串用点分隔的名字，组成因特网上某一台计算机或计算机组的名称。例如，北京林业大学的域名为 www.bjfu.edu.cn，该域名对应的 IP 地址是 202.204.112.66。IP 地址与域名是一对多的关系，一个 IP 地址可以对应多个域名，但是一个域名只有一个 IP 地址。域名虽然便于人们记忆，但机器之间只认识 IP 地址，它们之间的转换工作称为域名解析。域名解析需要由专门的域名服务器 DNS 或称为域名解析服务系统来完成，通过域名解析，最终指向实际的 IP。DNS 是因特网的一项核心服务，它将域名和 IP 地址相互映射存储在一个分布式数据库中，通过域名解析服务器中的域名解析服务系统使人更方便地访问互联网。在因特网中，访问域名→DNS 解析成 IP 地址→访问 IP 地址→完成网站的访问→返回信息。

2.7.3 TCP

TCP 是一种面向连接的、可靠的、基于字节流的传输层通信协议。在简化的计算机网络 OSI 模型中，TCP 完成第 4 层传输层所指定的功能，UDP 是同一层内另一个重要的传输协议。

TCP 层是位于 IP 层之上，应用层之下的传输层。不同主机的应用层之间经常需要可靠的、像管道一样的连接，但是 IP 层不提供这样的流机制，而是提供不可靠的包交换。

应用层向 TCP 层发送用于网间传输的、用 8 字节表示的数据流，然后 TCP 把数据流分割成适当长度的报文段，之后 TCP 把结果包传给 IP 层，由它通过网络将包传送给接收端实体的 TCP 层。TCP 为了保证不发生丢包，就给每个字节一个序号，同时序号也保证了传送到接收端实体的包的按序接收。接收端实体对已成功收到的字节发回一个相应的确认（ACK），如果发送端实体在合理的往返时延内未收到确认，那么对应的数据将会被重传。TCP 用一个校验和函数来检验数据是否有错误，在发送和接收时都要计算校验和。

TCP 所提供服务的主要特点：①面向连接的传输；②端到端的通信；③高可靠性，确保传输数据的正确性，不出现丢失或乱序；④全双工方式传输；⑤采用字节流方式，即以字节为单位传输字节序列；⑥紧急数据传送功能。

TCP 使用端口号的概念来标识发送方和接收方的应用层，对每个 TCP 连接的一端都有一个相关的 16 位的端口号分配给它们。端口被分为 3 类：熟知的、注册的和临时的。熟知的端口号是由因特网赋号管理局（Internet Assigned Numbers Authority，IANA）分配的，并且通常被用于系统一级或根进程。熟知的应用程序作为服务器程序运行，并被动地侦听经常使用这些端口的连接，如 FTP、Telnet、SMTP、HTTP 等；注册的端口号通常被用来作为终端用户连接服务器时短暂地使用的源端口号，但它们也可以用来标识已被第三方注册了的、被命名的服务；临时的端口号在任何特定的 TCP 连接外不具有任何意义。可能的、被正式承认的端口号有 65535 个。

2.8 网络新技术

2.8.1 搜索引擎技术

搜索引擎是指互联网上专门提供检索服务的一类网站，这些站点的服务器通过网络搜索软件或网络登录等方式，将因特网上大量网站的页面信息收集到本地，经过加工处理建立信息数据库和索引数据库，从而对用户提出的各种检索做出响应，提供用户所需的信息或相关指针。用户的检索途径主要包括自由词全文检索、关键词检索、分类检索及其他特殊信息的检索。

搜索引擎的原理可以分为 4 步：从互联网上抓取网页、建立索引数据库、在索引数据库中搜索排序、对搜索结果进行处理和排序。

1. 从互联网上抓取网页

利用能够从互联网上自动收集网页的爬虫系统程序自动访问互联网，并沿着任何网页中的所有 URL（uniform resource locator，统一资源定位符）爬到其他网页，重复该过程，并把爬过的所有网页收集回来。

2. 建立索引数据库

由分析索引系统程序对收集回来的网页进行分析，提取相关网页信息（包括网页所在 URL、编码类型、页面内容包含的关键词、关键词位置、生成时间、大小、与其他网页的链接关系等），根据一定的相关度算法进行大量复杂计算，得到每一个网页针对页面内容中及超链接中每一个关键词的相关度（或重要性），然后用这些相关信息建立网页索引数据库。

3. 在索引数据库中搜索排序

当用户输入关键词搜索后，由搜索系统程序从网页索引数据库中找到符合该关键词的所有相关网页。因为所有相关网页针对该关键词的相关度早已计算好，所以按照现成的相关度数值排序即可，相关度越高，排名越靠前。

4. 对搜索结果进行处理和排序

所有相关网页针对该关键词的相关信息在索引库中都有记录，只需综合相关信息和网页级别形成相关度数值，然后进行排序即可，相关度越高，排名越靠前。最后，由页面生成系统将搜索结果的链接地址和页面内容摘要等内容组织起来返回给用户。

2.8.2 网络电话技术

VoIP（voice over Internet protocol，语音传输协议）又称 IP 电话技术，指在 IP 网络上使用 IP 以数据包的方式传输语音。使用 VoIP 协议，不管是因特网、企业内部互联网还是局域网都可以实现语音通信。一个使用 VoIP 的网络中，语音信号经过数字化，压缩并转换成 IP 包，然后在 IP 网络中进行传输。

VoIP 的传输过程分为语音-数据转换、原数据到 IP 转换、传送、IP 包-数据转换和数字语音转换为模拟语音 5 个阶段。

VoIP 电话中网络传输技术主要是 TCP 和 UDP，此外还包括网关互联技术、路由选择技术、网络管理技术及安全认证和计费技术等。

2.8.3 P2P 技术

P2P 技术又称对等互联网络技术，P2P 依赖网络中参与者的计算能力和带宽。P2P 模式打破了传统的 C/S 模式，在网络中的每个结点的地位都是对等的。每个结点既充当服务器，为其他结点提供服务，同时也作为客户端享用其他结点提供的服务。这种网络架构所带来的优点是 P2P 网络中各结点的能力和资源可以共享，理论上来说网络的能力和资源是各结点的总和。

1. P2P 技术的主要特点

P2P 网络中的资源和服务分散在所有结点上，信息的传输和服务的实现都直接在结点之间进行，无须中间环节和服务器的介入。随着用户的加入，不仅服务的需求增加了，系统整体的资源和服务能力也在同步扩充，能较容易地满足用户的需要。由于 P2P 网络中的服务是分散在各个结点之间进行的，部分结点或网络遭到破坏对其他部分的影响很小，因此在部分结点失效时能够自动调整整体拓扑，保持其他结点的连通性。P2P 网络的架构可以有效地利用互联网中散布的大量普通结点，将计算任务或存储数据分布到所有结点上。在 P2P 网络中，由于信息的传输分散在各结点之间，而无须经过某个集中环节，所有参与者都可以提供中继转发的功能，因此大大提高了匿名通信的灵活性和可靠性，能够为用户提供更好的隐私保护。P2P 网络环境下，由于每个结点既是服务器又是客户机，减少了对传统 C/S 结构中服务器计算能力、存储能力的要求，同时因为资源分布在多个结点，更好地实现了整个网络的负载均衡。

2. P2P 技术的主要应用

1）资源共享。P2P 技术不需要通过中心服务器，而是任意两台相连接的计算机直接共享文档、多媒体和其他文件。其典型应用有 Napster、Gnutella、eDonkey、BT 等。

2）分布式计算。通过采用 P2P 计算技术，将庞大计算任务分块，通过位于系统控制中心的调度软件对分块任务进行调度和管理，分发给许多普通计算机来执行，操作完成后再返回结果给控制中心。

3）实时通信。P2P 的实时通信技术采用一个中心服务器控制着用户的认证等基本信息，结点之间通过使用 P2P 客户端软件进行即时交流。其典型应用包括 ICQ、OICQ、YahooMessenger、MSN 等。

4）协同工作。P2P 技术建立了一个安全的企业级协同工作平台，提供互动的供求信息，帮助用户进行经销渠道维护及售后服务等。

5）搜索引擎。基于 P2P 的文件搜索技术，无须通过 Web 服务器，也不受文档格式和宿主设备的限制，就可达到传统目录式搜索无可比拟的深度。

2.8.4 流媒体技术

流媒体技术也称流式媒体技术，是把连续的影像和声音信息经过压缩处理后放到网站服务器，让用户一边下载一边观看、收听，而不要等整个压缩文件下载到自己的计算机上才可以观看的网络传输技术。该技术先在使用者端的计算机上创建一个缓冲区，在播放前预先下载下一段数据作为缓冲，在网络实际连线速度小于播放所耗的速度时，播放程序就会取用一小段缓冲区内的数据，这样可以避免播放的中断，也使得播放品质得以保证。当声音视频等在用户的机器上播放时，文件的剩余部分还会从服务器上继续下载。

流式传输技术又分两种，一种是顺序流式传输，另一种是实时流式传输。顺序流式传输是顺序下载，在下载文件的同时用户可以观看，但是用户的观看与服务器上的传输并不是同步进行的，用户是在一段延时后才能看到服务器上传出来的信息，或者说用户看到的总是服务器在若干时间以前传出来的信息。在该过程中，用户只能观看已下载的那部分，而不能要求跳到还未下载的部分。顺序流式传输比较适合高质量的短片段，因为它可以较好地保证节目播放的最终质量。它适用于在网站上发布的供用户点播的音视频节目。在实时流式传输中，音视频信息可被实时观看到。在观看过程中用户可快进或后退以观看前面或后面的内容，但是在这种传输方式中，如果网络传输状况不理想，则收到的信号效果比较差。

由于流媒体技术在一定程度上突破了网络带宽对多媒体信息传输的限制，因此被广泛运用于网上直播、网络广告、视频点播、远程教育、远程医疗、视频会议、企业培训、电子商务等多个领域。

2.8.5 即时通信技术

即时通信（instant messenger，IM）是指能够即时发送和接收互联网消息等的业务。即时通信集成了电子邮件、博客、音乐、电视、游戏和搜索等多种功能，已发展成集交流、资讯、娱乐、搜索、电子商务、办公协作和企业客户服务等为一体的综合化信息平台。大部分的即时通信服务提供了状态信息的特性——显示联络人名单，即联络人是否在线和能否与联络人交谈。常用的即时通信工具主要有如下几种：

1）腾讯 QQ。QQ 是腾讯公司开发的一个即时通信软件，支持在线聊天、视频通话、点对点断点续传文件、共享文件、网络硬盘、QQ 邮箱等多种功能。

2）腾讯微信。微信是一个为智能终端提供即时通信服务的软件。微信支持跨通信运营商、跨操作系统平台进行在线聊天、音视频通话、转账和扫码支付等多种功能。

3）Skype。TOM-Skype 是 TOM 在线和 Skype Technologies S.A.联合推出的互联网使用的即时通信软件，具备视频聊天、多人语音会议、多人聊天、传送文件、文字聊天等功能，可以拨打国内国际电话，并且可以实现呼叫转移、短信发送等功能。

2.8.6 无线传感器网络

无线传感器网络（wireless sensor network）是指部署在监测区域内大量的微型传感器结点通过无线电通信行程的一个多跳的自组织网络系统，其目的是协作感知、采集和处理网络覆盖区域内被监测对象的信息，并发送给用户。无线传感器网络是多学科高度交叉、新兴、前沿的一个热点研究领域，是物联网的重要支撑技术之一，有着十分广泛的应用前景。无线传感器网络有以下几方面特点。

（1）大规模网络

对森林、草原、农田进行环境监控，对野生动物活动情况进行监测等，往往要布置大量的无线传感器结点，布设范围也远超过一般的局域网范围。布置大量的无线传感器结点可提高整体监测的精确度，降低对单个结点的精确要求，大量冗余结点的存在使得系统有较强的容错性。

（2）自组织网络

在无线传感器网络应用中，通常情况下传感器结点被放置在没有基础结构的地方。传感器结点的位置不能预先精确设定，结点之间的相互邻居关系预先也不知道。例如，在大田中放置的传感器，由于环境恶劣，在传感器网络使用过程中，部分传感器结点由于能量耗尽或环境因素造成失效，也有一些结点为了弥补失效结点、增加监测精度而补充到网络中，使得在传感器网络中的结点个数动态地增加或减少，从而使网络的拓扑结构随之动态地变化。因此，要求传感器结点具有自组织能力，以适应这种网络拓扑结构的动态变化，能够自动进行配置和管理，通过拓扑控制机制和网络协议自动形成转发监测数据的多跳无线网络系统。

（3）动态性网络

无线传感器网络的拓扑结构可能因为下列因素而改变：①环境因素或电能耗尽造成的传感器结点出现故障或失效；②环境条件变化可能造成无线通信链路带宽变化，甚至时断时通；③无线传感器网络的传感器、感知对象和观察者这 3 个要素都可能具有移动性；④新结点的加入。这就要求无线传感器网络系统要能够适应这种变化，具有动态的系统可重构性。

（4）可靠的网络

无线传感器网络特别适合部署在恶劣环境或人类不宜到达的区域，传感器结点可能工作在露天环境中，遭受太阳的暴晒或风吹雨淋，甚至遭到无关人员或动物的破坏。传感器结点往往采用随机部署，如通过飞机撒播或发射炮弹到指定区域进行部署。这些都要求传感器结点非常坚固，不易损坏，适应各种恶劣环境条件。由于监测区域环境的限制及传感器结点数目巨大，不可能人工“照顾”每个传感器结点，网络的维护十分困难甚至不可维护。无线传感器网络的通信保密性和安全性也十分重要，要防止监测数据被盗取和获取伪造的监测信息。因此，无线传感器网络的软硬件必须具有鲁棒性和容错性。

（5）以数据为中心的网络

在互联网中，资源定位和信息传输依赖于终端、路由器、服务器等网络设备的 IP 地址。如果想访问互联网中的资源，首先要知道存放资源的服务器 IP 地址。可以说目前的互联网是一个以地址为中心的网络。而无线传感器网络是任务型的网络，传感器网络中的结点采用结点编号标识，结点编号是否需要全网唯一取决于网络通信协议的设计。由于传感器结点随机部署，构成的无线传感器网络与结点编号之间的关系是完全动态的，因此结点编号与结点位置没有必然联系。用户使用传感器网络查询事件时，直接将所关心的事件通告给网络，而不是通告给某个确定编号的结点；网络在获得指定事件的信息后汇报给用户。这种以数据本身作为查询或传输线索的思想更接近于自然语言交流的习惯。所以通常说无线传感器网络是一个以数据为中心的网络。

2.8.7 无线宽带接入

无线宽带接入技术是指终端以无线方式接入网络系统的技术。无线宽带接入技术主要有两类技术体系，一类是蜂窝移动通信宽带接入技术，主要有 3G、4G、5G、WiMAX 等；另一类是短距离无线通信技术，主要有蓝牙（blue tooth）、Wi-Fi、ZigBee 等。

1. 蜂窝移动通信宽带接入技术

（1）手机通信

1）GSM（global system for mobile communications，全球移动通信）：一种 2G 通信技术。

2）CDMA（code division multiple access，码分多址）在数字技术的分支——扩频通信技术上发展起来的一种无线通信技术。

3）TD-SCDMA（time division-synchronous）：由我国大唐电信公司提出的 3G 技术。

4）WCDMA（wideband CDMA，宽频分码多重存取）：由 GSM 网发展出来的 3G 技术规范。

5）4G 移动通信宽带接入技术：包括 TD-LTE 和 FDD-LTE 两种制式，中国移动、中国电信和中国联通都采用 TD-LTE 制式。

（2）通用分组无线服务技术

GPRS（general packet radio service，通用分组无线服务）是一种以 GSM 为基础的数据传输技术。它利用 GSM 网络中未使用的 TDMA 信道提供中速数据传递。GPRS 以封包式传输，并非使用其整个频道，传输费用便宜。GPRS 的传输速率为 56～114Kbit/s。

（3）全球微波互联接入技术

WiMAX（worldwide interoperability for microwave access，全球微波互联接入技术）是面向互联网的高速连接技术，该技术采用 IEEE 802.16 标准，允许用户在任何时间、任何地方都可方便地接入网络，数据传输距离最远可达 50km。

2. 短距离无线通信技术

短距离无线通信技术一般指无线覆盖范围在个人活动范围内的通信技术，目前在物联网中应用的主流技术为蓝牙、Wi-Fi、ZigBee 等。

1）蓝牙是一种支持设备短距离通信的无线电技术，能在包括移动电话、PDA、无线耳机、笔记本电脑、相关外部设备等众多设备之间进行无线信息交换。

2）Wi-Fi 是一种短程无线宽带传输技术，能够在数百米范围内支持互联网接入的无线电信号。目前使用的 Wi-Fi 标准有多个，如 IEEE 802.11a、IEEE 802.11b、IEEE 802.11g。

3）ZigBee 技术是一种短距离、低功耗的无线网络技术，主要在短距离范围内，需要低功耗、低成本、对数据速率和服务质量要求不高的电子设备之间进行无线通信。

2.8.8 VPN 技术

VPN（virtual private network，虚拟专用网）是通过一个公用网络（通常是因特网）建立一个临时穿过混乱的公用网络的安全、稳定的隧道。VPN 可用于不断增长的移动用户的全球因特网接入，以实现安全连接，是实现企业网站之间安全通信的虚拟专用线路，用于经济有效地连接到商业伙伴和用户的虚拟专用网。

1. VPN 的特点与分类

VPN 架构中采用了多种安全机制，如隧道技术、加解密技术、密钥管理技术、身份认证技术等，通过上述的各项网络安全技术，可确保资料在公众网络中传输时不被窃取，或是即使被窃取了，对方也无法读取数据包内所传送的资料。由于采用了“虚拟专用网”技术，即用户实际上并不存在一个独立专用的网络，用户既不需要建设或租用专线，也不需要装备专用的设备，就能组成一个属于用户自己专用的电信网络。不同类型的公用网络，通过网络内部的软件控制就可以组建不同种类的 VPN。

VPN 可分为：①企业各部门与远程分支之间的 Intranet VPN；②企业网与远程（移动）雇员之间的远程访问（remote access）VPN；③企业与合作伙伴、客户、供应商之间的 Extranet VPN。

在 Intranet VPN 中，要有高强度的加密技术来保护敏感信息；在远程访问 VPN 中要有对远程用户的认证机制；在 Extranet VPN 中，企业要与不同的客户及供应商建立联系，VPN 解决方案也会不同。这就要求所选择的 VPN 方案应该是基于工业标准和协议的，这些协议有 IPSec、点到点隧道协议（point-to-point tunneling protocol，PPTP）、第二层隧道协议（layer 2 tunneling protocol，L2TP）等。

2. VPN 的关键技术

实现 VPN 的两个关键技术是隧道技术和加密技术。

（1）隧道技术

隧道技术就是：原始报文在 A 地进行封装，到达 B 地后把封装去掉，还原成原始报文，这样就形成了一条由 A 到 B 的通信隧道。

（2）加密技术

数据加密的基本思想是通过变换信息的表示形式来伪装需要保护的敏感信息，使非授权者不能了解被保护信息的内容。其加密算法有 RC4、DES 和三次 DES 算法。RC4 强度比较弱，用于一般信息保护；DES 和三次 DES 强度比较高，可用于敏感的商业信息。

参考文献

冯博琴，陈文革，2012．计算机网络[M]．2 版．北京：高等教育出版社．

郭秋萍，2001．计算机网络实用教程[M]．北京：北京航空航天大学出版社．

胡伏湘，邓文达，2007．计算机网络技术教程[M]．北京：清华大学出版社．

刘化君，等，2007．计算机网络与通信[M]．北京：高等教育出版社．

王卫红，李晓明，2009．计算机网络与互联网[M]．北京：机械工业出版社．

吴功宜，吴英，2010．计算机网络技术教程：自顶向下分析与设计方法[M]．北京：机械工业出版社．

谢希仁，2009．计算机网络[M]．2 版．北京：电子工业出版社．

袁津生，齐建东，曹佳，2008．计算机网络安全基础[M]．3 版．北京：人民邮电出版社．

张曾科，关敬敬，马喜春，2007．计算机网络技术及应用[M]．北京：清华大学出版社．

KUROSE J F，ROSS K W，2005．计算机网络自顶向下的方法与 Internet 特色[M]．陈鸣，译．北京：机械工业出版社．

STALLINGS W，2004．数据与计算机通信[M]．7 版．王海，张娟，蒋慧，等译．北京：电子工业出版社．

TANENBAUM A S，WETHERALL D J，2012．计算机网络[M]．5 版．严伟，潘爱民，译．北京：清华大学出版社．

第 3 章　数据库技术

数据库技术被广泛应用于各行各业中，成为现代信息技术的重要组成部分，是现代计算机信息系统和计算机应用系统的基础和核心。在信息技术高速发展的今天，数据资源的经济价值和社会价值越来越明显，数据库技术已成为国家、部门、企业的信息化与信息分析的必备技术。在林业信息化过程中，建设以数据库为核心的各种林业信息系统，对提高林业企业的效益、林业管理部门的科学管理水平具有重要的意义。

3.1　数据库系统

3.1.1　数据库的基本概念

1. 数据库

数据库是长期存储在计算机内的、有组织的、可共享的数据集合，这些数据集合是按一定的结构（数据模型）组织、描述和存储的，具有可控的冗余度（数据重复存储）、较高的数据独立性（数据与使用它的程序相互独立）和易扩展性，并为各种用户共享（多个用户同时对数据进行读写）。

数据库从开始应用到现在经历了层次数据库、网状数据库和关系数据库 3 种类型。目前林业上广泛使用的数据库基本上是关系数据库。从用户的观点来看，关系数据库是由若干个规范的二维表集合组成的。每个规范的二维表由表名、表框架（表头）和表中的行组成。

2. 数据库管理系统

数据库管理系统（data base management system，DBMS）是在操作系统支持下，位于用户与操作系统之间的一种对数据库进行管理的系统软件。DBMS 在确保数据“安全可靠”的同时，提高用户使用“数据”的简明性和方便性。用户对数据库的一切操作，包括数据定义（建立数据库、表、索引、视图等对象）、数据查询、数据更新（记录的插入、修改和删除）、各种控制（安全性、完整性和并发性）及数据库运行维护（数据库转储、恢复、重组织、系统性能监视分析等）等，都通过 DBMS 进行。DBMS 提供数据定义、数据操作语言对数据库进行各种操作。为了方便用户，DBMS 通常会提供交互式数据库管理、运维、设计工具，为数据库系统的应用开发人员和最终用户提供了一个良好的管理、开发环境和高效率、多功能的交互式程序设计系统。

3. 数据库系统

数据库系统（database system，DBS）是指计算机系统中引入数据库后的系统，通常由计算机硬件平台、软件平台（操作系统、DBMS 及其软件开发工具、编译系统和应用系统等)、数据库和数据库用户构成。DBMS是数据库系统中的核心软件，数据库是管理对象。数据库系统结构如图3-1所示。

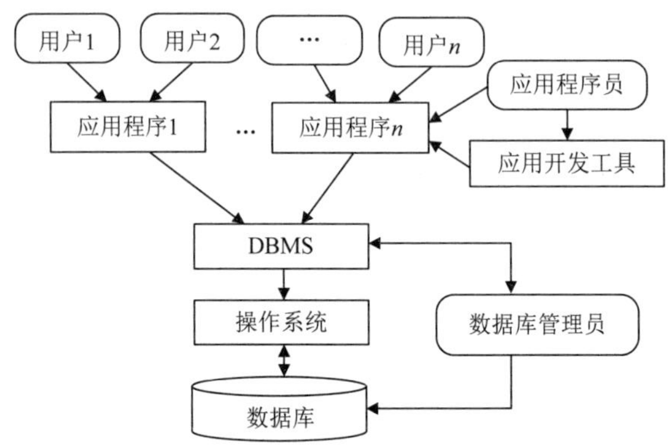

图3-1 数据库系统结构

数据库系统对数据进行处理的特点如下：

1）数据结构化：数据采用数据模型来表示，实现整体数据结构化。

2）数据共享，冗余度可控：数据面向整个系统，可被多个用户、多个应用共享使用，减少了重复存储，使冗余可控。

3）具有较高的数据独立性：数据与使用它的程序相互独立，最大限度地减少由于数据的变动引起的应用程序的修改，简化了应用程序的编制和维护工作。

4）统一的数据控制功能：提供数据安全性控制、数据完整性控制、并发性控制和数据恢复4个方面的数据控制功能。

由于数据库系统本质上就是一个信息系统，因此，在数据库领域内，常把使用数据库的各类管理信息系统都称为数据库系统（或称为数据库应用系统）。

4. 数据库用户

数据库用户指那些能够登录到DBMS中，能够对数据库进行存取操作的用户。数据库系统主要有数据库管理员、应用程序员和终端用户3类用户，分别如下：

1）数据库管理员：全面负责数据库系统的管理和维护工作，保证数据库正常使用。

2）应用程序员：负责设计和编制应用程序。

3）终端用户：在终端上通过应用程序员编写的应用程序存取数据库中的数据，或者直接使用DBMS提供的窗口界面或者SQL（structured query language，结构化查询语言）访问数据库。

5. 数据字典

数据字典是数据模型中的数据对象或者项目的描述的集合。数据字典分如下两类：

1）DBMS本身提供的数据字典：属于DBMS的一个组成部分，数据字典由一系列二维表构成，存储数据库系统中所有的系统信息，包括数据库系统中的数据库的结构、关系的完整性约束、用户名表、用户权限、存储过程、触发器与其用户关系等的信息集合。

数据字典在数据库系统中帮助 DBMS 和数据库管理员管理数据库。

2）数据库系统设计开发与运维中建立的数据字典：存储了系统中的数据库的结构、关系的结构与完整性约束、数据流、处理逻辑与过程等的定义和描述。该数据字典由用户进行维护，是用户对系统进行设计和管理的工具。

6. 数据库技术

数据库技术主要研究方向如下：

1）研究新的 DBMS 软件和开发工具，增强数据库管理系统的功能，提高其性能。

2）数据库设计方法和数据模型：研究数据库设计方法学、设计工具和设计理论。

3）数据库理论：研究关系的规范化理论、关系数据和面向对象模型理论、并行算法理论、非结构化数据存储等。

4）面向专门应用领域，将数据库技术与应用领域结合，研究适合应用领域的数据库技术，如分布式数据库、空间数据库、数据仓库、大数据存储等。

3.1.2 数据库系统的体系结构

目前常用的数据库系统体系结构主要有以下两种。

1. 客户机/服务器体系结构

客户机/服务器（client/server，C/S）体系结构的数据库系统由数据库服务器（运行 DBMS 软件的计算机）和客户机（运行应用程序的计算机）两部分构成。当应用程序需要访问数据库时，以 SQL 语句的方式请求服务（查询/更新），利用数据库访问接口（中间件），通过网络向数据库服务器上的 DBMS 发送，DBMS 根据接收到的请求，执行相应的操作，并将结果数据通过网络返回给应用程序。应用程序将结果按一定格式的页面显示给用户。

2. 浏览器/服务器体系结构

浏览器/服务器（browser/server，B/S）体系结构的数据库系统由客户机、WWW 服务器和数据库服务器构成。安装了 DBMS 的提供数据库服务的计算机称为数据库服务器，安装微软公司的 IIS（internet information services，互联网信息服务）或者 Apache/Tomcat 软件提供 WWW 服务的计算机称为 WWW 服务器。实现业务数据处理的应用程序放在 WWW 服务器端。用户在客户机上的浏览器通过 URL 向 WWW 服务器发出请求页面，WWW 服务器执行相应的应用程序，SQL 通过数据库访问接口访问数据库服务器，数据库服务器上的 DBMS 执行 SQL，然后将结果返回 WWW 服务器，WWW 服务器上的应用程序产生特定格式的 HTML 页面发送到客户机的浏览器上进行显示。

由于数据库系统本质上就是一个信息系统，因此，关于上述两种体系结构的详细介绍请参阅第 9.1 节内容。

3.2 关 系 模 型

3.2.1 数据模型的概念

现实世界中某个应用环境（一个企业、单位或部门）所涉及的各种图、表、单据等数据集合，表示了应用环境各种事物及其复杂的联系。在数据库中，为了更好地对现实世界中各种事物及其复杂的联系进行描述，通常采用模型进行抽象表示。根据模型应用的不同目的，可以将这些模型划分为概念模型和结构数据模型两类。

1. 概念模型

概念模型也称信息模型。概念模型独立于计算机系统，不涉及数据在 DBMS 中如何表示，按用户的观点在信息世界对现实世界中的数据建模，强调其语义表达能力。在数据库设计中，概念模型用于实现从现实世界到信息世界的抽象。概念模型最常用的表示方法是 P. P. S. Chen 于 1976 年提出的实体联系（entity relationship，ER）模型。

ER 模型使用 ER 图来描述管理对象所有的实体、实体属性及实体间的联系。其特点是概念简单、清晰，用户易于掌握，与具体 DBMS 无关，因此成为数据库设计的一个常用方法。在 ER 模型中：

1）实体：现实世界中存在并且可以相互区别的人或物或抽象的事物。实体可以是一个小班、一棵树、一个样地、一次林地的流转等。每个实体在数据库中就是一条记录。同类实体的集合称为实体集，如林场的所有小班实体的集合。

2）属性：表示实体的某种特征。属性有属性名和属性值之分，如小班编号、小班面积、地类、林种、平均胸径、平均树高等。属性值是具体的内容，如 1010001、01、10.5、10、01、25.5、15.0 分别是 1010001 号小班的林班编号、小班编号、小班面积、地类、林种、平均胸径、平均树高的具体值。

3）实体间的联系：主要有实体属性间的联系、同一实体集内不同实体之间的联系和不同实体集的实体与实体之间的联系 3 种。如果不特别说明，实体间联系主要指不同实体集的实体与实体之间的联系。不同实体集的实体与实体之间的联系可分为一对一（1∶1）联系、一对多（1∶m）联系和多对多（m∶n）联系 3 种：

① 一对一联系。实体集 A 中的一个实体与实体集 B 中的一个实体相对应（相联系），反之亦然，则称实体集 A 与实体集 B 的联系为一对一联系。

② 一对多联系。实体集 A 中的一个实体与实体集 B 中的多个实体相对应，反之，实体集 B 中的一个实体最多与实体集 A 中的一个实体相对应，则称实体集 A 与实体集 B 的联系为一对多联系（其逆是多对一）。例如，小班实体集与角规样地实体集的联系就属于一对多联系，因为每个小班可有多个角规样地，而每个角规样地只能落在一个小班中。

③ 多对多联系。实体集 A 中的一个实体与实体集 B 中的多个实体相对应，而实体集 B 中的一个实体与实体集 A 的多个实体相对应，则称实体集 A 与实体集 B 的联系为多对多联系。

在 ER 图中：

1）用矩形框表示实体集，框内写上实体名。

2）用椭圆形框表示属性，属性名写在矩形框内，属性与实体集之间用无向边连接。如果该属性是实体键，要在属性名下画一横线。

3）用菱形框表示实体集之间的联系，菱形框内写上联系名。用线段分别与有关实体集连接，在线段边上标出联系的种类（1∶*m*、*m*∶*n* 或 1∶1）。若实体集之间的联系也具有属性，则把属性和菱形边也用线段连接上。

当一个系统的每个实体集的属性很多时，在手工设计的 ER 图中只需将主要的属性画出来，其他属性可通过用手工数据字典的表格给出。

在实际的系统设计中，这种手工设计的 ER 图通常是系统设计人员进行数据库设计时与用户交流的语言，一旦用户认可，就可以使用 PowerDesigner、ERWin 等软件建模工具将手工 ER 模型转换为逻辑模型，并将设计的逻辑模型直接生成 SQL 描述的组成关系模型的关系模式。

例如，图 3-2 所示为森林资源数据 ER 模型。

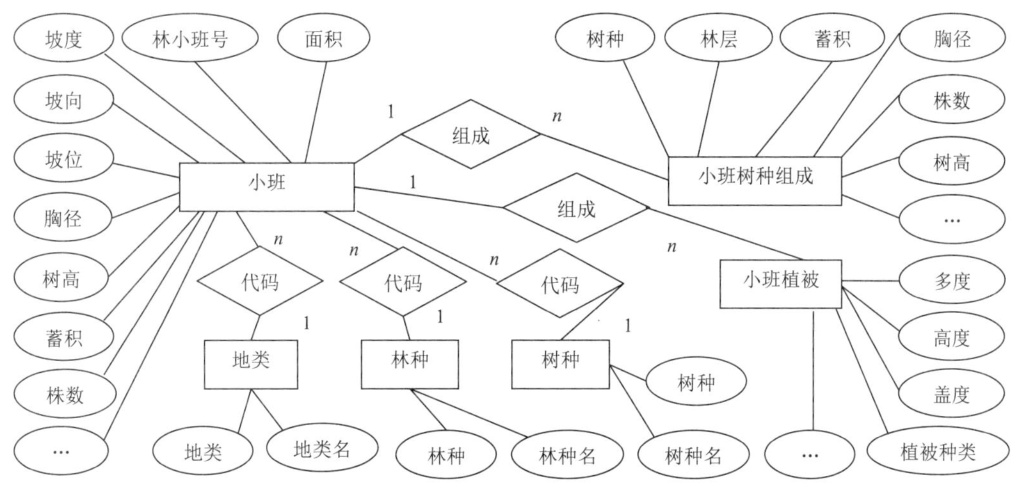

图 3-2　森林资源数据 ER 模型

2. 结构数据模型

结构数据模型简称为数据模型。数据模型按 DBMS 的观点对数据建模，由数据结构、数据操作算法和数据完整性约束 3 部分（数据模型的三要素）构成。DBMS 采用的数据模型主要包括网状模型、层次模型、关系模型和面向对象等模型。每种具体的 DBMS 都是基于某种数据模型的，按该数据模型来组织数据和命名，其中关系模型是当今最流行的数据模型，目前使用的 DBMS 大部分采用关系模型组织数据。例如，常用的 Oracle、SQL Server、DB2 等都是采用关系模型的 DBMS 产品。

3.2.2　关系模型与关系模型的数据结构

1. 关系模型

关系模型是用规范的二维表结构来表示实体及实体间联系的模型，由关系数据结构、关系操作集合和关系完整性规则 3 部分组成。关系数据结构就是由关系（规范的二维表）结构组成的集合；关系操作集合主要包括对表进行查询与更新（插入、修改和删除）的操作的算法规定；关系完整性规则是对表进行数据更新操作必须满足关系的一组约束条件。

2. 关系模型的数据结构

关系模型的数据结构由一组规范的二维表结构组成。每个关系由关系名、关系结构和关系实例组成，对应规范的二维表中的表名、表框架（表头）和表中的行。一个规范的二维表由行和列组成，除第一行（表头）以外，表的每一行称为一个记录（或称为元组）；表中每一列称为一个字段（或称为属性），每个字段有字段名（字段名不允许重名）、字段数据类型和宽度，字段的取值范围称为值域。表头的各列给出了各个字段的名字。为了叙述方便，根据内容不同，将关系的称为二维表、表或基本表。

例如，表 3-1 所示的森林资源数据库中的小班关系就是一个二维表。该表格的每一列称为一个字段（属性），字段名相当于标题栏中的标题（属性名称）；表的每一行是包含林小班号、面积、地类、林种、树种、胸径（平均胸径）、树高（平均树高）、株树、蓄积等属性的记录，记录了一个小班的调查因子数据。如果该林场有 3000 个小班，则该表就有 3000 行，即 3000 条记录。表 3-1 清晰地反映出了该林场的森林资源小班的基本情况。

表 3-1 森林资源数据库的小班表

林小班号	面积	地类	林种	树种	胸径	树高	株数	蓄积	…
0101001	10	1111	110	101	20	14		100	
0101002	5	1112	110	201	16	10		50	
0101003	20	1111	230	102	18	15		120	
0201011	18	1111	230	101	22	18		150	
⋮									

关系模型中的表分为以下 3 类：

1）基本表（基本关系、表、二维表）：实际存在的表，是实际存储数据的逻辑表示。例如，表 3-1 所示的关系就是一个基本关系。

2）查询表：从其他关系或者视图中，通过 SQL 的 SELECT 语句查询得到的结果形成的表。

3）视图表：根据不同的用户对数据库中数据的需求，从一个或几个基本表或视图中通过 SQL 的 CREATE VIEW <视图名> AS SELECT 语句导出的虚表，不对应实际存储的数据，在数据库中只有一个结构定义。视图中的数据会随着基本表的数据变化而变化。视图一经定义，就可以和基本表一样被查询、删除，但更新操作将有一定限制。

使用视图有以下几个优点：

① 能够将对数据库的访问限制在一定范围内，有利于数据保密。

② 通过为复杂的查询构造视图，能够隐藏数据的复杂性，从而有效地简化查询操作。

③ 通过构造视图，能够在用户和应用程序与实际的基本表之间提供更好的数据独立性。

关系模型将信息世界中每一个实体集抽象为数据库中的一个表，实体集中的一个实体对应表中的一行（记录），实体的一个属性对应表中的一列（字段），将不同实体集的实体与实体之间的多对多联系也抽象为表，这些表的集合构成了关系数据库。其中数据库、表等又以文件形式存储在计算机的外存储器上。

3. 关系的性质

关系模型要求每个关系必须满足以下性质：

1）表中的每个字段值必须是一个值，不能是值的集合。

2）表中的字段必须是同质的，即同一字段的各个值应是同类型的数据。

3）表中每一个字段的名字必须是唯一的，即在同一个表中不能出现相同的字段名。

4）表中不允许有完全相同的记录，即每行记录必须是唯一的。

5）在一个表中记录的次序是任意的。

6）在一个表中字段的次序是任意的。

4. 关系模式

关系模式是对关系结构（表结构）的描述；关系实例就是关系模式的一个具体取值，即关系模式定义的二维表在某一时刻存储数据的状态；关系则是关系模式在某一时刻存储的值，其值是动态的、随时间不断变化的，因此，关系就是一个规范的二维表，表中可以有记录，也可能没有记录。

为了描述方便，关系模式可以用下面的简单形式表示：

关系名（字段名1,字段名2,…,字段名 n）

在关系型 DBMS 中，关系模式是使用关系型 DBMS 提供的 SQL 的 CREATE TABLE 语句来定义的。使用该语句定义关系模式的名称、关系的字段名、字段类型、宽度、完整性约束等，并将定义的语句称为该关系的关系模式。

5. 关系数据库模式与关系数据库

关系数据库模式是对关系数据库结构的描述，是由一组关系模式组成的集合。

关系数据库是在一个给定的应用领域中相互联系的一组关系的集合。

例如，图 3-2 所示的森林资源数据 ER 模型向关系模型转换后，得到的森林资源关系模型用关系模式表达分别如下：

小班表 XB（林小班号，面积，地类，林种，树种，蓄积，胸径，树高，株数，…），主键：林小班号。

小班树种组成表 XBSZ（林小班号，树种，面积，蓄积，胸径，树高，株数，…），主键：林小班号+树种。

小班植被组成表 XBZB（林小班号，植被名称，多度，盖度，高度，…），主键：林小班号+植被名称。

地类代码表 DM_DL（地类，地类名）。

林种代码表 DM_LZ（林种，林种名）。

树种代码表 DM_SZ（树种，树种名）。

这组关系模式构成了森林资源小班数据库模式，根据此关系模式创建的关系数据库就称为森林资源小班关系数据库，或者称为森林资源小班数据库。该数据库由小班表、小班树种组成表、小班植被组成表、地类代码表、林种代码表和树种代码表组成。

3.2.3 关系操作

关系操作主要包括对表中的数据进行查询与更新（插入、修改和删除）操作，通过这些操作实现数据的管理。关系操作集合运算一般采用关系代数或者关系演算来表达。关系的查询操作主要由传统的集合运算、专门的关系运算和扩充的关系运算来实现。

1. 传统的集合运算

传统的集合运算要求参加运算的两个关系必须具有相同的关系结构。

（1）并运算

关系 R 和关系 S 的所有记录合并，再删除重复的记录，组成一个新关系，称为 R 与 S 的并。

（2）差运算

关系 R 和关系 S 的差是由属于 R 而不属于 S 的所有记录组成的集合，即在关系 R 中删除与 S 关系中相同的记录，组成一个新关系。

（3）交运算

关系 R 和关系 S 的交是由既属于 R 又属于 S 的记录组成的集合，即在两个关系 R 与 S 中取相同的记录，组成一个新关系。

（4）广义笛卡儿积运算

关系 R 和关系 S 的广义笛卡儿积是由 R 中的每一条记录都分别和 S 中的所有记录进行连串，组成的新关系。新关系的记录数等于 R 和 S 的记录乘积，新关系的字段数为 R 与 S 两个关系字段数之和。

在实际的森林资源数据库管理工作中，可通过这些运算对数据库中关系的记录进行操作，以实现所需的操作。例如，通过关系的并运算，可以将一个林业局分别管理的林场小班数据表的小班合并成一个关系；通过差运算与交运算，可以检查一个林场两期不同的小班数据表中小班记录差异情况。

2. 专门的关系运算

（1）选取运算

选取运算指在指定的关系中选取满足给定条件的记录，组成一个新关系的运算。

（2）投影运算

投影运算指在指定的关系中选取指定的若干字段，组成一个新的关系的运算。投影操作主要是从列的角度进行运算，但投影之后不仅取消了原关系中的某些列，而且还可能取消某些记录（避免重复行）。

（3）连接运算

连接运算指两个表在连接字段上按给定的连接条件，将第一个关系中的所有记录逐个与第二个关系的所有的记录根据条件进行连接（连串），即选择两个关系在连接字段上满足条件的记录拼接成一个新的关系的运算。

选取运算和投影运算是对一个表的操作运算，连接运算是将两个表连接成一个新的表的运算。

由于关系代数和关系演算是一种用数学表达式表示的抽象的查询语言，在计算机上直接表示不易实现，因此，关系型 DBMS 实际提供给用户的是在此基础上创建的高级、方便和功能更强的 SQL，以完成查询和更新（插入、修改和删除）操作。

3.2.4 关系的键与关系模型的三类完整性规则

在每个关系中，需要根据字段的特性指定一些字段作为键。关系中的键分为关系键和外键两类。

关系模型的完整性规则是对表的某种约束条件，确保数据库中数据的正确性、一致性和有效性，防止错误的数据进入数据库造成无效操作，约束数据库的输入、修改过程始终符合原来的定义和规定。完整性规则分为实体完整性、参照完整性和用户定义完整性 3 类完整性规则。关系型 DBMS 提供定义和检验这类完整性的机制。用户在关系型 DBMS 中指定了这些完整性规则，那么，当用户对数据库中的数据进行更新时，关系型 DBMS 就会按规则进行检查。

1. 关系键与实体完整性规则

（1）关系键

在关系中能唯一标识记录且不包括多余字段的字段组合称为该关系的关系键。关系键可以由一个字段或多个字段组成。关系键在任何实例任何时间都应该保持如下 3 个性质：

1）在关系中的每条记录都有唯一的关系键值。

2）从组成关系键的字段组合中去掉任何一个字段，则剩余的字段组合将不再具有唯一性。

3）关系键的值不能为空值或部分为空值。

当关系中具有多个关系键特性字段或最小字段组合，即一个关系中有多个关系键时，这些关系键都称为该关系的候选键。为了唯一地标识关系中的每一个记录，保证记录的唯一性，每个关系都必须从候选键中选择一个作为主键。每个关系只能有一个主键。对于任意一个关系，主键一经选定，通常是不能随意改变的。主键也称为主关系键、键或主码。

例如，小班表 XB 的主键是“林小班号”，小班树种组成表 XBSZ 的主键是“林小班号+树种”。

（2）实体完整性规则

一个关系中的关系键的值不能取重复值、空值或部分空值，该约束条件称为实体完整性规则。

这一规则规定了关系中记录的唯一性，不能有重复的记录，不存在没有被标识的记录，主键值不能为空或部分为空。

在定义关系结构时，为表指定了主键。当通过 DBMS 对该关系进行更新操作时，系统将按照这一规则对该关系实施实体完整性检查，不允许主键值相同、没有被标识、主键值为空或部分为空的记录出现在该关系中。

例如，在表 3-1 所示的小班表 XB 中，当指定小班关系的主键是“林小班号”后，关系就会按实体完整性规则对小班表 XB 中的记录进行约束，不允许在该表中输入相同林小班号的记录，也不允许输入林小班号字段值为空的记录。

2. 外键与参照完整性规则

（1）外键

如果R关系中的一个（或一组）字段FK不是本关系的关系键，而是另一个关系S的关系键，则该字段FK称为关系R的外键。外键也称为外部关系键或外部键。

（2）参照完整性规则

如果关系R的外键FX与表S的关系键相符，那么R的外键FX的每个值必须在表S中关系键的值中找到，或者取空值，称为参照完整性规则。其中，关系R称为参照关系，关系S称为被参照关系。

参照完整性规则定义了外部关系键与关系键的引用规则。当在两个关系之间定义了参照完整性规则之后，输入参照关系R中的外部键值要根据被参照关系S中对应的关系键值进行检查，以确定其合法性，确保两个表数据的一致性；另外，外部键与关系键对应可实现两个表的关联。

例如，小班树种组成表XBSZ的外键是“林小班号”。因为“林小班号”只是小班树种组成表XBSZ的主键的一部分，自己不能单独为主键，但它却是小班表XB的主键。当对小班树种组成表XBSZ中的记录进行更新操作时，关系型DBMS就会按照参照完整性规则对小班树种组成表XBSZ中输入与修改的记录进行约束。增加记录时，“林小班号”值必须是小班表XB中的“林小班号”字段的某个值，但不能为空值（因为它又是主键的一部分）。当修改记录中的“树种”字段值时，树种必须是树种代码表DM_SZ中“树种”字段的某个值，或者为空值。

3. 用户定义完整性规则

用户定义完整性规则是用户针对字段实际存储数据要求定义的约束条件，最常用的是域完整性规则，定义了字段的取值范围、默认值和数据格式等。例如，在小班关系XB中，“面积”字段的取值范围为5～20、树高≤60等。当对这些字段值进行更新时，DBMS就会按规则进行约束。

3.3 关系数据库管理系统的结构

3.3.1 关系数据库管理系统的三层结构

关系型DBMS的基本框架由三层结构构成。该结构将数据库从逻辑上分为内模式、模式和子模式3层，关系型DBMS提供SQL语句或者交互式设计工具来严格定义每层的结构及各层之间的对应（映象）。每个数据库系统只有一个关系内模式、一个关系数据库模式和多个关系子模式。其中，子模式层面向程序员和终端用户，模式层和内模式层面向数据库管理员。图3-3所示为由2个用户、2个视图、4个基本表、2个存储文件构成的关系数据库的三层逻辑结构。

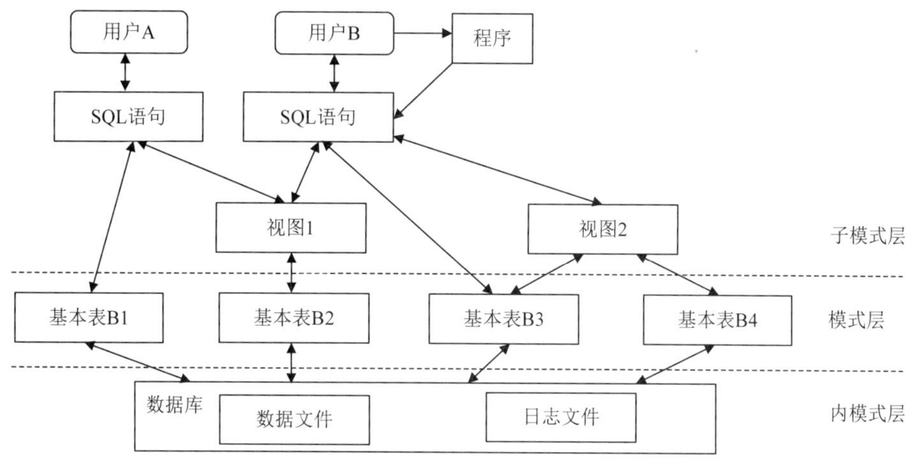

图 3-3 关系数据库的三层逻辑结构

三层结构的好处是将对数据存储的管理、维护和使用的复杂性转给 DBMS，使用户编写应用程序时摆脱了烦琐的物理存储细节，是保证数据库的独立性和安全性、实现数据共享的有力措施。

1. 模式层

模式层面向数据库管理员。模式层由构成关系数据库的一组相互关联的基本表组成，存储全体用户所需要的数据。

2. 内模式层

关系内模式是关系数据库的物理结构和存储方式的描述。模式层的关系数据库和构成关系数据库的基本表在内模式层中用存储文件来表示。不同的关系型 DBMS 对存储文件的管理方法不同。例如，在 Access DBMS 中，无论数据库中有多少表，每个数据库用一个文件存储；在 SQL Server DBMS 默认情况下，每个数据库用两个文件存储，一个存储数据，另一个存储日志（对数据库的数据更新操作记录）。

3. 子模式层

关系子模式是数据库用户（包括应用程序员和最终用户）能够看见和使用的数据库的逻辑结构和特征的描述。子模式层中，数据库管理员根据不同用户类别，授予不同用户权限下能访问模式层数据库中的部分基本表和视图，其他未经授权许可的基本表和视图不能访问，这些授权许可的部分基本表和视图构成了该用户在子模式层所看到的数据库。不同权限的用户看到的子模式层中的数据库不同。

3.3.2 二级映象与数据独立性

数据独立性是指应用程序与数据的组织和存储结构相互独立的特性。具体来说，就是当修改数据的组织方法和存储结构时，开发的应用程序不用随之进行修改。

在数据库系统中，普通用户看到的数据（外层数据库）和计算机中存储的数据（内层数据库）之间实际上经过了两次抽象和转换：一次是把所有用户的数据综合抽象成一个统一的全局数据的共同数据库，以实现数据共享或减少数据冗余；另一次是把全局数据抽象为计算机中的数据实际存储，即把全局数据按照存储的最优组织形式进行物理存放，以提高存取效率和改善性能。

“模式/内模式映像”确定了模式层（基本表）和内模式层（数据库文件）之间的对应关系。当数据库文件要进行修改时，如数据库的存储设备、存储位置、存储文件数量改变和重建索引等，由数据库管理员对模式/内模式层的映像做相应改变，使基本表结构尽可能保持不变，把存储结构的变化的影响限制在模式层之下，从而不必改变应用程序，保证了数据与程序的物理独立性。

“子模式/模式映像”确定了子模式与视图、基本表之间的对应关系。在关系数据库中，可以为不同的用户定义所需要的子模式，一个子模式中的视图与基本表可由多个相同权限的用户共享。当关系数据库发生变化时，如增加了新的基本表、基本表的结构发生了改变等，由数据库管理员对子模式/模式的映像做相应改变，可使子模式尽可能保存不变。由于应用程序是依据数据的子模式编写的，因此不必修改应用程序，保证了数据与程序的逻辑独立性。

3.4 关系数据库语言 SQL

3.4.1 SQL 概述

SQL 是关系数据库标准语言。该语言是一种非过程、面向集合的数据库操作语言，每一个命令的操作对象是一个或多个关系，操作的结果也是一个新关系。在多数情况下，在其他语言中需要一大段程序实现的功能只需要一个 SQL 语句就可以达到目的。需要注意的是，SQL 不是一个应用系统的开发语言，在具体的信息系统，如森林资源数据库管理系统、生态公益林管理信息系统中，它作为应用软件开发语言的一部分嵌入其中，完成对数据库的数据查询和更新等操作。目前，Oracle、SQL Server、Visual FoxPro、Access、MySQL 等主流的数据库产品全都支持 SQL。但是，不同产品的 DBMS 使用的 SQL 并不完全相同，各自都会根据用户的需要进行扩展。

SQL 包括 3 种语句：数据定义语言（data definition language，DDL）、数据操作语言（data manipulation language，DML）和数据控制语言（data control language，DCL）。SQL 的组成如表 3-2 所示。

表 3-2 SQL 的组成

类别	功能与语句
数据定义语言：定义数据库、表、视图、索引	定义数据库：CREATE DATABASE/DROP DATABASE/ALTER DATABASE
	定义模式：CREATE SCHEMA/DROP SCHEMA
	定义基本表：CREATE TABLE/ALTER TABLE/DROP TABLE
	定义视图：CREATE VIEW/DROP VIEW
	定义索引：CREATE INDEX/DROP INDEX

续表

类别	功能与语句
数据操作语言：对表进行查询、插入、修改和删除操作	插入记录：INSERT
	删除记录：DELETE
	修改记录：UPDATE
	查询记录：SELECT FROM WHERE
数据控制语言：对数据库用户进行授权、事务控制等	权限：GRANT/ REVOKE
	事务：COMMIT、ROLLBACK

在介绍具体的 SQL 语句之前，下列约定符号和语法规定需要说明：

1）尖括号“< >”中的内容为实际语义，方括号“[ ]”中的内容为任选项，分隔符“|”的内容为必选一项，[…]表示前面的项可重复使用。

2）SQL 中的数据项（如列、表和视图）的分隔符为逗号“,”，字符串常量的定界符用单引号“' '”。

3）SQL 语句的结束符号为分号“;”。

3.4.2 SQL 数据定义功能

1. 定义、修改和删除数据库

定义数据库语句的语法格式如下：

```
CREATE DATABASE <数据库名>
ON PRIMARY <filespec> [,<filespec>,…]
[LOG ON <filespec> [,<filespec>,…]]
```

其中：ON PRIMARY <filespec>定义数据文件，LOG ON <filespec>定义日志文件。<filespec>的语法格式如下：

```
(NAME=<逻辑文件名>,FILENAME='<磁盘文件名>'
[,SIZE=size[KB|MB|GB|TB]]
[,MAXSIZE=max_size[KB|MB|GB|TB]|UNLIMITED]
[,FILEGROWTH=growth_increment])
```

实例：建立森林资源数据库 FDB。该数据库使用 1 个数据文件和 1 个事务日志文件。该数据库的主数据文件使用关键字 PRIMARY 指定，文件基本尺寸为 10MB，最大为 50MB，按 5MB 增长；事务日志文件基本为 10MB，最大为 25MB，磁盘文件存储在“d:\db”文件夹下。

```
CREATE DATABASE fdb
ON PRIMARY (NAME=fdb_data,
FILENAME='d:\db\fdata.mdf',SIZE=10MB, MAXSIZE=50MB, FILEGROWTH=5MB)
LOG ON (NAME=fdatab_log,
FILENAME='d:\db\fdata.ldf',SIZE=10MB,MAXSIZE=25MB, FILEGROWTH=5MB)
```

2. 定义、修改和删除基本表

（1）定义基本表

定义基本表语句的语法格式如下：

```
CREATE TABLE <表名>(<列定义>[,<列定义>[,…][,<表约束>]])
```

其中：

1）<列定义>的一般形式为

```
<列名> <数据类型>[DEFAULT 值表达式][<列约束>]
```

同一表中不允许有相同的列名。每个列可以根据存储的数据类型指定相适应的数据类型（数据类型的种类在不同的关系型 DBMS 中不完全相同），主要有整数型（bit、smallint、int、tinyint）、数值型（decimal 和 numeric）、货币型（money、smallmoney）、浮点数（float、real）、日期和时间型（datetime、smalldatetime）、字符型（char、varchar、text、nchar、nvchar、ntext）、二进制型（binary、varbinary、image）等。

2）列约束与表约束。列约束用于在定义列的数据类型后面定义完整性约束。表约束在所有列定义之后定义涉及该表的多个属性列的完整性约束。PRIMARY KEY 子句定义主键，UNIQUE 子句定义主键之外的候选键；参照完整性约束：FOREIGN KEY 子句定义外键，NULL|NOT NULL 定义列的空值约束，CHECK 定义列的取值范围，DEFAULT 定义列的默认值。

实例：定义森林资源小班表 XB 和地类代码表 DM_DL。其中表 XB 中的“地类”属性参照 DM_DL 中的“地类”。森林资源小班表 XB 属性很多，这里只列举了表中部分属性进行定义。

```
CREATE  TABLE  DM_DL
   (地类      Char(4) PRIMARY KEY,
    地类名    VerChar(20) NOT NULL,
   );
CREATE  TABLE  XB
   (林小班号  Char(8) PRIMARY KEY,
    面积      Char(8) NOT NULL,
    地类      Char(4) REFERENCES  DM_DL (地类),
    林种      Char(3) REFERENCES  DL_LZ (林种),
    蓄积      Numeric(9,1),
    胸径      Numeric(9,1),
    树高      Numeric(9,1),
    株数      Int
   );
```

（2）修改基本表

修改基本表的结构，如修改列的宽度和数据类型、增加列名和完整性约束等。

1）向表中增加列定义和表约束：

```
ALTER TABLE <表名>
ADD <列定义>|<完整性约束>[,<列定义>|<完整性约束>][,…]
```

2）修改基本表中已有的列的数据类型：

```
ALTER TABLE <表名>
ALTER COLUMN <列名> <新数据类型>[(精度[,小数位数])][NULL | NOT NULL]
```

3）删除基本表中已有的完整性约束定义和列：

```
ALTER TABLE <表名>
DROP CONSTRAINT <约束名>|COLUMN <列名> [,…]
```

（3）删除基本表

```
DROP TABLE <表名>
```

3. 定义和撤销索引

索引就是根据表中一列或若干个列，按照一定顺序建立的列值与记录行之间的对应关系表。数据库系统中有多种索引类型，常用的索引类型可分为非聚集索引（NONCLUSTERED）和聚集索引（CLUSTERED）两种。聚集索引将保证表中记录行的物理存储顺序与索引字段值的索引顺序相同，非聚集索引的表中记录行的物理存储顺序与索引字段值的索引顺序不同。聚集索引可以有效地提高查询效率，但为了保证记录的物理存储顺序与索引顺序相同，当更新数据时，DBMS 将实时按索引值调整记录的物理存储顺序，这将需要花费较大的代价。每个表只允许建立一个聚集索引，每个表可允许建立多个非聚集索引。唯一索引（UNIQUE）不允许任意两行记录在索引列上的值相同，即组成该索引的字段或字段组合在表中具有唯一值。

在基本表中建立索引的主要目的是提高查询速度，减少排序和分组时间；通过建立唯一索引防止表中出现重复的行。

定义索引语句的语法格式如下：

```
CREATE [UNIQUE][CLUSTERED|NONCLUSTERED] INDEX <索引名>
ON <表名>(<列名>[,<列名>[,…]])
```

删除索引语句的语法格式如下：

```
DROP INDEX <索引名> ON <表名>
```

3.4.3 SQL 数据查询功能

查询也是一种数据操作，即检索操作。检索操作不改变数据本身，仅仅是检索数据，是对已经存在的基本表（关系）及视图（虚表）进行数据检索。

SQL 查询语句的基本结构是由 SELECT、FROM、WHERE 组成的查询块。其语法格式如下：

```
SELECT <目标列表达式>[,<目标列表达式> [,…]][INTO <新表>]
FROM <表名> [,<表名>[,…]]
WHERE <查询条件>
[GROUP BY <分组属性列> [HAVING <分组条件>]]
[ORDER BY 排序的属性名列 [ASC|DESC]]
```

其中：

1）SELECT 子句指出要检索的目标列表达式。目标列表达式可以是列名（字段名或属性名），也可以是由若干个属性名列、常数及函数等组成的表达式。为了方便阅读，可指定别名称代替原来的列名，标准的设置列名的别名的语法格式为“<列名>|<表达式> AS <别名>；INTO <新表>”，将查询结果存储到一个新建立的表中。

2）FROM 子句给出要操作的关系表名或视图，即检索的数据来源。

3）WHERE 子句给出查询结果应满足的条件，当涉及多表操作时，还要同时给出连接操作条件。

4）GROUP BY 子句的作用是对检索到的记录进行分组。

5）HAVING 子句必须与 GROUP BY 子句一起使用，作用是给出分组条件。

6）ORDER BY 子句的作用是对检索到的记录进行排序，默认升序，加 DESC 为降序。

执行查询块的结果仍是一个表（关系），它是从给定的表中检索出满足给定检索条件的指定列（属性）的集合，即先在表的水平方向上进行选取（子集），后在表的垂直方向上进行投影选取（子集）的结果。因此，结果表的结构及内容完全取决于查询块。结果表的列及顺序由 SELECT 子句指定。SELECT 和 FROM 两个子句定义了投影操作。WHERE 子句中的检索条件是一个逻辑表达式，它确定 FROM 子句中的关系表中哪些元组有资格进行投影操作。只有使逻辑表达式值为真的那些元组的属性值才能参加投影，因此，WHERE 子句给出了选取操作的定义。当 SELECT 子句指定的属性列是 FROM 子句指定表的全部属性时，查询块完全是一个选取操作。当涉及多表操作时，WHERE 子句要同时给出连接操作条件。

1. 单表查询

实例：从小班表 XB 中查询蓄积量不小于 $50m^3$ 的林小班号、面积、地类、林种、树种、蓄积与公顷蓄积，结果按公顷蓄积量降序排序。

```
SELECT 林小班号,面积,地类,林种,树种,蓄积,蓄积/面积 AS 公顷蓄积
FROM XB
WHERE 蓄积>=50
ORDER BY 蓄积/面积 DESC
```

2. 连表查询

实例：查询蓄积量不小于 $50m^3$ 的林小班号、面积、地类、林种、树种、蓄积与公顷蓄积，结果按公顷蓄积量降序排序。要求地类、林种和树种不用代码表示，使用中文实际名称。语句如下：

```
SELECT 林小班号,面积,地类,林种,树种,蓄积,蓄积/面积 AS 公顷蓄积
FROM xb JOIN dldm ON xb.地类=dldm.地类
JOIN lzdm ON xb.林种=lzdm.林种
JOIN szdm ON xb.树种=szdm.树种
WHERE 蓄积>=50
ORDER BY 蓄积/面积 DESC
```

3. 聚集函数与分组查询

SQL SELECT 查询可以直接对查询结果进行汇总计算，也可以对查询结果进行分组计算。在查询中完成计算的函数称为聚合函数。

```
SELECT 分组属性列,<聚合函数>[,n ]
FROM <table_source>
[WHERE <查询条件>]
GROUP BY <分组属性列> [HAVING <组内查询条件>]
```

实例：查询每个林班的各地类的面积。

```
SELECT SUBSTRING(林小班号,1,4) AS 林班,地类名,SUM(面积) AS 面积
FROM xb JOIN dldm ON xb.地类=dldm.地类
GROUP BY 林班,地类名
```

查询结果是一个汇总表，表中每个林班一条记录。其中，函数 SUBSTRING(林小班号,

1,4)是从“林小班号”字段中取出林班号（前4位编号）。

实例：按林班查询每个林班各林种的面积和蓄积，并将查询结果存储到新建立的表new_xb中。

```
SELECT SUBSTRING(林小班号,1,4) AS 林班,林种名,SUM(面积) AS 面积,SUM(蓄积) AS 蓄积
INTO new_xb
FROM xb JOIN lzdm ON xb.林种=lzdm.林种
GROUP BY 林班,林种名
```

4. 子查询块嵌套查询

实例：查询小班树种组成中有华北落叶松的林小班号、面积、地类、林种、树种、蓄积记录。

```
SELECT 林小班号,面积,地类名,林种名,树种名 AS 优势树种,蓄积
FROM xb JOIN dldm ON xb.地类=dldm.地类
        JOIN lzdm ON xb.林种=lzdm.林种 JOIN szdm ON xb.树种=szdm.树种
WHERE 林小班号 IN
( SELECT 林小班号
  FROM xbsz JOIN szdm ON xbsz.树种=szdm.树种
  WHERE 树种名='华北落叶松')
```

5. 并运算UNION查询

实例：设有结构相同的小班表xb1_1和xb1_2，它们分别存储了不同乡的小班数据，利用并运算UNION查询将这两个乡的数据合并起来存储到自动生成的小班表xb12中。

```
SELECT * FROM xb1_1 INTO xb12
UNION
SELECT * FROM xb1_2
```

6. 差运算EXCEPT查询

实例：设有结构相同的小班表xb1和xb2，它们分别重复输入了同一林场的小班数据，利用差运算EXCEPT查询小班表xb1与xb2数据不相同的记录。

```
SELECT * FROM xb1
EXCEPT
SELECT * FROM xb2
```

7. 交运算INTERSECT查询

实例：设有结构相同的小班表xb1a和xb1b，利用交运算INTERSECT查询这两个小班表中相同的记录。

```
SELECT * FROM xb1a
INTERSECT
SELECT * FROM xb1b
```

3.4.4 定义与撤销视图

视图是从基本表派生出来的虚拟表，视图本身不包含数据，数据库仅在系统数据字典

中存储其定义。从用户的观点来看，视图和基本表都是关系，视图和基本表一样使用 SQL 语句进行查询和操作，对视图的所有操作都将映射到基本表。使用视图有以下优点：

1）能够将对数据库的访问限制在一定范围内，有利于数据保密。

2）通过为复杂的查询构造视图，能够隐藏数据的复杂性，从而有效地简化查询操作。

3）通过构造视图，能够在用户和应用程序与实际的基本表之间提供更好的数据独立性。

1. 定义视图

定义视图的语法格式如下：

```
CREATE  VIEW  <视图名>[(<视图列的列表>)]
AS <SELECT 查询块>
```

注意：在查询块中不能包括排序 ORDER BY 子句，如果需要排序，则可在对定义的视图进行查询时完成排序。

实例：定义一个视图 xb_VIEW，从小班表 xb 中查询各林种的面积和蓄积记录。

```
CREATE  VIEW  xb_VIEW(林班号,林种名,面积,蓄积)
AS
SELECT SUBSTRING(林小班号,1,4) AS 林班号,林种名,SUM(面积),SUM(蓄积)
FROM xb JOIN lzdm ONxb.林种=lzdm.林种
GROUP BY 林班号,林种名;
```

视图 xb_VIEW 定义好之后，就可以将其作为一个表进行查询了。小班表 xb 中的任何记录变化都将自动反映到视图 xb_VIEW 中。

实例：查询视图 xb_VIEW 中的所有记录。

```
SELECT 林班,面积,蓄积 FROM xb_VIEW
```

2. 撤销视图

在任何时候都可撤销已定义的视图。撤销视图的语法格式如下：

```
DROP  VIEW  <视图名> […n]
```

3.4.5 SQL 数据更新功能

SQL 的数据更新主要包括插入新记录（INSERT）、删除记录（DELETE）和修改记录（UPDATE）3 条语句。

1. 插入新记录

INSERT 语句可以向基本表插入新的记录行。

1）插入一行新记录的语法格式如下：

```
INSERT INTO <表名> [(<列名>[,<列名> [,…]])]
VALUES (<值>[,<值>[,…]])
```

其中，<表名>指明要添加记录的表，VALUES 子句则指定了要添加的数据。列名表是可选项，它指明了要向哪些列中添加数据，列名表中列名的排列顺序不一定要和建立表时列定义的顺序一致。当指明列名表时，VALUES 子句值的排列顺序必须和列名表中的列名排列顺序一致，个数相等，数据类型一一对应。

实例：把树种编号 301，树种名为华北落叶松的记录插入树种代码表 DM_SZ 中。

```
INSERT INTO DM_DM(树种,树种名) VALUES ('301','华北落叶松');
```

2）插入多条记录的语法格式如下：

```
INSERT INTO <表名>(<列名1>[,<列名2>[,…]]) SELECT 查询块
```

实例：设有小班表 xb 和 xb1a，将小班表 xb1a 中的全部记录插入小班表 xb 中。

```
INSERT INTO xb(林小班号,面积,地类,林种,树种,蓄积,胸径,树高,株数)
SELECT 林小班号,面积,地类,林种,树种,蓄积,胸径,树高,株数
FROM xb;
```

2. 删除记录

DELETE 语句可以用来删除表中的一行或多行记录。

删除记录的语法格式如下：

```
DELETE  FROM  <表名> WHERE  <条件>
```

其中，<表名>指明要删除记录的表；WHERE 子句是可选项，它指定了要删除的记录应当满足条件。当默认 WHERE 子句时，意味着删除表中所有行。

3. 修改记录

UPDATE 语句可以用来对表中一行或多行中的某些字段值进行修改。

修改记录的语法格式如下：

```
UPDATE <表名>
SET <列名>=<表达式>|<子查询>[,<字段名>=<表达式>|<子查询>[,…]]
[WHERE  <条件>]
```

其中，<表名>指明要修改记录的表；SET 子句指定要修改的字段并给出具体修改的值，这些值可以是具体的值、一个可以求值的表达式或者一个子查询；WHERE 子句是可选项，它指定了要修改的记录应当满足的条件。当默认 WHERE 子句时，意味着修改表中所有行。

3.4.6 T-SQL

Transact-SQL（简称 T-SQL）是 SQL Server 在标准 SQL 基础上的扩展，增加了一般高级程序设计语言的过程控制语句，使其具备一般的程序设计能力。用户可以使用这些控制语句与 SQL 一起编写应用程序（触发器与存储过程），完成数据操作工作。

1. T-SQL 中的变量与函数

T-SQL 中的变量分为局部变量和全局变量两种。

在 SQL Server 中有 33 个全局变量用来保存系统运行状态值。全局变量的名称以@开头，在程序中不需要定义就可以使用，而且作用范围不局限于程序中。

局部变量是用来存储指定数据类型的单个数据值的对象。局部变量的作用范围仅限制在程序内部，被引用时要在其名称前加上@，以便与关系的属性名区分。

（1）局部变量定义

用 DECLARE 语句说明内存变量的语法格式如下：

```
DECLARE  @<变量名>  <数据类型> [,@<变量名>  <数据类型>…]
```

（2）局部变量赋值

```
SET @局部变量名=<表达式>
SELECT @局部变量名=<表达式>[,…n]
SELECT @<变量名>=<表达式>[,@<变量名>=<表达式>…] FROM <表名>…
```

前两种语法格式是直接对变量进行赋值，每条 SET 语句只能给一个变量赋值，SELECT 语句可以给多个变量赋值；第三种格式是将 SELECT 查询的结果赋值给变量。

（3）显示出常量、变量或表达式的值

```
PRINT 常量|变量|函数|表达式
SELECT 常量|变量|函数|表达式 [as 别名][,…n]
```

PRINT 只能输出一个值，SELECT 可以输出多个值。

在 T-SQL 中，函数被用来执行一些特殊的运算以支持 SQL Server 的标准命令。T-SQL 中的函数包含聚合函数、数学函数、字符串函数、日期和时间函数、游标函数、元数据函数、系统统计函数、行集函数、转换函数、配置函数、安全性函数、系统函数等多种不同的函数，用以完成各种工作。每一个函数都有一个名称，在名称之后有一对圆括号，如 gettime( )。大部分的函数在圆括号中需要一个或者多个参数。

2. T-SQL 语句

（1）BEGIN…END

BEGIN…END 语句能够将多个 T-SQL 语句组合成一个语句块，并将它们视为一个单元处理。在条件语句和循环等控制流程语句中，当符合特定条件便要执行两个或者多个语句时，就需要使用 BEGIN…END 语句。

其语法格式如下：

```
BEGIN
    <T-SQL 语句>|<语句块>
END
```

（2）RETURN

RETURN 的作用是无条件返回所在的批、存储过程和触发器。退出时，可以返回状态信息。在 RETURN 语句后面的任何语句不被执行。

其语法格式如下：

```
RETURN [整型表达式]
```

（3）IF…ELSE

IF…ELSE 语句是条件判断语句，其中，ELSE 子句是可选的，最简单的 IF 语句没有 ELSE 子句部分。IF…ELSE 语句用来判断当某一条件成立时执行某段程序，条件不成立时执行另一段程序。T-SQL 允许嵌套使用 IF…ELSE 语句，而且嵌套层数没有限制。

其语法格式如下：

```
IF <布尔表达式>
   <语句 1>|<语句块>
[ELSE
   <语句 2>|<语句块>]
```

（4）CASE…END

CASE 语句计算多个条件式，并将其中一个符合条件的结果表达式返回。CASE 语句按照使用形式的不同，可以分为简单 CASE 语句和复杂 CASE 语句。

1）简单 CASE 语句的语法格式如下：

```
CASE 测试表达式
WHEN <简单表达式 1> THEN <结果表达式 1>
WHEN <简单表达式 2> THEN <结果表达式 2> […n]
[ELSE <结果表达式 n+1>]
END
```

2）复杂 CASE 语句的语法格式如下：

```
CASE
WHEN <布尔表达式> THEN <表达式 1>
WHEN <布尔表达式> THEN <表达式 2>
[…n]
[ELSE 表达式 n+1]
END
```

（5）WAITFOR

WAITFOR 语句用于暂时停止执行 SQL 语句、语句块或者存储过程等，直到所设定的时间已过或者所设定的时间已到才继续执行。其语法格式如下：

```
WAITFOR  DELAY '时间' | TIME '时间'
```

其中，DELAY 表示延迟时间，TIME 表示到指定时间。

（6）WHILE

WHILE <布尔表达式> 语句用于设置重复执行 SQL 语句或语句块的条件。只要指定的条件为真，就重复执行语句。其语法格式如下：

```
WHILE <布尔表达式>
    BEGIN
     SQL 语句 | 语句块
    END
```

其中，[BREAK]、[CONTINUE]位于语句块内，为可选项。BREAK 语句使程序完全跳出循环，结束 WHILE 语句的执行；CONTINUE 语句可以使程序跳过 CONTINUE 语句后面的语句，回到 WHILE 循环开始处。

（7）GOTO

GOTO 为将执行流变更到标签处。跳过 GOTO 之后的 Transact-SQL 语句，在标签处继续处理。GOTO 语句和标签可在过程、批处理或语句块中的任何位置使用。GOTO 语句可嵌套使用。其语法格式如下：

```
定义标签 label:
SQL 语句序列
GOTO <定义标签的 label>
```

3. T-SQL 实例

实例：设在森林资源数据库 fdb 中的小班基本表关系模式 xb 如下，按乡汇总统计面积、蓄积，以及纯林、混交林、疏林的蓄积，并将结果存储到 SELECT 语句自动创建的关系 sum_xb1 中。

```
xb(编号,面积,蓄积,地类,林种,树种,株数,树高,胸径,…)
```

其中，编号属性的数据类型为 char(8)，属性值前 4 位为乡代码；地类属性的数据类型为

char(4)，属性值 1111 表示纯林，1112 表示混交林，1200 表示疏林，1300 表示灌木林；林种和树种属性的数据类型为 char(3)；面积、蓄积、树高和胸径的数据类型为 numeric(9,2)；株数的数据类型为 int。

```
USE fdb
GO
SELECT LEFT(林小班号,2) AS 乡编号,sum(面积) 面积,sum(蓄积) 蓄积,
       纯林蓄积=SUM(CASE  WHEN  地类='1111' THEN 蓄积 END),
       混交林蓄积=SUM(CASE  WHEN 地类='1112' THEN 蓄积 END),
       疏林蓄积=SUM(CASE  WHEN  地类='1200' THEN 蓄积 END)
INTO sum_xb1
FROM xb
GROUP BY 乡编号
GO
```

上述语句执行后，就会生成一个新的关系 sum_xb1。该关系中，每个乡一条记录，记录了该乡的总面积、森林蓄积，以及纯林、混交林、疏林的蓄积。

3.4.7 事务

事务是用户定义完成一个特定工作的一组数据库操作 SQL 语句。该组 SQL 语句要么全做，要么全不做，不可分割。一个事务可以是一条 SQL 语句、一组 SQL 语句或为此编写的整个程序。例如，银行转账事务，A 账户向 B 账户转一笔金额，账户这个事务的操作命令序列是：首先从 A 账户中减去需转账的金额数，然后到 B 账户中加上需转账的金额数。这一过程中，事务不应该丢失其中某一部分或重复做多次。

在 SQL 中，事务控制语句有 4 条，分别如下。

1. 事务开始

```
BEGIN {TRAN | TRANSACTION}
```

2. 事务提交

```
COMMIT {TRAN | TRANSACTION}
```

告诉事务管理器事务中的所有操作都已完成，将所有对数据库的更新写回到物理数据库中，事物正常结束，数据库又处于一个新的一致状态。

COMMIT 操作为事务建立了一个提交点。

3. 事务回退

```
ROLLBACK {TRAN | TRANSACTION} [savepoint_name | @savepoint_variable]
```

告诉系统事务执行时发生故障，不能继续执行，系统将事务中对数据库的所有已完成的操作全部撤销，回滚到事务开始的状态。

4. 保存事务

```
SAVE {TRAN | TRANSACTION} {savepoint_name | @savepoint_variable}
```

事务以 BEGIN TRANSACTION 开始，以 COMMIT 提交或 ROLLBACK 回滚结束。

COMMIT 表示提交事务的所有操作，将事务中所有对数据库的更新写到磁盘上的物理数据库中，事务正常结束；ROLLBACK 表示事务运行过程中发生了某种故障，事务不能继续执行，将事务中对数据库所有已完成的更新操作全部撤销，回滚到事务开始的正确状态。

3.4.8 存储过程

1. 存储过程的基本概念

存储过程是存储在服务器上，由 SQL 语句和控制流语句编写并在数据库服务器上运行的 SQL 程序。存储过程分为系统存储过程和用户存储过程两种。系统存储过程的命名通常以“sp_”作为前缀，并且存储于 Master 数据库中。如果用户拥有足够的权限，就可以在任何数据库中调用这些存储过程来完成很多 DBMS 的管理任务。使用存储过程与单独的 SQL 语句相比可以完成更为复杂的功能。使用存储过程的好处如下：

1）存储过程中的 SQL 语句进行了预编译处理，执行速度有了大幅度的提升。存储过程被第一次调用后，会保存在高速缓冲区中，这样再次执行同一个存储过程时，会提高重复调用的效率。在实际应用中，可以将复杂的商业规则封装在存储过程中，确保了在数据访问、操纵时的一致性。

2）存储过程存储在服务器端的数据库中，执行时在网络上只需要传输调用存储过程的指令和数据库服务器返回的处理结果。

3）可以利用存储过程间接实现一些安全控制功能，只要用户拥有执行存储过程的权限，那么通过使用存储过程就可以完成对数据库的各种操作，如添加数据、修改数据、删除数据等，而不需要考虑用户是否拥有存储过程所处理的数据对象的访问权限。

2. 存储过程的创建、执行与删除

（1）创建存储过程

```
CREATE PROCEDURE <存储过程名> [@parameter data_type,[=default] [OUTPUT],…n]
AS<sql_statement>
```

其中：

1）@parameter data_type：参数名与参数的数据类型。OUTPUT 用于说明参数从存储过程返回值，= default 指定存储过程输入参数的默认值。

2）sql_statement：存储过程所要执行的 SQL 语句，它可以是一组 SQL 语句，也可以包含流程控制语句等。

实例：创建一个存储过程 s_PRO1，查询给定乡编号的林班各林种的面积和蓄积。

```
CREATE PROCEDURE s_PRO1 @xbbh Char(3)
AS
SELECT SUBSTRING(林小班号,1,2),林种名,SUM(面积) AS 面积,SUM(蓄积) AS 蓄积
FROM XB JOIN LZDM ON XB.林种=LZDM.林种
WHERE SUBSTRING(林小班号,1,2)=@xbbh
GROUP BY SUBSTRING(林小班号,1,2),林种名
```

（2）执行存储过程

```
EXECUTE [@return_status=] <存储过程名>
[@parameter=] {value|@variable [OUTPUT]} [,…n]
```

其中：

1）@return_status：用于存放存储过程返回的状态值。该变量在执行存储过程前必须先进行定义。

2）@parameter：存储过程中定义的参数名，value 为传递给存储过程的参数值。

3）@variable：为存储过程 OUTPUT 参数返回值。

实例：执行存储过程 s_PRO1。调用存储过程，统计乡编号为 02 的乡。

```
DECLARE @bh Char(2)
SET @bh='02'
EXECUTE s_PRO1 @bh
```

（3）删除存储过程

```
DROP PROCEDURE <存储过程名>
```

3.4.9 触发器

1. 触发器的基本概念

触发器属于一种特殊的存储过程。触发器与存储过程的区别在于触发器能够自动执行并且不含有参数。触发器可以划分为 INSERT 触发器、DELETE 触发器和 UPDATE 触发器三种类别，分别在发生数据的添加、删除和修改行为时自动执行。触发器通常用来保证业务规则和数据完整性，完成比 CHECK 约束与参照完整性约束更为复杂的限制。

当对某个关系进行更新操作（插入、删除、修改）时，建立在该关系上的触发器将被激活，系统会自动产生 inserted 表和 deleted 表，这两个表的结构与正在更新的关系结构完全相同。一旦触发器完成任务，这两个临时表将自动删除。

如果是 INSERT 操作，当前新插入的记录同时存储在 inserted 表中；如果是 DELETE 操作，当前被删除的记录存储在 deleted 表中；如果是 UPDATE 操作，则修改前的旧记录存储在 deleted 表中，修改后的新记录存储在 inserted 表中。

在触发器中，可对 deleted 表和 inserted 表进行查询操作，但是不能对这两张临时表进行修改。通过 deleted 表和 inserted 表的记录值判断正在插入、删除与修改的记录是否符合规则要求，从而采取相应的措施。

2. 触发器的创建与删除

（1）创建触发器

```
CREATE TRIGGER <触发器名称> ON <表名|视图> FOR [INSERT][,][UPDATE]
  [,][DELETE]
AS
<Sql_statement>
```

（2）删除触发器

```
DROP TRIGGER <触发器名称>
```

实例：在森林资源数据库 fdb 中的小班基本表关系模式 xb 中创建触发器 tr_INSERT，每当向该表插入记录时，必须满足：如果地类是有林地（代码 11）、疏林地（代码 12）、灌木林地（代码 13），则林种与树种属性值不能为空值，株数和平均树高属性值大于零；如果平均树高属性值大于 1.3，则平均胸径属性值>0。如果违反上述条件，则不允许插入该记录。触发器中使用了事务控制语句 ROLLBACK TRANSACTION（回滚）与 COMMIT TRANSACTION（提交）。

```
CREATE TRIGGER tr_INSERT ON xb
FOR INSERT
AS
DECLARE @x1 char(2),@x2 char(3),@x3 char(3),@x4 Int,@x5 numeric(8,2),
  @x6 numeric(9,2)
SELECT @x1=left(地类,2),@x2=林种,@x3=树种,@x4=株数,@x5=树高,@x6=胸径
FROM inserted
IF (@x1='11' OR @x1='12' OR @x1='13')
   AND LEN(LTRIM(@x2))=3 AND LEN(LTRIM(@x3))=3
   AND @x4>0 AND @x5>0
   BEGIN
      IF x5>1.3 AND @x6=0
         ROLLBACK TRANSACTION
      ELSE
      COMMIT TRANSACTION
   END
ELSE
ROLLBACK TRANSACTION
```

3.5 数据库的安全保护

DBMS 对数据库的安全保护功能通过 3 方面实现，即数据库恢复、并发性控制和安全性控制。不同的 DBMS 对数据库的安全保护功能有一定的差异。DBMS 提供一组语句或程序来实现这种安全保护功能。

3.5.1 并发性控制

数据库是一个共享资源，当多个用户并发进程同时存取、修改数据库中的数据时，可能会发生互相干扰而得到错误结果，并使数据库的完整性遭到破坏。因此，必须对多用户的并发操作加以控制和协调。

1. 并发操作与数据的不一致性

对数据库操作时，假设多个用户的事务同时执行，如果不进行并发控制，由于这些事务间的互相干扰可能产生错误的结果，即使这些事务单独执行时都是正确的，但在并发执行时有可能造成数据的不一致，破坏数据的完整性。例如，假设存款余额 x=1000 元，甲事务取走存款 300 元，乙事务取走存款 200 元，存款余额更新后应该为 x=500 元。倘若甲事务执行完毕之后再执行乙事务，可以得到正确的结果；倘若甲、乙事务并行，按图 3-4 所示的序列交叉执行，将会出现错误的结果。

事务甲在 t_1 时刻读得 x=1000。

事务乙在 t_2 时刻读得 x=1000。

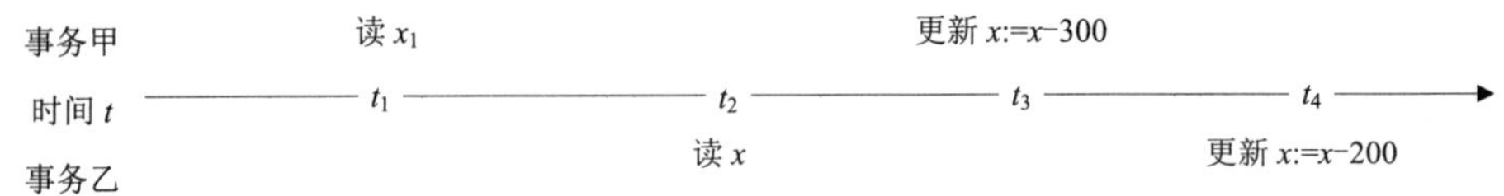

图 3-4 并发取款操作

事务甲在 t_3 时刻把 t_1 时刻的余额 x 减 300 得 700 作为新的余额送回数据库。

事务乙在 t_4 时刻把 x 按 t_2 时的值减去 200 得 800 作为新的余额送回数据库，使事务甲在 t_3 时的修改值丢失，且 x 的最后结果不是正确值 500，出现了由于并发操作而产生的不一致性。

并发操作带来的数据不一致性主要有以下几种。

（1）丢失更新

甲、乙两个事务同时读同一数据并进行更新，乙事务的修改结果破坏了甲的更新结果，上面的例子即属于此种情况。

（2）污读

事务甲更新了数据 x，事务乙读了甲更新后的数据 x，事务甲由于某种原因被撤销，修改无效，数据 x 恢复原值。事务乙读到的数据与数据库内容不一致。

（3）不能重读

事务甲读取数据 x，事务乙读取并更新了数据 x，事务甲再次读取 x 以进行校核，得到的两次读取值不一致。

2. 封锁

数据库的并发控制就是当多个用户的事务同时执行时，DBMS 提供并发控制功能来合理调度并发事务，避免并发事务之间的互相干扰造成数据的不一致性，防止错误的数据进入数据库造成无效操作。当前绝大多数的 DBMS 采用一种以封锁技术为基础的并发控制机制，保护并发的事务，防止上述情况发生。

（1）封锁类型

基本的封锁类型有两种：一种是独占式封锁（排他式封锁或 X 锁），另一种是共享式封锁（保护式封锁、读锁或 S 锁）。

1）独占式封锁。独占式封锁禁止并发操作。其原理是当 A 事务对数据对象 X（可以是库、表、记录等）进行独占式封锁时，则只允许 A 事务对数据对象 X 进行检索或更新，其他任何事务都不能再对数据对象 X 加任何类型的封锁，直到 A 事务释放数据对象 X 上的独占式封锁。

2）共享式封锁。共享式封锁允许并发操作。其原理是当 A 事务对数据对象 X 进行共享式封锁时，则 A 事务只能对数据对象 X 进行检索但不能更新，其他任何事务只能再对数据对象 X 加共享式封锁，不能加独占式封锁，直到 A 事务释放数据对象 X 上的共享式封锁。这就是说，共享式封锁允许其他用户（或程序）对同一数据进行检索，但不得对同一数据进行修改。

许多 DBMS 为了更方便灵活地进行封锁，还会在上述两种封锁基础上产生其他的封锁方式。

（2）封锁粒度

封锁的数据对象可以是数据库、表、记录、字段等。封锁的数据对象的大小称为封锁粒度。

（3）封锁协议

在运用独占式封锁和共享式封锁这两种基本封锁对数据对象加锁时，还需要约定一些规则，例如，何时申请独占式封锁或共享式封锁、封锁时间、何时释放等，这些规则称为封锁协议。对数据对象加锁时须遵循的规则形成了各种不同的封锁协议。

一般情况下，DBMS 能自动提供加锁功能，不需要用户专门指定。这些功能表现在：当用 SELECT 语句访问数据库时，系统能自动用共享锁访问数据；当使用 INSERT、UPDATE 和 DELETE 语句增加、修改和删除数据时，系统会自动给使用数据加排他锁。

3. 死锁及消除方法

（1）死锁的产生

封锁的目的是避免干扰，但如果使用不当，则会出现死锁。

例如，设有学生表和选课成绩表两个表。假定甲事务和乙事务因需要同时封锁这两个表进行并发封锁操作，甲事务先封锁学生表，后封锁选课成绩表；乙事务则反之，先封锁选课成绩表，后封锁学生表，于是形成甲乙两事务都在同时等待对方释放自己希望封锁的表，其结果可能使甲乙两事务无限期等待下去，造成死锁。

（2）死锁的消除方法

要想防止死锁的产生，就必须破坏形成死锁的条件。预防死锁的方法主要有一次性封锁法或顺序封锁法两种，分别如下：

1）一次性封锁法是一个事务一启动就对它要使用的数据对象全部依次封锁，并要求一次封锁成功。其中只要有一个数据对象封锁不成功，则表示这次封锁失败，立即释放所有已封锁成功的数据对象，然后重新开始从头封锁。

2）顺序封锁法预先对所有可以加锁的数据对象规定一个封锁顺序，每个用户的任何事务都必须严格地按照该顺序对数据对象执行封锁，在释放时按反向顺序进行。如果不按照该顺序进行，则事务将被拒绝执行。

3.5.2 数据库恢复

在数据库系统中，尽管采取各种安全保护措施来防止数据库安全性和完整性的破坏，但是仍难避免数据库因各种原因出现故障而导致数据遭破坏或不可靠。因此，当因发生某种故障造成数据库中数据损坏时，DBMS 必须具有检测故障并把数据库恢复到故障发生前的某一已知的正确状态的功能。造成数据库破坏的故障主要有介质故障、计算机病毒、人为破坏、操作错误、系统故障和事务故障等。

1. 数据库恢复原理与技术

数据库恢复的基本原理是利用数据的冗余，即数据库中任一部分信息，根据冗余地存储在系统的其他地方的信息来重建。建立冗余数据最常用的技术是备份（建立副本）和日志文件。把数据库转储到磁带或另一个磁盘上保存起来称为数据库备份；记录所有事务对数据库操作记录的一个专门文件称为日志文件，该文件记录了事务在运行过程中的事务开始、结束、对数据库的更新等每一个操作。当数据库因故障出现损坏时，就可利用数据库的数据备份或者日志文件来恢复。

2. 数据库备份

由于数据库中的数据是变化的，时间越长，数据库备份中的数据与当前使用的库中数据差别就越大，因而要周期性转储。转储是十分耗时间的，不能频繁地进行，应根据数据库数据变化快慢确定一个转储周期。

转储分为静态转储和动态转储两种：静态转储是指转储期间不允许用户对数据库进行任何更新工作，动态转储是指转储期间允许用户对数据库进行更新工作。例如，银行的活期存款属于通存通取，在对数据库进行转储时应采用动态转储方式。

不同的 DBMS 会根据备份需求提供多种备份方式。例如，SQL Server DBMS 的数据库备份提供了数据库备份、事务日志备份、差异备份、文件和文件组备份 4 种数据库备份方式，用户可以通过 DBMS 提供的对象资源管理器（企业管理器）或使用 SQL 语句进行备份与恢复。

3. 数据库恢复实现方法

1）周期性地，如一天一次或一周一次把整个数据库复制（转储）到备份的存储器中。

2）每次修改（包括插入、更新、删除）数据库时，在运行日志的特殊数据集中进行登记，包括修改对象的旧值和新值。

一旦发生故障，根据数据库损坏程度，按下面两种方式分别处理：

1）数据库已被破坏，无法从数据库中读取数据，此时数据已不能使用。此时应由数据库管理员执行恢复过程：装入最近一次转储的数据库，使数据库恢复到转储时的正确状态，然后利用日志文件执行 REDO（重做）操作，即正向扫描日志文件，重新执行登记操作，使数据库恢复到发生故障前某一时刻的正确状态。

2）数据库部分受损，某些数据有错误，经修复后数据库还能用。此时由 DBMS 自动执行恢复过程：通过日志文件执行 UNDO（撤销）操作，把已经结束的不可靠的事务进行 REDO 处理。UNDO 处理的方法是反向扫描日志文件，对每个 UNDO 事务的更新操作执行反操作，即对已插入的新记录执行删除操作，对已删除的记录重新插入，对已修改的数据库用旧值代替新值。

4. 数据库镜像

为了避免因磁盘出现故障造成数据库被破坏，某些 DBMS 还提供数据库镜像技术。数据库镜像技术是将主数据库同步复制到另一个磁盘上，两个数据库的数据同步更新，即每当主数据库更新时，DBMS 会自动把更新后的数据复制过去。这样，一旦出现介质故障，由镜像数据库继续提供服务，并可利用镜像数据库进行数据库恢复。

3.5.3 安全性控制

数据库的安全性控制是指保护数据库免受非法的查询、修改、删除等操作所造成的数据泄露、更改或破坏。用户对数据库中的数据必须经由DBMS访问，不允许用户越过DBMS直接通过操作系统访问。一个用户要访问数据库，必须在 DBMS 中办理注册手续。每种DBMS都提供了一些保证数据库安全的技术，供数据库管理员选用。

1. 用户标识鉴别

用户标识鉴别是DBMS提供的最外层的安全保护技术。其方法是用户访问数据库之前，必须先标识自己的名字或身份，经DBMS鉴别后，如果正确，则允许进入，否则提出警告并拒绝执行。

2. 授权机制

授权就是给予用户一定的访问特权，将用户能够进行的数据库操作及所操作的数据限定在指定范围内，禁止用户超越权限对数据库进行非法操作，从而保证数据库的安全性。授权信息存储于数据字典中。在系统初始化时，系统中至少有一个具有数据库管理员特权的用户，这些用户的口令是由系统规定好的。数据库管理员利用该口令进入系统后，就应立刻更换口令，以免其他人利用这种公开的口令进入系统。例如，SQL Server DBMS就提供了一个数据库系统管理员用户sa的系统默认用户账号，该用户拥有DBMS的所有权限。登录后，sa便可利用SQL Server提供的对象资源管理器或者系统存储过程进行用户建立和删除、用户授权等操作。

为了便于管理数据库系统中众多的用户及其特权，大型DBMS通常采用角色的方式对用户进行授权。角色是多种权限的集合。当把某个角色授予用户或从用户处回收时，就同时授予或收回了该角色代表的全部权限。这样就避免了为每一个用户重复授予每一项权限的烦琐工作，可以大大简化管理数据库用户权限的工作。

3. 视图机制

为不同的用户定义不同的视图，把要保密的数据对无权存取这些数据的用户隐藏起来，限制各个用户的访问范围。例如，要限制各系的教学秘书只能查询本系学生的情况，可为他们分别定义只包含本系学生记录的视图；又如，为了不让无关人员了解职工个人的经济收入情况，可以定义一个不包含经济收入属性的视图，供查询职工一般情况之用。

4. 数据加密

对存入数据库的数据进行加密，可防止数据库中数据在存储和传输中失密。由于数据加密和解密增加了系统开销，因此会降低数据库性能，通常只有那些保密要求特别高的数据才值得采用此方法。

5. 跟踪审查

跟踪审查是一种监视措施，它能跟踪记录有关数据的访问活动。DBMS提供了用户对数据库的所有操作自动记录下来并存储到审计日志文件中的功能。一旦出现安全问题，数据库管理员就可以利用审计日志跟踪的信息进行事后分析，调查导致数据库现有状况的一系列事件，找出非法存取数据的用户、时间和内容。除了对数据进行跟踪审查外，对每次成功或失败的注册及每次成功或失败的授权或收权也进行记录。

上面介绍的用户标识鉴别、授权机制、视图机制、数据加密和审计等常用的安全技术不一定在所有的 DBMS 中都采用，大型 DBMS 在这方面的功能很强，小型 DBMS 相比之下显得很弱或者没有。

3.6 数据库设计与数据库应用系统开发

3.6.1 数据库设计概述

数据库设计的核心任务就是根据用户的信息需求、处理需求和数据库的支撑环境（包括 DBMS、操作系统、硬件），设计一个结构合理、使用方便、效率较高的数据库结构，即数据库模式设计。

数据库设计分为广义和狭义两种。狭义的数据库设计是指数据库模式或结构的设计；广义的数据库设计是指基于数据库的应用系统或管理信息系统的设计，它包括应用程序与事务处理设计和数据库结构设计两部分内容。广义的数据库设计内容如图 3-5 所示。

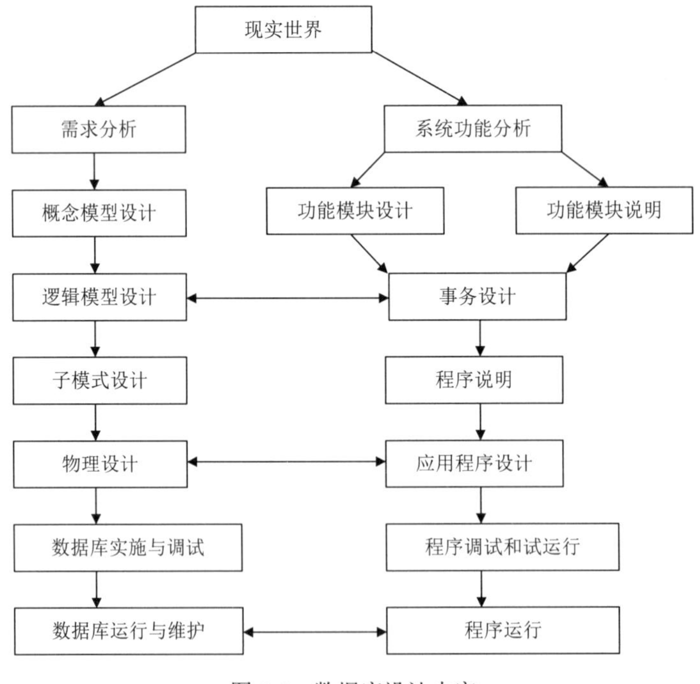

图 3-5 数据库设计内容

3.6.2 关系数据库的规范化设计理论

如果构成关系数据库的关系模式设计不好，在对关系操作时会出现数据冗余、插入异常和删除异常问题。例如，关系模式 UN（学号，课程号，成绩，学院，院长）就存在数据冗余、插入异常和删除异常的问题。UN 关系的主键为{学号，课程号}，如果有 3 个学院、每个学院 1000 名学生，每个学生平均选修 20 门课程，存储在该关系中，则该关系中有 6000 条记录。在该关系中，每个学院的院长名字将会重复 3000 次，造成数据冗余；如果成立新的学院，还没有学生，学号与课程号为空（实体完整性规则），新学院的学院名字与院长名字无法插入 UN 关系中，即插入异常；反之，如果学院的学生全部毕业，则该学院的全部信息也就全部删除了，即删除异常。

针对一个具体的应用系统，应如何构造一个适合它的关系数据库模式，即数据库中应该构造几个关系？每个关系由哪些属性组成？每个关系的结构的好坏如何评价？这就需要利用关系数据库的规范化设计理论来解决。

关系数据库的规范化设计理论由函数依赖、范式和模式分解 3 部分构成。

1. 函数依赖

（1）基本概念

主属性与非主属性：在一个关系中，包含在关系键中的属性（字段）称为主属性，不包含在关系键中的属性称为非主属性。

函数依赖：一个关系模式中属性与属性之间的一种约束关系。这种约束关系是通过属性间值的相等与否体现出来的属性之间的关联。

函数依赖的定义：如果有一个关系模式 $R(A_1, A_2,\cdots, A_n)$，X 和 Y 为 $\{A_1, A_2,\cdots, A_n\}$ 的子集，那么对于关系 R 中的任意一个 X 值，都会只有一个 Y 值与之对应，则称 X 函数决定 Y，或 Y 函数依赖 X。

据此，可以看出函数依赖讨论的是关系模式中属性之间的依赖关系，即表中字段之间的关系，它是语义范畴的概念，即关系模式的属性之间是否存在函数依赖只与语义有关。

函数依赖分为完全函数依赖、部分函数依赖和传递函数依赖 3 种。

（2）完全函数依赖与部分函数依赖

设有关系模式 $R(X, Y)$，X、Y 是 R 的字段集合，当对 X 的每一个真子集（组成 X 的某个字段）X'，都有 X' 不能决定 Y，则 Y 对 X 的函数依赖是完全的，记作 $X \xrightarrow{f} Y$；如果对 X 的某个真子集 X'，有 X' 决定 Y，则称 Y 对 X 的函数依赖是部分的，记作 $X \xrightarrow{p} Y$。

（3）传递函数依赖

设 X、Y、Z 为关系模式 $R(U)$ 的互不相同的字段集合，如果 X 决定 Y，而 Y 不能决定 X，但 Y 又可决定 Z，则称 Z 传递函数依赖于 X，记作 $X \xrightarrow{t} Z$。

例如，设有关系模式 UN(学号，课程号，成绩，学院，院长)，在 UN 关系中，关系键为“学号+课程号”，非主属性为“成绩”“学院”“院长”。那么在关系模式 UN 中：

成绩完全函数依赖“学号+课程号”，存在非主属性“学院”对关系键“学号+课程号”的部分函数依赖，因为学院只需要学号就可以决定。在表 UN 中不需要通过学号和课程号，只需要通过查找学号所在记录，便可得到该学号的学生所在的学院；存在非主属性“院长”对关系键“学号+课程号”的传递函数依赖，因为学号决定学院，学院决定院长，院长可能有重复(有两个相同名字的院长)，因此院长不能决定学院，所以院长传递函数依赖学院名。在表 UN 中，只需要通过查找学号所在记录，便可知道院长的名字。

2. 范式

规范化理论认为，一个关系数据库中所有的关系模式都应满足一定的要求，它把关系模式应满足的规范要求分成 5 级，并为每一级定义了相应的约束条件集，称为范式（normal forms，NF），从第一范式（1NF）到第五范式（5NF）。满足最低要求约束的关系模式称为 1NF，在此基础上再进一步满足一些要求的称为 2NF，其余以此类推，如 3NF、BCNF（Boyce codd NF）、5NF 等。较高层次的范式比较低层次的范式具有更合乎要求的性质。各个范式间的联系如下：

$$5NF \subset 4NF \subset BCNF \subset 3NF \subset 2NF \subset 1NF$$

（1）第一范式（1NF）

定义：如果一个关系模式 R 的所有字段名称唯一，每个字段值都是单一的，则 $R \in 1NF$。符号“$\in$”表示属于。

1NF 是关系模式的最低要求。这一限制是在关系的基本性质中提出的，每个关系模式都必须遵守。属于 1NF 的关系模式存在插入异常、删除异常、冗余度大等问题。

例如，表 3-3 所示为非第一范式的表，因为该表中的通信地址包含了邮政编码和通信地址两个值。关系型 DBMS 不支持这种结构的表，由该表转换后的第一范式的表如表 3-4 所示。

表 3-3　非第一范式的表

编号	姓名	通信地址		电话
200701	王丽莹	1000××	北京林业大学信息学院 178 信箱	6××××246
200702	海占广	1000××	北京林业大学信息学院 178 信箱	6××××246
⋮				

表 3-4　第一范式的表

编号	姓名	邮编	通信地址	电话
200701	王丽莹	1000××	北京林业大学信息学院 178 信箱	6××××246
200702	海占广	1000××	北京林业大学信息学院 178 信箱	6××××246
⋮				

（2）第二范式（2NF）

定义：若关系模式 $R \in 1NF$，在 R 中不存在非主属性（不包括在关系键中的字段）对关系键的部分函数依赖，则 $R \in 2NF$。

如果一个关系模式的关系键由单个字段构成，该关系模式自然属于 2NF；如果关系键由多个字段复合构成，并且存在非关系键字段对关系键的部分函数依赖，该关系模式就有可能不属于 2NF。例如，关系模式 UN(学号，课程号，成绩，学院，院长)就不属于 1NF，因为学号直接就可以决定学院，因此关系模式 UN 存在非主属性对关系键的部分函数依赖：$\{学号,课程\} \xrightarrow{p} 学院$。关系模式 SG(学号，课程，成绩)是属于 2NF 的关系模式，因为关系模式 SG 的关系键是{学号，课程}，$\{学号,课程\} \xrightarrow{f} 成绩$。

当关系模式 R 属于 2NF 时，插入异常、删除异常和修改复杂的问题会有所改善，但仍然存在插入异常、删除异常、数据冗余度大和修改复杂的问题。例如，关系模式 SDM(学号，系名，系主任)，关系模式 SDM 的关系键是“学号”，SDM 不存在非关系键字段对关系键的部分函数依赖，则 SDM∈2NF，但是，关系模式 SDM 仍然存在数据冗余、插入异常和删除异常问题。

（3）第三范式（3NF）

定义：若关系 R∈2NF，在 R 中不存在非主属性对关系键的传递函数依赖，则 R∈3NF。

从 R∈3NF 定义中可知，若 2NF 的关系模式消除了非关系键字段对关系键的传递函数依赖，即可成为满足 3NF 的关系模式。

当 R∈3NF 时，关系模式中不存在非关系键字段对关系键的部分函数依赖和传递函数依赖关系，关系模式中通常出现的插入异常、删除异常、数据冗余度大和修改复杂的问题可得到有效解决。例如，关系模式 SDM(学号，学院，院长)就不属于 3NF，因为关系模式 SDM 的关系键是“学号”，学号决定学院，而学院不能决定学号，但学院又可决定院长，但院长不能决定学院，则关系存在非主属性“院长”对关系键“学号”的传递函数依赖。

3. 关系模式的分解与规范化

依据函数依赖改造关系模式，通过关系模式分解消除其中不合适的函数依赖，将一个低一级范式的关系模式转换为若干个高一级范式的关系模式的集合，以解决插入异常、删除异常和数据冗余问题，把不好的关系数据库模式转化为好的关系数据库模式。

（1）关系模式的分解

把一个关系模式分解为若干个关系模式，称为关系模式的分解。在关系数据库中，对关系模式的最基本要求是满足第一范式。由于第一范式的关系模式存在插入、删除、修改异常和数据冗余等弊病，因此需要采取模式分解的方法提高关系模式的范式等级来消除这些弊病。

（2）关系模式的规范化

规范化就是把一个低一级范式的关系模式分解为若干个高一级范式的关系模式的集合的过程。规范化的目的在于消除某些关系模式中存在的部分函数依赖和传递函数依赖，使模式中的各关系模式达到某种程度的“分离”，即让一个关系描述一个概念、一个实体或者实体间的一种联系，提高范式等级。

在设计数据库应用系统中，关系的规范化是一个重要的、不可缺少的工作，用户应给予充分的重视。需要特别说明的是，一般情况下，对于那些需要经常进行插入、修改和删除的基本关系，关系模式分解到 3NF 就足够了。一个低级的关系模式如果过度分解，即使对消除“异常”有好处，但连接代价也是很大的，这可能得不偿失。因此，要综合考虑，权衡得失。对于那些通过查询而产生的，不要求进行插入、修改和删除操作的关系，则不必担心发生“异常”，不必要求过高的范式，只要满足 1NF 即可。

在设计林业数据库时，对于插入、修改操作不频繁的关系模式，不必将关系模式规范到 3NF，许多情况下选择 1NF 就可满足需要。

（3）关系模式的分解准则

规范化的方法是进行模式分解。模式分解必须要遵循一定的准则，不能从表面上消除了操作异常，却带来其他问题。

关系模式的分解准则如下：

1）模式分解具有无损连接性。

2）模式分解能够保持函数依赖。

其中，无损连接性是指分解后的关系可通过自然连接恢复成原来的关系，不会多出或减少信息。保持函数依赖是指在模式分解过程中不能丢失原来的函数依赖特性，即模式分解不能破坏原来的语义。

需要指出，模式分解方法不是唯一的，不同的分解方法有不同的质量。一般情况下，要求模式分解具有无损连接性，即不应在分解中丢失信息，同时要尽可能保持原有的函数依赖。

3.6.3 数据库建模工具

随着用户对数据库应用要求和规模的扩大、关系之间的联系和约束的日益复杂，以及应用程序的快速发展，采用传统的手工对数据库进行设计已不能胜任数据库建模工作，取而代之的是计算机辅助软件工程（computer aided software engineering，CASE）。CASE 工具可用于数据库设计中的概念模型、逻辑模型设计，并将设计的逻辑模型直接生成 SQL 描述的关系模式。常用的数据库建模工具主要如下。

1. PowerDesigner

PowerDesigner 是 Sybase 公司的面向数据分析、设计和实现，集成了 UML（united modeling language，统一建模语言）和数据建模的图形化 CASE 工具。使用它可以方便地对管理信息系统进行分析设计，它几乎包括了数据库模型设计的全过程[绘制数据流程图（data flow diagram，DFD）、ER 模型、逻辑（物理）模型，生成目前应用的各种 DBMS 关系的 SQL 语句、存储过程与触发器框架等]，还可以生成多种客户端开发工具的应用程序语言代码（Java、.NET），具有逆向工程能力。PowerDesigner 还提供了需求分析模型、企业业务流程模型、概念数据模型、物理数据模型、面向对象模型、信息流动模型、XML 模型等模型的设计功能。

2. Microsoft Office Visio

Micrsoft Office Visio 是微软公司的一个面向数据流程设计、可视化处理、分析和交流的 UML 和数据建模的 CASE 工具。Visio 可以绘制业务流程图、软件界面、网络图、工作流图表、数据库模型和软件图表等图表，直观地记录、设计业务流程，帮助用户了解系统的状态。

3. ERWin

ERWin 是一种用来建立数据库概念模型和物理模型的 CASE 工具。ERWin 用图形化的方式建立 ER 模型，描述出实体、联系及实体的属性，然后将已建好的 ER 模型转换成数据库物理设计，即可在多种 DBMS（如 Oracle、SQL Server、Access 等 20 多种 DBMS）上自动生成库结构；可以方便地构造实体和联系，表达实体间的各种约束关系，并根据模板创建相应的存储过程、包、触发器、角色等；可以进行逆向工程，能够自动生成文档，支持与数据库同步等功能。

3.6.4 数据库应用系统的设计与数据库访问接口

1. 数据库应用系统的设计

数据库应用系统的设计与开发和管理信息系统的设计与开发是同一个事情，因为数据库应用系统本质上就是一个信息系统。因此，在数据库领域内，常常把使用数据库的各类管理信息系统都称为数据库应用系统。关于系统开发的详细介绍可参阅第 9 章内容。

按软件生命周期，规范的数据库应用设计过程分为系统规划及需求分析阶段、概念模型设计阶段、逻辑模型设计阶段、数据库物理设计阶段、数据库实施与调试阶段、数据库的运行和维护阶段 6 个阶段，这一系统的设计过程称为数据库设计方法。但实际进行数据库设计时，应根据情况灵活掌握。各阶段主要任务如下。

（1）需求分析阶段

详细的系统需求分析调查是系统开发工作中的一项重要的、繁杂的、工作量大的工作，它是开发人员弄清实际情况、制定合理方案、使系统设计取得成功的重要前提。系统需求分析的具体工作步骤是：系统功能需求分析、分析用户活动、确定系统边界、分析系统数据、编制系统分析报告、分析技术和经济上可行性、确定硬软件环境。

（2）概念模型设计阶段

将需求分析阶段用户对数据管理的需求，使用 ER 模型建立数据库概念模型。该设计与具体的数据模型无关，独立于硬软件平台和具体的 DBMS。

（3）逻辑模型设计阶段

将概念模型转换成某个具体的 DBMS 所支持的关系模型，转换后的关系模型应与转换前的 ER 模型保持一致的应用语义。为了进一步提高数据库的设计质量，要以关系规范化理论为指导对各关系模式进行优化，通常优化到 3NF。

（4）数据库物理设计阶段

在计算机的物理设备上根据采用的 DBMS 确定应采取的数据存储结构和存取方法，以及如何分配存储空间等问题。确定关系、索引、日志备份的数据的存储安排。

（5）数据库实施与调试阶段

使用 DBMS 提供的数据定义语言，根据逻辑阶段设计的关系模型，按关系数据库模式创建数据库、定义表结构、进行完整性约束、建立索引等，然后组织数据入库；对数据库的性能进行监督、分析和改进；与应用程序进行联调。

（6）数据库的运行和维护阶段

数据库的运行与维护阶段的主要工作包括备份数据库、数据库的安全性控制、数据库性能的监督分析和改进、数据库的重组织、运行记录等。

2. 数据库访问接口（中间件）

在数据库应用系统中，需要通过数据库接口访问 DBMS 中的数据库。目前常用的数据库接口主要如下。

（1）ODBC

开放数据库互联（open database connectivity，ODBC）是微软公司提出的数据库访问接口标准。ODBC 提供了一组对数据库访问的标准应用程序编程接口（application programming interface，API）。ODBC 提供了对 SQL 的支持，用户可以直接使用 SQL 语句通过 ODBC 访问数据库，不需考虑数据库服务器的数据源是何种 DBMS 的数据库，可使应用程序与数据库之间保持高度的独立性。

（2）OLE DB

OLE DB 是 ODBC 之后由微软公司推出的一个底层的数据访问接口，它基于 COM 接口（组件对象模型）。OLE DB 对所有文件系统包括关系数据库和非关系数据库都提供了统一的接口。

（3）ADO

ADO.NET 的名称起源于 ADO（activeX data objects）。ADO.NET 是在 ADO（ASP 技术的数据库接口）的基础上发展起来的，是一个 COM 组件库，用于在采用微软公司的.NET 技术开发的数据库应用系统中访问不同 DBMS 的数据库。用户可以直接用 SQL 语句通过 ADO 访问数据库，不需考虑数据库服务器的数据源是何种 DBMS 的数据库。

（4）JDBC

JDBC（Java data base connectivity，Java 数据库连接）是一种用于执行 SQL 语句的 Java API，由一组用 Java 语言编写的类和接口组成，为多种关系数据库提供统一访问接口。Java、PHP（personal home page）等应用程序通过与 JDBC 数据库建立连接来访问数据库。

3.7 关系数据库产品简介

3.7.1 商品数据库管理系统产品

1. Oracle

Oracle 是 Oracle 公司的 DBMS 产品。Oracle 采用标准的 SQL，可以在 Windows、Linux、UNIX 等多种操作系统平台上运行。

2. Sybase

Sybase 是美国 Sybase 公司的 DBMS 产品。Sybase 数据库可以在 Windows、Linux、UNIX 等多种操作系统平台上运行。

3. DB2

DB2 是 IBM 公司的关系型 DBMS 产品。DB2 可以在 Windows、Linux、UNIX 等操作系统平台上运行。

4. Microsoft SQL Server

Microsoft SQL Server（简称 SQL Server）是微软公司的关系型 DBMS 产品。SQL Server 只能运行在 Windows 操作系统平台。SQL Server 与 Windows 的有机结合，能充分利用 Windows 的优势，性价比高。SQL Server 200X 提供了一系列图形化交互管理工具和开发工具，帮助用户管理和开发数据库应用系统。

由于该 DBMS 安装维护简单，许多行业和部门的管理信息系统、电子商务和数据仓库等的数据库都选用 SQL Server 开发。SQL Server 可以满足林业部门县级、地区级和省级的森林资源管理系统等业务系统的数据库管理需要。

5. Access

Access 是微软公司推出的 Microsoft Office 家族中的一员，是一个面向个人或小型组织的关系型 DBMS。Access 提供一个集成化的开发环境，提供了表、查询、窗体、报表、页、宏和模块 7 种图形化的对象，帮助用户不用编程和详细了解 SQL 就可以建立自己的数据库系统。

6. Microsoft Visual FoxPro

Microsoft Visual FoxPro（简称 Visual FoxPro）是微软公司用于微机上的小型事务管理的关系型 DBMS 产品。Visual FoxPro DBMS 将关系数据库标准语言 SQL 和传统的 xBASE 数据库操作语言与过程化的高级语言融为一体，并且提供了多种可视化编程工具。因此，不需要其他高级语言和开发工具，直接使用 Visual FoxPro 就可以进行数据库应用系统开发。

7. KingbaseES

KingbaseES（金仓数据库或 KingbaseES）是北京人大金仓信息技术股份有限公司研发的具有自主知识产权的关系型 DBMS 产品，可以运行于 Windows、Linux、Solaris 及 AIX 等多种操作系统平台上。

8. DM

DM（达梦数据库管理系统）是武汉华工达梦数据库有限公司研发的具有自主知识产权的关系型 DBMS 产品，可运行于 Windows、Linux、UNIX 等多种操作系统平台上。

3.7.2　开源数据库管理系统产品

1. MySQL

MySQL 是 Oracle 公司的一个关系型 DBMS。MySQL 可以在 Windows、Linux、UNIX 等操作系统平台上运行。很多网站的数据库都采用 MySQL 的数据库，网站构架方式是 LAMP（Linux+Apache+MySQL+PHP/Java）。

2. PostgreSQL

PostgreSQL 是一种开放源码的对象-关系型 DBMS。PostgreSQL 提供了多版本并行控制，支持 SQL-2/SQL-92 和 SQL-3 标准。PostgreSQL 采用 C/S 结构，提供了统一的客户端 C 接口，不同的客户端可以通过 ODBC、JDBC、Python、Perl、Tcl、C/C++、ESQL 对数据库进行访问。

3. SQLite

SQLite 是 D. Richard Hipp 开发的嵌入式开源的关系型 DBMS，只需要占用几百 KB 的内存。SQLite 运行在 Windows、Linux、UNIX、Android 等操作系统平台上，支持 ODBC 接口，可用 C#、PHP、Java 等语言对数据库进行访问。目前 SQLite 是 Android 系统最常用的 DBMS。

3.8 数据库技术的发展

随着计算机技术、网络通信技术、人工智能技术、面向对象程序设计技术、并行计算技术等信息技术的发展，数据库技术与这些技术的互相渗透、互相结合，形成了丰富的数据库应用技术。数据库技术发展如图 3-6 所示。

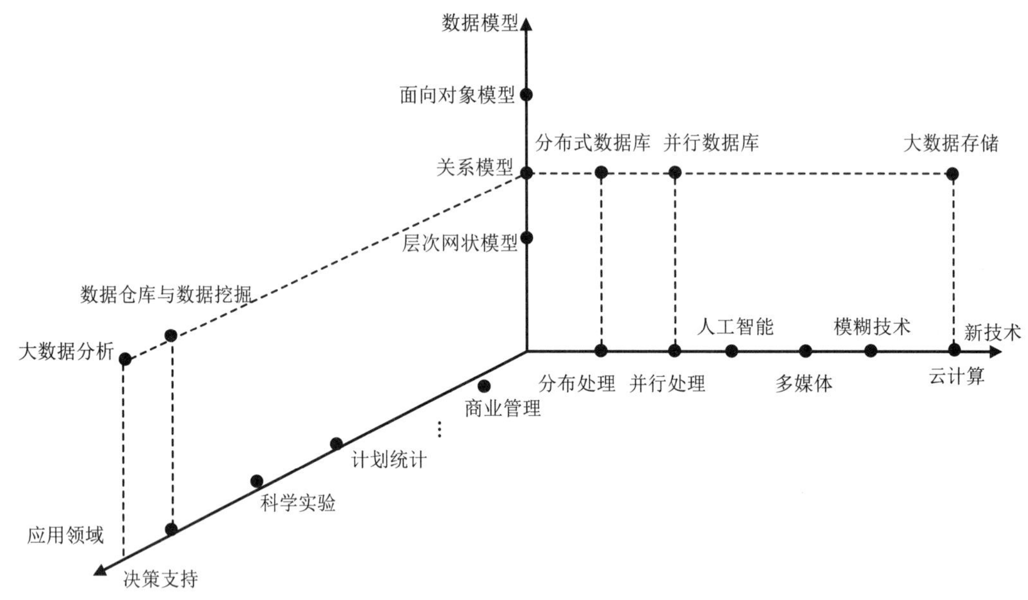

图 3-6 数据库技术发展

3.8.1 分布式数据库系统

分布式数据库系统是数据库技术与计算机网络技术相结合的产物。分布式数据库系统（distributed database system，DDBS）由通过网络连接的计算机系统、分布式数据库管理系统（distributed database management system，DDBMS）、分布式数据库（distributed database，DDB）和用户构成。分布式数据库系统有两种结构：一种是物理上分布的，但逻辑上却是集中的；另一种分布式数据库系统在物理上和逻辑上都是分布的，即联邦式分布数据库系统。分布式数据库是一个物理上分布于计算机网络的不同地点，即数据存储在不同计算机的存储设备上，但逻辑上又属于同一系统的数据集合。应用程序通过网络访问分布在不同地理位置的数据库。

3.8.2 面向对象数据库系统

面向对象数据库系统是面向对象的程序设计技术与数据库技术相结合的产物。采用面向对象模型的数据库称为面向对象的数据库，对面向对象的数据库进行管理的数据库管理系统称为面向对象的数据库管理系统。

由于面向对象数据库采用的数据模型缺乏通用性，模型的描述不像关系模型那样有标准的数学模型定义关系，缺乏理论基础和通用数据模型。因此，面向对象的数据库管理系统未见成熟的产品。目前许多数据库管理系统厂商在原有的关系模型数据库产品的基础上，加入对象技术的优秀特性来扩充其性能，推出了对象-关系数据库管理系统。该数据库管理系统的特点主要如下：

1）支持对象模型。在对象-关系数据库中，关系表不一定需要满足第一范式，允许将字段定义为对象类型（记录类型或用户自定义数据类型）、数组类型和嵌套表数据类型 3 种新的数据类型。

2）允许用户根据需要自主定义函数和操作符。

3）扩充 SQL，支持由多种基本类型或用户定义的数据类型构成的复杂对象的操作。

3.8.3 空间数据库系统

空间数据是用于表示空间物体的位置、形状（点、线、面、体）、大小和分布特征等地理要素特征信息的数据。空间数据库是存储某一区域内关于一定地理要素特征信息的数据集合。空间数据库与一般数据库相比，不仅有属性数据，还有空间数据，以及两种数据之间的联系。

空间数据库管理系统是指除了具有传统的数据库的数据管理能力外，还具有对物理介质上存储的地理空间数据进行语义和逻辑上的定义，管理空间完整性的规则，处理核心要素、栅格数据和属性空间关系，进行空间数据的查询、检索、更新和存取功能等空间数据的管理功能的软件系统。一般情况下，空间数据库管理系统由专业的 GIS 软件提供。

3.8.4 XML 数据库

XML 是一种描述型的标记语言，与 HTML 同为 SGML（standard generalized markup language，标准通用标记语言，ISO-8879 国际标准）的一种应用。从数据库这个术语的本质来看，XML 文件就是数据库，XML 的好处是数据的可交换性。XML 提供了许多数据库所具备的基本功能如存储（XML 文档）、模式（DTD、XMLschema、RE1AXNG 等）、查询语言（XQuery、XPath、XQL、XML-QL、QUILT 等）、编程接口（SAX、DOM、JDOM）等，但 XML 并不能完全替代数据库技术，XML 不支持索引、安全、事务和数据一致性、多用户访问、触发器等功能。随着网络和 Internet 的发展，数据交换的能力已成为新的应用系统的一个重要要求。因此，目前 XML 文件数据库主要用于数据交换的载体。

3.9 林业资源数据与林业数据库实例

3.9.1 林业资源数据库

林业数据库是一个宽泛的概念。林业数据库是按照关系模型组织、存储、管理、可共享的林业数据集合，即存储林业生产管理过程中各种林业数据的数据库。存储森林、湿地资源数据的林业数据库主要有以下 6 类。

1. 林业基础数据库

林业基础数据库主要有森林资源数据库、荒漠化和沙化土地数据库、湿地资源数据库、生物多样性数据库等。其中根据数据采集方法和管理需求不同，森林资源数据库又分为森林资源连续清查数据库（一类调查）、森林资源数据库（二类调查）、森林资源作业设计调查数据库（三类调查）、森林资源专业调查数据库等。这些数据都包括空间属性数据。

2. 林业专题数据库

林业专题数据库主要有营造林数据库、森林防火监测与应急数据库、森林病害和虫害数据库、林业有害生物防治管理数据库、野生动物疫源疫病监测管理数据库、沙尘暴灾害应急和监测管理数据库、生态定位站监测数据库等。

3. 公共基础数据库

公共基础数据库主要有林地基础地理数据库、遥感影像数据库、水文数据库、气象数据库等。

4. 生态工程建设数据库

这类数据库种类很多，涉及森林培育和生态系统领域的方方面面，如生态公益林数据库、三北防护林体系建设工程数据库、林业生态环境本底监测基础数据库、天然林保护工程数据库、退耕还林工程数据库、防护林体系建设工程数据库、自然保护区建设工程数据库、京津地区风沙源治理工程数据库、速生丰产林基地建设工程数据库、黄土高原典型生态区数据库、西南干热河谷典型生态区数据库等。

5. 森林资源专项调查数据库

森林资源专项调查数据库有存储林业局、科学研究而设置的固定样地、临时样地、标准地数据、解析木测量数据等的数据库。

6. 其他数据库

其他数据库主要有自然保护区数据库、森林公园数据库、造林树种数据库、森林培育模式数据库、森林经营模式数据库、种苗数据库、种质资源数据库等。

3.9.2 森林资源调查样地数据库

森林资源调查样地数据主要有以下 3 类：

1）森林资源调查样地的立地因子（海拔、坡度、坡向、坡位、地形）、地类、林种、树种、胸径、树高、林龄、蓄积等属性数据。

2）森林资源调查样地的空间（点、线、面等空间向量）数据。

3）森林资源调查样地遥感影像（栅格）数据，该数据单独存储在图像文件中。

森林资源调查样地数据库中的每个样地数据主要由样地因子表和样木检尺表，以及地类、林种、树种等一系列代码表和统计表组成，其中样地因子表和样木检尺表为基本表，样地因子表和样木检尺表的结构如表 3-5 和表 3-6 所示。

表 3-5 样地因子表的结构

序号	中文名称	字段名称	字段类型	备注
1	林小班编号	LXBBH	char(10)	
2	样地号	YDH	char(10)	主键
3	样地类别	YDLB	char(1)	
4	纵坐标	ZZB	numeric(7,0)	
5	横坐标	HZB	numeric(8,0)	
6	面积	MJ	numeric(5,2)	hm^2
7	地貌	LD_DM	char(2)	
8	海拔	LD_HB	numeric(4,0)	m
9	坡向	LD_PX	char(2)	
10	坡位	LD_PW	char(1)	
11	坡度	LD_PD	numeric(2,0)	°
12	土壤名称	TRMC	verchar(10)	
13	土壤质地	TRZD	char(6)	
14	砾石含量	TRSLHL	numeric(3,0)	%
15	土壤厚度	TRHD	numeric(3,0)	cm
16	腐殖质厚度	F_FZC	numeric(3,0)	cm
17	枯枝落叶	F_KZLY	numeric(3,0)	cm
18	植被类型	F_ZBLE	numeric(3,0)	
19	灌木平均高	F_GMPJG	numeric(4,2)	m
20	灌木覆盖度	F_GMFGD	numeric(3,0)	%
21	草本平均高	F_CBPJG	numeric(4,2)	m
22	草本覆盖度	F_CBFGD	numeric(3,0)	%
23	植被总盖度	F_ZBZGD	numeric(3,0)	
24	森林类别	FOREST_TYPE	numeric(3,0)	
25	事权等级	OWNERSHIP_GRADE	char(1)	
26	保护等级	PROTECTION_GRADE	char(1)	
27	经营等级	MANAGE_CLASS	char(1)	
28	抚育措施	TENDING_MEASURE	verchar(8)	
29	地类	F_DL	char(3)	
30	林种	F_LZ	char(3)	
31	起源	F_QY	verchar(6)	
32	优势树种	F_YSSZ	char(3)	
33	平均年龄	F_PJNL	numeric(3,0)	
34	龄组	F_LZ	char(1)	
35	平均胸径	F_PJXJ	numeric(4,1)	cm
36	平均树高	F_PJSG	numeric(4,1)	m
37	优势木高	F_YSMG	numeric(4,1)	
38	郁闭度	F_YBD	numeric(3,1)	

续表

序号	中文名称	字段名称	字段类型	备注
39	蓄积	F_XJ	numeric(5,2)	m^3/hm
40	株数	F_ZS	numeric(4,0)	株/hm
41	森林群落	F_SLJL	verchar(6)	
42	林层结构	F_LCJG	verchar(6)	
43	树种结构	F_SZJG	verchar(6)	
44	自然度	F_ZRD	char(3)	
45	灾害类型	Q_ZHLX	char(2)	
46	灾害等级	Q_ZHDJ	char(1)	
47	健康等级	Q_JKDJ	char(1)	
48	更新等级	Q_GEDJ	char(1)	
49	变化原因	BHYY	verchar(20)	
50	调查日期	DCRQ	date	

表 3-6　样木检尺表的结构

序号	中文名称	字段名称	字段类型	完整性约束
1	样地号	YDBH	char(10)	主键
2	样木号	YMH	char(3)	主键
3	立木类型	LMLX	char(1)	
4	树种代码	SZDM	char(3)	
5	胸径	XJ	numeric(5,1)	cm
6	树高	SG	numeric(4,1)	m
7	枝下高	ZXG	numeric(4,1)	m
8	材积	CJ	numeric(9,3)	m^3
9	林层	LC	char(1)	
10	冠幅东西	GF_DX	numeric(4,1)	m
11	冠幅南北	GF_NB	numeric(4,1)	m
12	方位角	FWJ	numeric(5,1)	°
13	水平距	SPJ	numeric(5,1)	m
14	材质等级	QUALITY	char(1)	
15	备注	COMMENTS	varchar(40)	

参 考 文 献

崔巍，2012．数据库系统及应用[M]．3 版．北京：高等教育出版社．

何玉洁，等，2010．数据库原理与应用教程[M]．3 版．北京：机械工业出版社．

李昭原，吴保国，刘瑞，2003．数据库原理与应用[M]．北京：科学出版社．

王珊，萨师煊，2014．数据库系统概论[M]．5 版．北京：高等教育出版社．

吴保国，2007．电子商务数据库技术[M]．2 版．北京：高等教育出版社．

第 4 章　数据仓库、数据挖掘、大数据与云技术

随着数据库应用的日益普及，人们在实现业务流程的自动化的同时也收集了大量的数据，各类数据急剧增长。这些数据就像是一个个无尽的宝藏，其中不仅蕴含着人们已知的知识，也包含了更多人们所未知的知识。为了管理和利用这些数据，在数据库技术的基础上产生了数据仓库（data warehouse，DW）和大数据技术。

4.1　数据仓库与联机分析处理

4.1.1　数据仓库

数据仓库不是一种软件或产品。数据仓库是在数据库系统支持下的一个面向主题的、集成的、随时间变化的、不可修改的、反映历史变化的数据集合，为决策支持服务的一种结构或解决方案。

1. 数据仓库的特点与组成

（1）数据仓库的特点

1）面向主题。数据仓库面向主题，针对某一主题组织进行展开，对分析对象所涉及的数据及数据之间的关系给出完整、统一刻画，如对森林资源的结构与组成、生物多样性等主题分析森林资源调查数据。

2）集成。数据仓库中存储的数据是从原来分散的各个子系统中提取出来的，各个子系统中这些数据可能各自采用了不同的数据库系统，具有不同的数据结构，必须通过一系列加工、整理和汇总存储到数据仓库中，以保证数据信息的全局性，方便进行分析。

3）数据非易失。进入数据仓库中的数据，一般情况下将其作为数据档案长期保存，最终用户只能通过分析工具进行查询、分析操作，而不能修改。

4）数据随时间不断变化。数据仓库中的数据随时间变化而定期地被更新，每隔一段固定的时间间隔新产生的数据，运行的各数据库系统中产生的新数据被抽取、转换以后追加到数据仓库中。

（2）数据仓库的组成

1）存储数据仓库数据的数据库。通常，数据仓库中的数据存储在关系数据库中，每个主题由一系列相关的关系表构成。

2）元数据（metadata）。元数据是描述数据的数据，也称数据字典或者系统目录。元数据用于描述数据仓库建设过程中产生的数据源、数据内容、数据编码、转换规则等关键数据，是用来查询、分析、控制、管理和操作数据仓库中数据的工具。

3）数据抽取工具。数据抽取工具是将存储在不同子系统中的不同数据结构的数据进行抽取，必要的转换、整理，然后存储到数据库中的软件工具。

（3）数据集市

数据集市是为了特定的应用目的，满足特定的部门或者用户的需求，从数据仓库中独立出来的面向某个特定主题的一部分数据，是数据仓库的一个子集，服务于部门级业务。

2. 数据仓库的结构

数据仓库的数据组织方式主要采用关系库构建，按照多维数据模型设计关系表存储数据，建立数据仓库。采用数据抽取工具从不同结构的源数据库或数据文件中抽取数据，通过数据清洗和转换导入构建的数据仓库。每一个多维数据模型都由一个事实表和一组维表组成。多维数据模型主要有星形和雪片形两种模式。

（1）星形模式

星形模式的多维数据模型由一个事实表和若干个维表构成，事实表中的每条记录都包括保证多维关系指向各个维表的外键。图 4-1 所示的星形模式的森林资源数据仓库中，小班事实表存储了不同年度的森林资源小班记录，维表实际上是原森林资源小班表关联的代码表，如树种代码表（树种维表）、地类代码表（地类维表）等。

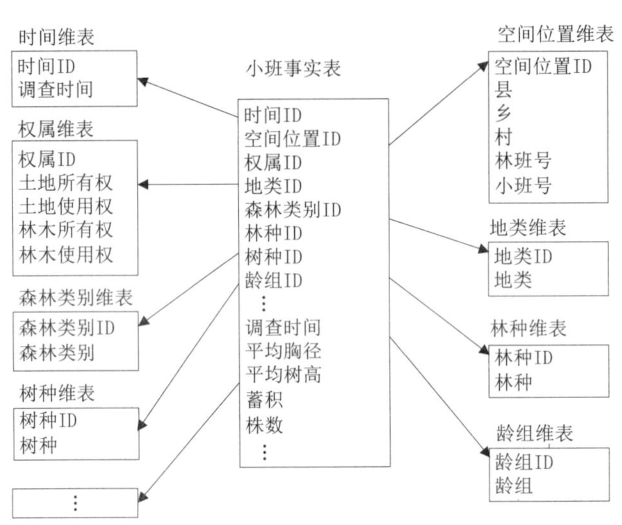

图 4-1　星形模式

（2）雪片形模式

雪片形模式是对星形模式的扩展，对星形模式的维表进一步规范化。在雪片形模式中，一个或多个维表可以分解为多个表，这些被分解的表都连接到主维表而不是事实表。例如，雪片形模式的森林资源数据仓库如图 4-2 所示。

雪片形模式的优点是通过最大限度地减少数据存储量及联合较小的维表来改善查询性能。在雪片形模式中，可以定义多重“父类”维来描述某些特殊的维表，从而满足多个分析主题的需要。

随着数据分析应用的迅速发展，各大传统数据库厂商纷纷在自己的产品中加入了对数据仓库和数据分析的支持，Oracle、SQL Server、Sybase、DB2 等数据库产品中，都提供了数据仓库创建与管理、数据抽取与转换、联机分析处理（on line analytical processing，OLAP）分析等功能，并在索引、存储及查询语言方面，都针对数据仓库和数据分析进行了扩充和优化。例如，SQL Server 2005 提供了 Analysis Services 工具，用来通过定义多维数据模型，从选择的数据源生成数据仓库，Analysis Services 还提供了关联规则、决策树、神经网络等数据挖掘功能。

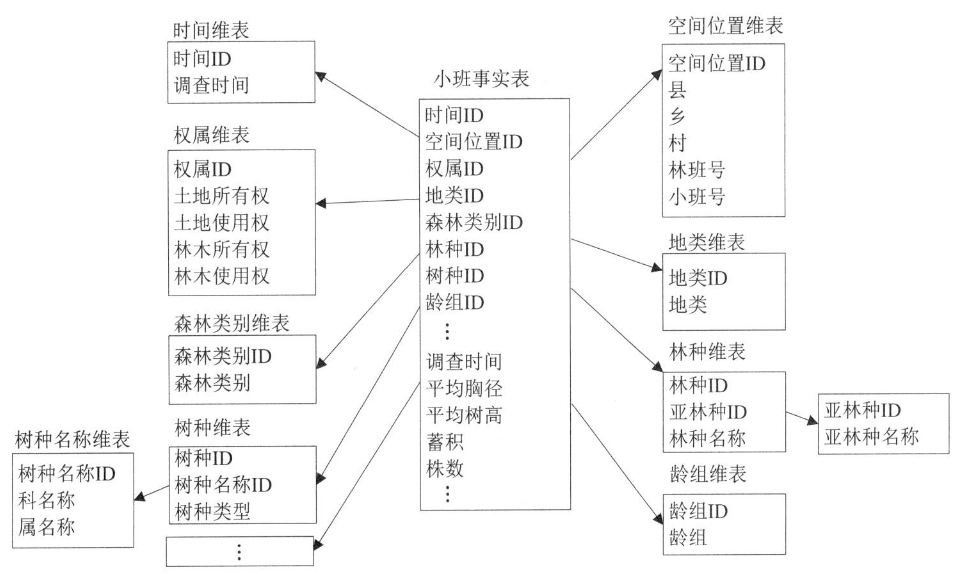

图 4-2　雪片形模式

4.1.2　联机分析处理

OLAP 是一种软件技术。OLAP 可帮助决策者对数据仓库中的数据从多个维度进行观察，并找出这些数据之间的关系，根据分析人员的要求，快速、灵活地进行大数据量的复杂查询，并以一种直观易懂的形式将查询结果提供给决策人员，为决策人员和高层管理人员的决策提供支持。目前市场上采用 OLAP 技术的工具软件主要有 Analysis Service（Microsoft）、MicroStrategy（Business Intelligence）、Cognos（Powerplay）和 Hyperion（Essbase）4 种。

1. OLAP 的基本分析功能

（1）上卷

在数据立方体中执行聚集操作，通过在维层次中上升或通过消除某个或某些维观察更概况的数据。例如，森林资源统计林地利用面积情况，图 4-3 所示的数据立方体（水平轴为地类维，垂直轴为时间维，z 轴为林场维）经过沿着地类维的概念层次上卷（roll up），由地类的二级分类上升到地类一级分类，就得到了右图所示的立方体，将土地利用面积按照地类进行分组求值。

（2）下钻

下钻（drill down）是通过在维层次中下降或通过引入某个或某些维来更细致地观察数据。

例如，图 4-4 所示的数据立方体沿着林场维度进行下钻，由林场下降到林区，就得到了如右图所示的数据立方体。现在的土地利用面积不是按林场统计计算，而是按林场下的林区进行统计计算的。

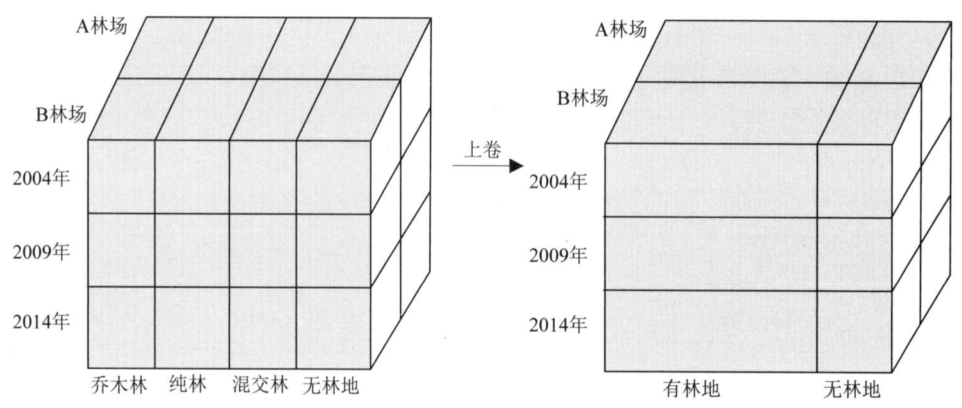

图 4-3 多维数据上卷

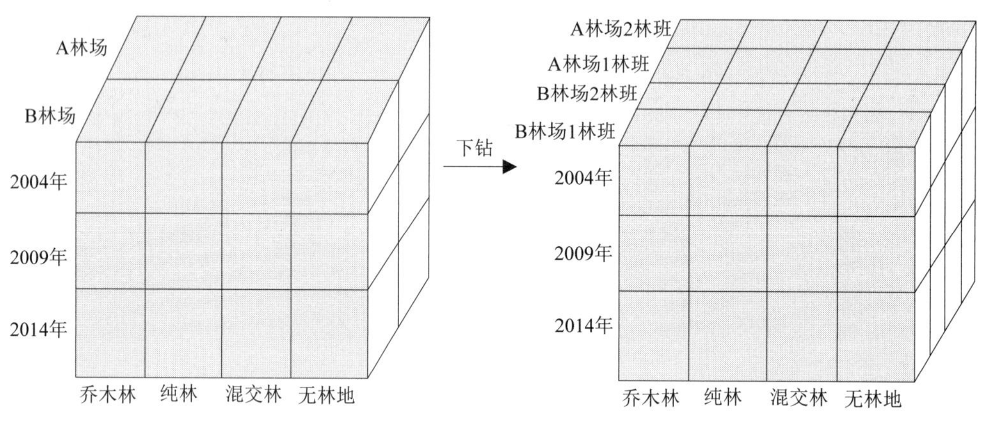

图 4-4 多维数据下钻

（3）切片

切片（slice）就是在多维数据上选定一个二维子集的操作，即在给定的数据立方体的一个维度上进行的选择操作，切片的结果是得到了一个二维的平面数据。

例如，在图 4-5 所示的数据立方体上，使用条件“时间=2004”进行选择，就相当于在原来的立方体中切出片。

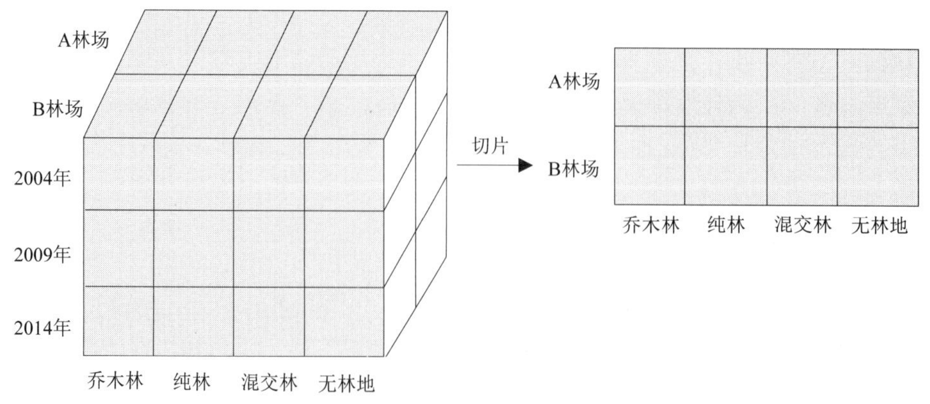

图 4-5 多维数据切片

（4）切块

切块（dice）是在给定的数据立方体的两个或多个维度上进行的选择操作，切块的结果是得到了两个子立方体。

例如，在图 4-6 所示的数据立方体上，使用下面条件进行选择，相当于在原立方体中切出一块。

```
(林场="A 林场"OR"B 林场")AND (时间="2009" OR "2014")AND (地类="纯林"OR"混交林"OR"无林地")
```

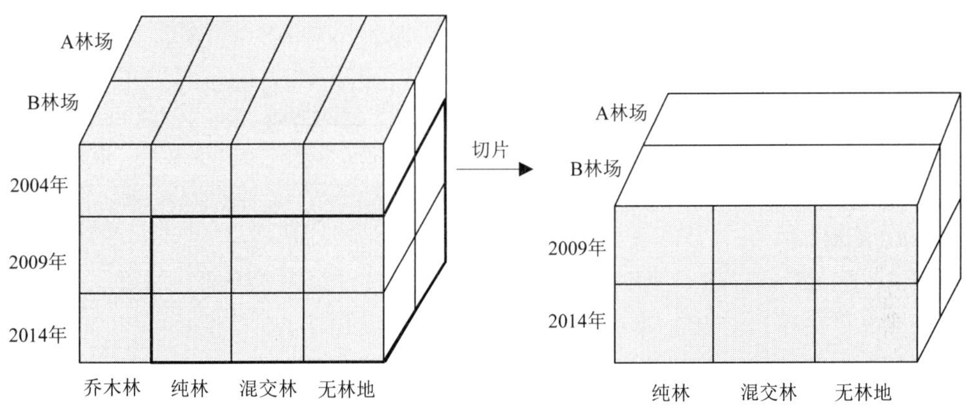

图 4-6 多维数据切块

（5）转轴

转轴（pivot or rotate）（旋转）是改变维度的方向，将一个三维立方体转变为一系列二维平面。转轴可以得到不同视角的数据。例如，转轴可能包含交换行和列，或是把某一个行维移到列维中去，或是把页面显示中的一个维和页面外的维进行交换（令其成为新的行或列中的一个）。

例如，在图 4-7 所示的数据立方体上，使用条件“年度=2004”将一个三维立方体转变为一系列二维平面。

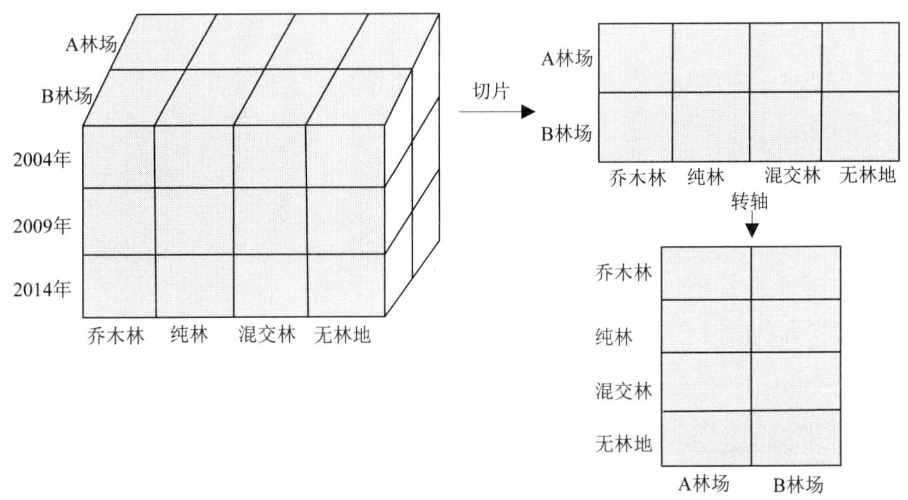

图 4-7 多维数据转轴

2. OLAP 的体系结构

OLAP 按照其存储器的数据存储格式可以分为关系型 OLAP（relational OLAP，ROLAP）、多维型 OLAP（multidimensional OLAP，MOLAP）和混合型 OLAP（hybrid OLAP，HOLAP）3 种类型。

（1）ROLAP

ROLAP 将分析用的多维数据存储在关系数据库中，并根据应用的需要有选择地定义一批视图作为表也存储在关系数据库中。通常只定义那些应用频率比较高、计算工作量比较大的查询作为视图。对每个针对 OLAP 服务器的查询，优先利用以定义的视图来生成查询结果，以提高查询效率。同时，用作 ROLAP 存储器的 RDBMS 也针对 OLAP 做相应的优化，如并行存储、并行查询、并行数据管理、基于成本的查询优化、位图索引、SQL 的 OLAP 扩展等。

（2）MOLAP

MOLAP 将 OLAP 分析所用到的多维数据存储为多维数组的形式，形成"立方体"的结构。维的属性值被映射成多维数组的下标值或下标的范围，而总结数据作为多维数组的值存储在数组的单元中。MOLAP 不采用关系数据库的存储结构，使用新的存储结构在物理层上构建多维数组。

（3）HOLAP

HOLAP 将 MOLAP 和 ROLAP 两种结构的优点结合起来，以满足用户各种复杂的分析请求。

4.2 数据挖掘

4.2.1 数据挖掘概述

1. 数据挖掘

数据挖掘（data mining，DM）是从大量的、不完全的、有噪声的、模糊的、随机的实际应用产生的数据中，提取隐含在其中的、人们事先不知道的、但又是潜在有用的信息和知识的过程。

数据挖掘在人工智能领域中又称为数据库中的知识发现（knowledge discovery in database，KDD）。知识发现过程由数据准备、数据挖掘、结果分析和知识同化 4 个阶段组成。数据挖掘涉及很多学科领域，是统计学、数据库技术、人工智能技术等大量技术的综合。数据挖掘常用的算法主要有分类、聚类、回归、统计分析和关联分析等，其中应用广泛的分类算法包括决策树、贝叶斯、支持向量机、近邻分类、人工神经网络和集成学习（ensemble learning）等，常见的聚类算法有 K-均值聚类（K-Means）、K-中心点聚类（K-Medoids）和系统聚类（system cluster），统计分析包括广义线性模型、方差分析、混合效应模型、时间序列等，经典的关联算法包括 Apriori 算法和 FP-growth 算法。

关于数据挖掘，需要注意的内容如下：

1）数据挖掘与常规的统计和分析不同，数据挖掘一般没有预先设定主题，对现有数据进行关联分析、聚类分析、时序分析等各种算法计算，通过分析来揭示数据之间有意义的联系、趋势和模式。

2）数据挖掘只是帮助用户更深入、更容易地分析数据，但无法告诉你某个模型对你的企业的实际价值，而且数据挖掘中得到的模型必须要在现实生活中进行验证。数据挖掘不会在缺乏指导的情况下自动发现模型。

3）数据挖掘工具可使你不必再掌握艰深的统计分析技术，但用户仍然需要知道自己所选用的数据挖掘工具是如何工作的，所采用的算法原理是什么。用户所选用的技术和优化方法会对模型的准确度和生成速度产生很大的影响。

4）要求数据挖掘人员精通业务，能够解释业务对象，并根据各业务对象确定出用于数据定义和挖掘算法的业务需求。

数据挖掘和数据分析都是对数据进行分析、处理等操作进而得到有价值的知识，都需要依赖于统计学。二者在结果表达及分析方面都借助数据分析手段，因此二者的关系界限变得越来越模糊。

2. 数据挖掘的步骤

数据挖掘的步骤会随不同应用领域有所变化，针对不同问题和需求的数据挖掘过程会存在一些差异，但一般都包括以下具体步骤：

1）确定业务对象与目的：明确定义业务问题与挖掘目的是数据挖掘的重要一步。

2）数据准备与预处理：数据准备是从相关的数据源中选取所需的数据并整合成用于数据挖掘的数据集。目前常用的数据预处理技术主要有数据清理、数据集成、数据变换等。

3）分析数据：使用可视化、OLAP，以及其他数据分析方法对挖掘的数据进行分析，找到对预测输出影响最大的数据字段，决定是否需要定义导出字段。

4）数据挖掘：运用选定的数据挖掘算法，从数据仓库中取出数据进行训练、测试和验证算法，然后进行挖掘，用图表对挖掘结果进行表示，进而分析一些变量之间的相关性。

5）结果分析、验证与知识的同化：对挖掘的知识进行解释与分析评价、验证，将分析所得到的知识集成到业务信息系统的组织结构中。

3. 数据挖掘对象（可以挖掘什么类型数据）

常见的数据挖掘对象有数据库中的数据、数据仓库中的数据、空间数据（如地图数据）、文本和多媒体数据（包括文本、图像、视频和音频数据）、时间相关数据（如历史数据、时间序列数据）、互联网上的数据等数据。

4. 数据挖掘分类

根据挖掘任务，可将数据挖掘分为描述型和预测型。

1）描述型数据挖掘：通过计算数据的各种统计变量（最大值、最小值、平均值、方差等）对数据进行关联分析和聚类分析，通过可视化工具直观地分析数据的分布情况，或者使用数据透视表查看多维数据，了解数据中的潜在规律。

2）预测型数据挖掘：制定目标，使用历史数据建立模型，通过模型预测未来。

5. 数据挖掘技术及算法

数据挖掘技术是利用各种分析工具在海量数据中发现模型和数据间的关系（寻找其规律），以做出预测和决策所需要的全部技术。数据挖掘算法是根据挖掘数据而创建模型与知识的一组试探法和计算算法。

6. 数据挖掘与数据分析

数据分析是指用准确适宜的统计分析方法和工具来分析经过处理后的数据，提取具有价值的信息，揭示数据之间有意义的联系、趋势和模式，进而形成有效的结论，并通过人们理解的方式展现出来的过程。

根据数据挖掘和数据分析的含义，两者都是对数据进行分析、处理等操作进而得到有价值的知识，都需要懂统计学。二者的侧重点有所不同，数据挖掘是指从海量数据中找到人们未知的、可能有用的、隐藏的规则，可以通过关联分析、聚类分析、时序分析等各种数学分析算法发现无法通过观察图表得出的深层次原因；数据分析是从一个假设出发，通过各种数学分析算法，建立方程或模型来与假设吻合。二者在结果表达及分析方面都借助数学分析手段，因此二者的关系界限变得非常模糊。

7. 数据挖掘与数据仓库

数据挖掘从数据仓库中获取数据并进行挖掘，数据仓库完成数据的收集、集成、存储、管理等工作。数据挖掘面对的是经初步加工的数据，可使数据挖掘能更专注于知识的发现。数据仓库的数据抽取、数据仓库与数据挖掘的关系如图 4-8 所示。因此，通常所说的数据仓库系统由数据源、数据仓库管理工具和数据挖掘工具 3 部分构成。

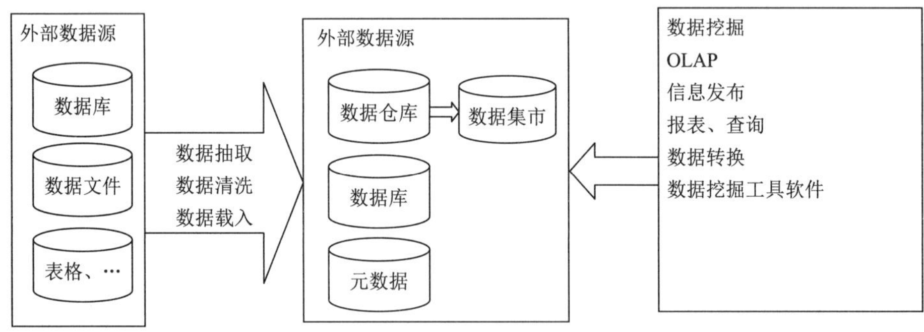

图 4-8 数据仓库的数据抽取、数据仓库与数据挖掘的关系

8. 数据挖掘与 OLAP

OLAP 可帮助决策者对数据仓库中的数据从多个维度进行观察，并找出这些数据之间的关系，然后通过数据挖掘对数据仓库中的数据进行挖掘。OLAP 操作通过下钻或上卷等来探查数据，发现分类和预测模型、聚类和关联规则等。例如，一个森林资源管理人员想找到什么原因导致了森林的树种结构发生了变化，他可能先做一个初始的假定，认为退耕还林造成的树种结构变化，然后用 OLAP 来验证这个假设。如果这个假设没有被证实，他可能会查询

新增加的幼龄林小班，如果还不可以，他还可能再增加森林采伐的小班和近自然林改造的小班一起进行分析，一直增加条件进行下去，直到找到他想要的结果或放弃。也就是说，OLAP 是建立一系列的假设，然后通过 OLAP 证实或推翻这些假设，最终得到自己的结论。

4.2.2 数据挖掘中的数据预处理

数据预处理是构建数据挖掘模型和保证数据精度的首要步骤。数据预处理方法主要是解决数据缺失、数据无效、数据冗余、数据格式不统一等问题，一般通过数据清理、数据变换、数据集成和数据规约 4 个步骤对原始数据进行预处理。通过数据清洗可填补缺失数据并且可消除噪声数据；数据变换和数据集成的工作主要是通过格式调整，将不同个数的数据按照统一格式进行整理并进行统一的存储；数据规约则主要是通过特征提取的方法提取能深刻表达关系的关键特征，从而得到精炼的并能充分描述的属性集合。

1. 数据清洗

数据清洗的目的是保证数据的有效性。通过数据清洗将缺失数据、无效数据、噪声数据进行清洗，采用数据修复法等对缺失数据进行补充，采用移动平均法、小波降噪法等对噪声数据进行降噪处理，保证了数据的有效性，提高了原始数据的质量。

例如，森林资源数据清洗，森林资源数据由于地域差异、调查人员水平差异、调查技术标准不同等，记录存储在数据库或数据仓库中的数据往往会存在一些错误、不寻常的值和不一致性，还会存在无效值和缺失值等。因此，要对原始数据库中的数据进行完整性、一致性检查，对其中的噪声数据进行处理，对丢失的数据进行适当填补。

2. 数据变换

数据变换是指将数据从一种表示形式变为另一种表示形式的过程。数据变换主要找到数据的特征表示，通过规格化、规约、切换、旋转和投影等操作实现。数据变换的目的是保证数据格式的统一性。

1）规格化指将记录集按规格化条件，以及属性的多个取值到给定虚拟值的对应关系进行合并。

2）规约指在对挖掘任务和数据本身内容理解的基础上将记录按语义层次结构进行合并，在保持数据原貌的前提下，缩减数据规模。

3）切换、旋转和投影指把初始数据集按照不同的层次、粒度和维度进行抽象和泛化，从而生成不同抽象级别上的数据集。

3. 数据集成

数据集成就是将若干个分散的数据源中的数据，逻辑地或物理地集成到一个统一的数据集合中。数据集成的目的是保证数据格式统一和统一存储，并在存储过程中自动查重，剔除重复记录，防止出现数据冗余现象，保证数据的唯一性。

4. 数据规约

数据规约是剔除数据记录的无效属性，而对于属性价值较高的数据则进行连续化处理，提高数据挖掘的准确性。

4.2.3 分类

分类是对给定的一组数据对象，根据数据的共同特点并按照分类模式将其划分为不同的类。分类算法实质是根据数据集的特点构造一个分类函数或分类模型（也常称为分类器），该模型能把未知类别的样本映射到给定类别中的某一个。构造分类器的过程一般分为训练和测试两个步骤。在训练阶段，分析训练数据集的特点，为每个类别产生一个对相应数据集的准确描述或模型；在测试阶段，利用类别的描述或模型对测试进行分类，测试其分类准确度。目前，分类有很多算法，主要有决策树、贝叶斯、支持向量机（support vector machine，SVM）、神经网络、K-近邻法（K-nearest neighbor，KNN）、遗传算法、粗糙集方法、模糊集方法等。

1. 决策树

决策树为树状结构，如图 4-9（a）所示。它是一种以实例为基础的归纳学习算法，采用自顶向下的递归方式，在决策树的内部结点进行属性值的比较，并根据不同的属性值权重从该结点向下分支，其中叶结点就是划分的类。从根结节到叶结点的一条路径就对应着一条分类规则，整个决策树就对应着一组分类规则的集合。决策树的每个结点的子结点个数与决策树使用的算法有关。例如，CART（classification and regression tree）算法得到的决策树每个结点有两个分支，这种树称为二叉树。允许结点含有多于两个子结点的树称为多叉树。

图 4-9（b）所示为某县通过决策树算法得到的森林分类，为森林分类研究决策树结构实例。从图 4-9（b）中可以看到，决策树的基本组成部分为决策结点（根部结点、中间结点）、分支和叶结点。利用 Landsat TM 影像中的波段和植被指数信息，用决策树判断森林种类，如“归一化植被指数>0.16”，同时“波段 TM>72m and 单值植被指数>64”则被归为“阔叶林”。

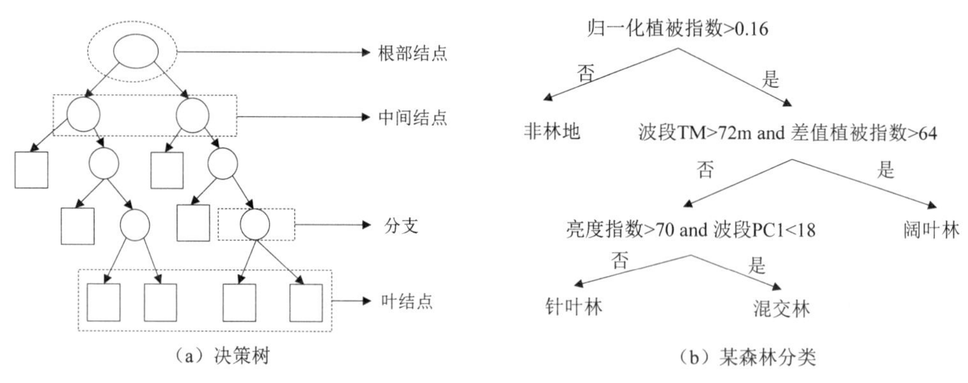

图 4-9 决策树及某县森林分类

决策树分类的优点如下：

1）要训练事例能用“属性→结论”的方式表达出来，就可以用该算法学习。

2）决策树模型效率高，对训练集数据量较大的情况较为适合。

3）分类模型是树状结构，简单直观，可将到达每个叶结点的路径转换为 IF→THEN 形式的规则，易于理解。

4）决策树方法具有较高的分类精确度。

创建决策树与决策树模型预测过程如图4-10所示。构造决策树的核心问题是在每一步如何选择适当的属性对样本进行拆分。对一个分类问题，从已知类标记的训练样本中学习并构造出决策树是一个自上而下进行分类的过程。

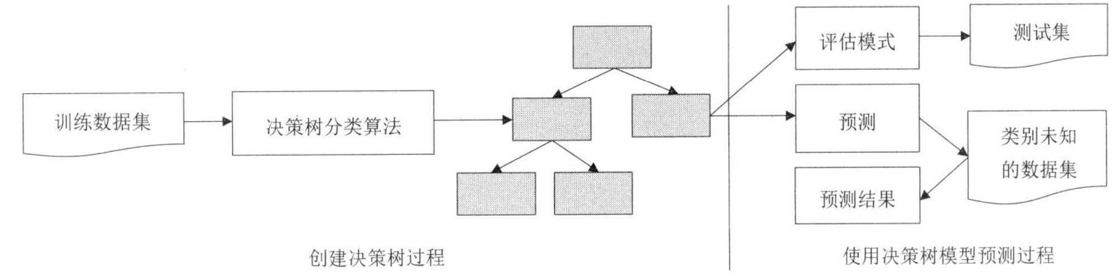

图4-10　创建决策树与决策树模型预测过程

决策树常见算法有以熵（entropy）理论和信息增益（information gain）理论为基础的C4.5算法和以基尼系数（Gini index）为分列准则的CART算法。随机森林（random forests）是以CART为基分类器的集成学习算法，它是一个包含了多个决策树的分类器，其结果由多个树输出的类别的众数而定。

（1）ID3算法与C4.5算法

ID3算法是机器学习中一种决策树分类算法，该算法中引入了信息论中熵的概念，利用分割前后的熵来计算信息增益，作为判断能力的度量。在ID3算法中，选择具有最大信息增益的属性作为当前划分结点。通过这种方式选择的结点属性可以保证决策树具有最小的分枝数量，使得到的决策树冗余最小。

（2）C4.5算法

C4.5算法是ID3的改进算法。该算法的重要改进是使用信息增益率来选择结点属性，既能够处理离散描述属性，又可以处理连续的描述属性；而ID3算法只适用于类似森林资源小班立地因子中的坡向属性一类的离散描述属性。C4.5算法的缺点是在构造树的过程中，需要对数据集进行多次顺序扫描和排序，因而导致算法低效；只适合于能够驻留于内存的数据集，当训练集大到无法在内存容纳时程序无法运行。

（3）CART算法

CART算法是许多集成分类算法的基分类器。CART算法本质是对特征空间进行二元划分，并能够对标量属性与连续属性进行分类。其核心思想是采用基尼系数最小化准则来进行特征选择，生成二叉树。CART算法具有良好的优越性，但对于一些数据集，CART算法产生的树并不稳定。当样本发生一点改动时，就会导致树结构的改变。为避免这种问题，可通过集成学习中的随机森林方法解决。

ID3、C4.5和CART算法的比较如表4-1所示。

表4-1　ID3、C4.5和CART算法的比较

算法	支持模型	树结构	特征选择	分类效果	连续值处理	缺失值处理	剪枝
ID3	分类	多叉树	信息增益	信息增益越大越好	不支持	不支持	不支持
C4.5	分类	多叉树	信息增益比	信息增益比越大越好	支持	支持	支持
CART	分类、回归	二叉树	基尼系数、均方差	基尼系数越小越好	支持	支持	支持

决策树分类方法在林业上主要是结合各种遥感影像对信息进行提取，被应用于许多分类问题。例如，利用决策树算法结合光谱信息和纹理信息进行林业地类的分类、通过建立决策树模型预测森林成熟度、基于决策树中随机森林算法的立地评价研究等。

2. 贝叶斯分类

贝叶斯分类（naive Bayesian classification）是一种统计分类方法，也称最大似然分类（maximum likelihood classification，MLC），是一种应用较多的监督分类算法，被广泛应用在遥感图像的分类中。贝叶斯分类以概率理论为基础，其学习和推理都由概率规则实现，该算法的原理是根据新的信息从先验概率得到后验概率。

贝叶斯解决这样的问题：已知某条件概率，如何得到两个事件交换后的概率，即在已知 $P(A|B)$的情况下如何求得 $P(B|A)$。贝叶斯定理公式如下：

$$P(B|A)=\frac{p(A\mid B)P(B)}{P(A)} \tag{4-1}$$

朴素贝叶斯是在贝叶斯的基础上提出的一种简单的分类算法。朴素贝叶斯算法是对于给出的待分类项，求解在此项出现的条件下各个类别出现的概率，哪个最大，就认为此待分类项属于哪个类别。朴素贝叶斯分类的定义如下：

设 $x=\{a_1,a_2,\cdots,a_m\}$ 为一个待分类项，而每个 a 为 x 的一个特征属性；有类别集合 $C=\{y_1, y_2,\cdots,y_n\}$，计算 $P(y_1\mid x),P(y_2\mid x),\cdots,P(y_n\mid x)$ 的条件概率；如果 $P\left(y_k|x\right)=\max\{P\left(y_1|x\right), P\left(y_2|x\right),\cdots,P(y_n\mid x)\}$，则 $x\in y_k$。

朴素贝叶斯分类的关键问题就是如何计算各个条件概率。计算各个条件概率的步骤与方法如下：

1）找到一个已知分类的待分类项集合，该集合称为训练样本。

2）统计得到在各类别下各个特征属性的条件概率估计，即

$P(a_1\mid y_1)$，$P(a_2\mid y_1)$，$\cdots$，$P(a_n\mid y_1)$；

$P(a_1\mid y_2)$，$P(a_2\mid y_2)$，$\cdots$，$P(a_n\mid y_2)$；

$\vdots$

$P(a_1\mid y_n)$，$P(a_2\mid y_n)$，$\cdots$，$P(a_n\mid y_n)$。

3）如果各个特征属性是条件独立的，则根据贝叶斯定理有如下推导公式：

$$P(y_i|x)=\frac{P(x\mid y_x)P(y_i)}{P(x)} \tag{4-2}$$

因为分母对于所有类别为常数，分子计算如下：

$$P(x\mid y_i)P(y_i)=P(a_1|\,y_i)P(a_2|\,y_i)\cdots P(a_m|\,y_i)P(y_i)=P(y_i)\prod_{j=1}^{m}P(a_j|\,y_i) \tag{4-3}$$

使用朴素贝叶斯算法进行分类的过程如下：

1）对每个特征属性进行适当划分，由人工选出部分待分类项进行分类，形成训练样本集合。

2）利用训练样本集合进行训练生成分类器，该工作的关键是计算每个类别在训练样本中的出现频率及每个特征属性划分对每个类别的条件概率估计。

3）使用分类器对待分类项进行分类。

在林业领域，建立贝叶斯分类器用于林火识别；通过综合林火历史数据建立贝叶斯网络模型，预测出林火发生概率；利用森林资源调查数据，挖掘林龄与其他调查因子间的关系；基于贝叶斯算法对森林成熟预测研究。

3. 支持向量机

SVM 是一种监督式学习方法，可广泛地应用于统计分类及回归分析。SVM 属于一般化线性分类器，这种分类器的特点是能够同时最小化经验误差与最大化几何边缘区。在图 4-11 中，假设给定一些分属于两类的二维点，要找到一条最优的分割线将这些点通过直线分割。SVM 将向量映射到一个更高维的空间中，目标是在这个空间里找出一个最优超平面将其分割。例如，图 4-11 中，*a*、*b* 和 *c* 都可以作为分类超平面，但最优超平面只有 *c*，*c* 离所有点的距离最远。因此，SVM 算法的实质是找出一个能够将间隔最大化的超平面，间隔就是超平面离所有训练样本的最小距离。

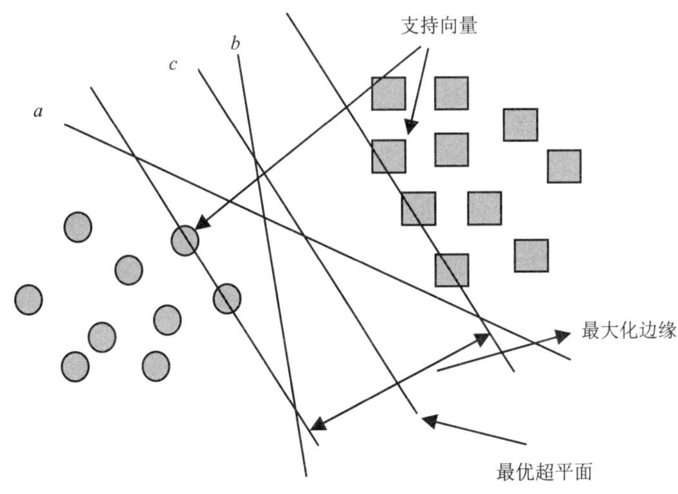

图 4-11　支持向量

SVM 和传统的学习算法（如人工神经网络）相比，SVM 通过提高数据的维度，把非线性分类问题转换成线性分类问题，较好地解决了传统算法中训练集误差最小而测试集误差仍然最大的问题，算法效率和精度都比较高。所以，近年来该方法成为构造数据挖掘分类器的一项新型技术，在分类和回归模型中得到了很好的应用。SVM 广泛应用于遥感数据的土地覆盖、土地利用分类、森林植被分类、生态公益林遥感分类、多时相遥感数据的变化监测、多源遥感数据信息融合等，在高光谱遥感数据处理中也得到了广泛应用。

4. 神经网络

神经网络是一种可用于分类和预测的方法。神经网络模拟人脑神经元结构，以 MP 模型和 Hebb 学习规则为基础，用神经网络连接的权值表示知识，其学习体现在神经网络权值的逐步计算上。目前主要有三大类神经网络模型：

1）前馈式网络：以感知机、反向传播模型、函数型网络等为代表，可用于预测、模式识别等方面。典型的前馈式网络主要有误差后向传播（error back propagation，EBP）神经网络、径向基（radical basis function，RBF）神经网络和极限学习机（extreme learning machine，ELM）神经网络。

2）反馈式网络：以 Hopfield 的离散模型和连续模型为代表，分别用于联想记忆和优化计算。比较典型的反馈式网络是感知器网络、Hopfield 神经网络、海明（Hamming）神经网络、小波神经网络、双向联系存储网络（bidirectional associative memory，BAM）、Boltzmann 机的随机神经网络。

3）自组织网络：以 ART 模型、Koholon 模型为代表，用于聚类。常见的自组织网络有自组织特征映射（self-organizing feature map，SOFM）神经网络、学习向量化（learning vector quantification，LVQ）神经网络等。

BP 神经网络的原理和算法是其他神经网络的基础。该方法具有较强的非线性拟合，且具有容错性、自学习和自适应性强等特点，适用于非线性的模式识别和分类预测问题。BP 算法主要由 3 层网络结构构成，即输入层、隐含层和输出层（图 4-12）。

BP 神经网络的过程主要分为两个阶段，第一阶段是信号的前向传播，从输入层经过隐含层，最后到达输出层；第二阶段是误差的反向传播，从输出层到隐含层，最后到输入层。依次调节隐含层到输出层的权重和偏置、输入层到隐含层的权重和偏置。以图 4-12 所示 3 层 BP 神经网络为例，构建 BP 神经网络模型。

第一阶段是信号的前向传播：

假设有图 4-12 所示的 3 层 BP 神经网络结构，输入层结点个数为 n，$x_i=\{x_1,x_2,\cdots,x_n\}$ 为输入层原始样本数据中神经网络的输入数据；隐含层结点个数为 q，W_{ij} 表示输入层 i 个结点到隐含层第 j 个结点之间的权值，$\varphi(x)$ 表示隐含层的激励函数，输入层到隐含层偏置为 $\theta_j=\{\theta_1,\theta_2,\cdots,\theta_q\}$；输出层结点个数为 m，W_{jk} 表示隐含层第 j 个结点到输出层第 k 个结点之间的权值，$\psi(x)$ 表示输出层激励函数，隐含层到输出层偏置为 $\alpha_k=\{\alpha_1,\alpha_2,\cdots,\alpha_m\}$，$O_k=\{O_1,O_2,\cdots,O_m\}$ 为输出层结点输出。

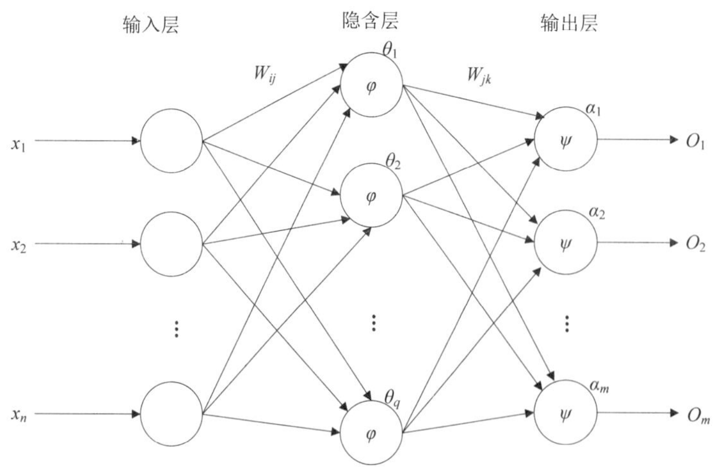

图 4-12　3 层 BP 神经网络结构

隐含层的输出 H_j 如下：

$$H_j = \varphi\left[\sum_{i=1}^{n}(W_{ij}X_i + \theta_j)\right] \tag{4-4}$$

输出层的输出 O_k 如下：

$$O_k = \psi\left[\sum_{i=1}^{n}(H_j W_{jk} + \alpha_k)\right] \tag{4-5}$$

第二阶段是误差的反向传播：

误差反向传播，即首先由输出层开始逐层计算各层神经元的输出误差，然后根据误差梯度下降法调节各层的权值和偏置（阈值），对各相应权值和偏差进行更新修改，以便能够尽量缩小网络的输出误差。

假设学习速率为 η，$Y_k = \{y_1, y_2, \cdots, y_m\}$ 为原始样本数据中神经网络的期望输出数据，其误差可以通过下式计算得到：

$$E = \frac{1}{2}\sum_{k=1}^{m}(Y_k - O_k)^2 \tag{4-6}$$

为使目标误差函数达到最小值，即 $\min E$，使用梯度下降法，对神经网络中的所有权值和偏置进行更新，以期能够正确地反映出实际输出结果。网络中权值根据以下两式进行更新：

$$W_{jk} = W_{jk} + \eta H_j(Y_k - O_k) \tag{4-7}$$

$$W_{ij} = W_{ij} + \eta H_j(1 - H_j)X_i\sum_{j=1}^{m}W_{jk}(Y_m - O_m) \tag{4-8}$$

式中，η 为学习速率，取 0～1 的一个常值。

误差反向传播利用梯度下降法来搜索神经网络的一组权值，以使神经网络的类别预测与训练样本实际类别之间的均方差最小，从而成为相应分类问题的求解模型。学习速率帮助避免陷入决策空间中的局部最小，即权值开始收敛但却不是一个最优解，以此来增大全局最优解的发现机会。如果学习速率太小，学习将以一个非常缓慢的速度进行；如果学习速率太大，就有可能产生解的振荡。可以凭经验设置 η 值[如通常将学习速率设置为 $1/t$，t 为至今为止所处理的整个训练样本集的（循环）次数]，也可用小范围的二分法确定一个合适的 η。

利用以下两式可对神经网络中的偏置进行更新操作：

$$\alpha_k = \alpha_k + \eta(Y_k - O_k) \tag{4-9}$$

$$\theta_j = \theta_j + \eta H_j(1 - H_j)\sum_{k=1}^{m}(Y_k - O_k)W_{jk} \tag{4-10}$$

神经网络在分类和预测两方面都有广泛应用，两者都需要建立模型来估计未知值，不同点主要体现在估计未知值是属于离散值还是连续值。如果估计未知值是离散值，用于分类；如果估计未知值是连续值，则用于预测。

神经网络在森林蓄积量估测、生物量与碳储量估算、森林灾害防治等方面得到了广泛应用。其中分类的应用主要包括以下几个方面：利用神经网络算法与遥感或 GIS 相结合实现森林植被和树种的分类、针阔混交林自动分类；结合图像识别，利用各种神经网络算法对森林害虫分类；对森林资源质量评价及森林立地分类与评价。预测方面包括对森林资源预测，即利用人工神经网络对森林的蓄积量、生长过程、出材率、生物量等进行模拟；对森林灾害预警预测，通过神经网络模型实现对森林病虫害预测预报及森林火灾预防等。

5. K-近邻法

K-近邻法属于典型的非参数分类方法。K-近邻法基于类比学习，在基于统计的模式识别中非常有效，并对未知和非正态分布可取得较高的分类准确率，具有鲁棒性、概念清晰等优点。K-近邻法的基本原理是搜索样本空间，计算未知类别向量与样本集中每个向量的相似度值，在样本集中找出 K 个最相似的样本向量，分类结果为相似样本中最多的一类。K-近邻法进行分类时，由于其主要依靠周围有限临近样本的信息，而不是靠类域的方法来确定所属类别，因此对于类域的交叉或重叠较多的待分样本集来说，该方法较其他方法更为合适。

K-近邻法在 GIS 领域有着广泛的应用，如在林业位置服务平台中可对道路网络进行查询，激光雷达数据利用 K-近邻法进行森林类型的识别等。

6. 其他分类算法

在数据挖掘领域，软计算的用途越来越广泛：模糊集用于处理不完整、不精确的数据及近似答案等；遗传算法用于动态环境下的高效搜索、复杂目标对象的自适应和优化；粗糙集根据“核”属性获得对象的近似描述，能有效处理不精确、不一致、不完整等各种不完备信息。当数据集表现出越来越多的无标签性、不确定性、不完整性、非均匀性和动态性特点时，软计算却可为此提供一种灵活处理数据的能力，软计算内的融合和与数据挖掘方法的结合逐渐成为数据挖掘领域的研究趋势。

（1）遗传算法

遗传算法是一种高效随机搜索与优化方法，其主要思想是根据“适者生存”原则，形成由当前群体中最适合的规则组成的新群体，以及这些规则的后代，用规则的适合度对训练样本集的分类准确率进行评估。遗传算法在解决多峰值、非线性、全局优化等高复杂度问题时具备独特优势。

遗传算法对数据进行分类的基本思路如下：将数据分类问题看作搜索问题，数据库看作搜索空间，分类算法看作搜索策略。遗传算法可通过保持一个潜在解的群体进行多方向的搜索而有能力跳出局部最优解。因此，应用遗传算法在数据库中进行搜索，对随机产生的一组分类规则进行优化，直到数据库能被该组分类规则覆盖，从而挖掘出隐含在数据库中的分类规则。

（2）粗糙集方法

粗糙集理论基于给定训练数据内部的等价类的建立，形成等价类的所有数据样本是不加区分的，即对于描述数据的属性，这些样本是等价的。给定现实世界数据，通常有些类不能被可用的属性区分，粗糙集就用来近似或粗略地定义这种类。

粗糙集理论是一种刻画不完整和不确定性数据的数学算法。该算法不需要先验知识，能有效地处理各种不完备信息，从中发现隐含的知识，并和各种分类技术相结合，建立起能够对不完备数据进行分类的方法。粗糙集理论将分类能力和知识联系在一起，使用等价关系形式化地表示分类，知识因而表示为等价关系集 R 对离散空间 u 的划分。粗糙集理论还包含求取数据中最小不变集和最小规则集的理论，即约简算法（分类中属性约简和规则生成），其基本原理是通过求属性的重要性并排序，在泛化关系中找出与原始数据具有同一决策或分辨能力的相关属性的最小集合，以此实现信息约简，这也是粗糙集理论在分类中的主要应用。

（3）模糊集方法

模糊集理论将模糊逻辑引入数据挖掘分类系统，允许定义“模糊”域值或边界。模糊逻辑使用[0,1]之间的真值表示一个特定的值是一个给定成员的程度，而不是用类或集合精确地截断。模糊逻辑提供了在高抽象层处理的便利。

在模糊分类方法中，首先要建立模糊相似矩阵，表示对象的模糊相似程度。其元素称为模糊相似系数。模糊分类方法可以很好地处理客观事务类别属性的不明确性，主要包括传递闭包法、最大树法、编网法、基于摄动的模糊方法等，但人们更多地将模糊方法和其他分类算法结合起来，如模糊决策树、模糊神经网络、模糊关联规则挖掘等的结合。

遗传算法通常结合其他机器学习算法构建组合模型并应用在农林业中。例如，遗传算法可进行森林抚育间伐小班智能选择、遗传算法优化小波神经网络对水质溶解氧含量预测、基于遗传算法的支持向量机对小麦最低收购价预测、基于实数遗传算法来训练神经网络的农机总动力预测等。粗糙集理论在森林火灾、林地质量评价、森林健康评价、树种分类、森林植被信息提取和立地条件分级信息提取等方面有很多应用研究。模糊分类广泛应用于森林火灾监测与森林植被遥感图像分类等。

4.2.4 关联分析

关联分析也称对应分析。若两个或多个变量的取值之间存在某种规律性，就称为关联。关联可分为简单关联、时序关联和因果关联。通过关联分析，可以从繁多属性中找出对分析者所关心的一个或几个属性之间的关联关系。例如，通过森林资源数据找出在某地区与特定树种的生长密切相关的自然因素或人为管理措施，从而帮助改进培育或抚育措施。关联规则挖掘过程主要包含两个阶段：第一阶段必须先从资料集合中找出所有的高频项目组（frequent itemsets），第二阶段再由这些高频项目组中产生关联规则（association rules）。关联规则算法有 AIS 算法、Apriori 算法、SETM 算法、DHP 算法、Partition 算法、Sampling 算法和 FP-growth 算法。

关联规则是描述数据库中数据项之间所存在的关系的规则。经典的关联规则挖掘算法包括 Apriori 算法和 FP-growth 算法，在关联规则分析领域具有很大的影响。Apriori 算法步骤包括：①依据支持度找出所有频繁项集（频度）；②依据置信度产生关联规则（强度）。例如，规则：A->B，支持度意味着同时发生 A 和 B 的概率，即 $P(A\cap B)$；置信度意味着 A 的条件下 B 发生的概率，即 $P(B|A)$。Apriori 算法多次扫描数据库，每次利用候选频繁集产生频繁集。而 FP-growth 算法先构建 FP 树，再从 FP 树中挖掘出频繁项集，利用树状结构直接得到频繁集，大大提高了算法效率。Apriori 算法拓展性较好，可以用于并行计算等领域。

关联分析在林业方面的主要应用是研究林木资源数据、森林生态、林木遗传育种测度各因子之间的关联，挖掘隐含的关联性知识，为相关的决策支持提供参考。

4.2.5 聚类分析

聚类是把一组数据按照相似性和差异性分为几个类别，每类数据距离较近，即数据对象彼此之间具有很高的相似性，不同类别中的数据间的相似性尽可能小（差异性很大）。作为数据挖掘功能，聚类分析也可以作为一种独立的工具，用来洞察数据的分布，观察每个类或簇的特征，将进一步分析集中在特定的簇集合上。另外，聚类分析可以作为其他算法（如特征化、属性子集选择和分类）的预处理步骤，之后这些算法将在检测到的簇或选择的属性或特征上进行操作。图 4-13 所示为聚类分析结果在三维空间上的示意，图中各对象数据根据距离的远近聚为 3 类。

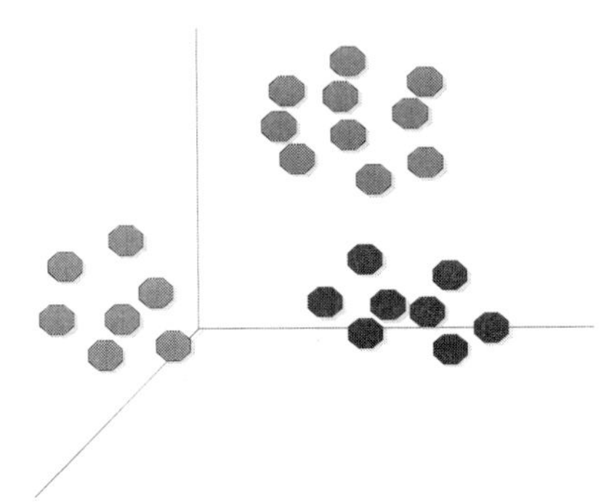

图 4-13　聚类分析结果在三维空间上的示意

从机器学习的观点来看，分类是一种监督学习，即每个训练样本的数据对象已经有类标识，通过学习可以形成表达数据对象与类标识间对应的知识；聚类是一种非监督的学习，即在没有给定划分类别的情况下，根据数据相似度进行样本分组。聚类建立在无类标记的数据上，聚类的输入是一组未被标记的样本。聚类根据数据自身的距离或相似度分为若干组，划分的原则是组内样本最小化而组间（外部）距离最大化。常用的聚类算法如表 4-2 所示。

表 4-2　常用的聚类算法

类别	主要算法
基于划分（分裂）的聚类算法	K-Means 算法（K-平均）、K-Medoids 算法（K-中心点）、Clarans 算法（基于选择的算法）
基于层次的聚类算法	Birch 算法（平衡迭代规约和聚类）、Cure 算法（代表点聚类）、Chameleon 算法（动态模型）
基于密度的聚类算法	Dbscan 算法（基于高密度连接区域）、Denclue 算法（密度分布函数）、Optics 算法（对象排序识别）
基于网格的聚类算法	Sting 算法（统计信息网络）、Clioue 算法（聚类高维空间）、Wave-Cluster 算法（小波变换）
基于模型的聚类算法	统计学方法、神经网络方法

1. 基于划分（分裂）的聚类算法

（1）K-Means 算法

K-Means 算法是典型的基于距离的非层次聚类算法，在最小化误差函数的基础上将数据划分为预定的类数 K，采用距离作为相似性的评价指标，即认为两个对象的距离越近，其相似度越大。K-Means 算法对异常值或极值敏感，稳定性差，因此比较适合处理分布集中的大样本数据集。

K-Means 聚类原理是给定一组观测值 $(x_1, x_2, \cdots, x_n)$，其中每个观测值是一个 d 维实数向量。将 n 个观测值划分为 $k(k \leqslant n)$ 个集合 $S = \{S_1, S_2, \cdots, S_n\}$，每个 S 中的观测值具有最小化群内平方和（方差）。其算法过程如下：

1）从 N 个样本数据中随机选取 K 个对象作为初始聚类中心。

2）分别计算每个样本到各个聚类中心的距离，将对象分配到距离最近的聚类中。

3）所有对象分配完成后，重新计算 K 个聚类中心。

4）与前一次计算得到的 K 个聚类中心比较，如果聚类中心发生变化，转第2）步，否则转第5）步。

5）当质心不发生变化时，停止并输出聚类结果。

聚类结果可能依赖于初始聚类中心的随机选择，可能使结果严重偏离全局最优分类。在实践中为了得到较好的结果，通常以不同的初始聚类中心多次运行 K-Means 算法。在所有对象分配完成后，重新计算 K 个聚类中心时，对于连续数据聚类中心取该簇的均值；但是当样本的某些属性是分类变量时，均值可能无定义，可以使用 K-众数方法。

（2）K-中心点算法

K-中心点聚类与 K-Means 聚类类似，它是针对 K-Means 算法极易受极值影响这一缺点的改进算法。其主要区别在于：K-Means 聚类选择簇中心表示聚类簇，而 K-中心点聚类选择靠近簇中心的对象表示聚类簇。PAM（partitioning around medoid，围绕中心点的划分）是 K-中心点聚类的经典算法，它最初随机选择 K 个对象作为中心点，该算法反复地用非代表对象（非中心点）代替代表对象，试图找出更好的中心点，以改进聚类质量。

K-中心点算法具有以下优缺点：

1）能够处理大型数据集，结果簇相当紧凑，并且簇与簇之间明显分明的优点，这一点与 K-Means 算法相同。

2）与 K-Means 有同样的缺点，如必须事先确定类簇数和中心点，簇数和中心点的选择对结果影响很大；一般在获得一个局部最优解后就停止了；对于除数值型以外的数据不适合，只适用于聚类结果为凸形的数据集等。

3）与 K-Means 相比，K-中心点算法对于噪声不敏感，这样对于离群点就不会造成划分结果偏差过大，少数数据不会造成重大影响。

4）K-中心点由于上述原因被认为是对 K-Means 的改进，但由于按照中心点选择的方式进行计算，算法的时间复杂度也比 K-Means 上升了 $O(n)$。

2. 基于层次的聚类算法

层次聚类（hierarchical clustering）通过计算不同类别数据点间的相似度来创建一棵有层次的嵌套聚类树。在聚类树中，不同类别的原始数据点是树的最底层，树的顶层是一个聚类的根结点。创建聚类树有自下而上凝聚和自上而下分裂两种方法。

1）自下而上凝聚方法：首先将每个对象作为单独的一个聚类，然后根据性质和规则相继地合并相近的类，直到所有的对象都合并到一个聚类中，或者满足一定的终止条件。经典的层次凝聚算法以 AGNES（AGglomerative NESting）算法为代表，改进的层次凝聚算法主要以 Birch、Cure、Rock、Chameleon 算法为代表。

2）自上而下分裂方法：与自下而上凝聚算法相反，首先将所有的对象看作一个聚类，然后在每一步中，上层类被分裂为下层更小的类，直到每个类只包含一个单独的对象，或者也满足一个终止条件为止。分裂算法将生成与凝聚方法完全相同的类集，只是生成过程的次序完全相反。经典的层次分裂算法以 Diana 算法为代表。

4.2.6 统计分析

统计分析用于数据挖掘的算法主要包括方差分析、相关分析、回归分析、广义线性模型（generalized linear model，GLM）、混合效应模型、主成分分析、判别分析、时间序列分析、因子分析等。

1. *方差分析*

方差分析是用于两个及两个以上样本均值差别的显著性检验的统计分析方法。从表面上看，方差分析是检验多个总体的均值是否相同，但本质上它所研究的是分类型自变量对数值型因变量的影响。例如，它们之间有无关系、关系的强度如何等。

方差分析中有 3 个基本假设：每个总体都应服从正态分布、各个总体的方差必须相同、观测值是独立的。

根据所分析的分类型自变量的多少，方差分析主要分为单因素方差分析和多因素方差分析。

（1）单因素方差分析

单因素方差分析是在一个因素分类中，判断两个或两个以上水平观测值之间的差异性分析。例如，方差分析应用于不同条件下冠幅冠长的差异性分析及树冠轮廓模型的检验中。这里以不同地位指数为例，方差分析的具体应用步骤如下：

1）提出假设。设不同地位指数下的第 i 个最大树冠半径（冠幅的一半，记为 LCR）观测值为 $\mathrm{LCR}_i^{\mathrm{SI}}$，其中 SI 为 10～20，则不同地位指数下的最大树冠半径均值分别为 $\overline{\mathrm{LCR}}^{10}$，$\overline{\mathrm{LCR}}^{12}$，…，$\overline{\mathrm{LCR}}^{20}$。方差分析即是检验不同水平的数量均值是否相等，因此提出假设：

原假设为 H_0：$\overline{\mathrm{LCR}}^{10}$，$\overline{\mathrm{LCR}}^{12}$，…，$\overline{\mathrm{LCR}}^{20}$，表示不同地位指数的最大树冠半径值没有显著性差异。

H_1：$\overline{\mathrm{LCR}}^{k}(k=10,12,\cdots,20)$ 不完全相等，表示不同地位指数下的最大树冠半径存在差异。

若拒绝原假设 H_0，则说明地位指数对最大树冠半径是有影响的。

2）构造检验量。根据统计学原理，如果原假设成立，则组间平方和与自由度之商（MSA）与组内平方和与自由度之商（MSE）的差异就不会太大。MSA 和 MSE 的计算方法如下：

$$\mathrm{MSA}=\sum_{i=1}^{K}n_i\left(\overline{\mathrm{LCR}}^{i}-\overline{\overline{\mathrm{LCR}}}\right)\Big/(k-1) \tag{4-11}$$

$$\mathrm{MSE}=\sum_{i=1}^{k}\sum_{j=1}^{ni}(\mathrm{LCR}^{i}j-\overline{\mathrm{LCR}}^{i})^2/(n-k) \tag{4-12}$$

式中，$\overline{\mathrm{LCR}}^{i}$ 为地位指数为 i 时的最大树冠半径均值；$\mathrm{LCR}^{i}j$ 为地位指数 i 下的第 j 个最大树冠半径值；LCR 为所有最大树冠半径均值。

对式（4-11）和式（4-12）进行对比，得到一个 F 统计量，该 F 值服从分子和分母自由度分别为 k-1 和 n-k 的 F 分布，具体如下：

$$F=\frac{\mathrm{MSA}}{\mathrm{MSE}}\sim F\left(k-1,n-k\right) \tag{4-13}$$

3）检验决策。将式（4-13）计算出的 F 值与相应的临界值 $F_{0.05}(k-1,n-k)$ 进行比较，若 $F>F_{0.05}$，或者显著性水平 $p<0.05$，则拒绝原假设，说明不同立地条件下的最大树冠半

径是有差异的。

（2）多因素方差分析

多因素方差分析原理与单因素方差分析基本一致，也是利用方差比较的方法，通过假设检验的过程来判断两个及两个以上控制变量是否对观测变量产生显著影响。多因素方差分析不仅能够分析多个因素对观测变量的独立影响，而且能分析多个控制因素的交互作用能否对观测变量的分布产生显著影响，进而最终找到利于观测变量的最优组合。

例如，分析不同立地条件、不同密度对林分收获的影响时，可将全林分蓄积作为观测变量，立地条件和密度作为控制变量。利用多因素方差分析，研究不同立地条件、不同密度是如何影响全林分蓄积的，并进一步研究哪种立地条件与哪种水平的密度是提高农作物产量的最优组合。

2. 相关分析

相关分析是一种分析变量之间存在什么样的依存关系，以及相关程度和相关方向等变量相关性的统计方法。相关分析主要用来研究两个变量的关系，测定它们之间联系的紧密程度。相关分析可分为以下 3 类：

1）线性相关分析。如果两个变量变化的方向一致，则称为正相关；如果两个变量变化的方向相反，则称为负相关；否则为无线性相关。

2）偏相关分析。在控制一些对两变量之间的相关性可能有关的其他变量之后，再对两变量进行线性相关分析。

3）距离分析。通过距离的大小对两变量之间相似或不相似程度的测度，在这里所提及的距离可以是观测量之间的距离和变量之间的距离，如欧式距离和海明距离等。

3. 回归分析

回归分析用于分析变量或属性间的依赖关系并建立预测模型。它是在掌握大量观察数据的基础之上，利用数理统计方法建立一个因变量 Y 对自变量 $X(X_1,X_2,\cdots,X_k)$ 的相依关系的统计分析方法，得到因变量与自变量之间的回归关系函数表达式，即 $Y=f(X_1,X_2,\cdots,X_k)$。

回归问题分为模型的构建和应用于预测两个过程。模型的构建是通过给定的训练数据集构建一个模型，模型的预测是根据新的输入数据预测相应的输出。

有各种不同形式的回归，如线性的、非线性的、多元的、加权的、多项式的、非参数的和鲁棒的。回归按照输入变量的个数可以分为一元回归和多元回归；按照输入变量和输出变量之间关系的类型，可以分为线性回归和非线性回归。

（1）线性回归分析

线性回归又称直线回归，其通过对自变量和因变量进行分析，找到一条可以拟合自变量和因变量之间关系的直线模型。其模型形式如下：

$$\hat{y}=a+bx+\varepsilon_i \tag{4-14}$$

式中，$\hat{y}$ 是实测变量 y 的估计值；a 为常数项；b 为 x 的回归系数；ε_i 为误差项。

自变量 x 只有一个（一维）的线性回归是一元线性回归。一元线性回归方法是通过对自变量 x 和因变量 y 进行分析，找到一条可以拟合两个变量之间关系的直线来描述两者间的关系。

自变量 x 为多个（n 维）的线性回归是多元回归分析，通过对多个自变量$(x_1,x_2,\cdots,x_n)$和因变量 y 进行分析，利用下式表达它们之间的关系：

$$\hat{y}=b_0+b_1x_1+b_2x_2+\cdots+b_nx_n+\varepsilon_i \tag{4-15}$$

式中，$\hat{y}$ 为实测变量 y 的估计值；b_0 为常数项；$b_1,b_2,\cdots,b_n$ 为偏回归系数；ε_i 为误差项。

回归分析是一种参数化方法，即为了达到分析目的，需要设定一些“自然的”假设。如果目标数据集不满足这些假设，回归分析的结果就会出现偏差。因此，想要进行成功的回归分析，就必须先证实这些假设。回归分析的 5 个基本假设如下：

1）线性和可加性。线性指每一个数值型自变量 x_i 与因变量 Y 呈线性关系，可加性指 X_1 对 Y 的影响独立于其他自变量（如 X_2）。

2）误差项（ε）之间应相互独立。若不满足这一特性，则称模型具有自相关性（autocorrelation）。

3）自变量（X_1,X_2）之间应相互独立。若不满足这一特性，则称模型具有多重共线性（multicollinearity）。

4）误差项（ε）的方差应为常数。若满足这一特性，则称模型具有同方差性（homoskedasticity）；若不满足，则具有异方差性（heteroskedasticity）。

5）误差项（ε）应呈正态分布。

（2）非线性回归分析

如果回归模型的因变量是自变量的一次以上函数形式，回归规律在图形上表现为形态各异的各种曲线，则称为非线性回归，这类模型称为非线性回归模型。常见的非线性回归模型主要有抛物线函数模型、双曲线模型、幂函数模型、指数函数模型、Logistic 曲线方程模型等，如表 4-3 所示。

表 4-3　常见的非线性回归模型

函数名	表达式
对数函数	$y=a+b\log x$
指数函数	$y=ae^{bx}$
幂函数	$y=ax^b$
双曲线函数	$y=a+b/x$
Logistic 曲线方程	$y=a/(1+be^{-cx})$
单分子（Mitscherlich）式	$y=a(1-e^{-cx})$
Gompertz（1825）	$y=ae^{-be^{-cx}}$
Korf（1939）方程	$y=ae^{-bt^{-x}}$
Richards（1959）方程	$y=a(1-e^{-cx})^b$

非线性回归模型的求解一般可分为可线性变换和不可线性变换两大类。可线性化变换的非线性回归模型的求解基本方法是通过变量变换，将非线性回归化为线性回归，然后用线性回归方法处理；不可线性变换的非线性回归模型求解处理方法主要有分段回归法、迭代最小二乘法等。

回归分析的步骤如下：

1）确定自变量与因变量。找出能够代表所有观测资料的函数曲线，然后用此函数表示变量与自变量之间的关系。

2）根据自变量与因变量的历史统计资料进行计算，建立回归分析预测模型。

3）获得自变量与因变量之间的某种因果关系。

4）模型检验。预测误差是衡量一个预测模型的重要指标，小误差表明模型可以得到较好的预测结果。

5）运用之前确定的回归预测模型进行预测计算，再根据实际情况，运用相关知识进行全面分析，进而得到最终的预测值。

在林业应用中，由于林分因子之间的关系并不仅仅是线性的，绝大多数会呈现一个曲线状态，因此不能采用线性回归方法建立模型。非线性回归分析则提供了解决变量之间非线性关系表达的问题的方法。

4. 广义线性模型

广义线性模型是一般线性模型的扩展，主要表现在以下两个方面：

1）一般线性模型中，要求因变量是连续的且服从正态分布；在广义线性模型中，因变量的分布可扩展到非连续的资料，如二项分布、Poisson 分布、负二项分布等。

2）一般线性模型中，自变量的线性预测值 η 就是因变量的估计值 μ；而广义线性模型中，自变量的线性预测值 η 是因变量的函数估计值 $g(\mu)$。

广义线性模型包括线性部分和连接函数（link function）部分，其中线性部分正好是一般线性模型所定义的：

$$\eta_i = \beta_0 + \beta_1 x_{1i} + \beta_2 x_{2i} + \cdots + \beta_m x_{mi} \tag{4-16}$$

连接函数如下：

$$\eta_i = g(\mu_i) \tag{4-17}$$

连接函数为一单调可微（连续且充分光滑）的函数。连接函数起到了关联“Y 的估计值”与“自变量的线性预测值”的作用。在经典的线性模型中，“Y 的估计值”与“自变量的线性预测值”是一个意思。

通过数据的分布、因变量的类型，选择合适的广义线性模型类型。常用的广义线性模型如表 4-4 所示。

表 4-4　广义线性模型

模型类型	因变量类型	分布	连接函数
一般线性模型	连续型变量	正态分布	恒等式 $\eta = \mu$
Logistic 回归	一个比例值	二项分布	分对数 η=log(μ/1−μ)
泊松回归	计数或个数	泊松分布	对数 η=log(μ)
伽马模型	正的连续变量	伽马分布	对数 η=log(μ)

表 4-4 中，Logistic 回归是一种经典的分类模型，主要是进行二分类预测，即对于 0～1 的概率值，当概率大于 0.5 时预测为 1，小于 0.5 时预测为 0。Logistic 函数（或称为 Sigmoid 函数）的形式为 $1/(1+e^x)$，该函数的曲线类似于一个 s 形，在 x=0 处，函数值为 0.5。

Logistic 回归模型的适用条件如下：

1）因变量为二分类的分类变量或某事件的发生率，并且是数值型变量。但是需要注意，重复计数现象指标不适用于 Logistic 回归。

2）残差和因变量都要服从二项分布。二项分布对应的是分类变量，所以不是正态分布，进而不是用最小二乘法，而是用最大似然法来解决方程估计和检验问题。

3）自变量和 Logistic 概率是线性关系。

4）各观测对象间相互独立。

Logistic 回归模型中参数的估计量最常用的是极大似然估计，用 Newton-Raphson 迭代求解，还有一种方法是根据广义线性模型的理论用加权最小二乘法迭代求解，两种方法求出的结果基本相同。

5. 混合效应模型

混合效应模型是既包含固定效应又包含随机效应的一类模型，根据一个或多个因素描述一个响应变量和一些相关变量之间的关系，主要应用于分组数据，如多层数据、重复测量数据、分组实验数据和纵向数据。与普通最小二乘相比，混合效应模型能满足独立同分布假设，能得到渐进无偏参数估计，并用方差-协方差结构来反映数据间的相关性和异质性。混合效应模型包括总体预测和个体预测，总体预测刻画总体性质，反映平均水平，不能体现组间差异；而个体预测通过二次抽样校正随机参数反映组间差异。混合效应模型按模型形式通常分为线性混合效应模型和非线性混合效应模型。

混合效应模型的构建步骤如下：

1）运行空模型（empty model）。空模型也称截距模型，即模型没有解释变量和斜率。运行空模型的目的是评估组内变异（within-group variation）和组间变异（between-group variation）的程度。

2）加入解释变量（explanation variation）。该变量有时又称用场景变量解释组间变异，即在空模型中加入组水平变量来解释这种变异。该过程与多元回归分析相似，可能用到多元回归的逐步筛选法、向前选择法、向后选择法，同时要进行模型共线性诊断。

3）确定参数效应。混合模型构建过程中最重要的一步是确定参数效应，即哪个参数为固定参数， 哪个参数为混合参数。一般情况下，确定模型中的参数效应是将不同随机参数组合的模型进行拟合，比较模型拟合的统计量，即比较 AIC、 BIC 和 LL 指标，AIC 和 BIC 越小越好，LL 越大越好。

4）确定随机效应参数的协变量（covariate variable）。协变量又称解释变量（explanatory variable），确定哪一个协变量能够解释随机参数的变化。

5）确定组内方差-协方差结构。相关性结构应用到混合模型中，用来模拟组内误差之间的相关性。常用相关结构有独立结构、复合对称结构、广义结构、自回归结构、移动平均结构和自回归移动平均结构等。

6）确定随机效应的方差-协方差结构。常用 3 种方差-协方差结构：复合对称、对角矩阵和广义正定矩阵。

7）模型检验。利用检验数据集对模型预测性能进行评价，固定效应部分与传统检验方法相同，随机效应部分检验要通过二次抽样来计算随机参数值。

林业领域中的许多数据具有层次结构。例如，在单木干形模型中，干形数据测量时每棵树测量多个数据点，单木嵌套于样地中，样地嵌套于林分中，形成了一个具有 3 个层次

（单木-样地-林分）的数据结构。同一层次的数据不相互独立，不同层次的数据具有较强的异质性。传统的回归分析不再满足这类问题的基本假设，混合效应模型分析不需要假设数据中的观测值相互独立，因而可以修正因测量数据非独立引起的参数标准误差。同时，混合效应模型可对组水平和个体水平数据同时进行分析，在一个模型中可同时检验组变量和个体变量的效应，克服不同层次的异质性。

6. 主成分分析

主成分分析是一种多元统计方法，其基本思想是将多个变量进行线性变换，进而得到不相关的综合变量，然后根据给定的规则从中选择出少数几个能够较好反映出原始变量信息的综合变量。主成分分析的原理是通过对协方差矩阵进行特征分解，以得出数据的主要成分，即特征向量及其特征值。主成分分析的基本步骤如下：

1）计算相关系数矩阵。

2）计算相关系数矩阵的特征值及相应的正交化单位特征向量。

3）选择主成分。

4）计算主成分得分。

7. 判别分析

判别分析指根据若干变量值判断研究对象归属问题的一种多变量统计分析方法，用于确定待判样品归属于哪一类方法。判别分析的原理是按照一定的判别原则建立一个或多个判别函数，通过大量相关数据确定判别函数中的待定系数，并计算判别指标，据此即可确定某一样本属于何类。常用的判别分析方法主要如下：

1）最大似然法：用于自变量均为分类变量的情况。该方法建立在独立事件概率乘法定理的基础上，根据训练样品信息求得自变量各种组合情况下样品被分为任何一类的概率。当新样品进入时，则计算它被分到每一类中的条件概率（似然值），概率最大的那一类就是最终评定的归类。

2）距离判别：基本思想是由训练样品得出每个分类的重心坐标，然后对新样品求出它们离各个类别重心的距离（马氏距离或者欧式距离），从而归入离得最近的类。

3）Fisher 判别：也称典则判别，根据线性 Fisher 函数值进行判别，实现组内差异最小，组间差异最大，数据变得线性可分。Fisher 判别分析用于两类或两类以上间的判别，但常用于两类间判别。

4）Bayes 判别：根据总体的先验概率，使误判的平均损失达到最小而进行的判别。其最大优势是可以用于多组判别问题。

8. 时间序列分析

时间序列也称时间数列、历史复数或动态数列，它是将某种统计指标的数值，按时间先后顺序排列所形成的数列。时间序列预测法就是通过编制和分析时间序列，根据时间序列所反映出来的发展过程、方向和趋势，进行类推或延伸，借以预测下一段时间或以后若干年内可能达到的水平。时间序列分析的步骤如下：

1）收集历史资料，加以整理，编成时间序列，并根据时间序列绘成统计图。时间序列分析通常是对各种可能发生作用的因素进行分类，传统的分类方法是按各种因素的特点或影响效果分为长期趋势、季节变动、循环变动和不规则变动四大类。

2）分析时间序列。时间序列中的每一时期的数值都是由许许多多不同的因素同时发生作用后的综合结果。

3）求时间序列的长期趋势（T）、季节变动（s）和不规则变动（I）的值，并选择近似的数学模式来代表它们。对于数学模式中的诸未知参数，使用合适的技术方法求出其值。

4）利用时间序列资料求出长期趋势、季节变动和不规则变动的数学模型后，就可以利用它来预测未来的长期趋势值 T 和季节变动值 S，在可能的情况下预测不规则变动值 I。然后用以下模式计算未来时间序列的预测值 Y：

加法模式：

$$T+S+I=Y$$

乘法模式：

$$T\times S\times I=Y$$

如果不规则变动的预测值难以求得，就只求长期趋势和季节变动的预测值，以两者相乘之积或相加之和为时间序列的预测值；如果经济现象本身没有季节变动或不需预测分季分月的资料，则长期趋势的预测值就是时间序列的预测值，即 $T=Y$。但要注意该预测值只反映现象未来的发展趋势，即使很准确的趋势线在按时间顺序的观察方面，本质上也只起到一个平均数的作用，实际值将围绕它上下波动。

时间序列预测法可用于短期预测、中期预测和长期预测。根据对资料分析方法的不同，时间序列预测法又可分为简单序时平均数法、加权序时平均数法、移动平均法、加权移动平均法、趋势预测法、指数平滑法、季节性趋势预测法、市场寿命周期预测法等。这类方法通常用描散点图的方法定性地确定变化趋势，再按照该变化趋势对未来情况做出预测，特点是不对其中的随机成分进行统计处理。

9. 因子分析

因子分析是指研究从变量群中提取共性因子的统计技术。因子分析就是从大量的数据中寻找内在的联系，用少数几个因子描述许多指标或因素之间的联系，即将相关比较密切的几个变量归在同一类中，每一类变量就成为一个因子，以较少的几个因子反映原数据的大部分信息。因子分析的方法有十多种，如重心法、影像分析法、最大似然解、最小平方法、阿尔发抽因法、拉奥典型抽因法等。这些方法本质上都属于近似方法，以相关系数矩阵为基础。

10. 常规的统计分析方法

采用统计学中的统计方法对数据进行统计，计算统计数据的均值、中位数、众数、分布、标准差等。主要统计方法如下：

1）指标对比分析法。指标对比分析法可分为静态比较分析法和动态比较分析法。静态比较是同一时间条件下不同总体指标的比较，如不同部门、不同地区之间的比较，也称横向比较；动态比较是同一总体条件不同时期指标数值的比较，也称纵向比较。比较的结果可用相对数表示，如百分数、倍数、系数等；也可用相差的绝对数和相关的百分数来表示。

2）分组分析法。分组分析法就是把所研究的总体按照一个或者几个标志划分为若干个部分，加以整理，进行观察、分析，以揭示其内在的联系和规律性。统计分析法的关键问题在于正确选择分组标值和划分各组界限。

3）时间数列及动态分析法。将同一指标在时间上变化和发展的一系列数值按时间先后顺序排列，就形成时间数列，又称动态数列。通过时间数列的编制和分析，可以找出动态变化规律，为预测未来的发展趋势提供依据。时间数列可分为绝对数时间数列、相对数时间数列和平均数时间数列。动态分析法通过编制时间数列，利用表格或绘制成曲线图进行动态分析，反映其发展水平和速度的变化规律。

4）指数分析法。指数是指反映数据变动情况的相对数。根据指数所研究的范围不同，可以有个体指数、类指数与总指数之分。指数可以综合反映复杂的社会经济现象的总体数量变动的方向和程度，以及某种社会经济现象的总变动受各因素变动影响的程度。通过指数体系中的数量关系，假定其他因素不变，观察某一因素的变动对总变动的影响。

5）平衡分析法。平衡分析法把对立统一的双方按其构成要素一一排列起来，观察它们之间的平衡关系，如能源平衡表、收支平衡表、投入产出平衡表等。利用平衡分析，从数量对等关系上反映分析对象的平衡状况和比例关系相适应状况，揭示不平衡的因素和发展潜力，从各项已知指标中推算未知的个别指标。

6）综合评价分析。通过构建评价指标体系，对不同计量单位的指标值进行同度量处理，确定各指标权重，对指标进行汇总，计算综合分值，据此做出评价。

7）景气分析。采用抽样调查方法，通过问卷，让调查对象回答问卷中的有关判断和预期，根据汇总调查数据进行综合分析评价。

8）预测分析。预测分析是根据已知的过去和现在的数据推测未来。预测分析可分为定性预测与定量预测两种技术。常用的定性预测技术主要有 Delphi 法、主观概率法、交叉概率法和专家意见法；定量预测技术是根据自变量与因变量之间的依存关系进行预测，主要有回归分析、滑动平均、指数平滑、周期变化分析和随机变化分析等方法。

4.2.7　其他数据挖掘技术

1. 文本数据挖掘技术

文本数据挖掘是从非结构化文本中提取有用信息和知识的过程。文本数据挖掘是一个跨学科领域，涉及信息检索、机器学习、统计、计算语言学。大部分文本数据挖掘系统都以文本表达和自然语言处理（nature language processing，NLP）为基础实现。NLP 技术主要采用词法获取、词义消歧、词性标注、概率上下文无关文法等方法。文本挖掘主要进行信息提取、主题模型、文本摘要、文本分类、文本聚类、答疑和意见挖掘。信息提取是指自动地从文本中提取特定种类的结构化信息；主题模型是通过文档中主题词汇的概率分布对文本进行分类，如一篇文章中出现抚育间伐、小班作业法、立地类型之类的词汇，那么该主题模型就会把它划分为森林经营类的文章；文本摘要是为了从单个或多个输入文本文件中生成一个缩减的摘要或摘录；文本分类通过将文档置入预定的主题集来识别文档的主题取向；文本聚类用于给类似的文档通过预定的主题对文档进行分类（分组）；答疑主要用于设计如何寻找给定问题的最佳答案；意见挖掘是指提取、分类、理解和评估新闻、评论和用户生成的其他内容中表述的意见。

2. Web 数据挖掘技术

Web 数据挖掘是利用 Web 的海量数据进行分析，收集网站中有关的信息，从中检索、提取和评估信息，用以发现对企业有重大或潜在重大影响的外部环境信息和内部经营信息，并根据分析结果找出企业管理过程中出现的各种问题和可能引起危机的先兆，对这些信息进行分析和处理，以便识别、分析、评价和管理危机。根据要挖掘的 Web 部分的不同，Web 数据挖掘分为 Web 内容挖掘、Web 结构挖掘和 Web 使用记录挖掘。目前，利用 Python 爬虫进行 Web 数据挖掘是一个最常用的方法。

（1）Web 内容挖掘

Web 内容挖掘处理 Web 页面内容中有用信息或知识的发现，Web 内容涉及多种类型的数据，如文本、图像、音频、视频、代号、元数据及超链接等。由于大部分 Web 内容数据为非结构化文本数据，因此大部分研究工作都是围绕文本和超文本内容展开的。

（2）Web 结构挖掘

Web 结构挖掘是对 Web 的组织结构和链接关系进行挖掘，发现 Web 链接结构相关的模型，从中获取有用的知识。这里的结构指的是网站中或网站间链接的示意图，模型是基于具有或没有链接描述的超链接的拓扑结构。模型揭示了不同网站间的相似性和相互关系，可以用来为网站页面分类。Web 结构挖掘最著名的是 HITS 算法和 PageRank 算法，算法通过计算 Web 页面之间超链接的质量，得到页面的权重，进而发现 Web 链接结构。

（3）Web 使用记录挖掘

Web 使用记录挖掘是通过挖掘相应站点的相关数据来发现该站点上的浏览者的行为模式，获取有价值的信息的过程。Web 使用数据包括来自 Web 服务器访问日志、代理服务器日志、浏览器记录、用户配置文件、登记数据、用户会话或交易、缓存、用户查询、书签数据、鼠标点击和滚动及用户和 Web 交互产生的任何其他数据。

3. 数据挖掘可视化技术

数据挖掘可视化技术是将多维数据及它们相互之间的关系，通过对其属性及维度联合，用图表的形式展示给用户的一种技术。通过可视化，在大量的数据中发现潜在有用的知识。其中，“可视”是指“将某些不可见的或抽象的事物表示成为看得见的图形或图像”；“可视化”是指使用计算机创建可视图像，从而为理解那些大量的复杂数据提供帮助。例如，通过可视化观察数据在多重维数和多重图形窗体中的存在形态，使人在视觉上理解多维数据中的复杂模式，可以直观、迅速地揭示需要挖掘的数据的趋势和外露层；通过可视化观察数据，验证其数据挖掘工具的结果。

可视化数据挖掘技术中的可视化主要体现在数据、数据挖掘过程和数据挖掘模型结果 3 个方面。

（1）数据可视化

数据可视化采用盒状图、三维立方体、数据分布图表、曲线、曲面、连接图等，或者以上几种方法的任意组合，完成数据组织的可视化，以及传统的几何方法（如点图、线图、柱状图、饼图等)。数据可视化以多维及抽象的图形形式呈现给分析人员，寻找并发现规律。

（2）数据挖掘过程可视化

数据挖掘过程可视化指数据挖掘过程的各个环节用可视化的方式表现出来，用户可从中看到数据挖掘过程的内容，如数据从哪个数据仓库或数据库抽取出来、数据怎样被抽取、所选择的数据是怎样被预处理和挖掘的、数据挖掘过程中选择了什么方法、结果怎样被存储显示等。数据挖掘过程可视化使得知识发现过程易于理解并有助于知识的运用。

（3）数据挖掘模型结果可视化

数据挖掘模型结果可视化可从两个方面进行：一是让模型输出可视化，输出结果以折线图、散点图、决策树等代表性图形进行展示。例如，散点图可帮助用户分析数据是否符合分布规律，是否符合线性条件等。二是交互过程可视化，允许用户在交互界面中操纵模型，改变模型输入以观察模型输出的变化。

可视化数据挖掘技术按目的可分为 3 类：探索型、验证型和表示型。

1）探索型：人们事先没有关于数据的任何知识，而利用可视化技术分析数据的结构、变化趋势，得到有关数据的假设。

2）验证型：人们事先有关于数据的假设，而利用可视化技术验证或拒绝这些假设。

3）表示型：选择有效的手段或技术表示数据。

4. 基于 GIS 的空间数据挖掘技术

空间数据挖掘是从空间数据库中发现隐含知识、空间关系或者其他模式的过程。将数据挖掘与知识发现的概念、模式和方法引入 GIS，充分利用 GIS 的空间数据存储、管理和缓冲区分析、叠置分析、邻近分析等空间数据分析功能是数据挖掘的一个重要研究方向。空间数据挖掘具有与一般事务数据挖掘不同的主要特点，即数据源均带有空间位置信息。

空间数据挖掘提供的空间数据可视化能帮助用户对空间目标的认知，以及相适应的信息表现和分析。利用空间数据挖掘技术可以从空间数据库中发现如下几种主要类型的知识：普遍的几何知识、空间分布规律、空间关联规律、空间聚类规则、空间特征规则、空间区分规则、空间演变规则等。

4.2.8 数据挖掘软件工具与语言

1. 常用的软件工具

市场上的数据挖掘工具一般分为通用型工具、综合/DSS/OLAP 数据挖掘工具和快速发展的面向特定应用的工具 3 个组成部分。目前，常用的数据挖掘工具产品如下。

（1）DBMiner

DBMiner 是加拿大 SimonFraser 大学开发的一个多任务数据挖掘系统。DBMiner 系统能完成多种知识的发现，如泛化规则、特性规则、关联规则、分类规则、演化知识、偏离知识等；综合了多种数据开采技术，如面向属性的归纳、统计分析、逐级深化发现多级规则、元规则引导发现等方法；采用了一种类似 SQL 的数据开采查询语言（data mining query language，DMQL)，直接使用关系数据库中的数据。

（2）SAS 公司的 Enterprise Miner

SAS（statistical analysis system，统计分析系统）是一个大型的数据管理和数据统计分析处理的软件工具。Enterprise Miner 是 SAS 中进行数据挖掘的一个功能模块。它在 SAS 统计模块的基础上，增加了一系列的关联、聚类、决策树、神经元网络和经典的统计回归等数据挖掘算法，提供 GUI（graphical user interface，图形用户接口）接口，允许用户使用可视化连接方式连接数据结点及程序结点，构建视觉数据流程图。除此之外，接口还允许程序直接嵌入数据流。

（3）SPSS 公司的 Clementine

SPSS（statistical package for the social science，社会科学统计软件）具有完整的数据输入、编辑、统计分析、报表、图形制作等功能。它用对话框方式实现各种管理和分析数据的功能，如线性回归、T 检验、方差分析等基础统计，判别分析、因子分析、聚类分析等专业统计，多元方差分析、对数线形模型等分析；同时能在屏幕上显示如正态分布图、直方图、散点图等各种统计图表，并以多种格式输出。Clementine 是其中进行数据挖掘的一个功能模块，该功能模块提供了可视化图形操作方式来执行神经网络、关联规则、规则归纳算法对数据进行分析，以及数据存取、数据处理、数据可视化、机器学习、模型分析等功能和通过 ODBC 存取数据库中数据的功能。

（4）MathWorks 公司的 MATLAB

MATLAB（matrix laboratory）是美国 MathWorks 公司开发的应用软件。它具有以矩阵计算为基础的数学计算能力和分析功能及数据挖掘的各种算法，而且提供非常多的相关算法的实现函数，以及有丰富的可视化图形功能和方便的程序设计功能。

（5）IBM 公司的 Intelligent Miner

IBM 公司的 Intelligent Miner 的数据挖掘引擎和数据操作可以通过 C 函数库来存取 Intelligent Miner 支持的分类、预测、关联规则生成、聚类、顺序模式检测、时间序列分析等算法，提供丰富的 API 接口供用户开发自己的数据挖掘应用软件。Intelligent Miner 提供数据可视化技术，采用 Java-based 使用接口来增加它的可用性，支持 DB2 关系型 DBMS。

（6）Sybase 公司的 Warehouse Studio

Sybase 公司的 IWS（Industry Warehouse Studio）是一套专门为用户构建数据仓库的软件工具包，包括数据结构、应用组件、方法学、元数据与元数据管理工具。IWS 采用开放架构，方便企业选择不同的 DBMS、ETL（extract-transform-load，抽取、转换、加载）工具或者企业喜欢的数据可视化工具等建立数据仓库。

（7）Oracle 公司的 Darwin

Oracle 公司的 Darwin 提供了用于分类、预测、回归、关联、聚类、分词、文本等数据挖掘和数据分析算法。Darwin 主要由神经网络（neural networks）、决策树（decision tree）和 K-近邻（K-nearest neighbor）3 个数据挖掘工具组成。其中，神经网络训练算法包括反向传播、最陡下降、修改的 Newton 等算法；决策树工具使用 CART 算法，用来解决使用类别的和连续变量的分类问题；K-近邻工具用来解决使用绝对依赖变量的分类问题及处理类别和连续的预测器变量。

（8）Microsoft Excel 等

Microsoft Excel 具有 14 大类 400 多个函数，可供用户对数据进行统计和分析。例如，通过数据透视表对数据表进行多维分析和图表可视化分析，线性规划、非线性规划和整体规划法求解，以及方差计算等功能。Microsoft Excel 还提供了很强大的数据挖掘插件，用于实现各种复杂的数据挖掘和统计分析功能，如贝叶斯概率分类、关联规则、聚类分析、时序聚类、线性回归、Logistic 回归、类神经网络、时间序列分析等。

2. R 语言与 Python 语言

（1）R 语言

R 语言是一种开源的、用于统计分析和绘图的解释型计算机程序设计语言，可以运行于 Windows、UNIX、Linux、MacOS 等操作系统上。R 语言的语法通俗易懂，可以自己编制函数来扩展现有语言，提供了数组运算、统计分析、数据处理和数据存储、统计制图等功能。R 语言的所有函数和数据集保存在程序包里，程序包是由 R 代码组成的程序集合，用几个简单的命令来代替一些复杂的命令集合，实现程序的运算。相比于其他统计分析软件，在数据挖掘方面，R 语言具有以下特点：

1）具有丰富的数学统计分析功能，提供了绝大多数的经典或者最新的统计算法。

2）拥有高质量不同领域大量软件包，这些软件包涵盖各种统计和机器学习方法、各种数据库、各种语言接口和高性能计算模型等。

3）提供了优秀的数据可视化功能，能将数据挖掘出的规则和信息进行可视化输出，实现科学数据的可视化。

4）具有很强的互动性。它的输入/输出都是在同一个窗口进行的，如果输入语法中出现错误，会马上在窗口中得到提示。

（2）Python 语言

Python 语言是一种面向对象的解释型计算机程序设计语言。Python 提供了丰富的库与工具，非常适合用于数据处理、数据分析和数据挖掘，以及机器学习。Python 常用的库和工具如下：

1）数据处理和数据分析库。该库可以进行分组计算、索引及多表操作与数据透视表；Numpy 数据计算主要的应用是数据挖掘，对于以后的机器学习、深度学习，这也是一个必须掌握的库。

2）数据可视化工具——Matplotlib 与 Seaborn。Python 语言最基本的可视化工具就是 Matplotlib，Seaborn 也是一个非常漂亮的可视化工具。

3）数据挖掘算法。Python 语言提供了最小二乘、梯度下降、向量化、极大似然估计、决策树、Logistic 回归、随机森林（Random Forest）、XGBoost 分类等数据挖掘算法。

4.3 大 数 据

4.3.1 大数据概述

1. 大数据的特点

大数据是指数据规模巨大，数据形式多样性、非结构化特征明显，导致数据存储、处理和挖掘异常困难的数据集合，这种数据集合在一定时间范围内无法通过常规的传统数据库软件工具进行捕捉、管理和处理。例如，在互联网中，亿级的用户每天产生着百亿级的用户数据。大数据归纳为5V特点：

1）Volume（数量）：数据量非常大。海量数据在TB级以上，大数据则在PB级以上。

2）Variety（类型）：数据类型多。由于大数据主要来源于互联网，如各种文本、图像、视频、音频、网页、表格、地理位置信息等，这些数据的类型可划分为结构化、半结构化和非结构化等多种数据形式。

3）Velocity（速度）：数据产生速度快、变化速度快。例如，天猫、京东、苏宁等一些电商平台每天的销售量，尤其是“双十一”凌晨几分钟产生的数据。这样快速的变化率产生的数据必须快速处理，获取信息。

4）Value（价值）：数据价值密度低。尽管大数据的数据量巨大，但是有价值的信息极少，只有通过分析才能实现大数据从数据到价值的转变。

5）Veracity（准确性）：采集来的数据不能保证完全真实性。不真实的数据需要清洗、集成和整合，然后才能用于分析决策。

在维克托·迈尔-舍恩伯格及肯尼斯·库克耶编写的《大数据时代》中，大数据指不用抽样调查等捷径获取的数据。在大数据技术出现之前，由于缺乏获取全体样本的技术手段，人们研究了抽样技术，通过小样本估计总体的方法用于决策。随着数据采集、存储与计算技术的进步，出现了数据仓库和云计算，该技术可以获取足够大的样本数据，以致获取全体数据变得更为容易，所有的数据都在数据仓库中。获取大数据本身不是根本目的，能用小数据解决的问题就没有必要故意增大数据量。

使用大数据来支持决策活动，至少应明白解决某类问题、多大的数据量是合适的，不要盲目追求超额的数据。数据无处不在，但许多数据是重复的或者没有价值的，未来的主要任务不是获取越来越多的数据，而是数据的去冗分类、去粗取精，从数据中挖掘知识。早期关于沃尔玛公司的“尿布和啤酒”的故事，就是通过数据挖掘得出的决策，需求是“哪些商品最容易被同时购买”。

2. 大数据的性质

1）非结构化。结构化数据是可以采取二维表存储的数据，非结构化数据是指在获得数据之前无法预知其结构的数据。从网络上获得的数据大部分是非结构化和半结构化（网页）数据，传统的关系数据库系统对这些数据无法进行有效的处理。

2）价值。如果一个数据集没有价值，就不需要关注；如果一个数据集的价值密度高，即大部分数据是有价值的，直接读取数据集就能获得价值，可以成功应用，没有技术难度。然而，通常情况是大数据有价值但价值密度低，大数据的价值需要依靠数据挖掘分析来获得。

3）不完备性。大数据条件下所获取的数据常常包含一些不完整的信息和错误，即脏数据。因此，在数据分析之前，需要进行抽取、清洗、集成。得到高质量的数据之后，再进行挖掘和分析。

4）实效性。大数据是永远在线的，是随时能调用和计算的，这是大数据区别于传统数据最大的特征。数据规模越大，分析处理的时间就会越长，高速度对大数据处理就非常重要。所有的大数据处理和分析都应该在希望的时间内做完，如果过了希望的时间就没有意义了。

5）安全性。由于大数据高度依赖数据存储与共享，必须考虑寻求更好的方法来消除各种隐患与漏洞，才能有效管控安全风险。数据的隐身保护是大数据分析处理的一个重要问题。

6）可靠性。通过数据清洗、去冗等技术来提取有价值数据，实现数据质量高效管理及对数据的安全访问和隐私保护是大数据的可靠性的关键需求。

3. 大数据技术

大数据技术是指对数据进行采集、存储、处理、分析（数据挖掘）与解释，进而从各种各样的巨量数据中快速获得有价值信息的全部技术。大数据的关键技术主要有云计算、并行计算、流式计算、可视化、数据挖掘、大数据存储等技术。大数据存储技术涉及大规模的并行处理数据库、分布式文件系统、分布式数据库、NoSQL 数据库、关系数据库、云计算平台、互联网和可扩展的存储系统。

4. 大数据的处理过程

大数据的处理过程分为大数据的采集，大数据导入、存储与预处理，大数据处理与大数据分析等步骤。

（1）大数据的采集

大数据的采集是指利用多个数据库接收从客户端的 Web、App 或者传感器等采集的数据，并且用户可以对这些数据库进行简单的查询和处理工作。例如，网上购物系统使用传统的关系型数据库（如 MySQL、SQL Server 等结构化数据库）来存储客户与购买的商品销售数据，对于数据量巨大的或者涉及非结构化数据采集则使用 NoSQL 数据库。在大数据的采集过程中，其主要特点是并发率高，因为同时有可能会有成千上万的用户进行访问和操作。例如，火车票售票网站和淘宝网站，它们并发的访问量在峰值时达到上百万，所以需要在采集端部署大量的数据库才能支撑系统运行。大数据技术的数据采集方式主要有通过系统日志采集、网络“爬虫”或网站公开 API 等方式从网站上获取数据信息和通过使用特定系统接口等相关方式从企业、部门的数据库中采集数据。

（2）大数据导入、存储与预处理

为了实现对这些采集到的数据进行有效的分析，需要将这些数据导入一个集中的大型分布式数据库（也称数据集市）中，并且在导入时做一些简单的清洗和预处理工作。为了提高处理速度，在导入时可以对数据进行流式计算，以满足部分业务的实时计算需求。

（3）大数据处理

利用并行处理技术对存储于分布式关系数据库、NoSQL 数据库中的大数据进行分析和分类汇总等处理，以满足常见的分析需求。

（4）大数据分析

通过分析方法和工具对现有的大数据进行计算，以获取信息，揭示数据之间有意义的联系、趋势和模式，从而实现一些高级别数据分析需求。

5. 大数据和云计算的关系

从技术上来看，大数据和云计算的关系就像一枚硬币的正反面一样密不可分。由于大数据的特点，单台计算机无法完成对大数据的处理，必须采用分布式架构（多台计算机）

进行处理，依托云计算的分布式处理、分布式数据库和云存储、虚拟化技术进行。它们的具体区别有以下几点：

1）目的不同。大数据的目的是充分挖掘海量数据中的信息，以发现数据中的价值；云计算的目的是通过互联网更好地调用、扩展和管理存储方面的资源和能力，以节省企业的IT部署成本。

2）处理对象不同。大数据的处理对象是数据，云计算的处理对象是IT资源、处理能力和应用。

3）价值不同。大数据能发现数据中的价值，从而带来收益；云计算则节省了IT部署成本。

6. 数据处理发展历程

随着数据库应用的日益普及，历史数据越来越多，数据库越来越大。为了管理和利用这些数据，发现其中的知识和客观规律以指导实践，出现了数据仓库与数据挖掘技术。随着数据数量的迅速增大，数据类型增多，为了对急剧增长的庞大的数据进行处理，并为决策提供信息，出现了大数据技术。数据处理发展历程如图4-14所示。

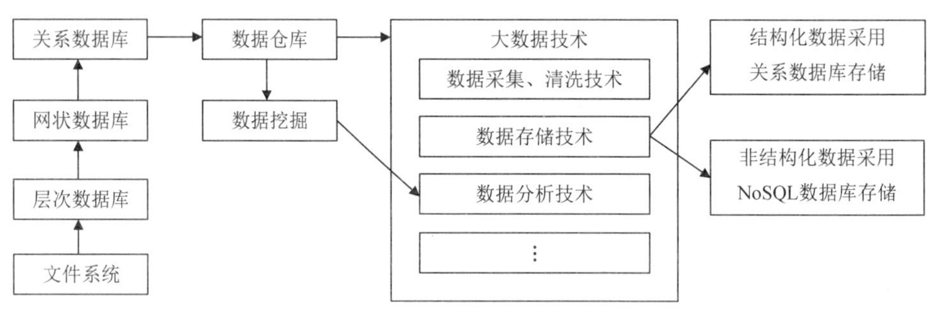

图4-14 数据处理发展历程

4.3.2 大数据存储技术

1. 大数据存储技术概述

从系统软件的角度来看，大数据存储是对现有的分布式存储的扩展，能提供PB甚至EB级的数据存储，以及为满足网上交易或者金融类相关的大数据应用提供实时性的高速存储与查询能力。因此，对于海量数据存储，大数据的存储技术需要有相应等级的扩展能力。对于某些特殊行业的应用，如金融数据、医疗信息及政府重要信息等，还必须提供一些新的、需要考虑的安全性技术。另外，大数据存储还需要考虑大数据存储成本、长期保存、应用感知调整存储等问题。

大数据主要的存储模型分为无格式的文件数据存储和有格式的文件数据存储。无格式的文件数据是指无任何格式的文件数据，即被存储的文件数据是任意的二进制流；有格式的文件数据存储是指具有一定格式的数据存储，即被存储的数据具有确定的格式，如关系数据库中的数据就具有确定的格式或结构，构成二维数据表格的形式。

随着云计算和物联网的迅速发展，为了降低本地的硬件成本和系统维护费用，越来越多的个人和企事业选择将自己的业务迁移到云端的大型数据中心。当数据集中在云端之后，必然遇到快速频繁访问的问题，数据库的并发负载非常高，往往要达到每秒上万次读写请求，传统的关系数据库将不会满足用户需求。此外，当一个应用系统的用户量和访问量与日俱增时，数据库却无法像服务器那样简单地通过添加更多的硬件和服务结点来扩展性能和负载能力，尤其对于很多需要提供 24h 不间断服务的网站来说，对数据库系统进行升级和扩展往往需要停机维护和数据迁移，以及网络上采集的用于分析的非格式化数据存储，这些问题和挑战都在催生一种新型数据库技术的诞生，这就是 NoSQL 技术。

目前，NoSQL 并没有一个明确的范围和定义，没有一个统一的架构，不同产品的 NoSQL 数据库之间的使用方法差异很大，但是它们都普遍存在下面一些共同特征：

1）灵活的数据模型：无须事先定义数据模式（结构），数据中的每条记录都可能有不同的属性和格式。

2）无共享架构：采用分布式存储，将数据划分后存储在各个本地服务器上。

3）弹性可扩展：可以在系统运行时动态增加或者删除结点，不需要停机维护，数据可以自动迁移。

由于 NoSQL 数据库没有明确的定义，在现阶段，部分典型的 NoSQL 数据库根据其存储类型可以分为表 4-5 所示的 6 类。

表 4-5　6 类 NoSQL 数据库

存储类型	部分典型的 NoSQL 数据库产品
键值式存储方式	Redis、Tokyo Cabinet/Tokyo Tyant、Flare、Oracle BOB
列存储方式	HBase、Cassandra、Hypertable
文档存储方式	MongoDB
图形存储方式	Neo4j、FlockDB
对象存储方式	Db4o、Versant
XML 存储方式	Berkeley DB、BaseX

2. 键值式存储

键值式存储方式是 NoSQL 数据库中最常用的存储方式。这一类数据库中的数据按照键值对的形式进行组织、索引和存储。该存储方式主要使用一个散列表，该表中有一个特定的键和一个指针指向特定的数据。数据库中按键值存储的数据处理速度非常快，但是只能通过键的完全一致查询获取数据。键值式存储非常适合不涉及过多数据关系的业务数据，同时能有效减少读写磁盘的次数，比 SQL 数据库拥有更好的读写性能。采用键值式存储的 NoSQL 数据库系统主要分为 Google 公司的 BigTable 和 Amazon 公司的 Dynamo 两种系列。

（1）BigTable

BigTable 是一个分布式结构化数据存储系统，主要用于处理分布在数千台普通服务器上的 PB 级的数据。BigTable 的数据模型是一个稀疏的、分布式的、持久化存储的多维度排序 Map。Map 的索引是行关键字、列关键字及时间戳，Map 中的每个 value 都是一个未经解析的 byte 数组。BigTable 的行键可以是任意字节串，通常有 10～100B，行的读写都是原子性的，按照行键的字典序存储数据。BigTable 的表根据行键自动划分为片，片是负载均衡的单元。最初表都只有一个片，随着表不断增大，片自动分裂，片的大小控制在 100～200MB。行是表的第一级索引，可以把该行的列、时间和值看成一个整体，简化为一维键值映射。例如，采用 BigTable 存储造林树种数据结构，如表 4-6 所示。

表 4-6 造林树种数据

树种编号	树种名	拉丁名	树种别名	树种类型
GB141	槐树	*Sophora japonica*	中国槐（北京、河南）、家槐（河南）、豆槐（湖南）、白槐（广东）、细叶槐（江西）	用材林
GB79	杉木	*Cunninghamia lanceolate*	沙木、沙树（西南）、刺杉（江西、安徽）	用材林
⋮	⋮	⋮	⋮	⋮

实例：采用 BigTable 存储表 4-6 所示的造林树种数据结构如下。

```
table{
"槐树":{              //一行
"基本信息":{          //列簇,列簇名为"基本信息"
"树种编号":{          //一列,列名为"树种编号"
20151201:"GB141",    //20151201 时间戳对应数据内容,GB141 为槐树树种的唯一标识
},
"拉丁名":{            //一列,列名为"拉丁名"
20151101:"Sophora japonica" },
"树种别名":{          //一列,列名为"树种别名"
20151101:"中国槐(北京、河南)、家槐(河南)、豆槐(湖南)、白槐(广东)、细叶槐(江西)"},
"树种类型":           //一列,列名为"树种类型"
{20151101:"用材林"}
},
……
}
}
"杉木":{              //一行
"基本信息":{          //列簇,列簇名为"基本信息"
"树种编号":{          //一列,列名为"树种编号"
20151202: "GB79",    //20151202 时间戳对应数据内容,GB79 为杉木树种的唯一标识
},
"拉丁名":{            //一列,列名为"拉丁名"
20151102: "Cunninghamia lanceolate"
},
"树种别名":{          //一列,列名为"树种别名"
20151102: "沙木、沙树(西南)、刺杉(江西、安徽)"},
"树种类型":           //一列,列名为"树种类型"
{20151102:"用材林"}
},
……
}
}
}
```

查询时，如果只给出行列，那么返回的是最新的数据；如果给出了行列时间戳，那么返回的是时间不大于时间戳的数据。例如，查询“槐树”/“基本信息：树种编号”/20151120，返回的是“GB140”。

（2）Dynamo

Dynamo 的技术要点是将所有主键的哈希数值空间组成一个首位相接的环状序列，对于每台机器随机赋予一个哈希值，不同的机器就会组成一个环状序列中的不同结点，而该机器就负责存储落在一段哈希空间内的数据。数据定位使用一致性哈希，对于一个数据，首先计算其哈希值，根据其所落在的某个区段，顺时针进行查找，找到第一台机，该机器就负责存储该数据的哈希值，对应的存取操作及冗余备份等操作也由其负责，以此来实现数据在不同机器之间的动态分配。

Dynamo 存储遵循 CAP 原则，如下：

1）Consistency（一致性）：数据一致性。简单地说，就是数据复制到了 N 台机器，如果有更新，则 N 机器的数据一起更新。

2）Availability（可用性）：好的响应性能，即速度快。

3）Partition tolerance（分区容错性）：系统如果不能在时限内达成数据一致性，就意味着发生了分区的情况，必须就当前操作在 C 和 A 之间做出选择。

Dynamo 主要应用分布式哈希表（distributed hash table，DHT）实现分布式存储寻址。此种方法类似于普通哈希表，里面保存了 key 与 value 的对应关系，根据一个 key 值对应相应的结点，从而得到相对应的 value。

3. 列存储数据库

列存储方式的 NoSQL 数据库按列存储数据，键仍然存在，但是它指向了多个列。列存储方式能够高效地存储数据，如果列值不存在（null 值）就不存储，避免浪费空间。在列存储方式中，有列（column）、超列（super column）和列族（column family）3 个重要概念：

1）列由名称、值和时间戳组成，可看作一个键值对。

2）超列是一个字典，它是一个包含其他列的列，但不能包含另一个超列。

3）列族：列族与传统数据库中的表类似，但和表又不一样，一个列族中的所有数据都将保存在相同的文件中，一个列族可以容纳多个超列或列。

列族和超列如果没有值，就不占用字节，在列族中的唯一定义是名称和键排序选项。

每个数据单元可以作为一组键值对集合，集合本身通过主键标识，主键称为行键。另外，单元按顺序排列进行存储，数据单元按行键排序。

列存储方式的 NoSQL 数据库将行键为 1 的数据存储在行键为 2 的数据前面，行键为 2 的数据存储在行键为 3 的数据前面，两条数据相互比邻。此外，每条数据中只有合法的键值对才会被存储。数据按列族存储。列族通常是在配置或启动时定义，列不需要预先定义或声明，列可以存储任何数据类型。

实例：采用列存储方式存储表 4-16 中的树种数据。假设列族 Num 的成员包括列树种编号 Tree Num，列族 Name 的成员包括树种名称 Tree Name，列族 LatinName 的成员包含树种拉丁名 Tree Latin Name，列族 AliasName 的成员包含树种别名 Tree Alias Name，列族 Type 的成员包含树种类型 Tree Type。表 4-7 中的树种数据采用列存储方式存储的数据结构如下：

```
For row-key:1
Tree Num:GB141
For row-key:2
Tree Num:GB79
```

```
For row-key:3
……
```

列族 Name 中存储以下列值：

```
For row-key:1
Tree Name:槐树
For row-key:2
Tree Name:杉木
For row-key:3
……
```

列族 LatinName 中存储以下列值：

```
For row-key:1
Tree Latin Name:Sophora japonica
For row-key:2
Tree Latin Name:Cunninghamia lanceolate
For row-key:3
……
```

列族 AliasName 中存储以下列值：

```
For row-key:1
Tree Alias Name:中国槐（北京、河南）、家槐（河南）、豆槐（湖南）、白槐（广东）、细叶槐（江西）
For row-key:2
Tree Alias Name:沙木、沙树（西南）、刺杉（江西、安徽）
For row-key:3
……
```

列族 Type 中存储以下列值：

```
For row-key:1
Tree Type:用材林树种
For row-key:2
Tree Type:用材林树种
For row-key:3
……
```

在实际存储中，物理上一条数据的列族并不相互隔离，同一行键的所有数据存储在一起。列族可以代表成员列的键，而行键代表整条数据的键。

传统的关系型数据库主要采用行存储方式，大数据的高效存储与访问要求引发了从行存储模式向列存储模式的转变，表 4-7 树种数据的行存储为

```
GB141 槐树 Sophora japonica 中国槐（北京、河南）、家槐（河南）、豆槐（湖南）、白槐（广东）、细叶槐（江西） 用材林树种
GB79 杉木 Cunninghamia lanceolate 沙木、沙树（西南）、刺杉（江西、安徽）用材林树种
```

其列存储为

```
GB141    槐树
GB79     杉木
……
GB141    用材林树种
GB79     用材林树种
```

行存储与列存储方式的比较如表 4-7 所示。

表 4-7　行存储与列存储方式的比较

比较项目	行存储方式	列存储方式
存储	一行中各列一起存放，单行集中存储	一行中各列独立存放，单列集中存储
索引效率	海量数据索引不仅占用大量空间，而且索引效率随着数据增长越来越低	基于列自动索引，大数据查询效率高，不产生额外存储
空间效率	同一行不同列的数据类型不同，压缩效率低，空置列依然占据空间	列同数据类型，压缩效率高，空置步占据空间
I/O	查某列必须读出整行，I/O 负荷高、速度慢	只需读出某列数据，I/O 负荷低、速度快
结构	表结构改变后，影响很大	可以随时动态增加列
适用场景	数据写入后需要修改和删除，基于行的反复查询，多用于 OLTP 数据库	批量数据一次写入和基于少量列的反复查询，多用于 OLAP 数据库

4. 文档型数据库

文档型数据库与键值式存储类似，该类型的数据模型是半结构化的文档，以特定的格式存储。文档型数据库可以看作键值数据库的升级版，允许之间嵌套键值，而且文档型数据库比键值数据库的查询效率更高。常见的文档型数据库有 MongoOB、CouchOB 等。

文档存储方式与键值存储方式的不同之处在于，文档存储方式可以通过复杂的查询条件获取数据。但是，文档存储方式不具备关系数据库的事务处理和关系 JOIN 连接能力。文档存储方式主要是实现海量数据存储，同时提供优异的查询性能。BaseX、CouchDB、eXist、Jackrabbit、Lotus Notes、MarkLogic Server、Terrastore、MongoDB 和 OrientDB 数据库等都是典型的文档存储方式的 NoSQL 数据库。

文档存储方式的 NoSQL 数据库主要由文档、集合和数据库 3 部分组成。其中，文档相当于关系数据库中的一条记录；多个文档组成一个集合，集合相当于关系数据库的表；将多个集合在逻辑上组织在一起就是数据库。

例如，文档数据库（MongoDB）中的一个文档为

```
{
"title":"电子商务数据库技术",
"description":"*********"
"by":"吴保国"
"url":"*********"     //存储地址
"tags":['mongodb','database','NoSQL']
}
```

文档存储方式的 NoSQL 数据库主要特性如下：

1）不定义表结构。文档存储 NoSQL 数据库不定义表结构，但可以向定义了表结构一样使用。关系型数据库在变更表结构时比较麻烦，而且为了保持一致性，还需要修改程序。但文档存储 NoSQL 数据库可以省去这些步骤，方便、简单而快捷。

2）单个文档中存在相关数据。NoSQL 数据库并不是绝对没有相对关系结构的记录文件的集合，而是在记录中存储的数据包含有结点的树状数据。数据库中每个记录都以文档形式存在，具备自我描述功能，并且独立于任何其他文档。

3）唯一键。主键不能重复，不能为空；唯一键不能重复，可以为空。主键用来标识数

据库中的一条记录，所以不可以为空；唯一键用来标识数据库中一条记录是否唯一，所以可以为空。所有数据库都需要键。如果不能提供键，系统则将自动地在内部创建一个键。键对于数据库的索引功能至关重要。

5. 图形数据库

常用的图形结构的NoSQL数据库主要有Neo4j、OrientDB、ArangoDB等，图形（graph）数据库应用图形理论存储实体之间的关系信息，如人与人之间的关系。在一个图形数据库中，主要有两种元素组成，分别为结点集与连接结点间的关系（常用泡泡和箭头表示）。结点集就是图中一系列结点的集合，用于存储实体信息，类似关系数据库中最常使用的表。在需要表示多对多关系时，在关系数据库中常常需要创建一个关联表来记录不同实体的多对多关系，而且这些关联表常常不用来记录信息。如果两个实体之间拥有多种关系，那么就需要在它们之间创建多个关联表。而在图形数据库中，只需要标明两者之间存在着不同的关系。如果希望在两个结点集间建立双向关系，就需要为每个方向定义一个关系。主流图数据库各有特点，如表4-8所示。

表4-8 主流图数据库特点比较

比较项	ArangoDB	OrientDB	Neo4j
数据库类型	混合模型数据库	混合模型数据库	图数据库
存储数据类型	文档、图、键值对	文档、图、键值对	图
事物支持	ACID	ACID	ACID
分布式支持	支持	支持	不支持
Schema 支持	中	好	差
适用环境	Linux\OSX\Raspbian\Solaris\Windows	所有系统，需要JDK支持	Linux\OSX\Solaris\Windows
其他	扩展性较好	使用简单，支持SQL查询	专注于图的存储，遍历速度快

在林业领域，树种、病害、虫害之间存在着紧密联系，将其用图数据库存储可以大大提高知识数据的关联查询速度，实例如图4-15所示。

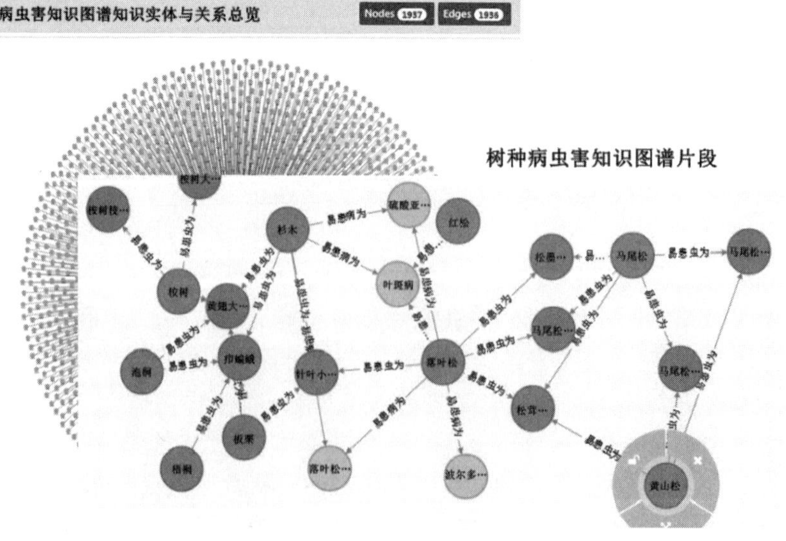

图4-15 树种病虫害图数据库存储实例

6. 其他典型的 NoSQL 数据库

（1）Cassandra

Cassandra 是一个混合型非关系数据库，以 Amazon 的分布式的 Dynamo 为基础，结合了 Google BigTable 基于列族的数据模型。该数据库类似于关系数据库，支持的数据结构非常松散，可以存储复杂的数据类型的数据。

（2）CouchDB

CouchDB 是一个面向文档的分布式 DBMC，存储半结构化的数据，类似于 lucene 的索引结构，特别适合存储文档，因此很适合内容管理系统（content management system，CMS）、电话本、地址本等应用。在这些应用场合，文档数据库要比关系数据库更加方便，性能更好。CouchDB 提供以 JSON 作为数据格式的 REST API 接口对其进行操作，并可以通过视图操纵文档的组织和呈现。CouchDB 支持 REST API，可以让用户使用 JavaScript 操作 CouchDB 数据库，也可以用 JavaScript 编写查询语句。

（3）Redis

Redis 是一个开源的使用 C 语言编写的键值式数据库，并提供多种语言的 API。在 Redis 中，键值可以是字符串（string）、哈希（Hash/map）、列表（list）、集合（sets）和有序集合（sorted sets）5 种类型，操作非常方便。

（4）HBase

HBase（Hadoop Database）是一个高可靠性、高性能、面向列、可伸缩的分布式、面向列存储的开源数据库。HBase 是 Google BigTable 的开源实现，类似 Google BigTable 利用 Google File System 作为其文件存储系统，HBase 利用 Hadoop HDFS 作为其文件存储系统，利用 Hadoop MapReduce 来处理 HBase 中的海量数据，利用 Zookeeper 作为协同服务。HBase 在列上实现了 BigTable 的压缩算法、内存操作和布隆过滤器，HBase 的表能够作为 MapReduce 任务的输入和输出，可以通过 Java API 访问数据，也可以通过 REST、Avro 或者 Thrift 的 API 来访问。HBase 可在廉价 PC Server 上搭建起大规模结构化存储集群。

（5）Oracle NoSQL

Oracle NoSQL 是基于键值式存储的数据库，数据模型简单，采用键值式进行数据存储。

4.3.3　大数据处理技术

大数据处理技术解决的关键问题是对海量数据的管理问题。目前，Hadoop 是比较流行的针对非结构化数据存储处理的一种分布式处理的软件框架，其中采用的大数据处理的算法 MapReduce 是一种编程模型，用于大规模数据集（大于 1TB）的并行运算。MapReduce 编程模型中的 Map（映射）和 Reduce（化简）借鉴了函数式编程语言的概念与向量编程语言的特性，使编程人员在不了解分布式并行编程的情况下，将自己的程序运行在分布式系统上。MapReduce 编程模型中映射和化简两个功能分别由 Map 函数和 Reduce 函数完成。Map 函数应用于集合中的所有成员，然后返回一个基于这个处理的结果集。而 Reduce 函数是从两个或更多个 Map 结果中，通过多个线程、进程或者独立系统并行执行处理的结果集进行分类和归纳。

1. 映射函数与化简函数

（1）映射函数

一个映射函数就是对一些独立元素组成的概念上的列表的每一个元素进行指定的操作。每个元素都是被独立操作的，而原始列表没有被更改，因为这里创建了一个新的列表来保存新的答案。这就是说，Map 操作是可以高度并行的，方便了高性能要求的应用及并行计算。映射函数的功能如图 4-16 所示。

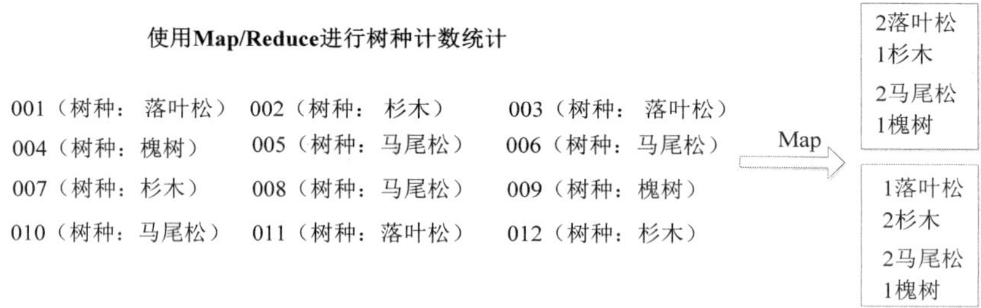

图 4-16 映射函数的功能

图 4-16 中，左排表示原始输入列表，右排表示输出列表，中间箭头表示映射函数。一个映射函数可以对列表的每一个元素进行指定的操作，这时每个元素被独立操作，但原始列表没有被更改，而且创建了一个新的列表来保存新的答案。这表明映射操作可以高度并行，非常适用于高性能要求的应用及分布/并行计算领域的问题需求。

（2）化简函数

化简操作指的是对一个列表的元素进行适当的合并，每个化简操作都有一个结果（答案）。由于化简操作是大规模的相对独立运算，因此化简函数也适于在高度并行环境中使用。例如，如果计算一个样地中树木的平均高，可以定义一个化简函数，通过让列表中的元素与自己的相邻元素相加的方式把列表减半，如此递归运算直到列表只剩下一个元素，然后用这个元素除以树木的棵数，就得到了平均高，如图 4-17 所示。

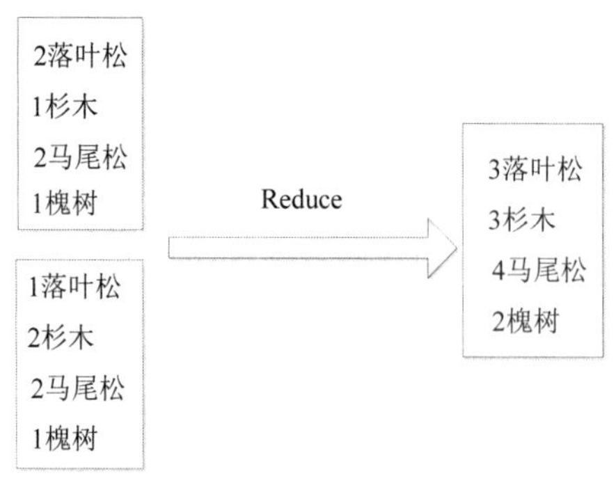

图 4-17 化简函数的功能

2. MapReduce 计算

经过 Map 与 Reduce 两步计算，可以完成树种计数。采用 MapReduce 分布计算模型的树种计数全过程如图 4-18 所示。

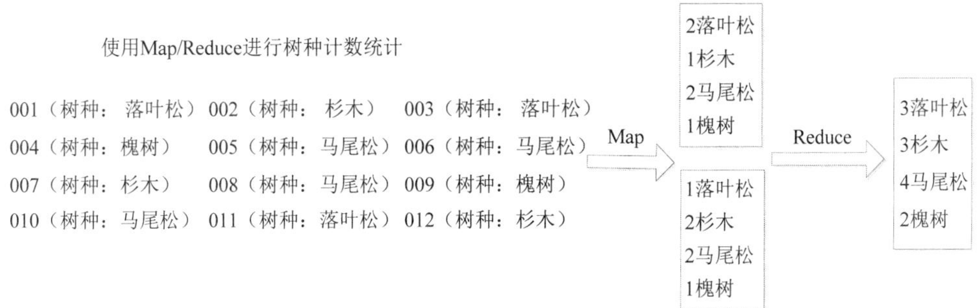

图 4-18　基于 MapReduce 的树种计数全过程

映射函数和化简函数的功能是按一定的映像规则将输入的键值对转换成另一个或另一批键值对输出，如表 4-9 所示。

表 4-9　映射函数和化简函数功能说明

函数	输入	输出	说明
映射	<k1,v1>	List(<k2,v2>)	1）将小数据集解析成一批键值对，输入 Map 函数中进行处理； 2）对于每一个输入的<k1,v1>，将输出一批<k2,v2>,<k2,v2>是计算的中间结果
化简	<k2,List(v2)>	<k3,v3>	输入的中间结果<k2,List(v2)>中的 List(v2),表示属于同一个 k2 的 value

根据键划分 Reduce 空间：Reducing 函数的作用是把大的数值列表转变为几个输出数值。在 MapReduce 中，所有的输出数值一般不被 Reduce 集中在一起。有着相同键的所有数值将被一起送到一个 Reducer 中。作用在有着不同键关联的数值列表上的 Reduce 操作之间是独立执行的。Reducing 一般用来生成总结数据，把大规模的数据转变成更小的数据信息。例如，“+”可以用来作为一个 Reducing 函数，用于返回输入数据列表的值的总和。

4.3.4　大数据分析

大数据分析是指用准确适宜的分析方法和工具来分析经过处理后的大数据，提取具有价值的信息，揭示数据之间有意义的联系、趋势和模式，进而形成有效的结论，并通过人们理解的方式展现出来的过程。大数据分析方法可以分为常规的统计分析方法、数理统计分析方法和其他分析方法 3 类。常规的统计分析方法以统计分析为主，数理统计分析方法以建模理论为主，相关算法原理详见本章。

4.3.5　大数据机器学习

大数据的深度价值仅通过简单的统计分析是很难发现的，如何实现数据的智能化处理从而充分利用数据中蕴含的知识与价值，已成为当前学术界与产业界的共识。机器学习作为一种主流的智能数据处理技术，是实现上述目标的核心途径。

1. 机器学习及常用方法

机器学习理论是将输入变量与输出变量之间的关系转换成数学关系，即通过分析原始样本信息之间的概率关系，获得经验型输出模型，然后将未知的输入样本根据此数学模型进行估计。机器学习通过各种算法从数据中学习如何完成特定的任务（该过程称为训练），然后用学到的知识对真实世界中的事件做出决策或预测。近年来，机器学习算法取得了重大进步，在个性化推荐、语音识别、垃圾邮件过滤、人脸检测、蛋白质结构预测、车辆控制及医疗诊断等多个领域得到广泛应用。目前非常火热的深度学习是机器学习的一种特例，在计算机视觉、自然语言处理、音频识别等领域获得了巨大的成功。Google公司开发的轰动全球的围棋程序AlphaGo就是基于深度学习算法。

机器学习算法涉及数据处理的不同阶段，不同阶段所运用的机器学习算法不同。数据处理过程可以划分为数据预处理、特征提取与特征选择和数据分析。

（1）数据预处理

数据预处理指把采集到的原始数据进行初步处理，加工成可以用来进一步处理的数据源。数据预处理是整个数据挖掘过程中费力费时的阶段。数据质量的高低是数据预处理效果的重要标志，数据质量将会直接影响到数据挖掘的结果。数据预处理过程主要包括数据清洗（不一致性数据统一，缺失数据补齐，重复数据、不合理数据、虚假数据、异常数据和逻辑错误数据剔除等）、数据提取及格式化数据。

（2）特征提取与特征选择

特征指的是能描述目标物体模式特性的测量值。特征选择就是在原始样本包含的海量特征中选出对学习结果贡献最大的一组特征，这些特征是最能反映样本本质的一组特征，并且在选择的过程中尽可能去掉冗余信息和无效特征，最后得到合适的特征子集。在机器学习过程中，由于对象属性较多，为了降低计算复杂度，需要利用各种特征提取和特征选择（降维技术）将高维空间中的数据转换成低维空间中的数据。主流的特征选择方法包括模糊粗糙集理论、神经网络、信息熵理论、罚函数理论、遗传算法（genetic algorithm，GA）、模拟退火（simulated annealing，SA）算法、粒子群算法（particle swarm optimization，PSO）和免疫算法（immune algorithm，IA）等，降维方法包括奇异值分解（singular value decomposition，SVD）、随机映射（random projection，RP）和主成分分析（principal component analysis，PCA）等。

（3）数据分析

按照数据分析阶段对数据的处理方法可以分为聚类分析算法、分类算法、回归算法、关联规则等。常见的聚类分析算法主要有K-Means聚类、自组织映射（self-organizing mapping，SOM）、层次聚类等；分类算法主要有人工神经网络（artificial neutral network，ANN）、支持向量机、决策树、贝叶斯分类器、深度学习模型中的卷积神经网络（convolutional neural network，CNN）和回归神经网络（recurrent neural network，RNN）等；回归算法主要有ANN、逻辑回归等；关联规则主要有Apriori算法、序列模式挖掘算法、广义序列模式算法等。

2. 大数据机器学习面临的挑战

大数据存在样本数量大、特征维度多、数据多变、时效要求高等特性，对机器学习算法提出了很高的要求。大数据环境下机器学习领域面临以下几方面的挑战。

（1）海量性挑战

机器学习所面临的数据对象包含的属性数和记录数都很大，如京东商城用户对商品的评价信息矩阵是几千万行几亿列的，数据间的复杂交互、融合和时空关联关系更是目前模式识别方法所不能处理的。传统的机器学习算法都属于内存算法，用这些算法从训练集中学习时，需要将整个数据集加载到内存中，这种情况下，传统的机器学习算法变得不可行。

（2）多样性挑战

多样性挑战主要体现在数据呈现为视频、音频、文本等多种模态，不同模态的数据之间既相互区别，又相互联系。因此，如何有效地融合不同模态的大数据，以实现高效的多模态大数据学习是解决这种挑战的关键。

（3）时效性挑战

时效性挑战是指大数据需要在一定时间内及时处理，否则数据就会失去其应用价值。多数现有的数据计算问题的求解算法难以求解大数据时效性计算问题。

（4）数据处理能力挑战

大多数机器学习方法处理的对象是经过标记的数据。但在未来的大数据分析中，机器学习算法不仅处理经过标记的数据，而且还需要处理大量未标记的数据，以及排除受一些不平衡数据、垃圾数据等的干扰和影响。

（5）计算机系统挑战

传统的高性能计算机系统的软件系统、编程模型和软件开发环境也难以满足大数据计算的需求。

3. 大数据环境下机器学习的关键技术

（1）运用分治算法对大数据进行筛选剔除

分治算法策略是一种处理海量数据问题的计算范例。分治算法首先对原始样本进行预处理，将无效数据、冗余数据进行剔除，形成能够很好表示原始样本的数据集合，使其学习难度得到有效降低，有助于形成正确的判断；然后将问题分解为规模更小的子问题，将这些规模更小的子问题逐个击破；最后将已解决的子问题合并，最终得出“母”问题的解。分治算法中的一个重要方法是样例选择方法，即从大数据集中选择一个有代表性的子集，代替大数据集进行机器学习。针对中小型数据集的样例选择算法已有很多，通常采用的方法为压缩近邻法、约简法等。它的原理就是首先要有符合要求的置信区间，在规定的区间内进行数据的筛选、剔除，从而找到大数据所对应的最小集合，通过一系列测试完成对子集的加工完善，保证找到的集合是可以代表全体样本的，具有较高的科学性，降低抽样所带来的数据错误，从而提高数据预处理的准确性。但针对大数据集的样例选择算法相对较少，目前已有一些基于 MapReduce 的大数据样例的选择算法。

（2）数据融合

针对大数据多样性的问题，解决方法是数据融合。主流的融合技术有两种，一种是直接对不同模态的数据在原始空间进行融合；另一种是对不同模态的数据进行哈希变换，然后在变换空间进行融合。在第一种方法中，比较有代表性的研究工作包括基于深度神经网络的多模态大数据融合和基于语义的多模态大数据融合。第二种方法的基本思想是对原始的数据集进行哈希变换，将其变换到哈希空间，在哈希空间中，每一个对象都用一个 0-1 串表示，可以极大地降低数据复杂度。

（3）大数据特征选择与降维

通过特征选择和降维，可以使样本特征数大量减少，这不仅能够节约数据的存储空间，也能够减少模型的训练和测试时间。特征选择方法通常采用搜索算法，并通过特征子集的评价指标来判断所选特征子集的优劣。

（4）增量式机器学习

人类的学习过程不是每次都从原始社会开始的，而是经过长期积累逐渐形成的，人脑学习也是依据已有的认知能力。增量式机器学习类似于人的大脑学习过程，在新的数据到来时不需要重新学习已经学习过的样本数据，而是直接在已形成的学习结果基础上开始学习。增量式机器学习是一个按照时间的递推，反复进行逐渐递增更新的过程。增量式机器学习将机器学习过程分为若干阶段持续执行，第一阶段模型基于已有全量数据进行学习运算（定义为历史全量阶段）；后续阶段基于每个周期增量数据进行学习运算，修正已有模型结果（定义为周期增量阶段）。目前已提出了基于决策树的增量分类算法、基于最近邻的增量分类算法、基于 SVM 的增量分类算法、基于 RBF 网络的增量分类算法，以及基于贝叶斯网络的增量分类算法、基于神经网络的增量分类算法、基于增量的聚类算法和广义序列挖掘算法等。

（5）半监督机器学习

在有监督机器学习中，利用的是已标识数据；而无监督机器学习中只利用未标识数据。半监督学习是研究如何综合利用大量未标识数据和少量已标识数据获得具有良好性能且具有泛化能力的机器学习方法。半监督机器学习包括基于生成式模型的半监督机器学习、基于低密度划分的半监督机器学习、基于图的半监督机器学习及基于不一致性的半监督机器学习等。

（6）深度学习

深度学习实质上是多层表示学习方法的非线性组合。深度学习从原始数据开始，将每层表示（或特征）逐层转换为更高层更抽象的表示，从而发现高维数据中错综复杂的结构。深度学习的网络结构因网络的层数、权重共享性及边的特点不同而有所不同。绝大多数深度学习算法体现为空间维度上的深层结构，且属于前向反馈神经网络；而以 RNN 为代表的 SRN、LSTM 和 GRU 等深度学习算法，通过引入定向循环，具有时间维度上的深层结构，从而可以处理那些输入之间有前后关联的问题。根据对标注数据的依赖程度，深度学习算法中 DBN、AE 及其派生分支体现为以无监督机器学习或半监督机器学习为主；CNN、RNN 及其派生分支则以有监督机器学习为主。深度学习的优点在于无须人为设计特征提取器，模型的表达能力强，能够处理具有高维稀疏特征的数据，而大数据所面临的挑战亟待引入深度学习的思想、方法和技术进行及时有效的解决。

（7）并行机器学习算法

并行机器学习算法的思想就是将大数据“碎片化”，分成机器可以单纯处理的数据模块，最终通过综合各个数据来达到对整体的把握。例如，图像处理平台（graphics processing unit，GPU）正是利用并行算法，大大降低各数据处理的压力，有效提升数据的运算能力。

4. 大数据机器学习系统

大数据并行机器学习是一个同时涉及机器学习和大数据处理两个主要方面的交叉性研究课题，其重点研究的问题是解决大数据场景下所特有的两大技术问题：一是大数据机器学习时的计算性能问题；二是大数据机器学习系统的可编程性和易用性问题。前者主要是由于在大数据环境下，现有的大数据机器学习算法效果很不理想或常常失效，此时这些算法需要被大幅度地修改或重写；后者是由于大数据处理技术及其平台比较复杂，普通程序员用常规的程序设计方法无法在此环境下编程并进行大数据分析。目前主要包括 3 种大数据分布式并行计算平台。

（1）MPI

MPI 是一种基于消息传递的并行编程接口。近年来，国内外学者基于 MPI 并行计算框架提出了诸多并行机器学习算法，如基于 MPI 框架的并行化的特征提取算法、聚类算法、SVM 算法等。基于 MPI 的分布式计算存在开发复杂、扩展性不好等问题。

（2）MapReduce

MapReduce 是 Google 公司在 2004 年面向大数据提出的并行编程模型和分布式计算框架。MapReduce 将一个存储在分布式文件系统（hadoop distributed file system，HDFS）中的大规模数据集切分成许多独立的分片（split），这些分片被多个 Map 任务并行处理。多个 Map 的输出通过 Reduce 合并。基于该框架，Doug Cutting 开发了开源分布式计算平台 Hadoop。Hadoop 主要由 HDFS 和分布式计算框架部分组成，HDFS 可以让用户方便地存储、管理和处理海量数据。近年来，一些基于 Hadoop MapReduce 框架的并行机器学习算法（包括聚类、分类、回归和关联规则等）相继被提出。由于 MapReduce 存在性能低下的问题，为了解决此类问题，提出了基于内存计算模型的 Spark 框架。

（3）Spark

Spark 是 UC Berkeley AMP 实验室开发的基于内存计算的开源大数据并行计算框架。Spark 以一种容错的方式在大规模集群中执行内存计算。Spark 的特性主要是利用了分布式内存，针对机器学习和数据挖掘中的迭代算法，Spark 允许将常用数据及中间结果缓存在内存中进行迭代运算。Spark 提供了丰富的 API，支持使用 Scala、Java、Python 和 R 语言进行编程，便于程序员高效地编写并行算法。Spark 提供的分布式机器学习库——MLlib 算法库实现的机器学习算法主要包括聚类、回归、分类、协同过滤和维度约简。Spark 平台还提供了流学习库（Spark streaming），用于解决大数据处理的时效性问题。腾讯大数据处理套件（tencent big data suit，TBDS）集成了 Spark、Python、R、XGBoost 4 种机器学习框架，支持图计算和深度学习、内置分类、回归、聚类、关联规则等 60 余种丰富算法。百度的大数据基础套件（鲁班）集成了 MapReduce、Spark、MPI 和 Yarn（新的 Hadoop 资源管理器）技术，内置数据预处理、特征工程，支持机器学习和深度学习等丰富的高层算法和框架，集成知识图谱、用户画像、个性化推荐等功能，覆盖模型训练、预测和部署的全流程，提供一站式、交互式、可视化的数据挖掘解决方案。

4.4 云 计 算

4.4.1 云计算概述

云计算（cloud computing）是网格计算（grid computing）、分布式计算（distributed computing）、并行计算（parallel computing）、效用计算（utility computing）、网络存储（network storage technologies）、虚拟化（virtualization）、负载均衡（load balance）等传统计算机和网络技术发展融合的产物。

云计算的基础是分布式处理技术，云计算的基本原理是将计算分布在大量的分布式计算机上进行，而非本地计算机或远程服务器中，采用虚拟化技术将不同地点的或具有不同功能的或拥有不同数据的大量的服务器、网络设备与存储设备用通信网络连接起来，在控制系统的统一管理控制下，协调地完成信息处理任务。

云计算是一种按使用量付费的模式，这种模式提供可用的、便捷的、按需的网络访问，进入可配置的 IT 资源共享池（资源包括网络设备、物理/虚拟服务器、存储设备、应用软件与服务），这些资源能够快速提供，只需投入很少的管理工作，或与服务商进行很少的交互。

云服务 IT 资源架构由下面 3 层构成：

1）物理资源层：包括服务器资源、存储资源、网络资源。

2）虚拟化平台层：将物理资源实体进行虚拟化，以实现对物理资源的整合、池化和共享。

3）资源服务提供层：将虚拟化的物理资源进行分割和包装，形成可对外提供服务的虚拟资源。根据服务对象需求，灵活、动态地调配虚拟资源。

4.4.2 云计算技术

云计算技术是在并行计算、分布式计算、网络计算和效用计算的基础上发展起来的，经过了无数次的演化和改进。

1. 云计算技术的基础

（1）并行计算

在单核多线程的设计中采用的算法是串行计算，它将任务分解成一串相互独立的命令执行流，每个命令执行流有自己的序号。串行计算要求所有的命令执行流按照顺序逐一执行，即同一时间只有一个执行流在执行。串行计算算法效率低下，无法满足大量数据的分析和处理，于是提出了并行计算模式。并行计算中可以调用多个计算资源处理一个庞大的计算任务，这些计算资源可以是多核 CPU 或者多 CPU 组成的服务器，也可以是多台服务器组成的网络。这些计算能力可以分解成相互独立却可以同时运行的部分，每一部分再分解成一串相互独立的命令执行流。任务分解后，每部分的每个命令执行流都可以在同一时间执行。为了提高并行计算效率，人们还研究了基于流水线技术的时间并行，以及优化算法的数据并行和任务并行等并行算法。无论何种并行计算方法，都对串行计算的单指令流单数据流做出优化，采用多指令流多数据流的并行计算使得它的处理能力有了大幅度提升。

（2）分布式计算

并行计算调动的计算资源可以是多核 CPU，也可以是一个网内的多个计算机。如果仅从这个角度上看，分布式计算和并行计算有一些相似之处。但是分布式计算模式调动的资源是通过共享稀有资源和计算能力的平衡负载来接受分布的计算请求。分布式计算模式在处理庞大的计算请求时，会将需要解决的问题分解成细小的组成部分，然后将这些组成部分散给众多的计算机进行处理，处理完成后将结果进行汇总，形成最终结果。并行计算调动的是网内有限的计算机资源，分布式计算则是依靠在互联网上成千上万台计算机，甚至几百万、几千万的计算机资源，可获取的强大的计算能力。分布式计算模式广泛应用于复杂的数学问题、密码安全、生物研究科学等大规模计算领域，解决了很多普通服务器不能处理的计算问题。

（3）网格计算

网格计算是在分布式计算的基础上发展起来的。网格计算技术将分散在网络中的空闲服务器、存储系统和网络连接在一起，形成一个整合系统，为用户提供功能强大的计算及存储能力，以处理特定的任务。网格计算的核心是将所有资源进行整合，这些资源不仅仅局限于硬件，存储资源、通信资源、信息资源、知识资源、外围资源都是它所关注的范畴。网格计算系统主要包括网格结点、网格系统软件和网格应用。网格结点是地理上独立的计算中心；网格系统软件统一管理计算网格，将各个结点集成起来，组成一个虚拟协同高性能计算环境，向社会大众和各领域的科研机构统一提供高性能计算和海量信息处理服务。网格计算系统具有资源分布性、管理多重性、动态多样性、结构可扩展性等特点，其结点及各种资源分布于不同的地方，隶属于不同的所有者，多层管理，为了完成特定的工作，各种各样的异构资源可动态组合，规模可不断加大。网格中对各种平台的限制较小，可以是同构平台，也可以是异构平台，可以是普通的用户计算机，也可以是数据中心内高端的服务设备。通过网络，利用众多的计算机资源，形成一个处理能力巨大的超级计算机，可以完成很多大型机和巨型机难以企及的任务。

（4）效用计算

效用计算是通过互联网资源来实现企业用户的数据处理、存储和应用等问题，企业不必再组建自己的数据中心。效用计算强调的是 IT 资源，如计算和存储等，能够根据用户的要求来提供，而且用户只需要按照实际使用情况付费。效用计算的目标是 IT 资源能够像传统公共设施（如水和电等）一样供应和收费。效用计算使得企业和个人不再需要一次性的巨额投入就可以拥有计算资源，而且能够降低使用和管理这些资源的成本。

2. 云计算的关键技术

（1）虚拟化技术

虚拟化技术是指计算元件在虚拟的基础上而不是真实的基础上运行。通过虚拟化技术可实现软件应用与底层硬件相隔离，它包括将单个资源划分成多个虚拟资源的裂分模式，也包括将多个资源整合成一个虚拟资源的聚合模式。在云计算实现中，计算系统虚拟化是一切建立在“云”上的服务与应用的基础。虚拟化技术主要应用在 CPU、操作系统、服务器等多个方面，是提高服务效率的最佳解决方案。

（2）分布式海量数据存储技术

云计算系统由大量服务器组成，同时为大量用户服务，因此云计算系统采用分布式存储的方式存储数据，用冗余存储的方式（集群计算、数据冗余和分布式存储）保证数据的可靠性。通过任务分解和集群，用低配机器替代超级计算机的性能保证低成本，这种方式保证了分布式数据的高可用、高可靠和经济性，即为同一份数据存储多个副本。云计算系统中广泛使用的数据存储系统是 Google 公司的 GFS 和 Hadoop 团队开发的 GFS 的开源实现 HDFS。

（3）海量数据管理技术

云计算需要对分布的、海量的数据进行处理、分析，因此，数据管理技术必须能够高效地管理大量的数据。云计算系统中的数据管理技术主要是 Google 公司的 BigTable 数据管理技术和 Hadoop 团队开发的开源数据管理模块 HBase。由于云数据存储管理形式不同于传统的 RDBMS 数据管理方式，如何在规模巨大的分布式数据中找到特定的数据，以及为云数据管理提供 RDBMS 和 SQL 的接口是云计算数据管理技术所必须解决的问题。另外，如何保证数据安全性和数据访问高效性也是研究关注的重点问题之一。

（4）分布式并行编程与任务调度技术

云计算采用了一种简洁的分布式并行编程和任务调度模型 MapReduce，用于数据集的并行运算和并行任务的调度处理。在该模式下，用户只需要自行编写 Map 函数和 Reduce 函数即可进行并行计算。其中，Map 函数中定义各结点上的分块数据的处理方法，而 Reduce 函数中定义中间结果的保存方法及最终结果的归纳方法。

（5）云计算平台管理技术

云计算资源规模庞大，服务器数量众多且分布在不同的地点，同时运行着数百种应用，如何有效地管理这些服务器，保证整个系统提供不间断的服务是巨大的挑战。云计算系统的平台管理技术能够使大量的服务器协同工作，方便地进行业务部署和开通，快速发现和恢复系统故障，通过自动化、智能化的手段实现大规模系统的可靠运营。

3. 云计算架构

云计算架构一般分为服务和管理两大部分，如图 4-19 所示。在服务方面，主要以提供用户基于云的各种服务为主，共包含 3 个层次：其一是软件即服务（software as a service，SaaS），这层的作用是将应用主要以基于 Web 的方式提供给客户；其二是平台即服务（platform as a service，PaaS），这层的作用是将一个应用的开发和部署平台作为服务提供给用户；其三是基础架构即服务（infrastructure as a service，IaaS），这层的作用是将各种底层的计算（如虚拟机）和存储等资源作为服务提供给用户。从用户角度而言，这 3 层服务之间关系是独立的，因为它们提供的服务是完全不同的，而且面对的用户也不尽相同。但从技术角度而言，云服务这 3 层之间的关系并不是独立的，而是有一定依赖关系的。例如，一个 SaaS 层的产品和服务不仅需要使用到 SaaS 层本身的技术，而且还依赖 PaaS 层所提供

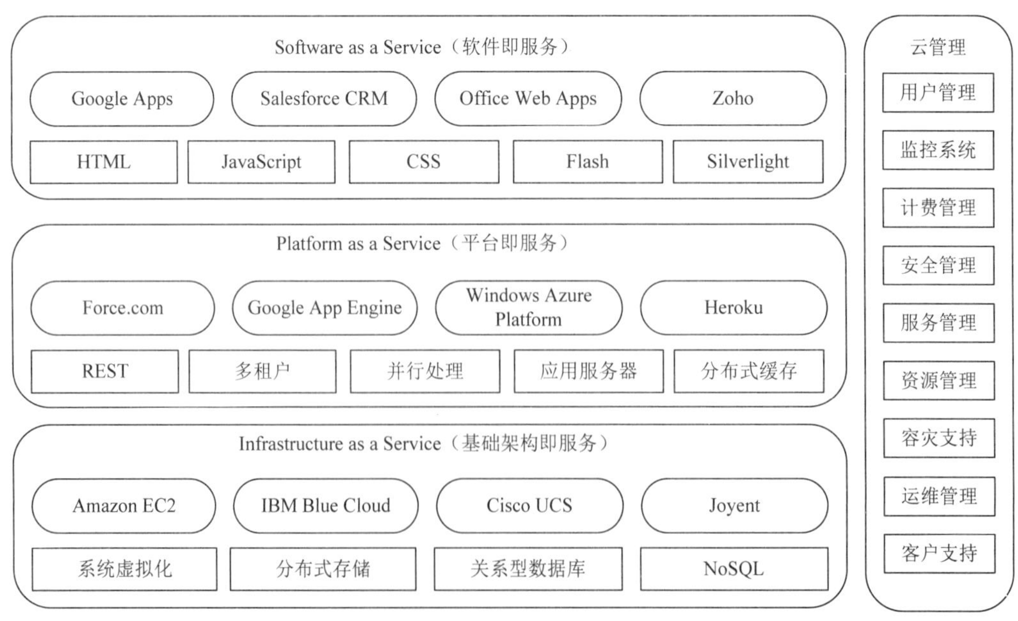

图 4-19　云计算架构

的开发和部署平台或者直接部署于 IaaS 层所提供的计算资源上；另外，PaaS 层的产品和服务也很有可能构建于 IaaS 层服务之上。

在管理方面，主要以云的管理层为主，它的功能是确保整个云计算中心能够安全和稳定地运行，并且能够被有效地管理。

4. 云计算平台软件系统架构

（1）Hadoop 概述

Hadoop 是针对非结构化数据存储处理提出的一种分布式处理的软件框架，采用一种可靠、高效、可伸缩的方式存储和处理分析大规模数据。Hadoop 主要由 HDFS 和 MapReduce 组成。HDFS 用于存储 Hadoop 集群中所有存储结点上的文件（数据），MapReduce 对数据进行处理分析计算。对外部客户机而言，HDFS 就像一个传统的分级文件系统，可以创建、删除、移动或重命名文件。HDFS 的上一层是 MapReduce，Map 就是将一个任务分解成为多个子任务并行执行；Reduce 就是将分解后多任务处理的结果汇总起来，得出最后的分析结果并输出。Hadoop 的主要特点如下：

1）支持超大文件：能可靠地存储和处理千兆字节（PB）数据。

2）扩展性高：Hadoop 可部署在低廉的普通计算机组成的服务器群上，这些服务器群可达数千个结点。当集群增加新结点之后，能自动感知，将数据分发和备份到相应的结点上。

3）效率高：通过分发数据，Hadoop 可以在数据所在的结点上并行地处理它们，这使得处理非常快速，支持应用程序以流的形式访问文件系统中的数据，适合那些有着超大数据集的应用程序。

4）容错性高：能自动地对数据进行多份复制，形成副本，当副本丢失后自动恢复，并且能够自动将失败的任务重新分配执行。

5）流处理访问模式存储文件：不支持多用户并发写入与修改操作，适合一次写入文件，多次读取的场景，不适合大量的小文件存储和处理。

（2）Hadoop 的基本架构

Hadoop 的基本架构如图 4-20 所示。Hadoop 的底层是存储层，核心组件是 HDFS、NoSQL 数据库 HBase 等；中间层是资源及数据管理层，核心组件是资源管理系统 YARN 及 Sentry 等；上层是计算引擎，核心组件是分布式计算框架 MapReduce、Impala、Spark 等；顶层是基于 MapReduce、Spark 等计算引擎的高级封装及工具，如数据仓库 Hive、高级过程式语言 Pig、机器学习算法软件包 Mahout 等。

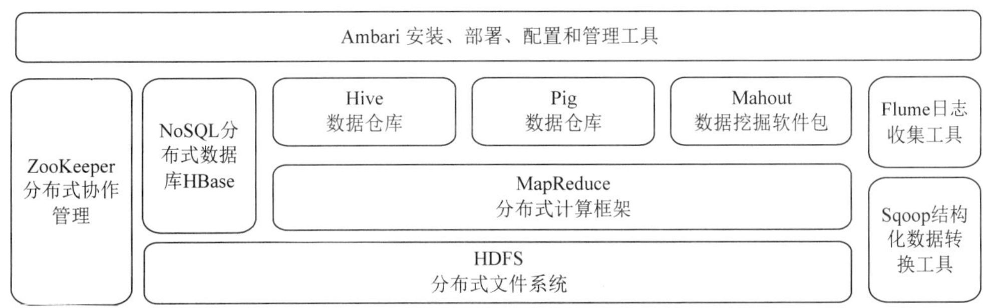

图 4-20　Hadoop 的基本架构

（3）Hadoop 的分布计算原理

在 Hadoop 架构中，将作业服务器称为 Master。Master 负责管理运行在此框架下的所有作业，是分配任务的核心。执行用户定义操作的是任务服务器，每一个作业被拆分成多个任务，包括 Map 任务和 Reduce 任务等。任务是执行的基本单元，它们都需要分配到合适任务服务器上执行。任务服务器一边执行一边向作业服务器汇报各个任务的状态，以此来帮助作业服务器了解作业执行的整体情况，以及分配新的任务等。除了作业的管理者与执行者之外，还有一个任务的提交者，即客户端。与分布式文件系统一样，用户需要自定义好所需要的内容，经由客户端将作业及其相关内容和配置提交到作业服务器，并随时监控执行状况。

Hadoop 通过 MapReduce 实现分布式计算，由于分布式计算的输入文件往往规模巨大，并且分布在多个机器上，因此 MapReduce 框架提供了一套机制，将计算扩展到无限规模的机器集群上。MapReduce 将每一次计算请求称为作业，每一个作业可分为两步完成：首先是将其拆分成若干个 Map 任务，分配到不同的机器上去执行，每一个 Map 任务将输入文件的一部分作为自己的输入，经过计算，生成中间文件，中间文件的格式与最终所需的文件格式完全一致，但是仅仅包含一部分数据。因此，等到所有 Map 任务完成后，进入下一步，完成合并这些中间文件，获得最后的输出文件。此时，系统将生成若干个 Reduce 任务，同样也是分配到不同的机器去执行，其目的就是将若干个 Map 任务生成的中间文件汇总到最后的输出文件中去。经过如上步骤，作业完成，所需要的目标文件生成。算法的关键就在于增加了一个中间文件生成的流程，提高了灵活性，使其分布式扩展性得到了保证。

Hadoop 分布式计算流程为：作业开始→作业提交→Map 任务的分配和执行→Reduce 任务的分配和执行→作业完成。其中，在每个任务的执行中，又包含输入的准备、算法的执行、输出的生成 3 个子步骤。其详细步骤如下：

1）提交作业。一个作业在提交之前需要完成所有配置，因为一旦提交到了作业服务器上，就进入了完全自动化的流程，用户只起监督作用。用户在提交代码阶段，需要做的主要工作是书写好所有自定的代码，即 Map 和 Reduce 的执行代码。

2）Map 任务分配。当一个作业提交到了作业服务器之后，将生成若干个 Map 任务，每一个 Map 任务负责将一部分的输入转换成与最终格式相同的中间文件。通常一个作业的输入都是基于分布式文件系统的文件，而对于一个 Map 任务而言，它的输入往往是输入文件的一个数据块，或者是数据块的一部分。当一个作业从客户端提交到了作业服务器上，作业服务器将作业拆分成若干个 Map 任务后，并依照分布式文件数据块的位置划分到预先挂在作业服务器上的任务服务器拓扑树上。例如，一个 Map 任务需要用某个数据块，这个数据块有 3 份备份，那么在这 3 台服务器上都会挂上此任务，这是一个预分配。

3）Map 任务执行。在任务执行过程中，任务服务器通过心跳消息向作业服务器汇报此时此刻各个任务执行的状况，并向作业服务器申请新的任务。

4）Reduce 任务的分配与执行。当所有 Map 任务完成后，如果有空闲的任务服务器，就给分配一个任务。而 Reduce 任务的执行进程的构造和分配流程与 Map 基本完全一致。但其实，Reduce 任务与 Map 任务的最大不同是 Map 任务的文件都存于本地，而 Reduce 任务需要分布式采集。这个流程是作业服务器经由此 Reduce 任务所处的任务服务器，告诉 Reduce 任务正在执行的进程，它需要 Map 任务执行过的服务器地址，此 Reduce 任务服务器会与原 Map 任务服务器联系，通过 FTP 服务下载。这个隐含的直接数据联系，就是执行 Reduce 任务与执行 Map 任务最大的不同点。

5）作业完成。当所有 Reduce 任务都完成之后，所需数据都写到了分布式文件系统上，整个作业才正式完成。

4.4.3 云计算的服务方式

云计算的服务方式包括 3 个层次：基础架构即服务（IaaS）、平台即服务（PaaS）和软件即服务（SaaS）。用户利用浏览器，通过网络以按需、易扩展的方式访问云端获得服务。

1. IaaS

IaaS 是一种基础设施即服务，企业或个人可以使用其远程访问计算资源，包括计算、存储及应用虚拟化技术所提供的相关功能，服务器、存储和网络硬件及相关软件的租用。例如，租用一个虚拟的 16GB 内存、800GB 外存、64 位的 Windows Server 2019 操作系统的服务器，企业或个人可以使用其远程访问控制该服务器，作为自己的 WWW 服务器对外发布企业的网站，而无须对支持这一计算能力的基础 IT 软硬件付出原始投资成本。

2. PaaS

PaaS 将软件研发平台作为服务，以 SaaS 的模式提交给用户，即将一个完整的计算机平台，包括应用设计、应用开发、应用测试和应用托管，都作为一种服务提供给客户。在这种服务模式中，客户不需要购买硬件和软件，只需要利用 PaaS 平台为用户提供开发语言和工具（如 Java、Python、.NET 等）进行软件开发，将开发的应用程序或者采购的一些应用程序（如统计软件 SAS、ArcGIS 等）部署到供应商的云计算基础设施上供用户使用。

3. SaaS

SaaS 是一种通过因特网提供软件的模式，用户无须购买软件，而是向提供商租用基于 Web 的软件，来管理企业经营活动。相对于传统的软件，SaaS 解决方案有明显的优势，包括较低的前期成本、便于维护、快速展开使用等。

4.5 数据挖掘与大数据应用案例

4.5.1 林业数据挖掘实例

1. 森林调查小班数据的聚类分析

选取广西玉州区 2001 年 6 月的森林分类经营区划调查的统计数据，以小于 6 林分年龄的不同树种的树高生长为对象，按 K-平均算法来计算。表 4-10 是其树高生长量属性计算结果。

表 4-10 森林资源小班数据的树高生长量

项目	杉木	马尾松	湿地松	野桉	尾叶桉	木麻黄	台湾相思	油茶	龙眼
树高生长量/年	1.00	0.80	0.90	1.40	1.50	0.70	0.78	0.35	0.31

表 4-10 中，年生长量数据是根据已知数据计算平均值的结果，下面根据这些数据完成归类。设定需要生成出的簇数为 3（k=3），先任意选定其中的 3 个值为簇中心点，如 $m_1=10$，$m_2=0.8$，$m_3=0.9$；根据与中心点的距离最短的方法，把每个对象分配给最近的一个簇，即得 $K_1=\{1.0,1.4,1.5\}$，$K_2=\{0.8,0.7,0.78,0.35,0.31\}$，$K_3=\{0.9\}$；经过这次分组后，每个簇的中心值发生变化，即 $m_1=1.3$，$m_2=0.588$，$m_3=0.9$；采用新的簇中心值，再次重新分配对象，又得 $K_1=\{1.4,1.5\}$，$K_2=\{0.7,0.35,0.31\}$，$K_3=\{1.0,0.9,0.8,0.78\}$；依此类推，得到新的簇中心点，$m_1=1.45$，$m_2=0.453$，$m_3=0.87$，并重新得到 $K_1=\{1.4,1.5\}$，$K_2=\{0.35,0.31\}$，$K_3=\{1.0,0.9,0.8,0.7,0.78\}$；最终没有对象的重新分配发生，即表示聚类的过程结束，得到表 4-11 所示的聚类结论。

表 4-11　森林资源小班数据的聚类分析

项目	杉木	马尾松	湿地松	野桉	尾叶桉	木麻黄	台湾相思	油茶	龙眼
年树高生长量/年	1.00	0.80	0.90	1.40	1.50	0.70	0.78	0.35	0.31
归类	中	中	中	好	好	中	中	差	差

把该结果与该地区的林分生长类型鉴定标准表（表 4-12）进行比较，检验聚类模式计算的结果是否符合实际标准。

表 4-12　林分生长类型鉴定标准表

树种组类型	林分年龄/年	树高年平均生长量/cm		
		好	中	差
速生阔叶树	<6	>0.70	0.50～0.70	<0.50
一般阔叶树	<6	>0.65	0.45～0.65	<0.45
慢生阔叶树	<6	>0.40	0.25～0.40	<0.25

经过对比可以看出，K-平均算法计算出的结果基本符合实际分类方法，但结果还是有差异的。这可能是因为数据量较小、覆盖面较低等，如果采集的数据更多、更全面，会降低结果的误差。

森林资源管理数据挖掘方法不仅用来验证实际标准，还应该从大量数据中找出目前还未知的知识，这也将是挖掘方法对森林资源管理数据的应用前景的一个方面。

2. 基于 BP 神经网络的小班蓄积量预测模型构建

本研究在塞罕坝林场二类调查数据的基础上，对二调数据相关信息进行挖掘，一方面希望能精确预估小班为单位的林分的蓄积量，为小班调查数据提供辅助验证；另一方面通过模型分析林分特征因子与林分收获量之间的关系，了解各林分因子对林分收获量的影响，为更好地经营提供决策支持。

（1）BP 神经网络模型的建立

BP 神经网络模型结构如图 4-21 所示。BP 神经网络模型建立公式为 NET =newff(P,T,S,TF,BTF,BLF,PF,IPF,OPF,DDF)。其中，P 为输入数据矩阵，T 为输出数据矩阵，S 为隐含层结点数，TF 为结点传递函数，BTF 为训练函数，BLF 为网络学习函数，PF 为性能分析函数，IPF 为输入处理函数，OPF 为输出处理函数，DDF 为验证数据划分函数。

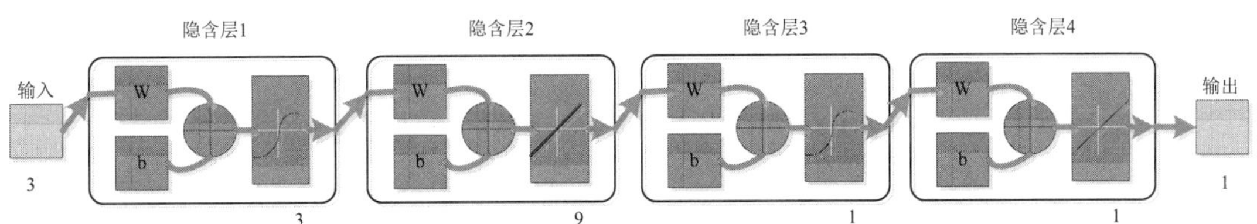

图 4-21　BP 神经网络模型结构

以杉木人工林二类调查数据中的树龄、公顷株数和立地指数为输入变量，公顷蓄积为输出变量，选用一个隐层，隐层的传递函数用 tansig，输出层的传递函数用 purelin，权值和阈值学习函数用 learndm，性能函数用 mse，训练函数中包括标准 BP 算法 traingd 函数、增加动量法 traingdm 函数、弹性 BP 法 trainrp 函数、动量及自适应学习速率法 traingdx 函数、共轭梯度法 traincgf 函数、Levevberg-Marquardt 法 trainlm 函数等。

（2）模型的训练

用训练数据训练 BP 神经网络。函数形式为[net,tr] = train(NET,X,T,Pi,Ai)，其中 NET 为待训练网络，X 为输入数据矩阵，T 为输出数据矩阵，Pi 为初始化输入层条件，Ai 为初始化输出层条件，net 为训练好的网络结构，tr 为训练过程记录。对比各个算法训练函数的仿真结果（表 4-13），Levevberg-Marquardt 法（L-M 算法）收敛速度快且均方误差最小，表现效果最优，故训练函数选择 trainlm 函数。

表 4-13　BP 预测蓄积各算法仿真结果

BP 算法	标准 BP 算法	增加动量法	弹性 BP 法	动量及自适应学习速率法	共轭梯度法	Levevberg-Marquardt 法
训练函数	traingd	traingdm	trainrp	traingdx	traincgf	trainlm
训练次数	6000	18	92	110	17	49
均方误差	0.31235	0.12193	0.029505	0.083625	0.09256	0.024008

（3）BP 神经网络模型的性能分析

Sim 函数是 BP 神经网络预测函数，y=sim(net,x)，其中 net 为训练好的网络，x 为输入数据，y 为网络预测数据。将数据按照 8∶2 的比例进行划分，其中 80%的数据用于 BP 网络模型训练，剩余 20%的数据作为网络模型测试数据，并统计网络训练集和测试集的精度。模型预测值和理论值的回归分析如图 4-22 所示。

从图 4-22 可以看出，无论是模型训练的回归分析，还是模型检验的回归分析，其相应的林分蓄积的拟合值与实测值的相关系数均大于所查得的临界值。因此，认为在显著水平 0.001 时，蓄积的拟合值与实测值之间均具有很高的相关性。

3. 多维度的森林资源分布分析

林业决策者往往关心森林经营单位的林地利用情况。挖掘分析可以利用 Excel 表格软件的数据透视表工具进行分析，当然也可以使用 SQL 语句对小班数据进行统计，然后输出到 Excel 表进行可视化展示分析。

下面的实例利用 Excel 数据透视表工具从土地种类的角度对某林场森林资源分布情况进行分析，分析过程中用到空间位置维、林地使用权维、森林类别维等，所用到的度量为小班有效面积。其操作步骤如下：

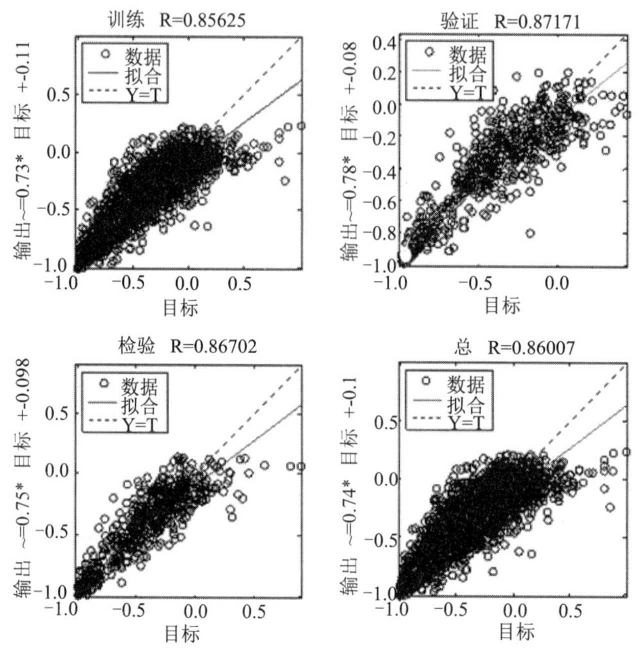

图 4-22 小班蓄积拟合值和实测值的回归分析

在数据透视表字段列表中，把森林类别维拖入列标签，把空间位置维和林地使用权维拖入行标签，把小班有效面积拖入数值字段，其他可能用到的维度拖入报表筛选中，即可以生成某林场土地利用情况。如表 4-14 和图 4-23 所示，以个人和集体作为主要观察角度，展示某林场的土地利用情况，可以看出各乡镇林地使用权个人大于集体。

表 4-14 以个人和集体角度分乡镇的土地利用情况透视表

求和项：面积	列标签		
行标签	商品林	生态公益林	总计
个人	19156.3	7241.5	26397.8
大同乡	5661.5	2422.3	8083.8
固本乡	5081	3780.6	8861.6
河口乡	6671.2	444.4	7115.6
偶里乡	1742.6	594.2	2336.8
集体	3927.8	3140.7	7068.5
大同乡	869.2	757.8	1627
固本乡	126.1	145.7	271.8
河口乡	329.2	31.1	360.3
偶里乡	2603.3	2206.1	4809.4
总计	23084.1	10382.2	33466.3

以乡镇角度观察土地利用情况时，可以采用“旋转”功能得到表 4-15。从表 4-15 和图 4-24 可以清晰看到，各个乡镇的林地都呈现人权属的商品林大于生态公益林，其中河口乡个人商品林林地面积最大，远大于其生态公益林；从 4 个乡镇集体权属来看，林地所

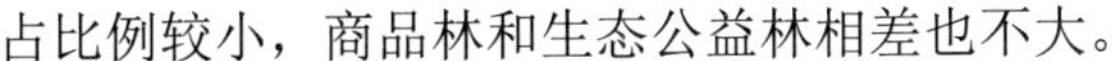
占比例较小，商品林和生态公益林相差也不大。

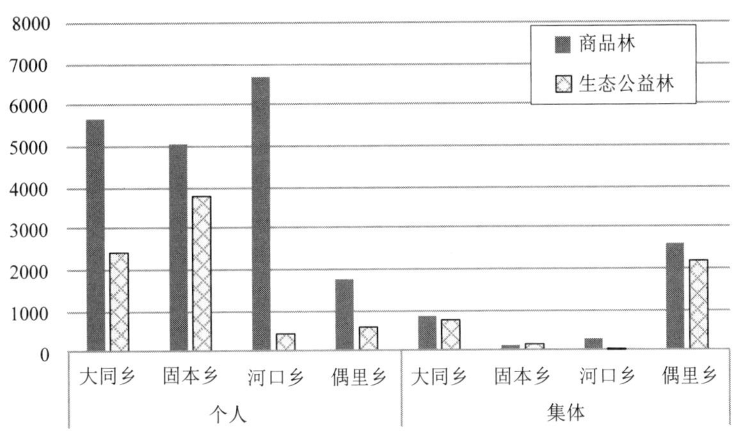

图 4-23　以个人和集体角度分乡镇的土地利用情况透视图

表 4-15　以乡镇角度分权属土地利用情况透视表

求和项：面积	列标签		
行标签	商品林	生态公益林	总计
大同乡	6530.7	3180.1	9710.8
个人	5661.5	2422.3	8083.8
集体	869.2	757.8	1627
固本乡	5207.1	3926.3	9133.4
个人	5081	3780.6	8861.6
集体	126.1	145.7	271.8
河口乡	7000.4	475.5	7475.9
个人	6671.2	444.4	7115.6
集体	329.2	31.1	360.3
偶里乡	4345.9	2800.3	7146.2
个人	1742.6	594.2	2336.8
集体	2603.3	2206.1	4809.4
总计	23084.1	10382.2	33466.3

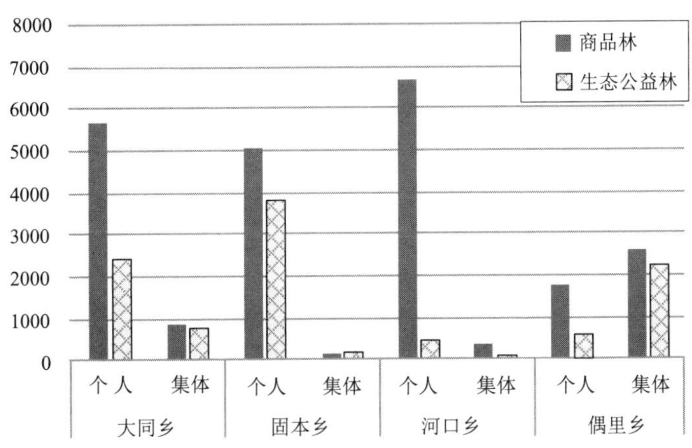

图 4-24　以乡镇角度分权属土地利用情况透视图

从两期数据的情况可以看出，这种多维度分析通过加入时间维度，可动态分析和展示森林资源变化的情况，用于森林资源经营决策。

4. 森林调查小班数据的关联分析

以林种为预测变量，试图发现林种与其他二类调查因子之间是否存在着不为森林经营决策者所觉察的关联规则。输入变量为二类调查的相关因子，包括村（林班）、面积、地类、林地所有权、林木使用权、海拔、地貌、坡向、坡度、坡位、土壤名称、土壤厚度、土壤质地、土壤母质、腐殖质厚、立地类型、起源、林种、优势树种、平均年龄、龄组、平均高、平均胸径、郁闭度、林分蓄积等。运用关联规则算法，由林种和调查因子之间的关联关系生成的关联规则依赖关系网络如图 4-25 所示。一般用材林、果树林、经济林和其他调查因子存在着关联关系。其中，果树林和经济林的关联关系简单与林地所有权和龄组相关联；一般用材林和优势树种、林地所有权、地貌、立地类型、龄组、林木所有权等相关联，相比而言，一般用材林的关联关系最为复杂。

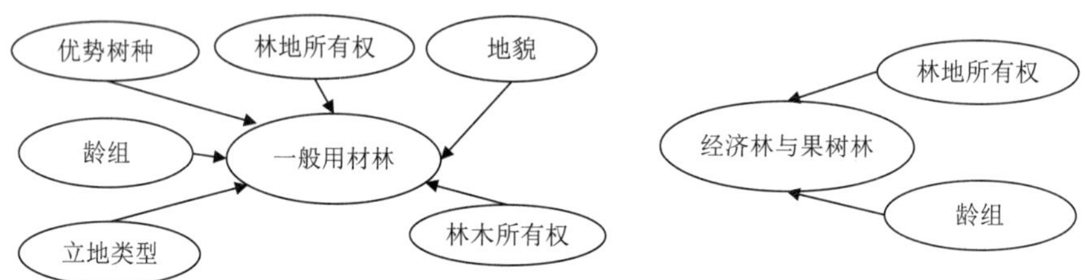

图 4-25 林种和调查因子的关联规则依赖关系网络

概率和重要性是描述关联规则的两个重要参数，概率说明出现规则结果的可能性，概率越高则可能性越大；重要性用于度量规则的用途，如果重要性小于 1，尽管规则出现的概率可能很高，但规则自身的用途可能并不重要。R 语言挖掘出了 3000 多条规则，这里选择置信度大于 94%，重要性大于 1 的规则，如表 4-16 所示。

表 4-16 关联规则

支持度	置信度	重要性	规则
0.1275	100%	4.6000	{林种=果树林} => {林种=经济林}
0.1246	100%	4.6000	{林种=果树林,林地所有权=集体}=> {林种=经济林}
0.1739	95%	1.7665	{优势树种=杉木,林地所有权=集体} => {林种=一般用材林}
0.1739	95%	1.7665	{优势树种=杉木,林地所有权=集体,地类=林地}=> {林种=一般用材林}
0.1449	94%	1.7498	{优势树种=杉木,林地所有权=集体,地貌=高丘}=> {林种=一般用材林}
0.1449	94%	1.7498	{优势树种=杉木,林地所有权=集体,地貌=高丘,地类=林地} => {林种=一般用材林}
0.1884	94%	1.7473	{龄组=成熟林}=> {林种=一般用材林}
0.1884	94%	1.7473	{龄组=成熟林,地类=林分} => {林种=一般用材林}
0.1855	94%	1.7457	{林木所有权=集体,龄组=成熟林}=> {林种=一般用材林}
0.1855	94%	1.7457	{龄组=成熟林,林地所有权=集体}=> {林种=一般用材林}
0.1855	94%	1.7457	{林木所有权=集体,龄组=成熟林,地类=林分}=> {林种=一般用材林}
0.1855	94%	1.7457	{龄组=成熟林,林地所有权=集体,地类=林分}=> {林种=一般用材林}
0.1855	94%	1.7457	{林木所有权=集体,龄组=成熟林,林地所有权=集体}=> {林种=一般用材林}

从关联规则可以看出，对一般用材林，存在与优势树种和龄组的显著的关联规则，优势树种为杉木和马尾松时，龄组为成熟林时表现为一般用材林。对经济林，果树林一般为经济林，尤其其权属为集体时，都是经济林。

4.5.2 森林生态大数据云平台与生态站数据管理系统

中国林业科学研究院资源信息研究所开发的面向森林生态监测的生态大数据 e-Science 云平台与生态站数据管理系统将中国林业科学研究院的高性能计算机、大型数据库和生态定位站各种传感器、野外观测台站等融为一体，通过高速的网络连接，实现计算资源、存储资源、数据资源、信息资源、软件资源、知识资源及专家资源的全面共享。云平台为科研人员提供 SaaS、IaaS 和 PaaS。

1. e-Science 平台体系结构

e-Science 平台由基础架构层、平台服务层、应用服务层、服务管理平台和访问接口 5 个部分组成：

1）基础架构层提供了各类高性能计算集群、集群优化管理子系统和计算资源虚拟化子系统。

2）平台服务层包括基础网格服务、计算资源管理子系统、数据资源管理子系统和应用管理子系统。这一层可根据用户的需求进行灵活方便的扩展。

3）应用服务层提供了各项专业应用服务，包括办公处理套件、高分数据处理软件、数据可视化工具和科学计算通用工具等，管理员可以通过平台服务层提供的接口规范来添加新的应用，注册到应用服务层为用户提供服务。

4）服务管理平台提供了用户管理、权限管理等后台支撑服务，以及访问这些基础服务的接口。

5）访问接口包括门户网站和并行应用服务网关。门户网站提供了各种公共信息和用户访问应用，以及为各个管理子系统提供入口。通过 Web 的友好界面，用户可以不必关心底层复杂的网络连接和应用实现，透明地访问云平台的各种资源。通过并行应用服务网关，能够将一个运行在集群系统上的并行计算应用程序映射成一个 Web 服务，部署在应用网关服务器上。

2. e-Science 云平台 SaaS

管理员可以根据协同工作的需要为平台用户添加科研及协同工作过程中所需的虚拟应用。目前虚拟应用支持 MATLAB、Envi、Microsoft Office、ArcGIS 等各种常用软件，同时也支持用户自己开发的软件；以网盘的形式为每个平台用户提供一块共享存储空间，用户可以将和协同工作所需的文档、文件等数据存放在共享存储中。用户可以利用虚拟应用配合网盘功能随时随地进行数据分析和处理，保证科研活动的开发不受地域的限制。

3. e-Science 云平台海量数据存储

e-Science 云平台海量数据存储采用 NoSQL 数据库 HBase，存储的数据主要有通量塔、径流场、气象站、水文站、生态定位站等观测设施采集的水热碳通量、水汽廓线、气温、相对湿度、空气负离子浓度、风力和降雨量等重要数据，遥感卫星影像数据，视频/图像类传感器监测到的视频、音频、图片数据。

4. 生态站数据管理系统

生态站数据管理系统包括通量观测系统、水汽廓线观测系统、气象梯度观测系统、径流场观测系统（包括3个径流场）、水文观测系统、气象观测系统等。生态站数据管理系统管理平台与各个定位观测系统连接，将汇聚数据导入DBMS中进行保存。系统向上连接云存储环境，可将本地保存的观测数据上传到云存储空间，提供更广泛的数据服务。

参 考 文 献

陈昌鹏，吴保国，2004．林业数据仓库的设计[J]．农业网络信息(4)：30-32.

陈昌鹏，吴保国，贾永刚，等，2004．数据挖掘技术在森林资源信息管理中的应用[J]．河北林果研究(2)：149-153.

陈明，2016．大数据基础与应用[M]．北京：北京师范大学出版社.

陈志泊，2009．数据仓库与数据挖掘[M]．北京：清华大学出版社.

高学攀，廖士中，2017．基于贝叶斯网络的林火概率预测系统设计与实现[J]．计算机工程与应用，53(13)：246-251.

何清，李宁，罗文娟，等，2014．大数据下的机器学习算法综述[J]．模式识别与人工智能，27(4)：327-336.

何玉洁，2015．数据库原理与应用教程[M]．4版．北京：机械工业出版社.

何月顺，2010．关联规则挖掘技术的研究及应用[D]．南京：南京航空航天大学.

黄文，王正林，2014．数据挖掘：R语言实战[M]．北京：电子工业出版社.

黄宜华，2015．大数据机器学习系统研究进展[J]．大数据，1(1)：35-54.

纪思捷，胡豪杰，2015．基于机器学习算法的大数据处理[J]．电子技术与软件工程(23)：202.

姜立春，李凤日，2014．混合效应模型在林业建模中的应用[M]．北京：科学出版社.

焦嘉烽，李云，2017．大数据下的典型机器学习平台综述[J]．计算机应用，37(11)：3039-3047，3052.

李建中，李英姝，2016．大数据计算的复杂性理论与算法研究进展[J]．中国科学：信息科学，46(9)：1255-1275.

刘斌，何进荣，耿耀君，等，2017．并行机器学习算法基础体系前沿进展综述[J]．计算机工程与应用，53(11)：31-38，89.

刘红岩，陈剑，陈国青，2002．数据挖掘中的数据分类算法综述[J]．清华大学学报（自然科学版）(6)：727-730.

罗恩韬，王国军，李超良，2016．大数据环境中多维数据去重的聚类算法研究[J]．小型微型计算机系统，37(3)：438-442.

马世龙，乌尼日其其格，李小平，2016．大数据与深度学习综述[J]．智能系统学报，11(6)：728-742.

毛国君，段立娟，2016．数据挖掘原理与算法[M]．3版．北京：清华大学出版社.

米允龙，米春桥，刘文奇，2015．海量数据挖掘过程相关技术研究进展[J]．计算机科学与探索，9(6)：641-659.

王斌会，2011．多元统计分析及R语言建模[M]．2版．广州：暨南大学出版社.

王珊，萨师煊，2014．数据库系统概论[M]．5版．北京：高等教育出版社.

王文生，陈明，2015．大数据与农业应用[M]．北京：科学出版社.

杨杰，李小平，陈湉，2014．基于增量时空轨迹大数据的群体挖掘方法[J]．计算机研究与发展，51(S2)：76-85.

袁卫，庞皓，曾五一，等，2009．统计学[M]．3版．北京：高等教育出版社.

张睿，马建文，2009．支持向量机在遥感数据分类中的应用新进展[J]．地球科学进展，24(5)：555-562.

张绍成，孙时光，曲洋，等，2017．大数据环境下机器学习在数据挖掘中的应用研究[J]．辽宁大学学报（自然科学版），44(1)：15-17.

张素芳，翟俊海，王聪，等，2018．大数据与大数据机器学习[J]．河北大学学报（自然科学版），38(3)：299-308，336.

HAN J W，KAMBER M，PEI J，等，2012．数据挖掘：概念与技术[M]．3版．范明，孟小峰，译．北京：机械工业出版社.

CHU C, KIM S K，LIN Y, et al, 2007. Map-Reduce for machine learning on multicore[J]. Neural Information Processing Systems: 281-288.

ZHANG Q, YANG L T, CHEN Z, et al, 2018. A survey on deep learning for big data[J]. Information Fusion: 146-157.

ZHOU L, PAN S M, WANG J W, et al, 2017. Machine learning on big data: Opportunities and challenges[J]. Neurocomputing (237): 350-361.

第 5 章　遥 感 技 术

遥感技术是在航空摄影的基础上发展起来的，随着 1972 年第一颗地球观测卫星 Landsat 的发射成功而迅速普及。遥感技术已成为一门新兴的、先进的、在国民经济和国防事业中不可缺少的、影响深远的空间探测技术。随着遥感图像的空间、时间和光谱分辨率的提高，以及与 GIS 和全球定位系统的结合，遥感技术已广泛应用于森林资源监测、农业估产、环境保护、城市规划、地质探矿等诸多领域。

5.1　遥感技术概述

5.1.1　遥感技术的概念

遥感从字面上可理解为“遥远的感知”，通常认为是在不接触物体的情况下对物体进行探测，以感知它的属性情况，包括它的几何属性和物理属性。遥感也可定义为：从不同高度的平台上，使用遥感器收集物体的电磁波信息，再将这些信息传输到地面并进行加工处理，从而达到对物体进行识别和检测的全过程。

遥感对象、遥感器、信息传播媒介和遥感平台是构成遥感技术的 4 个必要因素。遥感对象即被感测的事物；遥感器也称传感器，是能感测事物并能将感测结果传递给使用者的仪器，如摄影机，雷达等；信息传播媒介是在对象和传感器之间起信息传播作用的媒介，如电磁波、声波、重力场、磁力场、电力场、地震波等；遥感平台也可称运载工具，是装载遥感器并使之能有效工作的装置，如无人机、飞机、人造地球卫星、航天飞机等。

遥感图像处理是指对图像进行辐射校正、几何纠正、图像增强、图像裁剪、投影变换、图像镶嵌和匀色、特征提取、分类及各种专题处理等一系列操作，以求达到预期目的的技术。

5.1.2　遥感技术的特点

遥感是运用物理手段、数学手段和地学规律的现代化综合性探测技术。遥感技术的特点归结起来主要有以下几方面：

1）观测范围广，测量结果宏观。遥感具有宏观性和直观性。采用航空或航天遥感平台获取的航空图片或卫星影像感测较之地面上获取的观测视域，其范围更大，距离更远。例如，一张陆地卫星图像，其覆盖面积可达 30000km^2 以上。遥感技术通过这种大范围对地宏观监测，可以为技术人员提供更直观的景象图数据，这对地球资源和环境分析都极为重要。

2）动态监测，可即时更新数据。遥感技术获取资料的速度快、周期短，可以快速且周期性地实现对同一地点的连续观测，即通过不同时相对同一地区的遥感数据进行变化信息的提取，从而可达到动态监测的目的。例如，气象卫星每天能接收到多次覆盖全球的图像，而传统的人工实地调查往往需要几年甚至几十年时间才能完成地球大范围动态监测任务。

遥感的这种即时、动态的特点，有利于及时发现病虫害、洪水及林火等自然灾害，为抗灾、减灾工作提供可靠的科学依据。

3）可利用特定电磁波辐射进行探测。遥感技术可以利用目标的电磁波特性探测目标性质。由于记录的波段不同，检测目标在各波段的电磁波辐射之间的差异被记录在遥感数据中从而进行分析。随着技术的发展，现在遥感记录的目标电磁波波段信息的间隔逐渐缩短。目前已用于目标遥感探测的电磁波段有可见光、红外线、微波等。高光谱遥感可以获取许多波段狭窄且光谱连续的图像数据，它使本来在宽波段遥感中不可探测的物质得以被探测。

4）遥感影像种类多样，获取信息量大。遥感技术可提供丰富的影像种类，不同类型的遥感器获得的影像类型不尽相同，如摄影影像、扫描影像、雷达影像、多光谱及高光谱影像等。遥感技术获取的数据非常庞大，可实现连续的、全天时、全天候的对地观测。

5）对地观测不受地面条件限制。当依托航天平台形成对地观测成像时，遥感探测可用于自然条件恶劣、地面工作困难的地区，如高山峻岭、密林、沙漠、沼泽、冰川、两极、海洋等，或因国界限制而不易到达的地区。

6）成本低，经济效益高。与传统方法相比，遥感技术的利用还在很大程度上节省了地面调查大量的人力、物力和财力的支出。

5.1.3 遥感技术的发展与展望

1. 遥感技术的发展时期

遥感技术的发展可大致分为以下两个时期。

（1）遥感技术的初期发展时期

随着照相机的使用和摄影术的诞生，1909 年怀特（Wright）第一次从飞机上拍摄意大利西恩多西利（Centocelli）地区空中相片，从此揭开了航空摄影测量——遥感初期发展的序幕。

第一次世界大战的爆发，使航空摄影因军事上的需要而迅速发展，并逐渐形成了独立的航空摄影测量学的学科体系，并将其应用进一步扩大到森林、土地利用调查及地质勘探等方面。

第二次世界大战爆发后，由于军事上的需要，彩色摄影、红外摄影、雷达技术及多光谱摄影和扫描技术相继问世，传感器的研制得到迅速的发展，遥感探测手段取得了显著的进步，从而超越了航空摄影测量只记录可见光谱段的局限。同时，运载工具及判读成图设备等也都得到相应的完善和发展。随着科学技术的飞跃发展，遥感迎来了一个全新的现代遥感的发展时期。

（2）现代遥感技术发展时期

20 世纪 60 年代初，人类第一次利用人造卫星实现了从太空观察地球的壮举，并取得了第一批从宇宙空间拍摄的地球卫星图像。这些图像极大地开阔了人们的视野。随着新型传感器的成功研制和应用、信息传输与处理技术的发展，美国在一系列试验的基础上，于 20 世纪 70 年代初发射了用于探测地球资源和环境的地球资源技术卫星 ERTS-1（陆地卫星-1），为航天遥感的发展及广泛应用开创了一个新局面。世界各国发射了各种人造地球卫星，如用于科学研究及地球资源探测和环境监测的气象卫星系列、陆地卫星系列、海洋卫星系列、测地卫星系列、小卫星系列等，还有近几年火热的无人机对地遥感。通过不同高度的卫星、飞机及无人机载有的不同类型的传感器，人们不间断地获得地球上的各种信息。现代遥感充分发挥航空遥感和航天遥感的各自优势，并融合为一个整体，构成了现代遥感技术系统，为进一步认识和研究地球、合理开发地球资源和环境提供了强有力的现代化手段。

2. 我国的林业遥感技术应用发展历史

在我国，林业是最早应用遥感技术的行业。航空遥感技术在军事上应用之后，很快就在林业勘测中得到了应用。1954 年，我国首次采用了森林航空摄影调查和地面综合调查结合的方式进行森林资源调查，并且成立了“森林航空测量调查大队”。随后，在 1977 年，我国利用美国陆地资源卫星图像进行了西藏自治区高海拔地区的森林资源清查。20 世纪 80 年代初，我国引进并研制了遥感卫星数字图像处理系统，对森林植被的光谱特征进行了研究，并且发展了蓄积量估算和林业图像分类等技术。20 世纪 90 年代，随着遥感技术的飞速发展，遥感在林业上也得到了大规模的应用，为森林防火监测、湿地资源监测、荒漠化土地监测、森林资源调查与监测提供了可靠的技术支持。

3. 遥感技术展望

不断提高传感器的功能和性能指标，开拓新的工作波段，研制新型传感器，提高获取空间数据的精度和质量，将是今后遥感技术发展的一个长期任务和发展方向。

遥感技术的应用发展主要集中在遥感影像与数据融合、空间数据挖掘和地理知识服务、综合倾斜摄影、激光扫描、雷达测量做自动化三维建模等方面。其中，GIS 与遥感结合成为当前遥感发展的必然趋势，因为 GIS 可以对由遥感手段获取的丰富信息资源加以科学的管理；遥感的应用也有赖于 GIS 提供多种信息源进行信息复合及其综合分析，以提高遥感识别分类的精度；遥感的定量分析更需 GIS 提供应用模型，以及专家系统的支持等。

“十三五”国家重点研究计划课题启动了人工林资源监测项目，重点研究单木-林分尺度人工林资源遥感精细监测、区域人工林资源遥感动态监测和激光雷达人工林垂直结构参数精准提取。

单木-林分尺度人工林资源遥感精细监测课题针对目前我国人工林高质量培育和管理对多尺度高精度人工林空间分布专题信息的迫切需求，利用卫星、航空遥感系统获取亚米级高光谱分辨率影像、倾斜摄影数据及地面采集的高重叠率近景摄影测量数据等，研究地基近景摄影测量、无人机倾斜摄影多视图单木三维重建技术、星-机平台高分遥感单木树冠提取与树种识别技术；以米级空间分辨率多光谱、高光谱、极化 SAR（synthetic aperture radar，合成孔径雷达）、立体摄影测量、干涉 SAR 等为主要遥感数据源，研发以小班为制图单元的人工林类型多源遥感精细分类技术、林分结构参数（郁闭度、平均树高、蓄积量等）多源遥感定量估测技术。

区域人工林资源遥感动态监测技术针对中等空间分辨率遥感在区域人工林类型动态变化信息提取中的异物同谱难题，结合人工林不同树种生长速率及其不同物候期所表现出的图-谱差异性，突破中等空间分辨率遥感树种识别过程中常表现出的异物（不同树种）同谱的瓶颈，构建区域人工林类型遥感精确识别及其龄组遥感精确提取技术，基于多时序中等空间分辨率遥感卫星数据实现区域人工林结构参数的快速一体化动态监测。

激光雷达人工林垂直结构参数高精度提取技术针对基于冠层栅格上表面进行单木分割易产生信息的缺失，并且难于获得森林中下层树木信息等问题，基于原始的点云数据，并分析其空间拓扑关系，在空间特征约束条件下识别单木。

5.2 遥感电磁辐射原理

遥感技术建立在物体电磁波辐射理论基础上。电磁辐射源以电磁波的形式向外传送能量，它既可能发射辐射，又可能反射辐射，另外还有紫外辐射、微波辐射等。利用遥感手段探测物体，实际上是对物体辐射能量的测定与分析，它涉及一系列复杂的过程。

按电磁波在真空中传播的波长或频率，递增或递减排列构成了电磁波谱。遥感探测所使用的电磁波波段是从紫外线、可见光、红外线到微波的光谱段。地面上的任何物体（目标物），如大气、土地、水体、植被和人工构筑物等，在温度高于绝对零度（0K=−273.15℃）的条件下都具有反射、吸收、透射及辐射电磁波的特性。太阳光作为一种电磁波，从宇宙空间经大气层照射到地球表面时，地面上的物体就会对由太阳光所构成的电磁波产生反射和吸收。由于每一种物体的物理和化学特性及入射光的波长不同，它们对入射光的反射率也不同。遥感探测正是将遥感仪器所接收到的目标物的电磁波信息与物体的反射光谱相比较，从而可以对地面的物体进行识别和分类。这就是遥感技术的基本原理。

5.2.1 电磁辐射的传输与相互作用

电磁辐射在从辐射源到遥感器之间的传输过程中，要经历吸收、再辐射、反射、散射、偏振及波谱重新分布等一系列过程。电磁辐射传输中的变化取决于它与有关介质所发生的相互作用。电磁辐射与大气的相互作用可认为是体效应，而与地表的相互作用则是与地表或浅层地表的表面效应。

1. 太阳辐射与地球辐射

太阳是一个电磁辐射源，是遥感的主要能源。其辐射的总功率为 3.826×10^{26}W，表面的辐射出射度为 6.284×10^{7}W/m^{-2}。太阳的辐射波谱是从 X 射线一直延伸到无限电波的综合波谱。由于大气的影响，进入地球外边界的太阳辐射中仅有 31%作为直射太阳辐射到达地球表面。地面接收的太阳辐照度与太阳天顶角和纬度有关；此外，大气的吸收和散射、地表事物的电磁波辐射特性对其也有影响。

被地表吸收的太阳辐射能又重新被地表辐射，地球在 200K 最大辐射强度在 10μm 附近（远红外波段）。地球辐射可分为短波辐射（0.3～2.5μm）及长波辐射（6μm 以上）。其中短波辐射主要为地表对太阳光的反射，其自身的热辐射忽略；长波辐射为地物自身热辐射，太阳辐射影响忽略。而太阳辐射与地物热辐射在中红外波段的影响均不能被忽略。

地球上的能源来自太阳辐射，包括太阳直射能量（太阳直射光）与天空漫入射的能量（天空光或天空漫射光）。但入射到地面的太阳短波辐射能量（$R_n\downarrow$ 或 Q）中的一部分被地面反射（$R_n\uparrow$）。地面实际吸收的太阳短波辐射能量计算公式如下：

$$R_n\downarrow - R_n\uparrow = (1-\rho)\ R_n\downarrow = (1-\rho)\ Q \tag{5-1}$$

式中，ρ 为地表全波段的反射率。

在吸收太阳辐射能的同时，地表也向外界发射长波辐射能量 $R_L\uparrow$，而大气的长波辐射 $R_L\downarrow$ 对地表也有贡献。因此，地表层净辐射收入 R_n（或 Q_n）的公式如下：

$$R_n = (1-\rho)\ R_n\downarrow + R_L\downarrow - R_L\uparrow \tag{5-2}$$

一般来说，白天净收入 R_n 为正，地面温度不断升高。净收入的大小受地表的反射率影响。辐射的净收入能量不全用于地表加热，其中一部分能量以传导与对流形式使大气加热，一部分能量供给水在物态转换时（如蒸发、凝结、升华、融化、结冰等）所需的潜热，其能量大小与微气候因素，如风速、湿度、温度等有关。若地面有植被，还需考虑植物光合作用吸收的能量。扣除上述的这几部分能量后，剩余能量才是真正使地表温度变化的能量。地表温度的变化除与地面能量收支情况有关外，还与物质本身的热学性质有关。

2. 电磁波与大气层的相互作用

大气层按热力学性质可分为对流层、平流层、中间层和电离层，其主要成分有氮、氧（约占 99%）和各种微量气体。

所有用于遥感的辐射能均要通过地球的大气层，其路径长度变化很大，如空中摄影利用太阳光源，则需要二次通过大气层；而红外辐射仪直接探测地物的发射能量，仅一次通过大气层，且路径的长度取决于遥感器距离地面的高度。若遥感器载于低空飞机上，大气对图像质量的影响往往可以忽略；但星载遥感器所获得的能量均需传过整个大气层，经大气传输后，其强度和光谱分布均会发生变化。大气净效应取决于路径长度、电磁辐射能量信号的强弱、大气条件及波长等，其对遥感图像和数据质量均有重要的影响。电磁波与大气的相互作用主要有两种基本的物理过程——散射和吸收。

大气散射是电磁辐射能受到大气中微粒（大气分子或气溶胶等）的影响，进而改变传播方面的现象。散射强度由微粒的大小、含量、辐射波长和能量传播穿过大气的厚度决定。大气散射有选择性散射和无选择性散射。选择性散射的散射强度与波长有关。当引起散射的大气粒子直径远小于入射电磁波波长时为瑞利（Rayleigh）散射，这种散射是造成遥感图像辐射畸变、图像模糊的主要原因；当引起散射的大气粒子的直径约等于入射波长时为 Mie 散射，相较于 Rayleigh 散射，它能影响到更长的波段、可见光及可见光以外的广大范围。当大气中粒子的直径比波长大得多时，其引起的散射称为无选择性散射。无选择性散射强度与波长无关，即任何波长的辐射强度相同。

大气吸收主要是指大气中的臭氧（O_3）、二氧化碳（CO_2）和水汽（H_2O）对太阳辐射能的选择性吸收。

大气折射改变了太阳辐射的方向，但并不改变辐射的强度，因此主要是反射、吸收和散射衰减了辐射强度。对于遥感传感器而言，只有选择透过率高的波段，才对观测有意义。通常把电磁波通过大气层时较少被反射、吸收和散射，透过率较高的波段称为大气窗口（图 5-1）。常用的大气窗口有 0.30～1.15μm 大气窗口（紫外光、可见光、近红外波段），反映地物对太阳光的反射，白天成像，这一波段是摄影成像的最佳波段，也是许多卫星遥感扫描成像的常用波段；1.30～2.50μm 大气窗口（近红外波段）用于探测植物含水量、地质制图；3.50～5.00μm 大气窗口（中红外波段）用于探测高温目标，如森林火灾、火山等；8～14μm 大气窗口（热红外波段）用于探测常温下地物热辐射能量、发射率、温度；1.00mm～1m 微波窗口（毫米波、厘米波和分米波）用于能穿透云层、植被和一定厚度的冰与土壤，具有全天候工作能力。

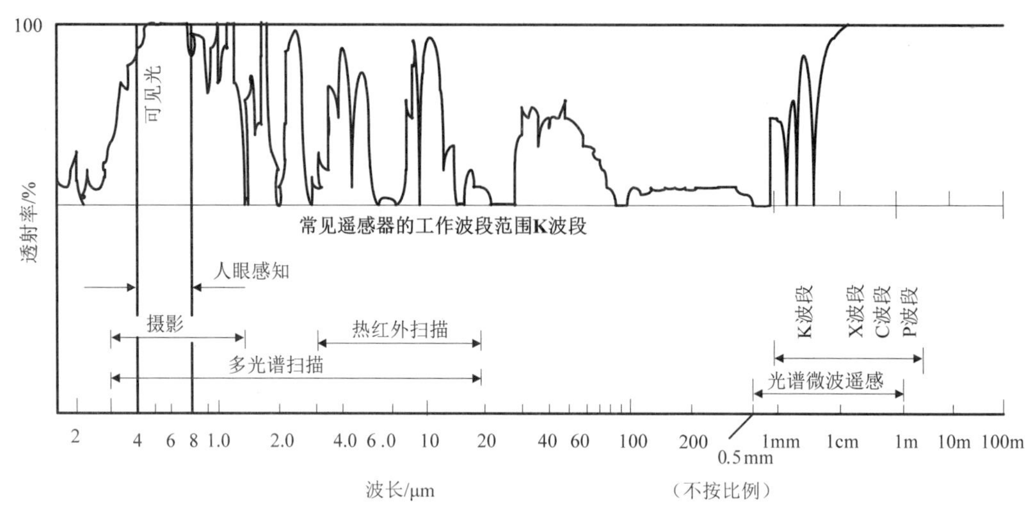

图 5-1 大气吸收与大气窗口

3. 电磁波与地表的相互作用

电磁辐射能与地表的相互作用主要有 3 种基本的物理过程：反射、吸收和透射。三者的关系如图 5-2 所示。

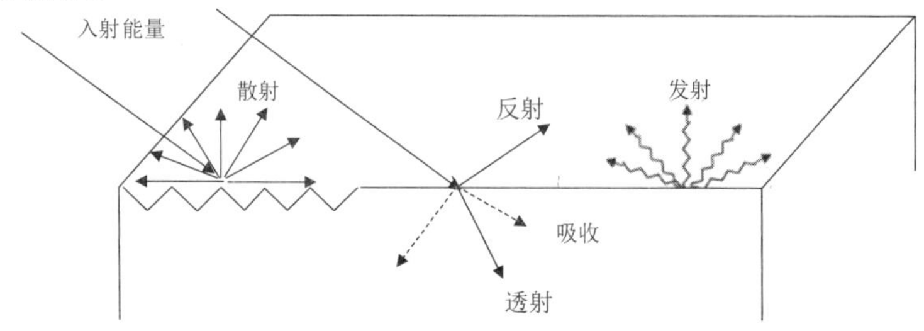

图 5-2 反射、吸收和透射三者的关系

反射、吸收和透射三者的关系换算公式如下：

$$E_{\mathrm{I}}(\lambda)=E_{\mathrm{R}}(\lambda)+E_{\mathrm{A}}(\lambda)+E_{\mathrm{T}}(\lambda) \tag{5-3}$$

式中，E_{I} 为入射能量；E_{R} 为反射能量；E_{A} 为吸收能；E_{T} 为透射能。

反射是当电磁辐射能到达两种不同介质的分界面时，入射能量的一部分或者全部返回原介质的现象。反射可分为 3 种形式：镜面反射、漫反射和方向反射。镜面反射是指物体的反射满足反射定律，当发生镜面反射时，对于不透明物体，其反射能量等于入射能量减去物体吸收的能量。自然界中真正的镜面很少，非常平静的水面可以近似认为是镜面。漫反射，如果入射电磁波波长 λ 不变，表面粗糙度 h 逐渐增加，直到 h 与 λ 同数量级，这时整个表面均匀反射入射电磁波，这种现象称为漫反射。入射到此表面的电磁辐射按照 Lambert 余弦定律反射，其反射辐照亮度是一个常数，这种反射面又称 Lambert 面。实际地物表面由于地形起伏，在某个方向上反射最强烈，称为方向反射，其是介于镜面和 Lambert 面（漫反射）之间的一种反射。自然界中绝大多数地物的反射都属于这种类型的反射，又称非 Lambert 面反射。它发生在地物粗糙度继续增大的情况下，反射具有各向异性，即实际物体面在有入射波时各个方向都有反射能量，但大小不同。从空间对地面观察时，对于平面地区，并且地面物体均匀分布，可以看成漫反射；对于地形起伏和地面结构复杂的地区，为方向反射。

物体的光谱反射率随波长变化的曲线称为光谱反射率曲线。波长、物质物理性质和物体电学性质都会影响反射率，光谱放射率曲线的形状反映了地物的波谱特征。因此，对于遥感应用，地物的反射性质是研究目标本质的重要信息。

地表对电磁波的吸收有两种形式：如果地表对入射电磁波中所有波长都等量吸收，称为非选择性吸收。例如，当白光（白光是一种电磁波）通过灰色滤片时，一部分白光被等量吸收，使白光能量减弱而变暗。如果地表对入射的电磁波中某些波长吸收程度大，或者对某些电磁波的波长根本不吸收，这种非等量吸收入射称为选择性吸收。例如，当白光通过黄色滤片时，蓝光被吸收，其余色光均可透过。

地表之所以可以吸收一定波长的光，是因为物质的化学结构决定的。不同物体由于其分子和原子结构不同，有不同的本征频率。因此，当电磁波照射在地表上，某一波长频率与地表的本征频率相匹配时，地表就吸收这一波长电磁波的辐射能，使电子的能级跃迁到高级的轨道上，这就是吸收。

透射是当电磁波入射到两种介质的分界面时，部分入射能穿越两介质的分界面的现象。电磁波会发生透射是由电磁场的边值关系决定的。电磁场在介质分界面上要符合场量的切项分量连续，通过解 Maxwell 方程就可求出电磁波的反射和折射角度，以及系数。电磁波之所以会发生投射，是因为不同介质波速不同。全反射并不是真正意义上的没有折射，只是折射波以很快的速度衰减，并且在介质中存储半个周期后又从介质中射出来了。只有电磁波遇到超导体时才是真正的全反射。

5.2.2 地物波谱特征及常见地物波谱曲线

掌握地物波谱特性及常见地物波谱曲线非常重要，它能为遥感图像的解译和计算机自动识别分类提供理论依据。

1. 地物的反射类别及反射特性曲线

地物波谱特性是电磁辐射与地物相互作用的一种表现，地物反射波谱特征指地物可见光和近红外波段波谱特征。由于物体固有的结构特点，不同波长的电磁波会产生有选择的反射。例如，绿色植物的叶子由表皮、叶绿素颗粒组成的栅栏组织和多孔薄壁细胞组织构成，如图 5-3 所示，入射到叶子上的太阳辐射透过上表皮，蓝、红光辐射能被叶绿素吸收进行光合作用；绿光也吸收了一大部分，但仍反射一部分，所以叶子呈现绿色；而近红外线可以穿透叶绿素，被多孔薄壁细胞组织所反射，因此，在近红外波段上形成强反射。在漫反射的情况下，组成成分和结构是反射光谱特性曲线的控制因素。同类物体由于自身特性，即便是在某波段相似，但整体反射特性曲线的形状是不一样的。例如，图 5-4 中，柑橘、番茄、玉米和棉花 4 种地物的反射特性曲线在 0.6～0.7μm 很相似，而在 0.75～2.5μm 波段之间的光谱反射特性曲线形状则不同，有很大差别，因此可以利用该波段的遥感影像对柑橘、番茄、玉米和棉花进行识别分类。

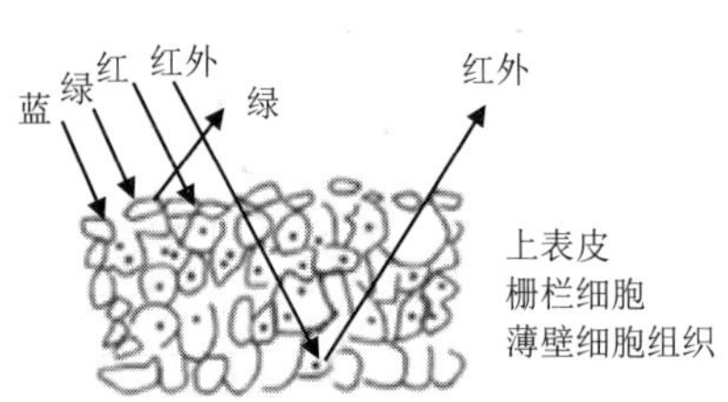

图 5-3 叶子的结构及其反射

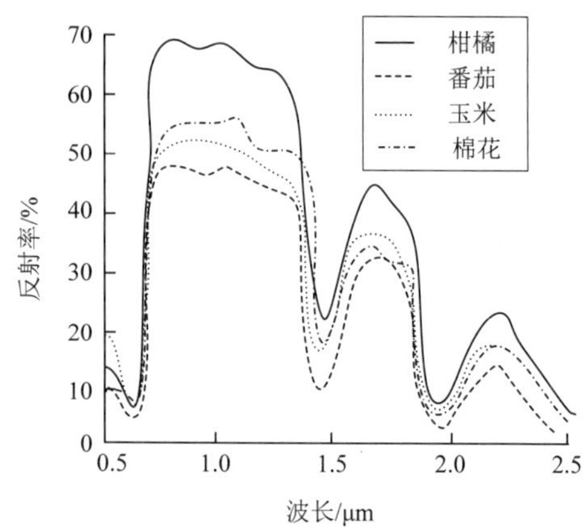

图 5-4 4 种植物的反射波谱特征曲线

2. 常见的几种地物波谱特征

（1）植被的反射波谱特征

由于植物均进行光合作用，因此各类绿色植物具有非常相似的反射波谱特性，其特征是：在可见光波段 0.55μm（绿光）附近有反射率为 10%～20%的一个波峰，两侧 0.45μm（蓝）和 0.67μm（红）有 2 个吸收带。这一特征是由于叶绿素的影响造成的，叶绿素对蓝光和红光吸收作用强，而对绿光反射作用强。在近红外波段 0.8～1.0μm 有一个反射陡坡，在 1.1μm 附近有一峰值，形成植被的独有特征。这是由于植被叶的细胞结构的影响，除了吸收和透射的部分，形成的高反射率。在中红外波段 1.3～2.5μm，以 1.45μm、1.95μm 和 2.7μm 为中心是水的吸收带，受到绿色植物含水量的影响，吸收率大增，反射率下降，形成低谷，而 1.5～1.9μm 光谱区反射率增大。绿色植物反射波谱曲线如图 5-5 所示。植物波谱在上述基本特征下仍有细微差别，这种差别与植物种类、季节、病虫害影响、含水量多少有关。图 5-6 所示为 3 种类型树木的光谱曲线比较。绿色在绿波段处与植被相似有一反射峰值，但它在近红外波段处没有反射峰值，有别于植被的反射波谱。军事遥感中常用近红外波段区分在绿色波段中不能区分的绿色植被和绿色军事目标。

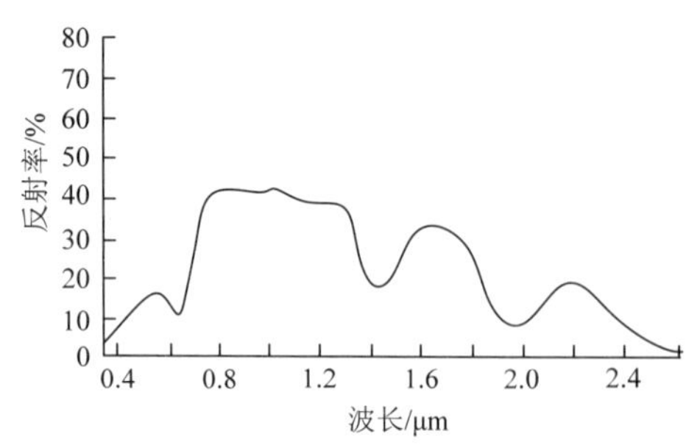

图 5-5 绿色植物反射波谱曲线

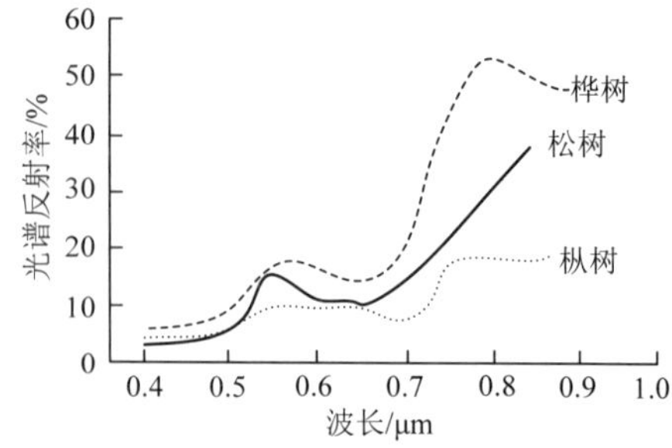

图 5-6 3 种类型树木的光谱曲线比较

（2）土壤的反射波谱特征

自然状态下土壤表面的反射率没有明显的峰值和谷值，如图 5-7 所示。一般来说，土壤的光谱特性曲线受土壤类别、含水量、有机质含量、砂、土壤表面粗糙度、粉砂相对百分含量等一些因素影响。土壤含水量增加，土壤的反射率就会下降，在水的各个吸收带尤为明显（1.4μm、1.9μm、2.7μm 处附近区间）。此外，肥力对反射率也有一定的影响。

（3）水体的反射波谱特征

水体对 0.45～0.56μm 蓝绿光波段透射能力较强，一般深度可达 10～20m，清澈水体可达 100m。同时，水体的反射也主要在蓝绿光波段，其他波段吸收率很强，特别在近红外、中红外波段有很强的吸收带，反射率几乎为零。因此，在遥感中常用近红外波段确定水体的位置和轮廓，在此波段的黑白正片上，水体的色调很黑，与周围的植被和土壤有明显的反差，很容易识别和判读。但是当水中含有其他物质时，反射光谱曲线会发生变化。例如，当水含泥沙时，由于泥沙的散射作用，可见光波段发射率会增加，峰值出现在黄红区。如图 5-8 所示，水中含有叶绿素时，近红外波段明显抬高，这些都是影像分析的重要依据。

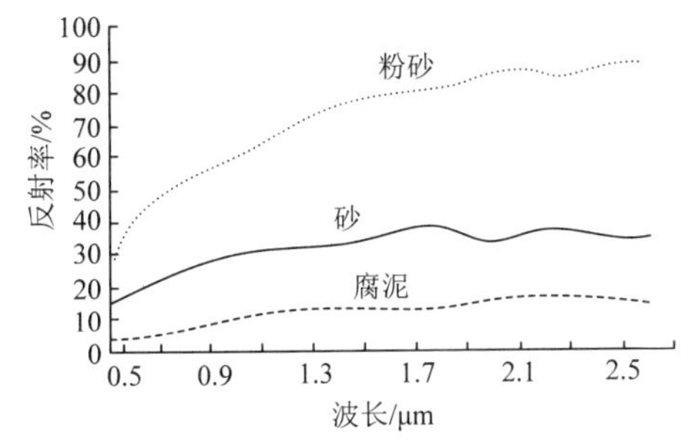

图 5-7 3 种不同类型土壤在干燥环境下的光谱曲线

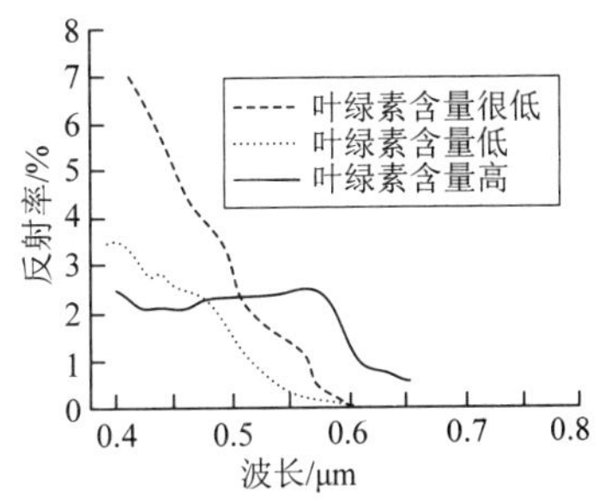

图 5-8 叶绿素含量不同时水体的光谱曲线

（4）岩石的反射波谱特征

岩石的反射波谱主要由矿物成分、矿物含量、物质结构等决定。影响岩石矿物波谱曲线的因素包括岩石风化程度、岩石含水状况、矿物颗粒大小、岩石表面光滑程度、岩石色泽等。

5.3 遥感图像的表示与存储

5.3.1 采样和量化

采样是将连续图像在空间上划分成 $M\times N$ 个像元，并分别取这些像元的亮度值 $f(x,y)$ 的过程。通过采样，能将连续的图像转换为离散的图像，然后进行数字图像处理，由此可以确定图像的分辨率。由于图像是二维分布的信息，采样在 X 轴和 Y 轴两个方向进行，且一般情况下这两个方向的采样间隔相同。为计算机处理方便，纵向横向采样点都取 2 的整数次幂，如 $M=2^m$，$N=2^n$。采样间隔和采样孔径的大小是两个重要参数。采样间隔影响图像表示地物的真实性。间隔越小，图像越接近于真实，但采样成本及后处理的成本也越高，图像存储所需的空间也越大。采样后图像被分割成空间上离散的像素，但其灰度值没有改变。

量化是将像素灰度值转换成整数灰度级的过程，即将采样后的亮度值数字化，分为若干等级，使在一定范围内的像元都取同一亮度值。为处理方便，级数 K 也常取为 2 的整数次幂，如 $K=2^2$。当图像数据为 N 列、M 行，量化位数为 g 时，图像所需的存储空间为 $MNg/8$ 字节。量化级数越大，量化后的图像越接近于真实，但图像占用的存储空间也越大。若一幅数字图像为 8 位量化，则意味着量化灰度级为 $256=2^8$，量化后的像素灰度级取值范围是 0～255 的整数。不小于 8 位量化的灰度图像可以满足一般的视觉效果要求。

采样影响图像细节的再现程度，间隔越大，细节损失越多，图像的棋盘化效果越明显。量化影响图像细节的可分辨程度，量化位数越高，细节的可分辨程度越高。保持图像大小不变，降低量化位数，减少灰度级，会导致假的轮廓。

5.3.2 图像的表示与图像的文件格式

1. 图像的表示

在数学上把离散化后的数字图描述成一个整数阵列 F。把数学图像用矩阵表示便于应用矩阵理论对图像进行处理分析。对数学图像进行逻辑计算，使每个像素的取值为 0 或 1 称为二值图像。二值图像中没有颜色的干涉，0 表示背景目标（假），1 表示前景目标（真）。习惯上，背景用白色表示，前景用黑色表示。

2. 图像的文件格式

遥感图像包括多个波段，有多种存储格式，但基本的通用格式有以下 3 种：

1）BSQ（band sequential）格式：像素按波段分块顺序依次保存，即一个波段保存完后接着保存第二个波段。在每个波段块内，像素按行列顺序排列（N 列，M 行）存储，同一波段的像素保存在一个块中。

2）BIL（band interleaved by line）格式：像素按行保存，行为单位分块，每块内按照波段顺序排列像素。同一行不同波段的数据保存在一个数据块中，即第 1 块中保存第 1 个波段的第 1 行后接着保存第 2 个波段的第 1 行，依此类推；第 2 块中保存第 1 个波段的第 2 行后接着保存第 2 个波段的第 2 行，依此类推。

3）BIP（band interleaved by pixel）格式：按像素保存，每个块内将像素的各个波段数据保存在一起，即先保存第 1 个波段的第 1 个像素，之后保存第 2 波段的第 1 个像素，依此类推保存。

通过上面 3 种格式，遥感图像处理系统可以对不同传感器获取的图像数据进行转换，并且可将图像数据存储为 TIFF、TIF、HDF、IMG 等不同格式。其中，TIFF 比较常见，用户购买的卫星影像文件格式大多是 TIFF，如高分系列（高分一号、高分二号）、资源系列（资源三号、资源一号 02C）和 Landsat 8 等；Modis 卫星影像文件格式为 HDF。

5.4 遥感平台与传感器

5.4.1 常见的遥感传感器与遥感平台

传感器是一种检测装置，能感受到被测量的信息，并能将检测感受到的信息按一定规律变换成为电信号或其他所需形式的信息输出，以满足信息的传输、处理、存储、显示、记录和控制等要求。在遥感平台上搭载的遥感传感器名称很多，但基本上采用的是表 5-1 所示的记录方式。常见的遥感传感器主要有多光谱扫描仪 MSS、专题制图仪 TM、增强型专题制图仪 ETM+、高分辨率几何成像仪 HGR、高分辨率立体成像系统 HRS、植被传感器 VEGETATION、高级空间热辐射热反射探测器、中等高分辨率成像光谱辐射仪 MODIS、甚高分辨率辐射仪 AVHRR、国家气象卫星可见光红外扫描辐射计 VIRR、中分辨率光谱成像仪 MERSI、侧视雷达、激光雷达、微波辐射计、无人机使用的可见光 CCD 或 CMOS 传感器的照相机或者摄像机等。

表 5-1 常用的传感器

传感器	记录方式	记录波段	说明
彩色照相机	摄影	0.4～0.7μm	常用的 CCD 或者 CMOS 传感器照相机
多光谱照相机	摄影	0.3～0.9μm	对拍摄地物，同一瞬间拍摄多个波段的影像
多波段扫描仪	扫描	紫外-微波	对拍摄地物进行扫描，通过分光器对反射电磁波的波段进行分离，分波段记录，形成多个波段的影像
红外扫描仪	扫描	0.7～500μm	红外细分为近红外（0.7～2.5μm）、中红外（2.5～25μm）、远红外（25～500μm）3 个区域
成像雷达（微波）	扫描	1mm～0.8m	对拍摄地物发射电磁波，然后由接收天线接收地物的回波信号，进行处理后形成影像。根据成像技术不同，成像雷达可分真实孔径雷达、合成孔径雷达、侧视雷达、激光雷达等

搭载遥感传感器的工具称为遥感平台。一般来说，遥感平台可分为以下 3 种：

1）地面遥感平台：传感器设置在地面上，如车载平台、手提平台、固定的遥感塔等。

2）航空遥感平台：传感器设置在航空器上，如固定翼和旋翼式飞机、无人机、气球等。

3）航天遥感平台：传感器设置在航天器上，如人造地球卫星、空间站等。

这些具有不同技术性能、工作方式和技术经济效益的遥感平台，组成一个多层、立体化的现代化遥感信息获取系统，为完成各种遥感活动提供了技术保证。

5.4.2 常见的遥感卫星与搭载的遥感传感器

1. 国外卫星

（1）陆地卫星

陆地卫星（Landsat）是以探测地球资源为目的而设计的，采用近极地、近圆形太阳同步轨道。从 1972 年至今，美国共发射了 8 颗 Landsat 系列卫星，已连续观测地球达 40 多年，卫星重复周期 16 天。目前只有 1984 年发射的 Landsat 5、1999 年发射的 Landsat 7 和 2013 年发射的 Landsat 8 仍在使用。陆地卫星参数如表 5-2 所示。其中，一景 MSS 影像地面面积是 185km×185km，一景 TM 影像地面面积为 185km×185km。

表 5-2 陆地卫星参数

卫星	传感器	波段	波长/μm	地面分辨率/m
Landsat 5	多光谱扫描仪 MSS	MSS4：蓝绿波段	0.5～0.6	80
		MSS5：红蓝波段	0.6～0.7	80
		MSS6：红外波段	0.7～0.8	80
		MSS7：红外波段	0.8～1.1	80

续表

卫星	传感器	波段	波长/μm	地面分辨率/m
Landsat 5	专题制图仪 TM	TM1：蓝光波段	0.45～0.50	30
		TM2：绿光波段	0.52～0.60	30
		TM3：红光波段	0.63～0.69	30
		TM4：近红外波段	0.76～0.94	30
		TM5：中红外波段	1.55～1.75	30
		TM6：热红外波段	10.4～12.5	120
		TM7：短波红外波段	2.08～2.35	30
Landsat 7	增强型专题制图仪 ETM+	1：蓝绿光波段	0.450～0.515	30
		2：绿光波段	0.525～0.605	30
		3：红光波段	0.630～0.690	30
		4：近红外波段	0.750～0.900	30
		5：中红外波段	1.550～1.750	30
		6：热红外波段	10.400～12.500	60
		7：短波红外波段	2.090～2.350	30
		8：全色波段	0.520～0.900	15
Landsat 8	陆地成像仪 OLI	1：深蓝光波段	0.433～0.453	30
		2：青光波段	0.450～0.515m	30
		3：绿光波段	0.525～0.600	30
		4：红光波段	0.630～0.680	30
		5：近红外波段	0.845～0.885	30
		6：中红外波段	1.560～1.660	30
		7：短波红外波段	2.100～2.300	30
		8：全色波段	0.500～0.680	15
		9：短波红外波段	1.360～1.390	30
	热红外传感器 TIRS	热红外	10.6～11.2	100
		热红外	11.5～12.5	100

（2）SPOT 卫星

SPOT（Systeme Probatoire d'Observation dela Tarre）卫星是法国空间研究中心（Centre National d'études Spatiales，CNES）研制的一种地球观测卫星系统，于 1986 年 2 月发射。SPOT 卫星数据由于其较高的地面分辨率、可侧视观测并生成立体像对和在短时间内可重复获取同一地区数据等有别于其他卫星遥感数据的特点，在土地利用与管理、森林覆盖监测、土壤侵蚀和土地沙漠化的监测以及城市规划等人与环境的关系研究方面都发挥了重要的作用。到目前为止，SPOT 系列卫星共发射了 6 颗，除 SPOT-3 于 1996 年 12 月失效外，其余都在正常运行。SPOT 卫星拍摄立体影像，影像幅宽 60km×80km，影像成图比例尺为 1:10000。SPOT 卫星参数如表 5-3 所示。

表 5-3　SPOT 卫星参数

卫星名称	SPOT-4	SPOT-5	SPOT-6
发射时间	1998	2002	2012
重访周期/天	26	25	26

续表

卫星名称	SPOT-4	SPOT-5	SPOT-6
空间分辨率/m	全色影像：10 多光谱影像：20	全色影像：2.5 多光谱影像：10.0	全色影像：1.5 多光谱影像：6.0
全色光谱范围/μm	0.610～0.680	0.490～0.690	0.455～0.745
多光谱范围/μm	绿：0.500～0.590	绿：0.430～0.470	蓝：0.455～0.525
	红：0.610～0.680	红：0.490～0.610	绿：0.530～0.590
	近红外：0.780～0.890	近红外：0.610～0.890	红：0.625～0.695
	短波红外：1.580～1.750	短波红外：1.580～1.750	近红外：0.780～0.890

（3）其他国外卫星

其他国外卫星参数如表 5-4 所示。

表 5-4　其他国外卫星参数

卫星名称	重复周期/天	波段	分辨率
QuickBird	1～6	全色 多光谱：4 个波段	0.61～0.72m 2.44～2.88m
GeoEye-1	≤3	全色 多光谱：4 个波段	0.41m 1.65m
MODIS	1～2	多光谱：36 个波段	0.25～1km
WorldView	1	全色 多光谱：4 个波段 红外短波/CAVIS	0.31m 1.24m 3.7～30m
IKONOS	3	全色 多光谱：4 个波段	1m 4m
NOAA	1	多光谱：5 个波段	1.1km
ALOS	2	全色遥感立体测绘仪 PTISM，3 个 PTISM，拍摄立体影像 近红外辐射 AVNIR-2，4 个波段，幅宽 70km 主动微波传感器，具高分辨率、合成孔径雷达和极化 3 种观测方式	2.5m 10m

2. 国产卫星

（1）高分卫星

高分一号（GF-1）卫星开启了中国对地观测的新时代。高分一号卫星搭载了 2 台 2m 分辨率全色/8m 分辨率多光谱照相机，4 台 16m 分辨率多光谱照相机。高分二号（GF-2）卫星携带了全色分辨率优于 1m、多光谱分辨率优于 4m 的高分辨率照相机，实现了较高的空间分辨率。高分卫星观测幅宽达到 45km。高分一号和高分二号卫星在地理测绘、海洋和气候气象观测、土地利用动态监测、矿产资源调查、城市精细化管理、交通路网规划、林业资源调查、防灾减灾、环境保护与监测、农作物估产等众多领域都有重要的应用价值。高分一号和高分二号卫星参数如表 5-5 所示。

高分三号卫星是我国首颗 C 频段全极化 SAR 卫星，该卫星有 12 种成像模式，可以满足各类用户不同的任务需求；卫星最高提供 1m 分辨率图像，同时也可以提供 10m 量级和 100m 量级分辨率图像。

高分四号卫星是中国第一颗地球同步轨道遥感卫星。该卫星采用面阵凝视方式成像，具备可见光、中红外成像能力，可见光分辨率为50m，红外谱段分辨率为400m，通过指向控制，实现对中国及周边地区的观测。高分四号卫星在森林火灾、洪涝灾害等方面将发挥重要作用。

表 5-5 高分一号和高分二号卫星参数

卫星名称	高分一号		高分二号
发射日期	2013 年 4 月 26 日		2014 年 8 月 19 日
重访周期：侧摆 覆盖周期：不侧摆	4 天 41 天	4 天	5 天 69 天
空间分辨率/m	全色影像：2 多光谱影像：8	多光谱影像：16	全色影像：1 多光谱影像：4
全色光谱范围/μm	0.45～0.90		0.45～0.90
多光谱范围/μm	0.45～0.52	0.45～0.52	0.45～0.52
	0.52～0.59	0.52～0.59	0.52～0.59
	0.63～0.69	0.63～0.69	0.63～0.69
	0.77～0.89	0.77～0.89	0.77～0.89

高分五号卫星是中国国内光谱分辨率最高的卫星，也是国际上首次实现对大气和陆地进行综合观测的全谱段高光谱卫星，可实现多种观测数据融合应用。该卫星可为环境监测、资源勘查、防灾减灾等领域提供高光谱数据。

高分六号卫星是高分专项天基系统中兼顾普查与详查能力、具有高度机动灵活性的高分辨率光学卫星。该卫星与高分一号卫星组网实现了对中国陆地区域 2 天的重访观测，极大地提高了遥感数据的获取规模和时效。

（2）资源卫星

资源三号卫星是集测绘和资源调查功能于一体的高分辨率立体测绘卫星，通过立体观测，可用于测绘 1.5 万比例尺地形图，为国土资源、农业、林业等领域提供服务。该卫星搭载的分辨率为 2.1m 的前、后、正视全色相机可以获取同一地区 3 个不同观测角度立体像对，搭载的 4 波段多光谱相机可拍摄分辨率为 5.8m 的影像。卫星重访周期为 3～5 天，覆盖周期为 59 天。

（3）其他卫星

1）气象卫星：风云气象卫星是中国于 1977 年开始研制的极轨气象卫星，经过 40 多年的发展，已成功发射了 17 颗风云卫星（8 颗极轨气象卫星、9 颗静止气象卫星）。

2）北京小卫星：卫星上装有 4m 全色和 32m 多光谱双传感器，32m 多光谱对地观测相机对地观测达 600km 幅宽，可实现对热点地区的重点观测。

3）高景一号商业遥感卫星：提供全色分辨率 0.5m，多光谱分辨率 2m 的遥感影像，四星组网后，全球任一点可实现 1 天重访。

另外，还有天绘（TH-1）卫星、吉林商业小卫星、高景商业遥感卫星等遥感卫星。

5.5 遥感图像信息与度量

5.5.1 四大分辨率

1. 亮度分辨率

亮度分辨率是指在一个波段中所记录的代表地物反射电磁波强度（表现为亮度或者灰度）的所有可能的数值。例如，在字节长度为 8 位的文件中，像素的亮度值分为 256 级，代表地物亮度的数值为 0～255 中的某一个值。

2. 光谱分辨率

光谱分辨率是指传感器在接收目标辐射的波谱时能分辨的最小波长间隔，间隔越小，波段数越多，分辨率越高。一般来说，衡量遥感器光谱的分辨能力不仅仅指其记录波段的范围，还要考虑其记录的波段数量和整体波长范围。

3. 空间分辨率

空间分辨率是指遥感图像上能够详细区分的最小单元的尺寸或大小，即传感器能把两个目标物作为清晰的实体记录下来的两个目标物之间最小的距离。它是表征图像分辨地面目标细节能力的指标。空间分辨率通常用像素大小、影像分辨率或视场角来表示，如 MSS 图像的空间分辨率为 80m，TM 图像的空间分辨率为 30m，SPOT 图像的空间分辨率为 5m。

4. 时间分辨率

时间分辨率是对同一目标进行重复探测时相邻两次探测的时间间隔。它能提供地物动态变化的信息，可用来对地物的变化进行监测，也可以为某些专题要素的精确分类提供附加信息。时间分辨率包括两种，一种是传感器本身设计的时间分辨率，受卫星运行规律影响，不能改变；另一种是根据应用要求，人为设计的时间分辨率，它一定不大于卫星传感器本身的时间分辨率。

时间分辨率在遥感图像应用中意义重大。利用时间分辨率可以进行动态监测和预报，如植被动态监测、土地利用动态监测等；还可以进行自然历史变迁和驱动力分析，并进一步研究为什么这样变化及有什么驱动机制等问题。

5.5.2 三大信息内容

1. 波谱信息

不同地物亮度值存在差异，同一地物在不同波段上的辐射值也存在差异，遥感图像上的这两种差异就构成了波谱特征信息，又称波谱信息。

2. 空间信息

空间信息是亮度在空间上的变化特征，如图像上的点、线、边缘、纹理等，它们是地物识别的辅助标志。影响遥感图像空间信息的重要因素是遥感影像的几何分辨率，图像的几何分辨率越高，图像的纹理细节越清晰，图像的空间结构信息越丰富。

3. 时间信息

时间信息是指不同时相遥感图像特征信息的差异。许多地物具有时相变化，通常选择遥感信息表现最好的时相图像。不同时相图像的处理可用来进行动态监测及作物生长状况研究。

5.5.3 信息的统计分析

遥感图像数据具有一定的误差性。由于测量精度的限制及各种干扰因素存在，图像的概率分布难以用某一分析式来表达。从统计学角度来说，图像的数字特征可作为区分或识别图像中地物的依据。若把图像作为一个随机向量 $\boldsymbol{X}$，按照概率论，其可以用密度函数、分布函数或统计特征参数（如期望、方差、协方差等）来表示；若把图像看作具有正态分布的随机变量，则可以使用统计学方法对图像进行统计描述。使用的统计特征可以用来对不同的图像或图像处理效果进行比较。统计的图像范围根据需要确定，或者是整景图像，或者是指定的地物类型。

遥感图像进行定量研究的基本方法有基本统计分析量和多波段间的统计特征。

1）反映像素值平均信息的统计参数：灰度均值。灰度均值是图像中所有像元的算术平均值，反映地物的平均反射强度，其大小由一级波谱信息决定。

2）反映像素值变化信息的统计参数：方差。方差是像素值与平均值差异的平方和，表示像素值的离散程度。方差与标准差描述了像元值与图像平均值（G 为均值）的离散程度，是图像信息量的重要标志。

3）多波段间的统计特征。遥感图像处理往往是多波段数据的处理，处理时不仅要考虑单个波段图像的统计特征，也要考虑波段间存在的关联。多波段图像之间的统计特征不仅是图像分析的重要参数，而且也是图像合成档案的主要依据之一。如果各个波段或多幅图像的空间位置可以相互比较，就可以计算它们之间的统计特征。协方差和相关系数是两个基本的统计量，其值越高，表明两个波段图像之间的协变性越强。在使用的遥感图像中，高光谱数据各个波段之间的相关性尤其显著。利用图像之间或波段之间的相关性，可以实现图像的压缩处理、图像信息的复原等。

5.6 遥感图像校正

在应用遥感技术获取数字图像的过程中，必然受到太阳辐射、大气传输、光电转换等一系列环节的影响，同时还受到地表情况和传感器性能的影响，从而引起数字遥感图像发生辐射畸变与几何畸变。因此，在进行信息提取前，必须对遥感图像进行校正处理，以使图像信息能够正确反映实际地物信息或物理过程。图像校正主要是对图像进行模糊消除、噪声滤除、几何失真或非线性校正。校正的方法除了图像增强中的一些方法外，主要包括辐射校正和几何校正系统，其中几何校正是遥感技术应用过程中必须完成的预处理工作。校正通常由遥感数据接收与分发中心完成，而用户则根据需要进行随机辐射校正与几何校正。

在可见光遥感和红外遥感中，传感器接收到的地物辐射来自地表。传感器测量的光谱辐射率由地表反射率、入射太阳能的光谱及能量通过大气层传输过程时的相互作用、地面上单独区域的光照几何学和传感系统的性质决定。

由于传感器性能的影响、地物光照条件、大气对辐射传输的影响，传感器最后所记录的辐射信息与目标的光谱反射或者辐射信息之间存在一定的差值，称为辐射误差，从而产生了图像的畸变。其表现为像元值被弱化，或被干扰增强，对比度减小，使影像不清楚，或无法表达真实情况等。

5.6.1 遥感图像辐射校正

辐射校正是为了正确评价目标的反射和辐射特性，消除图像中依附在辐射亮度中的各种失真过程。辐射校正包括 3 部分内容：传感器端的辐射校正、大气校正和地面辐射校正。

1. 传感器端的辐射校正

传感器端的畸变主要是由其光学系统或者光电系统的特征所形成的。在使用透镜光学系统中，由于镜头光学特性的非均匀性，在其成像面存在边缘部分比中心部分发暗的现象（边缘减光）；在扫描方式的传感器中，光电变换系统的灵敏度造成畸变，其校正一般通过定期地面测定，根据测量值进行校准。

传感器端的辐射校正也称辐射定标，是把只具有相对意义的离散亮度值转换为具有物理意义的辐射亮度或反射率的过程，辐射定标分为相对定标和绝对定标。

2. 大气校正

消除大气影响的校正过程称为大气校正，大气校正的主要方法有基于辐射传输方程的大气校正、基于地面场地数据或辅助数据的辐射校正、利用特殊波段的大气校正（直方图最小值法和回归分析法）。

3. 地面辐射校正

地面辐射校正主要包括太阳辐射校正和地形辐射校正。

（1）太阳辐射校正

太阳辐射校正主要校正由太阳高度角导致的辐射误差，即将太阳光线倾斜照射时获取的图像校正为太阳光线垂直照射时获取的图像。

（2）地形辐射校正

地形辐射校正主要校正由于地表坡度造成的误差，可以利用地表法线向量与太阳入射向量之间的夹角来校正。对于多个波段图像，利用波段比值也可以消除地表坡度的影响。

5.6.2 遥感图像几何校正

遥感图像的几何变形是指图像上像元在图像坐标中的坐标与其在地图坐标系等参考系统中的坐标之间的差异。

通常获取的遥感影像一般都是 Level 2 级产品，为使其定位准确，在使用遥感图像前，必须对其进行几何精纠正；在地形起伏较大的地区，还必须对其进行正射纠正。

1. 几何误差来源

遥感图像的几何误差可分为静态误差和动态误差两大类。静态误差是指成像过程中，传感器相对地球表面呈静止状态时所造成的误差；动态误差则主要是由于成像过程中地球的旋转所造成的图像误差。静态误差可分为内部误差和外部误差两类，内部误差主要是由于传感器自身的性能、技术指标偏离标称数值造成的；外部误差指的是传感器本身处在正常工作的条件下，由传感器以外的各因素所造成的误差。

2. 几何校正方法

几何校正（又称几何配准）是把不同传感器中具有几何精度的图像、地图或数据集中的相同地物元素精确地彼此匹配、叠加在一起的过程。

几何校正的基本原理是回避成像的空间几何过程，直接利用地面控制点数据对遥感图像的几何畸变本身进行数学模拟，控制点数目的最小值按未知系数的多少来确定，k 阶多项式控制点的最少数目为$(k+1)(k+2)/2$；另外，认为遥感图像的总体畸变可以看作挤压、扭曲、缩放、偏移及更高次的基本变形的综合作用的结果。因此，校正前后图像相应点的坐标关系可以用一个适当的数学模型来表示。

几何粗纠正是针对引起图像几何畸变的原因进行的，地面接收站在给用户提供资料前，已按常规处理方案与图像同时接收到的有关运行姿态、传感器性能指标、大气状态、太阳高度角对该幅图像几何畸变进行了校正。

几何精纠正以基础数据集（BASE）作为参照。如果基础数据集是图像，则该过程称为相对纠正，即以一景图像作为基础，纠正其他图像，这是图像-图像的纠正；如果基础数据集是标准的地图的地理坐标系，则称为绝对纠正，即以地图作为基础纠正图像，这是图像-地图的纠正，常用于 GIS 应用。

5.7 图像变换与增强

图像变换和增强是为了突出相关的专题信息，提高图像的视觉效果，使分析者能更容易地识别图像内容，从图像中提取更有用的定量化信息。图像变换和增强通常都在图像校正和重建后进行，特别是必须消除原始图像中的各种噪声，否则面对的只是各种增强的噪声。

5.7.1 图像变换

图像变换是图像处理与分析技术的基础。为了快速有效地对遥感图像进行处理与分析，常需对原定义在图像空间的图像以某种形式转换到另外一些空间，并利用在这些空间的特有性质进行一定的加工，然后转换回图像空间以得到所需要的效果。例如，遥感图像在变换域进行增强处理，一般要比在空间域简便易行，因此通过图像变换可以更方便有效地实现遥感图像的增强。不仅如此，通过图像变换还可以对遥感图像进行特征提取，这将有助于使用计算机实现对遥感图像的定量分析与自动识别分类。因此，遥感图像的变换处理在发展遥感图像应用处理技术中有举足轻重的作用。

1. Fourier 变换

Fourier 变换是一种正交变换，可以将 Fourier 变换前的空间域中的复杂卷积运算转化为 Fourier 变换后的频率域的简单乘积运算，在频率域中简便而有效地实现图像增强，并进行特征提取。通过 Fourier 变换可除去图像上的噪声斑点，使图像显得更为平滑，增强图像上景物的边缘以使图像锐化，提取图像上景物的边缘或特定方向的边缘等。

Fourier 变换在数学中有严格的定义，Fourier 变换可分为一维 Fourier 变换、二维 Fourier 变换和快速 Fourier 变换。其中，二维 Fourier 变换具有分离性、变换域的周期性、对称共轭性、平移性、分配性和比例性，以及卷积定理等性质。二维 Fourier 变换的计算量颇大，需要较长的计算时间，在一定程度上会限制它的使用范围与价值。为此，特别是 20 世纪 60 年代提出的快速 Fourier 变换（fast Fourier transform，FFT）算法，其计算量与原变换算法的计算量之比为 $N/\log_2 N$，克服了计算量大、运算时间长的弊端，促使其得到更广泛的应用。

2. Hough 变换

Hough 变换是利用图像全局特性把边缘像素连接起来组成区域封闭边界的一种方法。Hough 变换的实质是将图像空间内具有一定关系的像元进行聚类，寻找能把这些像元用某一解析形式联系起来的参数空间累积对应点，即在预先知道区域形状的条件下，可以把图像中不连续的边缘像素点连接起来得到边界曲线。Hough 变换常用于遥感图像的边缘提取，识别几何形状，如从苹果树中提取苹果。Hough 的主要优点是受噪声和曲线间断的影响小。

3. K-L 变换

K-L（Karhunen-Loeve）变换也称主成分或主分量分析，是在统计特征基础上的多维正交线性变换，适用于多波段、多时相遥感图像应用处理。K-L 变换的主要目的就是使原来多波段图像中多余和重复的波段信息尽可能少地出现在新的主成分图像中，并使这些主成分图像所包含的信息内容彼此不重叠，从而大大减少总数据量，消除冗余信息，突出有效信息。K-L 变换是对遥感图像降维、去除相关、进行特征提取和数据压缩的有效方法。

5.7.2 遥感图像的增强处理

1. 遥感图像增强处理的目的与种类

遥感图像增强处理的主要目的是改进图像显示、提高遥感图像的视觉效果和可解译性，使遥感图像上的信息更易读取，快速实现从遥感数据向有用信息的转化。

从数学意义上理解，任何图像的增强处理都是对图像特征施行某种变换。增强就是根据图像数据的灰度、颜色、纹理和形状等特征参数，结合显示介质和人的视觉系统特点，从原始图像到增强图像的变换。这种变换在数学上是不难实现的，但是变换结果的优劣在很大程度上取决于应用目的及处理者对增强效果的主观判断。目前尚难确定一个普遍适用的统一评价标准，所以遥感图像增强处理技术水平的提高过程必须结合具体情况考虑需增强的要素，选择变换参数与变换算法，并通过反复试验不断调整，直至满意为止。

遥感图像增强处理技术根据处理空间的不同，可分为基于图像空间的空域方法和基于图像变换的频域方法两大类。空域增强处理的主要影响因素是灰度。每次对单个像元进行灰度增强处理称为点处理，对一个像元周围的小区域子图像进行处理称为邻域处理或模板处理。

2. 遥感图像的灰度增强

遥感图像的灰度增强是一种点处理方法，主要为突出像元之间的反差（或称对比度），所以也称“反差增强”“反差扩展”“灰度拉伸”等。通过灰度拉伸处理，扩大图像灰度值动态变化范围，可加大图像像元之间的灰度对比度，有助于提高图像的可解译性。

灰度拉伸方法分为线性拉伸、分段线性拉伸及非线性拉伸（又称特殊拉伸）等。

（1）线性拉伸

线性拉伸是通过线性函数 $f(x) = kx + b$ 将原图像的灰度值动态范围进行拉伸（扩展）的方法。

（2）分段线性拉伸

分段线性拉伸是指对遥感图像进行灰度拉伸时，只选择低灰度区（暗区）、压缩高灰度区（亮区）、高灰度区或某个特定灰度区进行拉伸。拉伸时需将图像灰度值的整个动态范围划分成若干区段，然后按区段进行不同程度的线性扩展，即分段使用线性拉伸算式连接成折线函数进行灰度变换。

（3）非线性拉伸

上述线性和分段线性拉伸都是等比例地变换指定动态范围内的像元灰度值，但对整个灰度值的动态范围以不等权的关系进行变换，如对暗区、亮区进行不同比例的扩展，常能产生更佳的增强效果，使图像具有更鲜明、更符合要求的对比度，许多不同地物目标的影像差异更加显著，甚至一些非常细微的光谱差异导致的影像差别，通过适当的非线性拉伸也会因得到增强而明显起来。

非线性拉伸的实施方法很多，如对数变换、指数变换、查表法、直方图调整等。

1）对数变换常用于扩展低亮区（暗区）、压缩高亮区的对比度，使暗区影像层次增多，清晰度改善，以突出隐伏于暗区影像中的某些地物目标。

2）指数变换增强效果与对数变换效果相反，两者互为逆运算处理。指数变换适用于分布在亮区的地物目标或是本身较明亮的目标，能突出亮区的差异从而抑制暗区。

3）查表法是非线性变换中的一种较简单粗略的方法，它通过试验获得像元灰度值变换前（输入值）和变换后（输出值）的最佳关系，列成变换关系表。

4）直方图调整有两种处理方法，一种是通过图像均衡化处理产生近似均匀直方图的图像，使原直方图上灰度分布较密集的部分被拉伸，较稀疏的部分被压缩，从而在总体上增强图像的对比度；另一种是指定直方图法，即直方图规定化处理。然而这两种处理方法都要通过一个变换函数 $T(r)$，使原图像灰度值频率分布（记为直方图 PA）变换为所希望的直方图 PB，并根据新直方图 PB 变更原图像各像元的灰度值。

3. 遥感图像的边缘增强

遥感系统成像过程中可能产生的“模糊”作用，上述的灰度增强处理方法对此均难以奏效，需采用邻域处理方法（图像滤波增强处理）来分析、比较和调整像元与其周围相邻像元间的对比度关系，图像才能得到增强。

图像滤波增强处理实质上就是运用滤波技术来增强图像的某些空间频率特征，以改善地物目标与邻域或背景之间的灰度反差。例如，通过滤波增强高频信息，抑制低频信息，就能突出像元灰度值变化较大较快的边缘、线条或纹理等细节；反过来如果通过滤波增强低频信息，抑制高频信息，则将平滑影像细节保留，并突出影像较均匀连片的主体影像。滤波增强分为空间域滤波和频率域滤波两种。

（1）空间域滤波

在图像的空间变量内进行局部运算。一般使用空间二维卷积方法，即借助模板在原图像上移动，逐块地进行局部运算。目前已有多种卷积滤波器，如有助于突出目标轮廓与边缘、线条等信息的锐化（高通）滤波器及主要用于消除噪声与过多细节的平滑（低通）滤波器等。此外，还有各种定向滤波器用来增强指定方向的边缘和条纹等。用户应根据应用目的与图像具体情况灵活选用。

（2）频率域滤波

使用卷积理论和傅氏变换作为处理技术基础，通过修饰原图像的傅氏变换来实现，特点是计算量大，但比较直观，精度比较高，图像视觉效果好。频率滤波增强图像的边缘和细节信息时，这类信息在图上反映的连续性较突出，对比度增大，但如果地面没有明显的形迹显示，则通过频率域滤波的效果也不一定好，这时往往需要采用多波段图像组合等处理才有可能取得较好的效果。频率域滤波还包括带通、带阻滤波和同态滤波等。

4. 遥感图像的彩色增强

地面站经系统处理得出的原始图像产品都是反映灰度差异的黑白图像。如把黑白图像的灰度差异转变为色彩差异，就可大大提高遥感图像的目视分析解译性能，所以彩色增强为遥感图像应用处理的关键技术，应用十分广泛。常用方法如下。

（1）假彩色密度分割和彩色编码

假彩色密度分割（密度分割或假彩色密度分层）与彩色编码是遥感图像彩色增强的最简单途径。它将灰度范围为 0 到 L 的黑白图像 $f(x,y)$（式 5-4）的灰度按等间隔或不等间隔分割成层，得到如图 5-9 所示的 $k-1$ 个密度分割层面，其密度值为 $I_i(i=1,2,\cdots,k)$，用 $C_i(i=1,2,\cdots,k)$表示赋予每层的颜色。

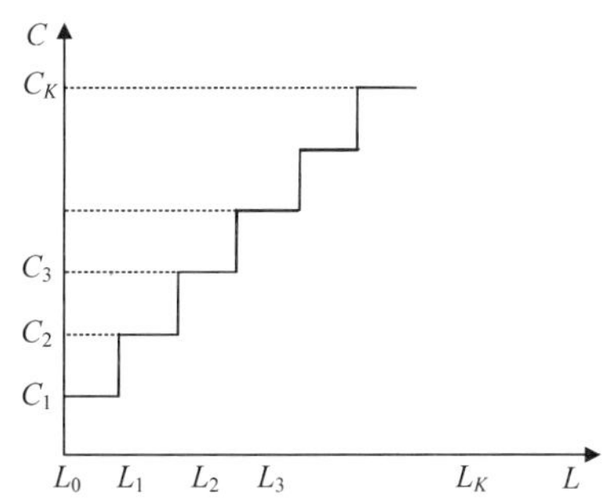

图 5-9　密度分割层面

$$f(x,y)=\begin{cases}c_1, & f(x,y)\leqslant L_1\\ c_i, & L_i-1<f(x,y)\leqslant L_i, i=1,2,\cdots,k\\ c_k, & f(x,y)>L_k\end{cases} \tag{5-4}$$

这种增强处理对于具有灰度值均匀递变特性或相邻地物灰度突变的图像显示都十分有效，如水体深浅和浑浊度差异、热红外遥感反映热场变化，以及估计环境污染、海上油膜扩散范围、水陆边界、林区迹地等。

（2）彩色合成

彩色合成是将具有不同灰度的黑白图像或不同色彩图像叠加在一起产生彩色图像的过程。彩色合成图像尤其是三色合成的图像，可把原来三张多光谱黑白图像的灰度差异充分转变为多种多样的彩色影像，使人们用肉眼就能直观地识别出更多地物目标的信息。在遥感图像应用处理中，彩色合成不必考虑彩色保真度，因为彩色合成的根本目的在于把多张黑白图像反映地物目标波谱特性的灰度差异转化为合成图像的彩色差异。

彩色合成是图像彩色增强应用最为广泛的一种处理技术。参与合成的各分量图像可以是多光谱遥感的不同波段图像，或其中某些波段图像的加、减、乘、除组合，或经变换处理如 K-L 或 K-T 变换后的新变量，也可以是显示动态变化的不同时相的图像，还可以是不同遥感器获得的数据，甚至是不同性质来源的数据经过融合处理获得的新数据组，都可以以彩色显示其融合结果。

为了获得最佳的合成效果，优化参与合成的分量图像组合及赋色方案非常重要，这是获得优质合成图像的前提。有时为了获得某些特殊的合成效果，还可对某些分量图像做高通滤波，使影像边缘得到一定增强。总之，需根据应用目的、地区特点、分量图像本身的特性等要素并结合实践经验进行综合考虑，来确定遥感图像彩色合成实施方案与具体措施。

（3）灰度颠倒和直方图调整

灰度颠倒在光学处理中为负片印制成正片，或反之。灰度变换数字处理是将图像的灰度范围先拉伸到显示设备的动态范围成饱和状态，然后进行颠倒。这样的运算可以使正像和负像互换。

直方图是统计每幅图像各亮度的像元而得到的随机分布图，即为该幅图像的直方图。一般来说，包含大量像元的图像，像元的亮度随机分布应是正态分布。正方图为非正态分布，说明图像的亮度分布偏亮、偏暗或亮度过于集中，图像的对比度小，需要调整该直方图到正态分布，改善图像的质量。一般遥感图像处理软件均有此功能。

（4）图像间运算和邻域增强处理

图像间运算是指两幅或多幅单波段图像，空间配准后可进行算术运算，实现图像的增强。图像间进行减法运算可以凸显两波段差值大的地物，如红外-红，凸显植被信息；图像间进行比值运算常用于植被指数[NDVI=(TM4−TM3)/(TM4+TM3)]、消除地形阴影等。

邻域增强法处理是在被处理像元周围的像元参与下进行的运算。邻域处理又称滤波处理，邻域的范围取决于滤波器的大小，如 3×3 或 5×5 等，邻域处理可以用于去噪声、图像平滑、锐化和相关的运算。

（5）主成分分析

在遥感图像分类中，主成分分析常用于消除特征向量中各特征之间的相关性，并进行特征选择。主成分分析法还可以用来进行高光谱图像数据的压缩和信息融合。例如，对

Landsat-TM 的 6 个波段的多光谱图像进行主成分分析，然后把得到的第 1,2,3 主分量图像进行彩色合成，可以获得高质量的遥感图像。

5. IHS 变换

物理学中的颜色体系主要有两类，一类是根据实验把颜色作为生理物理量而定量处理的混色系统，简称 RGB 系统或 RGB 空间；另一类是使用记号、色谱等定性处理人所感知的颜色的表色系统，简称 IHS 系统，著名的孟塞尔表色系统就属此类。

若对某个地物的彩色特性进行描述，直接使用 RGB 混色系统就很难实施，因为人眼只能通过感知颜色的亮度、色调和饱和度来区分地物。由于彩色显示器显示的色彩由 RGB 信号的亮度所确定，而 RGB 混色系统不是线性的，因此通过这种操作调整显示色的色调等就很困难。如果采用 IHS 系统就很容易理解，因为在彩色显示上采用强度（I）、色调（H）和饱和度（S）操作比采用 RGB 混色系统更容易实现。在这种情况下，应先把 RGB 分量变换成强度、色调、饱和度分量，以便在彩色增强时进行控制。经变换处理，调整好亮度与饱和度后，再反变换回 RGB 系统，进行彩色合成显示，使图像彩色增强获得更佳的效果。把这种 RGB 空间和 IHS 空间之间的关系模型化并进行相互变换的处理过程称为 IHS 变换。在 RGB 空间中，I、H 和 S 3 个参数的定义不同，可以获得不同的 IHS 变换模型。较简单常用的变换模型是图 5-10 所示的色度坐标系模型。根据该模型可以推导出在不同条件下 IHS 正/反变换的计算公式，如表 5-6 所示。

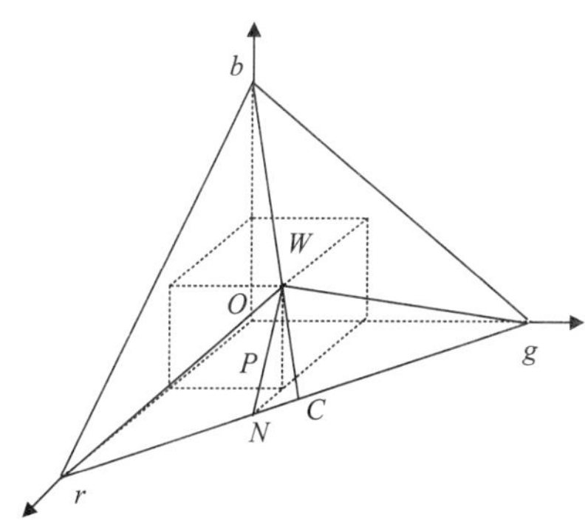

图 5-10 色度坐标系 IHS 变换

表 5-6 正/反变换计算公式

条件	正变换计算公式	反变换计算公式
$0 \leqslant H < 1$ 或 $B < R$ 且 $R \leqslant G$	$I=1/3(R+G+B)$ $H=(G-B)/[3(I-B)]$ $S=1-B/I$	$R=I(1+2S-3SH)$ $G=I(1-S+3SH)$ $B=I(1-S)$
$1 \leqslant H < 2$ 或 $B < R$ 且 $R \leqslant G$	$I=1/3(R+G+B)$ $H=(B-R)/[3(I-B)+1]$ $S=1-R/I$	$R=I(1-S)$ $G=I(1+5S-3SH)$ $B=I(1-4S+3SH)$
$2 \leqslant H < 3$ 或 $B < R$ 且 $R \leqslant G$	$I=1/3(R+G+B)$ $H=(R-B)/[3(I-G)+2]$ $S=1-G/I$	$R=I(1-7S+3SH)$ $G=I(1-S)$ $B=I(1+8S-3SH)$

5.8 遥感图像分类

5.8.1 遥感图像分类的概念及原理

遥感图像分类就是通过对各类地物的光谱特征分析来选择特征参数，将特征空间划分为互补重叠的子空间，然后将影像内各个像元划分到各个子空间中去，从而实现分类。例如，如图 5-11 所示的多光谱图像假设有 n 个波段，(i, j)位置的像元在每个波段上的灰度值可以构成一个向量 $X=(x_1, x_2,\cdots, x_n)T$，$X$ 称为该像元的特征值，包含 X 的 n 维空间称为特征空间。这样 n 个波段的多光谱图像便可以用 n 维特征空间中的一系列点来表示。在遥感图像分类问题中，常把图像中的某一类目标称为模式，而把属于该类中的像素称为样本，多光谱向量 $X=(x_1, x_2,\cdots, x_n)T$ 称为样本的观测值。

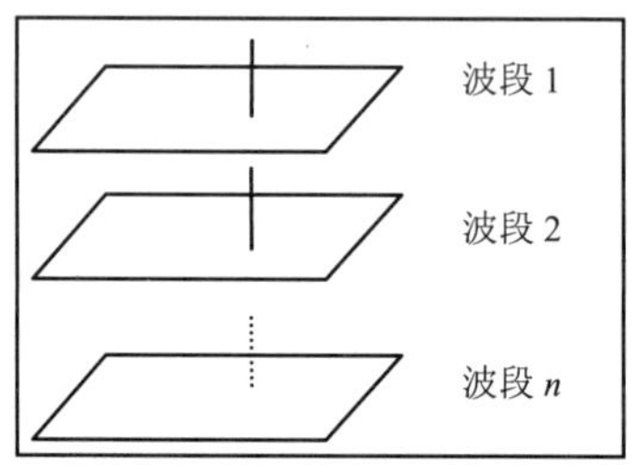

图 5-11　多光谱图像

下面以图 5-12 所示的两个波段的多光谱图像为例，说明遥感图像分类的基本原理。如果将多光谱图像上的每个像素用特征空间中的一个点来表示，这样多光谱图像和特征空间中的点集具有等价关系。通常情况下，这类地面目标的光谱特性比较接近，因此在特征空间中的点聚集在该类的中心附近，多类目标在特征空间中形成多个点族。

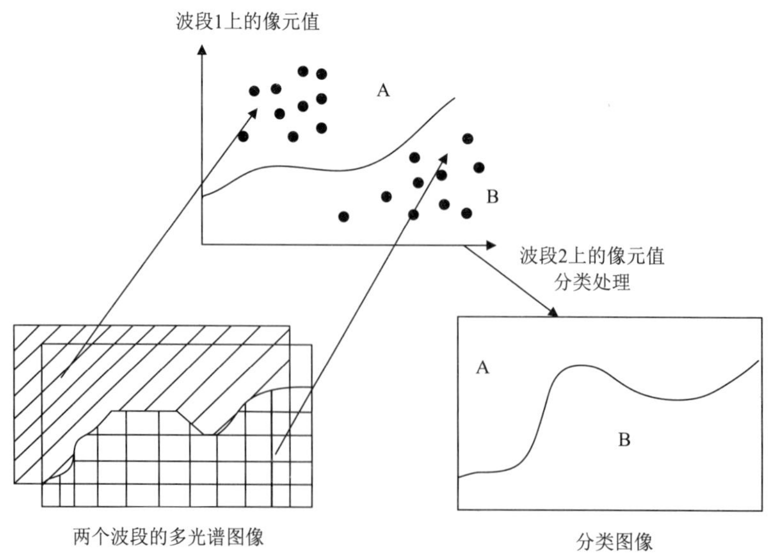

图 5-12　多光谱图像分类原理

假设图像上只包含两类目标，记为ω_A、ω_B，则在特征空间中形成A、B两个相互分开的点集，这样将图像中两类目标区分开来等于在特征空间找到一条曲线（对于多光谱图像，需找到若干个曲面）将A、B两个点集分割开。加入分割A、B两个点集的曲线表达式为$f_{AB}(x)$，则方程$f_{AB}(x)=0$称为A、B两类的判别界面。当$f_{AB}(x)>0$时$X\in\omega_A$，当$f_{AB}(x)<0$时$X\in\omega_B$。遥感图像分类算法的核心就是确定判别函数$f_{AB}(x)$和相应的判别准则。多（高）光谱遥感图像分类中，情况要复杂得多。针对n个波段的多光谱图像的特征选择问题，美国的查维茨提出了最佳指数（optimum index factor，OIF）计算公式：

$$\mathrm{OIF}=\frac{\sum_{i=1}^{n}S_i}{\sum_{i=1}^{n}\sum_{j=i+1}^{n}\left|R_{ij}\right|} \tag{5-5}$$

式中，S_i为第i个波段的标准差，S_i越大，该波段图像的信息量越大；R_{ij}为第i个波段与第j个波段之间的相关系数，R_{ij}越小，两个波段数据之间的独立性越高。

最佳指数公式计算值OIF值越大，波段组合越优。

遥感图像分类处理与图像增强处理都是为了增强和提取遥感图像中的目标信息，但遥感图像分类直接着眼于地物类别的区分，给目视解译提供的是定量信息。遥感图像分类处理最常用的是监督分类和非监督分类两种方法，这两种方法都以图像的灰度为基础。

5.8.2 遥感图像的监督分类处理

监督分类的思想是，首先根据经验确定判别函数和相应的判别准则，其中利用训练样本的观测值确定判别函数中待定参数的过程称为学习或训练，然后将未知类别的样本的观测值代入判别函数，再依据判别准则对该样本的所属类别做出判定。

训练区中应该包括研究范围内的所有要区分的类别，通过它可获得需要分类的地物类型的特征光谱数据，由此可建立判别函数，作为计算机自动分类的依据。因此，训练区必须具有典型性和代表性，所有使用的图件在时间和空间上应保持一致性。

目前常用的监督分类主要有最大似然（maximum likelihood）法、最小距离（minimum distance）法、人工神经网络、支持向量机、决策树分类（decision tree classification）等，基本原理如下：

1）最大似然法也称极大似然估计，将训练样本数据在特征空间中构成特定的点群，求得这些点群的特征参数（主要有均值、方差等），进一步得到概率密度函数。对于未分类的像元，用概率密度函数求得各个像素对于每种分类类别的归属概率，最后归属概率最大的类别作为该像元的最终分类结果。

2）最小距离法的分类依据为特征空间中的距离，首先统计每个感兴趣区域的均值向量，再计算每个未知像元到均值向量的欧氏距离，将像元划分为距离最近的类别中。最小距离法原理较为简单，计算速度较快。

3）人工神经网络模拟人体大脑的某些机制与功能，实现与大脑相似功能的技术，即它是一种对人体大脑及自然界中存在的神经网络基本特征与特性的抽象和模拟。神经网络通常由一个输入层、一个输出层及一个或多个中间隐含层构成。

4）支持向量机方法优化问题的约束条件为选定的训练样本的误差值，目标为将置信范围值最小化。从本质上看，支持向量机是一种基于统计学习理论的机器学习算法，它通过解算最优化问题，在高维特征空间寻找最优分类超平面，解决复杂数据的分类问题。

决策树分类是一种按照一定的规则，将遥感影像一步一步地逐级划分，得到具有不同属性的多个类别的方法。决策树由一个根结点、若干个内部结点和若干个叶结点组成，一个内部结点由一个父结点和两个叶结点组成。每个分支对应一个决策树的判断规则，每个叶结点对应于一种地物类型。

5.8.3 遥感图像的非监督分类处理

非监督分类是以不同影像地物在特征空间中类别特征（遥感影像地物的光谱特征的分布规律）的差别为依据的一种无先验（已知）类别标准的图像分类，是以集群为理论基础，通过计算机对图像进行集聚统计分析的方法。根据待分类样本特征参数的统计特征，建立决策规则来进行分类，而不需事先知道类别特征。其分类的结果只能把样本区分为若干类别，而不能给出样本的描述；其类别的属性是通过分类结束后目视判读或实地调查确定的。

用于非监督分类最常用的统计分析方法是聚类分析，所以非监督分类也称聚类分析。聚类分析是按照不同像元之间的联系程度进行归类的一种多元统计分析方法。在多光谱遥感图像分类中，最常用的是各种距离相似性度量。在相似性度量选定以后，必须再定义一个评价聚类结果质量的准则函数。按照定义的准则函数进行样本的聚类分析必须保证在分类结果中类内距离最小，而类间距离最大，即在分类结果中，同一类中的点在特征空间中聚集得比较紧密，而不同类别中的点在特征空间中相距较远。

聚类算法主要有 K 平均分类和 ISODATA（iterative self-organizing data analysis techniques，迭代自组织数据分析技术）分类方法。

1. K 平均分类方法

K 平均分类方法假定被用来表示样本空间的聚类中心的个数是预先知道的。这种假定本身在某种程度上限制了这一方法的利用，它使聚类域中所有样本到聚类中心的距离平方和最小，这是在误差平方和准则的基础上得来的。

2. ISODATA 分类方法

ISODATA 从样本平均迭代来确定聚类中心，在每一次迭代时，首先在不改变类别数目的前提下改变分类，然后将样本平均向量之差小于某一指定阈值的每一类别对合并起来，或根据样本协方差矩阵来决定其分裂与否。其实质是以初始类别为“种子”施行自动迭代聚类的过程。迭代结束标志着分类所依据的基准类别已经确定，它们的分布参数也在不断的“聚类训练”中逐渐确定，并最终用于构建所需要的判决函数。

5.8.4 遥感图像分类精度评价

1. 误差来源

任何图像分类过程中都会出现误差，造成分类误差的原因是多样的。例如，所研究区域内土地覆盖类型与自然景观的多样性、遥感数据空间分辨率的影响、分类时所采用的分类系统与数据资料的匹配程度及分类所采用的算法与步骤等。总的来说，误差主要有两类：一类是位置误差，即各类边界的不准确；另一类是属性误差，即类别识别错误。在目视解译中，往往由于解译者的错误判断、过渡的边界平滑、图像配准误差或者不同解译者的标准不同，以及其他因素引起位置误差。不同地物由于其光谱反射相似，很容易造成属性识别错误。另外一些是略为复杂的错误，如位于不同类别边界上的一些混合像元，由于其像元值不接近任何一类有代表性的类别，在多数分类过程中都容易引起分类错误。

2. 精度评价指标

分类精度评价是将专题分类图像中的特定像元与已知分类的参考像元进行比较，实际工作时将分类数据与分类前原始数据进行对比，由计算机自动计算生成分类精度。在监督分类中，如果错误分类现象很严重，首先应考虑训练区的选择是否恰当，每类的训练样本是否能够反映该类的类别特征；其次应考虑判别函数是否与各类样本在特征空间中的分布情况相符。

常用的精度评价因子主要包括误差矩阵（混淆矩阵）、用户精度、制图精度、总体分类精度及 Kappa 系数等。通常将这些因子放在一个表 5-7 所示的表格中。

表 5-7 精度评价因子表格

分类图像	参考图像			总计	用户精度
	阔叶林	针叶林	灌木林		
阔叶林	545	65	122	732	74.45%
针叶林	14	547	77	638	85.74%
灌木林	46	52	335	433	77.37%
总计	605	664	534	1803	
制图精度	90.08%	82.38%	62.73%		
总体分类精度		79.15%	Kappa 系数		0.69

1）误差矩阵：将像元类别与采用各种分类方法得到的分类影像进行比较的矩阵。误差矩阵中的列代表地面真实类别，列中的数值等于地物目标真实像元在分类结果影像中对应的分类类别的个数，一般用像元数或百分比表示。利用混淆矩阵可以了解每一种类别的样本总数、错分及漏分的样本数量。

2）用户精度：在被分类为第 i 类的所有样本中（混淆矩阵的某行）与其实测类型确实也是第 i 类的样本所占的比例，即分类器将像元分类为 A 类的数量对应的地面真实类别是 A 类的概率。

3）制图精度：在所有实测类型为第 i 类的样本中（混淆矩阵的某列）与被分类为第 i 类的样本所占的比例，即假设地面真实类别是 A 类，分类器将影像上的像元归到 A 类的概率。

用户精度指正确分到 A 类的像元总数（对角线值）与分类器将整个影像的像元分为 A 类的像元总数（混淆矩阵中 A 类行的总和）比例。

4）总体分类精度：总体分类精度为总的正确分类的像元数除以误差矩阵中总像元数，在表 5-7 中总体分类精度为 79.15%。

5）Kappa 系数。把所有地面真实分类的像元总数乘以误差矩阵对角线的和，减去某一类别中地面真实像元总数与该类别中被分类像元总数之积，以此作为分子；像元总数的平方减去某一类别中地面真实像元总数与该类别中被分类像元总数之积对所有类别求和，作为分母，得到 Kappa 系数的表达式：

$$\text{Kappa} = \frac{N\sum_{i=1}^{m} x_{ii} - \sum_{i=1}^{m}(x_{i+}x_{+i})}{N^2 - \sum_{i=1}^{m}(x_{i+}x_{+i})} \tag{5-6}$$

式中，m 为误差矩阵总列数，即分类的总类别数；x_{ii} 为误差矩阵的第 i 行、第 i 列上的像元个数；x_{i+} 为第 i 行的总像元个数；x_{+i} 为第 i 列的总像元个数；N 为用于检验样本的像元总个数。

根据 Kappa 系数值的不同，可将分类质量分为极好（0.8～1.0）、很好（0.6～0.8）、好（0.4～0.6）、一般（0.2～0.4）、差（0.0～0.2）及很差（小于 0.0）。

5.9 遥感图像处理软件

目前，林业上最常用的遥感图像处理软件是美国 ERDAS LLC 公司开发的 ERDAS Imagine 和 Research System Inc 公司开发的 ENVI。ENVI 软件可支持所有的 UNIX、Mac OS X、Linux、Windows 200X、Windows X 操作系统。

5.9.1 ENVI 概述

1. ENVI 的功能

ENVI 软件处理功能覆盖了遥感图像数据的输入/输出、地图投影转换、定标、几何校正、正射校正、图像融合、图像镶嵌、图像裁剪、图像增强、图像解译、图像信息提取（人工解译、图像分割、监督与非监督分类、专家知识决策分类、面向对象图像分类、变化检测等）、向量处理、DEM 提取及地形分析、雷达数据处理、制图、3D 浏览、GIS 向量，并提供了专业可靠的波谱分析工具和高光谱分析工具，以及地图制图、流程化图像处理工具、二次开发等功能。

2. ENVI 的特点

1）提供底层的 IDL（interactive data language，交互式数据语言）语言，可以帮助用户添加、扩展 ENVI 的功能，甚至开发定制自己的专业遥感平台。

2）将众多主流的图像处理过程集成到流程化图像处理工具中，进一步提高了图像处理效率。

3）ENVI 与 ArcGIS 的整合，为遥感和 GIS 的一体化集成提供解决方案。

3. ENVI 处理遥感图像流程

使用 ENVI 对遥感图像进行处理主要分图像加载、遥感图像校正、图像变换与增强、图像裁剪与镶嵌和图像分类（信息提取）等几个步骤。

5.9.2 ENVI的使用与二次开发

1. ENVI的使用

ENVI启动后进入图5-13所示的系统界面。主菜单由File（完成文件读入和输入，与IDL通信、系统配置参数等）、Edit（撤销操作、重命名要素、删除图层等功能）、Display（光谱信息窗口、绘图窗口等窗口管理）、Views（控制视图显示，可以显示单个或多个视图窗口）和Help（启动帮助）下拉菜单构成；左侧区域是图层管理窗口；右侧区域功能菜单树中有Raster Management栅格管理工具、Vector向量转换工具、Classification重分类工具、Mosaiking影像镶嵌等工具，ENVI的主要功能都在功能树中。用户获取的遥感影像一般为压缩包格式，解压后会有TIFF等格式的影像文件。在ENVI主界面中选择File→Open As命令，该菜单下有不同系列卫星影像的子菜单（如Landsat、SPOT、IKONOS、CRESDA等），如选择CRESDA（资源卫星应用中心）→GF-1命令，在弹出的文件选择对话框中选择遥感图像文件即可打开影像，如图5-13中的遥感图像所示。

图5-13 ENVI系统界面

以森林类型分类为例说明监督分类的步骤，如下：

1）影像预处理：需要进行辐射定标、大气校正。

2）样本选择：①在影像上目视判别林地区域，用鼠标选择绘制多边形样本，样本尽量均匀分布在整个图像上；②创建多个地物类型；③计算样本的可分离性。

3）执行监督分类：ENVI中的分类器有多种，如最小距离、马氏距离（Mahalanobis distance）、最大似然、支持向量机、波谱角（spectral angle mapper）等。选择分类器分类，如支持向量机进行分类，按照默认设置参数输出分类结果。

4）进行精度验证。

2. ENVI 的二次开发

在 ENVI 中，用户可以通过 ENVI 提供的 IDL 或者 ENVI 提供的二次开发工具对 ENVI 的功能进行扩展，添加新的功能函数。ENVI 的二次开发可分为 3 种方式。

（1）ENVI 功能扩展

利用 ENVI 的 IDL 为 ENVI 编写自定义函数，用于扩展功能，编写的自定义函数也称扩展补丁。扩展补丁不用安装，只需要将扩展补丁文件复制到指定文件夹即可。目前世界各地有很多的 ENVI 使用者开发了很多 ENVI 扩展补丁，很多可以从网上下载。

（2）ENVI 二次开发

利用 ENVI 的 API，借助 IDL 开发独立于 ENVI 界面的业务化平台。大部分 ENVI 的图像处理功能都以函数方式提供，IDL 可以直接调用这些函数，同时 IDL 本身具有开发 GUI 的功能。通过这种方式，可以基于 ENVI+IDL 开发一个自己的专用平台。

（3）集成开发

集成开发是将 IDL 与其他开发语言混合编程，可以充分发挥各自的优点。IDL 语言开发的函数模块能够被 C++、Java、C#这样一类语言调用，因而在.NET 框架下 ArcGIS Engine 的集成开发可以将 ENVI 的影像分析模块集成在一起，将两个二次开发平台 ArcGIS 与 ENVI/IDL 集成在一个系统上，实现真正的 GIS 与遥感的一体化集成，实现遥感影像解译、后期地理信息分析一体化。

5.10 遥感技术在林业中的应用实例

5.10.1 森林资源调查中的应用

遥感技术在森林资源调查中被广泛应用，其主要优势表现在以下两个方面：首先，遥感图像可以提供海量的真实有效数据，相比于传统森林资源调查方式，其信息资源更加丰富、更加准确；其次，利用遥感进行森林资源调查可以有效地减少野外工作，使调查速度、调查精度都大大提高。

1. 小班区划

利用高空间分辨率遥感影像或航片，在室内目视解译区划小班，后外业核实和调查属性因子，是目前森林资源调查和各种专项检查最常用的方法。小班区划中，首先使用地形图对遥感影像进行配准和校正，再根据影像特征结合地形特征、行政界线、经营档案等已有资料，在地理信息系统软件中进行小班图形向量化。外业调查中，在地形图和遥感影像上叠合小班界线制作外业调查图，携带小班调查卡片，完成外业小班区划核实和属性因子调查。

通过这样的方法能快速勾绘出地类界线，对于非自然界线分隔的小班界线可以通过影像特征比较准确地勾绘小班界，并且这样的小班区划方法大部分在室内完成，相比于传统的外业调查方式省时省力，准确率更高。但是，不同人在目视解译时对影像的判读存在差异，所以也会对小班区划产生影像。针对这种状况，现在已经有研究者采用基于面向对象和规则的影像分类方式对 SPOT-5 遥感影像进行多尺度、多层次的分割分类，以此为基础，按照小班区划的要素，对不符合小班区划的区域进行交互操作，以达到更高要求的小班区划精度。在遥感影像进行小班区划实例如图 5-14 和图 5-15 所示（四川省林业调查规划院）。

2. 估算植被变化（植被覆盖度变化）

利用 MODIS NDVI（归一化植被指数）数据提取的方式可以有效地进行植被覆盖度变化的分析。图 5-16 为中国林业科学研究院资源信息研究所利用 MODIS NDVI 数据提取的 2009 年东北三省 1 月与 7 月植被覆盖度分布图。

图 5-14 利用遥感影像进行小班区划

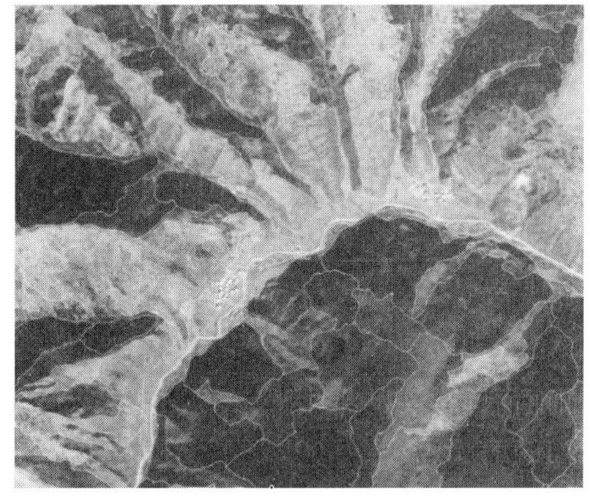

图 5-15 利用多尺度分割方法完成小班区划

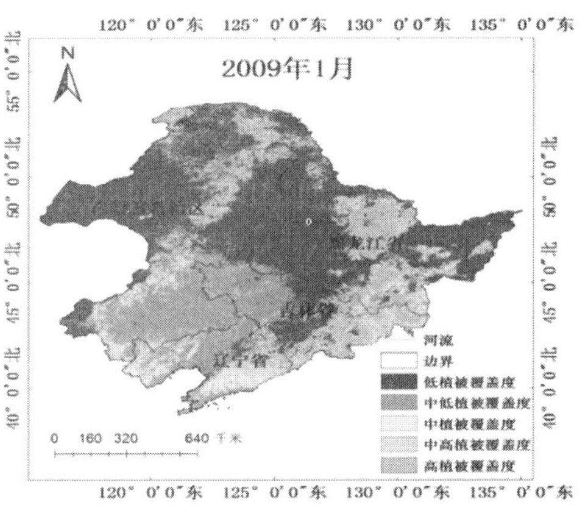

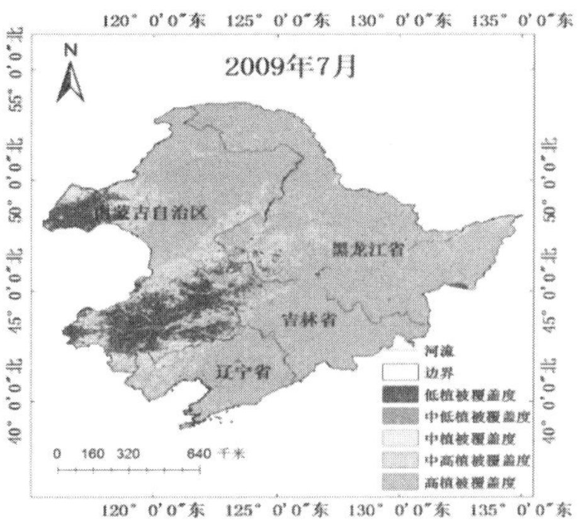

图 5-16 2009 年东北三省 1 月与 7 月植被覆盖度分布图

5.10.2 森林资源监管

1. 林业生态工程监控

利用高分、MODIS、SPOT-5、Landsat-TM 等多源遥感卫星可以快速地对营造林、退耕还林实施情况进行监管，特别是利用无人机技术搭载遥感传感器对营造林地进行检查。利用遥感图像对林业生态工程的监控具有低成本和实时监测的特点。图 5-17 所示为四川省林业调查规划院提供的退耕还林前后对比遥感影像，在影像中可以清楚地看到退耕后林地树木的生长情况。

（a）退耕还林前遥感影像（2007 年）

（b）退耕还林后遥感影像（2016 年）

图 5-17 退耕还林前后对比遥感影像

2. 林业用地检查

利用遥感手段可以有效地发现非法占用林业用地情况，监测林业用地面积变化、林业用地地类变化等。遥感进行林业用地检查主要是利用不同时段同地区高分辨率遥感影像进行对比，从而推断林业用地是否发生变化，现阶段多采用以人为主体的目视解译手段，基于遥感图像的自动识别技术正在研发当中。图 5-18 给出了四川省林业调查规划院利用遥感图像进行矿山开发林地征占用情况检查，在影像中可以清楚地看到矿山开发林地征占用情况，并可以计算出征占用林地面积。

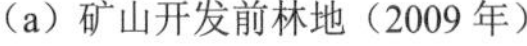

（a）矿山开发前林地（2009 年）

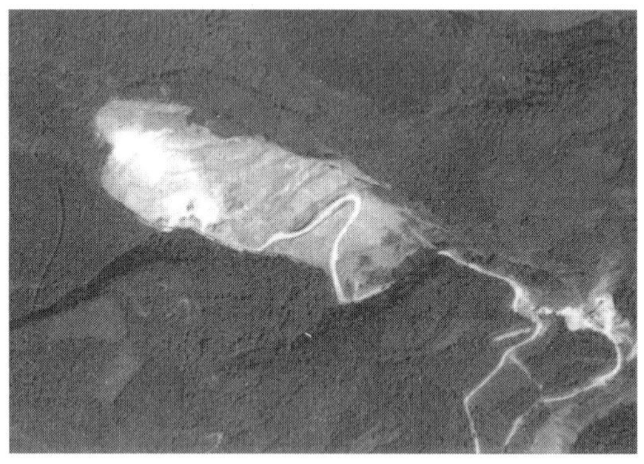

（b）矿山开发占用征收林地（2012 年）

图 5-18 矿山开发林地征占用情况

5.10.3 森林灾害评估

由于遥感技术在森林火灾、森林病虫害中的应用比较成熟，因此其在全世界得到广泛应用。从灾害的监控到灾后评估，遥感都发挥了不可替代的作用。

1. 森林火灾监控与评估

在20世纪50年代，我国林业领域就开展了利用航空遥感技术对森林火灾的监控。图5-19所示为2011年3月1日四川省甘孜州道孚县草原火灾后影像（四川省林业调查规划院）。火灾过后，由于覆盖的牧草和灌木被燃烧为黑色灰烬，现地和未发生火灾的黄绿色草地对比明显，在影像上也可以明显解译出来。其中火场中有道路的分割，很明显地显示出了过火边界，通过勾绘过火边界，可以计算火灾损失面积。

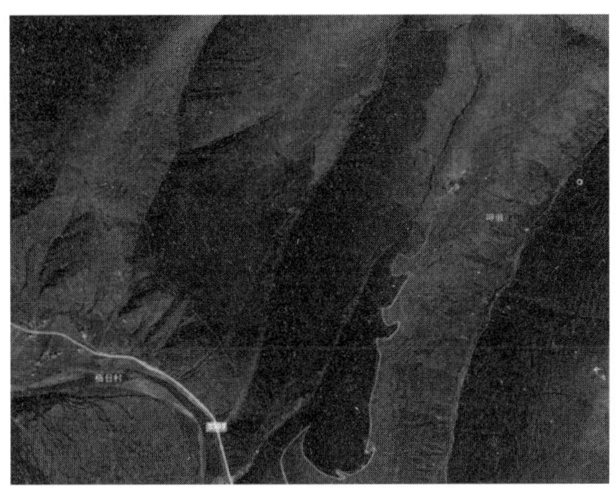

图5-19 四川省甘孜州道孚县草原火灾后影像

2. 森林病虫害监控与评估

相比于传统的肉眼观察病虫害，遥感技术对于森林病虫害的监控与评估有着全面、快速和准确的优势。森林病虫入侵植物之后会对植物的内部或外部特征产生影响，使利用遥感技术获取的植物地物光谱曲线发生变化，再通过图像分类法、各类植被指数及比值法、差值法及光谱分析技术对这些变化进行分析，可对森林病虫害进行有效的监控。

参考文献

常庆瑞，蒋平安，周勇，2004．遥感技术导论[M]．北京：科学出版社．

陈正超，张兵罗，罗文斐，等，2008．北京1号小卫星遥感器性能在轨测试[J]．宇航学报(3)：468-476．

党安荣，贾海峰，陈晓峰，等，2010．ERDAS IMAGINE 遥感图像处理教程[M]．北京：清华大学出版社．

邓良基，2009．遥感基础与应用[M]．2版．北京：中国农业出版社．

邓书斌，2017．ENVI遥感图像处理方法[M]．北京：科学出版社．

高分系列卫星详细参数[EB/OL]．（2017-11-09）https://wenku.baidu.com/view/133c297fb80d6c85ec3a87c24028915f804d842d.html．

李小娟，宫兆宁，刘晓萌，等，2007．ENVI遥感影像处理教程[M]．北京：中国环境科学出版社．

林辉，孙华，熊育久，等，2011．林业遥感[M]．北京：中国林业出版社．

梅安新，彭望琭，秦其明，等，2001．遥感导论[M]．北京：高等教育出版社．

倪金生，等，2014．遥感与地理信息系统基本理论和实践[M]．3版．北京：电子工业出版社．

潘建刚，赵文吉，宫辉力，2004．遥感图像分类方法的研究[J]．首都师范大学学报（自然科学版），25(3)：80，86-91．

汤国安，张友顺，刘咏梅，等，2004．遥感数字图像处理[M]．北京：科学出版社．

唐新明，王鸿燕，祝小勇，等，2017．资源三号卫星测绘技术与应用[J]．测绘学报，46(10)：482-1491．

韦玉春，汤国安，杨昕，等，2007．遥感数字图像处理教程[M]．北京：科学出版社．

吴春争，冯益明，舒清态，等，2011．基于 SPOT-5 遥感影像的小班区划技术[J]．东北林业大学学报，39(7)：120-122．
薛东艳，2014．遥感技术在林业中的应用现状与展望[J]．科技视野(21)：309-311．
遥感影像分类精度评价[EB/OL]．（2018-06-30）[2018-08-2]http://wenku.baidu.com/view/4855d0d384254b35eefd3458.html．
袁金国，2006．遥感图像数字处理[M]．北京：中国环境科学出版社．
张田，张晓丽，刘红伟，等，2010．遥感在森林病虫害监测中的应用研究[J]．安徽农业科学，38(21)：11604-11607．
张亚梅，2008．地物反射波谱特征及高光谱成像遥感[J]．光电技术应用，23(5)：6-11，21．
张占睦，芮杰，2007．遥感技术基础[M]．北京：科学出版社．
赵英时，2003．遥感应用分析原理与方法[M]．北京：科学出版社．
Landsat 卫星官方网站[EB/OL]．（2017-06-30）https://landsat.usgs.gov．
SPOT 卫星的 Wikipedia[EB/OL]．（2017-06-30）https://en.wikipedia.org/wiki/SPOT_(satellite)．

第 6 章　地理信息系统技术

地理信息系统（GIS）是 20 世纪 60 年代初发展起来的一种新技术，广泛应用于地图、军事、交通运输、城市规划、林业、农业、生态与环境保护、生产营销等行业和领域。

6.1　地理信息系统概论

6.1.1　地理信息系统的概念

1. 地理数据与地理信息

地理数据是各种地理特征和现象间关系的符号化表示，包括空间位置、属性特征及时态特征 3 部分：

1）空间位置数据描述地物所在位置，这种位置既可以根据大地参照系定义，如大地经纬度坐标，也可以定义为地物间的相对位置关系，如空间上的距离、邻接、重叠、包含等。

2）属性特征又称非空间数据，是属于一定地物、描述其特征的定性或定量指标，即描述了信息的非空间组成部分，包括语义与统计数据等。

3）时态特征是指地理数据采集或地理现象发生的时刻或时段，时态数据对环境模拟分析非常重要，越来越受到 GIS 学界的重视。从地理实体到地理数据、从地理数据到地理信息的发展，反映了人类认识的一个巨大飞跃。

2. GIS 的内容

GIS 是指以地理空间信息数据库为基础，在计算机软硬件支持下，对地理实体的相关信息进行采集、管理、操纵、分析模拟及显示，采用地理模型分析方法，适时提供多种空间和时间相关的地理信息，为地理研究和地理决策服务而建立起来的计算机系统。

完整的 GIS 包括五大组成部分：①系统开发与管理人员；②地理空间数据；③计算机硬件系统；④计算机软件系统；⑤分析与处理过程。其中计算机软硬件为 GIS 提供运行环境；地理空间数据是 GIS 的重要内容；分析与处理过程提供了 GIS 的解决方案；系统开发与管理人员则是 GIS 中最重要的组成部分，直接影响和协调其他组成部分。

3. GIS 的发展概况

随着云计算与大数据技术的广泛应用，GIS 数据的开放及共享、GIS 产业化及市场化，GIS 的发展趋势是三维 GIS 与虚拟现实技术结合、高分辨率遥感影像与 GIS 结合、移动技术与 GIS 结合、物联网与 GIS 融合、云计算与 GIS 融合。其趋势如下：

1）三维 GIS。随着三维理论和技术的发展成熟，二维 GIS 在描述现实世界时投影的不足被三维 GIS 所克服。当前，三维 GIS 已经由以前的科研展示或只能于某一特定领域使用，发展到了全面应用和易用阶段。

2）组件式 GIS。为方便用户构建自己的应用系统，GIS 公司提供了二次开发组件供用户进行二次开发，将 GIS 各大功能模块之下的每个组件与非 GIS 组件集成，形成专用的应用系统。

3）WebGIS。WebGIS 是因特网技术、Web 技术、数据库技术和传统 GIS 技术相结合的产物，利用互联网发布地理信息，让客户通过浏览器浏览并获取地理信息系统中的数据和功能服务，为实现地理数据共享、GIS 互操作提供了最佳解决途径。

4）移动 GIS。移动 GIS 是基于移动互联网，采用北斗、GPS 或移动基站为定位手段，以平板电脑或者智能手机为移动终端的 GIS 软件。移动 GIS 主要应用于野外数据采集、定位、移动办公等方面，满足政府机构、企事业单位或个人在这方面的需求。

6.1.2 WebGIS

WebGIS 是在传统的桌面或局域网式的 GIS 基础上利用因特网技术而发展起来的 GIS。WebGIS 与传统的 GIS 相比，主要有以下特点：

1）操作简单，开发管理成本低。WebGIS 利用浏览器进行地理信息发布，从而使客户不必专业培训，不用关心空间数据库的维护就可以直接通过 Web 浏览器获取所需的数据，进行各种地理信息的分析。

2）信息共享。GIS 用户登录 WebGIS 服务站点后，即可能获得 WebGIS 服务器提供的服务，并且 WebGIS 实现了客户可同时访问不同服务器上的最新数据，从而真正实现了 GIS 的大众化。

3）平台的独立性。无论客户端的软硬件如何，只要能用 Web 浏览器，就可以访问 WebGIS 数据。

4）高效的平衡计算负载。WebGIS 能充分利用网络资源，将基础性、全局性的处理交由服务器执行，而对数据量较小的简单操作则由客户端直接完成。这种计算模式能灵活高效地寻求计算负荷和网络流量负载在服务器端和客户端的合理分配方案。

6.1.3 地理信息系统的软件产品

目前在 GIS 应用及空间信息服务中，关于比较成熟的 GIS 专业平台产品，国外有 ESRI 公司的 ArcGIS 和 Pitney Bowes MapInfo 公司的 MapInfo，国内有超图公司的 SuperMap 和中地数码公司的 MapGIS。

1. ArcGIS

ArcGIS 是 ESRI（Environment Systems Research Institute，美国环境系统研究所）公司的 GIS 软件。ArcGIS 软件产品包括桌面程序、地图数据库、地图服务器等一系列软件，提供对地理数据的创建、管理、综合、分析能力，具有地图制作、空间数据管理、空间分析、空间信息整合、发布与共享等功能。

2. MapInfo

MapInfo 是 Pitney Bowes MapInfo 公司的 GIS 软件。MapInfo 提供了许多开发工具用于

不同场景的开发。MapInfo 自带一种类似 Basic 解释性语言的二次开发语言 MapBasic，利用 MapBasic 编程生成的*.mbx 文件能在 Mapinfo GIS 软件平台上运行；提供了基于面向对象的二次开发包（SDK）Mapxtreme，可在 C++、.NET、Java 等开发语言和环境中进行开发。

3. SuperMap

SuperMap GIS 是北京超图软件股份有限公司开发的 GIS 软件。SuperMap 软件包括组件式 GIS 开发平台、服务式 GIS 开发平台、嵌入式 GIS 开发平台、桌面 GIS 平台、导航应用开发平台及相关的空间数据生产、加工和管理工具。

4. MapGIS K9

MapGIS K9 是武汉中地数码集团研发的 GIS 软件，由服务器开发平台（DCServer）、影像处理开发平台（RSP）、三维 GIS 开发平台（TDE）、互联网 GIS 开发平台（IGServer）、嵌入式 GIS 开发平台（EMS）、数据中心集成开发平台和智慧行业集成开发平台等开发平台组成。

5. GeoBeans

GeoBeans 是中国科学院遥感应用研究所和北京中遥地网信息技术有限公司开发的 GIS（WebGIS）平台软件。

6. GeoMedia

GeoMedia 是 INTERGRAPH 公司推出的 GIS 软件。GeoMedia 提供了一系列产品用于不同场景的开发。其中，GeoMedia Professional 用于空间数据采集和管理，它将空间图形数据和属性数据都存放于关系数据库中；GeoMedia Network 用于交通网络及逻辑网络的管理、分析、规划，具体包括最短路径查询、线路规划等功能；GeoMedia SmartSketch 用于图形编辑；GeoMedia Relation Moduler 用于建立设备间的网络关系；GeoMedia Object 提供 OCX 控件开发具体的应用系统；GeoMedia MFworks 用于栅格数据的分析。

7. 开源 GIS

开源 GIS 软件分为 WebGIS 客户端、WebGIS 服务端、桌面 GIS、空间数据库、三维 GIS 和移动 GIS 几类。开源 GIS 代表产品如表 6-1 所示。

表 6-1　开源 GIS 代表产品

分类	代表产品
WebGIS 客户端	OpenLayers、Leaflet
WebGIS 服务端	GeoServer、Mapserver
桌面 GIS	QGIS、UDig、Grass GIS
空间数据库	PostGIS、SpatialLite
三维 GIS	WorldWind、OpenWebGlobe
移动 GIS	Mapsforge

1）QGIS 是基于 Qt，使用 C++开发的开源 GIS 软件。其主要特点有：支持多种 GIS 数据文件格式，通过 GDAL/OGR 扩展可以支持多达几十种数据格式；支持 PostGIS 数据库；支持从 WMS、WFS 服务器获取数据；集成了 Grass 的部分功能；支持对 GIS 数据的基本操作，如属性的编辑修改等；支持创建地图；通过插件的形式支持功能的扩展等。QGIS 可运行在 Linux、UNIX、Mac 和 Windows 平台上。

2）Grass GIS 是一种开源 GIS 软件。Grass GIS 用于地理数据管理和分析、图像处理、图形/地图产品、空间模型和可视化。Grass GIS 提供整个软件的源代码，用户可以在 Grass 的基础上进行二次开发。

3）UDig 是一种开源 GIS 软件。UDig 构建在 Eclipse RCP 和 GeoTools 上，支持 Java 语言利用开源组件进行二次开发，支持.shp 格式的地图数据。

6.2 地理信息系统的地理基础

6.2.1 空间坐标系

无论每个应用型的 GIS 的服务目的是什么，每个 GIS 自身的数据必须是在统一的地理参照系下的数据，即要有统一的坐标系和高程系。坐标系是指确定地面点或空间目标位置所采用的参考系。任何空间特征都表示为地球表面的一个特定位置，而位置依赖于既定的坐标系来表示。现实世界和坐标空间的联系如图 6-1 所示。

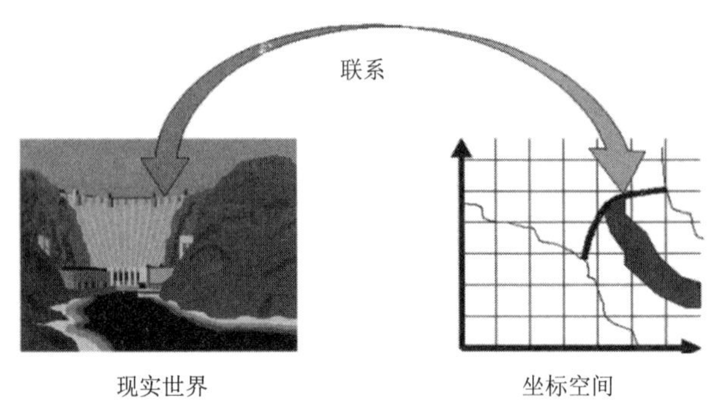

图 6-1 现实世界和坐标空间的联系

根据大地测量学的成果，地球表面模型可以用地球椭球体模型来表示，其中椭球体的大小通常用两个半径：长半径 a 和短半径 b，或由一个半径和扁率来决定。扁率 α 表示椭球的扁平程度，其计算公式为 $\alpha=(a-b)/a$。这些地球椭球体的基本元素 a、b、α 等，由于推求它的年代、使用的方法及测定的地区不同，其结果并不一致，因此地球椭球体的参数值有很多种。中国自 1980 年开始采用 GRS（1975）新参考椭球体系。由于地球椭球长半径与短半径的差值很小，因此当制作小比例尺地图时，往往把它当作球体看待，这个球体的半径为 6371km。

地面点到大地水准面的高程称为绝对高程，地面点到任一水准面的高程称为相对高程。在图 6-2 中，P_0P_0' 为大地水准面，地面点 A 和 B 到 P_0P_0' 的垂直距离 H_A 和 H_B 为 A、B 两点的绝对高程，A、B 两点至任一水准面 P_1P_1' 的垂直距离 H_A' 和 H_B' 为 A、B 两点的相对高程。

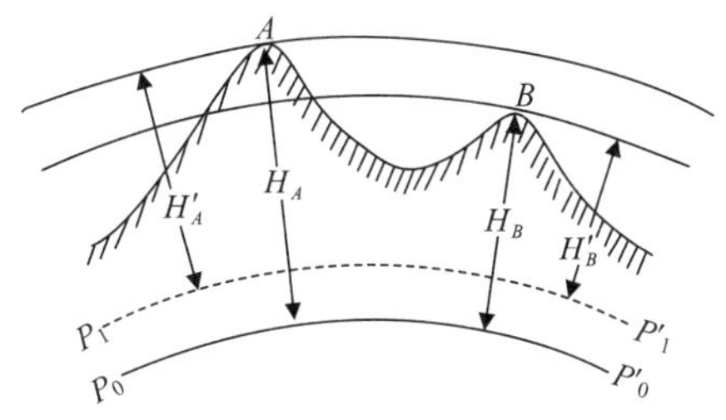

图 6-2　地面点的高程

我国常用的大地坐标系如下。

1. WGS-84 坐标系

WGS-84 坐标系是美国国防部研制确定的大地坐标系。WGS-84 坐标系的定义是：原点是地球的质心，空间直角坐标系的 Z 轴指向 BIH（1984.0）定义的地极（CTP）方向，即国际协议原点 CIO，它由 IAU（国际天文联合会）和 IUGG（国际大地测量与地球物理联合会）共同推荐。X 轴指向 BIH（国际时间局）定义的零度子午面和 CTP 赤道的交点，Y 轴和 Z、X 轴构成右手坐标系。WGS-84 椭球采用 IUGG 第 17 届大会的测量常数推荐值：椭球体的长半轴 a=6378137m，扁率 α=1/298.257223563。

2. 1954 北京坐标系

1954 北京坐标系是将我国大地控制网与苏联 1942 年普尔科沃大地坐标系相联结后建立的我国过渡性大地坐标系。坐标系采用了苏联的克拉索夫斯基椭球体，该椭球在计算和定位的过程中没有采用中国的数据，在中国范围内符合得不好，不能满足高精度定位。

椭球体的半轴 a=6378245m，扁率 α=1/298.3。

3. 1980 西安坐标系

1980 年，我国建立新的国家大地坐标系统，并且在新的大地坐标系统中进行全国天文大地网的整体平差，该坐标系定名为 1980 西安坐标系，属于参心大地坐标系。1980 西安坐标系采用 1975 国际椭球，以 JYD 1968.0 系统为椭球定向基准，大地原点设在陕西省泾阳县永乐镇，采用多点定位。其椭球参数采用 1975 年 IUGG 的推荐值：椭球体的长半轴 a=6378140m，扁率 α=1/298.257。

4. 2000 国家大地坐标系

2000 国家大地坐标系是全球地心坐标系在我国的具体体现，其原点为包括海洋和大气的整个地球的质量中心。Z 轴指向 BIH 1984.0 定义的协议极地方向，X 轴指向 BIH 1984.0 定义的零子午面与协议赤道的交点，Y 轴按右手坐标系确定。2000 国家大地坐标系采用的地球椭球参数如下：椭球体的长半轴 a=6378137m，扁率 α=1/298.257222101。

不同的坐标系直接可通过地图投影或者坐标转换的方法来进行转换，详见 6.2.2 节和 6.2.3 节。

6.2.2 地图投影

1. 地图的基本概念

（1）地图的分类

地图是地球表面全部或某部分选定特征在平面上的图形表达，是空间信息可视化的最主要方式。按照不同的分类标准，可以将地图划分为不同的种类：

1）地图按内容分类划分为普通地图和专题地图。专题地图是在普通地图的基础上，突出表示一种或多种自然或社会经济现象的地图，如人口分布图、雨量分布图、森林分布图、林相图。

2）地图按比例尺分类划分为大比例尺地图、中比例尺地图和小比例尺地图。大比例尺地图指比例尺大于 1∶10 万的地图，中比例尺地图指比例尺在 1∶100 万到 1∶10 万的地图，小比例尺地图指比例尺小于 1∶100 万的地图。地图比例尺反映了制图区域和地图的比例关系，表明了地图数据的详细（精确）程度，是图上长度与相应地面长度的比例。

3）地图按结构分类划分为普通地图和影像地图。

（2）地图投影的概念

在地图学中，地图投影就是指建立地球表面上的点与投影平面上点之间的一一对应关系。地图投影的基本问题就是利用一定的数学法则把地球表面上的经纬线网表示到平面上。由于地球椭球体表面是曲面，而地图通常要绘制在平面图纸上，因此制图时首先要把曲面展为平面。然而球面是一个不可展的曲面，即把它直接展为平面时，不可能不发生破裂或褶皱。用地图投影的方法将球面展开为平面，且不能有断裂，保持地域上的联系和完整性，图形必将在某些地方被拉伸，某些地方被压缩，因而投影变形是不可避免的。

2. 地图投影的类型

按照不同的分类方法地图投影有不同的类型。

（1）按变形性质分类

地图投影按变形性质分类，可以分为以下 4 类：

1）等角投影：任何点上二微分线段组成的角度投影前后保持不变，即投影前后对应的微分面积保持图形相似。投影面上某点的任意两方向线夹角与椭球面上相应两线段夹角相等，即角度变形为零。等角投影在一点上任意方向的长度比都相等，但在不同地点长度比是不同的，即不同地点上的变形椭圆大小不同。

2）等积投影：某一微分面积投影前后保持相等，即其面积比为 1，在投影平面上任意一块面积与椭球面上相应的面积相等，面积变形等于零。

3）任意投影：在任意投影上，长度、面积和角度都有变形，它既不等角又不等积。任意投影多用于要求面积变形不大、角度变形也不大的地图，如一般参考用图和教学地图。

4）等距投影：沿某一特定方向的距离，投影前后保持不变，即沿着该特定方向长度比为 1。在这种投影图上并不是不存在长度变形，它只是在特定方向上没有长度变形。等距投影的面积变形小于等角投影，角度变形小于等积投影。

经过投影后地图上所产生的长度变形、面积变形和角度变形是相互联系、相互影响的。

它们之间的关系是：在等积投影上不能保持等角特性，在等角投影上不能保持等积特性，在任意投影上不能保持等角和等积特性；等积投影的形状变形比较大，等角投影的面积变形比较大。要选择一种适当的地图投影制作专题地图时，其所保留的性质就显得十分重要。例如，一幅世界人口地图应该基于等积投影。

（2）按投影面类型分类

地图投影按投影面类型分类，可以分为以下 3 类。投影面类型如图 6-3 所示。

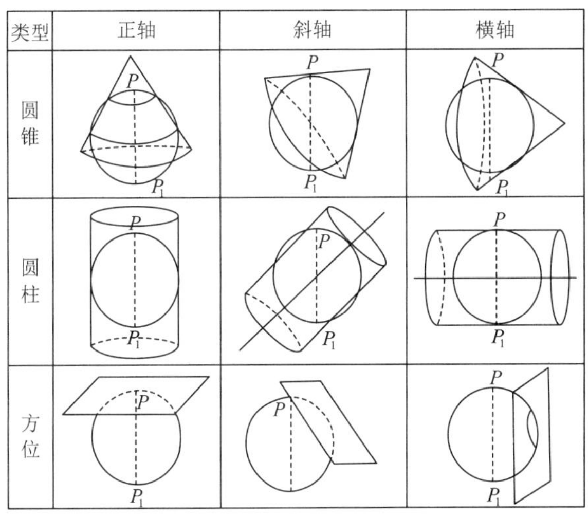

图 6-3　投影面类型

1）圆锥投影：以圆锥面作为投影面，使圆锥面与球面相切或相割，将球面上的经纬线投影到圆锥面上，然后将圆锥面展为平面而成。这里，可将方位投影看作圆锥投影的一种特殊情况，假设当圆锥顶角扩大到 180° 时，该圆锥面就成为一个平面，再将地球椭球体上的经纬线投影到此平面上。

2）圆柱投影：以圆柱面作为投影面，使圆柱面与球面相切或相割，将球面上的经纬线投影到圆柱面上，然后将圆柱面展为平面而成。

3）方位投影（平面投影）：以平面作为投影面，使平面与球面相切或相割，将球面上的经纬线投影到平面上而成。

（3）按投影面位置分类

地图投影按投影面位置分类，可以分为以下 3 类：

1）正轴投影：投影面中心轴与地轴相互重合。

2）斜轴投影：投影面中心轴与地轴斜向相交。

3）横轴投影：投影面中心轴与地轴相互垂直。

（4）按投影面积分类

地图投影按投影面积分类，可以分为以下两类：

1）相割投影：以平面、圆柱面或圆锥面作为投影面，使投影面与球面相割，将球面上的经纬线投影到平面上、圆柱面上或圆锥面上，然后将该投影面展为平面而成。

2）相切投影：以平面、圆柱面或圆锥面作为投影面，使投影面与球面相切，将球面上的经纬线投影到平面上、圆柱面上或圆锥面上，然后将该投影面展为平面而成。

3. 常用地图的投影

（1）世界地图的投影

世界地图的投影主要考虑要保证全球整体变形不大，根据不同的要求，需要具有等角或等积性质，主要包括等差分纬线多圆锥投影、正切差分纬线多圆锥投影（1976 年方案）、任意伪圆柱投影、正轴等角割圆柱投影。

（2）中国地图的投影

对我国来说，除 1∶100 万（及小于此比例尺）采用正轴等角割圆锥（Lambert）投影外，其他基本采用高斯-克吕格投影（Gauss-Kruger Projection，横轴等角切圆柱投影）。我国 1∶100 万地形图采用正轴等角割圆锥投影，其分幅的原则与国际地理学会规定的全球统一使用的国际 1/100 万地图投影保持一致。大部分省区地图及大多数这一比例尺的地图也多采用正轴等角割圆锥投影和属于同一投影系统的正轴等面积割圆锥投影（Albers 投影）。

高斯-克吕格投影由高斯于 19 世纪 20 年代拟定，后经克吕格补充而形成，在英美国家称为横轴墨卡托投影。高斯-克吕格投影属于横轴等角切圆柱投影。它将椭圆柱面套在地球椭球的外面，并与某一子午线相切（此子午线称为中央子午线或中央经线），椭圆柱的中心轴通过地球椭球的中心，然后用等角条件将中央子午线东西两侧各一定经差范围内的地区投影到柱面上，并将此柱面展成平面。高斯-克吕格投影如图 6-4 所示。

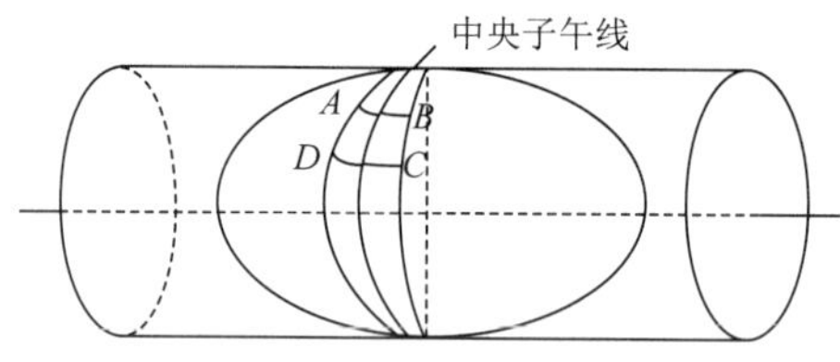

图 6-4 高斯-克吕格投影

6.2.3 坐标变换

坐标变换是利用一系列控制点与转换方程，在投影坐标上配准地图与影像、多图幅拼接或不同比例尺间地图匹配、遥感影像变形纠正的过程。坐标变换是空间数据从一种数学状态到另一种数学状态的变换，实质是建立两个平面点之间（或球面坐标和平面坐标）的一一对应关系。

坐标变换的方法包括投影变换、相似变换、仿射变换和橡皮拉伸等。

1. 投影变换

已知变换前后两个空间参考的投影参数，利用投影公式的正解和反解算法，推算变化前后两个空间参考系之间点的一一对应函数关系。投影变换是坐标变换中精度最高的变换方法，允许角度与长度变形。大多数 GIS 软件提供常见投影之间的转换。

2. 相似变换

在二维坐标变换过程中，经常遇到的是平移、旋转和缩放 3 种基本的相似变换操作。允许旋转，形状不变，大小改变。相似变换如图 6-5 所示。

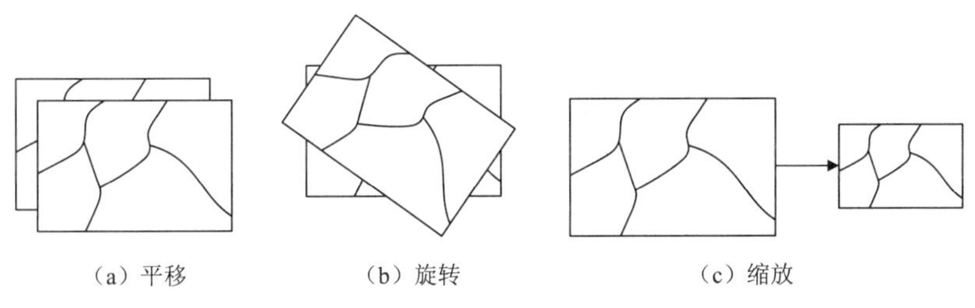

（a）平移　（b）旋转　（c）缩放

图 6-5　相似变换示意图

3. 仿射变换

在不同方向上进行不同压缩和扩张，可以将球变为椭球，将正方形变为平行四边形。允许旋转，角度可以改变，但保留线平行。仿射变换只考虑 x 和 y 方向上的变形，直线变换后仍为直线，平行线变换后仍为平行线，不同方向上的长度比发生变化。仿射变换如图 6-6 所示。

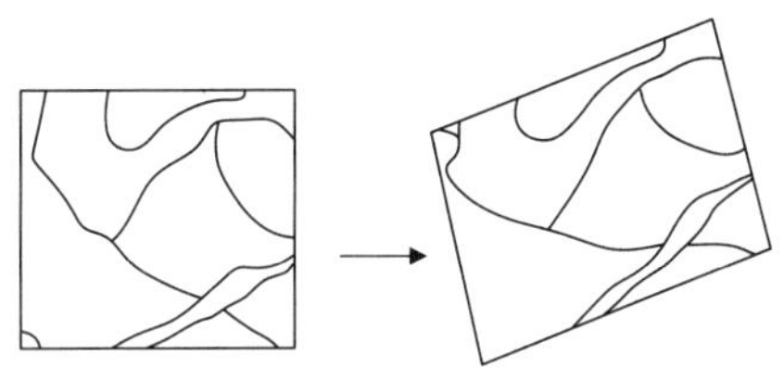

图 6-6　仿射变换

6.3　空间数据的表达

6.3.1　空间实体及其描述

空间实体又称地理实体、空间对象、要素、地物等，是 GIS 处理的对象、最小的处理单元。空间实体有空间特征、属性特征和时间特征 3 个重要特征。

1）空间特征：定位数据，表示现象的空间位置和空间关系，用来描述事物或现象的地理位置及空间相互关系。空间特征又称几何特征或拓扑特征。

2）属性特征：非定位数据，表示现象或特征，用来描述事物或现象的特性，即说明“是什么”，如事物类别、等级、数量、名称等。

3）时间特征：现象或物体随时间的变化。

实体的空间维数有 0、1、2、3 维之分，分别代表点、线、面、体。

1. 点状实体

点状实体分为：实体点，表示一个实体；注记点，用于定位注记；内点，用于负载多边形的属性，存在于多边形内；角点，表示线段上的连接点、线段和弧段的内部点；结点，表示线段的起点和终点。

2. 线状实体

线状实体是指具有相同属性的点的轨迹、线或折线，由一系列的有序坐标表示。线状实体的特征如下：实体长度，表示从起点到终点的总长；弯曲度，表示像道路拐弯时弯曲的程度；方向性，表示水流方向，上游-下游，公路，单、双向之分等。

3. 面状实体

面状实体用于对湖泊、岛屿等一类对象的描述，由一组封闭曲线来表示。对面状实体的描述通常采用面积范围、周长、独立性等特征。面状实体也称多边形实体。

4. 立体状实体

立体状实体用于描述三维空间中的现象与物体，它具有长度、宽度及高度等属性。立体状实体一般具有以下空间特征：体积、每个二维平面的面积、周长、内岛、含有孤立块或相邻块及断面图与剖面图。

空间数据结构是 GIS 中用户了解数据的桥梁，是描述空间实体的数据本身的组织方法，是研究空间数据在计算机中的组织和表示方法，以便于计算机存储和管理。内部数据结构基本上可分为两大类：向量数据结构和栅格数据结构。两种数据结构各有优缺点，而且优势互补，实际使用中可以相互转换。目前，空间数据库以存储向量格式数据为主，网格格式数据为辅。

6.3.2 向量数据模型

向量数据模型是表达地理数据最常用的数据格式，是人们较为习惯的一种表示空间数据的方法之一，适合于表达离散的有明显边界且稳定存在的地理对象，如井、街道、河流、行政区域和地块。向量数据结构表达地理实体（空间地物）通常包括 3 部分：

1）地理对象的位置和形状：地理对象的位置、形状、大小等几何特征。位置通常以地理空间为参照，在一定坐标系框架下，以坐标的方式尽可能精确地表示地理对象的位置和形状。

2）地理对象的空间关系：不同地理对象之间的空间关系，包括度量、方位及拓扑关系等。度量关系表示空间对象之间的距离关系，一般用欧氏距离表示；方位关系描述了空间对象在空间上的排列次序；拓扑关系则反映了空间实体在坐标变换下保持不变的关系，如两个面的相邻、相包含、线与面相交等。空间拓扑关系是向量数据模型中重要的内容之一，也称空间数据的拓扑特征。几何特征与拓扑特征表达的数据统称为定位数据。

3）地理对象的描述性信息：地理对象的事物或特性，即说明“是什么”，如类别、等级、数量、名称等，也称属性信息（非定位数据）。

向量数据结构是通过记录坐标的方式，用点、线、面等基本要素尽可能精确地表示各种地理实体，点用空间坐标对表示，线用一串坐标对表示，面为由线形成的闭合多边形。向量数据表示的坐标空间是连续的，可以精确定义地理实体的任意位置、长度、面积等。

1. 点实体

点实体包括单独一对 x、y 坐标定位的一切地理或制图实体。在点实体的向量数据结构

（图 6-7）中，除点实体的 x、y 外还应存储其他一些与点实体有关的数据来描述点实体的类型、制图符号和显示要求。点实体是空间上不可再分的地理实体，可以是具体的也可以是抽象的，如地物点、文本位置点或线段网络的结点等。

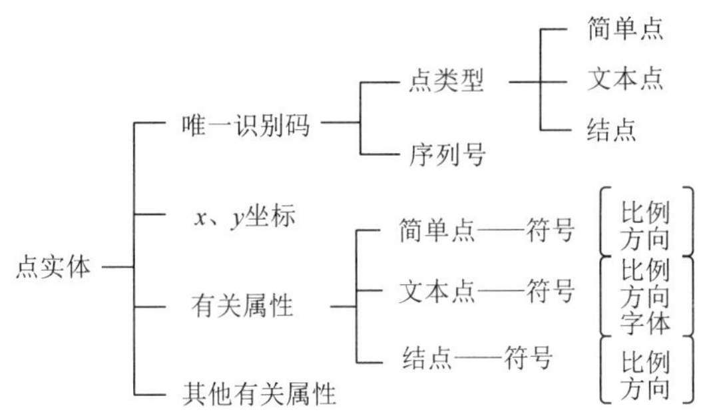

图 6-7　点实体的向量结构

2. 线实体

线实体为一串由两对以上的 x、y 坐标定义，能反映各类线性特征的直线元素的集合。

线实体通常用 n 个坐标对组成，主要用于描述连续而复杂的线状地物，如森林小班、道路、河流等高线等符号线和多边形边界。线实体通常也称弧和链。它的向量编码相对来说也是比较简单的，其中包括如下内容：

1）唯一标识码：用来建立系统的排列序号。

2）线标识码：用来确定该线的类型。

3）起终点：可以用点号或坐标表示。

4）坐标对序列：确定线的形状。在一定距离内，坐标对越多，则每个小线段越短，且与实体曲线越逼近。

5）显示信息：显示时采用的文本或符号，如线的虚实、粗细等。

6）其他非几何属性。

若线与结点一起构成网络，则产生线与线之间的连接判别问题，即拓扑关系中的连通性。因此还需要在线的数据结构中建立“指针”指示其连接方向。除此之外，在结点上还应记录有交汇线的夹角，这样才能建立起正确的网络。连通性关系对于网络中路径搜寻，如最佳路径计算和全网络流程分析都是非常需要的。

3. 面实体

对于面实体，人们常采用闭合多边形的概念，它是描述地理空间信息的最重要的一类数据，行政区、土地类型、植被分布等具有名称属性和分类属性的地理实体均可用闭合多边形（有时称区域）来表示。用于 GIS 的多种专题制图都必须处理闭合多边形问题。

研究多边形数据结构的目的是描述它的拓扑特征，如形状、相邻关系、层次结构等。闭合多边形数据结构的构造方法对多边形的要求如下：

1）组成地图的每一个闭合多边形应有唯一的形状、周长和面积。任何规则街区也不能设想它们具有完全一样的形状和大小，对土壤或地质图上的多边形来说更不可能有相同的形状和大小。

2）地理分析要求的数据结构应能够记录每一个闭合多边形的邻域关系。

3）专题图上的闭合多边形并不都是同一等级的多边形，而可能是多边形内嵌套的多边形（次级，也称洞）。例如，湖泊的水涯线与土地利用图上各多边形同级，而湖中的岛屿则为洞或岛。这种洞的结构是多边形关系中较难处理的问题。

6.3.3 栅格数据模型

栅格数据也称网格数据，是将地理空间划分均匀的网格。每个网格作为一个像元，像元的位置由所在的行、列号确定（像元所表示的实体位置隐含在网格行列位置中），像元所含有的代码值表示其属性类型或是与其属性记录相联系的指针。栅格数据结构是最简单、最直接的一种空间数据结构。

栅格数据中的像元在地面所代表的实际面积大小为网格的空间分辨率。因此，网格单元的大小决定了在一个像元所覆盖面积范围内地理数据的精度，网格单元越细栅格数据越精确，即分辨率越高，存储空间将呈几何级数增加，同时数据处理的时间也成倍地增加。因此，在网格数据模型中，选择空间分辨率时必须考虑存储空间和处理时间的开销。网格表达的特点为属性明显，定位隐含，即网格数据直接记录属性本身或者属性的指针，而其所在位置则根据网格行列号转换成相应的坐标给出。

1. 点、线、面的栅格表达

在网格数据中，点用一个像元来表示，线状地物用沿线走向的一组相邻像元来表示，面状地物或区域则用具有相同属性的相邻像元集合表示。如图 6-8 所示，分别为用栅格像元表示点、线、面实体的示意图。

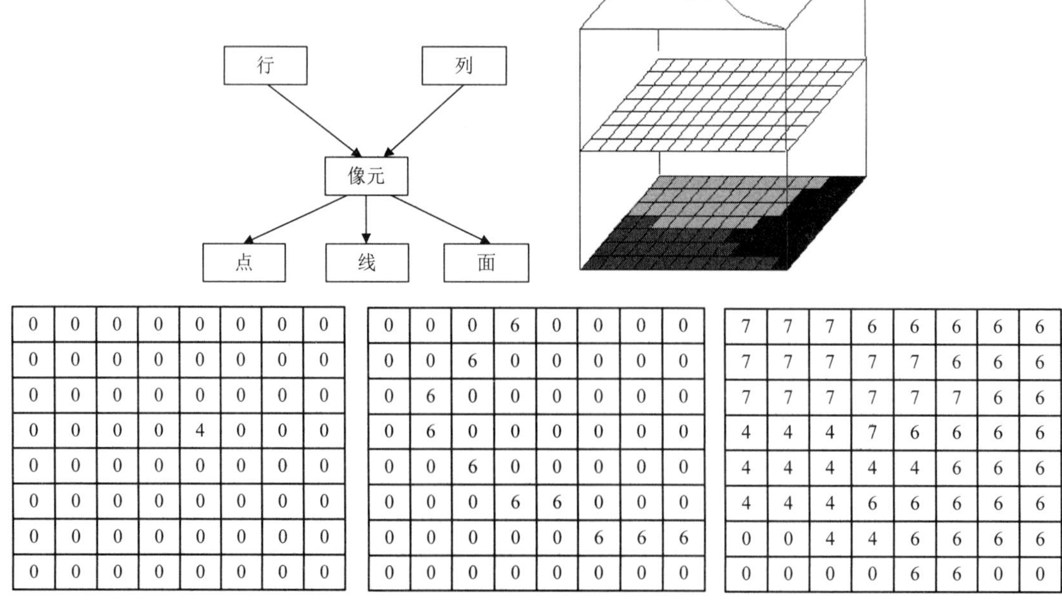

0	0	0	0	0	0	0	0
0	0	0	0	0	0	0	0
0	0	0	0	0	0	0	0
0	0	0	0	4	0	0	0
0	0	0	0	0	0	0	0
0	0	0	0	0	0	0	0
0	0	0	0	0	0	0	0
0	0	0	0	0	0	0	0

0	0	0	6	0	0	0	0
0	0	6	0	0	0	0	0
0	6	0	0	0	0	0	0
0	6	0	0	0	0	0	0
0	0	6	0	0	0	0	0
0	0	0	6	6	0	0	0
0	0	0	0	0	6	6	6
0	0	0	0	0	0	0	0

7	7	7	6	6	6	6	6
7	7	7	7	7	6	6	6
7	7	7	7	7	7	6	6
4	4	4	7	6	6	6	6
4	4	4	4	4	6	6	6
4	4	4	6	6	6	6	6
0	0	4	4	6	6	6	6
0	0	0	0	6	6	0	0

图 6-8　用栅格像元表示点、线、面实体

网格数据的阵列方式很容易为计算机存储和操作，不但很直观，而且易于维护和修改。由于网格数据的数据结构简单，定位存取性能好，因此在 GIS 中可与影像数据和 DEM（digital elevation model）数据进行联合空间分析。这里的 DEM 数据是指用网格格式表示的数字高程数据，即每一网格具有一个高程数值，以此表示地表的地形。

网格数据结构与向量数据结构相比，用网格数据结构表达地理要素比较直观容易实现多元数据的叠合分析操作。但是，网格数据结构的缺点也很明显：当网格边长缩小时，网格单元的数量呈几何级数递增，数据冗余度激增；当网格数据表示复杂图形时，图形的边界比较难于提取。

2. 栅格数据类型

根据数据的显示结果，网格数据可分成两大类：一类是针对离散要素型，如土壤类型、行政区划。对于这类网格数据，多数情况下相邻网格是一个属性，可用一个代码及相应的代码属性表来表示；另一类是针对连续要素型，如地表温度、相对湿度，对于这类网格数据，多数情况下相邻网格不是一个属性值，因而不用代码属性表。

（1）离散要素的网格

离散要素的网格像元代码用整数表示，它可以用于表示分类数据，如土地的利用类型或植被类型。一个网格像元与另一个网格像元的代码之间可以是一样的，也可以是有显著变化的。这类数据表现了具有相同代码的区域，如土地利用图或森林分布。空间离散网格数据像元描述的是整个区域像元的分类特征。

在离散要素的网格表达中，网格像元的值为一个整形编码，网格像元所代表的实际要素类型存储在相应的网格属性表中，如图 6-9 所示。图示表中 Value 和 Count 两个字段，前者存储每个网格的唯一值，后者存储有这个唯一值的网格个数；Type 字段表示该网格值代表对象的类型；Code 字段表示该网格值代表对象类型的代码。

属性表

Value	Count	Type	Code
23	7	Fir	400
29	18	Juniper	410
31	10	Aspen	420
37	18	Piñon	500
41	4	Cottonwood	510
43	7	Walnut	600

图 6-9　离散要素的网格表达

离散要素的网格像元编码代号可以是很复杂标识系统的一个编码。例如，在一个土地利用网格上的一个家庭居住处的代码是 4，与这个代码 4 相关联的可能是一系列的属性，如平均的商业价值、平均的居住人数，或者是人口普查代码等。在网格像元中，编码代号会出现很多次，但在属性表中只出现一次，属性表中存储的是这个代号表示的所有属性。这种设计降低了存储量并简化了更新过程。一个属性的单个变化可被应用到几百个具有相同代码值的像元。这种对代码进行解释的属性表又称数据字典。

（2）连续要素的网格

连续要素的网格像元值用浮点数表示，这种网格像元的值可以表示一个测量值，如高程、污染物浓度、地表温度或降雨量等。从一个网格像元到另一个网格像元的值是逐渐变化的，从整体上说，这些值可以模拟一些类型的表面，表示连续要素在空间的分布，如图 6-10（a）所示的高程网格，用于表示高程在空间的连续分布状况。空间连续数据的网格像元值表示的是在网格像元中心的采样值。在连续要素的网格表达中没有与之关联的属性表，其网格单元所代表的要素的实际状态直接用存储在该网格单元中的实数值来度量，如图 6-10（b）所示，每个网格中的实数值就表示了该处的高程大小。

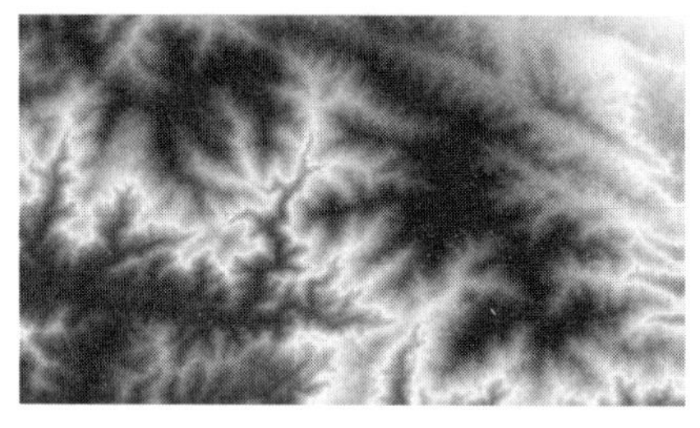

21.1	17.3	17.2	18.1
18.5	16.2	17.3	19.1
21.0	19.1	19.4	19.2
26.3	23.1	21.6	20.5

（a）高程网格

（b）高程大小

图 6-10 高程栅格表达

3. 栅格数据的编码方式

数字高程 DEM、卫星影像等栅格数据文件，在头文件中一般都有与此栅格数据相关的说明信息，如数据结构、区域范围、像元大小、行数和列数等，以方便系统读取这些数据。其中每个像元编码的存储有很多方式，最简单的方式就是按矩阵存储，其像元值写成一个行列矩阵式文件，逐行（或逐列）逐个记录像元编码。为了方便对栅格数据图像压缩，人们提出了其他存储方式，如游程编码、块编码、四叉树编码等复杂的编码方式。

6.3.4 向量与栅格数据的比较

向量结构中地理实体的形状和位置由一组坐标对确定，并与一定的属性相连接。删格数据结构中地理实体的形状和位置是由一组栅格（格网）结构的坐标定位像元确定，每个像元有独立的编码。栅格结构与向量结构似乎是两种截然不同的空间数据结构，栅格结构“属性明显、位置隐含”，而向量结构“位置明显、属性隐含”。栅格数据操作总的来说比较容易实现，尤其是作为斑块图件的表示更易于为人们接受；而向量数据操作则比较复杂，许多分析操作（如两张地图的覆盖操作、点或线状地物的邻域搜索等）用向量结构实现十分困难。向量结构表达线状地物是比较直观的，而面状地物则是通过对边界的描述而表达。无论哪种结构，数据精度和数据量都是一对矛盾，要提高精度，栅格结构需要更多的栅格单元，而向量结构则需记录更多的线段结点。一般来说，栅格结构只是向量结构在某种程度上的一种近似，如果要使栅格结构描述的图件取得与向量结构同样的精度，甚至仅仅在量值上接近，则数据也要比后者大得多。

许多实践证明，栅格结构和向量结构在表示空间数据上可以是同样有效的。对于一个 GIS 软件，较为理想的方案是采用两种数据结构，即栅格结构与向量结构并存，对于提高 GIS 的空间分辨率、数据压缩率和增强系统分析、输入/输出的灵活性十分重要。两种格式的比较具体如表 6-2 所示。

表 6-2　向量数据与栅格数据格式的比较

数据格式	向量数据	栅格数据
优点	1）表示地理数据的精度较高； 2）严密的数据结构，数据量小； 3）完整地描述空间关系； 4）图形输出精确美观； 5）图形数据和属性数据的恢复、更新、综合都能实现； 6）面向目标，不仅能表达属性，而且能方便地记录每个目标的具体属性信息； 7）拓扑关系的搜索效率高	1）数据结构简单，易交换数据； 2）空间数据的叠置和组合方便； 3）能有效表达空间可变性； 4）输出快速，成本低廉； 5）易于统计指标运算，如计算多边形形状、面积、线密度、点密度； 6）给定范围的开窗、缩放比向量数据优越
缺点	1）据结构复杂； 2）向量叠加分析较为复杂； 3）技术复杂，特别是软硬件； 4）向量结构边界限制条件难以提取而降低效率	1）地图数据量大； 2）用大像元减少数据量时，精度和信息量受损； 3）地图输出不美观； 4）难以描述空间关系

6.4　空间数据的组织与管理

GIS 中的数据大多数都是地理数据，它与通常意义上的数据相比，地理数据类型多样，各类型实体之间关系复杂，数据量很大，而且每个线状或面状地物的字节长度都不是等长的。传统的关系型数据库表结构无法存储这种不定长记录，为了便于空间数据存储管理，GIS 提出了一种能存储空间数据的数据库——空间数据库和相应的空间 DBMS。空间数据库存放空间实体的几何图形数据、空间实体间的拓扑数据和空间实体的属性数据。

空间 DBMS 能够对物理介质上存储的空间数据进行语义和逻辑上的定义，提供必需的空间数据查询、检索和存取功能，能够对空间数据进行有效的维护和更新。

目前，大多数商品化的 GIS 软件基本上采用了建立在 RDBMS 基础上的综合的数据模型，归纳起来主要有以下几种。

6.4.1　混合结构模型

混合结构模型的基本思想是用两个子系统分别存储和检索空间数据与属性数据（图 6-11），其中属性数据存储在常规的关系数据库中，几何数据存储在空间 DBMS 中并采用图形文件管理，两个子系统之间使用统一标识符联系起来。由于使用两个存储子系统，它们有各自的规则，查询操作难以优化，存储在 DMB 外面的数据有时会丢失数据项的寓意。此外，空间数据分开存储，数据的完整性有可能遭到破坏。

GIS 通过 DBMS 提供的编程语言接口，在高级语言的环境下，通过 DBMS 直接操纵属性数据，查询属性数据库，并在 GIS 的用户界面下显示查询结果。

例如，ESRI 公司的 ArcGIS 中采用的 Shape 格式的空间数据库文件由一个主文件、一个索引文件和一个 dBASE 表文件组成。主文件存放一个直接存取的变长记录的文件，其一条记录描述了一个用一系列点表示的 Shape；索引文件的每条记录存储与之相应的主文件记录从文件头开始的偏移量；dBASE 文件的每条记录包含一个特征的属性，基于记录号的几何信息和属性信息一一对应，dBASE 文件的记录必须与主文件的记录顺序一致。

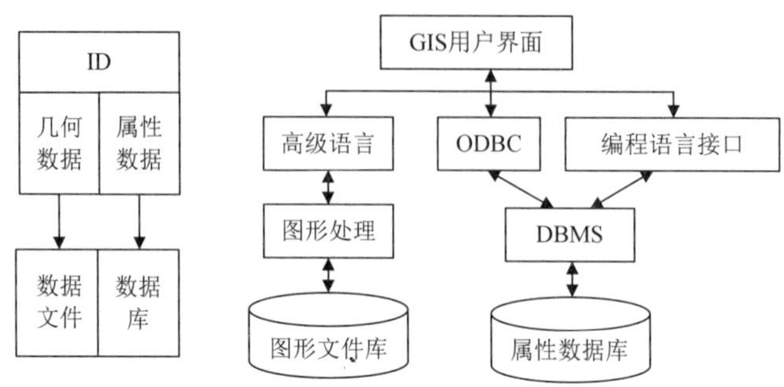

图 6-11 空间数据的混合结构模型

6.4.2 扩展结构模型

扩展结构模型中的属性数据、几何数据同时采用关系式数据库进行管理，如图 6-12 所示。空间数据和属性数据不必进行烦琐的连接，数据存取较快，但由于是间接存取，效率比 DBMS 的直接存取慢，特别是涉及空间查询、对象嵌套等复杂的空间操作。

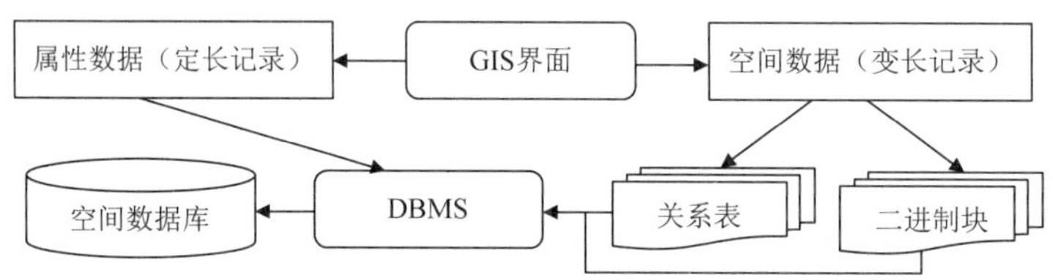

图 6-12 空间数据的扩展结构模型

用 RDBMS 管理图形数据有两种模式，一种是基于关系模型的方式，图形数据按关系数据模型组织，涉及一系列关系连接运算，效率低；另一种是将图形数据处理成二进制字段的图形数据管理。目前大部分 RDBMS 都提供了二进制的字段类型，以适应管理多媒体数据或可变长文本字符。在关系型数据库中加入了二进制字段类型，省去大量关系连接操作，可提高查询速度；加入二进制数据后可用一条记录表示一个实体，便于数据的维护。但是不定长记录造成存储效率的下降，实现 SQL 查询需要附加接口。

6.4.3 统一结构模型

目前，许多 GIS 采用传统 RDBMS 上进行扩展的方式构建空间数据库，使之能够同时管理向量图形数据和属性数据。其扩展方式有两种：

一种是 GIS 软件商在传统 RDBMS 之上进行扩展，外加一个空间数据管理引擎，如 ESRI 公司的 ArcSDE、MapInfo 公司的 Spatialware 等。

另一种是 DBMS 的软件商自己在 RDBMS 中进行扩展，解决空间数据变长记录的存储问题，使之能直接存储和管理向量空间数据，效率较高，如 Oracle 和 Informix 等都推出了空间数据管理的扩展模块。

空间数据的统一结构模型如图 6-13 所示。

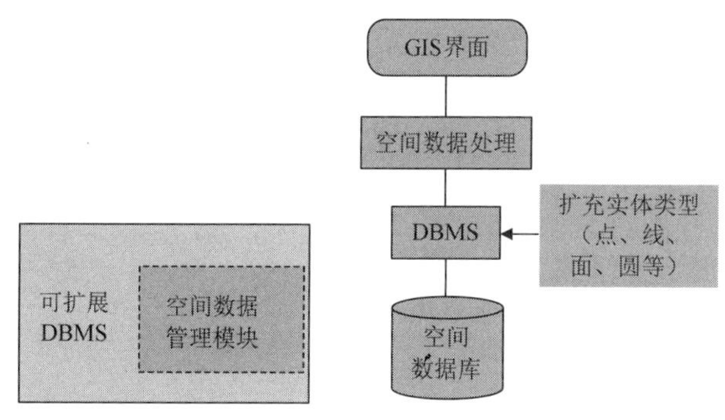

图 6-13　空间数据的统一结构模型

6.4.4　元数据

元数据是描述数据的数据。元数据并不是一个新的概念，传统的图书馆卡片、出版图书的版权说明、磁盘的标签等都是元数据。例如，纸质地图的元数据主要表现为地图类型、地图图例，包括图名、空间参照系和图廓坐标、地图内容说明、比例尺和精度、编制出版单位和日期或更新日期、销售信息等，用户通过它可以非常容易地确定该地图是否能够满足其应用的需要。

在 GIS 应用中的元数据称为空间元数据。空间元数据的主要作用可以归纳为如下几个方面：

1）帮助数据生产单位有效地管理和维护空间数据，建立数据文档，并保证即使其主要工作人员离退时也不会失去对数据情况的了解。

2）提供有关数据生产单位数据存储、数据分类、数据内容、数据质量、数据交换网络及数据销售等方面的信息，便于用户查询检索地理空间数据。

3）帮助用户了解数据，以便对数据是否能满足其需求做出正确的判断。

4）提供有关信息，以便用户处理和转换有用的数据。

6.5　空 间 分 析

GIS 的空间分析是指以地理事物的空间位置和形态为基础，以地学原理为依托，以空间数据运算为特征，提取与产生新的空间信息的技术和过程，如获取关于空间分布、空间形成及空间演变的信息。空间分析特有的对地理信息（特别是隐含信息）的提取、表现和传输功能，是 GIS 区别于一般信息系统的主要功能特征。

6.5.1　缓冲区分析

缓冲区分析是 GIS 基本的功能之一。缓冲区分析是研究根据数据库的点、线、面实体，自动建立其周围一定宽度范围内的缓冲区多边形实体，从而实现空间数据在水平方向得以扩展的信息分析方法。

森林资源经营管理中很多地方会利用缓冲区分析功能。例如，给出距河流两岸一定范围内规定禁止砍伐树木的地带，以防水土流失；自然保护区的边界外的缓冲区的边界、沿河流给出的环境敏感区的宽度等。

1. 缓冲区的定义和类型

对于一个给定的对象 A，它的缓冲区可以定义为距 A 的距离 d 小于半径为 r 的全部点的集合 P：

$$P = (x|d(x, A) \leqslant r) \tag{6-1}$$

式中，d 为欧氏距离，也可以是其他的距离；r 为邻域半径或缓冲区建立的条件。

缓冲区分析可分为点对象缓冲、线对象缓冲和多边形对象缓冲 3 种情况。

（1）点的缓冲区

选择单个点、一组点、一类点状要素或一层点状要素，按照给定的缓冲条件建立缓冲区。当两个或两个以上的点状对象相距较近或者它们的缓冲半径较大时，则其缓冲区可能会部分重叠。点的缓冲区示例如图 6-14 所示。

图 6-14　点的缓冲区示例

（2）线的缓冲区

线的缓冲区通常是以线为中心轴线，距中心轴线一定距离的平行条带多边形，可以分别位于轴线的左侧、右侧或者两侧。线的缓冲区示例如图 6-15 所示。特殊情况下，同一线状对象两侧的缓冲区宽度可以不一样，甚至同一线状对象不同段的缓冲区宽度也可以不一样。与点的缓冲区类似，当两个或两个以上线状对象交叉、相聚较近或其缓冲半径较大时，其缓冲区可能交叉或部分重叠。

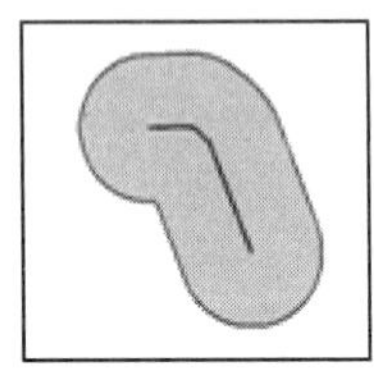

（a）单个线缓冲区

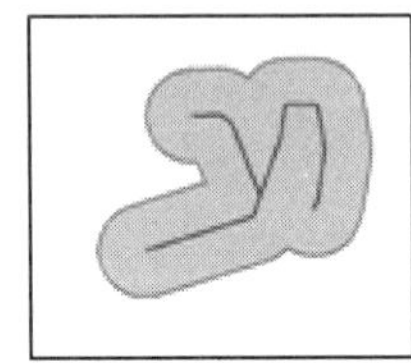

（b）多个线缓冲区

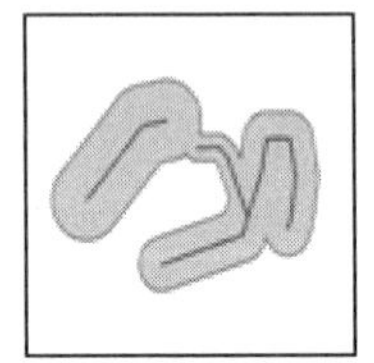

（c）属性值作距离参数缓冲区

图 6-15　线的缓冲区示例

（3）多边形的缓冲区

多边形的缓冲区算法是仅在非岛多边形的外侧形成缓冲区，以及在岛多边形的内侧形成缓冲区。在特殊情况下，复杂多边形（包含岛的多边形）对象内、外侧的缓冲宽度可以不同。多边形的缓冲区示例如图 6-16 所示。

（a）外缓冲区

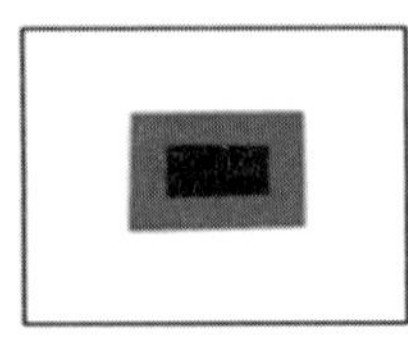

（b）内缓冲区

（c）内外缓冲区

图 6-16　多边形的缓冲区示例

2. 缓冲区的建立

点的缓冲区——以点状地物为圆心，以缓冲区距离为半径绘圆；线的缓冲区和面的缓冲区——以线状地物的边线为参考线，作它们的平行线，再考虑端点圆弧，即可建立缓冲区。在生成缓冲区时，会碰到一些特殊问题，具体的处理方法如下：

1）缓冲区彼此相交：处理方法是自动切断彼此相交的弧段或通过叠加分析后的多边形合并，并清除缓冲区内相交的弧段。

2）相邻坐标链节呈锐角相交：进行削尖处理。

3）规定不同缓冲区宽度时的处理：通过建立河流属性表，不同属性确定不同的宽度。

6.5.2　叠加分析

叠加分析方法源于传统的透明材料叠加，即将来自不同的数据源的图纸绘于透明纸上，在透光桌上将其叠放在一起，然后用笔勾出感兴趣的部分——提取出感兴趣的信息。叠加分析不仅包含空间关系的比较，还包含属性关系的比较。叠加分析的目的在于寻找和确定同时具有几种地理属性的地理要素的分布，或是按照确定的地理指标，对叠加后产生的具有不同属性级的多边形进行分类或分级。叠加分析主要用于解决地理变量的多准则分析、区域多重属性的模拟分析、地理特征的动态变化分析及地理要素的更新、相邻地图的拼接、区域信息提取等问题。在森林经营管理中，可使用叠加分析对不同年度的造林地、退耕还林地、森林抚育间伐与采伐地进行检查，防止在同一林地上重复作业。图6-17所示为降雨量与土壤叠加分析得到的适宜农作物区的示例。

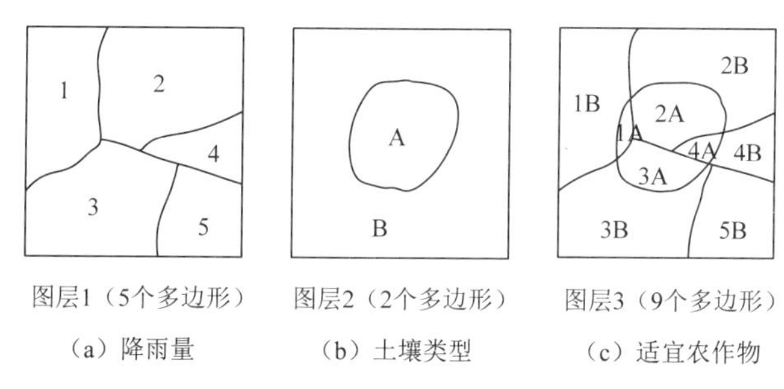

图层1（5个多边形）　图层2（2个多边形）　图层3（9个多边形）

（a）降雨量　（b）土壤类型　（c）适宜农作物

图6-17　叠加分析示例

GIS 叠加分析可以分为以下几类：点与多边形叠加、线与多边形叠加、多边形叠加和栅格图层叠加。

1. 点与多边形叠加

点与多边形叠加，实际上是计算多边形对点的包含关系。向量结构的GIS能够通过计算每个点相对于多边形线段的位置，进行点是否在一个多边形中的空间关系判断。

在完成点与多边形的几何关系计算后，还要进行属性信息处理。其最简单的方式是将多边形属性信息叠加到其中的点上。当然，也可以将点的属性叠加到多边形上，用于标识该多边形，如果有多个点分布在一个多边形内的情形，则要采用一些特殊规则，如将点的数目或各点属性的总和等信息叠加到多边形上。

通过点与多边形叠加，可以计算出每个多边形类型中有多少个点，不但要区分点是否在多边形内，还要描述在多边形内部的点的属性信息。通常不直接产生新数据层面，只是把属性信息叠加到原图层中，然后通过属性查询间接获得点与多边形叠加的需要信息。例如，一个县各乡镇农作物产量图（点）与该县的乡镇行政图（多边形）进行叠置分析（图 6-18）后，可以计算各乡镇有多少种农作物及其产量，或者查询哪些农作物在哪些乡镇有分布等信息。

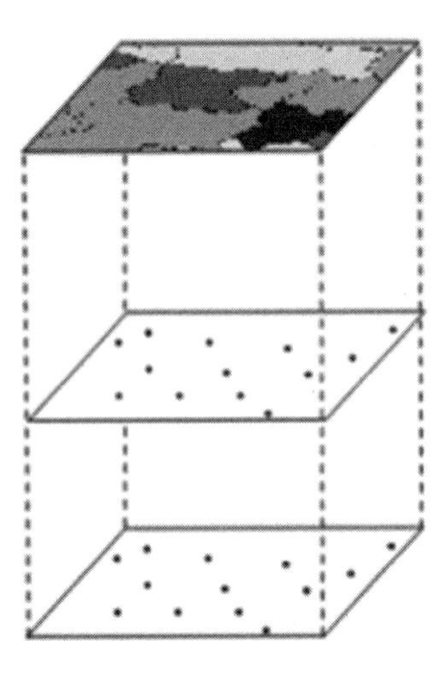

乡镇区划图层

ID	名称
1	大王镇
2	张家村
3	李家村
⋮	⋮

乡镇农作物图层

ID	农作物产量
1	600
2	2000
3	1000
⋮	⋮

叠置结果图层

ID	名称	农作物产量
1	大王镇	600
2	大王镇	2000
3	李家村	1000
⋮	⋮	⋮

图 6-18　点与多边形叠加分析

2. 线与多边形叠加

线与多边形叠加，是比较线上坐标与多边形坐标的关系，判断线是否落在多边形内。计算过程通常是计算线与多边形的交点，只要相交，就产生一个结点，将原线打断成一条条弧段，并将原线和多边形的属性信息一起赋给新弧段。叠加的结果产生了一个新的数据层面，每条线被它穿过的多边形打断成新弧段图层，同时产生一个相应的属性数据表记录原线和多边形的属性信息。根据叠加的结果可以确定每条弧段落在哪个多边形内，可以查询指定多边形内指定线穿过的长度。如果线状图层为河流，叠加的结果是多边形将穿过它的所有河流打断成弧段，可以查询任意多边形内的河流长度，进而计算它的河流密度等；如果线状图层为道路网，叠加的结果可以得到每个多边形内的道路网密度，内部的交通流量，进入、离开各个多边形的交通量，相邻多边形之间的相互交通量。例如，一个县的河流（线）图层与该县的乡镇行政图（多边形）进行叠置分析（图 6-19）后，可以得到流经各乡镇的河流分布等信息。

3. 多边形叠加

多边形叠加是 GIS 常用的功能之一。多边形叠加是将两个或多个多边形图层进行叠加产生一个新多边形图层的操作，其结果将原来多边形要素分割成新要素，新要素综合了原来两层或多层的属性。

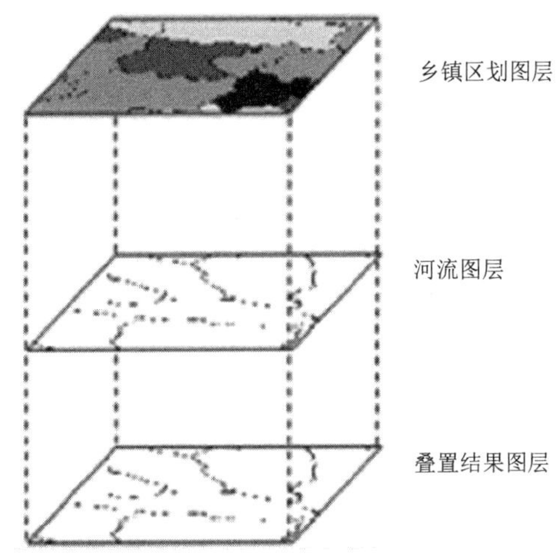

ID	名称
1	大王镇
2	张家村
3	李家村
⋮	⋮

ID	河流
1	裕河
2	目河
3	十里沟
⋮	⋮

ID	名称	农作物产量
1	大王镇	裕河
2	大王镇	目河
3	李家村	目河
⋮	⋮	⋮

图 6-19　线与多边形叠加分析

例如，进行多个多边形的叠加运算，在参与运算多边形所构成的属性空间（就图 6-20 而言，为宗地 ID、宗地号、土壤 ID、稳定性）内，每个结果多边形内部的属性值是一致的，可以称为最小公共地理单元。

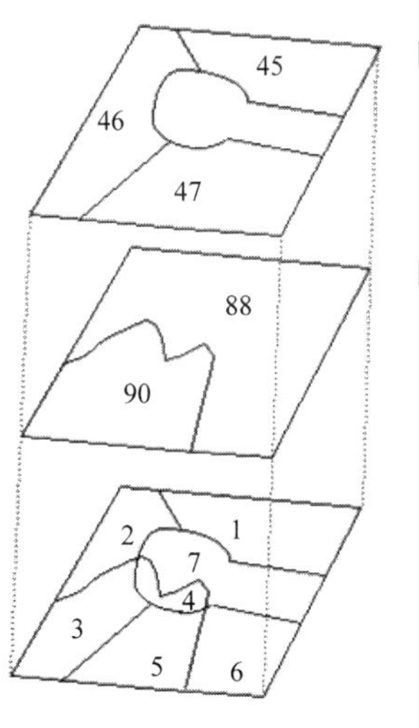

图层1

宗地ID	宗地号
45	京-99-01
46	京-99-02
47	京-99-03

图层1

土壤ID	稳定性
88	稳定
90	不稳定

叠加结果图层

ID	宗地ID	宗地号	土壤ID	稳定性
1	45	京-99-01	88	稳定
2	46	京-99-02	88	稳定
3	46	京-99-02	90	不稳定
4	—	—	90	不稳定
5	47	京-99-03	90	不稳定
6	47	京-99-03	88	稳定
7	—	—	88	稳定

图 6-20　多边形叠加分析

叠加过程可分为几何求交过程和属性分配过程两步。几何求交过程首先求出所有多边形边界线的交点，再根据这些交点重新进行多边形拓扑运算，对新生成的拓扑多边形图层的每个对象赋予多边形唯一标识码，同时生成一个与新多边形对象一一对应的属性表。由于向量结构的精度有限，几何对象不可能完全匹配，叠加结果可能会出现一些碎屑多边形，如图 6-21 所示。通常可以设定一模糊容限以消除碎屑多边形。

多边形叠加的结果是通常把一个多边形分割成多个多边形，属性分配过程最典型的方法是将输入图层对象的属性复制到新对象的属性表中，或把输入图层对象的标识作为外键，直接关联到输入图层的属性表。这种属性分配方法的理论假设多边形对象内属性是均质的，将它们分割后，属性不变。也可以结合多种统计方法为新多边形赋属性值。

多边形叠加完成后，根据新图层的属性表可以查询原图层的属性信息，新生成的图层和其他图层一样可以进行各种空间分析和查询操作。

图 6-21　多边形叠加产生碎屑多边形

根据叠加结果最后欲保留空间特征的不同要求，一般的 GIS 软件都提供了 3 种类型的多边形叠加操作，如图 6-22 所示。

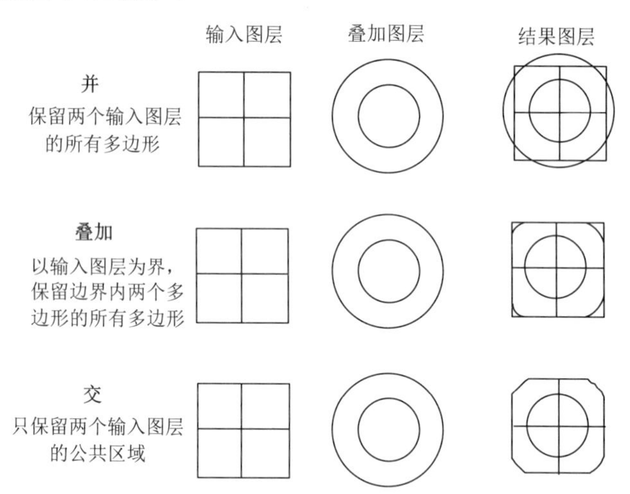

图 6-22　多边形的不同叠加方式

4. 栅格图层叠加

栅格数据结构具有空间信息隐含属性信息明显的特点，可以看作是典型的数据层面，通过数学关系建立不同数据层面之间的联系是 GIS 提供的典型功能。空间模拟尤其需要通过各种各样的方程将不同数据层面进行叠加运算，以揭示某种空间现象或空间过程。例如，土壤侵蚀强度与土壤可蚀性、坡度、降雨侵蚀力等因素有关，可以根据多年统计的经验方程，把土壤可蚀性、坡度、降雨侵蚀力作为数据层面输入，通过数学运算得到土壤侵蚀强度分布图。这种作用于不同数据层面上的基于数学运算的叠加运算，在 GIS 中称为地图代数。地图代数功能有 3 种不同的类型：

1）基于常数对数据层面进行的代数运算。

2）基于数学变换对数据层面进行的数学变换（指数、对数、三角变换等）。

3）多个数据层面的代数运算（加、减、乘、除、乘方等）和逻辑运算（与、或、非、异或等）。

实例：一个森林地区融雪经验模型的地图代数公式如下：

$$M = (0.19t + 0.17d) \tag{6-2}$$

式中，M 为融雪速度（cm/天）；t 为空气温度；d 为露点温度。

根据此方程，使用该地区的气温和露点温度分布图层，就能计算该地区的融雪速率分布图。计算过程是先分别把温度分布图乘以 0.19 和露点温度分布图乘以 0.17，再把得到的结果相加。需要说明的是，地图代数在形式和概念上都比较简单，使用起来方便灵活，但将图层作为代数公式的变量进行计算，实现的技术难度较大。

栅格图层叠加的另一形式是二值逻辑叠加，常作为栅格结构的数据库查询工具。数据库查询就是查找数据库中已有的信息，如基于位置信息的查询（如已知地点的土地类型），以及基于属性信息的查询（如地价最高的位置）；比较复杂的查询涉及多种复合条件，如查询所有的面积大于 10hm^2 且邻近工业区的全部湿地。这种数据库查询通常分为两步，首先进行再分类操作，为每个条件创建一个新图层，通常是二值图层，1 代表符合条件，0 表示所有不符合条件；第二步进行二值逻辑叠加操作，得到想查询的结果。逻辑操作类型包括与、或、非、异或。

栅格数据可以按属性数据进行逻辑选择。设有 A、B、C 3 个栅格数据图层，可以用布尔逻辑算子及运算结果的文氏图表示运算思路和关系。布尔逻辑为 AND、OR、XOR、NOT，如图 6-23 所示。

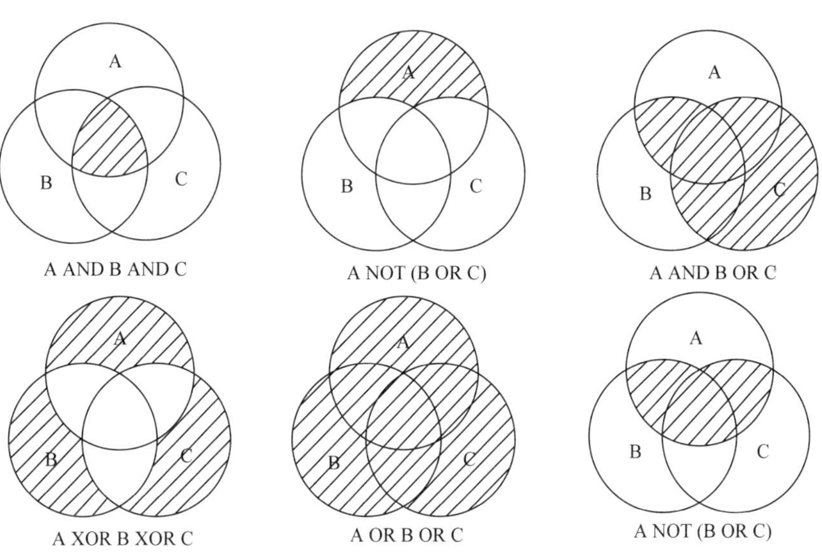

图 6-23 栅格数据的布尔逻辑运算

实例：土壤厚度（大于 50cm）和土壤类型（红壤和其他类型）两个二值化图层，不同的逻辑运算结果如下：

1）AND 关系：结果将土层厚度大于 50cm，且土壤为红壤的土壤单元显示出来；

2）OR 关系：结果将土层厚度大于 50cm，或者土壤为红壤的土壤单元显示出来；

3）XOR：结果将土层厚度小于 50cm，或者土壤不是红壤的土壤单元显示出来；

4）NOT：结果将土层厚度大于 50cm，但土壤不是红壤的土壤单元显示出来。

6.5.3 网络分析

对地理网络（如交通网络）、城市基础设施网络（如各种网线、电力线、电话线、供排水管线等）进行地理分析和模型化，是 GIS 中网络分析功能的主要目的。现实世界中的网络数据结构包括线状[链（Link）]设施和点状[结点（Node）]设施：

1）网络中的链，如管线、街道、河流、水管等。

2）网络中链的结点，如港口、车站、电站等。

网络分析是运筹学模型中的一个基本模型，其基本思想则在于人类活动总是趋于按一定目标选择达到最佳效果的空间位置。GIS 中的网络分析主要有最佳路径分析和资源分配等。

1. 最佳路径分析

最佳路径分析是在指定的网络结点间找出最适合路径，即找出满足某种最优化条件的一条路径。这里的最优化条件可以使距离最短、时间最少、费用最低、线路利用率最高等。最佳路径是在最短路径的基础上发展演变而来的，许多最佳路径问题可以转化为最短路径问题，而且网络最优化的其他许多问题也都可以转化为最短路径问题或者用最短路径算法作为其求解的子过程。最佳路径分析主要有以下几类：

1）静态求最佳路径：在给定每条链上的属性后，求最佳路径。

2）*N* 条最佳路径分析：确定起点或终点，求代价最小的 *N* 条路径。因为在实践中最佳路径的选择只是理想情况，由于种种因素而要选择近似最优路径。

3）最短路径或最低耗费路径：确定起点、终点和要经过的中间点、中间连线，求最短路径或最小耗费路径。

4）动态最佳路径分析：实际网络中权值是随权值关系式变化的，可能还会临时出现一些障碍点，需要动态地计算最佳路径。

2. 资源分配

资源分配网络模型由中心点（分配中心或收集中心）及其属性和网络组成。分配有两种形式，一种是由分配中心向四周分配，另一种是由四周向收集中心分配。资源分配的应用包括消防站点分布和求援区划分、学校选址、垃圾收集站点分布，停水停电对区域的社会、经济影响估计等。资源分配的核心是资源的定位和分配。资源的定位是已知需求，确定在哪里布设最合适的供应点服务的问题；资源的分配问题则是确定这些需求源分别受哪些供应点服务的问题。资源分配是网络设施布局、规划中的一个优化问题，本质上是需求点和供应点的优化配置。

6.5.4 栅格数据分析

栅格数据基于栅格像元，因此，数据分析能在独立像元、像元组或整个像元图层的不同层次上进行。

1. 数据分析基础

（1）数据分析环境

栅格数据分析环境的确定主要是确定分析的区域范围和输出单元的大小。其中，用于分析的区域范围指特定的栅格，或者用最大最小 X、Y 值确定的区域，还可能是多个栅格图层通过布尔运算生成的区域。分析掩模也能决定分析的区域范围，通过对有数据的像元，或者把感兴趣或者研究区域之外的区域赋予 NO-DATA，从而确定范围。

一般来说，可以根据用户的需要，以任意合适的比例尺输出像元的大小，但像元大小不小于输入栅格的最大像元。而像元值的确定则采用重采样技术进行。

（2）数据分类与聚合

数据分类是对原来数据按照一定的原则将数据属性类别合并或转换成新类，其主要目的在于创建简化的栅格数据，生成表示输入栅格像元值排序结果的新栅格，以利于分析。例如，图 6-24 所示的栅格数据，栅格图层（a）属性数据按栅格图层（b）属性数据属性类别 A 和 B 进行分类，1、2、5 属性数据合并得到分类后的栅格图层（c）属性数据。

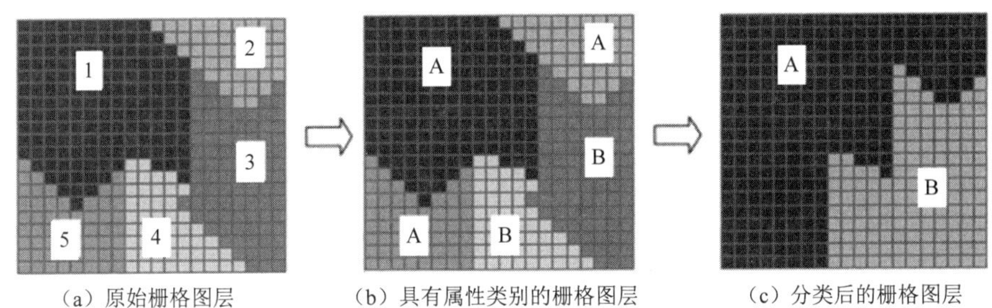

（a）原始栅格图层　　（b）具有属性类别的栅格图层　　（c）分类后的栅格图层

图 6-24　栅格数据的分类运算

数据聚合是将较复杂类别转换为较简单类别，常以较小比例尺的图形输出。制图综合变换时常用此方法。如图 6-25 所示，输入栅格（a）使用均值和因子 2，进行聚合生成（b）。

1	3	2	5
1	3	2	7
1	1	2	5
2	4	3	2

（a）

2	4
2	3

（b）

图 6-25　数据聚合

数据提取生成包含唯一类别或者数值的新栅格，一对一改变：如将灌溉农地像元赋值为 1，或者根据设定的条件对原有数据系统进行有选择的信息提取而建立新的栅格数据系统。如图 6-26 所示，图（a）中的 1、2、3、4 为其中的 4 种类型要素，图（b）中 1 为图（a）中要素 2 的提取的结果。

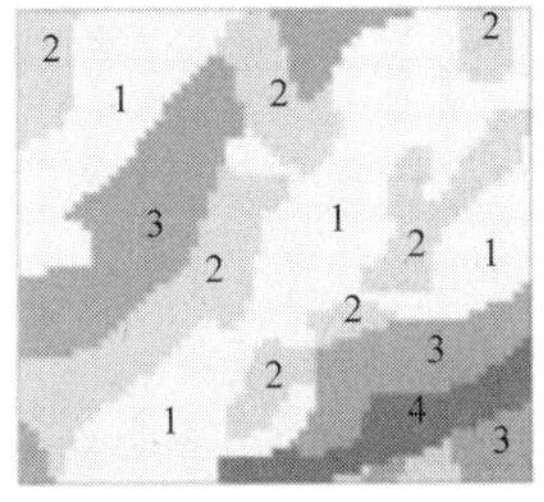

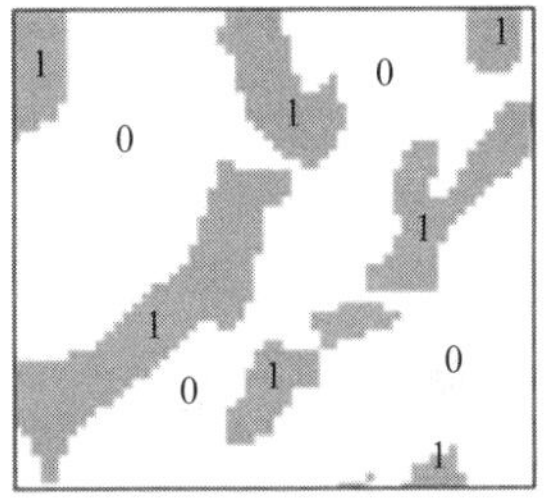

（a）栅格数据系统样图　　（b）提取要素 2 的聚类结果

图 6-26　数据提取

2. 窗口分析

窗口（邻域）分析是指为一个或多个栅格点或全部数据，开辟一个有固定分析半径的分析窗口，并在该窗口内进行诸如极值、均值等一系列统计计算，或与其他层面的信息进行必要的复合分析，从而实现栅格数据有效的水平方向扩展分析，如图 6-27 所示。

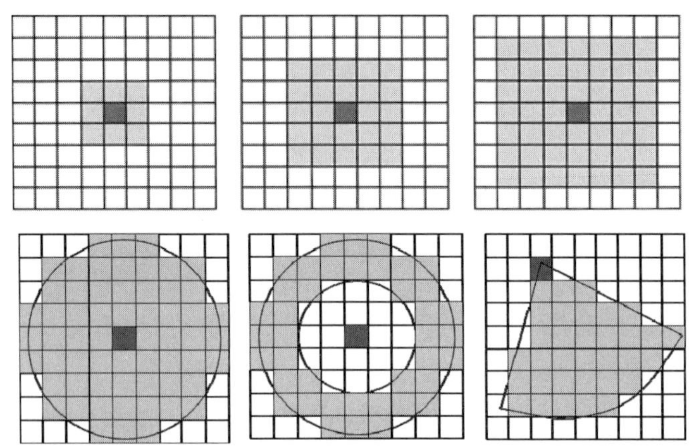

图 6-27　窗口分析——窗口类型

（1）窗口分析的 3 个要素

1）中心点：单个窗口中心点可能就是一个栅格点，或是分析窗口最中间的栅格点，窗口分析运算后的数值会赋予它。

2）窗口大小与类型：依据单个窗口中栅格分布状况，窗口大小包含 3×3、5×5 等，而窗口类型则如图 6-27 所示，如平滑运算的 3×3 矩形窗口、扇形窗口等。

3）运算方式：依据不同的运算方式获得新的图层，如 DEM 提取坡度、坡向运算。

（2）窗口类型

1）矩形：以目标栅格为中心，分别向周围 8 个方向扩展一层或多层栅格，从而形成矩形分析区域，如 3×3、5×5、7×7 窗口。

2）圆形：以目标栅格为中心，向周围作一等距离搜索区，构成一圆形分析窗口。

3）环形：以目标栅格为中心，按指定内外半径构成环形分析窗口。

4）扇形：以目标栅格为起点，按指定起始与终止角度构成扇形分析窗口。

5）其他，如正六边形等。

（3）运算方式

1）统计运算：对窗口内原栅格值进行统计运算，使其新栅格值为窗口内原栅格的平均值、最大值、最小值、中值、合计值、标准差值。

2）测度运算：计算窗口范围内统计值的范围，窗口范围内绝大多数的统计值、频率最高的单元值，窗口范围内较少数的统计值、频率最低的单元值，窗口范围内统计值的种类、不同单元值的数目。

3）函数运算：以某种特殊的函数或关系式，如滤波算子、坡度计算等，对分析窗口进行从原始栅格值到新栅格值的运算。函数运算主要有滤波运算，如图像卷积运算、罗伯特梯度计算、拉普拉斯算法等，在遥感图像处理方面应用较广；地形参数运算，如坡度坡向的运算、平面曲率、剖面曲率的计算，水流方向矩阵、水流累计矩阵的获得等。

（4）窗口分析的应用

1）简化数据：如差分处理方法、用种类数为测度的计算等。

2）平滑运算：利用滑动平均方法（用邻域的平均值替代焦点值）可以减少栅格数据的波动水平；通过众数运算的方法（把频率最高的像元值赋给邻域内的每个像元），生成一个比初始栅格更为平滑的栅格。

3）边缘增强：使用值域滤波器，高的值域指示邻域内有边缘的存在，从而缩小处理范围。

4）地形分析：如坡度、坡向、水流、高差等的计算。

3. 向量栅格数据分析比较

（1）叠加分析比较

向量叠加分析是图形的相交运算（复杂），属性数据的合并便于属性的数据查找分析。栅格数据无须图形计算，属性运算可以用各种函数，但如果属性因素过多，效率也会降低。

（2）缓冲分析比较

向量基于指定距离或者多个缓冲距离，栅格数据的缓冲生成是连续的距离量测值；向量可以创建多个要素融合在一起的缓冲区，而栅格比较困难；另外，使用 x、y 坐标比行列更为精确。

6.6　地理信息系统模型与建模

目前 GIS 的应用已经从数据存储和检索查询推进到以时空分析为主，正走向支持区域空间演化预测、动态模拟及其空间布局的优化发展。GIS 建模就是根据具体的应用目标和问题，借助于 GIS 自身的技术优势，使观念世界中形成的概念模型具体化为信息世界中可操作的机理和过程。

6.6.1　地理信息系统建模的基本元素

1. GIS 模型的分类

根据研究对象的瞬时状态和发展过程，GIS 模型可分为静态模型、半静态模型和动态模型。

1）静态模型：分析地理现象及要素相互作用的格局。

2）半静态模型：用于评价应用目标的变化影响。

3）动态模型：用于预测研究目标的时空动态演变及趋势。

根据所表达的空间对象的不同，GIS 模型可分为数学模型、经验模型和混合模型。

1）数学模型：基于理化原理的理论模型，应用数学分析方法建立数学表达式，反映地理过程本质的理化规律。

2）经验模型：基于变量之间的统计关系或启发式关系的模型，大部分通过数理统计方法和大量观测实验建立模型。

3）混合模型：基于原理和经验的混合模型，既有基于理论原理的确定性变量，也有应用经验加以确定的不确定性变量。

2. 建模过程

模型的建立要遵循一系列步骤：

1）明确建模目的。这类似于给一个研究问题进行定义。模型想模拟什么现象？为什么必须建立这个模型？哪个时空尺度适合这个模型？建模者可利用概念图表组建一个模型的基本结构。

2）把模型分解成各种元素，然后用概念定义各种元素的属性和它们之间的相互作用框图（如流程图）。在这一步里，建模者也要将模型的数学方程和 GIS 的命令（或计算机代码）集成用以执行计算。

3）模型的应用与校准。建模者需要数据去运行并校准模型。模型校准是一个重复的过程，应不断地比较模型输出的数据与观察结果之间的差异，调整各参数的数值，然后运行模型。模型预测中的不确定性是校准一个确定模型的主要问题。敏感性分析是将不确定性进行量化的一种技术，即通过测定输入的变化在输出结果中的表现来量化。

经过校准的模型可以用作预测，但一个模型在被广泛接受之前必须经过验证过程。模型验证过程就是评价模型的确定性，即对不同于校准条件下的预测结果做出评估。未经验证的模型通常不会被其他研究人员所接受，因此模型验证过程需要一套不同于在建模过程中使用过的数据集。建模者可把观察得来的数据分成两个子类：一类用于建模，而另一类用于模型验证。

3. GIS 在建模中的作用

1）GIS 是一个能够加工、显示与集成不同数据源的工具，这些数据源包括地图、DEM、GPS 数据、图像和表格等。

2）GIS 建立的模型可以是基于向量或基于栅格的，选择向量或栅格取决于模型的本质、数据源和算法。基于栅格和基于向量的模型的差别并不排除建模者在建模过程中对两类数据的综合。GIS 软件包中有很多向量和栅格数据相互转换的算法。至于在分析中采用何种数据格式，应该基于效率和预期结果，而不是由原始数据格式决定。

3）GIS 建模可以在 GIS 环境中运行，或者需要 GIS 与其他计算机程序的链接。

6.6.2 二值模型

二值模型用逻辑表达式从组合要素图层或多重栅格中选择感兴趣的或符合条件的地图要素与分布范围。二值模型的输出结果也是二值格式：1（为真）表示区域满足选择条件，0（为假）则表示不满足。

1. 基于栅格的方法

基于栅格的方法要求输入栅格数据，每种栅格代表一个指标。多重栅格的局部操作则可用于从输入栅格生成基于栅格的模型。如图 6-28 所示，由两个栅格数据进行叠加操作，选择共同符合要求的栅格，并赋予值 1 进行输出，而其余栅格赋为 0，此过程即为基于栅格的二值（0 和 1）模型的构建。

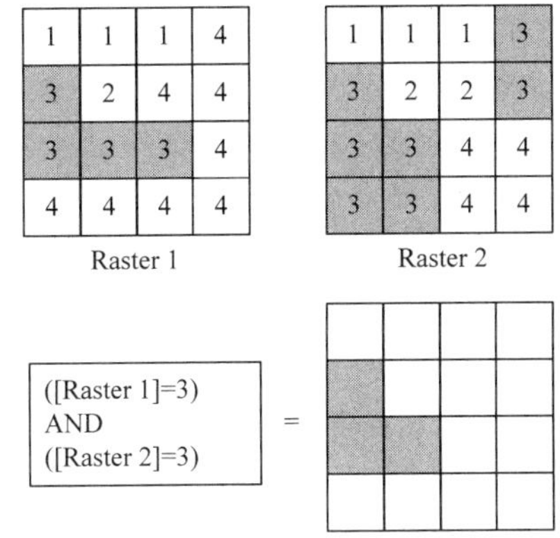

图 6-28　建立一个基于栅格的二值模型的案例

解决上面相同的问题（潜在造林小班的选择），基于栅格方法的操作过程如下：

1）由 DEM 生成坡度栅格，并生成距公路栅格的距离。

2）把土地利用图层转换为与坡度图层相同分辨率的栅格。

3）用多重栅格的局部操作寻找潜在造林小班。

4）选择不小于 $10hm^2$ 的区域（区域大小可由像元分辨率与像元个数相乘所得）。

2. 基于向量的方法

假设一个林场想选择符合以下指标的潜在造林小班：面积至少 $10hm^2$、距离公路不超过 300m 和坡度大于 20°。该项工作需以下 5 个操作步骤。

1）收集与选择指标相关的所有图层（土地利用、道路图层和坡度图层）。DEM 可用于生成坡度栅格，并可进一步转换为坡度向量图层，将坡度大于 20° 的区域赋值为 4，不大于 20° 的区域赋值为 5。

2）从道路图层选择公路，对公路创建 300m 缓冲区，在 300m 缓冲区外赋值为 3，在 300m 缓冲区内赋值为 2，其中公路赋值为 1。

3）通过相交操作把道路缓冲区图层与坡度向量图层叠加，生成既包含公路缓冲区属性又包含坡度值的图层。

4）查询复合要素图层，找出哪块为潜在造林小班，即选择坡度图层属性为 4 且道路缓冲区图层属性为 2 的区域，并将该类型区域的属性值取值为 1，其他区域属性值取值为 0。

5）在取值为 1 的区域中选择不小于 $10hm^2$ 的地点，即为潜在造林小班。

6.6.3　指数模型

指数模型计算每个像元区域的指数值，然后根据该指数值生成一个等级地图。指数模型和二值模型都包含多重指标评估，且都基于数据处理的叠置操作。但是指数模型为每个像元区域生成一个指数值，而不是简单的是或不是。

1. 加权线性综合法

创建指数模型最基本的考虑并非基于向量或栅格，而是计算指数值的方法。加权线性综合法可能是最常用的计算指数值的方法。依照 Saaty（1980）所提出的层次分析过程，此方法涉及评估的 3 个层次：第一，每个指标或因素的相对重要性是以其他指标作评价的；第二，每个指标的数据都是标准化的，线性转换是数据标准化的一种常用方法；第三，每个像元区域的指数值是通过指标值的加权总和除以总权重计算得来的。

（1）基于向量的指数模型应用实例

森林火灾的发生与树种的易燃性和湿度相关，要计算森林火灾预测指数，需要树种分布图和湿度分布图，依据以下步骤来完成（图 6-29）：

1）某森林具备 3 种树种，易燃性按照从高到低排序分别为树种 3、树种 2 和树种 1，按照湿度划分为 3 个区域。

2）对树种易燃性和湿度进行标准化，易燃性的值（T-V）分别为 1.0、0.5 和 0.2，湿度的值（S_V）标准化之后分别为 0.8、0.4 和 0.1。

3）按照层次分析法得出易燃性的权重为 0.6，湿度的权重为 0.4，那么森林火灾预测指数模型为易燃性×0.6+湿度×0.4。

4）将易燃性向量图和湿度向量图进行叠加，形成 7 个区域，并按照指数模型分别计算 7 个区域的值，即可得出各区域的森林火灾预测指数，从而为森林火灾的有效防范提供服务。

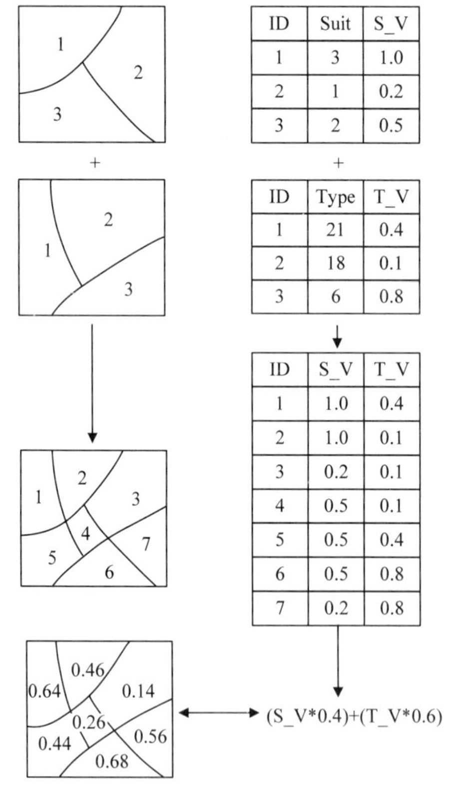

图 6-29 基于向量的指数模型应用实例

（2）基于栅格的指数模型应用实例

森林火灾的发生与树种的易燃性、人类活动和地表温度相关，要计算森林火灾预测指数，需要树种、人类活动区域和地表温度数据，依据以下步骤来完成（图 6-30）：

1）某森林具备 4 种树种，易燃性按照从高到低排序分别为树种 50、树种 40、树种 30

和树种 10，人类活动区域划分为 1、2、3 和 5 4 个类型，地表温度 36、48、60、24 根据通过遥感数据反演而来。

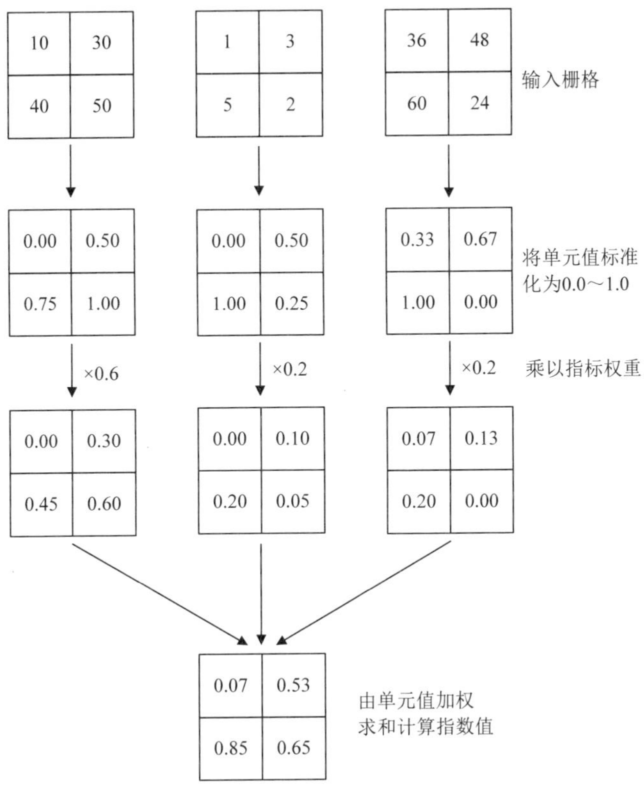

图 6-30　基于栅格的指数模型应用实例

2）对树种易燃性、人类活动类型和地表温度进行标准化，使其值介于 0.0～1.0。

3）按照层次分析法得出易燃性的权重为 0.6，人类活动和地表温度的权重均为 0.2，那么森林火灾预测指数模型为易燃性×0.6+人类活动×0.2+地表温度×0.2。

4）将上述栅格数据进行叠加，每个像元的值按照指数模型分别计算，即可得出各像元所对应的森林火灾预测指数。

2. 指数模型的应用

指数模型常用于适宜性分析和脆弱性分析，如评价地下水污染可能性的 DRASTIC 模型、栖息地适宜性指数（HSI）模型、火灾隐患和风险模型等。脆弱性分析评估区域对危险或灾害的敏感性（如森林火灾）。两种分析要求仔细考虑标准和指标权重。

（1）采用适宜性分析进行选址

在南佛罗里达州的应急避难场所的选址研究中，Kar 和 Hodgson（2008）通过下式为每个位置（像元大小为 50m）计算了适宜度得分 k：

$$k = \sum_{j}^{n} \mathrm{FR}_j w_j \tag{6-3}$$

式中，FR_j 为因子 j 的等级；n 为因子数量；w_j 为赋予因子 j 的权重，w_j 的总和为 100。

此研究包括以下 8 个因素：洪水区与公路和疏散路线的邻近度、与灾害地点的邻近度、与卫生保健设施的邻近度，社区总人口，社区儿童总数，社区老人总数，社区少数民族总数和社区低收入人口总数。其中，洪水区是唯一能作为约束条件的因子，即如果一个像元位于洪水区，则被排除在考虑范围内。

（2）采用脆弱性分析计算潜在火灾风险度

火灾隐患和风险模型是常用的基于因子的指数模型，这些因子包括植被种类、坡度、坡向和道路邻近度。Lein 和 Stump（2009）用线性加权组合方法在俄亥俄州东南部构建了以下潜在风险度模型 FRD：

$$\text{FRD} = \text{fuel} + (2\times\text{solar}) + \text{TWI} + \text{distance from roads} + \text{population density} \tag{6-4}$$

式中，fuel 为基于植被种类和树冠覆盖；solar 为由 DEM 和坡度栅格计算的年太阳辐射；TWI 为地形温度指数，也是由 DEM 和坡度栅格计算得来的。

TWI 定义为 $\ln(\alpha/\tan\beta)$，其中 α 为当地上坡贡献面积，而 β 为局部坡度。

6.6.4 回归模型

回归模型是用一个方程式建立一个因变量与多个自变量的关系，可用于预测和推算。回归模型可在 GIS 中用地图叠置运算把分析所需的全部自变量结合起来。本节包含 3 种回归模型：线性回归模型、局部回归模型和对数回归模型。

1. 线性回归模型

线性回归模型的主要用途是通过 x_i 的值预测 y 的值，但线性回归模型需要对预测值和真实值之间的误差、残差等做出几个假设。线性回归模型已用于对积雪、野生动物的活动范围、非点源污染的风险、土壤水分和入室盗窃建模。

由 Chang 和 Li（2000）提出的积雪分水岭回归模型采用雪水当量（SWE）作为因变量，位置和地形变量作为自变量。采用此种形式的模型如下：

$$\text{SWE} = b_0 + b_1\text{EASTING} + b_2\text{SOUTHING} + b_3\text{ELEV} + b_4\text{PLAN1000} \tag{6-5}$$

式中，EASTING 和 SOUTHING 对应的为高程栅格的列数和行数；ELEV 为高程值；PLAN1000 为表面曲率量度。

2. 局部回归模型

局部回归模型又称地理加权回归分析，用每个已知点的信息推导局部模型。该模型以探索空间非稳定性为基础（如变量间的关系随空间变化），模型的参数可随着空间变化，这与整体回归模型中的稳定性的假设相反（变量间的关系在空间上保持相同）。局部回归模型已应用于各种各样的研究课题，如物种丰富度、入室盗窃、旅游业/休闲与农村贫困、运送乘客流量和火灾密度等。

3. 对数回归模型

当因变量是类别数据（如出现与否），自变量是类别数据或数值变量或两者皆是时，采用对数（逻辑）回归模型。对数回归模型已被开发用于预测草地鸟类栖息地、鱼类的栖息地和旅客对指定的国家公园的意识和态度。

Pereira 和 Itami（1991）开发的红松鼠栖息地模型如下：

$$\mathrm{Logit}(y) = 0.002X_1 - 0.228X_2 + 0.685C_1 + 0.443C_2 + 0.48C_3 + 0.009\mathrm{aspect} - W \quad (6\text{-}6)$$

式中，X_1 为海拔高度；X_2 为坡度；C_1、C_2、C_3 为 3 种类型的树冠。

Chang 等（2007）开发的降雨触发的滑坡模型如下：

$$p = \frac{\exp(a + b_1x_1 + b_2x_2 + b_3x_3 + \cdots)}{1 + \exp(a + b_1x_1 + b_2x_2 + b_3x_3 + \cdots)} \quad (6\text{-}7)$$

因变量是指单位面积存在或不存在滑坡；自变量包括数字变量和类型变量，数字变量包括高程、坡度、坡向、距河道的距离、距山脊线的距离、地形湿度指数和 NDVI（归一化植被指数），类型变量包括岩性和道路缓冲。

6.6.5　过程模型

过程模型把现有关于现实世界环境过程的知识综合成一组用于定量分析该过程的关系式或方程。

环境模型通常是过程模型，因为它们必须处理很多变量的相互作用，包括自然变量如气候、地形、植被和土壤及人文变量（如土地管理）。

1. 修正的通用土壤流失方程

土壤侵蚀是一个环境过程，包括气候、土壤性质、地形、土表状况和人类活动。一个众所周知的土壤侵蚀模型就是修正的通用土壤流失方程（RUSLE）。RUSLE 用于预测在特定种植和管理系统中的特定田间坡面和山地由径流携带的平均土壤流失量，RUSLE 模型如下：

$$A = R \times K \times L \times S \times C \times P \quad (6\text{-}8)$$

式中，A 为平均土壤流失量；R 为降雨径流侵蚀因子；K 为土壤可蚀性因子；L 为坡长因子；S 为坡度因子；C 为耕作管理因子；P 为水土保持措施因子。

L 和 S 可以合并为一个地形因子 LS。

2. 临界降雨量模型

临界降雨量模型是基于物理的滑坡模型，在指定区域内，综合考虑地形和土壤特性来评估区域内潜在的滑坡风险。过去 20 年，滑坡灾害模型已结合 GIS 取得一定的发展。现有两种滑坡灾害模型：机理模型和统计模型。临界降雨量模型是作为机理的滑坡模型。Montgomery 和 Dietrich（1994）开发了临界降雨量模型（式 6-9），结合无限边坡模型和定量水文模型，来预测引发滑坡的临界降雨。

$$q_{\mathrm{cr}} = [T\sin\theta(p_{\mathrm{s}}/p_{\mathrm{w}})/(a/b)][1-(\tan\theta/\tan\varphi)] \quad (6\text{-}9)$$

式中，q_{cr} 为临界雨量（critical rainfall）；b 为每个单元最低点的等高线长度；a 为横穿 b 的集水区面积；T 为饱和土壤透射率；θ 为地表局部坡度（按度计算）；p_{s} 为土壤湿容重；p_{w} 为水的容重。

6.7 全球卫星导航与通信基站定位系统

6.7.1 全球卫星导航与通信基站定位系统概述

全球卫星导航系统（global navigation satellite system，GNSS）是利用卫星来测量物体位置的系统。全球卫星导航系统可在全球范围内全天候、全天时为各类用户提供高精度、高可靠定位，导航、授时服务，可以用来引导飞机、船舶、车辆及个人准确地沿着选定的路线到达目的地。目前投入使用的全球卫星导航定位系统主要有美国的全球卫星导航系统（global positioning system，GPS）、中国的北斗卫星导航系统（BeiDou navigation satellite system，BDS）、俄罗斯的格洛纳斯卫星导航系统（global navigation satellite system，GLONASS）、欧盟的伽利略卫星导航系统（galileo satellite navigation system，GALILEO）。全球卫星导航系统定位方法采取单点动态定位原理，并利用三参数、七参数实时进行坐标转换，以达到 GNSS 目标位置导航的目的。

全球卫星导航系统的优点是定位准确、稳定，具有受环境影响小、定位迅速等优势，只要能接收到一定数量的导航卫星（每种卫星导航要求不一样）信号，就可以进行定位；全球卫星导航系统的缺点是卫星定位系统受天气和位置的影响较大，当遇到天气不佳时，或者处于高架桥/树荫的下面，或者在高楼的旁边角落、地下车库或露天的下层车库（简单地说，当见不到天空时），卫星定位系统的定位就会受到相当大的影响，甚至无法进行定位服务。

基站定位又称移动位置服务（location based service，LBS），它是通过电信移动运营商的网络（如 GSM 网）获取移动终端用户的位置信息（经纬度坐标），在电子地图平台的支持下，为用户提供相应服务的一种增值业务。

LBS 定位的优势是方便、成本低，因为它是通过手机进行定位的。理论上说，只要计算 3 个基站的信号差异，就可以判断出手机所在的位置，而且用户所持终端只需一部手机即可。因此，只要用户手机有信号，就可以随时进行位置定位，而不受天气、高楼、位置等影响。

LBS 定位的缺点是定位精度随所处位置基站数不同会有变化，误差为 50～500m。在偏远地区或手机信号塔较小的地区，该误差值可能会更大。

随着技术的发展，根据卫星适用于室外精准定位、基站适用于室内定位的情况，第三种定位方式出现了，即“卫星”+“基站”导航定位。采用该技术的手机等智能终端产品同时内嵌了 GNSS 芯片和基站定位技术，能在两种定位方式中自由切换，当终端搜不到卫星时会以基站方式定位，而到了室外一旦搜星成功，终端会自动切换到 GNSS 定位。

6.7.2 全球卫星导航系统定位原理

1. GPS

GPS 是由美国国防部于 20 世纪 70 年代开始研制的卫星导航系统。GPS 可以为全世界的目标提供三维坐标、三维速度和时间信息。GPS 由覆盖全球的 24 颗卫星组成，它可以保证在任意时刻，地球上任意一点都可以同时观测到 4 颗卫星，以保证定位接收设备能够计算该观测点的经纬度和高度，以便实现导航、定位、授时等功能。民用级别 GPS 定位精度为 10m 左右，如果需要提高定位精度，可采用多个接收终端进行差分方式得到高精度定位。

GPS 导航系统的基本原理是测量出已知位置的卫星到用户接收机之间的距离，然后综合多颗卫星的空间坐标数据（三维坐标 x、y、z）就可知道接收机的具体位置。要达到这一目的，卫星的位置可以根据星载时钟所记录的时间在卫星星历中查出；而用户到卫星的距离则通过记录卫星信号传播到用户所经历的时间，再将其乘以光速得到。在卫星到用户的距离计算公式中，光速是一个很大的值，信号传播时间是一个很小的值，一个极小的时间误差都会导致整个结果无效。因此，在 GPS 定位中，对时间的精度要求是极高的。此外，还要引进一个 Δt，即卫星与接收机之间的时间差作为未知数，然后用 4 个方程将这 4 个未知数解出来。所以，如果想知道接收机所处的位置，至少要能接收到 4 个卫星的信号。

2. BDS

中国的 BDS 由空间段、地面段和用户段 3 部分组成。空间段由 35 颗卫星组成，包括 5 颗静止轨道卫星、27 颗地球轨道卫星、3 颗倾斜同步轨道卫星。35 颗卫星在离地面 2 万多千米的高空上，以固定的周期环绕地球运行，使得在任意时刻，在地面上的任意一点都可以同时观测到 4 颗以上的卫星，以保证定位接收设备通过计算该观测点的经纬度和高度，实现导航、定位、授时等功能。BDS 还具有类似手机发送短报文通信能力。

北斗导航卫星定位原理是北斗导航卫星不断地发射导航电文，用户机接收到其中的卫星星历数据，提取出卫星时间并与自己的时钟进行对比，便可得知卫星与用户时间差；再利用导航电文中的卫星星历数据推算出卫星发射电文时所处的三维坐标值；根据空间两点间距离公式 $d=\sqrt{a^2+b^2+c^2}$ ，列出 3 个方程式，即可计算出用户机所在的三维坐标值。实际解算时，由于卫星与用户机时间差的测量中，星载时钟和用户机时钟不可能完全与北斗时同步。为保证定位精度，就引进了第 4 个未知数 Δt，即用户机时钟与卫星星载时钟之间的误差，在计算时考虑到该参数就相当于为用户机时钟校对了时间。通过下面的 4 个方程式就可以解算出用户机所在的三维坐标值 x、y、z 和精确的时刻误差值 Δt，Δt 用作精密对时。

已知：卫星坐标(x_1,y_1,z_1)、(x_2,y_2,z_2)、(x_3,y_3,z_3)、(x_4,y_4,z_4)，卫星与用户机之间的时间差 t_1、t_2、t_3、t_4 和光速 c。

求解：用户机坐标（x,y,z）、Δt。

解算四元方程式如下：

$$\begin{cases}\sqrt{(x_1-x)^2+(y_1-y)^2+(z_1-z)^2}=c(t_1-\Delta t)\\ \sqrt{(x_2-x)^2+(y_2-y)^2+(z_2-z)^2}=c(t_2-\Delta t)\\ \sqrt{(x_3-x)^2+(y_3-y)^2+(z_3-z)^2}=c(t_3-\Delta t)\\ \sqrt{(x_4-x)^2+(y_4-y)^2+(z_4-z)^2}=c(t_4-\Delta t)\end{cases} \tag{6-10}$$

6.7.3　通信基站定位原理

移动通信基站的定位从定位计算的原理上大致可以分为 3 种类型：基于三角关系和运算的定位技术、基于场景分析的定位技术和基于临近关系的定位技术。

其中，基于三角关系和运算的定位技术是利用基站对手机的距离的测算距离来确定手机位置。基站定位系统组成如图 6-31 所示。移动电话测量不同基站的下行导频信号，得到不同基站下行导频的到达时刻 TOA（time of arrival）或到达时间差 TDOA（time difference of arrival），根据该测量结果并结合基站的坐标，利用几何三角关系计算被测物体的位置，就能够计算出移动电话的位置。实际的位置估计算法需要考虑多基站（3 个或 3 个以上）定位的情况。一般而言，移动台测量的基站数目越多，测量精度越高，定位性能改善越明显。

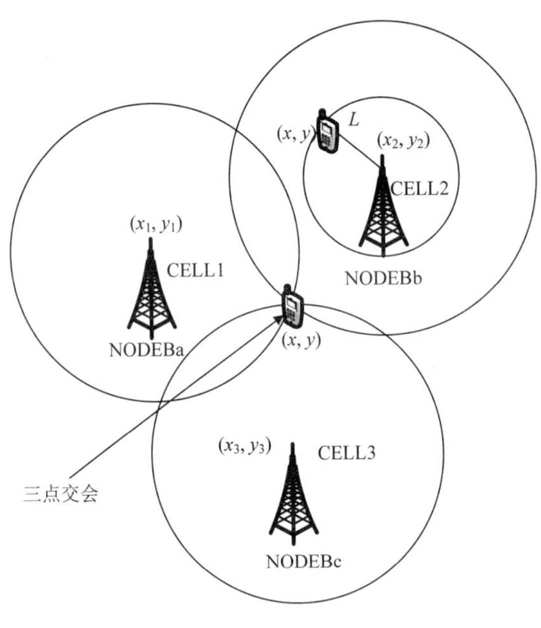

图 6-31　基站定位系统组成

6.8 ArcGIS 使用及二次开发入门

6.8.1 ArcGIS 软件体系结构

1. ArcGIS for Desktop

ArcGIS for Desktop 是 ESRI 公司的 ArcGIS 产品系列中的桌面端软件产品，包含 ArcMap、ArcCatalog、ArcGlobe 和 ArcScene 等软件。该产品用于空间数据的处理与编辑、制图、可视化分析等工作。

ArcMap 是制图、编辑、分析和数据管理的桌面版软件；ArcCatalog 帮助用户组织和管理所有的 GIS 信息，主要包括查阅地理信息、创建地理数据、管理元数据、管理各类空间地理数据库、管理 GIS 服务等；ArcGlobe 提供了全球地理信息连续、多分辨率的交互式浏览功能，支持海量数据的快速浏览，以及 3D 可视化和 3D 空间分析的应用；ArcScene 用于小场景的 3D 可视化和 3D 空间分析。

2. ArcGIS for Server

ArcGIS for Server 是基于 SOA 架构的 GIS 服务器，通过互联网以服务形式共享二三维地图、地理编码、空间数据库和地理处理工具等 GIS 资源，并允许多种客户端（如 Web 端、移动端、桌面端等）使用这些资源创建 GIS 应用，构建 GIS 私有云。Server 包含 GIS 服务器、Web Adaptor、Web 服务器、数据服务器、客户端和服务管理器，提供的主要服务包括：①空间数据管理；②多样化的 Web 服务；③空间可视化（制图）；④在线地理数据编辑；⑤空间分析和地理处理；⑥实时数据处理分析；⑦以地图为核心的内容管理；⑧Web 应用；⑨移动应用。

3. ArcGIS Online

ArcGIS Online 是一种基于云的、协作式地理信息内容管理与分享的 GIS 云平台，提供在线底图资源（地图、影像）、在线 Web 制图、企业级账户管理、服务托管等功能。

4. ArcGIS Engine

ArcGIS Engine 是构建于 ArcObjects 之上的为二次开发提供各种函数接口的函数库和嵌入式 GIS 组件。开发人员可以在 C++、COM、.NET 和 Java 编程环境中，使用简单的接口调用这些相关函数与 GIS 组件，获取任意 GIS 功能组合来开发专业的 GIS 应用系统。

6.8.2　ArcGIS 空间数据库

ArcGIS 空间数据库是存储在系统文件夹一系列文件、关系数据库（如 Oracle、Access、SQL Server、MySQL、PostgreSQL、Informix 或 IBM DB2）中的各种类型地理数据集的集合。ArcGIS 的空间数据库有以下 3 种类型：

1）文件空间数据库：在文件系统中以文件夹形式存储在若干个文件（*.shp、*.shx、*.dbf 等）中。

2）个人空间数据库：使用 Microsoft Access 关系数据库文件进行存储。

3）企业级空间数据库：使用 Oracle、SQL Server 或 PostgreSQL 关系数据库存储。

ArcGIS 访问关系型数据库建立企业级空间数据库时，需要通过相应的关系数据库的空间数据库引擎 SDE 进行；访问由 Access 关系数据库建立的空间数据库，不需要采用 SDE。

例如，使用 ArcGIS 在 Access DBMS 建立森林资源空间数据库 FDB，在 FDB.mdb 的 Access 数据库中默认建立 9 张表，分别为 GDB_ColumnInfo、GDB_GeomColumns、GDB_ItemRelationships、GDB_ItemRelationshipTypes、GDB_Items、GDB_Items_Shape_Index、GDB_ItemTypes、GDB_ReplicaLog、GDB_SpatialRefs。这些表依据其英文名就可知道其存储数据库中的元素类型、空间事务、空间参考等基本信息。在新建小班数据要素时会在数据库中新建 XB 和 XB_Shape_Index 两张表，分别存储小班基础数据和建立小班索引。在小班表 XB 中，每个小班一条记录，一个林场只有一张小班表。该表中前面 4 个字段 OBJECTID、SHAPE、SHAPE_LENGTH、SHAPE_AREA 是 ArcGIS 自身创建的，分别表示要素 ID 号、要素类型、要素周长、要素面积；后面小班属性字段需要人工新建。

6.8.3 ArcMap 的使用与 ArcGIS 二次开发

1. ArcMap 的使用

在 Windows 操作系统中，选择“开始”ArcGIS→ArcMap 命令，启动 ArcMap。ArcMap 将显示启动对话框，可在其中选择现有地图或选择创建新地图。ArcMap 启动后，进入图 6-32（已加载了空间数据库文件 shapefile 图层）所示的主窗口界面，此时启动图层列表和地图窗口中均为空白。用户可以通过 File 下拉菜单选择现有地图或选择创建新地图。在 ArcMap 中创建地图时，地图将作为一个文件保存在磁盘中，该文件也称地图文件或 mxd（ArcMap 文件的扩展名为.mxd）。mxd 文档中包括地图中所使用地理信息的显示属性（如地图图层的属性和定义、数据框及用于打印的地图布局），还包括所有可选自定义设置和添加到地图中的宏。通过地图文档，可以方便地在 ArcMap 中保存、重复使用工作内容。

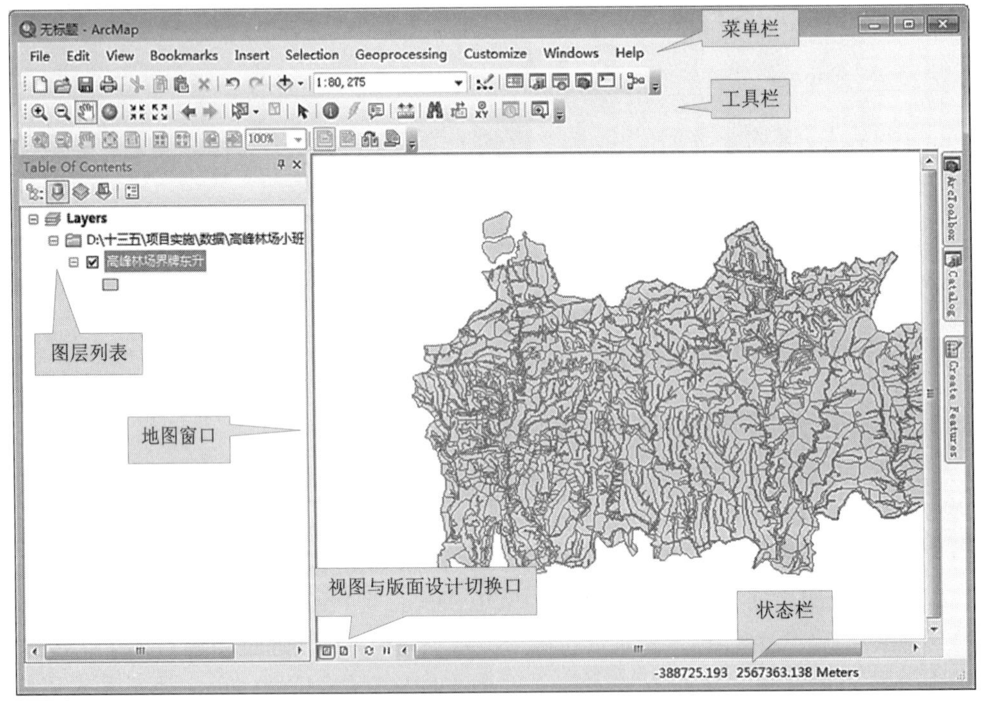

图 6-32　ArcMap 主窗口界面

图层列表：主要显示加载的数据基本信息及其物理存储位置。图 6-32 所示加载的是 D 盘文件夹中的 shape 图层，右击图层名，即可进行打开属性信息、图层属性、编辑要素等功能操作。

地图窗口：主要显示加载的数据信息，空间查询、要素编辑、要素浏览、移动都在该窗口实现。

菜单栏：提供各种各样的功能，有编辑、自定义、插入、选择、调用显示窗口工具条等功能菜单。

2. ArcGIS Engine 二次开发

ArcGIS 软件提供了 ArcObject 和 ArcGIS Engine 两种典型的二次开发方式：①利用 ArcGIS 的基础组件 ArcObjcet 类库（ArcMap、ArcMapUI、ArcCatalog、ArcCatalogUI 等组件库）搭建新的交互界面，重构新的分析模块，使之成为专用的GIS应用系统；②利用 ArcGIS 的 ArcGIS Engine 提供的开发工具包（SDK）和运行时（Runtime），开发脱离 ArcMap 独立运行的 GIS 应用系统。

6.9　地理信息系统、RS 与卫星导航定位系统的集成技术林业应用案例

6.9.1　地理信息系统在林业上的应用概述

GIS 在林业方面的应用主要包括以下几个方面。

1. 森林资源清查与森林资源管理

GIS 可以将各种来源的数据汇集在一起，将空间数据和属性数据存储在统一的空间数据库中，并通过统计和覆盖分析功能，按多种边界和属性条件，提供区域多种条件组合形式的资源统计和进行原始数据的快速再现，可以很迅速、直观、准确地掌握现有的森林状况，满足生产经营及森林资源管理的需要。利用 GIS 构建森林资源管理信息系统，从森林资源的数据采集、数据管理、数据统计分析、专题图生成、空间分析、经营方案决策、森林经营结果评价等方面进行全方位的森林经营管理。GIS 可以为森林抚育采伐制订详细的计划，为森林抚育间伐制作抚育间伐图并进行合理株数模拟预测；通过空间分析，为人工林的造林规划提供合适的林种与造林树种；利用空间地理信息和林分状况数据，为人工林经营收获进行预估；结合地理地貌和社会经济及人为活动等因素的分析，为封山育林封育区域的决策提供决策支持。

2. 森林灾害监测

GIS 借助于遥感技术和遥测数据，可有效地用于森林火灾的预测预报、森林病虫害的监测，荒漠化监测等，为救灾抢险提供及时、准确的信息及综合有效的解决方案。

3. 森林经营

GIS 借助于地面调查或遥感图像数据，实现林业土地利用变化监测，掌握林地资源的地理空间分布，实现地籍管理，将资源变化情况落实到山头地块；利用强大的空间分析，可及时对森林资源时空序列、空间分布规律和动态变化过程做出反应，实现森林资源动态管理，完成林权管理、森林结构调整、林地资源监测等工作。

4. 森林可视化模拟

GIS 以平面地图的形式展示林业资源信息，如林相图、基本图、森林资源分布图、林

种分布图等，借助于计算机的高速计算能力，还能实现森林资源变化的时态模拟，模拟林分资源的消长变迁；通过空间分析，对森林的总体经营方案进行分析、对比和验证。随着计算机技术的快速进步，GIS 能够在三维空间中展示地理相关信息，在三维场景中实现人机交互和动态仿真。

6.9.2 三维森林资源一张图平台

国家林业与草原局的森林资源一张图平台实现了对全国林地的遥感影像数据、林地落界数据、林地规划数据以及基础地理信息等多源数据的集成管理，采用云服务架构形成全国二三维数据无缝拼接、构建天地一体化立体三维场景，能够实时漫游、实现快速查询、实现专题显示、便于维护更新、将全国林地落到了山头地块的平台。北京易伟航科技有限公司开发的森林资源一张图平台的三维数据浏览界面如图 6-33 所示。

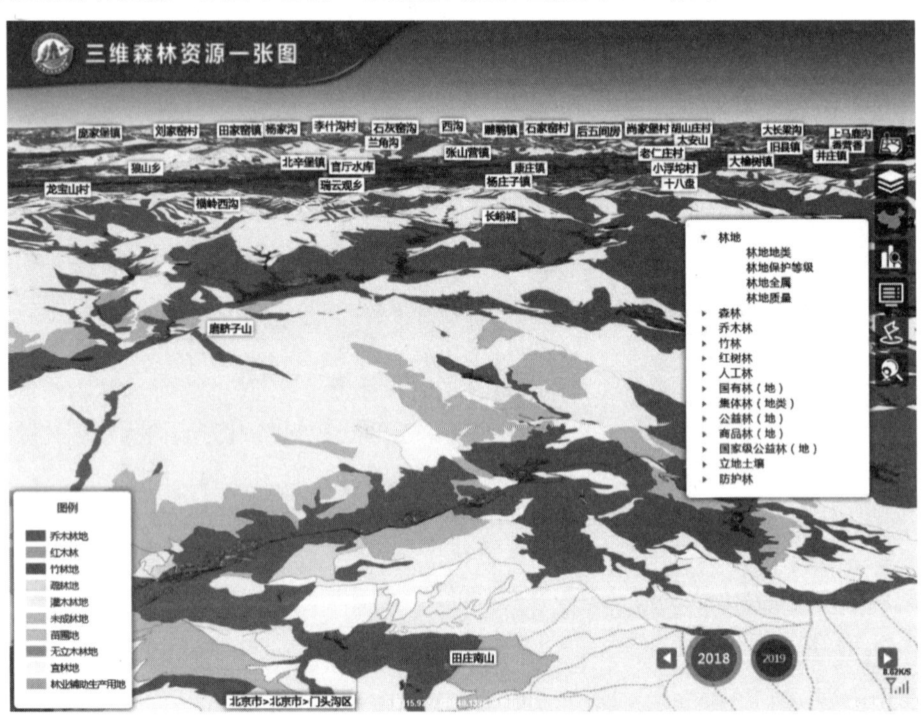

图 6-33 森林资源一张图平台的三维数据浏览界面

6.9.3 护林员位置服务系统

护林员位置服务系统由巡护平台管理端和移动巡护端构成。在森林资源监管举证中，利用位置服务，可以将待核实的变化图斑推送给最近的护林员，引导护林员导航到变化图斑位置，按照监管核实任务要求进行现地调查取证，核实变化图斑边界范围、森林资源现状和现地视频图像；在森林日常管护中，通过位置服务实时获取护林员位置信息，实现野外巡护位置跟踪，增强野外巡护的监管以及护林员人身安全保障；在森林防火监控和应急指挥中，利用位置服务，快速定位周边可利用的管护人员，引导扑救人员准确找到火灾点，实施扑救；在林业工程管理中，准确定位出林业工程具体位置，并给出到达工程位置的导航路线等。为了达到林业管理应用的精度需求，位置服务中主要采用的是全球卫星导航系统 GNSS（例如 GPS、北斗、GLONASS），或者通信基站进行定位，通过移动通信技术（5G/4G）实现位置数据、巡护事件、任务信息双向通信，实现护林员的动态智慧调度。通过后台管理端实现对巡护单位以及各单位对应巡护人员基本信息和巡护工作的管理。北京地林伟业科技股份有限公司开发的护林员位置服务系统的后台管理端界面如图 6-34 所示。

图 6-34　北京地林伟业科技股份有限公司开发的巡护后台管理端

参考文献

北京超图软件股份有限公司[EB/OL].（2017-06-01）http://www.supermap.com.cn.

陈传波，陆枫，2002．计算机图形学基础[M]．北京：电子工业出版社．

陈述彭，鲁学军，周成虎，2006．地理信息系统导论[M]．北京：科学出版社．

胡鹏，黄杏元，华一新，2002．地理信息系统教程[M]．武汉：武汉大学出版社．

黄杏元，马劲松，汤勤，2001．地理信息系统概论（修订版）[M]．北京：高等教育出版社．

潘正风，等，1996．大比例尺数字测图[M]．北京：测绘出版社．

史文中，郭薇，彭奕彰，2001．一种面向地理信息系统的空间索引方法[J]．测绘学报，30(2)：156-161．

汤国安，赵牡丹，2002．地理信息系统[M]．北京：科学出版社．

邬伦，刘瑜，张晶，等，2005．地理信息系统：原理、方法和应用[M]．北京：科学出版社．

吴秀芹，李瑞改，王曼曼，等，2013．地理信息系统实践与行业应用[M]．北京：清华大学出版社．

杨晓明，王军德，时东玉，2001．数字测图（内外业一体化）[M]．北京：测绘出版社．

郑贵洲，莫澜，2003．GIS 图层在空间数据处理管理与分析中的作用[J]．测绘科学，28(3)：71-73，86．

朱德海，严泰来，2000．土地管理信息系统[M]．北京：中国农业大学出版社．

CHANG K T，2016．地理信息系统导论[M]．陈健飞，等译．北京：清华大学出版社．

CHANG K S, CHIANG S H, HSU M L, 2007. Modeling typhoon-and earthquake-induced landslides in a mountainous watershed using logistic regression[J]. Geomorphology, 89: 334-347.

CHANG K T, LI ZH X, 2000. Modeling snow accumulation with a geographic information system[J]. International Journal of Geographical Information Science, 14: 693-707.

KAR B, HODGSON M E, 2008. A GIS-Based model to determine site suitability of emergency evacuation shelters[J]. Transactions in GIS, 12: 227-248.

KLISKEY A D, LOFORTH E C, THOMPSON W A, et al., 1999. Simulating and evaluating alternative resource-use strategies using

GIS-Based habitat suitability indices[J]. Landscape and Urban Planning, 45: 163-175.

LEIN J K, STUMP N I, 2009. Assessing wildfire potential within the wildland-urban interface: A southeastern ohio example[J]. Applied Geography, 29: 21-34.

MONTGOMERY D R, DIETRICH W E, 1994. A physically based model for topographic control on shallow landsliding[J]. Water Resources Research, 30: 1153-1171.

PEREIRA J M C, ITAMI R M, 1991. GIS-Based habitat modeling using logistic multiple regression: A study of the Mt.Graham red squirrel[J]. Photogrammetric Engineering and Remote Sensing, 57: 1475-1486.

SAATY T L, 1980. The analytic hierarchy process[M]. New York: McGraw-Hill.

第 7 章　农林业物联网技术

物联网是互联网和通信网的拓展应用和网络延伸，它通过感知识别、网络传输互联、计算处理等三层架构，实现了任何时间、任何地点及任何物体的连接，使人类可以以更加精细和动态的方式管理生产和生活，提升人对物理世界实时控制和精确管理能力，从而实现资源优化配置和科学智能决策。农林业物联网技术对我国加快由传统农林业向现代农林业转变具有重要作用，在我国实施“四化同步”发展战略的背景下，积极推进农林业物联网的应用发展，对促进农林业信息化和农林业现代化的融合发展具有重大意义。

7.1　物联网技术概述

7.1.1　物联网的基本概念和内涵

1. 物联网

物联网概念起源于美国麻省理工学院自动识别技术中心。国际电信联盟（International Telecommunication Union，ITU）发布的《ITU 互联网报告 2005：物联网》对物联网概念进行了扩展，将物联网定义为：通过二维码识读设备、射频识别装置、红外感应器、全球定位系统、激光扫描器等信息传感设备，按约定的协议，把任何物品与互联网相连接，进行信息交换和通信，以实现智能化识别、定位、跟踪、监控和管理的一种网络。

物联网是互联网的应用拓展，以互联网为基础设施，是传感网、互联网、自动化技术和计算机技术的集成及其广泛和深度应用。物联网通过智能感知、识别技术与普适计算、泛在网络的融合应用，构建一个覆盖世界上所有人与物的网络信息系统，实现物理世界与信息世界的无缝连接。

物联网用途极其广泛，遍及交通、安保、家居、消防、监测、医疗、栽培、食品等多个领域，尤其在森林防火、古树名木管理、珍稀野生动物保护、木材追踪管理等方面广泛应用。

2. 物联网的层次架构

物联网主要由感知层、网络层和信息处理层 3 个层次组成，层次结构如图 7-1 所示。感知层用来识别和采集物体数据，包括各类物理量、标识、音频、视频数据，涉及传感器、RFID（radio frequency identification，射频识别）标签和读写器、摄像头，GPS 等传感器与设备。网络层用于传递和处理从感知层中获得的信息，通过网络将感知的各种信息进行实时传送。该层主要由传感器网络与移动通信技术、互联网技术相融合传输数据，由互联网、有线和无线通信网、网络管理系统和云计算平台等组成。应用层是物联网与行业专业技术的深度融合，利用计算机技术，及时对海量数据进行信息控制，真正达到了人与物的沟通、物与物的沟通，实现了行业应用的智能化。

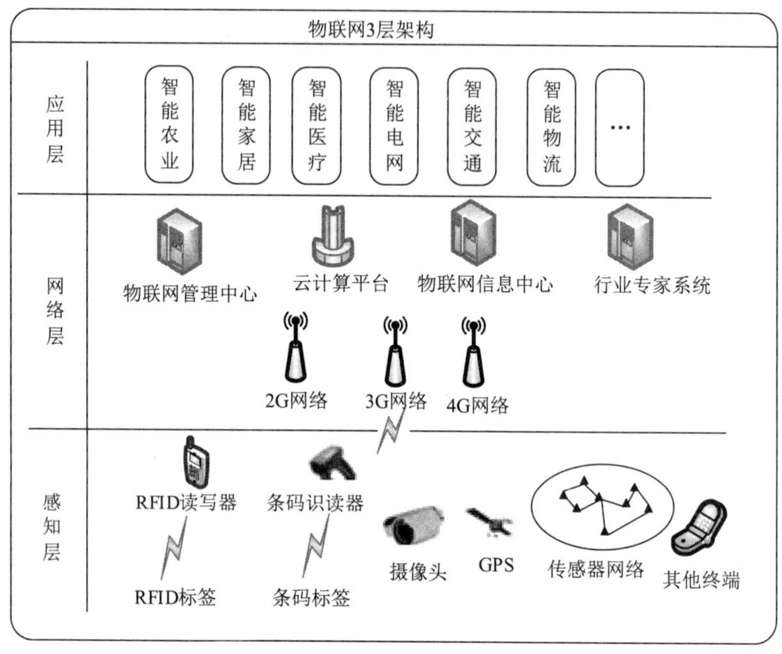

图 7-1　物联网 3 层架构

7.1.2　物联网关键技术

1. 传感器技术

信息获取是实现信息化的前提。随着传感器及其网络技术的发展和进步，传感器技术在农业环境监测、设备监控、作业调度等方面发挥了重要的作用。纵观传感器技术的发展与应用，传感器技术的研究主要着重于传感器结点和传感器网络两方面。

传感器结点是信息获取的来源。广义上可以把传感器归结为一种能感受外界信息（力、热、声、光、磁、气体、化学、生物、温湿度等），并按一定的规律将其转换成易处理的电信号的装置。通常传感器由敏感元件、转换元件、信号调整电路、数据处理、显示记录、电源、通信接口组成，其中敏感元件是指传感器中能直接感受被测量的部分，转换元件是指传感器中能将敏感元件输出量转换为适于传输和测量的电信号部分，如图 7-2 所示。

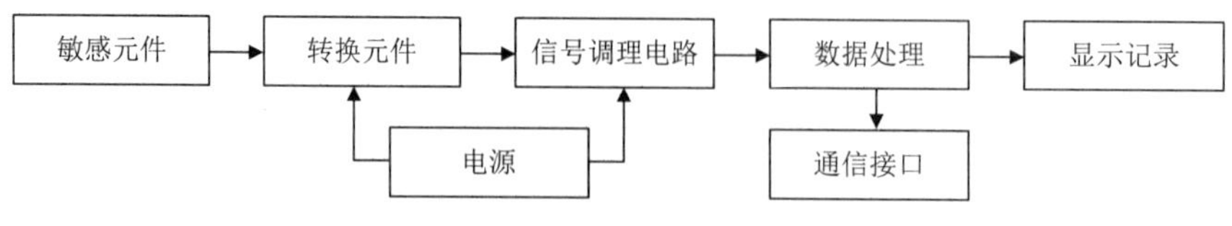

图 7-2　传感器的基本组成

传感器网络是一个集成监测、控制及无线通信的网络系统。传感器网络在军事侦察、环境监测和预报、农业生产、医疗健康监护、建筑与家具、工业生产控制、城市交通、空间搜索、大型车间和仓库管理、大型工业园区的安全监测等领域有着广阔的应用前景。随着传感器网络的深入研究和广泛应用，传感器网络将逐渐深入人类社会生活的各个领域。

2. 自动识别技术

自动识别技术是以计算机技术和通信技术为基础的综合性科学技术，它提供了一种将信息数据自动识读、自动输入计算机的重要方法和手段。自动识别技术通常依赖特定的识别装置，通过识别装置与被识别物之间的直接或间接接触，自动获取被识别物的信息，并传递给后继的计算机处理系统。

按照国际自动识别技术的分类标准，自动识别技术可以有两种分类方法，一种是按照数据采集技术分类，其基本特征是需要被识别物体具有特定的识别特征载体（如标签等，仅光学字符识别例外）。数据采集技术又分为光存储器（如条码、矩阵码、光标阅读器、光字符识别等）、磁存储器（如磁条、非接触磁卡、磁光存储、微波等）和电存储器（如触摸式存储、RFID、存储卡等）。另一种是按照特征提取技术分类，其基本特征是根据被识别物体的本身的行为特征来完成数据的自动采集，按照行为特征又可分为静态特征（如视觉识别、能量扰动识别等）、动态特征（如声音、键盘敲击、步法、动态签名及其他感觉特征）和属性特征（如化学感觉特征、物理感觉特征、生物抗体病毒特征、联合感觉系统等）。

3. 自动控制技术

自动控制技术是指在无人直接参与的情况下，利用设备或装置，使机器、设备或生产过程（统称被控对象）的某个工作状态或参数（被控制量）自动地按照预定的规律运行的技术。从广义上来说，农业自动控制技术是指所有能通过人工调控方法，为生物（包括微生物、植物或动物）生长、发育、繁衍等过程提供适宜环境，实现高产优质的可持续生产的一种现代农业生产技术。

农林业自动控制技术通常与传感器技术、自动识别技术、网络技术等共同组成农业自动化控制系统，从而实现对农业环境信息的监控、采集和控制，使农林作物保持在一个最佳的生长环境中。农林业生产自动化控制系统基本上是各种系统的集成，从硬件上来说有传感器、传感器变换器接口、控制器、计算机网络、被控设备、总线等。近年来，农林业自动控制系统在温室大棚、节水灌溉、无土栽培、农作物机械收获等方面进行了广泛应用，对农业生产的增产增质增量产生了巨大的经济效益与社会效应。其中温室大棚是典型的农业环境自动化控制系统的应用案例。温室大棚的自动化控制设备包括供水系统、温度控制系统、照明系统、湿度控制系统等，各系统通过对温室的实时数据采集及对数据的统计分析，将结果反馈给各个自动化控制仪器，从而完成对温室大棚的监控管理。自动控制系统对温室内室温、叶温、地温、湿度、光照、土壤含水量、CO_2浓度、风向、风速及作物生长状况等进行自动化监控，将室内温、光、水、肥、气等诸多因素综合，协调到最佳状态，保证大棚内始终保持最适宜农作物生长的环境条件。

7.2 感知技术与传感器技术

7.2.1 感知技术

在物联网体系中，负责感知获取“物”的状态等信息和对“物”进行操控的前端技术占有重要地位，它是物联网系统的末端神经和触角。感知技术是物联网的基础，负责采集物理世界中发生的物理事件和数据，实现外部世界信息的感知和识别。

传感器技术是物联网中感知层获取信息的一个主要技术。传感器技术利用传感器和多跳自组织传感器网络，协作感知、采集网络覆盖区域中被感知对象的信息。传感器可以独立存在，也可以与其他设备以一体方式呈现，但无论哪种方式，它都是物联网中的感知和输入部分。传感器技术依附于敏感机理、敏感材料、工艺设备、计测技术等，利用各种机制把被观测量转换为一定形式的电信号，然后由相应的信号处理装置来处理，并通过固有协议，将数据信息传送给物联网终端。例如，通过 RFID 进行标签号码的读取、GPS 得到物体位置信息、图像感知器得到图片或图像、环境传感器取得环境温湿度等参数。同一个传感器可以实现不同的功能，如压力传感器可以测量压力，也可以测量高度、液位。同一个需求又可以用不同的传感器来实现。例如，转速，根据不同应用情况，可以用开关型传感器，也可以用编码器，还可以用加速度传感器、陀螺仪等。

在农业环境信息的感知方面，目前已经开发了多种环境传感器应用于设施农业和野外观测等，可以实现土壤含水量、土壤 pH、大气环境温湿度、各种气体含量、光照强度等信息的检测。目前，传感器技术主要在温室大棚、畜禽养殖场、水产养殖场、农业大田作物监控等多个方面进行了应用和推广。

7.2.2 传感器分类

传感器有许多分类方法，但常用的分类方法有两种，一种是按传感器的工作原理划分，另一种是按被测物理量划分。

1. 按工作原理划分

（1）电学式传感器

电学式传感器是非电量电测技术中应用范围较广的一种传感器，常用的有电阻式传感器、电容式传感器、电感式传感器、磁电式传感器和电涡流式传感器等。

1）电阻式传感器是利用变阻器将被测非电量转换为电阻信号的原理制成。电阻式传感器一般有电位器式、触点变阻式、电阻应变片式及压阻式传感器等。电阻式传感器主要用于位移、压力、力、应变、力矩、气流流速、液位和液体流量等参数的测量。

2）电容式传感器是利用改变电容的几何尺寸或改变介质的性质和含量，从而使电容量发生变化的原理制成，主要用于压力、位移、液位、厚度、水分含量等参数的测量。

3）电感式传感器是利用改变磁路几何尺寸、磁体位置来改变电感或互感的电感量或压磁效应原理制成，主要用于位移、压力、力、振动、加速度等参数的测量。

4）磁电式传感器是利用电磁感应原理，把被测非电量转换成电量制成，主要用于流量、转速和位移等参数的测量。

5）电涡流式传感器是利用金屑在磁场中运动切割磁力线，在金属内形成涡流的原理制成，主要用于位移及厚度等参数的测量。

（2）磁学式传感器

磁学式传感器是利用铁磁物质的一些物理效应制成，主要用于位移、转矩等参数的测量。

（3）光电式传感器

光电式传感器在非电量电测及自动控制技术中占有重要的地位。它是利用光电器件的光电效应和光学原理制成的，主要用于光强、光通量、位移、浓度等参数的测量。

（4）电势型传感器

电势型传感器是利用热电效应、光电效应、霍尔效应等原理制成，主要用于温度、磁通、电流、速度、光强、热辐射等参数的测量。

（5）电荷传感器

电荷传感器是利用压电效应原理制成的，主要用于力及加速度等参数的测量。

（6）半导体传感器

半导体传感器是利用半导体的压阻效应、内光电效应、磁电效应、半导体与气体接触产生物质变化等原理制成，主要用于温度、湿度、压力、加速度、磁场和有害气体等参数的测量。

（7）谐振式传感器

谐振式传感器是利用改变电或机械的固有参数来改变谐振频率的原理制成，主要用来测量压力。

（8）电化学式传感器

电化学式传感器是以离子导电为基础制成。根据其电特性的形成不同，电化学传感器可分为电位式传感器、电导式传感器、电量式传感器、极谱式传感器和电解式传感器等。电化学式传感器主要用于气体、液体或溶于液体的固体成分、液体的酸碱度、电导率及氧化还原电位等参数的测量。

2. 按被测物理量划分

（1）温度传感器

温度是作物生长发育重要的因素之一，直接影响作物光合作用、呼吸作用、细胞壁渗透性、水分和矿物质养分的吸收、蒸腾、酶活性和蛋白质凝聚等。目前用于检测温度的传感器有模拟温度传感器、智能温度传感器、虚拟温度传感器等。模拟温度传感器仅能测量温度，优点是测量误差小、响应速度和传输速度快、传输距离远、体积小、微功耗、价格低廉、使用简单等，适合远距离测温，不需要进行非线性校准，外围电路简单，是国内外应用最为普遍的一种温度传感器，适合在温室大棚等设施农业中使用。较常用的模拟温度传感器有 AD590、DS18B20、LM35 系列等。土壤温度传感器用于检测土壤温度，一般使用的有效温度范围在 10～40℃，安装在作物根部土壤中，测量作物的生长环境的土壤温度及土壤温度变化情况。

（2）湿度传感器

在设施农业环境信息获取与监测中，空气湿度也是主要参数之一。目前使用的湿度传感器主要有电阻式和电容式两种，都是在基片上涂覆感湿材料形成感湿膜，空气中的水蒸气吸附于感湿材料后，元件的阻抗、介质常数等发生很大的变化，从而对湿度进行检测。电容式湿敏元件具有响应速度快、体积小、线性度好、性能稳定等特点，特别是近几年出现的集成湿度传感器因其具有精度高、线性好、互换性强等诸多优点，在设施农业中得到快速而广泛的应用，如集成湿度传感器 IH3605 等。

（3）土壤水分传感器

在设施农业中如何灌水，做到既不影响作物生长又不浪费水资源至关重要。目前有两种表示土壤含水情况的传感器：容积含水量传感器，即 V/V(%)；质量含水量传感器，即 M/M(%)。大部分土壤水分传感器产品以容积含水量表示，一般有效范围在 10%～70%。不同土质能容纳的水量不同，不同土质在浇灌等量水后，所显示的容积含水量会有不同。

（4）CO_2 含量传感器

农作物生长发育依靠光合作用，评价光合作用主要依据空气中 CO_2 含量。CO_2 含量传感器用于检测农作物生长环境中 CO_2 的含量，并根据实际情况决定是否增施气肥或通风换气。CO_2 传感器一般以 mL/L 为单位，有效范围在 100～1000mL/L，可以用在温室、大棚中，也可以用在密封/半密封的畜禽舍中。温室、大棚中主要检测在光照情况下 CO_2 含量是否低于作物光合作用的最佳浓度；在畜禽舍中主要检测密封环境下 CO_2 浓度是否超出影响畜禽能生长发育的最大浓度，以便于及时通风换气。

（5）光照度传感器

设施农业中采用光照度传感器来检测和控制光照强度，使作物可以得到均匀一致的光照。光照的单位是 lux（勒克司），有效范围在 200～200000lux。光照度传感器用于检测作物生长所需要的光照强度是否满足最基本需要或是否达到作物的最佳生长状态，可以与 CO_2 含量传感器联合使用，为增施气肥提供参考。

（6）土壤养分传感器

合理施肥可以提高作物产量，避免过量施肥造成不必要的损失。土壤养分包括土壤有机质、pH、氮、磷、钾及交换性钙和镁。土壤养分测定采用离子、生物传感器，用于检测作物生长环境中氮、磷、钾的含量，根据检测结果确定施肥量，根据流回的营养液中元素的吸收情况决定营养元素的调配比率，也可用于普通大棚或温室中土壤营养元素含量检测。

（7）NH_3 含量传感器

NH_3 含量传感器用于检测畜禽舍环境中 NH_3 的含量，以决定是否需要通风换气和清除粪便。NH_3 含量传感器一般以 mL/L 为单位，有效范围在 0～100mL/L，主要在蛋鸡养鸡场应用。因为鸡的消化系统不能完全消化饲料，大量蛋白质通过粪便排出后，经过复杂的化学反应转变为 NH_3，而 NH_3 又是影响鸡蛋产量的关键因素，一旦 NH_3 浓度超过一定值，蛋鸡产蛋率会明显下降，甚至不产蛋，需要数周后才能恢复。

（8）树木直径生长传感器

树木直径生长传感器用于检测树木直径生长的变化。一般的树木直径生长传感器的原理是树木直径生长，拉动拉杆使滑动变阻器电阻发生变化，通过量测电阻值，利用函数变换得到树木直径生长值。

7.2.3　无线传感器网络

无线传感器网络（wireless sensor network，WSN）是由部署在监测区域内大量的廉价微型传感器结点组成，通过无线通信方式形成的一个多跳的自组织的网络系统，其目的是感知、采集和处理网络覆盖区域中被感知对象的信息，并发送给观察者。传感器、感知对象和观察者构成了 WSN 的 3 个要素。

1. 组网模式

WSN 的组网模式主要如下：

1）扁平组网模式：所有结点的角色相同，通过相互协作完成数据的交流和汇聚。

2）基于分簇的层次型组网模式：结点分为普通传感结点和用于数据汇聚的簇头结点，传感结点将数据先发送到簇头结点，然后由簇头结点汇聚到后台。簇头结点需要完成更多的工作，消耗更多的能量。如果使用相同的结点实现分簇，则要按需更换簇头，避免簇头结点因为过度消耗能量而死亡。

3）网状网（mesh）模式：在传感器结点形成的网络上增加一层固定无线网络，用来收集传感结点数据；另外，可实现结点之间的信息通信，以及网内融合处理。

4）移动汇聚模式：使用移动终端收集目标区域的传感数据，并转发到后端服务器。

2. 拓扑控制

WSN 主要的拓扑控制技术分为时间控制、空间控制和逻辑控制等 3 种。

1）时间控制。通过控制每个结点睡眠、工作的占空比，结点间睡眠起始时间的调度，让结点交替工作，网络拓扑在有限的拓扑结构间切换。

2）空间控制。通过控制结点发送功率，改变结点的连通区域，使网络呈现不同的连通形态，从而获得控制能耗、提高网络容量的效果。

3）逻辑控制。通过邻居表将不“理想的”结点排除在外，从而形成更稳固、可靠和强健的拓扑。WSN 技术中，拓扑控制的目的在于实现网络的连通（实时连通或者机会连通）的同时保证信息的能量高效、可靠地传输。

3. WSN 关键支撑技术

（1）WSN 的时间同步技术

时间同步技术是完成实时信息采集的基本要求，也是提高定位精度的关键手段。其常用方法是通过时间同步协议完成结点间的对时，通过滤波技术抑制时钟噪声和漂移。最近，利用耦合振荡器的时间同步技术实现网络无状态自然同步方法也备受关注，这是一种高效的、可无限扩展的时间同步新技术。

（2）基于 WSN 的自定位和目标定位技术

定位跟踪技术包括结点自定位和网络区域内的目标定位跟踪。结点自定位是指确定网络中结点自身位置，这是随机部署组网的基本要求。GPS 技术是室外惯常采用的自定位手段，但一方面成本较高，另一方面在有遮挡的地区会失效。传感器网络更多采用混合定位方法：手动部署少量的锚结点（携带 GPS 模块），其他结点根据拓扑和距离关系进行间接位置估计。目标定位跟踪通过网络中结点之间的配合完成对网络区域中特定目标的定位和跟踪，一般建立在结点自定位的基础上。

（3）分布式数据管理和信息融合

分布式动态实时数据管理是以数据中心为特征的 WSN 的重要技术之一。该技术通过部署或者指定一些结点为代理结点，代理结点根据监测任务收集兴趣数据。监测任务通过分布式数据库的查询语言下达给目标区域的结点。在整个体系中，WSN 被当作分布式数据库独立存在，实现对客观物理世界的实时和动态监测。

信息融合技术是指结点根据类型、采集时间、地点、重要程度等信息标度，通过聚类技术将收集到的数据进行本地的融合和压缩，一方面排除信息冗余，减小网络通信开销，节省能量；另一方面可以通过贝叶斯推理技术实现本地的智能决策。

（4）WSN 的安全技术

安全通信和认证技术在军事和金融等敏感信息传递应用中有直接需求。传感器网络由于部署环境和传播介质的开放性，很容易受到各种攻击。但受无线传感器网络资源限制，直接应用安全通信、完整性认证、数据新鲜性、广播认证等现有算法存在实现的困难。鉴于此，研究人员一方面探讨在不同组网形式、网络协议设计中可能遭到的各种攻击形式；另一方面设计安全强度可控的简化算法和精巧协议，满足传感器网络的现实需求。

（5）精细控制、深度嵌入的操作系统技术

作为深度嵌入的网络系统，WSN 网络对操作系统也有特别的要求，既要能够完成基本体系结构支持的各项功能，又不能过于复杂。从目前发展状况来看，TinyOS 是最成功的 WSN 专用操作系统。但随着芯片低功耗设计技术和能量工程技术水平的提高，更复杂的嵌入式操作系统，如 Vxworks、Uclinux 和 Ucos 等被 WSN 所采用。

（6）能量工程

能量工程包括能量的获取和存储两方面。能量获取主要指将自然环境的能量转换成结点可以利用的电能，如太阳能、振动能量、地热、风能等；能量存储技术方面，高容量电池技术是延长结点寿命、全面提高结点能力的关键性技术，其纳米电池技术是目前非常有希望的技术之一。

7.3 自动识别技术

7.3.1 条码技术

条码技术出现于 20 世纪 40 年代，而我国于 20 世纪 80 年代才正式开始研究和推广条码技术。随着条码技术的发展，新条码码制不断涌现，至今已达到 200 余种，包括一维码和二维码。目前国际公认的码制标准主要包括以下类型。

1. 一维码

一维码是按一定原则对信息进行编码并规则排列的条状符号集合，主要包括 EAN（Europe article number，欧洲商品编码）、UPC（universal product code）、Code39 码、Code93 码、Code128 码、CodeBar 码、ITF25 码等。

（1）EAN

EAN 已发展为全球范围内的商品代码标准。EAN 分为 EAN13 与 EAN8 两种，如图 7-3 所示。EAN13 即标准码，共 13 位数，从左到右依次为国家代码（3 位）、生产商代码（4 位）、产品代码（5 位）与检验码（1 位）；EAN-8 即缩短码，共 8 位数，从左到右依次为国家代码（2 位）、产品代码（5 位）与检验码（1 位）。

（2）UPC

UPC 主要应用于北美地区，是美国统一代码委员会制定的一种商品用条码。该码长度固定，但仅能表示数字（0～9），基本可分为 A、B、C、D 与 E 5 个版本，分别对应通用商品、医药卫生、产业部门、仓库批发与商品等对象。以上版本中最常用的是 UPCA 与 UPCE 两个版本，如图 7-4 所示。

（3）Code39 码

Code39 码是一种可双向扫描的分散式条码，分为标准型和扩展型。标准型可包括英文字母、数字及一些特殊字符，可表示 44 个字符。在标准型的基础上，结合前置符号可扩充到 128 个字符，即扩展型。该码对长度没有限制，起始码与终止码必须为符号“*”，如图 7-5 所示。由于该码具有自我检查能力，因此检查码可省略。

图 7-3　EAN　　图 7-4　UPC　　图 7-5　Code39 码

（4）Code93 码

Code93 码是一种密度更高、安全性更强的 Code39 码制。该码支持相同数量的字符集，但其密度要比 Code39 码高。

（5）Code128 码

Code128 码是一种效率较高的高密度条码，因可以表示 ASCII 码表中的 128 个字符（数字、字母、符号）而得名。该码有 3 个版本，Code128A 支持数字、大写字母及控制字符；Code128B 支持数字、大小写字母及控制字符；而 Code128C 支持从 00 到 99 的数字对组合，总共为 100 对。由于该码的条码长度与字符串长度并无很大相关性，且长度相同条码表示字符较长，因此该码在企业内部管理中应用较为广泛。

（6）CodeBar 码

CodeBar 码即库德巴码，在日本称为 NW-7，是一种长度可变的连续型自校验数字式码制，广泛应用于医疗卫生、图书情报等领域。该码字符集包括 10 个数字，4 个字母（A～D）及 6 个特殊字符，如图 7-6 所示。其中字母在码中仅作为起始字符和终止字符出现，且字母可以任意组合。由于其条构成较简单与条间隔较大的特点，该码出错率较低，易于编码打印。

图 7-6　CodeBar 码

2. 二维码

二维码是用特定的几何图形按一定规律在二维平面上排列的黑白相间的矩形方阵，以表示数据信息。与一维码相比，二维码是新一代记录数据信息的条码技术，不仅能实现对物体的标识，且能实现对物体的详细描述。二维码主要有以下特点：

1）码密度高，信息容量大，比一维码容量高几十倍，最多可容纳 1000 字节。

2）编码支持类型多，不仅可以编码数字字母，还可以编码多种语言文字，甚至图片等数字化信息。

3）容错能力强，具有较强的纠错能力，即使部分损坏，仍可对信息进行还原。

目前应用最广泛的二维码标准主要有美国的 PDF（Portable data file）417 码与 DM（data matrix）码、日本的 QR（quick response）码及中国的汉信码。

（1）PDF417 码

PDF417 码是由美国 Symbol 科技公司发明的堆叠式二维码，因条码的每个条码字符由 4 个线条和 4 个空白总计 17 个模块构成而得名（图 7-7）。PDF417 的编码容量较大，单个 PDF417 条码最多可容纳 1850 个字符或 1108 字节的二进制数据，如果只表示数字，则可容纳 2710 个数字。该码可表示数字、字母、二进制数据或汉字。

图 7-7 PDF417 码

PDF417 结构中的每层可分为 5 个部分，即起始码、左标区、资料区、右标区与结束码，其中左标区、资料区与右标区组成的字元由 17 个模块组成。此外，PDF417 通过将部分信息重复表示，可防止条码损坏造成的错误。该码纠错能力分为 9 级，级别越高，纠错能力越强，但条码也越大。

（2）DM 码

DM 码是美国国际资料公司发明的一种矩阵式二维码，该码以二进制方式对信息进行编码，并形成深色和浅色方块的排列组合（图 7-8）。DM 码支持 ECC-200 与 ECC 000-140 两套符号体系，前者通过 Reed-Solomon 算法产生的多项式获取错误纠正码，而后者具有多种不同等级的错误纠正功能，因此 ISO 推荐公共场合使用 ECC-200 规范。

图 7-8 DM 码

DM 码由 3 部分组成，即资料区、定位图形及排位图形。资料区由规则排列的模块构成，表示信息编码。定位图形围绕资料区，为一个模块宽度，总共 4 条，两条为黑色实线，用于确定 DM 码尺寸；另两条由黑白相间的模块组成，用于决定 DM 码的单元结构。排位图形则用于分隔资料区。DM 码尺寸最小可达到 0.0002 平方英寸（1 英寸≈2.54 厘米），是目前二维码中尺寸最小的，因此特别适用于标识小型零部件。另外，DMDC 码的尺寸大小与存储信息量相互独立，因此该码尺寸比较灵活，但 DM 码自动纠错能力较低，只能用特制的 CCD 扫描器解码。

（3）QR 码

QR 码是由日本 Denso-Wave 公司发明的二维空间条码，如图 7-9 所示。超高速识别是 QR 码区别于 PDF417 码、DM 码等二维码的主要特性，识别速度可达到每秒识读 30 个码符号。通过特定的数据压缩模式编码中国汉字与日本汉字是 QR 码的另一特色，可使识别效率有效提高 20%。

图 7-9 QR 码

QR 码共有 40 种版本，版本越高，存储信息量越高，而纠错能力也越强，其中版本 1 有 21×21 个模块，而版本 40 有 177×177 个模块。QR 码结构包括符号版本和规格、寻像图形、分隔符、校正图形、定位图形、编码区及空白区。寻像图形包括3个相同的位置探测图形，分别位于码的左上角、右上角和左下角。每个探测图形由3个同心正方形组成，边长比为7∶5∶3。由于码中出现类似图形的概率很小，根据3个位置探测图形，可很快确定码的位置与方向。分隔符位于探测图形和编码区域间，全部为浅色模块，宽为一个模块。定位图形分为水平和垂直两种，为一个模块宽，由深浅模块交替组成，其作用是确定码的密度和版本，并获取模块坐标的基准位置。校正图形同样是3个重叠的同心正方形，边长比为5∶3∶1，版本2以上码均有校正图形。编码区包括数据码字、纠错码字、版本信息和格式信息的符号。空白区是码四周4个模块宽的区域。

（4）汉信码

汉信码是中国物品编码中心组织相关单位合作开发的二维矩阵码，该码是中国第一个拥有自主知识产权的二维码国家标准，如图7-10所示。和其他二维码相比，其最大的优势是更适合汉字信息的表达。

图7-10　汉信码

汉信码是由 $N \times N$ 个正方形模块组成的矩形阵列，其由7个部分组成，即符号版本与规格、寻像图形、寻像图形分割区、校正图形、功能信息区域、编码区域及空白区。汉信码符号有84个版本，从23×23模块到189×189模块不等，以满足不同生成技术对符号大小的要求；寻像图形指位于汉信码图4个角上轴向对称的位置探测图形，且位置探测图形具有特定的取向关系；校正图形是由黑白两条线组成的阶梯状的折线，以用来分块校正码图；功能信息区域是指4个寻像分割区与内部码区间的一个模块宽的区域，内容包括版本信息、纠错等级与掩模方案；编码区域除了数据码字外，还包括纠错码字和填充码字；空白区围绕在码图符号的四周，占3个模块宽。

汉信码除了信息容量大、信息密度高等特点外，最大的优势在于超强的汉字表示能力，其支持GB18030中规定的160万个汉字字符，并能实现与数字、ASCII字符及其他字符的高效混合编码。

7.3.2 RFID技术

RFID是20世纪90年代兴起的一项自动识别技术。RFID是通过空间耦合来实现无接触信息交换并达到识别目的的，其基本原理如下：标签处于磁场范围中，接收阅读器发出的射频信号，通过感应电流所获取能量将标签内信息发送（无源标签）或主动发送某一频率的信号（有源标签），阅读器对信息进行读取并解码。

RFID标签按供电方式可分为无源和有源两种，无源标签内没有供电源，它通过波束供电技术将接收到的射频能量转换为直流电流为标签供电，该类标签寿命长且对工作环境要求不高；有源标签是指标签内自备电源的标签，作用距离远，但寿命有限，成本高，且不适合在恶劣环境下工作。

按工作频率分，RFID标签分为低频、中高频、超高频和微波射频标签。

1. 低频射频标签

低频射频标签工作频率范围为30～300kHz，主要为无源标签，作用半径一般情况下不大于1m。与低频射频标签相关的国际标准有ISO 18000-2与ISO 11784/11785。该类标签典型的工作频率有 125kHz 和 133kHz 两种，该类标签采用 CMOS 技术加工，成本较低，但最大的缺点主要是数据存储量较少，只适合低速、近距离识别应用。

2. 中高频射频标签

中高频射频标签工作频率范围为 3～30MHz，其工作原理与低频射频标签相同，通过电磁耦合方式获取能量，并实现与阅读器的信息交换。该类标签的典型工作频率为 13.56MHz，一般情况下作用半径不大于 1m。与中高频射频标签相关的国际标准有 ISO 14443、ISO 15693 与 ISO 18000-3 等。该类标签的基本特点与低频标签相似，但由于其工作频率提高，数据传输率较高。

3. 超高频射频标签

超高频射频标签工作频率范围为 860～960MHz，通常为无源标签，相关的国际标准有 ISO 18000-6B 和 ISO 18000-6C（EPC）。该类标签的作用半径大于 1m，一般为 4～6m，最大可达到 10m，并具有防冲突机制，适用于多标签同时读取。超高频标签最大的优势是支持读/写双重制式，读取速度较快，且不易损坏。

4. 微波射频标签

微波射频标签的工作频率主要为 2.45GHz 和 5.8GHz，多半为有源标签，由电池供电，作用范围也最大。与该类标签相关的国际标准有 ISO 10374、ISO 18000-4（2.45GHz）与 ISO 18000-5（5.8GHz）。从技术角度来看，微波射频标签并不适于存储大量数据信息，其主要功能在于标识物体并完成无接触的识别过程。

7.3.3 生物识别技术

生物识别技术是一种方便有效的安全识别技术，是基于生物的物理特征或行为特征，用生物化方法识别并认证的技术。由于生物体特征具有不可复制的特征，安全系数较传统意义上的身份验证机制有很大的提高。生物识别技术都是基于已有的特征数据库，通过各种信息采集设备获取生物原始信息，再通过各种算法提取生物特征，最后与特征数据库信息进行对比匹配的过程。目前可用来身份标识的生物特征有面部、语音、虹膜、指纹等，这些生物特征都具有广泛性、唯一性、稳定性和易采集性等特点。

1. 面部识别

面部识别是指对生物体面部视觉特征信息分析比较并进行匹配鉴别的计算机技术。人脸识别是使用较多的面部识别技术，其利用生物统计学的原理进行分析，通过建立人脸特征模型，将被测者的人脸特征与特征模板库进行统计分析，获取匹配相似值，以确定身份。目前用于面部识别的主流方法主要有以下几种：

1）基于几何特征的识别方法：通过人面部的几何特征，如眼、鼻等的形状及它们之间的关系进行识别。该类算法效率高，但识别率低。

2）特征脸识别方法：将面部特征图像通过 KL 变换，获取图像的正交基（低维空间），再提取低维空间正交基中的特征向量，通过特征向量的统计特性进行识别。

3）神经网络识别：通过输入特征图像、局部区域的自相关函数等对面部进行识别，最大的不足是需要较多的训练样本。

4）弹性图匹配：通过在二维空间定义一种人脸变形不变性距离，并结合属性拓扑图对人脸进行模拟，拓扑图的每个顶点代表一个特征向量，用来记录人脸在该顶点位置附近的信息。该方法最大的优点是允许特征图像存在弹性形变，同时也不需采集过多的样本。

2. 语音识别

语音识别是一种将声波信号识别成能够表达信息的符号集合的技术。根据识别对象的不同，语音识别可以分为 3 类，即孤立词识别、关键词识别及连续语音识别。

3. 虹膜识别

虹膜特征是由遗传基因决定的，其具有终生不变性与个体差异性，因此可以通过虹膜特征的提取确定对象身份。虹膜识别是当前各种生物识别中最为精确的一种，同时由于其采集便捷性的优势，必然会成为未来社会的主流生物认证技术。

7.4 传输技术

对目前的物联网产业而言，其传输方式主要有两种：有线通信和无线通信。

7.4.1 物联网有线通信传输技术

物联网有线通信技术可分为中、长距离的广域网络（包括 PSTN、ADSL 和 HFC 数字电视 Cable 等）和短距离的现场总线（Field Bus，也包括 PLC 电力线载波等技术）。现有的电信网、有线电视网和计算机网是物联网业务可以利用的有线通信网络。三网融合是指电信网、计算机网和有线电视网三大网络通过技术改造，能够提供包括语音、数据、图像等综合多媒体的通信业务。三网融合是有线通信技术的发展趋势。三网融合并不意味着电信网、计算机网和有线电视网三大网络的物理合一，而主要是指高层业务应用的融合，其表现为技术上趋向一致，网络层上可以实现互联互通，形成无缝覆盖，业务层上互相渗透和交叉，应用层上趋向使用统一的 IP。

7.4.2 物联网无线通信传输技术

根据通信距离长短，物联网无线通信技术又可分为长距离的无线广域网（wireless wide area network，WWAN）、中短距离的 WLAN、超短距离的 WPAN，以及由 WLAN 或 WPAN 技术作为支撑的传感网。“传感器”和“传感网”二合一的 RFID 的传输部分也是属于 WPAN 或 WLAN。

长距离无线通信技术主要有 GSM、CDMA、GPRS、TD-CDMA、WCDMA、微波通信等，短距离无线通信技术主要有蓝牙、Wi-Fi、ZigBee 等。目前在物联网中应用的主流技术为蓝牙、Wi-Fi、ZigBee 等，技术比较如表 7-1 所示，主流 WLAN 和 WPAN 协议的特点和用途如表 7-2 所示。

表 7-1 常用短距离无线通信技术比较

名称	蓝牙	Wi-Fi	ZigBee
协议标准	IEEE 802.15.3	IEEE 802.11	IEEE 802.15.4
频段	2.4GHz	2.4GHz、5GHz	2.4GHz、868/928MHz
传输速率	1Mbit/s	11～600Mbit/s	250Mbit/s
覆盖范围/m	10	10～300	10
结点/主结点/个	7	32	65000
有效吞吐量	700Kbit/s	5～7Mbit/s	100Kbit/s

表 7-2 主流 WLAN 和 WPAN 协议的特点和用途

名称	特点	用途
蓝牙	低成本、近距离，实现近距离内各种设备的无缝资源共享	遥感勘测、移动电子商务、数字电子设备、工业控制、智能化建筑、家庭和办公自动化、电子商务等
Wi-Fi	传输速率较高，有效距离也较长	家庭无线网络、不便安装电缆的建筑内
ZigBee	短距离、低速率、高网络容量，有效范围为 10～50m	工业、农业、医疗控制（传感器、自动控制设备等）、消费类电子产品等
RFID	使用 RF 频段，从通信角度同属 RF 网络，其主要功能还是以标识为主	安全、动物追踪、票务、自动化、物流管理、实时定位、ETC 等
UWB	传输速率高，空间容量大，成本低，功耗低等	智能家庭、公路信息服务、汽车监视系统、安全检测系统等
NFC	双向识别和连接，自动建立无线网络	电子车票、交通、零售店、移动商务等
IrDA	利用红外线进行点对点通信，无须申请频率的使用权，成本低，功耗小，但是只限于可视距离内的通信	消费电子应用领域
WiMax	IEEE 802.16 协议，提供更远的传输距离、更高速的宽带接入，提供多媒体通信服务	卫生保健、教育、公共安全、电子政务、智能运输、海上通信

对于野外摄像机采集的视频监控数据和数码拍摄的照片的传送，如果不考虑成本，通常采用 3G 或 4G 进行传输，或者采用微波方式进行传输。

在农林物联网中，野外环境数据采集、物流运输使用较多的是各传感器采集的数据经集中处理后，采用 GPRS 将采集的数据传输到云端服务器的管理信息系统供管理人员进行处理。对于分散的传感器经 ZigBee 网络组网，或 Wi-Fi 将各数据传输到中心汇聚点（野外服务器），然后采用 GPRS 将采集的数据传输到云端服务器。在没有移动通信信号的山区，也可以采用北斗的短消息方式对传感器采集的数据进行传输。林业部门的野外火灾监控物联网的视频通常采用的是自己架设的微波进行接力传输到火灾监控中心。

7.5 农业环境自动控制与信息处理技术

7.5.1 自动控制技术

自动控制技术是控制论的技术实现应用，是通过具有一定控制功能的自动控制系统完成某种预设的控制任务。该技术的研究有利于将人类从复杂、危险、烦琐的劳动环境中解放出来并提高控制效率，已广泛应用于农业生产过程自动化、畜禽饲养管理自动化、农业机器人等领域。

常用的自动控制技术主要有如下几种。

1. 模糊控制

模糊控制是以模糊集合理论为基础的一种新兴的控制手段，它是模糊系统理论和模糊技术与自动控制技术相结合的产物。

2. 最优控制

最优控制是选择控制规律使控制系统的性能和品质在某种意义下为最优。最优控制问题有4个关键点：①受控对象为动态系统；②初始与终端条件（时间和状态）；③性能指标；④容许控制。最优控制问题的实质就是要找出容许的控制作用或控制规律，使动态系统（受控对象）从初始状态转移到某种要求的终端状态，并且保证某种要求的性能指标达到最小值或者最大值。

3. 自适应控制

自适应控制指控制系统能修正自己的特性以适应对象和扰动的动态特性的变化。

4. 鲁棒控制

鲁棒性控制指控制系统在一定（结构、大小）的参数摄动下，维持某些性能的特性。

5. 预测控制

预测控制指控制系统采用多步测试、滚动优化和反馈校正等控制策略进行控制。

6. 人工智能控制

人工智能控制指控制系统通过人工智能，模仿人类对系统进行控制，以及在故障发生之后能够迅速做出反应进行控制。

农业生产过程的自动化，目前较为常见的有温室大棚的小环境调控设备自动化控制、节水灌溉自动化、无土栽培自动化等。通过物联网技术应用，部署环境、土壤、液体等传感器设备，测量温室内外温度、湿度、光照、气压、太阳辐射量、太阳紫外线、土壤温湿度等农业环境要素，根据温室作物生长要求，自动控制开窗、卷膜、风机湿帘、生物补光、灌溉施肥、营养液注入等控制设备，自动调控温室内环境和作物生长条件，达到适宜植物生长的范围，为植物生长提供最佳环境。

畜禽饲养管理自动化是利用物联网技术通过养殖房的负压风机、水帘、水泵、水箱循环设施、LED单色光养殖灯、温湿度、氨气等传感器和电气控制柜、自动化控制器等，依据畜禽养殖要求，实现对养殖环境温湿度、光照、通风换气调节设备的管理。自动化控制器通过传输总线与养殖房内的各类传感器连接，通过总控制信号线与电气控制柜连接，电气控制柜用于控制各类调控设备，相应的控制信息通过WSN传输到PC，反馈畜禽生长情况，提高集约化、规模化畜禽养殖劳动生产率。

农业机器人应用于农业，可帮助农民实现更加轻松、更加高效的农业生产，是非常值得期待的智能农业场景。目前各种农业机器人不断涌现，如剪羊毛机器人、挤奶机器人、移栽机器人、嫁接机器人、采摘机器人、除草机器人、农产品分拣机器人等。各种智能化技术，如 GPS 导航、机器视觉等也开始大量应用于农业机器人。嫁接机器人采用工业化流水线模式替代人工嫁接作业，能够实现被嫁接秧苗的切口标准化切削、高精度的切口对接，以及自动切口固定等作业，具有智能、高效、环保等特点。采摘机器人在工作过程中需要对每个果实进行成熟度判断和精准采摘操作，关键技术主要涉及农业复杂环境下作业目标视觉信息稳定获取、无损操作等。除草机器人利用机器视觉技术、GIS 技术和近距离传感器实时检测技术，辨别杂草和作物信息，实时识别作物行，并能控制株间锄草刀高速作业的自动锄草装备，具有智能、高效、环保等特点。农产品分拣机器人主要包括农产品外观品质分拣机器人和内部品质在线检测分拣机器人，由于分拣农产品对象非标准、易损耗的特点，需要现代设计手段进一步优化设计机械构件，使其尽可能的轻巧、简单、紧凑、防损伤，从而达到农产品分拣机器人更强的可靠性、降低损伤及减少控制系统复杂性的目的。

7.5.2 信息处理技术

物联网应用层提供了信息处理与人机交互功能，为最终用户提供了丰富的服务。物联网上的数据具有超海量、数据种类纷繁复杂、语义丰富、实时传输等特点，在海量复杂的数据中提取出有用信息，为用户提供智能决策和服务，是物联网的重要职能。人工智能是目前农业信息系统决策分析最常用的方法。人工智能中的智能决策技术与农业应用决策需求的结合点或交集主要包括关联、分类、聚类、评判和预测等。各种决策技术与农业应用需求之间形成多对多的关系，一种需求可以由多种技术实现，一个技术也可以解决多种需求问题。例如，可以通过决策树、贝叶斯网、神经网络等解决土壤分类问题，通过神经网络、模糊聚类等解决管理区划分问题，通过专家系统、神经网络、粗糙集等解决产量预测、病虫害防治问题，通过灰色关联、粗糙集等解决产量影响因子分析等。

在物联网中引入专家系统，可使物联网对其接收的数据具有分析判断和提供决策分析的能力，实现物联网的智能化。物联网专家系统利用物联网技术、模式识别、数据挖掘和专家系统技术，用传感器技术实现了对设施农业，如果树的病虫害、生长环境的实时监控和有效控制，利用 RFID 技术实现果品运输过程的监控管理。物联网专家系统的特点是实现对多用户的专家服务，其决策数据来源于物联网智能终端的采集数据，如图像视频数据、传感器采集数据等。

7.6 农林业物联网技术应用案例

近年来，国家和地方高度重视农业物联网工作，国家发改委、农业部分别在黑龙江、北京、天津、安徽、上海、江苏及新疆、内蒙古等地开展了一系列物联网应用示范工程，各级地方政府在中央的指导下也做了大量农业物联网推进工作，应用领域主要包括设施种植、设施养殖、大田作物、农产品物流追溯、农机监控和生态环境监控，初步形成了一批农业物联网技术软硬件产品、应用模式和一批应用典型。

7.6.1　农业设施种养殖信息感知采集

土壤 pH、土壤含水量、土壤肥力、大气温度、湿度等农业环境信息是影响农作物与苗木生长发育的重要因素，它直接影响到农作物的生长和质量。例如，土壤养分、墒情监测等为作物选择和耕种方式提供指导；农业大棚温室监控、田间自动化管理，通过连续监测土壤湿度数据，实现多点同时滴灌补水等。对农业环境信息进行快速、有效的采集、处理与分析、决策与控制是提高农业生产效率、管理和经营决策水平，促进农作物大面积丰收的关键因素。通过应用各种传感器技术及无线传感器网络技术，可以实现不同农业环境信息的感知应用，为构建农业物联网提供了信息源支持。

1. 温室大棚信息采集

在种植蔬菜、花卉等作物的温室大棚中应用传感器技术，可以实现用最少的人力和物力提高作物的产量和质量。温室大棚数据采集系统通常由传感器结点、信息汇聚结点和监控中心系统组成，如图 7-11 所示。

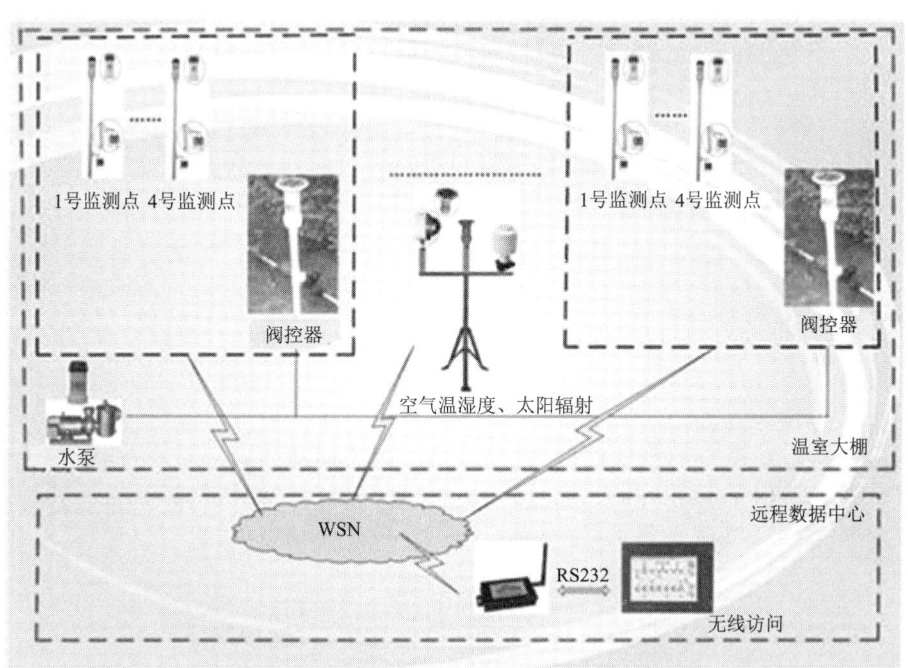

图 7-11　温室大棚环境感知技术应用

通过在温室大棚中部署各种传感器结点，构建传感器网络，实现对空气温湿度等作物生长环境参数的数据采集，之后将数据通过 WSN 经互联网上传到监控中心的数据库中。这些数据经过分析和处理，可以辅助管理人员对设施进行管理，如喷水、加光、卷帘等。空气温湿度传感器一般安装在温室空气流通较好的遮阳处，用于检测设施农业温室大棚的空气温湿度。一般根据温室长度安装 1～4 个不等的传感器，以免因位置或个数造成测量上的误差。土壤温度传感器用于检测土壤温度，安装在作物根部土壤中，以测量作物的生长、发育的土壤温度及变化情况，根据温室长度安装2～4个不等，安装时根据不同作物根系深度确定埋入深度。CO_2含量传感器用于检测环境中CO_2含量，查看是否低于农作物光合作用的最佳浓度，便于决定是否增施气肥或需通风换气，独栋温室安装一个即可。

2. 畜禽养殖场信息采集

影响畜禽生长的环境因素主要包括温度、湿度、氨气浓度、光照及通风条件等。采用传感器技术监控养殖环境，同时集成改造现有的养殖场环境控制设备、饲料投喂控制设备等，实现畜禽养殖场的智能生产与科学管理。养殖户通过手机、计算机等终端设备，实时掌握养殖环境信息，及时获取异常报警，根据监测结果，可以实现远程控制相应设备，实现健康养殖、节能降耗的目标。畜禽养殖系统信息采集应用如图7-12所示。

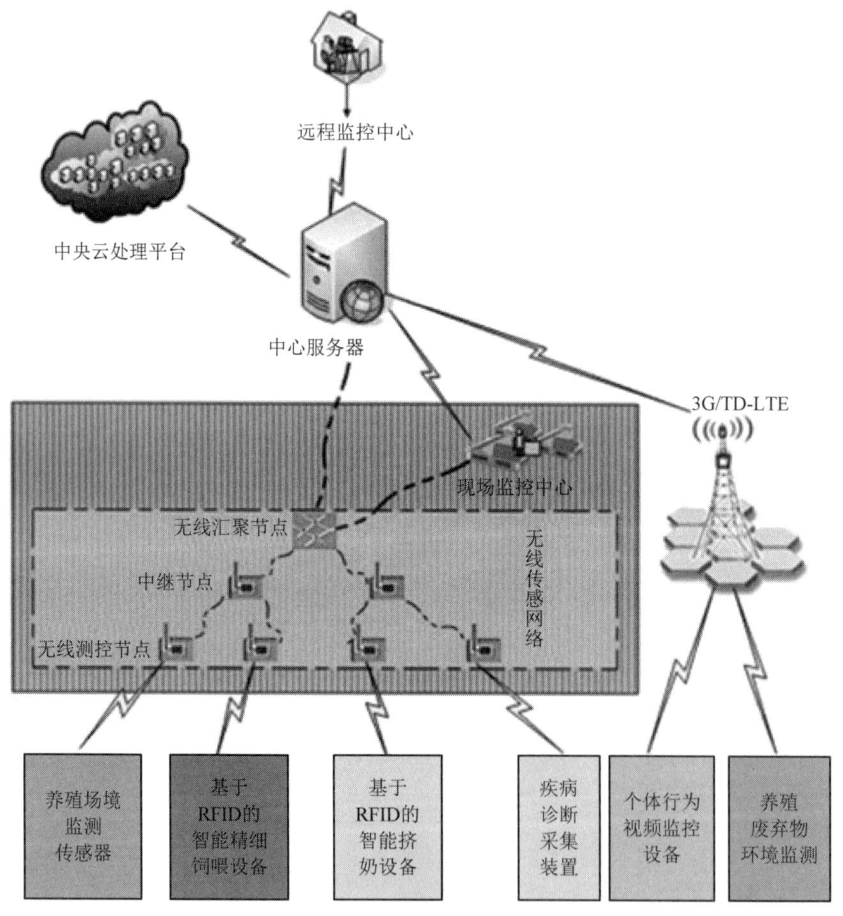

图7-12 畜禽养殖系统信息采集应用

畜禽养殖环境智能监控系统主要包括：①畜养殖舍环境信息智能采集系统：实现养殖舍内环境（包括CO_2、氨氮、H_2S、温度、湿度）信号的自动检测、传输、接收；②养殖舍环境自动调控系统：实现养殖舍内环境（包括照度、温度、湿度等）的集中、远程、联动控制；③智能养殖管理平台：实现对采集自养殖舍的各路信息的存储、分析、管理，提供阈值设置功能，提供智能分析、检索、告警功能，提供权限管理功能，提供驱动养殖舍控制系统的管理接口。

3. 水产养殖环境信息采集

在水产养殖物联网系统中，水质监测站是系统运行的基础。通过安装溶解氧传感器、pH 传感器、水位传感器、盐度传感器、浊度传感器等，配合智能数据采集器，实现对养殖场水质环境参数的在线采集、处理与传输。远程监控中心通过 GPRS 远程接入点接收无线控制终端汇聚的数据信息，用户可以通过手机、计算机等信息终端远程查询水质信息，同时也可通过对数据进行分析处理，做出控制决策，远程控制增氧设备。水产养殖环境信息采集应用如图 7-13 所示。

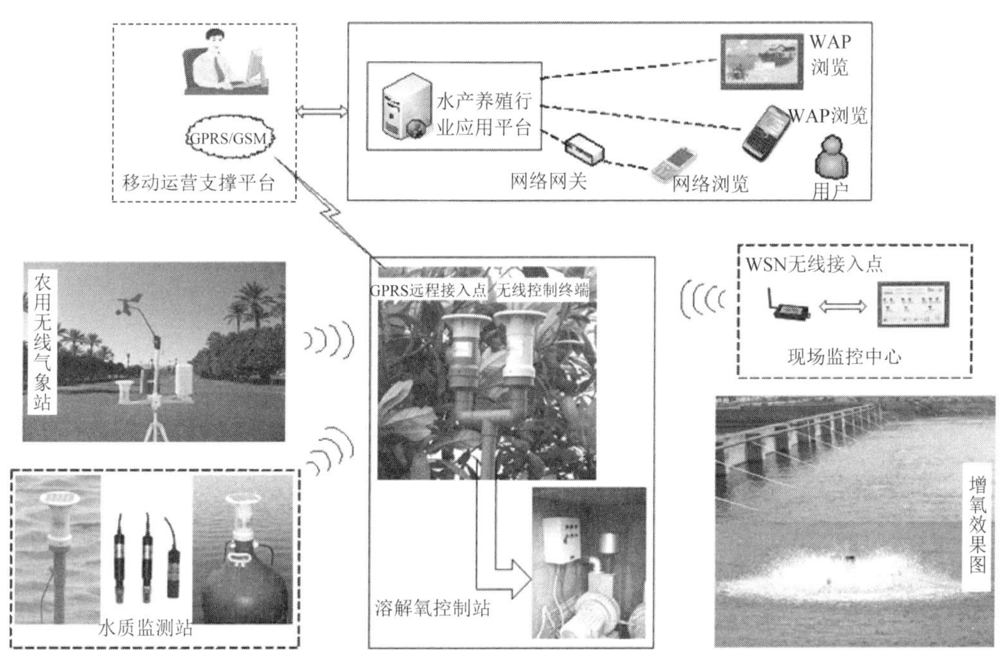

图 7-13　水产养殖环境信息采集应用

4. 农业大田作物信息采集

在耕地、草场、林地、苗圃等土地上，按照不同植物的信息采集需求布置相应的传感器采集关系作物、林木等长势相关的土壤墒情信息，以及大气温湿度、光照、降雨量、风速、风向、大气压等自然环境信息，并通过由多个传感器结点组成的无线传感器网络进行数据通信，将数据传输到大田监控服务系统，实现根据每个地区、地块的土壤透水率及环境气候状况等，科学调整灌溉渠网布局，实现节水、节能，提高单产或成活率，最终达到增加收入的目的。大田农作物信息采集应用如图 7-14 所示。

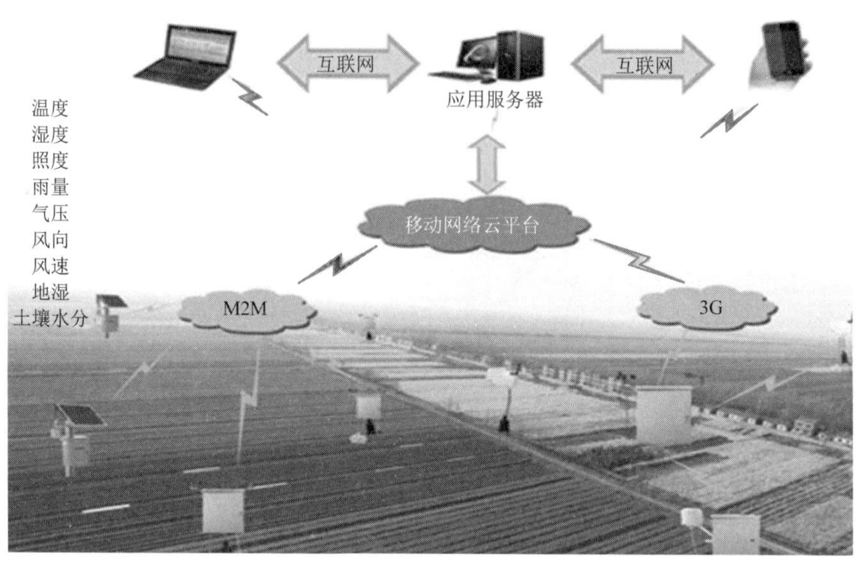

图 7-14 大田农作物信息采集应用

7.6.2 自动控制技术应用

1. 自动化控制在水肥一体化中的应用

水肥一体化是指随水施肥，改“浇地”为“浇作物”。水肥一体化作业能够直接将水和营养送到作物根部，利于吸收；降低蒸发，防止水土流失，深层渗透，可更为有效、准确地控制水与养分的供给量，提高产量和品质，同时防止过量施肥造成的水土污染。

由中央控制计算机、数据采集系统、电子负压计、土壤水分传感器、电磁阀、水动阀、变频控制器等仪器组成的自动化控制系统可以随时检测土壤湿度情况、作物生育期需肥情况，并通过中央控制计算机根据相关数据判断是否需要进行灌溉，如果需要灌溉，计算机程序会自动打开电磁阀起动灌溉设备和施肥设备，当土壤水分传感器传输至中央控制计算机的数据到达灌溉标准之后，灌溉设备会立刻停止工作。自动化控制可在节水灌溉中进行精量灌溉、水分调平，做到以最低限度的用水量获得最大的农产品产量和经济效益。

自动化控制系统控制部分提供手动控制、自动控制和紧急控制 3 种方式。手动控制采用开环方式，人工干预给出控制信号；自动控制采用闭环方式，不需外部输入控制信号，依据自身采集数据与自动控制参数决定灌溉施肥时机与灌溉施肥量。手动控制用于补充自动控制灌溉施肥的不足，紧急控制用于突发情况重新置位系统的各控制部分。

自动化控制系统水肥控制策略如下：

1）灌溉采用土壤水分传感器进行闭环控制，肥随水走，施肥次数和施肥用量与作物关键生育阶段相结合，多次少施，保证养分能被作物有效吸收，提高肥料利用率。

2）依据不同作物的施肥特征，设置营养液罐，决策系统轮询对象及其施肥阶段，自动组配营养方案，因作物与施肥阶段的不同而不同。施肥方案以数据库形式保存，采用普通微机实现智能控制。

3）系统依据实时土壤水分信息与作物需水特征及时灌溉；依据不同作物不同阶段的营

养需求特征，采取“肥随水走”与“以周为施肥规划单位，以天为施肥实施周期”的水肥一体化管理方案在线自动组配营养液。

4）自动控制依据采集数据与自动控制参量，将轮灌区归入 4 种队列中的空闲队列、浇水队列、施肥队列与浇水施肥队列。首先，检查空闲队列，若元素数目等于轮灌区总数，则系统等待下一轮浇水施肥时机。每隔两小时采集湿度信息，实时比较湿度数据与自动控制参量，重新分类轮灌区，循环执行若小于轮灌区总数，则依序检查并执行浇水队列、施肥队列与浇水施肥队列。

实例：某果园的节水灌溉应用。该果园灌溉自动控制系统包括 11 个阀门、2 个环境监测点，各监测点距离监控中心直线距离不超过 1km，现场无供电条件，因此采用太阳能供电，使用无线电台进行通信，使用直流电磁阀进行灌溉控制。果园的节水灌溉系统结构如图 7-15 所示。

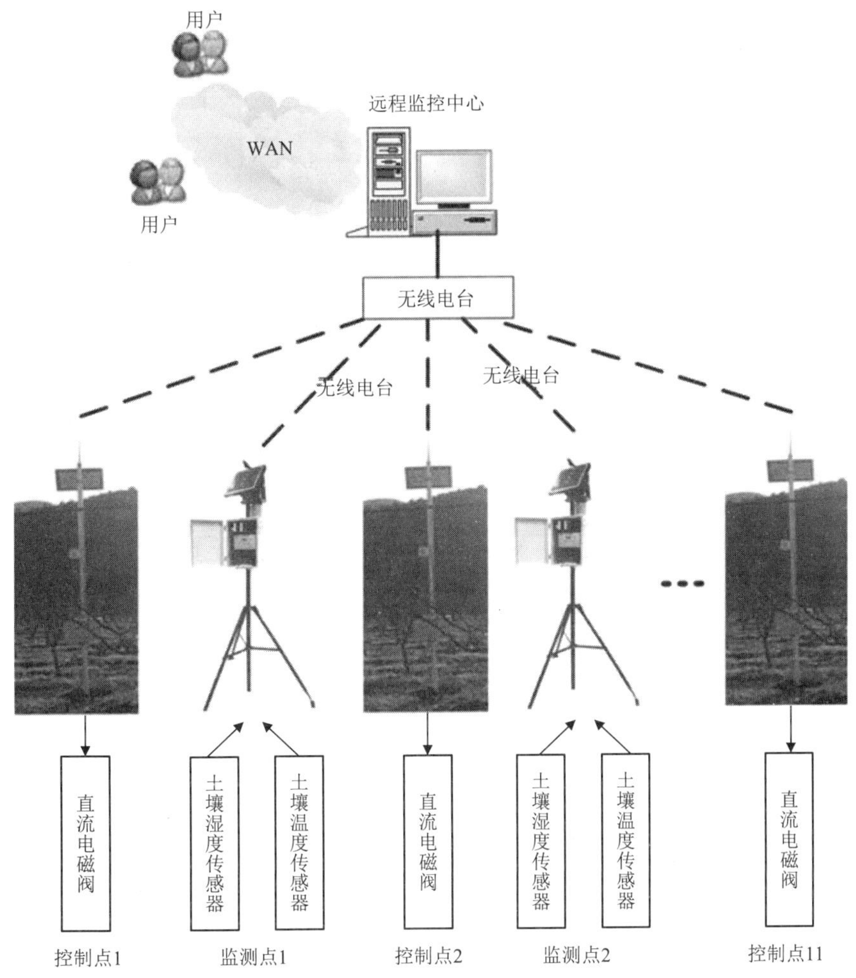

图 7-15　果园的节水灌溉系统结构

该系统由监控中心、灌溉控制点、环境监测点 3 部分组成，灌溉控制点使用直流灌溉控制器控制直流电磁阀，并通过无线电台与监控中心通信；环境监测点采用低功耗无线采集器，监测 4 个深度的土壤温湿度和空气温湿度信息，并通过无线电台定时发送到监测中心。监控中心服务器运行 B/S 结构的中央监控软件系统，用户可以通过互联网访问系统，实时进行灌溉控制和环境信息监测。

灌溉控制系统具有定时、自动、手动 3 种控制模式，可以实现的具体功能包括：

1）灌溉智能控制：系统具有自动控制、定时控制、手动控制 3 种灌溉控制方式。其中，自动灌溉是指系统依据土壤水分及气象条件，自动启动或停止灌溉；定时灌溉是指按照用户设定的灌溉开始时间和灌溉时长，自动启动和停止灌溉；手动灌溉是指根据需要，用户在软件上直接控制灌溉启动和停止。

2）系统远程监控：系统具有短信和网络两种远程控制方式，用户可以在任意地方通过手机短信进行灌溉控制和信息查看，同时用户也可以通过互联网进行灌溉控制。

3）数据监测：通过灌区内安装的环境监测点，实时监测土壤墒情和气象信息。

灌溉控制点位于灌溉阀门附近，用来进行灌溉控制。灌溉控制点由太阳能支架、太阳能供电系统、直流灌溉控制器、无线电台和直流电磁阀组成。其中，直流灌溉控制器是灌溉控制点的核心，该控制器可以控制 2 路直流电磁阀，采集 4 路土壤水分传感器，支持 MODBUS 协议，通过串口与无线电台连接，由无线电台与控制中心通信。灌溉控制点通过无线电台与监控中心通信。

环境监测点采用气象墒情采集站实现，系统能够实现远程监测空气温湿度、风速风向、降雨量、太阳辐射等气象信息，以及同一土壤剖面 4 个深度[表土层（20cm）、心土层（40cm）、底土层（60cm）和潜育层（80cm）]的温度和容积含水量等墒情信息。

监控中心由服务器、手机模块及中央监控软件组成。中央监控软件包括后台数据通信软件、网站、数据库、支持软件等，具有灌溉控制、环境信息监测、数据分析、远程报警等功能。中央监控软件具体功能包括：①自动控制，可以实现自动全部灌溉、手动全部灌溉、实时手动灌溉、自动灌溉等功能；②实时采集环境信息和土壤温湿度信息，自动生成灌溉决策依据；③土壤墒情信息的获取，通过选取不同的土壤深度单点传感器获取不同深度的土壤水分数据，用来指导灌溉；④报表管理，分别对墒情监测数据、气象监测信息数据进行统计保存，并提供报表查询、数据导出、报表打印等功能，方便用户查询所需数据，为灌溉决策提供依据。

2. 自动化控制技术在温室大棚中的应用

温室大棚的构造包括供水、温湿度、通风、照明等控制系统。各自动化控制系统对温室大棚内的情况进行实时数据的采集，再通过计算机中心的统计分析，最终反馈给各个自动化控制仪器进行操作，完成对温室大棚的监控管理。自动化控制技术可以对温室内气温、湿度、光照情况、CO_2 浓度、露点温度等进行准确的监控，这就保证了大棚内始终保持着最适宜农作物生长的环境，以求达到最佳的生长条件，最终收到预期的经济效益。自动化控制还可以完整、系统地保存相关数据资料，为研究农作物生长提供第一手的资料数据。

近年来，机器视觉技术也逐渐进入温室大棚之中。机器视觉技术可以对农作物表面进行色彩分析、纹理分析、明暗分析，通过这些数据可以有效监控农作物的生长情况，其结果可以作为温度控制系统、湿度控制系统等的控制信号，这样可以更准确地对农作物的生长进行自动化控制。

3. 自动化控制在无土栽培中的应用

无土栽培指的是使用水、雾、基质等代替土壤进行植物培植的方法。无土栽培需要自动化控制设备的帮助才能顺利实施，首先需要中央计算机控制系统对无土栽培的各个阶段进行实时监控，根据不同的植物对营养物质及水的需求来进行培植。无土栽培需要栽培容器、贮液容器、营养液输排管道等设备，这些设备通过自动化控制系统连接在一起。自动化控制系统可实现自动供养、导流滴灌等工作，这就大大节约了劳力，同时提高了种植效率，生产出来的农产品也可以保质保量。

4. 自动化控制在收获机械中的应用

农作物收获机械的自动化控制是近些年来十分热门的研究课题。农作物收获机械的自动化控制系统可以将收割、割晒、脱粒等多个步骤一次性完成。自动化控制系统通过中心计算机对各个机械进行统一调度控制，按照预设的过程对谷物进行高效的管理。

近些年来，针对西红柿、卷心菜、西瓜、柑橘、苹果等农产品的收获机械也逐渐出现在现代农业生产过程中。这种收获机械通过机器视觉技术来对采集目标进行分析判断，当发现目标后，自动控制系统会发出指令，引导机械手进行农作物采摘工作。这项技术可以大大减轻农民的劳动力度，同时加快农作物采摘速度，保证新鲜的农作物第一时间被采摘下来进行处理，进入市场销售，可以说对现代农业生产有着革命性的影响。由于果园和田间的作业环境较为复杂，采集的图像有可能受到叶片、枝干、光线等的影响，这项自动化控制采摘技术仍不太成熟，还处在进一步研发阶段。

7.6.3　农产品物流与仓储应用

现代物流仓储系统内部不仅物品复杂、形态各异、性能各异，而且作业流程复杂，既有存储，又有移动；既有分拣，也有组合。因此，以现代仓储为核心的智能物流中心，都采用物联网技术，集成自动控制、智能机器人堆码垛、智能信息管理、移动计算、数据挖掘等技术对农产品物流进行控制与管理。

1. 农林业产品生产流通

在农林业物联网中，每一个农林产品都被赋予一个独一无二的代码，将该代码存储在电子标签等标识单元上，并与产品建立物理关联，如粘贴在包装箱外等。通过该标识，产品从生产到流通的各个环节都能被识别并且记录新的状态和信息，从而实现对产品供应链的全过程跟踪和监管。通过追溯标签，消费者可全面了解农产品信息，确保农产品安全，进而提高农业信息化管理水平。

1）农产品加工。对于加工环节的检测信息，通过生物芯片或快速检测设备实现速测；对于农产品加工环节中不同包装产品的信息映射，通过在不同阶段进行标识转换来实现。

2）物流配送。通过集成环境传感器及 GPS 模块研制车载配送终端，实现农产品的实时在线监测；通过研制带传感器的 RFID 标签置于运输载体中，实现定时离线采集；面向物流配送企业构建仓储配送管理系统，实现农产品的品质控制、配送调度监控、仓储智能决策、冷链配送管理等功能。

利用物联网技术对冷藏车厢进行改造，安装温湿度等传感器、GPS、微控制器和电源、射频接受器，通过 GPRS 向物流控制总线发送数据，以检测、识别、记录和通知车厢运输过程中的事件，以提高安全性，并收集不同来源的数据触发警报，可提高农产品冷链运输过程的环境及品质信息监测水平。

3）农产品交易。采用 RFID 技术和嵌入式开发技术研制销售控制终端，实现主体识别和过程记录。对于消费者溯源，利用手机、网站、触摸屏及电话等方式为消费者提供多种溯源方式。面向批发零售企业构建农产品市场交易管理系统，实现农产品的市场准入管理、交易主体识别、销售过程控制、电子交易管理等功能。

2. 智能仓储管控

物联网技术与仓库管理系统（warehouse management system，WMS）相结合，对物品进行自动搬运、机器人自动堆码垛、物品自动识别、智能辅助人工拣选等作业，实现了仓储业的智能化与自动化。

7.6.4 森林监测

1. 森林调查样地标识

国家森林资源连续清查是以掌握宏观森林资源现状与动态为目的，以全省为单位，利用固定样地为主进行定期复查的森林资源调查方法，每 5 年进行一次。传统样地和样木复位方法是对照前期样地引线图、定位物、样木位置图、样木记录表，寻找样地内树木铭牌，使用罗盘、皮尺、花杆等工具测量定位，效率较低，用时较长且复位难度高；而使用 RFID 技术在复位样地、样木时相对较简单快捷，尤其是复位样木有较大优势，复位时仅需对样地、样木进行扫描，读出前期电子标签内容即可完成复位，时间短且复位率高，操作简单快捷。

样地准确复位后，在引点处和样地 4 个角点分别设置超高频无源电子标签，记录下 GPS 坐标及对应的角点信息，包括时间、位置、定位物等属性，使用电子标签读写器将该信息写入标签，然后将 RFID 标签嵌入对应点距地面 1.5m 左右的树干中。复查复位时用 GPS 或者北斗导航到标签附近，通过手持设备扫描识别 RFID 信息，根据识别信号强弱范围确定角点，可大幅度缩短找寻时间，提高复位效率。

给样地内每株树都嵌入标有树编号、胸径、树高等信息的 RFID 标签，通过手持设备扫描识别每株树的 RFID 记录的信息，进行复位调查，可确认标签信息与树木实际信息是否相符。

2. 智慧保护区天地人一体化监测

在保护区部署各类传感器，构建保护区地面监测物联网，用于野生动植物生态生活环境监测、动物跟踪、定位、识别、森林防火、病虫害监测、资源调查与保护、野外巡护、防侵入管理、生态定位监测等业务。其中：

1）生境信息采集系统与装置可获取森林中的植被、生物的生长与生存环境信息。该装置由一个小型气象站、土壤温度与水分传感器、CO_2 传感器、光照传感器、直径生长传感器等传感器组成，可实现土壤温湿度、大气温湿度、光照、风速、风向、CO_2、蒸发量、降雨量、负氧离子、PM2.5 等各种生态环境信息采集。生境信息采集装置由太阳能电池和锂电池供电，利用 GPRS 将采集的数据传送到接收服务器的数据库中，然后由数据分析软件对获取的环境信息进行数据分析，有助于理解保护生物的生物学特性，掌握种群分布适宜性，更好地保护濒危物种，规范人与保护生物之间的交互，指导保护区区划设计与管理，为森林培育与经营提供决策支持。

2）声音监测传感设备可获取鸟类、哺乳动物的声音，通过声音的频谱分析可对鸟类、哺乳动物进行识别分类，对其行为进行分析。

3）昆虫监测系统通过在黑光灯中的昆虫计数等传感器可对昆虫进行监测，或者采用图像识别技术对昆虫进行识别。

4）动物定位追踪系统利用动物项圈，通过全球卫星定位系统和无线网络可对野生动物进行定位与跟踪，将位置信息与体温、脉搏、呼吸频率等生理状况信息通过无线网络实时回传到服务器中，研究与管理人员可在网络终端显示实时位置及活动轨迹。

5）视频监测系统与设备通过视频传感器可实时获取监测区图像，通过无线网络将视频图像、红外相机图像等传输到服务器，对监测区进行监测。

6）位置服务系统通过巡户人员的手持智能终端，对巡户人员的位置、巡航轨迹、巡护数据进行分析，实时调度巡户人员进行数据采集。

7.6.5 农林产品追溯

“可追溯性”的定义引自质量保证的 ISO 8042：1994《质量管理和质量保证：术语》，即“通过记载的识别，追踪实体的历史、应用情况和所处场所的能力”。随着技术的不断成熟，可追溯体系在世界各地区和各国争相发展和实施。

1. 农产品追溯

农产品追溯就是建立农产品身份证制度，在农产品的生产、流通等各部门广泛采用条码技术、RFID 识别技术等电子标签，详细记载产品的各种数据，涵盖了农产品生产“从农田到餐桌”的各个要素环节（生产、加工、储藏、运输、零售），并保证食品生产和出售情况的透明度。消费者通过识别终端就能够了解产品的所有情况，让消费者自由选择农产品。例如，2004 年北京市农业局和河北省农业厅共同承担农业部的“进京蔬菜产品质量追溯制度试点项目”，由河北 6 县市蔬菜试点基地使用统一的包装和产品标签信息码，向北京市新发地和大洋路两个批发市场供货。上海市农委于 2000 年 12 月即已将农产品溯源工作列为市科技兴农重点攻关项目；2005 年，“农产品身份查询”将普及到上海市场上 50%的品牌产品；到 2007 年，基本建成全覆盖的农产品身份网上查询系统。

2. 林产品认证与追溯

林产品认证与可追溯系统是林业信息化的重要组成部分。林产品的认证是促进和保证森林可持续经营的一种市场经营措施，其目的是提高和加强合理利用森林资源的意志，提高森林可持续经营的水平。这种认证属于“绿色标签”“环境标签”或“生态标签”，以向消费者传递有关生产的木材是否来自可持续经营的森林的消息，即认证体系用标签来明确地注明木材和林产品是来自世界上那些可持续经营的森林。

利用写入林产品认证的 RFID 标签嵌入采伐的原木中，在原木存储、销售、运输到木材加工厂过程中进行认证与追溯。使用 RFID 标签使用户对木材和林产品的来源更清楚，并且更容易识别，以此促进森林向可持续方向发展。

参 考 文 献

白福义，罗晓玲，2007. 条码技术在固定资产管理中的应用研究：海洋仪器设备条码管理解决方案[J]. 海洋技术，26(2)：90-94.

白红武，胡肄农，王立方，等，2008．基于GIS的生猪及产品物流与追溯平台构件化设计[J]．江苏农业学报，24(5)：711-715.

常相铖，2010．浅析自动化控制在现代农业生产中的应用[J]．黑龙江科技信息(24)：228.

方琨，张娟，蔡振江，等，2010．基于 DS18B20 数字温度传感器的温室环境采集系统设计及应用[J]．安徽农业科学，38(23)：12792-12794.

何胜良，周冀，2004．GPRS 在远动监控系统中的应用方案研究[J]．四川水利发电(6)：53-56.

李宏梅，伍小芹，2010．有关语音识别技术的研究[J]．现代电子技术，33(8)：138-140，144.

李华胜，杨桦，袁保宗，2001．人脸识别系统中的特征提取[J]．北方交通大学学报，25(2)：18-21.

李树江，段岳非，2012．基于 CC2430 的温室大棚环境信息采集系统设计[J]．微型机与应用(19)：31-34.

李亭亭，王立海，2011．物联网在林产品物流中的应用[J]．森林工程，27(3)：85-88.

李雯，董希斌，杨学春，等，2007．RFID技术及其在木材仓储管理中的应用展望[J]．森林工程，23(2)：81-84.

李志刚，万猛，梁丰，2014．RFID技术在国家森林资源连续清查中的应用[J]．安徽农业科学，42(7)：2174-2175.

刘剑缝，肖文康，2006．RFID、EPC 基本工作原理与应用介绍[J]．条码与信息系统(5)：29-31.

柳静，2011．浅议计算机面部识别技术的应用[J]．电脑知识与技术，7(32)：8015-8017.

卢珊，赵强，刘丽萍，2011．虹膜识别算法的应用研究[J]．计算机仿真，28(3)：313-316，409.

孟浩，徐翠平，2006．虹膜识别算法的研究[J]．哈尔滨工程大学学报，27(3)：400-403，452.

孟志军，王秀，赵春江，等，2005．基于嵌入式组件技术的精准农业农田信息采集系统的设计与实现[J]．农业工程学报，21(4)：91-96.

钱平，郑业鲁，熊本海，等，2005．射频识别技术及其在农业上应用[J]．农业图书情报学刊，17(2)：16-19.

乔晓军，张馨，王成，等，2005．无线传感器网络在农业中的应用[J]．农业工程学报，21(S2)：232-234.

邵士媛，左长进，2006．列车车号自动识别系统ATIS应用与实践[J]．计算机工程与设计，27(11)：2108-2111.

孙其博，刘杰，黎羴，等，2010．物联网：概念、架构与关键技术研究综述[J]．北京邮电大学学报，33(3)：1-9.

孙忠富，曹洪太，杜克明，等，2006．温室环境无线远程监控系统的优化解决方案[J]．沈阳农业大学学报，37(3)：270-273.

王凤鸣，2011．关于有线通信技术的发展思考[J]．内蒙古科技与经济(22)：106-107.

王敏妲，2009．语音识别技术的研究与发展[J]．微型机与应用(23)：1-2，6.

王学锋，2011．物联网与人工智能[J]．数字通信世界(4)：77-79.

王竹萍，2009．基于条形码和RFID技术的高校固定资产管理系统设计[J]．杭州师范大学学报（自然科学版），8(1)：56-60.

谢力．物联网中的几种短距离无线传输技术浅析[A]．四川省通信学会 2010 年学术年会论文集：36-39.

薛新宇，柳平增，2008．畜禽养殖环境测控系统研究[J]．农业装备技术(5)：22-24.

杨信廷，钱建平，孙传恒，等，2014．农产品及食品质量安全追溯系统关键技术研究进展[J]．农业机械学报，45(11)：212-221.

于忠成，2010．物联网，下一场必须打赢的战争[J]．信息与电脑(3)：44-46.

张洪明，梅益立，张立翔，等，2004．基于 GSM 短信息的远程水情数据采集控制系统[J]．计算机工程(9)：180-181.

赵湘宁，2011．农业物联网中关键技术研究进展[J]．台湾农业探索(6)：103-107.

郑文刚，赵春江，王纪华，2004．手机短信（SMS）在环境监测中的应用[J]．计算机工程与科学，26(11)：101-102.

中欧农业信息技术研究中心[EB/OL]．（2018-06-30）．http://www.cicta.cn.

昆仑海岸农业大田信息监测系统[EB/OL]．（2018-06-30）．http://www.gkong.com/Company/klha/ solutiondetail.ashx ?id=20905.

BIG DUTCHMAN. The Agro management and control system for modern egg production[EB/OL]. Http://www.bigdutchman.com/bd_infos/produkkte/amacs_e.pdf.

GARCIA L R, LUNADEI L, BARREIRO P, et al, 2009. A review of wireless sensor technologies and applications in agriculture and food industry: State of the art and current trends[J]. Sensors, 9: 4728-4750.

LOPES A A, PAZ S M, CUGNASCA C E, et al, 2002. Sharing video image on the internet using java;an application to controlled environment[A]. Proceedings of the World Congress of Computers in Agriculture and Nature Resources. Iguacu Falls, Brazil: 114-118.

第 8 章　森林可视化技术应用

可视化是利用计算机图形学和图像处理技术，将数据转换成图形或图像在屏幕上显示出来，并进行交互处理的理论、方法和技术。可视化技术涉及计算机图形学、图像处理、计算机视觉、计算机辅助设计等多个领域，现成为研究数据表示、数据处理、决策分析等一系列问题的综合技术。目前正在飞速发展的虚拟现实技术也是以可视化技术为依托的。林业可视化是可视化技术在林业生产管理中的应用，凡是可应用于林业中的可视化技术就称为林业可视化技术。

8.1　林业可视化技术应用概述

8.1.1　可视化

可视化技术使人能够在计算机处理后的二、三维图形图像世界中直接对具有形体的信息进行操作与交流。这种技术已经把人和机器以一种直觉而自然的方式加以统一，极大地提高了人们获取信息与决策能力，以及发挥自己创造性的思维能力。可视化研究的发展大致遵循着科学计算可视化、数据可视化、信息可视化、知识可视化的轨迹。

1. 科学计算可视化

科学计算可视化是指利用图形学的理论和技术，将科学与工程计算等产生的大规模数据转换为直观形象的图形、图像，以直观的视觉化形式表达出来。

2. 数据与信息可视化

数据可视化是指运用图形学的理论和图像处理技术，将数据用图表、图像、地图、动画等可视化形式表示出来，从而对数据进行更深入的观察、分析，发现规律和支持决策。可视化的数据来源包括二维数据、三维数据、多维数据、时态数据、层次数据和网络数据。例如，在林业中，经常把树木胸高直径、断面积、蓄积随年龄的数据采用变化曲线表示出来，地类、树种组成使用饼图表示出来，树种适生区数据在地图上表示出来等。

3. 知识可视化

知识可视化是在科学计算可视化、数据可视化、信息可视化的基础上发展起来的新兴研究领域，它应用视觉表征手段促进群体知识的传播和创新。知识可视化指的是所有可以用来建构和传达复杂知识的图解手段。除了传达事实信息之外，知识可视化的目标在于传输见解、经验、态度、价值观、期望、观点、意见和预测等，并以这种方式帮助他人正确地重构、记忆和应用这些知识。知识可视化从可视化方式的角度分为启发式草图、概念图表、视觉隐喻、知识动画、知识地图、科学图表；从认知工具的角度有概念图、思维导图、认知地图、语义网络、思维地图；从知识可视化分类理论的角度有知识地图、图画、矩阵图、维恩图、流程图、树形图、鱼骨图、组织图等。目前人工智能领域中的知识图谱就是一种知识可视化的具体应用。例如，通过泡泡图将挖掘到的树种、病害、虫害、适生区每个实体与实体之间的关联展示出来，方便用户获取它们之间的具体关系；用户访问网站的热力图可以使决策者方便地获取各地、不同类型的用户访问网站的数据，获取网站页面的哪些部分吸引了大多数访客的注意，帮助提升网页的设计。

可视化技术在林业领域，主要集中在森林虚拟现实技术和森林经营可视化两个方面。

8.1.2 森林虚拟现实

1. 虚拟现实技术

虚拟现实技术是根据人类的视觉、听觉的生理心理特点，由计算机模拟一个三度空间的虚拟世界，人们在这个三维的、多媒体的虚拟世界中游历、观察三度空间内的事物的一种信息技术。虚拟现实技术综合了计算机图形技术、仿真技术、传感器技术、显示技术等多种科学技术，在多维信息空间上创建一个虚拟信息环境，使用者通过头盔显示器和数据手套等交互设备，将自己置身于虚拟信息环境中，成为虚拟环境中的一员，使用者与虚拟环境中的各种对象相互作用，提供视觉、听觉、触觉等感官的模拟，具有身临其境的沉浸感，如同在现实世界中身临其境一般。沉浸-交互-构想是虚拟现实环境系统的 3 个基本特性，其核心是建模与仿真。

虚拟现实技术已成为农林业及计算机图形学中的一个研究热点，为农林业生产、科研和教育注入了新的活力。

2. 森林虚拟现实技术

森林虚拟现实技术是以虚拟现实技术为手段构建森林对象，表达及分析复杂的森林，构建具有真实感的森林植物形态结构或模拟其生长发育过程，为用户提供真实感、沉浸感的森林场景漫游环境，甚至借助各种传感设备使用户在虚拟森林环境中可获得视觉、听觉、触觉、动觉等多种感知，从而达到身临其境的感受。虚拟现实技术在林业领域的应用主要如下。

（1）植物科学实验

利用虚拟现实技术模拟植物在三维空间中的形态结构、生长发育过程，这就是虚拟植物。利用虚拟植物技术，可以非常直观地对复杂的生态系统进行研究，发现传统的研究方法和技术手段难以观察到的规律。例如，利用虚拟植物技术开发的虚拟三维果树的虚拟现实系统，使人们可以在计算机显示器上观看三维果树发芽、生长、抽枝、展叶、开花、结果和果实成长，一整年的生长周期被缩至不到一分钟的时间。

（2）林业技术推广与培训

利用虚拟植物模型建立虚拟林场、虚拟森林，使林业生产者或参加实习的学生在计算机上种植虚拟作物和进行虚拟林场管理，观察作物生长状况的动态过程；并可通过改变环境条件和栽培措施，直观地观察作物生长状况的改变，这样可取得传统方式无法达到的效果，特别是对林业科技成果推广而言，将使生产者更易理解和掌握。

（3）园林规划设计

在风景园林领域，可以利用虚拟现实技术建立虚拟园林，并在这个虚拟系统中加入周围的建筑物和各种附属设施，这样既可直观地表达规划设计效果，也可满足虚拟旅游的要求。

（4）森林资源配置

将虚拟现实技术用于森林资源配置，建立虚拟系统，可有利于综合考虑各种因素，评估和对比设计方案，实现最优的资源配置。例如，采石厂在开工前要对所造成的影响做出研究报告，经营者要提出在工程结束时使该地区植被恢复原状的计划。利用虚拟现实技术可以显示植被恢复各阶段的全貌。

（5）林业教育教学

在教室里的计算机上，配合多媒体软件包，借助于三维数据库，学生可以利用虚拟系统学习各种植物的结构、植物生长、森林抚育间伐或园林规划设计后的效果等。在虚拟系统中只需移动鼠标和按键，他们就可以控制在屏幕上观察的角度，非常自然地在其中漫游。这样就使教学过程更形象、直观和生动，能够从时间和空间上对生态系统或地理环境进行描述，可极大地提高教学效果，激发学生的学习兴趣，增加学生对事物的认知。

8.1.3　森林经营可视化

森林经营可视化是采用可视化技术，以一定范围林分整体为研究对象，利用建立的数学模型，分析展示森林资源数据，通过图表模拟预测林分的生长状况及造林、抚育间伐等经营活动对林分的影响，目的在于将森林经营活动从现场观测转移到桌面虚拟森林的观测，实现定性和定量分析森林状况、森林经营的历史反演、现实再现和未来预测，科学地评价森林经营效果，为森林经营辅助决策提供支持，提高森林集约程度，充分发挥森林的效益，提高林业经济效益。

森林经营过程中可视化应用主要体现在以下方面。

1. 森林资源数据可视化

利用可视化技术能够将森林资源数据以图表、地图、标签云、动画等容易理解的图形方式来呈现，从而能够深入观察、分析和理解数据。对森林资源数据的多维度可视化手段从森林的生物多样性、资源范围、森林的生产功能与森林的生态公益等角度进行了评价。

2. 生长收获预估二维可视化

将林分、单木的生长收获预测模型计算的数据，利用各种可视化图表曲线形式展示林分树木生长和收获量结果，形象展示林分因子随不同森林经营活动的变化。

3. 森林经营三维可视化模拟

在森林经营管理中，通过构建林木生长、形态与竞争模型，在森林经营管理系统中，通过三维可视化技术模拟林分树木形态结构，通过从正视图、俯视图、侧视图等不同角度的林分三维场景，能够从水平和垂直等不同方面观察模拟林分的生长状况，反映树木不同时期的生长发育状况，将树木之间竞争、森林经营措施效果等利用可视化技术展示出来。通过交互式的森林经营操作，模拟林分间伐、整枝等抚育措施后的林分状态，帮助森林经营者合理安排森林经营计划，为森林经营管理提供辅助支持。

8.2 森林植物与经营模拟可视化技术

8.2.1 植物可视化建模方法

为定量化研究植物生理生态过程和形态结构，生成能够具有真实感的三维植物个体或群体，研究人员采用各种方法在计算机上虚拟植物在三维空间中的生长发育过程。根据对植物可视化思想及数据获取渠道的不同，目前常用的植物可视化建模方法主要有以下 5 种。

1. L-系统

L-系统（L-system）是匈牙利生物学家 Aristid Linder Mayer 于 1968 年提出的。L-系统通过对植物对象生长过程的经验式概括和抽象，构造初始状态与描述规则，进行有限次迭代，生成字符发展序列以表现植物的拓扑结构，并对产生的字符串进行几何解释，生成非常复杂的分形图形。

由于植物实际生长过程受环境、营养等因素的影响，存在一定的不确定性，因此发展了随机 L-系统。在随机 L-系统中，每个起始状态都有多个描述规则，为每个描述规则设定随机概率，然后产生一个随机数来选择描述规则，生成不同的终止状态，从而克服了 L-系统只能生成规则图形的局限，可构造随机的植物拓扑结构。随后又提出了 D1L 系统，该系统可以模拟植物从根向茎、叶的信息传输。L-系统已经较广泛地在植物组织结构层次上用于植物建模定义。

2. 分形方法

法国数学家 Benoit B. Mandelbrot 于 1973 年创立了分形几何学。分形是一门以非规则几何形态为研究对象的几何学，用来描述那些不规则且欧氏几何无法描述的几何现象和物体，其最大的特征是生成的图形具有结构自相似性，即任选一局部将它放大，这时原来看上去光滑的局部又会呈现与原图一样的复杂形状。对于同一植物而言，其所有分枝都具有相似的形态结构，因此许多研究人员考虑采用分形函数来对其进行描述。实现分形几何建模的方法主要包括迭代函数系统（iterator function system，IFS）、粒子系统（particle system，PS）、分枝矩阵（branching matrix）、A 系统（A-system）等。

（1）迭代函数系统

迭代函数系统由 Hutchinson 于 1981 年提出，Barnsley 于 1985 年发展的一个分形构成系统，该方法以仿射变换为框架，根据几何对象的整体与局部具有自相似的结构，将总体形状以一定的概率按不同的仿射变换进行迭代，可以产生具有无穷细节的、精致纹理的图形，尤其在植物形态模拟方面。迭代函数系统可以表现出植物整体形态的不规则性及整体与局部细节的自相似性，但是利用迭代函数系统进行植物模拟时缺乏对植物拓扑结构的理解和控制，模拟的植物形态差异性小，具有千篇一律的现象。为了获得植物千姿百态的模拟效果，研究人员研究了随机因素和迭代概率对植物形态的影响。由于树木具有极强的自相似的特点，在树木可视化系统中有大量应用迭代函数系统的成功实例。

（2）粒子系统

粒子系统由 Reeves 于 1983 年提出，其基本思想是采用许多形状简单的微小粒子（如点、立方体、球等）作为基本元素来表示自然界不规则的景物。该方法采用基本粒子的集合来描述物体的形态及其变化，这些基本粒子可以是一个像素，也可以是一些简单的绘图图元，它们的集合确定了物体的形态。对于每一个新产生的粒子，粒子系统必须为它们指定各自的属性值。粒子的属性集合一般由粒子位置、速度大小及方向、粒子大小、颜色、透明性、形状及生命周期等组成，粒子属性值取自所定义的有效值，并在此基础上可增加一定的随机扰动。此外，粒子系统还应定义一个产生形状，使得可以在此确定区域内随机选择粒子的初始位置，如一个半径为 R 的球，也可以按一定的自然模型来生成更复杂的产生形状。用粒子系统表示的物体是不确定的，它的外形和结构复杂多样，形态各异，并且在一定程度上具有随机性。国内许多研究者将粒子系统的思想用于植物形态的模拟，并进行了一定的改进。粒子系统的主要优点是以基本几何图元来构造物体空间和时间上的形态变化，易于变换和反走样，因此更适合于森林景观生长系统模拟的整体研究，不适合表现个体植物的拓扑及形态。

（3）分枝矩阵

分枝矩阵模型用矩阵来描述植物分枝结点的个数和类型，通过迭代产生植物的分形结构，通过定义各级枝条的偏转角度、锥度、螺旋状扭曲及与其母枝条的尺寸比例等实现可分形树木造型。

（4）A-系统

Aono 等提出了构造植物形态的 A-系统。该模型针对早期 L-系统不能生成复杂三维枝条结构的缺点，提出了 GMT1～GMT4 4 种几何结构模型。通过设置分枝角度按照一定统计规律随机变化，以及植物分枝结构的一些特征（如单轴分枝结构、合轴分枝结构等），能形象地模拟多种植物，并通过应用吸引子（attractor）算法，模拟光照、重力及风等对植物形态的影响。A-系统能够迅速直观地生成植物形态结构。

3. 随机过程方法

随机过程方法主要有 Philippe de Reffye 等提出的基于有限自动机的植物形态发生建模方法，该方法将植物的拓扑结构及其生长发育过程表达为一个有限自动机的模式，植物各个器官的发育及不同生理年龄间的转换可以看成几种不同状态的转换。可以通过马尔可夫链及状态转换图形方式描述植物生长、发育、休眠、死亡等过程。随后，一些学者在随机过程方法的基础上提出了多尺度意义下的植物拓扑结构、双尺度自动机等模型。

4. 基于图像的植物建模

由于植物自身结构复杂，三维植物的描述普遍存在数据量大的缺点，在大型的场景漫游中会严重影响绘制速度。因此，基于图像的植物建模方法大都采用了“主要枝干建模+细小枝条近似合成+树叶自动附着”模式。利用少量典型的、具有高度真实感的场景图像重构植物的几何模型，由于图像数据的采集非常方便，基于图像的植物建模方法非常有应用前景，为高度真实感（如实际拍摄照片一样）的树木绘制提供了一种替代方案。

5. 参数化建模

参数化建模方法通过采用测量仪器等方式对实际树木的外观形态进行较为准确的测量与记录，依据测量结果（获取参数）对被测树木进行真实感建模。根据获取测量数据的不同，可分为基于几何参数建模和基于点云参数建模两种方法。

1）基于几何参数建模方法。通过对标准树进行测量，获取树木胸径、树高、枝下高，以及树冠的大小、分枝角等尺度上的形态数据，然后设定相关参数，利用有限几何图元（如线、多边形、立方体等）完成对树木外观模型的构造。例如，郭恩莹（2013）利用圆锥体、圆柱等几何体描述杉木整体形态结构，并模拟杉木人工林的经营过程。使用基于几何参数建模方法构建树木外观不是特别美观。

2）基于点云参数建模方法。通过三维扫描仪获取植物点云数据，根据几何拓扑结构等对树木形态进行重建。由于三维扫描仪受限于作用范围和工作场所，过于高大的树木或密林中的植物不易进行扫描，尤其是繁茂枝叶的植物几何非常细碎，枝叶间遮挡重重，很难准确重构出其完整的几何模型。因此，许多研究者主要利用三维扫描仪来重构植物的主枝部分，采用三维扫描仪对无叶的树木进行扫描获得树木的主干和枝条，过于密集并被树叶遮挡的小枝条则采用相似查找的方法进行近似生成，树叶则附着在小枝上自动生成。

8.2.2 植物的真实感绘制技术

建立植物的可视化模型后，需要根据模型将植物真实地绘制出来。面对植物的复杂几何结构和丰富细节这两个难点，植物绘制技术可分为两个方面：整株植物的绘制和植物局部细节的绘制。在整株植物的绘制方面，主要方法为基于几何的绘制（geometry-base rendering，GBR）、基于图像的绘制（image-base rendering，IBR）、体纹理技术、预计算方法和局部真实感绘制技术等。

1. 基于几何的绘制

基于几何的绘制方法就是采用传统的绘制方法来直接绘制植物的几何模型，所采用的传统绘制方法包括扫描线绘制方法、光线跟踪方法、辐射度方法、Photon mapping 技术等。一般的植物建模与绘制软件都采用了这种直接绘制的方式。如果植物模型足够真实，绘制时对光照、纹理、阴影及反走样的处理足够细致，就可以获得非常逼真的效果。但由于植物的真实感几何模型往往面片数量很大，这种方法的真实感绘制效率很低，难以满足实时或交互应用的需求。

几何场景模型中含有大量的可见面细节，但是其中许多可见面在屏幕的投影小于一个像素，可以在保证一定相似度、不影响画面感知效果的条件下，合并这些可见面而不损失绘制效果。层次细节就是在保证一定相似度、不影响画面感知效果的条件下，从物体场景的几何模型出发，通过逐次简化景物的表面细节来减少场景的几何复杂性，也就减少了需要绘制的场景面片数目，从而提高绘制算法的效率。层次细节简化的目的是对多边形模型或场景进行多分辨率表示，即在应用中依据模型和视点的距离，通过选择适当分辨率的模型表示来进行绘制。如果模型离视点较远，且在屏幕空间的投影区域覆盖较少的像素，则用粗糙的模型来进行表示；如果模型离视点较近，则采用精细的模型进行绘制。

2. 基于图像的绘制

基于图像的绘制技术是从一些预先生成好的图像出发，通过一定的插值、混合、变形等操作生成一定范围内不同视点处的图像，旨在利用纹理图像在视觉上模拟植物的几何。这一方法能够极大地减少几何图元的绘制数量，提高绘制速度，在交互式系统中得到了广泛的应用。但由于图像是离散的数据，不可以无限细分，当视点过近时，失真现象不可避免，这极大地限制了该方法的使用；而且，该方法并没有建立真正的几何模型，限制了其在更复杂效果模拟中的应用。实现基于图像的绘制算法的方法主要包括公告板（billboard）、切片混合技术和层次图像技术 3 类。

（1）公告板

公告板技术是用一张贴有半透明效果图像的四边形面片表示一整棵树，并且将面的法向始终指向视点，其绘制速度很快但真实感损失也最大，并且无法表现视差及正确的光照和阴影效果。为了更好地显示，在公告板技术的基础上，采用两互相垂直交叉的公告板来表示一棵树，或者在交叉公告板的基础上添加一个水平垂直的公告板等技术。

（2）切片混合技术

为弥补公告板表现视差效果的不足的缺点，切片混合技术对树木实体部分如主干、分枝使用普通的网格绘制，而对树木的稀疏部分、末端和叶子使用基于图像显示的切片集合。

（3）层次图像技术

层次图像技术通过使用图像来代替包含在包围盒中的树叶从而显示成为一组树枝，每一个包围盒可以存储为 6 个图像。此外，这些图像按照一定的方式组成不同的层次细节，绘制时通过使用视距标准来选择合适的层次细节及相关的图像。

3. 体纹理技术

体纹理技术是一种直接由三维数据产生屏幕上二维图像的技术。体绘制中植物或其局部的表达形式是一组三维空间格点（也称体数据），其中每一个格点对应植物模型的一个局部信息，通常采用光线投射的方法进行绘制。当体数据足够精细，采样的分辨率足够高时，可以取得逼真的效果。体纹理技术通过三维数据转化，使得场景复杂度与物体几何复杂度无关，而只与体纹理的分辨率等参数有关。因此，该算法在大规模复杂场景的快速绘制方面有着非常显著的优势。

体绘制方法与植物的几何复杂度无关，并可以得到图形加速硬件的支持，能够取得实时的绘制效率，并能取得不错的绘制效果。但在体纹理中，整棵植物，甚至一片植物都是一个无法分割的整体，因此难以对植物的各部分区域分别进行控制与修改，也不易表达植物的复杂动态效果，在灵活性上显得不足。

4. 预计算方法

预计算方法是指预先从各个方位对植物进行高度真实感绘制，得到各个方位的采样绘制结果，然后在实时绘制中根据已获得的结果就可以得到当前视点的图像，完成植物各个方位的实时显示。预计算方法相当于将大量的绘制工作放在了预处理阶段，并将绘制效果预存了下来，以此来换取实时显示效率。为了实现树木在动态视点及动态光照条件下的实时显示，预先对不同视线方位和光照的树木进行绘制采样，得到树木的双向变换函数。在实时绘制过程中，将某视点及光照下的图像通过双向变换函数邻近视点及邻近光照的采样效果进行插值而生成。

Meyer 等（2001）预先对不同视线方位和光照的树木进行绘制采样，得到树木的双向变换函数。为了实现树木在动态视点及动态光照条件下的实时显示，在实时绘制过程中，将某视点及光照下的图像通过双向变换函数邻近视点及邻近光照的采样效果进行插值而生成。

5. *局部真实感绘制技术*

树木的真实感模拟中，树皮是一个重要表现内容。树皮表面具有丰富的色彩细节和几何细节，并能够反映出树木生长变化的特征，对树木的真实感模拟具有重要作用。许多情况下，树皮绘制效果的模拟仍然采用简单的纹理重复性映射来实现。这种纹理重复性映射的方式具有明显的缺陷，表现在：①树皮图案出现明显的重复性，表皮特征难以控制，影响真实感效果的表现；②难以实现树皮纹理的各种生长变化效果，如树皮从树干根部到上部由老到嫩的逐渐变化效果，以及树皮表面的疤痕效果等。

在树叶的绘制上，采用包含的空间变化的双向反射和透射函数的参数化模型（Wang，2005），利用扩展了的传统“预计算的光照传递”技术进行光照计算，生成逼真的叶片绘制效果；或者根据光照方向与视线方向夹角动态改变光照计算中树叶的漫反射颜色和镜面反射分量，采用迭代运算的方法生成逼真的叶脉图案效果（Kharlamov 等，2007）。

8.2.3 标准化图形编程接口

在计算机上进行图形绘制的过程中，图形编程接口能够提供一系列的函数和相关结构，作为图形硬件与图形应用程序之间的桥梁，能够在显示器、打印机或其他硬件设备上绘制和显示图形，实现硬件与应用程序之间的交互。为便于图形应用程序开发和维护，标准化的图形编程接口使得图形应用程序开发人员不用再应付纷繁复杂的图形硬件品种，不同的硬件生产商可以按照各自生产条件和产品目标采用不同的制造方案。这样应用程序开发者在面对不同的图形硬件时只需面对统一的编程接口，能够集中精力解决应用的问题，而不用面对图形硬件层的各种差异。

目前标准化三维图形编程接口主要有 OpenGL（open graphic library）、Direct3D 和 WebGL（web graphics library）3 类。

1. OpenGL

OpenGL 的前身是 SGL 公司为图形工作站开发的一个图形开发环境，OpenGL 在此基础上逐步发展而来。OpenGL 提供了跨编程语言、跨平台的用于生成二、三维图形图像的标准化图形编程通用接口，该接口由近 350 个不同的函数构成，用来绘制从简单的图元到复杂的三维场景。OpenGL 为基本图形元素和状态的绘制提供了标准化的渲染方法，如点、线、多边形、光照、材质、阴影等的绘制。其因良好的跨平台可移植性、优良的图形渲染效果、交互式的三维图形建模等优越性，成为开发三维图形系统的首选，并逐渐演变成为交互式场景仿真和高性能图形开发领域的通用标准。OpenGL 的库函数采用 C 语言风格，所有 OpenGL 函数采用了以下格式：

<库前缀><根命令><可选的参数个数><可选的参数类型>

其中，库前缀有 gl、glu、aux、glut、wgl、glx、agl 等，分别表示该函数属于 OpenGL 的核心库（gl）、实用库（glu）、辅助库（aux）、工具库（glut）、窗口库（glx、agl、wgl）和扩展函数库等。

OpenGL 的函数库构成如图 8-1 所示。

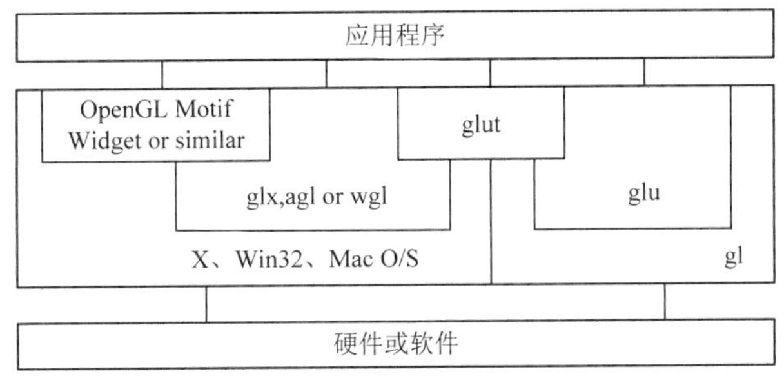

图 8-1 OpenGL 的函数库构成

（1）核心库

核心库的函数名前缀为 gl，由 gl.dll 来负责解释执行。这部分函数用于常规的、核心的图形处理。核心库的函数主要有绘制基本几何图元的函数，矩阵操作、几何变换和投影变换的函数，颜色、光照和材质的函数，显示列表函数（主要有创建、结束、生成、删除和调用显示列表的函数），纹理映射函数，特殊效果函数，光栅化、像素操作函数，选择与反馈函数，曲线与曲面的绘制函数，状态设置与查询函数。

（2）实用库

实用库的函数名前缀为 glu，由 glu.dll 来负责解释执行。实用库是对核心库的封装，函数通过调用核心库的函数，为开发者提供相对简单的用法，实现一些较为复杂的操作。实用库的函数主要有辅助纹理贴图函数；坐标转换和投影变换函数；多边形镶嵌工具；二次曲面绘制工具，主要绘制球面、锥面、柱面、圆环面；非均匀有理 B 样条绘制工具；错误反馈工具。

（3）辅助库

辅助库的函数名前缀为 aux，由 aux.dll 来负责解释执行。这部分函数提供窗口管理、输入/输出处理及绘制一些简单的三维物体。辅助库函数主要有窗口初始化和退出函数；窗口处理和时间输入函数；颜色索引装入函数；三维物体绘制函数；背景过程管理函数；程序运行函数。

（4）工具库

工具库的函数名前缀为 glut，由 glut.dll 来负责解释执行。由于工具库中的窗口管理函数是不依赖于运行环境的，因此 OpenGL 中的工具库可以在 Windows、OS/2 等操作系统下运行，特别适合于开发不需要复杂界面的 OpenGL 示例程序。工具库函数主要包括窗口操作函数；回调函数，如响应刷新消息、键盘消息、鼠标消息；定时器函数；创建复杂的三维物体函数；菜单函数；程序运行函数。

（5）窗口库

Windows 专用库：针对 Windows 的扩展函数，函数名前缀为 wgl。

X 窗口专用库：针对 UNIX 和 Linux 的扩展函数，函数名前缀为 glx。

C++调用 OpenGL 函数绘制图形的步骤如下：

1）OpenGL 开发环境搭建，包括 Visual C++编译器安装、OpenGL 相关库函数准备。

2）创建工程，将所需 OpenGL 文件和库加入工程中。

3）建立 OpenGL 视点，定义窗口和视口，添加成员变量和成员函数。其中窗口函数包括 glut 初始化函数 glutInit()、显示模式设置函数 glutInitDisplayMode()、窗口位置设置函数 glutInitWindowPosition()、窗口大小设置函数 glutInitWindowSize()、glClearColor()清除颜色数值函数 glclearColor()及设置视口函数 glViewport(0,0,w,h)等。

4）调用 OpenGL 函数绘制图形。

2. Direct3D

Direct3D 是微软公司基于 Windows 操作系统开发的 3D 图形编程接口。Direct3D 提供的三维图形编程接口基于组件对象模型（component object model，COM），Direct3D 添加新的功能和特性只需要扩充包含新功能的新接口，而不需改变现有接口。Direct3D 提供 3 种类型的渲染设备：一种是硬件抽象层（hardware abstract layer，HAL）设备，即硬件抽象层设备；一种是类 MMX 设备，是 Intel 通用处理器中的一套多媒体增强指令集；还有一种是 RGB 设备，通过软件实现的三维渲染设备。无论是渲染的速度还是渲染的质量，专门优化设计过的图形硬件设备要优于基于通用计算设备的模拟硬件渲染方式。图 8-2 所示为 Windows 环境下不同三维图形系统访问图形硬件的方式。

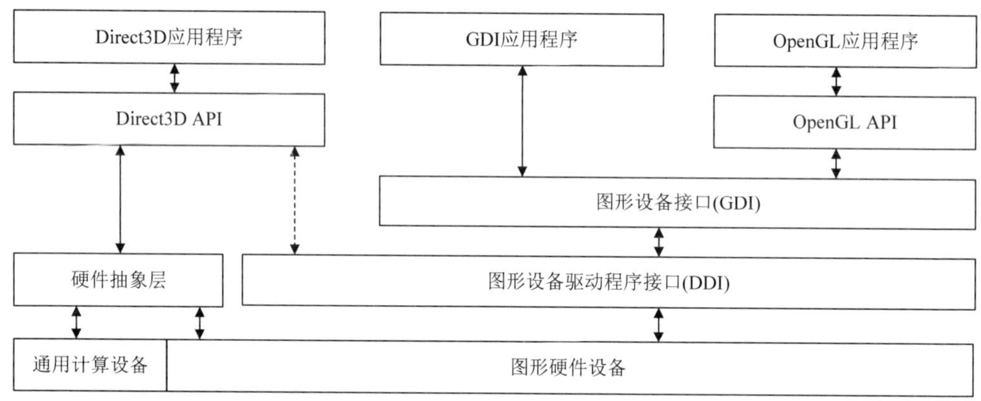

图 8-2 Windows 环境下不同三维图形系统访问图形硬件的方式

C#调用 Direct3D 函数绘制图形的步骤如下：

1）配置环境，需要安装 Visual Studio 2008 或以上版本，然后安装 DirectX SDK。

2）在 visual studio 2008 下选择创建 Windows 下的一个空项目。为项目添加引用，引入 Microsoft.Directx、Microsoft.Directx.Directx3D、Microsoft.Directx.Directx3DX。

3）创建一个 Windows 窗口 Form1，通过 Form1 的构造函数设置窗体的初始状态，包括窗体尺寸、标题等；设置一个全局对象 Device，定义绘图设备，同时定义初始化函数 InitializeDirect3D()，告诉绘图设备如何渲染到屏幕上及一些异常的处理；通过渲染函数 Render()渲染图形。

4）调用函数或语句绘制图形。

综合来说，OpenGL 和 Direct3D 各有优势，目前很多图形应用程序都同时支持这两种通用图形编程接口。

3. WebGL

WebGL 把 JavaScript 和 OpenGL 结合在一起，采用跨平台的 WebGL 开放图形库接口进行 Web 交互式三维动画的制作，实现在网页上无须任何浏览器插件支持浏览交互式三维动画。WebGL 可以为 HTML5 Canvas 提供硬件 3D 加速渲染，利用系统显卡更流畅地展示 3D 场景和模型。常用的 WebGL 开发图形库主要有 Three.js、PhiloGL、WebGLU、Babylon.js、SceneJS 及 x3dom 等，其中 Three.js 是一个开源的、封装了 WebGL 底层 API 接口库。

8.2.4　三维图形渲染引擎

为了提高开发效率，适应面向对象编程的需要，研究人员设计了一种称为三维引擎的中间件的标准化图形编程接口，在该接口之上封装了三维图形渲染引擎，将面向过程的更为接近硬件设备的通用图形编程接口中的三维图形算法与绘制细节进一步封装为层次结构更为高级的数据组织和操作函数，通过标准化图形编程接口实现三维可视化。目前常见的三维图形渲染技术有开放场景图形（open scene graph，OSG）、面向对象图形渲染引擎（object-oriented graphics rendering engine，OGRE）、Java3D（三维图形库）、虚拟现实建模语言（virtual reality modeling language，VRML）等，它们在技术的难易程度、数据共享性、可扩展性、跨平台的特性等方面各有所长，在渲染速度，图像质量，造型技术，交互性等方面各有特色。可根据需求应用进行选择。

1. OSG

OSG 是一种开源的图形开发库，采用 OpenGL 通用图形编程接口与 C++编写，源码完全开放，具有良好的跨平台性，可以运行在多种操作系统之上。OSG 作为中间件，为可视化程序的开发准备了大量的高级渲染功能和存放空间数据的数据类型，开发人员可在此基础上开发可视化程序。OSG 的主要模块有核心库、工具库、插件库和互操作库等库，如图 8-3 所示。其中核心库提供了场景图管理功能和渲染功能；工具库作为核心库的扩展提供了高级结点类型和渲染特效；插件库提供了多种栅格图像格式和 3D 模型文件格式的读写函数库、多媒体接口、外部设备操纵接口等；互操作库负责 OSG 程序与其他开发环境之间的互通交流，便于直接调用其他编程语言写的程序，如 Python 等脚本语言。

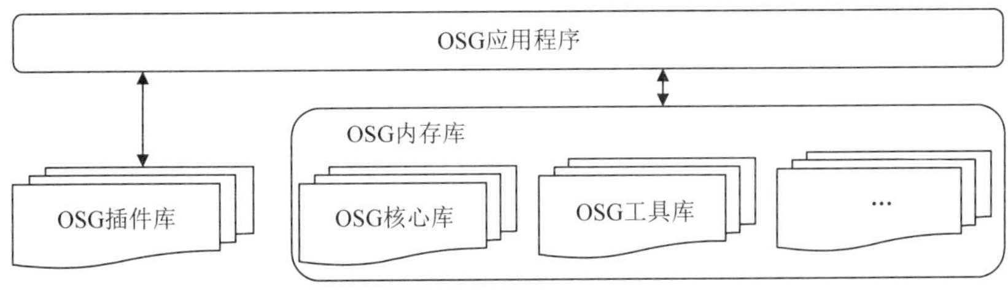

图 8-3　OSG 的组成模块

2. OGRE

OGRE 是一个用 C++开发的面向场景的 3D 引擎。OGRE 作为一种开源的图形渲染引擎，遵循 LGPL 许可协议，可以运行在多种操作系统之上，支持 OpenGL 和 Direct3D 两种通用的图形编程接口，上层的应用开发不用再关心几何体级别的琐碎处理工作，而是直接操作具体的场景及场景中的物体。

3. Java3D

Java3D 是 Java 软件开发库在三维图形领域的扩展集。Java3D 对 OpenGL 和 DirectX 通用图形编程接口进行了封装。该图形库提供了完善的 API，调用 API 生成形体，使形体具有颜色、透明效果、贴图，在三维环境中生成灯光、移动灯光，可以使形体变形、移动，生成三维动画。Java3D 可以利用 Java 平台的诸多功能，如图像处理、交互式用户接口等，编写出在浏览器端运行的三维动画、三维游戏、WebGIS 等。Java3D 程序只需要使用标准的 Java 虚拟机就可以浏览。Java3D 采用具有层级结构的场景图管理三维场景中的对象和对象的渲染信息，用户只需要利用面向对象的方式组织好场景图中的内容，就可以交由 Java3D 自动完成渲染功能。

4. VRML

VRML 是一种专为互联网设计的三维图形标记语言，该语言的语法采用由 Web3D 联盟定义的一种 Web 端的三维可视化 X3D 标准。VRML 与 Java3D 类似，VRML 利用场景图的方式构建三维场景，组成场景图的要素由结点构成，这些结点被称为对象，可以用.wrl 文件保存这些对象。VRML 可在互联网上实现逼真的三维虚拟场景和三维动画效果。扩充后的 X3D 标准有一个统一的 API，即场景创作接口（scene authoring interface，SAI）。SAI 统一了 VRML 不同的外部创作接口（external authoring interface，EAI）和内部的脚本 API，实现了应用程序与场景之间的交互。

8.2.5 森林经营可视化模拟技术

1. 森林经营数据图表可视化控件

在各种森林经营管理信息系统中，用各种数据图表可视化工具（控件）对数据进行可视化展示是一个不可缺少的功能，尤其二维数据集的柱状图、折线图、饼图等，以及多维数据集图形等可视化展示。目前流行的图表控件都能满足森林经营管理所需要的二、三维图表绘制。常用的可视化图表控件如下。

（1）Flash 类图表控制

该类图表控制主要使用 Flash Player 作为载体，使用 XML 作为数据输入，优点是可以跨平台、跨浏览器，支持多种开发语言，支持多种类型的图表、仪表和地图，具备交互功能且可连接多种数据库。Flash 类图表组件主要有 FCF（fusion charts free）、OFC（open flash char）、AC（anychart）等。

（2）.NET 类图表控件

该类图表控件主要是用于.NET 平台，不需要 Flash Player 等作为载体，可直接在

WebForm 和 WinForm 窗体上显示。该图表控件提供了直连数据源接口，不需使用 XML 作为数据输入，可直接绑定各种数据源到控件，同样支持多种图表与交互功能，实时数据显示。这类控件非常多，如 Microsoft Chart Controls for Microsoft .NET Framework、TeeChart for .NET、XtraCharts Suite、Chart FX 7、DevExpress、LightningChart 图形控件等。

（3）Java 类的图表控件

该类图表控件主要用于 Java 平台。这类控件非常多，主要有 FreeChart、ECharts、jCharts、JChartLib、SWTChart、FineReport、Chart FX for Java 等。

（4）JavaScript 图表控件

JavaScript 图表控件不仅能够实现 Web 应用的交互式操作，而且能够绘制炫丽漂亮的图形图像，常用控件有 ECharts（enterprise charts）、Highcharts、ZoomCharts、D3.js 等。其中 ECharts 是百度推出的一款开源基于 Canvas 的纯 JavaScript 的图表库，提供可交互与个性化定制的数据可视化图表；Highcharts 是兼容绝大多数浏览器的纯 js 图表库，能够很简单便捷地在 Web 网站或是 Web 应用程序添加有交互性的图表，支持的图表类型有曲线图、区域图、柱状图、饼状图、散状点图和综合图表。除基本的图表功能外，以上控件还支持热力图、地图、线图等复杂图形的绘制。

（5）知识图谱关系图

知识图谱是一种基于图的数据结构，由结点（point）和边（edge）组成，每个结点表示现实世界中存在的“实体”，每条边为实体与实体之间的“关系”，知识图谱就是把所有不同种类的信息连接在一起而得到的一个关系网络。目前存储知识图谱的主流图数据库有 ArangoDB、OrientDB 与 Neo4j 等，该类数据库主要支持海量的知识图谱中各知识实体结点的存储；除具有结点存储功能外，图数据库还具备知识图谱实体结点关系图的展示功能。各类图数据中，OrientDB 与 Neo4j 对图谱的展示效果相对较好，可以通过泡泡图将挖掘到树种、病害、虫害、适生区每个实体与实体之间的关联展示出来，方便用户获取它们之间的具体关系。

2. 森林经营三维可视化模拟关键技术

构建森林经营可视化模拟系统过程中，根据研究区域不同需要考虑可视化数据来源、森林生长模型、三维模型构建及三维场景生成技术等几个方面。

（1）数据和模型

森林可视化需要集成各种数据源信息，高准确度、高分辨率的数据来源对于形成真实逼真的森林景观非常重要。数据来源包括森林资源调查数据、地理信息数据及其他数据等，地理信息数据包括地形、地貌、植被等地理信息。目前，在大多数的森林可视化应用中，地形、地貌特征等一般利用数字高程模型进行描述，数字高程模型提供了森林地形边界、海拔、坡度、坡向及地貌因子等特征。另外，还需要考虑林分的年龄、立地质量、林分密度、林分树木特征（胸径、树高、树冠因子）及林分树木空间分布等。

森林生长模型是一个或一组用于描述树木因子、林分状态、立地质量等变量与林分生长量之间关系的数学函数。森林可视化需要森林生长模型驱动，生长模型能够对森林生长的时空复杂性和延续性进行描述，为森林资源可视化管理提供理论支持。生长模型根据研究对象尺度不同，可分为单木水平、林分水平和景观水平模型；根据模型构建方法不同，可分为经验模型、过程模型、林窗模型和混合模型。由于不同模型的研究尺度、研究目标等各不相同，每个模型都有其长处和局限性，因此经营者应根据研究区域的地理位置、经营历史和研究数据决定所采用的模型。

以杉木研究为例，郭恩莹等对杉木整体形态结构研究，建立了以胸径、树高、冠幅、冠长等表示的杉木整体形态结构，如图 8-4 所示。杉木生长参数与各形状参数的对应关系公式组如下：

$$\begin{cases} R_2 = R_3 = kC_{W/2} \\ R_4 = R_5 = kD/2 \\ h_2 = k\cot\theta C_W/2 \\ h_3 = k(C_L - \cot\theta C_W/2) \\ h_4 = k(H - C_L) \\ \theta = f(C_W, C_L) = 60.094(C_W/C_L)^{0.8461} \end{cases} \tag{8-1}$$

式中，H 为树高；C_W 为平均冠幅；C_L 为冠长；D 为胸径；h_2、h_3、h_4、R_2、R_3、R_4、R_5 如图 8-4 所示；k 为形态参数与生长参数的换算比例。

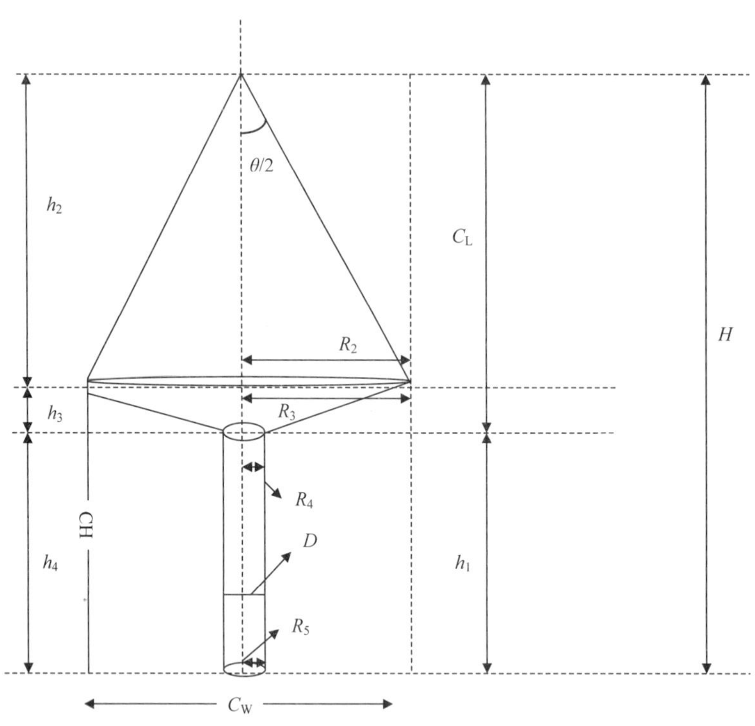

图 8-4 杉木三维结构与生长参数对应图

（2）树木三维建模

树木三维建模主要分为基于实测数据的参数化树木结构建模、基于树木生长规则和随机过程的数学建模、基于图像建模方法。为了准确描述树木随年龄等的动态变化，森林经营过程中林分三维可视化主要采用基于树木实测数据的几何结构建模方法。目前可用于几何建模的图形接口很多，比较流行的有 OpenGL、Direct3D 及 WebGL 等。树木几何建模内容主要包括基于参数的树木几何绘制、林分树木空间位置、林分三维场景及场景交互式操作等。建模过程如下：

1）几何建模。根据基本图形单元（点、线、多边形、图像和位图都作为基本图形单元）

建立树木几何模型，通过多种坐标系之间的变换，将树木几何模型显示到计算机二维屏幕上，并对所建立模型进行数学描述。

2）设置视点。把树木模型放在三维空间中的合适位置，并且设置视点（viewpoint）以观察所建树木模型，需要在计算机通过矩阵相乘进行多种变换，包括造型、视图和投影等操作，这些操作包括旋转、平移、缩放、反射、正交投影和透视投影等，将树木三维坐标转化到屏幕上像素位置。

3）设置环境。计算模型中所有树木的色彩，根据应用要求来设置环境，同时确定光照条件、纹理粘贴方式等。由于图形硬件处理的几何图形越多，它所需要的渲染时间就越多，因此在森林经营可视化过程中研究者提出了一些方法提高图形渲染，改善树木形态结构建模与实时渲染效果和速度。

3. OpenGL 的树木几何建模实例

（1）树木几何建模

树木几何建模需要树木形态结构参数，为动态绘制树木需要根据树木生长模型获取树木形态参数（树高、胸径、树冠等）。以杉木为例，可以将一株杉木分为树干、树冠两部分分别建模。树干的形态可以通过干形曲线描述，但在林分场景可视化中树干不是主要关注点，可将树干从树顶端到底端按区分段，看作由若干个圆台体和圆锥体组成的几何图形。在 OpenGL 中，通过 gluCylinder（GLUquadricObj *qobj, GLdouble baseRadius, GLdouble topRadius, GLdouble height, GLint slices, GLint stacks）函数绘制圆台或圆锥体，其中参数 baseRadius、topRadius、height 分别描述下底半径、上底半径及高度，然后通过 glBindTexture（GLenum target, GLuint texture）函数为纹理目标绑定纹理，就能实现带树皮的树干效果。对于林分树冠模拟，当研究重点在树冠整体形态上时，可以通过抛物线形或简单的几何形状（圆台体或圆锥体）表示树冠轮廓，或者在以上基础上添加简单的树木枝条绘制，从而达到树木可视化效果。

（2）林分树木空间位置

在林分可视化过程中，可以通过林分调查获取树木在林分中的位置，但很多时候往往缺少树木位置信息。根据森林空间分布的一般规律，即规则分布、随机分布和聚集分布 3 种空间分布方法，在计算机上可利用林分密度和林木空间分布格局方法确定树木的二维分布位置。均匀分布中树木个体之间等距离分布，林分各处密度均等，这种情况在自然的情况下极为罕见，人工林有一定的株行距，常呈均匀分布；随机分布是指林木每个个体在种群各个点上出现具有相等的概率，林木以连续而均匀的概率在林地上分布；聚集分布又称集群分布，林木个体分布极不均匀，在各处密度相差很大，常成簇、块或群密集分布。

（3）场景构建

场景构建内容包括林分地形可视化、林分场景可视化两个方面。林分中逼真的地形三维可视化是基于 DEM 数据或遥感影像数据，采用渲染工具或手段进行三维地形和纹理的加载和绘制，在大规模林分场景中可以模拟复杂逼真的地形。但在以林分小班标准地为模拟单位的情况下，由于模拟范围很小，可以采用简单的矩形或圆形平面以林分标准调查样地的方式代替复杂的林分地形。林分场景可视化在构建的林分地形之上，将基于参数的几何三维树木模型根据相对应的林木空间位置依次加入场景中。为了实现从水平和垂直方向上观测林分生长状况，需构建正视图、俯视图、透视图等林分场景视图。

（4）场景交互

在所构建的林分虚拟环境中，模拟经营者与林分虚拟环境的交互作用过程。结合漫游功能，实现经营者通过鼠标、键盘等模拟森林的抚育间伐措施、人工修枝等措施，设置场景漫游对林分近距离状态进行观察模拟。

4. WebGL 的树木几何建模实例

WebGL 可用于创建复杂 3D 结构网站页面，实现网页上 3D 加速绘制和渲染复杂三维图形。以 Three.js 为例，三维可视化实现流程如图 8-5 所示。

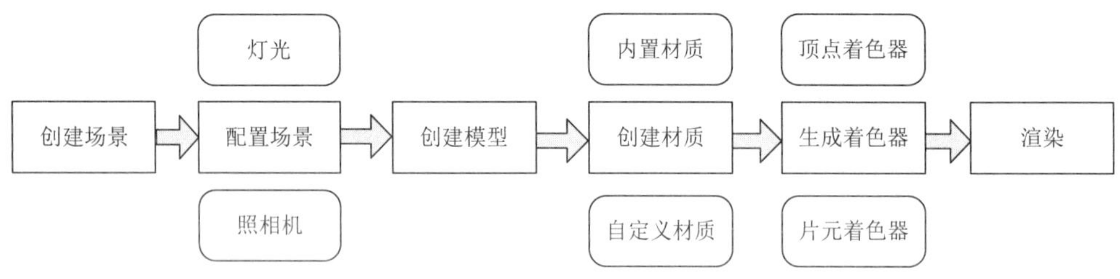

图 8-5 基于 Three.js 的三维可视化实现流程

8.3 森林景观三维可视化模拟软件

植物森林景观三维可视化模拟软件主要用来对树木、花朵、灌木、有机生物体、建筑及抽象生物体进行建模及动画的创作，可以制作出完全逼真的树木、花草三维模型和动画等，同时还拥有大量的能够被其他建模软件调用的植物库模型等。比较著名的软件包括 SpeedTree、XFrog、GreenLab 及 VUE 等。其中 SpeedTree 主要用于个体植物建模及绘制；XFrog 采用了一种表达植物生长过程的模型，可用于模拟植物的动态生长过程；而 GreenLab 则是从生物学角度出发模拟植物的生长过程，在生物学意义上更具有真实性；VUE 则主要用于大规模植物景观的绘制。下面就对这几种软件及其技术原理分别进行介绍。

8.3.1 用于植物高真实感实时绘制的 SpeedTree

SpeedTree 是 IDV 公司开发的一款三维植物建模及渲染软件。SpeedTree 采用了一种高效的植物模型表示方法与绘制技术，可以逼真而快速地表现个体植物的细节，如树皮表面的轮廓细节、阴影效果、树叶的光照、树叶的半透明效果等，支持大片树木的快速生成和渲染。SpeedTree 还包含了一个有 150 多种植物的模型库，该模型库可以被导入其他的三维建模软件或游戏中使用。目前许多有名的游戏引擎和虚拟现实引擎，如 Unity3D、Unreal 等都采用了 SpeedTree 作为其默认的植物模型库。SpeedTree 的关键技术如下。

1. 轮廓的裁剪

SpeedTree 在经典的浮雕纹理映射技术的基础上，使用了一种被称为轮廓裁剪（sihouette clipping）的技术来达到逼真的细节绘制效果，该技术是在垂直于视觉向量的方向上根据物体的轮廓生成一系列被称为鳍的几何元素，用轮廓鳍来简洁地、类似浮雕表达轮廓的凹凸。在场景绘制时，大多数树木并不需要表现其表面的细节，因此采用了一种多层次细节表现策略，即当树木距离观察点很近时，使用轮廓裁剪技术进行细节表现；当树木距离观察点较远时，将轮廓鳍从树木上移除，由此加快绘制速度。

2. 阴影

SpeedTree 阴影是离线预计算出来的，并且是静态的，可以与很多不同的引擎一起工作。SpeedTree 对阴影技术进行了改进：采用标准渲染来生成树叶阴影贴图，采用级联阴影贴图提高树叶阴影效果。

3. 树叶光照

SpeedTree 模型提供了所有必需的数据来实现在树叶上的逐像素动态光照，包括切向和法向贴图数据。

图 8-6 所示为运用 SpeedTree 技术进行树木渲染的效果实例，该图展示了轮廓裁剪技术应用于一种截然不同的树干类型的绘制效果。

图 8-6 高动态范围内和两边光照加上轮廓

8.3.2 可模拟植物生长过程的 XFrog

XFrog 是德国 Greenworks 公司开发的植物制作软件，XFrog 可以制作出效果逼真的植物效果，并支持各大主流 3D 软件接口（如 3ds、LW、Cinema4d、Maya、xsi 等），利用它们的渲染器就可以直接渲染成动画。与 SpeedTree 相比，XFrog 的一大特色是其可以制作出植物的生长过程，植物生长模型是 XFrog 的最大亮点。

1. XFrog 树木建模原理

XFrog 设计了包含树木结构信息的图标（组件）系统。这些组件图标一些表示树木的树干、树枝、叶子等不同器官，一些则用来修饰器官之间各种组合排列关系。XFrog 将树木模型的模拟中可能会出现的绝大多数基本信息融合在这些组件中，通过一定设计方式来排列这些原型图 P-graph（prototype graph）[图 8-7（a）]。XFrog 系统首先遍历 P-graph，将信息提取出来，并转化成图 8-7（b）所示的带有相应拓扑关系的临时树图 I-tree（interim tree）；然后从 I-tree 中提取出拓扑结构及其结构上对应的树木器官及其附带的参数信息，模拟出最后的几何树木，如图 8-7（c）所示，即在 XFrog 的显示界面中看到的树木结构。

此外，这些过程是同时进行的，任何组件信息的创建及其改动都将会在预览视窗中即时地显示出相应的树木模型的几何结构变化。

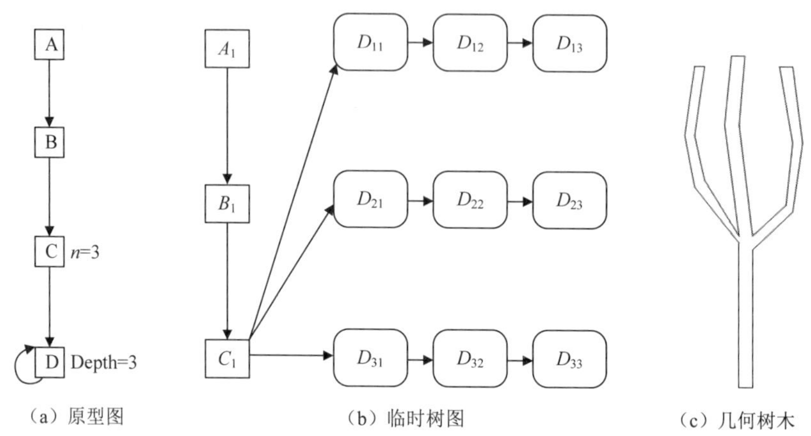

图 8-7 XFrog 的树木表示原理

为了能够让用户直观地构建树木的 P-graph，XFrog 提供了多种图形化的组件。这些组件主要分为 3 类（共 11 种）：器官组件、群组件和自由变形组件，设计了 4 种变化机制：

1）默认的效果：主干的分支即为一级树枝，而一级树枝的分支则为二级树枝，以此类推。当然，在分支上添加树叶组件时就会模拟出叶子来。

2）为某参数定义了可变化的函数曲线。通过调节函数曲线的方式，避免了让用户直接调用函数，降低了用户的操作难度。

3）模拟植物生长的趋向性（如引力、风力、向光性、自旋等）。

4）自由变形。

2. XFrog 树木模型的制作流程

（1）前期准备

通过对图片资料和各种数据进行分析，手工绘制简单的树木拓扑结构。

（2）建立 P-graph 图标模型

参照之前获得的树木的各种数据，结合手工绘制的拓扑图，利用各种组件并且合理安排两两之间的链接关系，将树木的拓扑结构合理有效地表现出来，模拟出 P-graph 模型，这也是 XFrog 建模的核心内容。

（3）参数与函数曲线调整

当完成了 P-graph 的制作之后，XFrog 就会在它的显示界面显示对应的树木几何。而这时的树木模型都是系统默认的形态：树枝是笔直的，树枝和树叶是均匀分布的。这时的任务就是要对每个组件及链接关系进行各项参数和函数曲线的调节。供调节的参数非常详细，针对树枝这一组件的可调节参数就有近 20 种，如长度、粗细、网格数量、扭曲强度、偏离、旋转等；针对整体控制下一层组件的参数包括分布情况、生长缩放和几何缩放、偏离角度、密度等；针对控制植物生态特性的参数包括向光性、地心引力等。

（4）添加材质

当树木模型的形态基本完成之后，剩下的就是添加材质。XFrog 的每个组件参数中都有一个针对材质的选项，用户只要直接添加材质路径，XFrog 就会赋予组件相应材质。

在 XFrog 树木模型的制作流程中，XFrog 中的视窗界面会即时显示参数的变化。

3. XFrog 树木生长动画制作

XFrog 的植物生长动画模拟系统类似于 3ds Max 的动画系统，不同之处是 XFrog 系统的关键帧是植物不同生长阶段的模型。植物的生长模拟动画分为以下两种。

（1）起始关键帧和结尾关键帧为同一关键帧

将已经完成的植物模型设定为动画结尾处的关键帧，并且复制这一关键帧作为动画起始关键帧，保证了起始和结尾两帧拓扑结构相同，确保生成比较平滑的动画。把第一个关键帧整体进行缩放和调整，并在动画中间的某一帧改动各组件的参数和函数曲线，使植物模型符合植物此阶段的形态。在中间添加了足够多个可以表现植物各阶段生长特征的关键帧后，一个植物生长动画基本就已经成型了。

（2）起始关键帧和结尾关键帧为不同关键帧

依靠 XFrog 自带的拓扑算法将起始关键帧的拓扑关系慢慢变化为结束点关键帧的拓扑关系，把起始关键帧的树木模型细化，而不再仅仅是缩放和简单的调节而已。但其不如第一种模拟方法的效果平滑自然。图 8-8 是用 XFrog 构建的 4 种树木模型，图 8-9 则是用 XFrog 模拟侧柏生长过程时的 4 个阶段画面。

图 8-8　4 种树木的模拟效果（从左至右分别是毛白杨、侧柏、油松、栓皮栎）

图 8-9　侧柏的生长过程模拟

8.3.3 GreenLab 的功能-结构模型

GreenLab 是法国国际农业研究中心 Amap 实验室研究的一种模拟植物生长的功能-结构模型。GreenLab 与 XFrog 的植物生长模型不同，重点是从生物量守恒出发来构建具有生物学真实感的模型，其功能-结构模型能够有机表现植物在生长发育过程中外观结构及其生物量分配的变化，并表达植物外观结构与内部生理功能间的密切关系。由于 GreenLab 的最大特色为其功能-结构模型，因此下面详细介绍该模型的原理，然后介绍运用 GreenLab 制作杨树生长过程模拟的基本方法。

1. 结构模型进行虚拟植物的一般框架

功能-结构模型中进行植物生长模拟的术语：

1）轴结构：植物主体结构由轴（plant axis）组成，植物的主干称为主轴；分枝用不同级的轴命名，如主干上的枝条称为 1 级侧轴，1 级侧轴的分枝称为 2 级侧轴，依此类推。

2）叶元：植物是由轴组成的，如图 8-10 所示，轴上生叶的部位称为节（node），节与节之间的那段轴称为节间（internode）。轴顶端的芽称为顶芽，叶腋处的芽称为腋芽，侧枝由腋芽发育形成。节和节间及节上的侧生器官的集合简称叶元。

3）生长周期：GreenLab 模型是一个时间上离散的模型，每个离散时间称为一个生长周期。

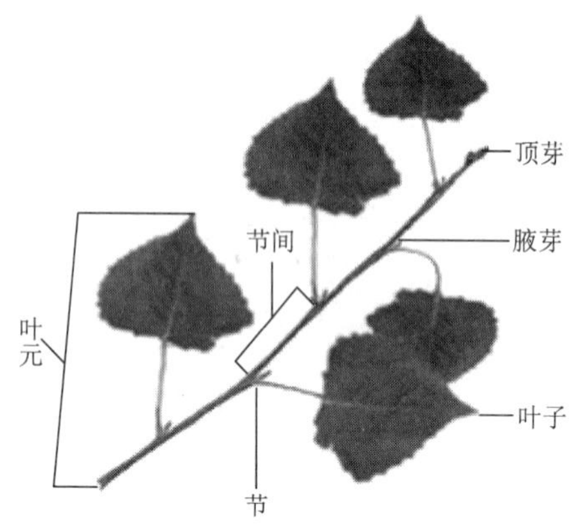

图 8-10 枝条的各个组成部分

4）生长年龄：对应于植物的轴或者器官出现后经历的生长周期的个数。植物本身、植物上的枝条、器官（如叶子、花、果实等）都具有生长年龄。

5）生长单元：在一个生长周期内，植物在轴上所长出的新的叶元的总和。

6）生理年龄：在 GreenLab 等模型中用来表征植物不同的生理阶段，并通过模拟植株的生物量生产与基于植株拓扑结构的生物量分配，以及器官生物量积累与器官形态的关系，真实地模拟植物的生长情况。

7）分枝级别：在植物建模中另一个常见的概念是分枝级别（branching order）。若主干的分枝级别为 1，则主干上侧枝的分枝级别为 2，而侧枝上侧枝的分枝级别为 3，依此类推。

GreenLab 植物功能-结构模型进行虚拟植物的一般框架如图 8-11 所示。

GreenLab 模型主要包括形态发生模型和生理生态模型两部分，计算的结果为植物在各个周期产生的生物量、器官的大小、方向和空间位置等。通过植物器官生成（植物的发育）和生物量生产（植物的生长）的模拟构建植物形态。植物的发育采用自动机进行模拟，该自动机依据植物生长、分枝、成熟和死亡的规律在各生长周期中产生器官。生物量的生产则通过对源器官（通常为种子和叶子）的模拟来实现，并根据不同器官汇强（sink strengths）来分配生物量，通过异速生长规律来构建器官的形态，确定器官的位置及朝向，即完成植物结构构建。

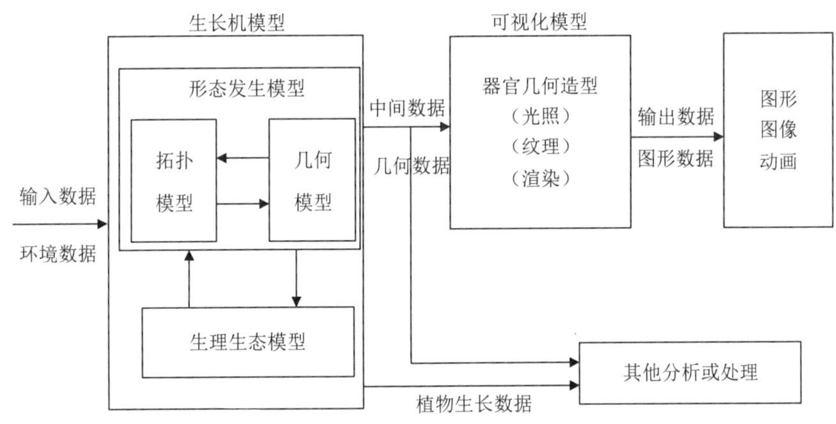

图 8-11　虚拟植物的一般框架

2. 形态发生模型

GreenLab 模型中的形态发生模型为一个“双尺度自动机”，其中通过“宏状态”“微状态”及相互之间的跳转关系来模拟植物的生长单元、生长单元中的叶元及它们的生长顺序。在植物结构中存在不同层次的单元，如叶元、由叶元组成的生长单元、由生长单元组成的茎、由茎和茎上的侧枝共同构成的子结构（sub structure）。茎的生理年龄相同的部分在 GreenLab 模型中习惯称为生长轴（bearing axis），因此子结构是逐层包含的。

由于生长单元包含叶元，两者属于不同的尺度。宏状态的重复模拟生长轴上生长单元的顺序产生。宏状态的跳转模拟在经历一定生长周期后生长轴的顶芽的生理年龄的变化。每个宏状态包含一种或多种微状态，每种微状态对应于一种叶元，也有一定的重复次数。微状态跳转关系表示一个生长单元中的叶元的生长顺序。由宏状态、微状态及其相互包含与跳转关系构成的自动机称为双尺度自动机（dual-scale automaton）。

（1）微状态

一个微状态对应于 GreenLab 模型中在空间上尺度最小的单元：叶元，如图 8-12 所示。正常条件下，叶元上的腋芽将发育成侧枝或其他植物器官，所以腋芽的生理年龄不小于叶元本身的生理年龄，微状态的生理年龄是指叶元本身的生理年龄。

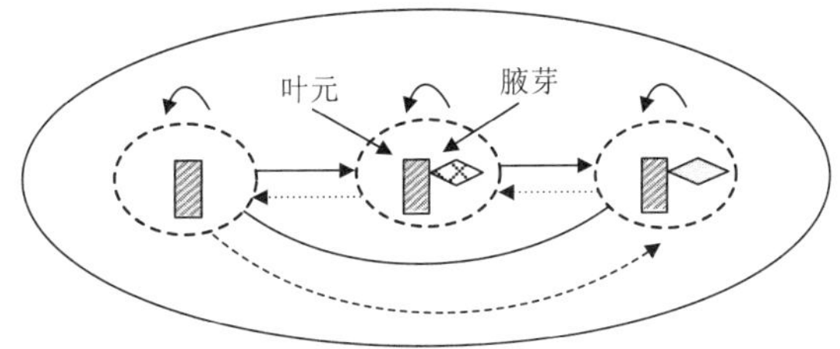

图 8-12　包含 3 个微状态的宏状态

（2）宏状态

植物的生长过程是一个周期性过程，植物在相同的生理阶段的各个生长周期内长出的生长单元，具有相似的生长参数（如节间伸长速度、叶子的扩张规律等）。图 8-12 所示的宏状态由相同生理年龄的微状态组合而成，为区别于微状态，用实线圆圈围起来。

由于同一宏状态内的微状态的生理年龄相同，因此微状态之间可以互相跳转，微状态之间的状态转移用微状态概率转移矩阵控制。为了避免形成死循环，应给定每个宏状态包含的最大叶元数目，每个宏状态内微状态循环生成的叶元数目必须不大于这个值。宏状态自我循环一次，即组成宏状态的微状态循环一次。宏状态之间的状态转移用宏状态概率转移矩阵控制。因为植物生长的单向性，宏状态之间只能单向跳转。当最后一个宏状态自我循环结束后，则自动机运行结束。

（3）双尺度自动机

在双尺度自动机模型中，用宏状态代表生长单元，相同生理阶段的宏状态对应相同的生理年龄，用相似的生长参数描述，每种微状态的重复次数对应于相应叶元的个数。因此，双尺度自动机能够产生忠于植物学的结构。

通过定义每个宏状态内各个微状态和宏状态的种类及跳转关系，就可以得到一个双尺度自动机。该双尺度自动机包含 3 种宏状态（图 8-13），箭头表示状态间的跳转。分枝结构形成的关键在于，当由于宏状态的重复在生长轴上产生新的生长单元时，其中微状态中定义的腋芽根据对应的自动机同步并行生长。当所有状态的循环结束后，自动机结束生长，植物的拓扑结构不再变化。

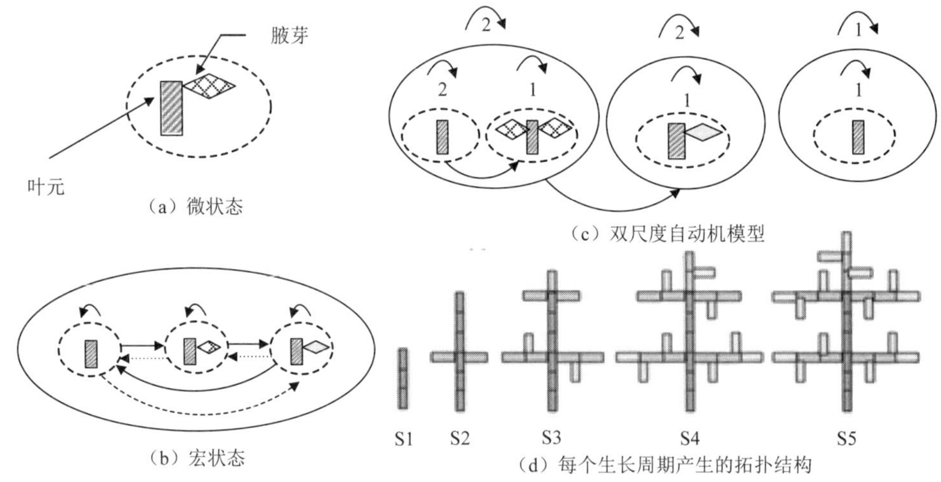

图 8-13　双尺度自动机

重复生长现象指侧枝的生理年龄等于主轴的生理年龄的情形，在双尺度自动机中通过设置腋芽的生理年龄实现。由于腋芽发育成的侧枝具有与母枝相同的结构，因此侧枝的轴上也有相同生理年龄的腋芽，能够进一步发育成侧枝，用最大重复生长级数来控制迭代次数。

3. 生理生态模型

生理生态模型是基于源-汇平衡理论来描述植物生长过程中生物量产生与分配的模型。植株生命初期，生长所需生物量来源于种子。当真叶出现，开始光合生产，同时吸收水分。在植物的生长过程中，生物量不断由源产生，而又不断分配到各个汇器官，汇器官因而以一定速率长大，从而促使整个植物的生长。

（1）生物量生产

GreenLab 模型模拟植物生长，假设主要的水力阻抗位于叶当中，并且所有活动的叶是并行作用的，则生物量生产的多少取决于能够进行光合作用的叶的数量及其状态。

（2）生物量分配

在生物量的分配中，GreenLab 模型假设树木每个生长周期生产的能量先汇集于一点，然后再根据各器官的汇强（树木各器官获取同化物的能力）进行分配。

GreenLab 模型的工作原理如下：

1）设置植物生长周期从 1 开始到 n 结束（1~n）。

2）计算当前周期植株生物量总需求，并根据组织扩展规律将当前获得的生物量在组织间分配，根据获得的生物量计算各种组织几何尺寸。

3）计算植株阻抗（叶片+叶柄）。

4）计算新周期的生物生产量，判断植物周期是否结束，如果没有则继续以上步骤。

4. 基于 GreenLab 模型的杨树模拟方法流程实例

杨树的幼苗没有分枝，只有单一主茎；杨树的成年树含有大量分枝。由于杨树的这一差异，在测量幼苗和成年树时有明显的不同，包括测量的参数、流程等。

图 8-14 所示为采用 GreenLab 生长的杨树不同生长阶段的模型。基于此模型，通过真实感渲染后就可得到图 8-15 所示的不同年龄的杨树渲染效果。

图 8-14　采用 GreenLab 生长的杨树不同生长阶段的模型

图 8-15　不同年龄杨树的渲染效果

幼苗模拟步骤：①田间试验；②树木外观形态及生物量参数的测量；③模型参数拟合；④模型构建；⑤输入软件进行模拟。

成年树模拟步骤：①树木外观形态及生物量参数的测量；②模型参数拟合；③模型构建；④输入软件进行模拟。

GreenLab模型所需要的树木测量建模参数时需测量树高、胸径、冠幅、枝下高、主干和分支的节间数、分支角度，还需要测量植物体每个器官的几何数据和生物量数据，如每个节间的鲜重、长度和直径，每个叶片的鲜重、叶面积、长度、最大宽度，每个叶鞘的鲜重、长度和展开宽度等。

8.3.4 大规模林地场景绘制的VUE

VUE是由E-on Software公司发布的用于渲染大规模自然景观的软件。VUE能够创作出非常逼真的自然景观。VUE内置全新的渲染，包含最先进的图形和灯光技术，提供了丰富的植物模型库、直观的文本编辑器、Metablobs有机建模、超现实实体生长技术等。下面从大气、地形、植被等几个步骤来说明VUE的基本使用流程。

1. 大气效果的创建

在大气选取功能对话窗口中选取大气元素，并可在大气编辑器中对大气效果进行编辑，实现所需的气候状况。

2. 地形的创建

提供标准地形和程序地形两类建立地形的方法。标准地形可以建立一般的地形模型。单击“标准地形”按钮，载入一个标准地形，通过操作栏可以调节地形的大小和坐标位置。

3. 植物的创建

提供完整模型和生态系统植物模型两种植物模型，两种植物模型呈现的植物姿态不同。生态系统植物模型用于大面积林木创建，可以生成数以万计的植物并可以快速地进行运算和渲染。

完整植物模型植物创建操作步骤：右击“植物”按钮，打开植物选取对话框，选取所需植物类型，双击模型可对其进行一系列调节，如树木造型，枝叶的数量、密度、走势等，甚至可以替换树叶贴图以此来更改树木类型，如图8-16所示。

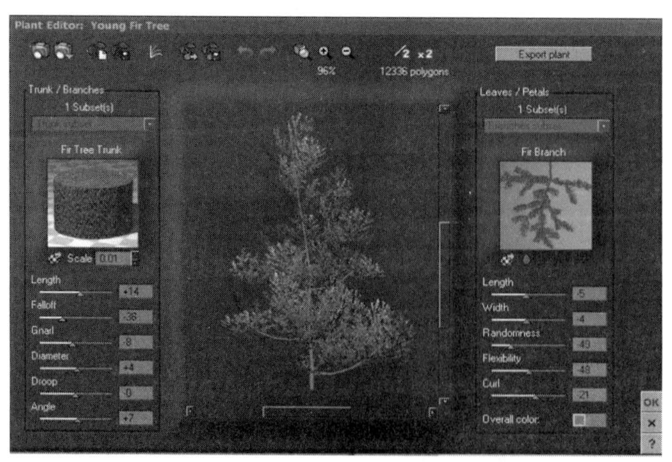

图8-16 植物编辑对话框

生态系统植物模型可通过生态笔刷和基于模型材质两种方式建立。生态笔刷创建植物模型操作步骤：单击此按钮，打开生态笔刷编辑器，单击“添加”按钮，选择需要批量布置在场景中的树木类型，此时回到场景中，鼠标指针变为笔刷，所经之处都可种植所选树木。图 8-17 所示为采用 VUE 制作的八达岭森林景观效果。

图 8-17　八达岭森林景观效果

8.4　森林经营可视化模拟系统

目前国内外有许多森林经营可视化模拟系统，由于研究区域与时间差异，系统在模拟对象、模拟尺度、数据来源、生长模型、经营措施等方面具有不同的特点。该类系统通过给定林分的初始条件及指定的生长模型模拟林分尺度的树木生长状况，计算出后续每个生长期的森林状态，并将反映森林状态的森林结构信息以表格、统计图表、二维地图和三维场景的形式表现出来。

8.4.1　林分生长收获预估模拟系统

林分生长收获预估二维模拟主要以林分生长收获模型为基础，对林分各项因子（林分胸径、树高、蓄积量）生长收获过程和结果在计算机中进行直接计算和模拟，并以数值、图表等二维可视化的形式表达模拟结果，同时能够形象展示林分因子随不同森林经营活动的变化。目前国内外以不同的生长收获模型为基础，开发了许多生长收获预估模拟系统，比较经典的软件有 PuMe Ⅱ、Sylvan Display Program 与 Sylview 等。

1. PuMe Ⅱ

PuMe Ⅱ是由芬兰赫尔辛基大学 Annikki Mäkelä 等开发的基于过程模型建立的交互式森林生长模拟器，主要针对芬兰南部挪威云杉和欧洲赤松等树种，能够描述不同生长环境下森林的状态，模拟幼苗抚育、整枝及疏伐等不同经营措施下树木的生长变化情况，主要用途为教学和科学研究。PuMe Ⅱ的主要功能如下。

（1）森林生长模拟器

图 8-18 所示为 PuMe Ⅱ林分生物量窗口，该窗口显示了干重测量的总林分生物量数据及林分树木不同组成部分的生物量，其中窗口顶端展示了林分总生物量随时间的变化，窗口底端展示了林分总生物量的年净增长量，在窗口右侧有对相关概念的解释。

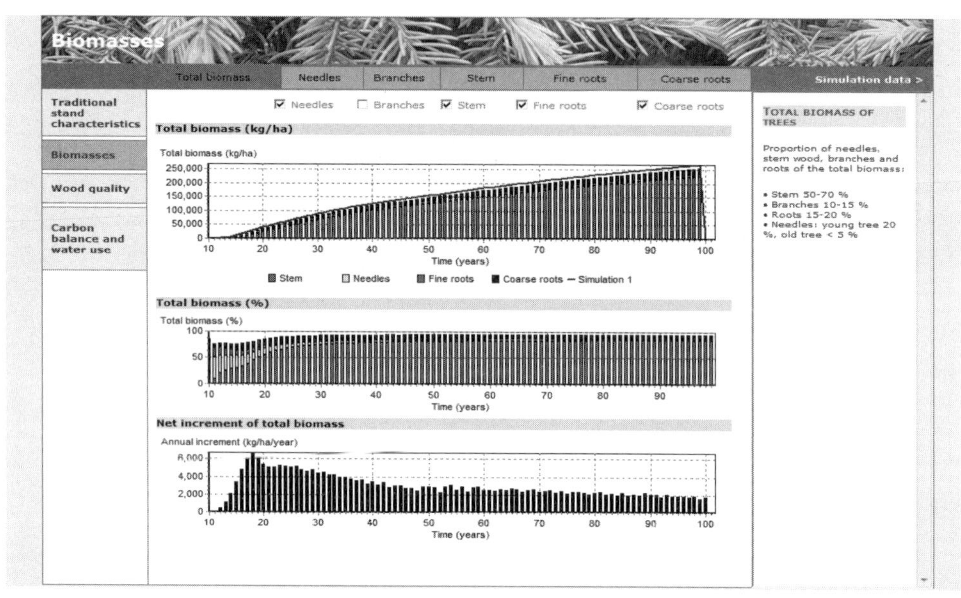

图 8-18　PuMe Ⅱ林分生物量窗口

在 PuMe Ⅱ窗口中根据用户设计初始林分数据（树种、立地类型、初值密度、年龄）或者输入的森林经营措施参数（幼苗抚育、间伐），不仅能够模拟传统林分因子（包括平均树高、平均胸径、断面积、蓄积、经济收获量）随时间的变化，而且能够描述一段时间内树木或林分生物量、木材质量、碳平衡及水利用情况等。

（2）商品林和天然森林信息

以文字、图片、视频等形式给用户普及林业专业知识，为高校林学专业学生提供森林经营管理方面的教材。例如，当输入森林经营措施参数时，在软件界面右侧会显示芬兰森林典型树种、森林立地类型、商品林及天然林等相关信息。在 PuMe Ⅱ模拟系统主页面中输入森林经营初始数据时，在系统界面右侧会显示相应的树种、森林立地类型、商品林及天然林等相关文本、图片及视频剪辑。

2. Sylvan Display Program 与 Sylview

Sylvan Display Program（http://oak.snr.missouri.edu/qsl/display/sylvan.display.html）是由美国密苏里大学哥伦比亚分校 Mark Davison 等基于 Sylvan 模型设计开发的面向森林经营管理的可视化软件，以图表曲线、二维图形及三维视图等形式展示 Sylvan 林分结构模型的结果，提供了交互式可视化操作界面，用户可以手动标记选择要砍伐的树木；同时，Sylvan 还提供了按顺序查询不同年份数据功能，从而观察不同年份树木生长动态。图 8-19 所示为 Sylvan Display Program 中一定时期下林分空间结构的三维视图展示界面。

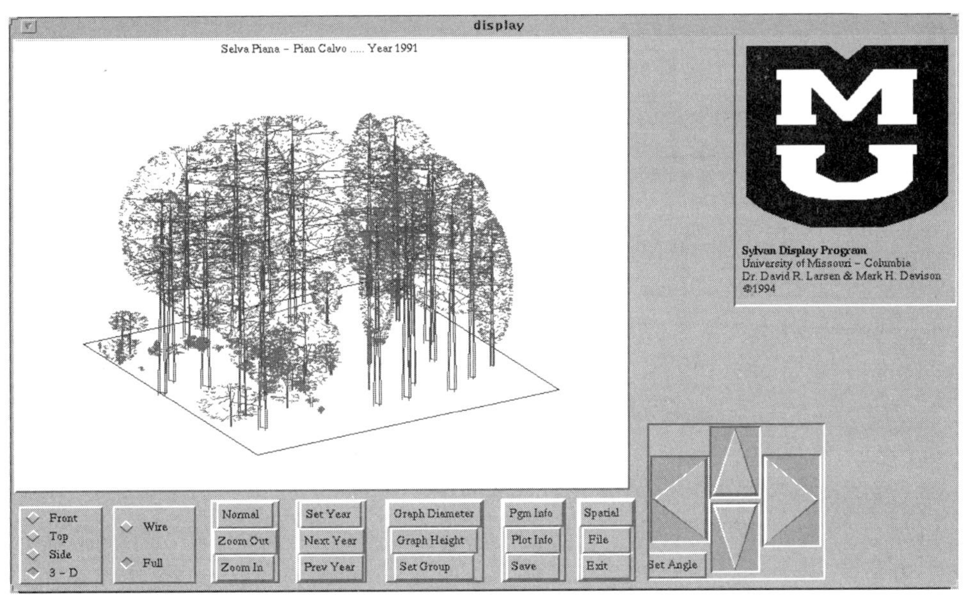

图 8-19　Sylvan Display Program 林分空间结构的三维视图展示界面

Sylview 将 Sylvan 模型集成到程序中，延续了 Sylvan 的文件格式，采用简单、抽象、光滑的二维向量图图形描绘树木树高、胸径、冠幅、冠长等生长信息，可进行木生长模拟、林分空间结构和树木间竞争研究、随年龄变化的林分生长特征分析、林分蓄积和木材产量计算等。

在图 8-20 所示的林分树木信息界面中，左侧图以树冠投影圆的方式表达林分树木空间分布，右侧图展示了林分中树木的最小与最大树高情况。

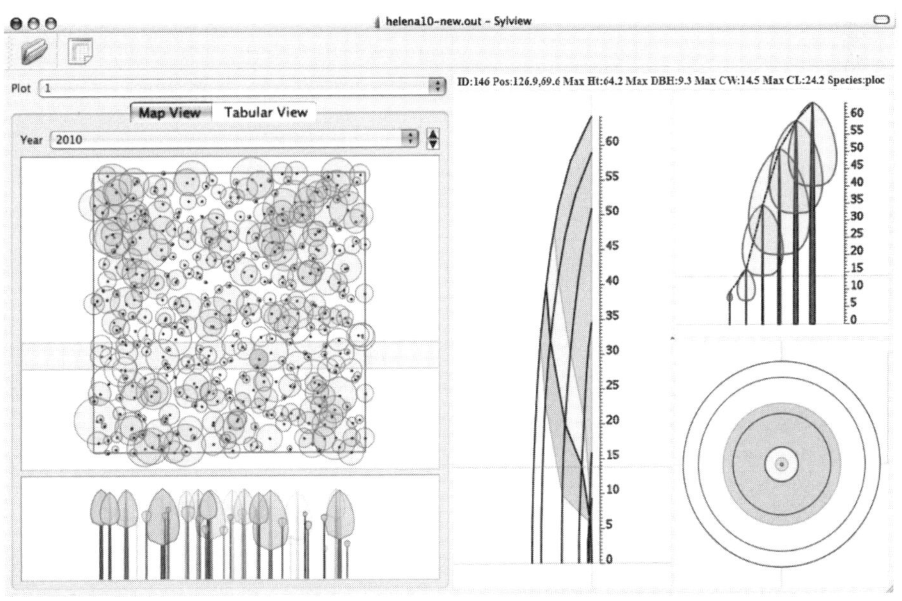

图 8-20　Sylview 中林分树木信息展示界面

8.4.2 国外森林经营三维可视化模拟系统

通过给定林分的初始条件及指定的生长模型，森林经营三维可视化模拟系统模拟林分尺度的树木生长状况，计算出后续每个生长期的林分状态，并将反映林分状态的信息以表格、统计图表、二维地图和三维场景的形式表现出来。国外比较著名的森林经营可视化模拟系统有美国的 LMS（landscape management system，景观管理系统）、瑞典的 Heureka Forestry DSS（the heureka forestry decision support system）、法国的 CAPSIS（computer-aided projection for strategies in silviculture）、芬兰的 Monsu、美国的 SmartForest、德国的 ForestSimulator BWINPro 等。

1. LMS

LMS 是美国农业部林务局与华盛顿大学森林资源学院造林实验室、耶鲁大学林业与环境研究学院之间合作开发的系统。该系统用于森林经营管理的可视化，辅助森林景观水平规划、经营管理和决策分析。该系统由森林植被模拟系统（forest vegetation simulator，FVS）、林分可视化系统（stand visualization system，SVS）、景观水平可视化系统（environmental visualization system，EnVision）、森林资源分析（forest inventory wizard for arcView）、森林火灾与枯落物分析（LMS-FFE addon）5 个功能模块及 Inventory-Wizard 和 LMS-Analyst 两个辅助分析工具组成（http://www.landscapemanagementsystem.org）。

（1）FVS

FVS 用于林分的生长状况评价和不同经营措施下林分未来的动态变化预测模拟，以应对自然演替、干扰和管理，并且可以在模拟过程中随时模拟几乎任何类型的管理或干扰。

FVS 采用与距离无关的单木生长与林分产量模型，模拟不同的森林类型和林分结构，包括同龄林、异龄林、纯林和混交林，以及单层混交林和复层混交林等生长变化后的蓄积、生物量、密度、林冠覆盖率等。FVS 能够模拟美国大多数主要森林树种、森林类型和林分条件在不同森林培育措施（包括疏伐、施肥等）下的变化状况，以及评价和预测病虫害和火灾等干扰因子对林分状况的影响。

FVS 有 20 种不同的变型，分别适合美国不同的地理区域，同时还提供了与一些变型配套的扩展模块，提供了估计森林病虫害和森林火灾等干扰因子影响树木生长的能力，以适应多种林分生长的模拟。

FVS 使用森林资源调查数据，把林分视为种群单元，树木三维图像利用 SVS 生成。FVS 窗体如图 8-21 所示，在 FVS 窗体（左侧）中选择模拟条件，能够对一定时期内林分树高、胸径、断面积等因子统计分析并以文件报告形式输出（右上侧），而且可以调用 SVS 对林分进行三维模拟（右下侧），其中模拟条件包括选择林分、设置模拟时间、选择经营活动、设置文件与图像输出等。

（2）SVS

SVS 通过对林分场景进行三维可视化，实现森林经营管理方案进行模拟与仿真；通过提供林木径级分布直方图、树木高度分布直方图、树高冠幅比分布图、林分树冠垂直投影图（俯视图）、林分正视图、林分鸟瞰图（透视图）等图，辅助用户设计森林经营方案。在林分三维视图上，用户还可以通过人机互动的方式对林木进行标记、采伐等，模拟从幼龄到成熟的林分变化，模拟疏伐作业和种植作业对林分空间格局的影响。

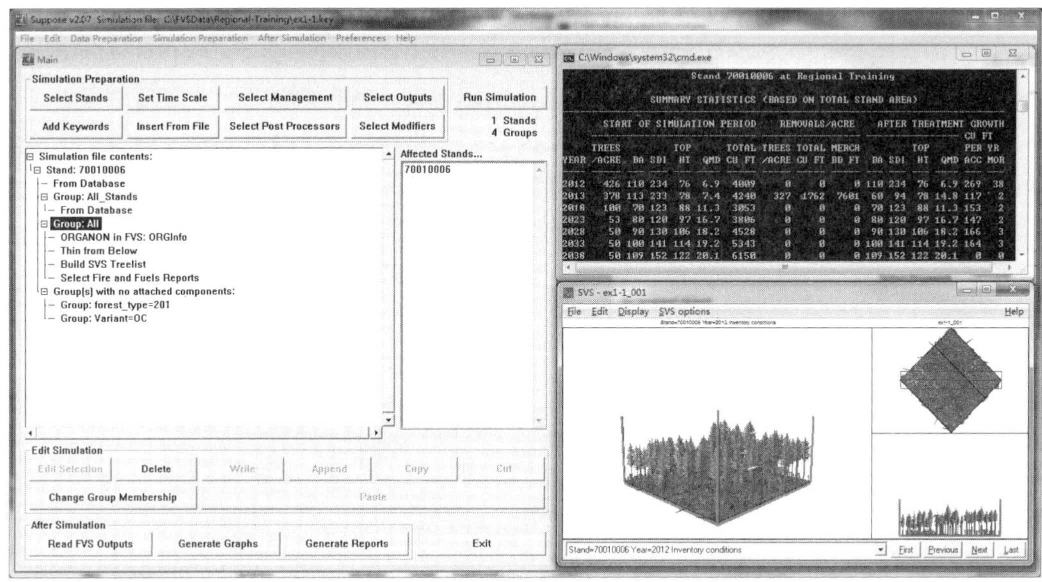

图 8-21　FVS 窗体

SVS 运行所需要的数据存储在林木组成表和林木形态特征定义表中，林木组成表描述林分中每株林木的树种、大小和位置，林木形态特征定义表定义每株林木的外貌特征和生长等级等属性。SVS 中林分树木真实形态特征的设计是通过树型设计器来完成的。通过控制与树形有关的若干关键参数生成具有较强真实感的林木，结合各林木的平面坐标位置及林分的形状、面积合成有立体感的林分可视化场景。图 8-22 所示为 SVS 生成的林分场景透视图（左侧）、俯视图（右上）和正视图（右下），通过 3 个视图能够模拟林分树木空间分布格局。

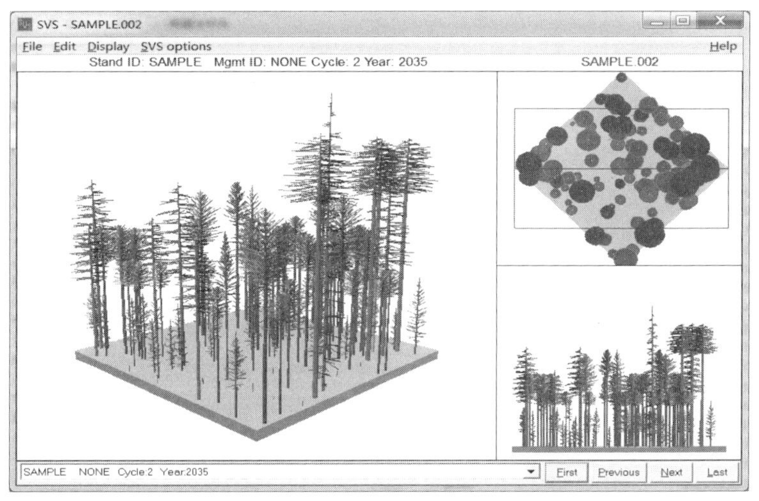

图 8-22　SVS 生成的林分场景三视图

（3）EnVision

EnVision 是用于几英亩（1 英亩≈0.4 公顷）到几千英亩范围景观尺度的森林景观可视

化系统。EnVision 包含用于描述地表特征的地面纹理和彩色地图的数字地形模型、用于定位地表纹理或对象集和表示树木种群或建筑物等单个物体的对象集等组件，以及提供用于表现云和远景的元素的背景图像、表现前景细节的前景图像等组件。图 8-23 所示为 EnVision 使用一系列渲染技术模拟树木的种群。该图像使用映射到各个多边形上的实际树照片表示树。图像中有 3 种类型的树木，地面使用扫描的航拍照片进行了纹理处理。

图 8-23　EnVision 使用一系列渲染技术模拟树木的种群

2. Heureka Forestry DSS

Heureka Forestry DSS 是由瑞典农业大学（http://www.slu.se）开发的一种森林决策支持系统。该系统涵盖了决策支持过程的各个环节，从森林资源清查到预测建模和优化，以及替代方案的比较等。该系统由以下功能模块组成：

1）StandWise，作为交互式模拟器，提供二维和三维的可视化场景，用于林分尺度的模拟和分析，通过它用户可指定各个时期的营林措施。

2）PlanWise，用于森林尺度的规划分析和景观规划。

3）PlanEval，用于多判据决策分析，比较和分析在 PlanWise 中生成的规划方案。

4）RegWise，用于区域或国家范围的森林经营方案分析。

5）Ivent，用于野外调查、单木数据采集。

6）PlanStart，用于项目初始化和数据准备。

利用 Heureka Forestry DSS 的 StandWise 模块模拟一定时期内林分生长状态，如图 8-24 所示。图 8-24 右侧部分 Treatment Unit 是林分经营单元；图左侧上部分 2D View 显示林分二维树冠投影大小和林分树木位置；图左下部分 Table 为林分因子信息表，提供林分树高、胸径、生物量等信息；图中间部分 3D View 展示林分三维场景，用户可以通过交互式的操作视图（移动、旋转、放大、缩小）从水平和垂直角度观察林分状态；工具栏选项中提供了经营模拟功能，用户可以模拟一定经营措施下的林分变化。

3. CAPSIS

CAPSIS 是法国 AMAP 项目组研发的一个共享的森林建模平台（http://www7.inra.fr/

capsis)。该平台能够集成多种类型的森林生长和森林动力学模型（林分模型、与距离无关的和与距离有关的树木生长模型），并且通过提供森林经营工具以帮助建立对比不同的森林经营策略。CAPSIS 还能够用来培训学习林学的学生或者林业工程师。CAPSIS 的森林经营可视化界面（图 8-25）能够按照林分年龄展示三维林分，描述林分径阶分布等信息。

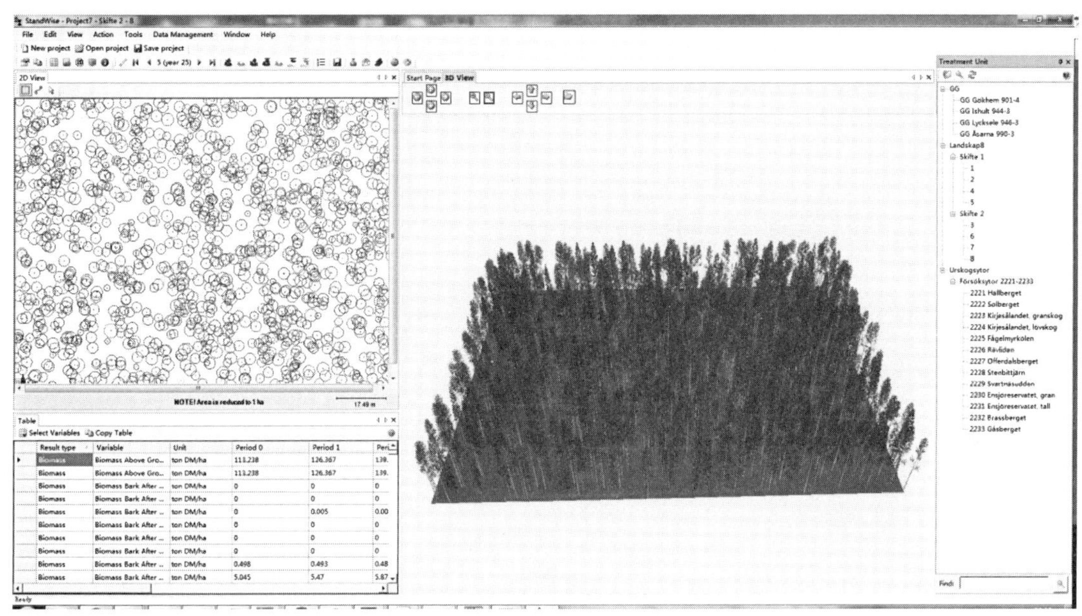

图 8-24　Heureka 界面

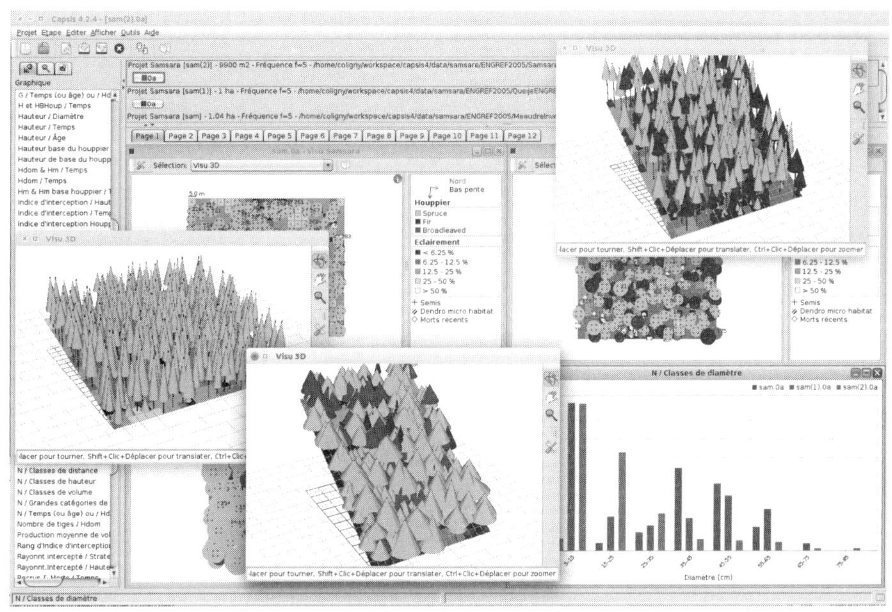

图 8-25　CAPSIS 的森林经营可视化界面

CAPSIS 中实现的大部分森林生长和动力学模型在欧洲森林培育研究所维护的网站数据库中有详细介绍（www.iefc.net）。通过网上合作的形式，数据库允许所有的建模者把他们的模型添加到国际性的列表中。该数据库中可按照模型的类别（生长、动力学、木材质量等）、树种、输入、输出、国别、机构、网站域名、参考文献、联系方式等关键词的组合进行查找。CAPSIS 允许建模者自主定义数据结构、经验公式或处理过程、模拟步长、详细程度和模拟的尺度。为了促进合作，CAPSIS 内核、界面、库及扩展都作为免费软件分发，建模者选择独特的授权方式分发他们的模型。开发者和建模者作为 CAPSIS 团队的一部分，可以共享所有的代码。

4. Monsu

芬兰的Monsu是JFPC公司开发的一个多功能管理经营规划系统（http://www.monsu.net），用于在农场和区域尺度下进行林业教学和林业规划。Monsu 需要 3 种类型数据：林分林木信息、林分栅格地图及 DEM。该系统中的树木由不同颜色的二维、三维图形符号来表示，其树种、尺寸、分布等信息以数据的形式表现，林分可视化通过在 DEM 高程上随机绘制树木符号来实现。Monsu 软件可生成的林分远景视图（图 8-26）和近景视图。

图 8-26　Monsu 软件生成的林分远景视图

Monsu 允许用户定义观察点到可视化区域前端的视点距离，用户可以对场景进行俯视、主视、右视、后视、左视及通过环绕观察自定义视角等视角视图，通过将观察点设置在林分地面上可实现用户对林分内部场景的观察。此外，通过设置观察属性，可以展示不同季节和气候条件下的林分。

Monsu 利用树木生长模型进行最优林分预测，通过将不同经营措施的预测结果与决策者制定的具体经营管理目标结合构建规划模型，用于为森林管理规划提供辅助与建议，其最优结果可以通过 Monsu 的可视化模块进行展示。

5. SmartForest

SmartForest 是由美国伊利诺伊大学图像系统实验室（The Imaging Systems Laboratory, University of Illinois）开发，后由芬兰赫尔辛基大学森林可视化实验室更新的一个交互式三维森林可视化系统。在 SmartForest 中可以实现实时漫游，用户可以在森林场景中交互式地移动，能近距离地观察树木，也可以自定义调节飞行高度在高处俯瞰整片森林。SmartForest 主要由 3 种数据组成：描述地形特点的 DEM、提供林分树木位置的林分文件、林分树木详细信息（包括树种、胸径、公顷株数及树高）。SmartForest 系统包含经营管理模式和景观模式两种模式。

（1）经营管理模式

经营管理模式能够真实再现林分真实生长情况，能够快速、高效地查询和分析林分和树木特征，其中树木用简单的规则几何体表示，并用不同颜色的地面来表达不同的林分环境。经营管理模式下的林分场景如图 8-27 所示。

图 8-27　经营管理模式下的林分场景

（2）景观模式

景观模式中的树木和地面是由二维图像纹理映射到复杂的对象几何面上生成的，构建的森林真实感强，但景观模式数据库中的树种只有 3 个。构建这样的一个虚拟森林场景，需要完善的图像库，要收集每个树种从幼龄到成熟各个不同生长阶段的纹理，而且需要采集不同地面纹理。绘制时通过减少图像的视野范围（裁剪）或者根据视点远近减少像素来提高交互速度。景观模式下的林分场景如图 8-28 所示。

图 8-28　景观模式下林分场景

6. ForestSimulator BWINPro

ForestSimulator BWINPro 是由德国西北部森林研究所基于开源软件包 TreeGross 开发的分析和评估森林林分的造林决策支持系统（https://www.nw-fva.de）。该系统集成了多种类型的生长模型及专家系统知识，可用于辅助多目标森林经营管理方案的生成，提供详细可靠的经济和生态方面信息，能够分析和预测森林自然生长及不同经营措施下森林的发展，特别适合于造林决策方案制定。它提供了各种方法来创建虚拟林场，不仅能够展示默认林分状态，而且能够根据现有林分数据展示林分。

ForestSimulator 系统界面如图 8-29 所示，图左上侧为林分模拟参数输入窗口，图左下侧以表格形式展示林分因子属性、空间结构特征及物种组成等信息，图右侧部分以二维和三维可视化形式分析与展示林分生长。工具栏内图标按钮不仅提供交互式地模拟各种林分经营管理措施功能，而且能够将不同经营措施下的模拟结果以文件形式保存，便于不同方案评价分析。

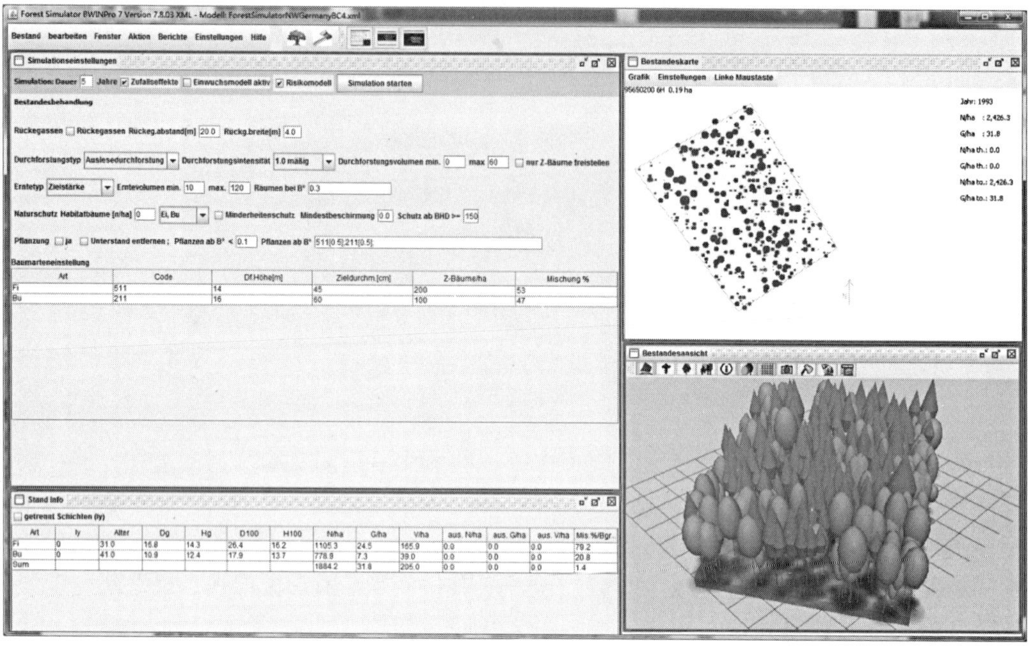

图 8-29 ForestSimulator 系统界面

在 ForestSimulator 中，用户能通过对话框形式定义林分经营措施，交互式地进行林分二维、三维可视化模拟，模拟不同造林措施以用于辅助决策制定。例如，林农可以对要砍伐树木进行标记，以对经营管理后林分中树木状态进行区分，并通过生长模型进行计算，对林分生长与蓄积收获进行模拟，生成模拟结果报告，对结果进行评价分析。ForestSimulator 还提供了丰富的实例，可对林分的间伐和收获理论进行模拟。

8.4.3 林分生长模拟可视化系统

林分生长模拟可视化系统（forest stand growth simulation visualization system，FSGSVS）是北京林业大学林业信息化研究所在国家十二五“863”计划“数字化森林与牧场经营管理关键技术研究”课题研发的针对林分水平的生长模拟的可视化系统。该系统采用 C/S 体系结构，基于.NET 平台开发。该系统根据林分生长与收获模型，对林分各项因子（林分胸径、树高、蓄积量）生长收获过程和结果在计算机中直接进行计算和模拟，通过数值、图表等二维可视化的形式表达林分胸径、树高、断面积、蓄积量等因子变化、林分树木空间结构可视化等，以及提供林分密度控制图实时绘制，对人工干预下的森林经营活动（抚育间伐等）进行模拟，还可以对林分生长进行三维可视化模拟，辅助林农进行合理的森林经营决策。

林分生长模拟可视化系统主要功能模块如下。

1. 林分因子属性可视化

林分因子属性可视化主要根据有林地立地质量评价结果，以林分树高、平均胸径等林分因子模型为基础，根据森林培育目标，结合抚育间伐方案，通过计算机快速计算得到林分中各类因子每年的生长收获预估结果，根据蓄积收获量，进一步计算林分的经济收获、生物量、碳储量和水源涵养量。为直观表达林分属性结构变化，将计算结果用复式折线图和柱状图展示出来。二维图表可视化采用 DevExpress XtraCharts 控件实现。利用 XtraCharts 图表控件的柱状图和复式折线图展示不同林分条件（SI 和 SDI）下的某一年龄(t)时的林分平均直径、树高、林分每公顷断面积、林分每公顷蓄积，如图 8-30 所示。

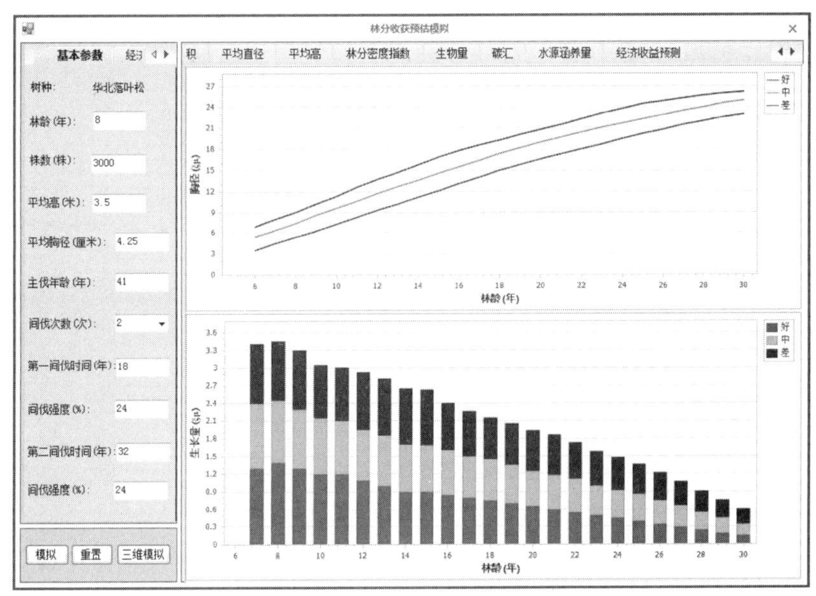

图 8-30　抚育间伐前林分胸径变化

利用 XtraCharts 图表控件绘制二维图的主要步骤如下：

1）生成数据源。根据模型计算生长与收获量，并充当绘图数据源。

2）设定坐标轴。利用 XYDiagram 设置 X、Y 坐标轴数据类型、显示模式、刻度等属性，通过 ChartTitle 显示标题内容、字体颜色、类型、对齐方式等属性，用 Legend 设置图例位置等属性。

3）绘制线图。通过 Series 定义线图序列，分别指定 X、Y 坐标轴绑定列的方式，连接绘图数据源，设置线图的类型、颜色、图形标识等属性。

2. 林分树木空间结构二维可视化

林分树木空间结构二维可视化主要针对林分结构数据，将林分内林木实地坐标转换为屏幕坐标，通过绘制林木二维投影示意图反映林分密度、郁闭度、空间分布格局等。这种可视化手段表达林分空间结构比数据表展示更加生动与直观。

模块中使用 GDI+（graphics device interface+）负责系统与绘图程序之间的信息交换，处理所有 Windows 程序的图形输出。GDI+主要提供以下 3 种功能：一是二维向量图形，包括坐标系统中的系列点指定的绘图基元（如直线、曲线和图形）；二是图像处理，提供了 Image、Bitmap 和 Metafile 类，可用于显示、操作和保存位图；三是文字显示版式，支持各种字体、字号和样式来显示文本。

图 8-31 所示为林龄为 30 年的华北落叶松纯林标准地，图中大圆形表示最大树冠垂直投影，圆形中间的实心圆点表示林木直径。该二维图形利用 GDI+生成，步骤如下：

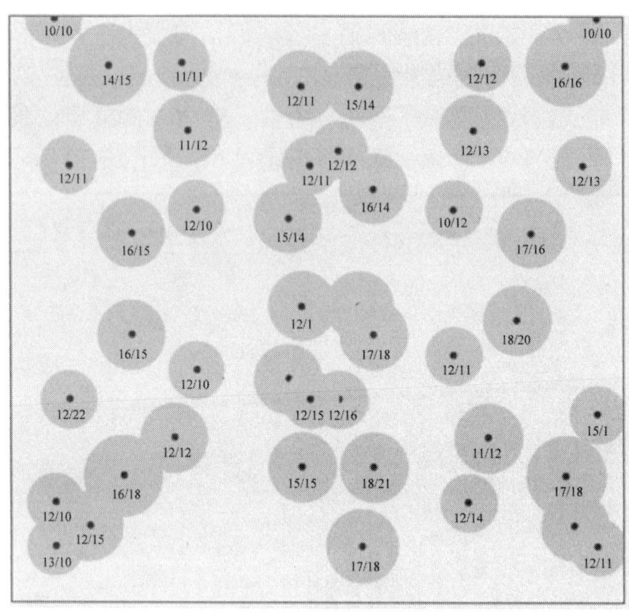

图 8-31 林龄为 30 年的落叶松纯林标准地

1）首先从林分标准地获取树木的 *X*、*Y* 坐标，并将 *X*、*Y* 值转换为二维屏幕上的绘图坐标；然后根据树木冠幅模型计算给定年龄、林分密度下的林木直径与树冠最大树冠半径，将林分每株林木对应的绘图坐标、林木直径与树冠最大半径作为绘图数据源。

2）创建 Windows 窗口，通过 Graphics 函数创建画布，利用 Pen 函数定义 pen 对象，创建画笔对象，确定线宽度、颜色与样式，Brush 函数设置画刷用于填充图形内部颜色，DrawEllipse（pen, a, b, c, d）函数绘制矩形内切圆形。其中参数 pen 为通过 Pen 函数定义的画笔对象，参数 a、b 通过每株林木绘图坐标设定，c、d 通过林木直径与冠幅值设定。

3）绘制林分密度控制图。林分密度控制图是根据林分密度法则研制的一种图示模型，由等树高线、等疏密度线、等直径线、最大密度线和自然稀疏线组成，主要用来表达林分的生长与密度之间的数量关系，能够为森林资源调查、生长预测、定量间伐、造林设计和森林经营管理等提供帮助。

为编制不同立地条件下的落叶松人工林林分密度控制图，利用 XtraCharts 图表控件绘制点、线函数，在双对数形式坐标系下根据前面模型绘制等树高曲线、等直径曲线、等疏密度曲线和自然稀疏曲线等多种类型系列曲线。根据林分密度控制图要求，将立地质量分为优（Ⅰ）、中（Ⅱ）、劣（Ⅲ）3 种，利用统计分析建模方法分别构建不同立地条件下落叶松等树高模型、等胸径模型、等疏密度模型、最大密度模型及自然稀疏模型等。通过模型计算密度控制模型对应的绘图数据源，可将等疏密度为 1.0 的线看作最大密度线，因此需要生成等树高线、等疏密度线、自然稀疏线及等直径线 4 个绘图数据源。设置 XtraCharts 图表控件 XYDiagram 的 AxisX.Logarithmic 和 AxisX.Logarithmic 属性，设置坐标轴为双对数坐标系，利用 ChartTitle 属性定义密度图的标题字体、颜色、对齐方式，定义 4 种 Series 序列分别设置黑、蓝、绿、红不同颜色并绑定 4 种不同的数据源，定义 Legend 属性，设置 4 种颜色曲线对应的图例。为便于用户直观观察和使用，应添加标注、图例等。利用 XtraCharts 绘制的华北落叶松林分密度控制图如图 8-32 所示。

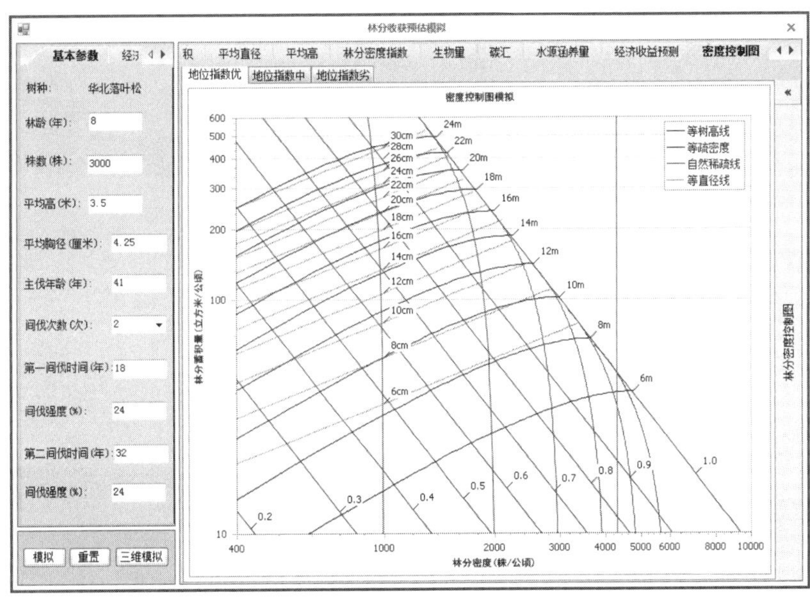

图 8-32　利用 XtraCharts 绘制的华北落叶松林分密度控制图

3. 林分生长三维可视化

标准地林分模拟主要针对小班的一块标准样地，通过林分树木形态模型构建三维树木。利用单木生长模型和竞争指标，模拟林分中每株树木个体的位置信息。根据经营活动变化后林分密度等参数，结合全林分生长模型、单木生长模型、竞争指标，实现小班及小班标准地内林分生长再模拟，直观展示林分三维空间结构。图 8-33 所示的林分生长三维可视化模拟系统采用 C#调用 OpengGI 图形库绘制。系统从多个视图角度展林分的三维空间结构，以及胸径、树高、蓄积量等属性因子随年龄变化的二维图表。

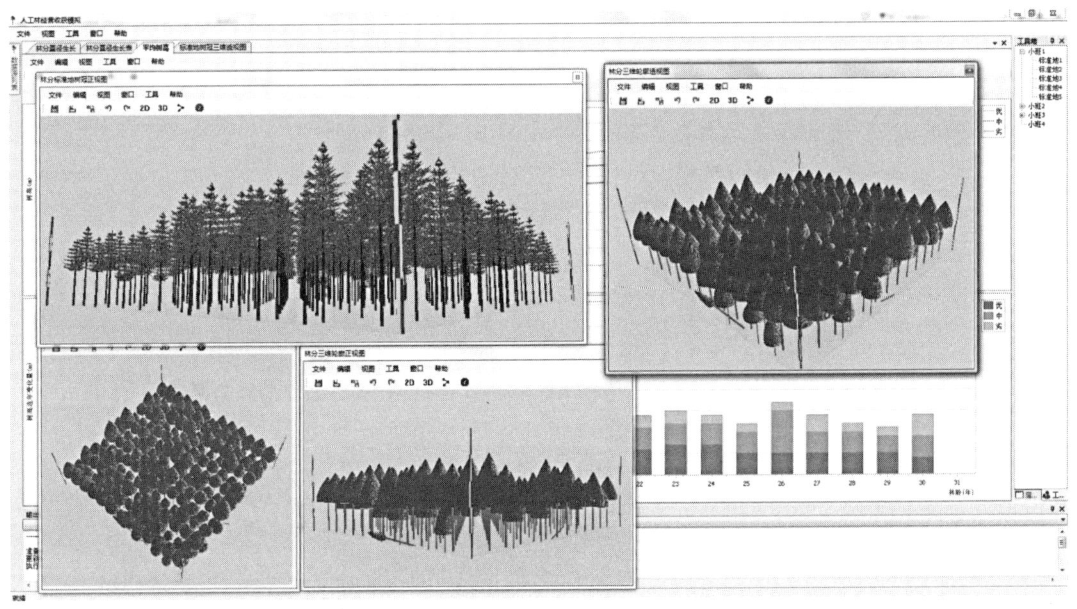

图 8-33　林分生长三维可视化模拟

参 考 文 献

董莹莹，赵星，王纪华，2011．基于GPU的虚拟植物生长的双尺度自动机模型实现方法[J]．农业工程学报，27(5)：207-212．

法尔科内，1991．分形几何：数学基础及其应用[M]．曾文曲，刘世耀，戴连贵，等译．哈尔滨：东北大学出版社．

郭恩莹，2013．杉木人工林形态生长模型及可视化研究[D]．北京：北京林业大学．

康孟珍，2012．植物功能结构模型研究的回顾与展望[J]．系统仿真学报，24(10)：2039-2048．

王忠芝，胡逊之，2009．基于XFrog的树木建模及生长模拟[J]．北京林业大学学报，31(S2)：64-68．

杨刚，邢美军，黄心渊，2009．应用于GreenLab模型构建的测树方法[J]．北京林业大学学报，31(S2)：60-63．

姚莉，高瞻，肖健，等，2012．3D图形编程基础：基于DirectX 11[M]．北京：清华大学出版社．

张瀚，2012．林分生长收获模拟系统的关键技术研究与系统研建[D]．北京：北京林业大学．

francois.decoligny@inra.fr.Computer-aided projection of strategies in silviculture (Capsis) [EB/OL]. (2017-04-21)[2018-04-21]. http://www.inra.fr/capsis.

HAN Y Y, WU B G, WANG K Y, et al., 2016. Individual-tree form growth models of visualization simulation for managed Larix principis-rupprechtii plantation[J]. Computers and Electronics in Agriculture, 123(C): 341-350.

IDV, 2016. Speedtree. http://www.speedtree.com.

KARJALAINEN E, TYRVÄINEN L, 2002. Visualization in forest landscape preference research: A finnish perspective[J]. Landscape and Urban Planning, 59(1): 13-28.

LARSEN D R. Sylvan display program[EB/OL]. (2017-04-21)[2018-04-21]. http://oak.snr.missouri.edu/qsl/display/sylvan.display.html.

LINDENMAYER A, 1968. Mathematical models for cellular interactions in development I. Filaments with one-sided inputs[J]. Journal of Theoretical Biology, 18(3): 280-299.

MATSUDA K, LEA R, 2014．WebGL编程指南[M]．北京：电子工业出版社．

MCCARTER J. Landscape management system[EB/OL]. (2017-04-21)[2018-04-21]. http://www.landscapemanagementsystem.org.

MEYER A, NEYRET F, 2001. Interactive rendering of trees with shading and shadows[C]// 12th Eurographics Workshop on Rendering. London: Springer:183-196.

NAGEL J. Nordwestdeutsche forstliche versuchsanstalt. Forest Simulator BWINPro Version 7.9[EB/OL]. (2017-04-21)[2018-04-21]. https://www.nw-fva.de.

servicecenter@slu.se. Sveriges lantbruksuniversitet swedish university of agricultural sciences[EB/OL]. (2017-04-21)[2018-04-21]. http://www.slu.se/global- soksida/?searchQuery=Heureka+Forestry.

SHREINER D，SELLERS G，KESSENICH J，等，2014．OpenGL编程指南[M]．8版．王锐，等译．北京：机械工业出版社．

VANNINEN P, HARKONEN S, ENKENBERG J, et al, 2006. PuMe-Interactive learning environment employing the pipequal model for forest growth and wood quality[J]. New Zealand Journal of Forestry Science, 36: 280-292.

WANG C, WU B, DONG C, et al., 2017. Study on the R-Based dynamic construction techniques for stand density management diagrams[J]. Nature Environment and Pollution Technology, 16(4): 1165.

第 9 章　林业信息系统

在当今社会，信息已经与人、财、物资源一样成为第 4 种资源。信息技术和信息利用能力已成为衡量一个国家社会发展程度和科技进步水平的标志。采用以计算机、网络、计算机软件为核心的信息系统已成为人们大规模地处理和科学利用信息资源的必由之路，使用信息系统进行企事业的信息处理已经是每个管理者每天必须做的事情。

9.1　信息系统概述

9.1.1　基本概念

1. 数据

数据是将现实世界中的各种信息记录下来的、可以识别的物理符号，是信息的载体和具体表示形式。数据有数字、文字、图形、图像、声音等多种表现形式。数据可用多种不同的形式来表示同一个信息，信息不随它的数据形式不同而改变。例如，“通过调查，全省的平均森林覆盖率是 45%，A 县的森林覆盖率是 65%”这段文字（数据）提供了 A 县的森林覆盖率高于全省的平均森林覆盖率的信息。因此，可以将数据定义为一个已知的事实，它能够被记录并具有固定的含义。

2. 信息

信息是一种已经被加工为特定形式的数据，这种数据形式对接收者当前和将来的决策具有明显的或实际的价值。数据是信息的载体，信息是各种数据所包括的意义。

在信息社会中，任何社会实践活动都可以抽象为人流、物流、财流、能源流和信息流这 5 种流运动，其中起主导和支配作用的是信息流，它调节和控制着其他各流的数量、方向、速度和目标，使社会实践活动更具有目的性和规律性。因此，信息是维持生产活动、经济活动和社会活动必不可少的资源，人们已认识到信息是一个企业赖以生存和发展所必需的要素之一。

3. 数据处理

数据处理是利用计算机对各种形式的数据进行采集、整理、编码和输入，有效地把数据组织到计算机中，由计算机对数据进行一系列存储、维护、加工、检索、传输、输出等操作，从中获取有价值的信息并用于决策的过程。因此，为了获取有价值的信息用于决策，就需要对数据进行处理。数据、信息、数据处理相互之间的关系如图 9-1 所示。

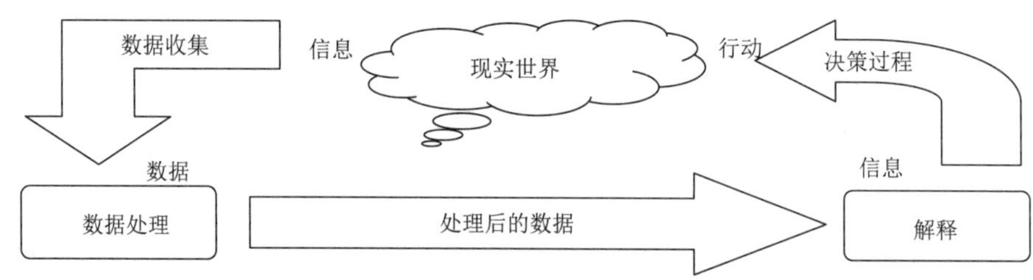

图 9-1 数据、信息、数据处理相互之间的关系

4. 知识

在信息世界里，知识是以各种方式把一个或多个信息关联在一起的信息结构，是客观世界规律性的总结。同信息一样，知识的表示方式不是唯一的，它与人们对客观世界中事务的了解程度、角度、价值观及所处环境等有关。另外，由于人们认识事物的程度不一样，知识还具有不完全的情况。例如，北京地区选择造林树种，造林地的立地条件是低山、缓坡、阳坡，土壤为中厚壤土，适合种油松，但不是绝对的，也可以种侧柏。

5. 系统、管理、组织与决策

系统是为了实现某种目的，由一些元素按照一定的法则或结构组织起来的一个集合体。

管理是为了某种目标，应用一切思想、理论和方法合理地制订计划、组织、指挥、协调和控制他人，调度各种资源，如人、财、物、设备、技术和信息等，以求用最小的投入获得最好或最大的产出目标。

组织就是指人们为实现一定的目标，由人和其他各种资源组成，并互相协作的集合体（系统）。同时，组织又是权力、特权、义务和责任的集合。

决策是为了实现特定的目标，根据客观的可能性，在已掌握的信息和经验的基础上，借助一定的工具、技巧和方法，对影响目标实现的诸因素进行分析、计算和判断选优后，对未来行动做出的决定。

6. 信息系统

信息系统（information system）是由计算机硬件、网络和通信设备、计算机软件、信息用户和规章制度组成的，能进行信息的收集、传递、存储、加工、维护和使用，以处理信息流为目的的人机一体化系统。信息系统具有输入、存储、处理、输出和控制 5 个基本功能。

从信息系统的发展和系统特点来看，其可分为数据处理系统（data processing system，DPS）、管理信息系统（management information system，MIS）、办公自动化系统（office automation system，OA）、专家系统（expert system，ES）和决策支持系统（decision sustainment system，DSS）5 种类型。

9.1.2 信息系统体系结构

1. C/S 体系结构的信息系统

C/S 体系结构的信息系统可分为两层的 C/S 体系结构、三层的 C/S 体系结构和 B/S 结构3种。

（1）两层结构的C/S数据库系统

二层结构的C/S数据库系统由数据库服务器（运行DBMS软件的计算机）和客户机（运行应用程序的计算机）两个部分构成，它们之间通过计算机网络相互通信，如图9-2所示。当应用程序需要访问数据库时，它通过网络向服务器上的DBMS发送请求，DBMS根据接收到的请求执行相应的操作，并将结果数据通过网络返回给应用程序。

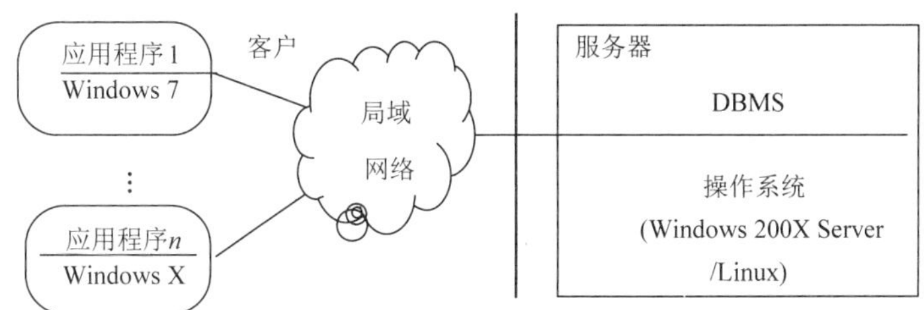

图9-2 C/S两层体系结构

两层结构的C/S数据库系统的优点如下：

1）通过将数据库系统在服务器和客户机之间进行合理的分割，充分发挥客户端PC的处理能力，很多工作可以在客户端处理后再提交给服务器，客户端响应速度快。

2）可以充分利用客户端计算机良好的图形用户界面与用户进行交互，提高了系统的易用性。

3）数据库系统遵循国际通用的计算机标准，具有很好的开放性，因此可以与不同厂家的产品进行集成，易于扩充。

两层结构的C/S数据库系统的缺点如下：

随着系统的规模越来越大、用户的增多，系统的安装维护工作量大，升级成本非常高。因为当系统软件升级时，必须更新所有相关的客户机和程序，这为系统的管理、维护和升级带来了很大的困难。任何一台计算机因操作系统升级，操作系统、病毒、软件与硬件等造成用户的计算机不能正常工作时，都需要对用户的计算机进行重新安装或维护。对于一个有几百甚至几千个客户机的系统来说，这将是一笔非常可观的开支。

（2）三层结构的C/S数据库系统

为了克服两层结构的C/S数据库系统的缺点，人们提出了三层结构的C/S数据库系统，如图9-3所示。它将两层结构的C/S数据库系统进一步分解成表示层（用户交互）、业务层（业务处理逻辑）和数据层（DBMS）3个层次，并在逻辑上使其独立。各层功能分别如下。

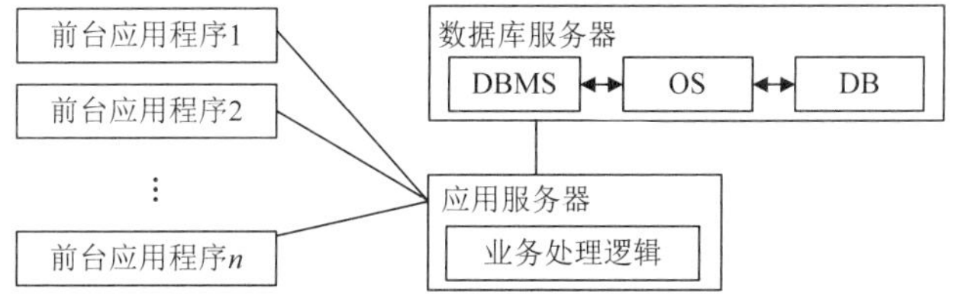

图9-3 C/S三层体系结构

1）表示层是应用的用户接口部分，负责通过图形用户界面与用户进行交互对话。它用于检查用户从键盘等输入的数据，显示应用输出的数据。输入的数据检查的内容也只限于数据的形式和值的范围，不包括有关业务本身的处理逻辑。在变更用户接口时，只需改写显示控制和数据检查程序，而不影响其他两层。

2）业务层是应用的主体部分，负责提供业务处理功能。例如，在客户订购商品时，负责从数据层获取查询数据，计算订购商品金额合计等，并将处理过的查询数据传送给表示层。另外，业务层还负责确认用户对应用和数据库存取权限的功能及记录系统处理日志的功能。

3）数据层负责数据处理。DBMS 负责管理对数据库数据的更新和查询。

2. B/S 体系结构的信息系统

B/S 体系结构的信息系统是在三层 C/S 结构的基础上产生的数据库系统。B/S 体系结构的数据库系统由客户机、WWW 服务器和数据库服务器构成。其中，安装了 DBMS 的提供数据库服务的计算机称为数据库服务器，安装了微软的 IIS 或者 Apache/Tomcat 软件的提供 WWW 服务的计算机称为 WWW 服务器。图 9-4 所示为基于 Windows 的 B/S 体系结构。B/S 体系结构的信息系统工作流程如下：

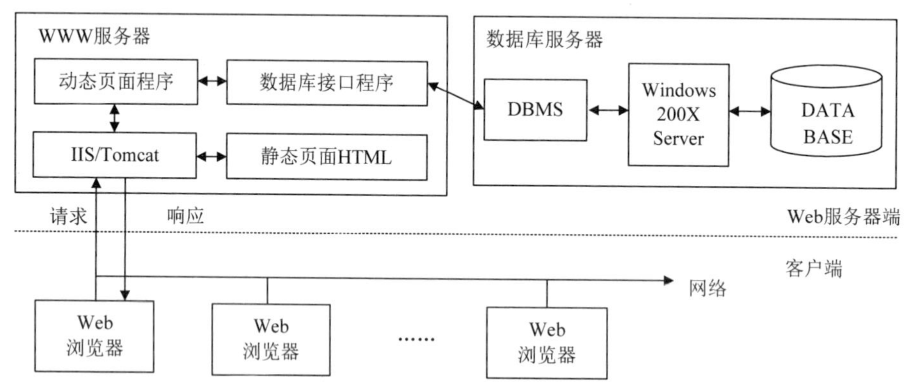

图 9-4 基于 Windows 的 B/S 体系结构

1）表示层采用 Web 浏览器。客户机通过 Web 浏览器向网络上的某一 WWW 服务器提出服务请求，WWW 服务器对用户身份进行验证后用 HTTP 把所需的主页传送给客户端，客户机接受传来的 HTML 网页，并把它显示在 Web 浏览器上。

2）业务层位于 WWW 服务器端。业务层的任务是接受用户的请求，按请求执行相应的动态页面应用程序对请求进行处理，通过数据库接口程序与 DBMS 进行连接，通过 SQL 等方式向数据库服务器提出数据处理申请，数据库服务器将数据处理的结果提交给 WWW 服务器，再传送回客户端。

3）数据层包含系统的数据处理逻辑，位于数据库服务器端。它的任务是接受 WWW 服务器对数据库操纵的请求，实现对数据库查询、修改、更新等功能，把运行结果提交给 WWW 服务器。

三层 C/S 结构与 B/S 结构的差别如下：

1）在传统的三层 C/S 结构中，客户机上仍然要安装和运行表示层的软件，当系统升级、维护时，仍然需要维护客户机；而在 B/S 结构中，客户机把业务处理逻辑部分分给了 Web 服务器，客户机上不需安装其他应用程序，只需要安装浏览器软件和某些插件。例如，

Windows 的 IE 浏览器，维护人员不再为程序的维护工作奔波于每个客户机之间，而把主要精力放在 Web 服务器上程序的更新工作上，减少了系统运行维护成本。另外，B/S 用户的界面都统一在浏览器上，浏览器易于使用、界面友好，一劳永逸地解决了学习用户的使用问题。

2）传统的三层 C/S 结构通常用于局域网环境，而 B/S 结构的系统适用于 Internet 和 Intranet 环境，它可以支持移动办公和更为广泛的用户。系统的用户只要能够连接到互联网，无论他是在办公室还是在外地出差，都可以随时使用系统，突破了传统的三层 C/S 结构的限制，实现了更大程度的信息共享。

9.1.3 信息系统的主流开发技术

1. C/S 体系结构的数据库应用系统主流开发技术

客户机通过安装在本机上采用 C#、Java、Visual Basic 语言开发的客户端应用程序，通过数据库访问接口（中间件）连接数据库服务器，并以 SQL 语句的方式将服务请求（查询/更新）发送到数据库服务器上。数据库服务器运行的 DBMS 验证用户身份、权限后，如通过验证则执行 SQL 语句，然后将处理结果通过网络回传给客户机上的应用程序，由应用程序做进一步加工后展示出来。

2. B/S 体系结构的数据库应用系统主流开发技术

（1）ASP/ASP.NET 技术

ASP（active server page，动态服务器主页）是微软公司提出的一种运行于服务器端的 Web 程序开发技术。ASP.NET 是微软公司在 ASP 基础上新推出的动态网页开发技术，ASP.NET 与 ASP 技术不同，它需要.NET Framework（程序包）框架技术作为支撑。ASP.NET 与 ASP 的主要区别在于前者是编译执行，而后者是解释执行，前者比后者有更高的执行效率。

采用 ASP 技术开发的 ASP 程序以扩展名为.asp 的纯文本形式存在于 Web 服务器上，采用 ASP.NET 技术开发的 ASP 程序以扩展名为.aspx 的纯文本形式存在于 Web 服务器上。ASP 程序是采用 HTML 标记语言，VBcript、JScript 脚本语言和 ActiveX 控件等组合在一起编写的程序；ASP.NET 程序是采用 HTML 标记语言，C#、VB 等编程语言和 ActiveX 控件等组合在一起编写的程序。利用这些语言和 ActiveX 控件可编写出动态、交互且高效的 Web 服务器应用程序。ASP.NET 的应用程序通常选择微软公司的 Visual Studio 平台进行编程开发。

ASP.NET 程序的业务处理逻辑代码可以用.NET 系列中的任一种语言开发，包括 C++、C#、J#、VB 等。ASP 或 ASP.NET 程序的运行环境是 IIS，编写的 ASP 与 ASP.NET 程序需要发布后才能运行。所谓的发布，就是将程序、数据库及其附属的各种文件所在文件夹告诉 IIS。用户通过浏览器访问 Web 服务器时，IIS 就自动到指定的文件夹中解释执行程序，然后将执行的结果以 HTML 网页方式返回客户端，由客户端浏览器负责将动态页面的执行结果显示出来。

（2）JSP 技术

JSP（java server pages）是 Sun 公司基于 Java 语言开发出来的一种运行于服务器端的 Web 程序开发技术。JSP 用于创建可支持跨平台的动态网页程序，它可以运行在 UNIX、

Linux 和 Windows 操作平台上。利用这一技术可以建立安全、跨平台的动态网站。

JSP 使用的开发语言是 Java。Java 语言与 C++类似，是一种面向对象的语言。JSP 与 ASP 相比，它具有与平台无关的优势，能够在多种操作系统下运行。JSP 也可以集成与 ActiveX 类似的程序部件 JavaBeans，利用 JavaBeans 开发复杂功能的程序。

在传统的网页 HTML 文件中加入 Java 程序片段和 JSP 标记，就构成了 JSP 程序。JSP 程序通常是以扩展名为.jsp 的纯文本形式存在于 Web 服务器上的，可以用任何文本编辑器打开它。

JSP 程序的运行环境是 Apache 和 Tomcat。Apache 和 Tomcat 是 Apache 软件基金会的一个开放源码的动态网页服务器，是当今最流行的支持 JSP 程序运行环境的 Web 服务器。由于 JSP 是基于 Java 技术的，因此配置 JSP 环境之前还必须要安装 JDK。

（3）PHP 技术

PHP（personal home page）是一种用于 Web 程序开发的开源脚本语言，该语言的语法混合了 C、Java、Perl 及 PHP 自创的语法。用 PHP 做出的动态页面与其他的编程语言相比，PHP 是将程序嵌入 HTML 文档中执行，执行效率高。PHP 还可以执行编译后代码，编译可以加密和优化代码运行，使代码运行更快。所以，将 PHP 称为一种动态网站开发技术，很多网站的编程都在使用 PHP。PHP 程序的运行环境是 Apache。

3. 数据库应用系统主流开发平台

（1）.NET 平台

.NET 平台是微软公司推出的软件开发平台。.NET 平台主要包括两个主要组件，即公共语言运行库（common language runtime，CLR）和.NET Framework 类库，它们为.NET 平台的实现提供底层技术支持。在开发技术方面，.NET 提供了全新的数据库访问技术 ADO.NET 及网络应用开发技术 ASP.NET；在开发语言方面，.NET 提供了 VB、VC++、C# 等多种语言支持。其中 C#程序语言是微软公司的一种面向对象的程序设计语言，是专门为.NET 的应用而开发的语言，它吸收了 C++、Visual Basic、Delphi、Java 等语言的优点，体现了当今最新的程序设计技术的功能和精华。

（2）Java 平台

Java 是由 Sun Microsystems 公司于 1995 年 5 月推出的 Java 程序设计语言和 Java 平台的总称。Java 平台由 Java 虚拟机（Java virtual machine，JVM）和 Java 应用编程接口构成。Java 虚拟机是运行所有 Java 程序的运行环境，Java 应用编程接口为 Java 应用提供了一个独立于操作系统的标准接口。在操作系统平台上安装 Java 平台之后，Java 应用程序就可运行。现在 Java 平台已经嵌入了几乎所有的操作系统，这样 Java 程序只需编译一次，就可以在各种操作系统中运行。Java 是可以在不同操作系统（如 Windows、UNIX 等）上运行的一种面向对象编程语言，其不仅吸收了 C++语言的各种优点，还摒弃了 C++中难以理解的多继承、指针等概念，因此 Java 语言具有功能强大和简单易用两个特征。Java 可以编写桌面应用程序、Web 应用程序、分布式系统应用程序和嵌入式系统应用程序等。

9.2 管理信息系统

9.2.1 管理信息系统的基本概念

1. 数据处理系统

数据处理系统是指运用计算机处理信息的信息系统。数据处理系统对采集到的数据信息进行加工、整理，计算得到各种分析指标，转变为易于被人们所接受的信息形式，并可以将处理后的信息进行储存。

2. 管理信息系统

管理信息系统（management information system，MIS）是一门综合了管理科学、系统科学、信息科学、计算机科学和现代通信技术等的边缘科学，它涉及自然科学和社会科学两大领域。在《中国企业管理百科全书》中，管理信息系统的定义是：MIS 是一个由人、计算机等组成的能进行信息的收集、传递、储存、加工、维护和使用的系统。

管理信息系统按组织职能可以分为办公系统、决策系统、生产系统和信息系统；管理信息系统按信息处理层次可分为面向数量的执行系统、面向价值的核算系统、报告监控系统、分析信息系统、规划决策系统，自底向上形成信息金字塔，如图 9-5 所示。

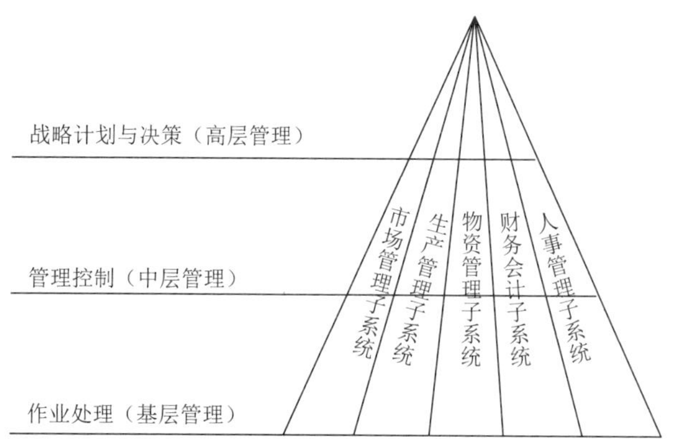

图 9-5 管理信息系统的层次结构

管理信息系统除具有信息输入、加工处理、存储、传输、输出和维护等一般信息系统具备的基本功能之外，其特有的功能还包括预测功能、计划功能、控制功能和辅助决策功能等。

3. 办公自动化系统

办公自动化系统（office automation system，OAS）是利用先进的科学技术，使部分办公业务活动物化于人以外的各种现代化办公设备中，基于工作流的概念，由人、计算机、网络、技术设备和信息处理技术构成服务于某种办公业务目的的管理信息系统。办公自动化系统的核心功能主要有流程审批、协同工作、公文管理（国企和政府机关）、沟通工具、文档管理、信息中心、电子论坛、计划管理、项目管理、任务管理、会议管理、关联人员、系统集成、门户定制、通讯录、工作便签等。

9.2.2 管理信息系统的生命周期与开发方法、工具和设计原则

1. 管理信息系统的生命周期

信息系统从构想、开发、运行到退出使用的整个周期具有 5 个基本阶段：系统规划阶段、系统分析阶段、系统设计阶段、系统实施阶段、系统运行和维护阶段，如图 9-6 所示。

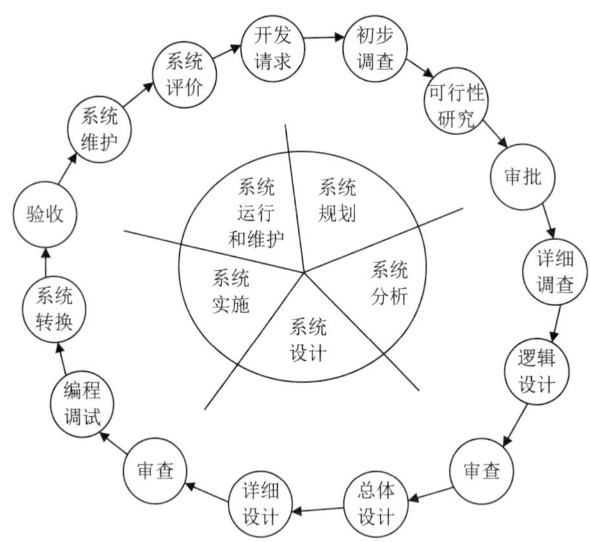

图 9-6 管理信息系统的生命周期

（1）系统规划阶段

对企业的环境、目标及现行系统的状况进行初步调查；根据企业目标和发展战略，确定管理信息系统的发展战略；对建设新系统需求做出分析和预测；研究建设新系统的必要性和可行性；提出被选方案，对这些方案进行可行性分析并撰写分析报告；可行性分析报告审议通过后将信息、建设方案及实施计划编写成系统设计任务书。

（2）系统分析阶段

根据系统设计任务书确定的范围对现行系统进行详细调查，描述现行系统的业务流程；指出现行系统的局限性和不足，提出新系统的逻辑模型；编写系统说明书，审查通过后作为下一阶段工作的依据。

（3）系统设计阶段

根据系统设计任务书要求，结合实际条件具体设计实现逻辑模型的技术方案，即设计新系统的物理模型。该阶段可分为总体设计和详细设计两个阶段。该阶段的技术成果是系统设计说明书，审查通过后是下一阶段的工作依据。

（4）系统实施阶段

根据系统设计说明书要求，购置计算机等设备，并安装调试；编写和调试程序；培训人员，转换数据文件；调试与转换系统。这一阶段应写出实施进度报告，系统测试后要写

出系统测试分析报告。

（5）系统运行和维护阶段

系统投入运行后，要经常进行维护和评价，记录系统运行状况；对系统进行必要修改；评价系统的工作质量和工作效益。

2. 管理信息系统的开发方法

管理信息系统的基本开发方法有结构化系统开发方法、原型法（prototyping）、面向对象的开发方法和计算机辅助软件工程方法。

（1）结构化系统开发方法

结构化系统开发方法也称软件工程分步设计法、面向功能的开发方法。结构化系统开发方法的主要思想是用系统工程化的观点，将系统开发看作工程项目，有计划、有步骤、分阶段、自上而下在结构化和模块化基础上进行。该方法将管理信息系统的开发分为 5 个阶段：系统规划、系统分析、系统设计、系统实施、系统维护和评价，并明确地规定各阶段的任务、过程与输出，即使用图表与文字撰写各阶段的设计文档。系统开发时需按照规定的步骤和各阶段的设计文档，逐步实施系统开发过程。每个阶段完成后，需要撰写提交工程结束文件，并进行质量检查或评估。

（2）原型法

原型法，也称渐进法（evolutionary）或迭代法（iterative），是在关系数据库系统、第 4 代程序生成工具和各种系统开发生成环境诞生的基础上，逐步形成的一种系统开发方法。原型法的开发过程是：针对用户的初步需求，使用开发工具，在短时间内先开发一个原型让用户使用，然后根据用户使用情况的意见反馈，对原型系统不断修改，使它逐步接近并最终达到开发目标。原型法实质上是一种迭代的、循环型的开发方式。

用原型法开发系统可以分为 4 个步骤：确定初步需求、设计初始原型、试用和评价模型、修改和完善原型。

原型法通常用于用户需求不清、管理及业务处理不稳定、需求经常变化、开发周期短和成本低的系统开发。原型法还可以在结构化系统开发方法的前期快速构建系统原型供用户评价。

（3）面向对象的开发方法

面向对象的开发方法是一种把数据和过程包装成为对象的综合性开发方法。面向对象的开发方法的基本思想是：采用了面向对象的程序设计语言概念，把客观世界的一切事物都看成由各种不同的对象组成，每个对象都有各自内部的状态、机制和规律；按照对象的不同特性，可以组成不同的类。不同的对象和类之间的相互联系和相互作用就构成了客观世界中的不同的事物和系统。

面向对象的开发方法的开发过程包括 4 个步骤：系统调查和需求分析、分析问题的性质和求解问题、整理问题、程序实现。

面向对象的开发方法通常采用 UML。UML 是一种定义良好、易于表达、功能强大且普遍适用的建模语言，支持从需求分析开始的软件开发全过程的可视化建模和编制文档。UML 从考虑系统的不同角度出发，定义了用例图、类图、对象图、状态图、活动图、序列图、协作图、构件图、部署图 9 种图。这些图从不同的侧面对系统进行描述。系统模型将这些不同的侧面综合成一致的整体，便于系统的分析和构造。

3. 管理信息系统的开发工具

为提高系统开发的质量和效率，从规划、分析、设计、测试、成文和管理各方面，许多软件公司开发了许多系统辅助设计与开发工具（CASE 工具），简化开发人员的系统开发工作，实现某些开发过程的自动化，如 SYBASE PowerDesigner、ERWin、Rational Rose Enterprise、Offices Visio 等。例如，利用这些开发工具对数据库建模，通过构建 ER 模型直接生成数据库。许多软件公司还为软件开发人员提供了系统开发的软件开发工具包（software development kit，SDK），用于为特定的软件包、软件框架、硬件平台、操作系统等建立应用软件的开发工具的集合。

4. 管理信息系统的开发设计原则

一个实际的管理信息系统开发包括两方面内容：数据库设计和应用程序（处理过程），两者相互支撑又相互制约。处理是对数据的加工，不同的用户有不同的要求，其设计与用户的具体应用密切相关。数据库是处理加工的对象，对数据库而言，它是所有数据的综合，面向全体用户。

由于管理信息系统开发是一个系统工程，它涉及组织的各个方面，因此管理信息系统开发所遵循的原则如下：

1）主管领导必须参与管理信息系统的规划、设计与实施的全过程。

2）管理信息系统应根据实际情况和科学管理的要求加以优化与创新。

3）按标准化、工程化和规范化的方法、技术来开发系统，开发的系统具有一定的适应环境变化的能力。

数据库是管理信息系统的核心，因此，数据库设计中应遵循的准则主要如下：

1）数据库结构必须满足用户当前和今后相当时期内的数据存储需求，方便数据处理，具有较长的使用寿命。

2）数据库存取、存储效率和查询效率要高，便于实施和维护。

3）数据库能满足安全性要求，当系统发生故障后数据库容易恢复。

9.2.3 管理信息系统规划

管理信息系统规划是管理信息系统生命周期的第一阶段，其主要目标是明确管理信息系统整个生命周期内的发展方向、规模和发展计划。管理信息系统规划是系统建设成功的关键之一。管理信息系统总体规划是撰写总体规划报告，总体规划报告是规划工作成果的体现形式，是组织信息系统战略性计划的文档资料。总体规划报告一般是分阶段完成的，在每一个大的工作阶段结束时，都应把规划的成果、结论以报告的形式写出来，在整个规划完成之后再统一形成完整的总体规划报告和系统的可行性分析报告。

1. 管理信息系统规划的目的内容与原则

系统规划的目的在于能够保证管理信息系统的开发符合企业总体战略目标，保证管理信息系统能满足企业各个部门对信息的需求，使得所开发的系统能够真正成为提高企业竞争能力的有力工具，为领导对系统开发决策提供依据。

管理信息系统规划可分为战略性规划和执行性规划两部分。战略性规划是指宏观指导性的长远规划，需要考虑企业管理环境和信息技术发展，确定管理信息系统在组织中的地位及结构关系，并制定出分阶段的发展目标、关键任务和主要内容；执行性规划是指对战略性规划的具体化和细化，制定系统目标与范围、系统运行环境、系统的硬件与软件配置、系统开发计划，明确系统开发的优先顺序。

管理信息系统规划有以下 5 个原则：

1）支持企业总目标。

2）以高层管理为重点，兼顾其他各管理层。

3）摆脱管理信息系统对组织机构的依从性，使其不会因组织机构的变动而淘汰，提供其应变能力。

4）采用自上而下的规划方法，可以保证结构的完整性和信息的一致性。

5）规划应给后续工作提供指导，便于实施。实施方案选择应追求实效，宜选择经济、简单、易于实施的方案，技术手段强调实用性，不片面求新。

管理信息系统规划分为 4 个阶段：战略规划、组织和业务流程规划、系统体系架构规划、系统实施规划。

管理信息系统规划的实施步骤共分为 10 步，如表 9-1 所示。

表 9-1　管理信息系统规划的实施步骤

序号	主要阶段	主要任务
1	确定规划的基本问题	明确管理信息系统规划的年限、方式、方法和策略
2	初步调查当前系统，收集初始信息	收集来自企业内部和外部环境中与战略规划有关的信息
3	评价系统现状，分解系统明确功能	分析管理信息系统的目标、开发方法、功能结构、信息部门的情况等，识别系统现存的设备、软件及其质量
4	确定新系统初步目标	明确管理信息系统应具有的功能、服务的范围和质量等
5	识别系统约束条件、限制因素	根据企业或组织的人力、物力、财力及信息设备资源等方面的限制，定义管理信息系统的约束条件和政策
6	拟定系统实现方案	根据资源的约束情况，拟定实现方案，确定总体开发顺序
7	可行性分析，论证系统实现方案	分析系统开发的必要性和在经济、技术、社会等方面的可行性
8	提出项目的实施进度计划	估算项目成本、人员要求等，编制项目实施进度计划，列出开发进度
9	编写系统规划报告	书写信息系统规划报告
10	上报领导审批	将系统规划上报领导审批

2. 管理信息系统的可行性分析

管理信息系统的可行性分析是在明确了问题定义并对问题进行了初步调研的基础之上，提出规划方案，并对方案从经济的可行性、技术的可行性、系统运行方面进行分析和评价，推荐优秀的方案并说明理由。可行性分析完成后撰写可行性研究报告，用来说明系统开发的实现技术、经济和社会条件方面的可行性。可行性研究报告内容主要包括：

1）系统概述：系统建设依据及标准、主要技术经济指标，系统开发建设背景及建设的必要性。

2）系统建设单位概况：系统建设单位与职能，系统实施机构与职责，系统建设单位管理、人员及设施现状；现行系统的状况、可供利用的资源及约束条件、存在的主要问题及薄弱环节等方面。

3）系统建设需求分析：数据需求、系统功能需求、管理需求。

4）可行性分析：开发新系统的必要性，开发新系统的经济可行性，开发新系统的技术可行性，组织管理上的可行性，社会条件方面的可行性。

5）新系统的方案：新系统的目标；新系统的总体框架结构；新系统的功能；新系统开发的进度计划，包括各阶段对人力、资金、设备的需求；新系统实现后对组织机构、管理模式的影响。

6）系统使用单位的组织机构和人员培训：领导和管理机构、系统的实施机构、运行维护机构、技术力量和人员配置、人员培训方案。

7）系统实施进度：系统建设期限与建设进度计划。

8）系统开发投资估算与资金筹措：投资估算编制说明、系统总投资及资金来源。

9）系统开发的保障措施：资金使用保障措施、组织实施保障措施、人才队伍建设、强化自主创新和技术应用。

10）综合评价：系统开发的风险评价、影响分析、效益分析、结论和建议。

9.2.4 管理信息系统分析

当系统开发正式立项后，就可对组织的管理业务工作进行详细的系统需求分析调查。系统需求分析是整个系统设计的开始，并为以后的具体设计做准备。详细的系统需求分析调查是系统开发工作中的一项重要的、繁杂的、工作量大的工作，它是开发人员弄清实际情况、制定合理方案、开发系统的基础，对此必须加以充分的重视。系统需求分析调查应自顶向下地全面展开，调查前先对用户进行培训，然后从组织机构入手进行调查，调查与分析要相结合。详细的系统需求分析调查的范围应该是组织内部的各个方面。

系统需求分析的主要任务是在系统规划的指导下，对系统进行深入详细的调查研究，确定新系统的逻辑模型。详细调查内容为现行系统的系统界限和运行状态；组织结构的调查；功能体系的调查；业务流程的调查；数据与数据流的调查、收集各种原始凭证和报表、统计各类数据的特征和处理特点、收集与新系统对比所需的资料、了解约束条件、了解现行系统的薄弱环节和用户要求。

需求分析的主要任务为：①进一步明确系统目标；②充分了解用户需求，形成系统需求说明书（或称系统分析报告）；③修正子系统的划分，确定各子系统的功能；④确定系统逻辑模型，形成系统分析报告。系统需求分析的具体工作步骤如下。

1. 调查与分析组织机构

了解组织机构情况，调查该组织由哪些部门组成、部门之间的关系、各部门的职责和任务，在此基础上绘制组织机构图，详细描述部门之间的关系、各部门的职责和任务。某林场组织机构图如图 9-7 所示。

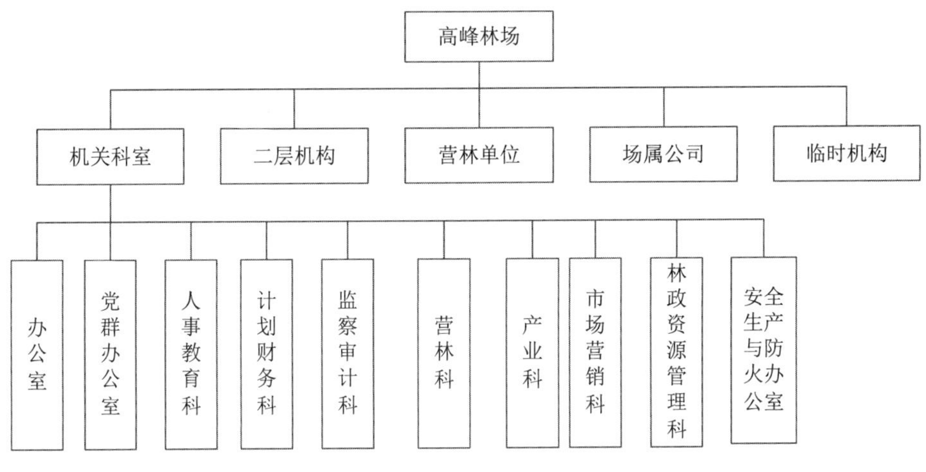

图 9-7 某林场的组织机构

2. 调查与分析业务流程

调查了解各部门的业务活动流程。在调查的同时，要注意收集各部门的各种报表、账本、凭单等，如何加工处理这些数据、输入/输出的部门等。要特别注意了解这些报表之间的关系、各数据项的含义等。调查分析之后，将调查分析的结果用业务流程图等一系列图表示出来。绘制业务流程图所用符号及含义如表 9-2 所示，某林场营林科造林工作业务流程图如图 9-8 所示。绘制的业务流程图必须与用户进行认真细致的讨论，确定其是否符合实际情况，分析流程中存在的问题，提出改进业务流程的方案，最后将新业务流程方案提交决策者进行审查。

表 9-2 绘制业务流程图所用符号及含义

符号	名称	含义
▭	业务处理	业务处理过程，描述一项功能，框内写处理名称
▱	输入/输出	数据输入/输出，框内写输入/输出内容名称
	数据/文件	表示台账、存根、留底、计算机用的文件或数据库，框内写存储内容名称
○	处理单位	业务处理单位，框内写名称
→	数据流	业务处理结果流向

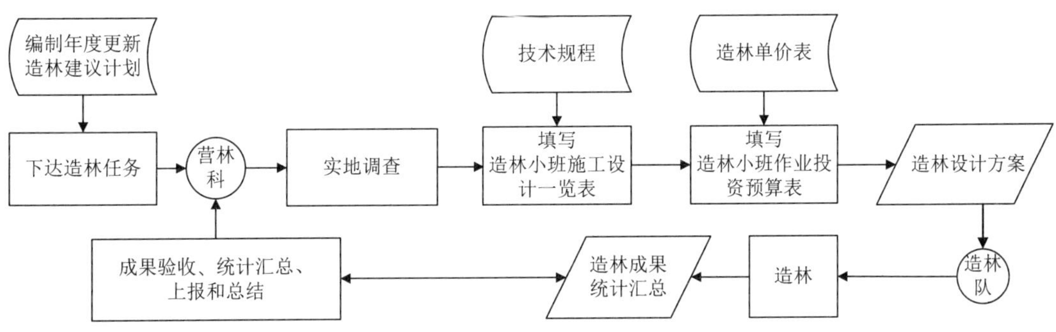

图 9-8 某林场营林科造林工作业务流程图

3. 确定新系统的边界

确定新系统的边界是非常重要的工作。一个单位的业务活动的管理不可能全部由计算机来完成，因而设计人员在调查中要确定新系统的边界，确定哪些功能由计算机完成或将来准备让计算机完成，哪些活动由人工完成。新系统的边界应在图上明显地标记出来，由计算机完成的工作就是新系统应该实现的功能。

4. 分析系统数据流

收集和分析数据是系统需求分析阶段最重要的内容，同时也是最难完成的任务。在设计工作中遇到的最大困难往往是由于设计人员对业务的不熟悉而无法深入全面地了解系统的数据情况，以及如何在数据库中表示它们，在处理模块中如何处理它们。通常，数据的收集和分析主要包括如下内容：

1）用户在数据库中需存储哪些数据，确定各实体集及实体集的属性（数据项或字段）。

2）分析实体集与实体集之间的联系，确定联系的类型。

3）各属性的名称、别名、类型、长度、值域、数据量。

4）各数据的来源及不同来源的数据是否有矛盾，哪些是基本数据，哪些是导出数据，以及数据可能发生的变化等。

5）用户对数据的处理需求。要完成什么样的处理，响应时间、安全性和完整性要求。

5. 绘制数据流程图，编制数据字典

在对数据的收集和分析的基础上设计 ER 图，绘制数据流程图，编制数据字典。其步骤如下：

1）设计 ER 图。ER 图是系统设计人员与用户之间共同进行数据库设计的工具，ER 图绘制参见 3.2.1 节中的相关内容。

2）绘制数据流程图。数据流程图用于描述已有的或将要建立的带有输入、输出、处理和数据存储的管理信息系统的数据处理流程。数据流程图所用符号及含义如表 9-3 所示。

表 9-3 数据流程图所用符号及含义

符号	名称	含义
	外部实体	系统外面和系统有联系的人或事物，它说明了数据的外部来源和去处，属于系统的外部和系统的界面。外部实体支持系统数据输入的实体称为源点，支持系统数据输出的实体称为终点
——→	数据流	处理功能的输入或输出，表示数据或信息在系统内的流向，用 F(flow)表示，不同的数据流可用 F1、F2 等区别。数据流如果经过处理后没有发生任何变化，可用同一数字注脚表示。数据流可以是一个或多个记录，也可以是单箭头或双箭头。在流线上除注明简称 F 字符外，还要用文字说明数据流的名称
	输入/输出	数据源是一个外部实体，可以是人、物或其他软件系统。它处于系统之外但又和系统密切相关的部分，表示数据的输入来源或输出方向。输入/输出采用菱形框进行表示，框内写输入/输出名称
	处理	表示一个处理过程，描述一项功能，用字母 P（process）表示。框内填写的名称一定是一个动词，如××处理，建立××等。每个处理框都必须具有输入的数据流和输出的数据流，不能出现只出不进或只进不出

续表

符号	名称	含义
	存储	表示数据的静态存储。系统处理从数据存储中提取数据，也将处理的数据返回数据存储。数据存储用右边开口的长方条表示，在长方条内写上数据存储名称。为了区别和引用方便，左端加一小格，再标上一个标识，由字母 D 和数字组成
	判定	用来表示过程中的一项判定或一个分岔点，判定或分岔的说明写在菱形框内，常以问题的形式出现。对该问题的问答决定了判定符号之外引出的路线，每条路线标上相应的回答

一个系统往往有几十甚至几百个数据处理块，不可能集中绘制在一张图纸上。因此，通常采用“由外向里”的方法绘制，逐步增加细节，实现从抽象到具体的逐步过渡，最终得到一套分层的数据流程图。例如，图 9-9 所示为某林场 2019 年造林设计书生成数据流程图。绘制分层流程图时应注意加工块编号。

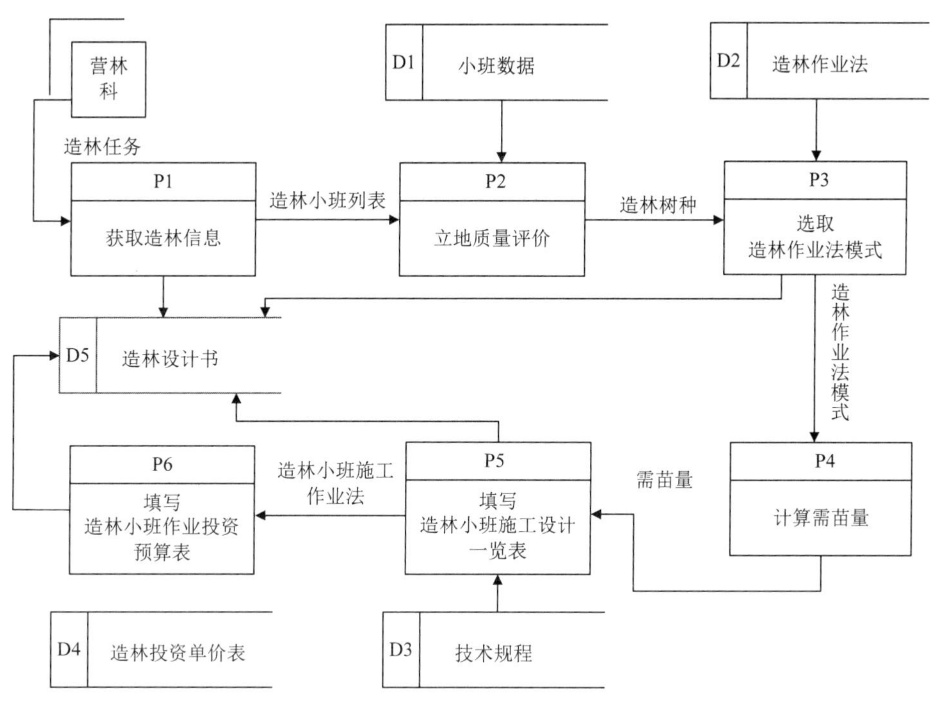

图 9-9　某林场 2019 年造林设计书生成数据流程图

数据流程图的绘制包括三个步骤：确定系统的输入/输出；由外向里绘制系统的顶层数据流图；自顶向下逐层分解，绘制分层数据流程图。

建立数据字典：数据字典对数据的数据项、数据结构、数据流、数据存储、处理逻辑、外部实体等进行定义和描述，其目的是对数据流程图中的各个元素做出详细的说明。

6. 分析系统功能需求

系统功能需求分析的目的是确定系统应具有哪些功能，完成哪些任务。设计人员和用户应充分讨论和协商，根据处理需求，确定系统的功能，并以某种形式的陈述语言或自然语言做出无二义性的表述。对于用户提出的功能要求，设计人员应尽量满足，但必须注意不能随便答应用户那些不合理或无法实现的要求，同时也应注意用户所要求的功能和资金的关系问题，以免引起日后纠纷。

7. 建立新系统逻辑模型

系统逻辑模型的主要作用是确定系统设计所需的参数，确定各种约束条件，预测各个系统方案的性能、费用和效益。其主要包括以下内容：

1）确定新系统的目标：功能目标、技术目标和经济目标。

2）确定合理的业务处理流程：产生的结果即为业务流程图。

3）确定合理的数据处理流程：结果即为数据分析结果、数据流程图和数据字典。

4）确定功能结构和子系统：确定总体功能结构，划分子系统。

5）确定系统中的管理模型：确定具体业务采用的模型和方法。

8. 编写系统分析报告

系统分析阶段的最后结果是编写系统分析报告，并提交用户的决策部门讨论审查。编写系统分析报告是一个不断反复、逐步深入、逐步完善的过程。系统分析报告应包括以下内容：

1）概述：系统的名称、目标、范围、功能、背景、对原系统的改善和术语。

2）现行系统概况：组织结构图、功能体系图、业务流程图、存在的问题和薄弱环节。

3）系统需求说明：针对现行系统存在的问题，全面描述企业或组织中各层次的用户对新系统的各种需求。

4）新开发的信息系统的逻辑方案：新系统的目标、功能结构和子系统划分、数据流程图、数据字典、加工说明、数据库结构、输入/输出要求。

5）系统方案在技术、经济、功能和操作上的可行性，系统的工作量与经费预算。

随系统分析报告提供下列附件：

1）系统的硬软件支持环境的选择、规格要求及其网络环境等。

2）组织机构图、组织之间的联系图、各机构功能业务一览图等。

3）数据流程图、功能模块图和数据字典等。

系统方案一般应提供2～3份，并详细列出评价意见，供用户和领导进行抉择审议。如果用户同意系统分析报告和方案设计，应在与用户进行详尽商讨的基础上，最后签订技术协议书。技术协议书应包括以下几项内容：

1）系统采用的DBMS软件的功能的技术要点。

2）用户提出的系统功能要求。

3）系统的功能模块划分和用户对各功能模块的技术要求。

4）对系统模块中双方都认可的处理算法、公式和细项做出技术说明及实现方法说明。

5）用户对数据精度的要求。

6）系统的扩充要求及扩充入口。

7）设计方应交付的软件包（包括支撑软件和应用软件）、是否交付源代码等。

8）系统生成的各种报表格式。

9）工程进度。

10）双方的技术权限规定。

系统分析报告和技术协议书应由设计者和用户双方负责人签字盖章。系统分析报告和技术协议书是设计者和用户一致确认的权威性文献，是今后各阶段设计和工作的依据。

9.2.5　管理信息系统设计

系统设计是在系统的可行性分析的基础上，根据系统可行性分析阶段所提出的新系统逻辑模型，建立新系统的物理模型，因此也称物理设计。新系统设计应综合考虑各种约束，利用一切可用的信息技术手段和方法，进行各种具体设计，提出一个能在计算机上实现的新系统的实施方案，解决“系统怎样做”的问题。

系统设计的目标是在保证实现逻辑模型的基础上，尽可能地提高系统的各项指标，即系统的运行效率、可靠性、可修改性、灵活性、通用性和实用性；正确划分人工处理与计算机处理。

系统设计采用的基本原则：简单性、先进性、适应性、整体性、安全可靠性、经济性和可扩充性。

1. 系统设计的主要内容

系统设计的主要内容包括新系统总体架构设计、功能设计、数据库设计、功能模块与处理过程设计输入/输出设计、网络和安全保护等。

（1）系统总体架构设计

描述系统总体架构与技术特点，设计系统的体系结构，说明系统哪一部分采用 B/S 结构，哪一部分采用 C/S 结构；给出系统的体系结构设计与架构图；设计系统的硬件和软件运行环境，选择系统开发技术、DBMS、系统开发工具与开发语言等。

图 9-10 所示为营造林工程管理信息系统的体系架构图。该系统为 C/S 结构，由分布在多台机器上的各个角色协同工作，服务器端由数据服务器平台构成，客户端包括森林资源小班数据管理系统、营造林工程管理系统和系统管理平台。

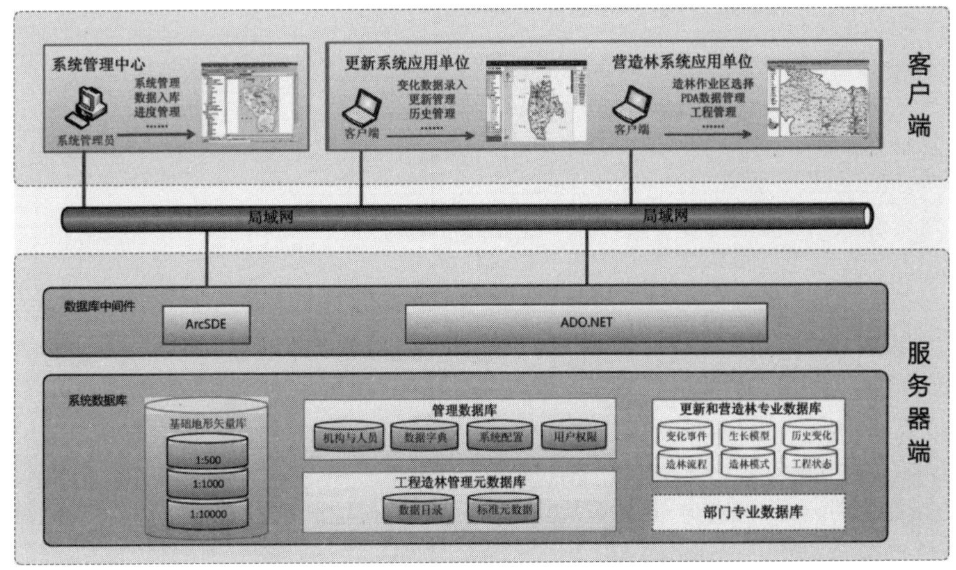

图 9-10　营造林工程管理系统的体系架构图

（2）功能设计

系统功能设计的任务是对新系统的功能进行描述，对功能模块进行划分，给出系统功能模块图。系统功能结构图如图 9-11 所示，该实例给出了营造林工程管理信息系统的功能结构图。

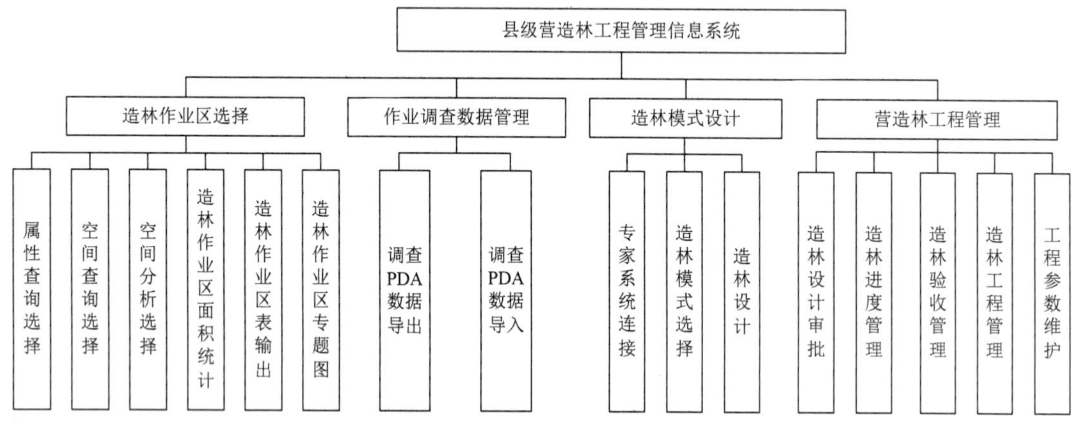

图 9-11　系统功能结构图

（3）数据库设计

数据库设计使用 UML 对数据库进行建模，给出数据库的逻辑结构；设计每个表的表结构，包括表的完整性设计（实体完整性、参照完整性、用户定义完整性）；设计表的触发器与存储过程；设计数据库安全性策略。

（4）功能模块与处理过程设计

系统功能模块设计通常采用层次化模块结构图说明系统的功能结构，给出上下级模块、同级模块之间的数据传递和调用图；处理过程设计确定每个模块内部的详细执行过程，通常采用 IPO（hierarchy plus input-process-output）图描述系统结构、模块内部处理过程和输入/输出关系。图 9-12 所示为小班立地评价处理 IPO 图。

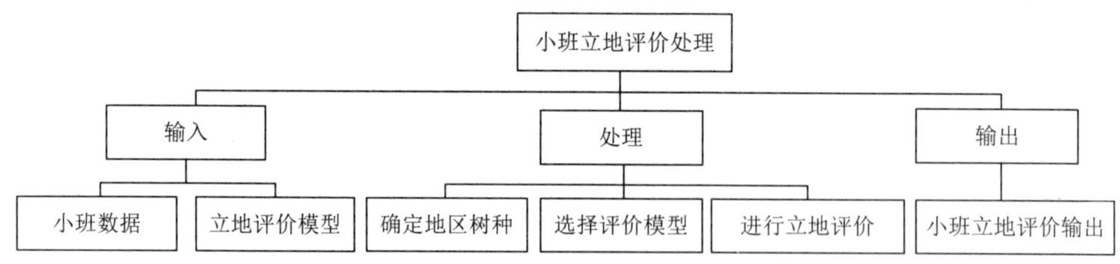

图 9-12　小班立地评价处理 IPO 图

功能模块与处理过程设计时需要注意模块相互之间的联系和独立性。模块之间的联系主要指模块耦合和模块内聚。模块耦合性越低，表明模块间的相互联系越少，模块的独立性越强；模块内聚性越高，表明模块内部各组成部分的相互联系越紧密，模块的独立性越强。模块的独立性指：一个子系统一般由若干个模块组成，当修改一个模块时，只影响本模块的结构和功能，不必担心其他模块内部程序运行是否受到影响，不影响其他模块或整个系统的结构和功能。

（5）输入/输出设计

1）输入设计一般包括输入数据的内容、格式，输入数据的正确性校验等。

2）输出设计一般包括输出信息使用要求设计、输出信息内容设计、输出格式设计、输出介质和输出设备的选择。

3）界面设计：界面是人与机器之间传递和交换信息的媒介，包括硬件界面和软件界面。用户界面的组成要素一般包括窗口、菜单、工具栏、状态栏、对话框和控件。

2. 系统设计报告的主要内容

系统设计报告是系统设计阶段的成果，也是系统实施和维护阶段的主要依据。系统设计报告的主要内容如下：

1）概述：系统的名称、设计目标、主要功能、项目开发者、用户、本系统与其他系统的联系。

2）系统的体系结构：描述系统总体架构与技术特点，给出系统的体系结构设计与架构图，说明系统哪一部分采用 B/S 结构，哪一部分采用 C/S 结构。

3）系统运行环境与开发语言：系统的物理结构、分布；服务器的硬件配置，如主机、内存/外存、外部设备等；软件配置，如操作系统、系统开发技术、DBMS、系统开发工具与开发语言选择；网络配置，如网络组成、网络协议等。

4）系统功能与数据库设计。

系统功能设计：系统功能的描述、系统的功能设计与模块划分、系统的功能结构图与功能描述、功能模块设计和用户对各模块的技术要求。

系统数据库设计：数据库逻辑模型设计，UML 表示的数据库逻辑模型、数据库中每个表的表结构、数据类型与长度、表的完整性及索引、表的触发器与存储过程、数据库的安全性策略等。

5）系统的功能模块详细设计。

给出系统功能模块的层次化结构，给出上下级模块、同级模块之间的数据传递和调用关系；处理过程设计，包括每个功能模块的功能描述与处理流程图等；模块内部的详细执行过程、模块内部处理过程和输入/输出关系。

6）输入/输出与界面设计。

系统的输入/输出人机界面设计与效果要求、输入/输出人机界面的主要功能要求、输入数据的格式设计与校验方法、输出内容及格式、系统生成的各种报表格式等。

7）系统实施及其他。

阐述系统的实施方案、进度计划、经费预算等，接口及通信环境设计，数据准备、培训计划、系统安全保密性设计等。附件给出系统的数据字典。

9.2.6 管理信息系统实施

系统实施是在系统设计阶段的基础之上，将系统设计的成果转换成能够运行的实际的应用系统。因此，系统实施需要一定的前提条件和准备工作。

1. 管理信息系统实施的前提条件和准备工作

系统实施前，系统开发人员通过系统开发文档，对系统目标、系统总体结构、系统代码设计、输入/输出设计、数据库设计、处理过程设计及系统运行环境等有了明确理解和认识之后，才能开始系统实施工作。系统开发人员不仅要了解本人所承担的部分，还要了解系统总体结构、彼此接口、数据交换等相互联系部分的内容，以保证在系统实施工作中局部分散实施与系统整体的协调一致性。

系统实施阶段的任务包括：①根据系统设计说明书要求，购置计算机等设备，并安装调试；②程序的编写和调试；③人员培训、数据文件转换；④系统调试与转换；⑤写出实施进度报告，系统测试后要写出系统测试分析报告。

2. 程序设计

程序设计又称编程，是系统实施中非常重要的一步。程序设计的质量指标主要有可靠性、实用性、可维护性、可读性、规范性等。

3. 系统测试

系统测试是保证管理信息系统质量的一个重要环节。系统测试是将已经确认的软件、计算机硬件、外部设备、网络等元素结合在一起，进行信息系统的各种组装测试和确认测试，验证系统是否能正常运行、满足设计要求。

系统测试一般采用两种技术：黑盒测试技术和白盒测试技术。黑盒测试只注重输入和程序执行结果，不管程序内部执行过程；白盒测试需要测试应用程序的内部结构的执行过程，使程序的每条语句都执行一次本测试用例。

4. 系统实施阶段的文档

系统实施阶段的文档包括程序设计手册、用户操作手册和系统测试报告。

1）程序设计手册：系统采用的术语、系统的功能描述、系统开发最小平台、系统覆盖的流程、系统全局变量、程序清单、每个功能的描述、系统共享数据、系统接口。

2）用户操作手册：系统原理说明书和系统操作说明书。

3）系统测试报告：把测试的过程和结果写成文档，并对发现的问题和缺陷进行分析，为纠正软件存在的质量问题提供依据，同时为软件验收和交付打下基础。

在程序调试和测试中，应记录和积累试运行资料，包括试运行和性能测试中发现的问题和解决方法，将它们整理存档，在正式运行时随系统一起移交给用户，为正式运行和以后改进提供参考。

9.2.7 管理信息系统运行与维护

系统运行与维护阶段是在系统投入运行后，要经常对系统进行维护和评价，记录系统的运行状况，对系统进行必要修改，评价系统的工作质量和工作效益。

1. 系统运行环境建设

购置管理信息系统运行需要的计算机系统设备、机房进行建设，并进行设备的安装与调试。

2. 用户培训

对用户提前进行培训。培训用户掌握系统的运行操作和维护、系统数据库的备份与恢复等操作技能。

3. 系统运行管理

系统运行管理通常包括：①系统运行的组织机构；②原始数据、数据库文件、各种运行文件等文件的归档；③系统操作规程、系统安全保密制度、系统修改规程、系统定期维护制度及系统运行状态记录和日志归档等。

4. 系统维护

系统维护内容一般包括程序维护、数据维护、硬件设备维护等。系统维护的目的是清除系统运行中发生的故障和错误，保证管理信息系统正常且可靠地运行。

9.3 人工智能与专家、决策支持系统

9.3.1 人工智能概述

人工智能（artificial intelligence，AI）是研究利用计算机来模拟人的某些思维过程和智能行为（如学习、推理、思考、规划等）的学科。研究人工智能的一个主要目标是生产出一种新的能以人类智能相似的方式做出反应的智能系统与设备，完成一些通常需要人类智能才能完成的复杂工作。这些智能设备在某些领域中辅助或超越人类的思考能力，解决人类智慧解决不了的问题。人工智能被认为是 21 世纪（基因工程、纳米科学、人工智能）三大尖端技术之一。

人工智能并不是新鲜事物。1936 年，英国数学家阿兰·麦席森·图灵从模拟人类思考和证明的过程入手，提出利用机器执行逻辑代码来模拟人类的各种计算和逻辑思维过程的设想。1950 年，他发表了《计算机器与智能》一文，提出了判断机器是否具有智能的标准，即图灵测试。图灵测试是指测试者与被测试者（一个人和一台机器）在隔开的情况下，通过一些装置向被测试者随意提问。进行多次测试后，如果有超过 30%的测试者不能确定出被测试者是人还是机器，那么这台机器就通过了测试，并被认为具有人类智能。

人工智能的基本技术主要由知识表示、机械推理和系统构成。知识表示技术研究知识的表示，机械推理技术是研究如何利用知识解决实际问题的推理技术，系统构成技术主要研究如何把各种有关知识组织成一个有效的问题求解系统。其中知识是人类在与自然和社会斗争中的经验总结，是人工智能系统的基础与前提。一个人工智能系统必须拥有大量的知识并具有运用这些知识的能力。

人工智能领域的研究包括认知与推理、专家系统、机器学习、自然语言理解、计算机视觉、机器人和智能控制等领域。

1. 认知与推理

在设定目标对象后，使用外部信息作为输入，使用演绎归纳等逻辑运算方法根据已建立的模式匹配，针对目标对象进行演算并生成结论。

2. 专家系统

专家系统是一种基于特定领域内大量知识与经验的、模拟人类专家解决领域问题的智能信息系统。专家系统通过构建知识库、利用计算机程序，根据一个或多个专家提供的知识和经验进行推理和判断，模拟人类专家的决策过程，以便解决那些需要人类专家处理的复杂问题。

3. 机器学习

机器学习研究如何使计算机系统具有类似人类的学习能力，利用获得的数据使计算机系统能通过学习自动获取知识与技能，实现自我完善和自我发展，提升自身性能。机器学习按照学习机制的不同，主要有归纳学习、分析学习、连接机制学习和遗传学习等。机器学习的应用范围非常广泛，尤其对大数据的处理应用。目前最热门的机器学习是深度学习，深度学习是一种基于统计的概率模型的机器学习领域中对模式（声音、图像等）进行建模的一种方法。一般来说，典型的深度学习模型是指具有多层深度的人工神经网络。

4. 自然语言理解

自然语言理解研究包括中文自动分词、词性标注、句法分析、自然语言生成、文本分类、信息检索、信息抽取、文字校对、问答系统、机器翻译、自动摘要、文字蕴涵等，以对话情境为基础，生成和理解（听懂）自然语言，以及按照人们的指令进行工作。

5. 计算机视觉

计算机视觉是指计算机从图像中识别出物体、场景和活动的能力。人工智能主要利用人工神经网络、遗传算法、蚁群算法、模拟退火算法和粒子群算法等进行图像边缘检测、图像分割、图像识别、图像匹配、图像分类等图像处理工作。计算机视觉有着广泛应用，包括医疗成像分析、人脸识别、植物病害与植物害虫识别等。近年来，在多层神经网络基础上发展起来的深度学习和深度神经网络在很多模式识别应用领域产生了领先的性能，成为当前最热门的方法。

6. 机器人和智能控制

机器人和智能控制技术将极小却高性能的传感器、处理器、驱动装置等硬件与机器视觉、自动规划、逻辑判断等认知技术整合在一起，能在各种未知环境中灵活处理不同的任务。

7. 自动程序设计

自动程序设计研究包括程序自动生成与程序正确性验证两个方面的一系列的理论与方

法。程序自动生成通过软件根据提出的要求自动地把程序设计出来。例如，数据库建模设计中使用的工具 PowerDesigner 等，根据用户绘制的图例自动生成建立数据库结构的 SQL 语句；程序正确性验证对已编写好的程序进行检查，判断其正确性。例如，计算机等级考试、程序设计语言机考自动判题等，由判题软件系统给出正确或错误，以及分数。

8. 人工神经网络

人工神经网络是目前人工智能领域兴起的研究热点。人工神经网络在模式识别、智能机器人、自动控制、预测估计、生物、医学、经济等领域已成功地解决了许多现代计算机难以解决的实际问题，表现出了良好的智能特性。例如，利用遥感图像识别森林类别时，事先把许多不同的森林类别图像训练样元和对应的应识别的结果输入人工神经网络，网络就会通过自学习功能，慢慢学会识别类似的图像。

9. 问题求解与定理证明

问题求解主要采用自动推理、搜索等方法。其中自动推理是知识的使用过程，由于知识表示方法不同，相应推理方法也不同。搜索是人工智能的一种问题求解方法，搜索策略决定着问题求解的一个推理步骤中知识被使用的优先关系。搜索可分为无信息导引的盲目搜索和利用经验知识导引的启发式搜索。启发式知识常由启发式函数来表示，启发式知识利用得越充分，求解问题的搜索空间就越小。典型的启发式搜索方法有 A*、AO*算法等。问题求解的典型应用成果就是下棋程序，2016 年 3 月，Google 的人工智能程序 AlphaGO 与围棋世界冠军棋手在围棋盘上正面交锋。

9.3.2 专家系统

专家系统能够利用领域内专家的大量知识来解决该领域的问题，通过采集专家知识和经验（其中包含各种关系及解决问题和做出决定的规则），构建专家知识库，模拟人脑思维方式进行推理和判断，从而模拟专家解决问题。例如，一个果树专家系统需要能够像真正的专家一样，诊断出果树的病虫害，并给出相应的处方和治疗建议等。

专家系统在农林业领域的应用最早开始于 20 世纪 80 年代初期，已经在种苗培育、农作物种植管理、病虫害管理、园艺管理、畜禽饲养、施肥管理等方面进行了应用。

1. 专家系统的基本结构

专家系统一般由知识库、数据库、推理机、解释器及知识获取 5 个部分组成，如图 9-13 所示。专家系统的体系结构随专家系统的类型、功能和规模的不同而有所差异。

2. 专家系统的知识库

知识库是用来存放专家提供的知识和经验的容器，用于存取和管理所获取的专家知识和经验。推理机利用知识库中的知识来模拟专家的思维方式，进行问题的推理求解。因此，知识库是专家系统质量是否优越的关键所在，知识库中知识的质量和数量决定着专家系统的质量水平。知识获取是专家系统知识库是否优越的关键，也是专家系统设计的“瓶颈”问题。通过知识获取，可以扩充和修改知识库中的内容，也可以实现自动学习功能。一般来说，专家系统中的知识库与专家系统程序是相互独立的，用户可以通过知识库管理系统改变、完善知识库中的知识内容来提高专家系统的性能。

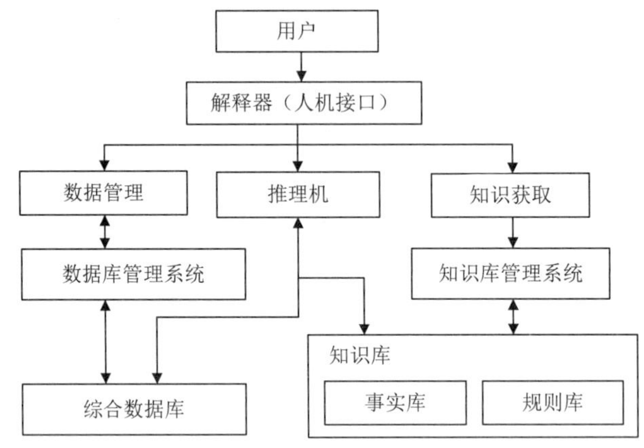

图 9-13　专家系统的基本结构

知识库由事实库与规则库构成。事实库存储的是与当前问题有关的知识描述，规则库存储的是进行推理时要用到的一般知识和领域知识。

知识表示在人工智能和专家系统中是重要的因素之一。知识如何表示最适合与所要解决问题的性质及解决的方法是密切相关的。知识表示总是与推理机的推理策略关联，目的是使知识表示最适合于该问题的推理。目前使用较多的知识表示方法主要有一阶谓词逻辑表方法、产生式表示法、框架表示法、语义网络表示法、面向对象表示法等。下面介绍农林业专家系统常用的知识表示法。

（1）产生式表示法

基于规则的产生式表示法是目前专家系统中应用最为广泛的一种知识表示方法。农林业中的各种专家系统的知识表示基本上都采用产生式表示法。该方法采用 IF-THEN 结构来表示各种事物和知识之间的因果关系，一般形式为 P→Q，含义为“如果前提 P 满足，则可推出 Q（或应该执行动作 Q）”，利用事实和规则的模式匹配来推出结论。例如，森林培育专家总结的采用产生式表示法表示的造林知识的实例如下：

```
IF 低山(地貌) and 缓坡(坡度) and 上部(坡位) and 阳坡(坡向) and 中层土(土壤厚
  度) and 中性土(土壤酸碱度) and 壤土(土壤质地) and 潮湿(土壤水分)
THEN (油松)
```

产生式表示法的结构接近人类思维和会话的自然形式，适合于表示各种启发式知识，以表明事物间的经验性关联。产生式表示法不仅可以表达事实、规则，还可以附上可信度因子来表征这些事实、规则的经验可信程度。产生式表示法是使用非常广泛的知识表示方法，它在语义上表示一种因果关系，可以明确地表示事实之间的联系，适用于表示领域知识是扩散的、可以将问题分解成相对独立的操作、知识及其使用可以分开的问题。

（2）框架表示法

框架表示法的基本思想是采用层次化和模块化的表示方法实现对客观事物和客观规律的描述。一组框架可看成由一些结点和关系连接而成的网状结构。一个框架由框架名和若干个槽组成，每个槽描述对象某一方面的属性；有时一个属性还要从不同的侧面来描述，每个侧面可具有一个或多个值。槽值可以是程序、条件、默认值。其一般格式如下：

<框架名>

槽名 1：侧面 1_1 值 1_{11},值 1_{12},…,值 1_{1k1}

侧面 1_2 值 1_{21},值 1_{22},…,值 1_{2k2}

……

侧面 1_n 值 1_{n1},值 1_{n2},…,值 1_{nkn}

槽名 2：侧面 2_1 值 2_{11},值 2_{12},…,值 2_{1k1}

侧面 2_2 值 2_{21},值 2_{22},…,值 2_{2kn}

……

侧面 2_n 值 2_{n1},值 2_{n2},…,值 2_{mkn}

……

例如，一个教师的框架如下：

框架名：<大学教师>

姓名：单位（姓，名）

年龄：单位（岁）

性别：范围（男，女）默认：男

职称：范围（教授，副教授，讲师，助教）默认：讲师

部门：单位（信息系、计算机系、网络系）

这个框架由 5 个槽组成，在填写槽值时，单位指出槽值的数据类型和取值范围，默认是当不填写槽值时采用给出的默认值。

当对该框架各槽值取一个具体值后就得到一个具体的框架，称为实例框架，如下所示：

框架名：<教师 19820402>

姓名：苏晓慧

年龄：32

性别：女

职称：副教授

部门：信息系

框架表示法的知识推理方法主要采取匹配方法，该方法把需要求解的问题用一个框架表示出来，在框架中给出槽值中求解的问题侧面值，即条件，其他侧面为空值，然后与知识库中的已有的知识框架中的实例框架进行匹配，选择与给出槽值中求解的问题侧面值相匹配的实例框架，将该实例框架中与求解框架中没有值的槽相对应的槽值取出来即为问题的求解。

（3）语义网络表示法

客观世界中各种事物之间有着错综复杂的联系，这种联系不仅有表面上的联系，还有内在的联系。语义网络表示法通过“带标识的有向图”描述对象之间的这种语义联系，实现对知识的描述。有向图的结点表示各种对象，这里的对象可以是事物、概念、属性及知识实体等；有向图的有向边表示各种语义联系，指明其所连接的结点之间的某种关系。

要用语义网络表示知识，首先要把表达的对象用某些结点表示出来，然后根据具体的环境来定义结点之间的语义联系。例如，对于森林中的常见多发病，森林病虫害专家根据国内外资料和实践观察编写的病害检索表知识就是一种语义网络表示法。语义网络表示法在计算机或信息管理中称为多叉判定树，如图 9-14 所示。

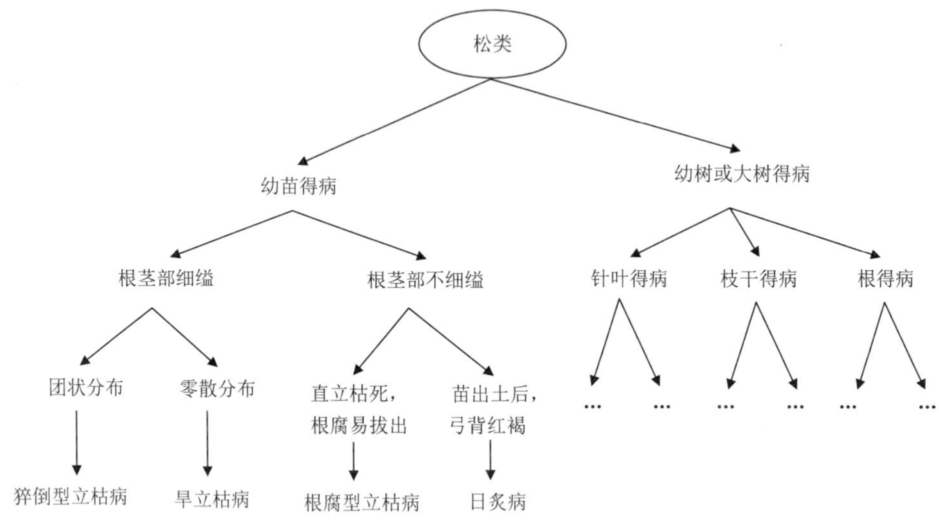

图 9-14 语义网络表示的森林病害专家诊断知识

在知识库中还包括求解问题的事实和断言，以及专门用于存储推理过程中所需的原始数据、中间结果和最终结论的数据库。例如，集成在森林资源管理信息系统平台上的造林地与造林树种选择专家系统中的森林资源数据库、造林树种数据库、代码库等。

3. 专家系统的推理机

推理机可利用知识进行推理，求解专门问题，具有启发推理、算法推理，正向、反向或双向推理等功能。推理机根据当前问题的条件或已知信息，反复匹配知识库中的规则，获得新的结论，以得到问题求解结果。推理方式可以有正向推理、反向推理和双向推理 3 种。

（1）正向推理

正向推理是以已知事实作为出发点的推理，通过“if <条件> then <结论>”规则链接起来形成一条或多条推理链，寻找出与同规则库中的事实或断言相匹配的那些规则，并运用冲突的消除策略，反复地向前进行寻找，直到数据库的事实与目标一致即找到解答，或者到没有规则可以与之匹配时才停止。

正向推理算法思想本身简单而直观，推理时用户既可以事先确定好输入的事实，也可以在推理执行过程中交互地进行输入。

（2）反向推理

反向推理先提出假设，然后由此出发，进一步寻找支持假设的证据。当所需的证据与用户提供的原始信息匹配时，推理成功。显然，反向推理在选择目标时容易有盲目性。因此，反向推理比较适合结论单一或直接提出结论要求证实的系统。

（3）双向推理

双向推理又称正反向混合推理，首先根据原始数据通过正向推理帮助提出假设，再用反向推理进一步寻找支持假设的证据，反复这个过程，直到获得满意的结论。双向推理集中了正向推理和反向推理的优点，但其控制策略较前两者复杂。

由此可见，推理机就如同专家解决问题的思维方式，知识库就是通过推理机来实现其价值的。

9.3.3　决策支持系统

1. 决策的概念

决策是人们在政治、经济、技术和日常生活中普遍存在的一种行为，是管理中经常发生的一种活动。决策是为了实现特定的目标，根据客观的可能性，在利用掌握的数据和经验的基础上，借助一定的工具、技巧和方法，对影响目标实现的诸因素进行分析、计算和判断选优后，从多个方案中选择一个作为行动方案，对未来行动做出决定的过程。

决策应包含的内容如下：

1）为了达到一个既定的目标。

2）要有 2 个以上的方案。

3）不能将决策理解为选择与决定方案那一瞬间的行动，而应理解为合理地设计、分析、比较、选择与决定方案的整个过程，没有该过程就难有正确的决策。

决策可按其性质分为如下 3 类：

1）结构化决策：对某一决策过程的环境及规则，能用确定的模型或语言描述，以适当的算法产生决策方案，并能从多种方案中选择最优解。

2）非结构化决策：决策过程复杂，不可能用确定的模型和语言来描述其决策过程，且无最优解。

3）半结构化决策：介于以上二者之间的决策，这类决策可以建立适当的算法产生决策方案，使决策方案中得到较优的解。

2. 决策支持系统的定义

决策支持系统是以管理科学、运筹学、控制论和行为科学为基础，以信息技术为手段，针对半结构化或非结构化的决策问题，辅助决策者通过数据、模型、方法和知识，以人机交互方式进行决策活动、具有智能作用的信息系统。该系统能够为决策者提供所需的数据、信息和背景资料，为决策者提供分析问题、建立或修改决策模型、模拟决策过程和方案的环境，调用各种信息资源和分析工具，帮助明确决策目标和进行问题的识别、建立，提供各种备选方案，并且对各种方案进行评价和优选，通过人机交互功能进行分析、比较和判断，为正确的决策提供必要的支持，帮助决策者提高决策水平和质量。

智能决策支持系统（intelligence decision supporting system，IDSS）是人工智能和决策支持系统相结合，应用专家系统技术，使决策支持系统能够更充分地应用人类的知识，如关于决策问题的描述性知识、决策过程中的过程性知识、求解问题的推理性知识，通过逻辑推理来帮助解决复杂的决策问题的辅助决策系统。

目前，农林业的决策支持系统通常将专家系统集成到系统中成为智能决策支持系统，使决策支持系统既充分发挥了专家系统以知识推理形式解决定性分析问题的特点，又发挥了决策支持系统以模型计算为核心的解决定量分析问题的特点，充分做到了定性分析和定量分析的有机结合，使得解决问题的能力和范围得到了一个大的发展。

3. 决策支持系统的结构

决策支持系统一般由人机交互界面（交互语言系统）、问题处理系统、数据库、模型库、方法库、知识库组成，如图9-15所示。不同应用领域的决策支持系统结构并不完全一样，结构随系统的类型、功能和规模的不同而有所差异，但模型库和方法库通常是必需的。

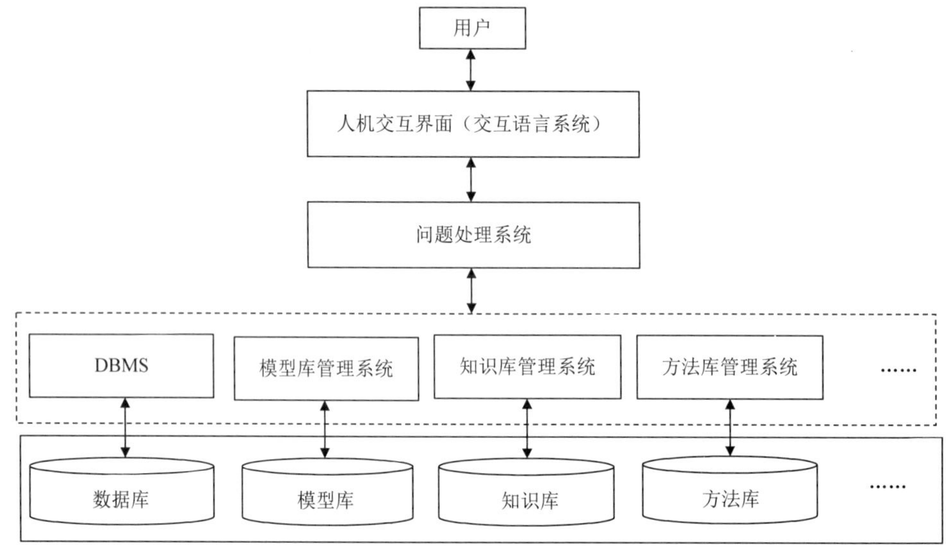

图9-15 决策支持系统的结构

在决策支持系统中，人机交互部分是决策支持系统的人机交互界面。人机交互界面将用户和数据库、模型库、方法库、知识库和数据库等联系在一起，接收用户向系统提出的任务要求，问题处理系统根据交互式会话识别用户提出的问题，通过调用系统内部功能模块，利用知识库中存储的该领域专家的知识，通过推理策略进行推理得到需要的决策信息，向用户提供具体的解决方案。知识库管理系统集中管理决策问题领域的知识（规则和事实），包括知识的获取、表达、管理等功能；模型库管理系统集中管理决策所需的各种模型，根据用户提出的问题调出系统中已有的基本模型，模型库存储了含有能够帮助决策者进行推理、分析问题、比较、选择解决方案所需要的模型；DBMS管理和存储与决策问题领域有关的各种基础数据；方法库管理系统管理决策与建模所需要的各种统计与分析方法。

9.3.4 决策支持系统中的模型库、方法库、知识库和数据库

1. 模型库

模型库是根据决策者的需求、按一定结构组织起来存储在计算机内用于决策的模型集合。模型库中的各种模型能够帮助决策者进行推理、分析问题、比较、选择解决方案、制定决策。

决策支持系统的模型库通过模型库管理系统进行管理。模型库管理系统是对模型库中的各模型进行管理和使用的计算机软件系统，其主要功能是负责模型的建立、存储、修改、访问等操作，以及控制模型运行和转换数据库接口等。

（1）模型库的类型与存储方式

模型库的主要类型如下：

1）通用模型库：模型建立和编制均由用户完成，系统仅提供宿主语言（如各种高级语言或专用语言）和一些模型的求解方法等。

2）专用模型库：专为某些决策或决策者设计的模型库，用户只需引用库中已有的模型，不必创建模型。

3）智能模型库：由元模型、问题识别器和形式化模块等组成，用户只需陈述问题，系统即能自动按照问题特性，实现模型的形式化及模型的建立和分析。

模型在模型库中的存储方式有程序方式、仿真语言方式、关系数据库方式等。

例如，森林经营决策支持系统中常用的用于林分生长收获预测的模型库一般采用关系数据库来构建，每个模型采用一条记录进行存储。

（2）模型库的模型解析技术

对于采用关系数据库来构建，模型用数学表达式表示，采用记录进行存储的一维形式的数学模型，在使用时需要对模型进行解析。模型解析技术利用词法分析、语法分析和语义分析对模型表达式在词法、语法和语义方面进行检查，通过构造语法树，由“自上而下”的遍历方法实现对产生式构造的函数递归调用，采用逆波兰式计算模型表达式完成一维形式的决策支持模型解析。

（3）模型库的更新

以单个公式作为表达形式的决策模型的构建通常采用统计回归的方法，模型的拟合精度取决于建模数据的正确性和数量。当建模数据发生变化时，现有的模型可能就不再适用，需要对现有模型参数进行修正，但有可能当前模型对变化数据的拟合精度并不是最高的，仅仅通过修正当前模型参数的方法也未必适用。因此，需要对所有建模备选的模型方程进行重新拟合，选择拟合精度最高的新的模型作为现有数据适用的模型。然而，对所有建模备选的模型方程进行重新拟合，相当于重新建模，需要专业人员利用统计软件对变化后的建模数据进行重新拟合，分析模型是否发生变化，如发生变化，则需编程人员重新对程序模型进行修改编译或是手动修改数据库中存储的模型，操作烦琐，工作量较大。针对以上问题，人们提出了决策模型的自动更新技术，该技术的原理是通过更新模型，利用建模数据重新拟合模型，对模型进行进行对比，选择更好的模型替代原有的模型。

（4）模型库的具体实例

例如，采用关系数据库的形式来存储林分生长模型的关系模式如下：

```
Model1(模型编号,树种编号,树种名,模型类型,模型类型名,模型表达式,模型变量名列表,
    备注)
```

其中，模型类型中，用 H 表示树高（林分平均高），HT 表示优势木高，H1 表示第一活枝高，D 表示胸径，SI 表示地位指数，BAS 表示林分断面积，M 表示林分蓄积量，SDI 表示密度指数，V1 表示一元材积模型，V2 表示二元材积模型等；模型表达式存储模型公式的表达式；模型变量名列表存储模型公式的表达式中变量名列表，变量名称之间用半角逗号进行分隔。

2. 方法库

决策支持系统中的方法库是按一个组织结构存储各种决策常用的通用算法（如优化方法、预测方法、蒙特卡罗法、线性/动态规划等方法）编制的子程序，以及各方法的使用说明（字典）的集合，每种方法由一组程序与数据构成，供求解模型时使用。

决策支持系统的方法库通过方法库管理系统进行管理。方法库管理系统的功能主要负责各种方法进行增、删、改等操作，以及方法的调用与运行操作。方法库由方法库字典和方法程序库组成。方法库字典中不含有具体的方法代码，只存储有关方法的编号、名称、方法地址、用途、使用说明等文字说明，并把方法按层次分类存放，这样有利于方法的记录、索引。方法程序库是存储方法的仓库，方法以可执行文件形式存储在方法库中。

在决策支持系统中，通常把决策过程中的基本数学方法、统计方法、预测方法、计划方法和优化方法等数学分析算法进行标准化处理后录入方法库，如图 9-16 所示。

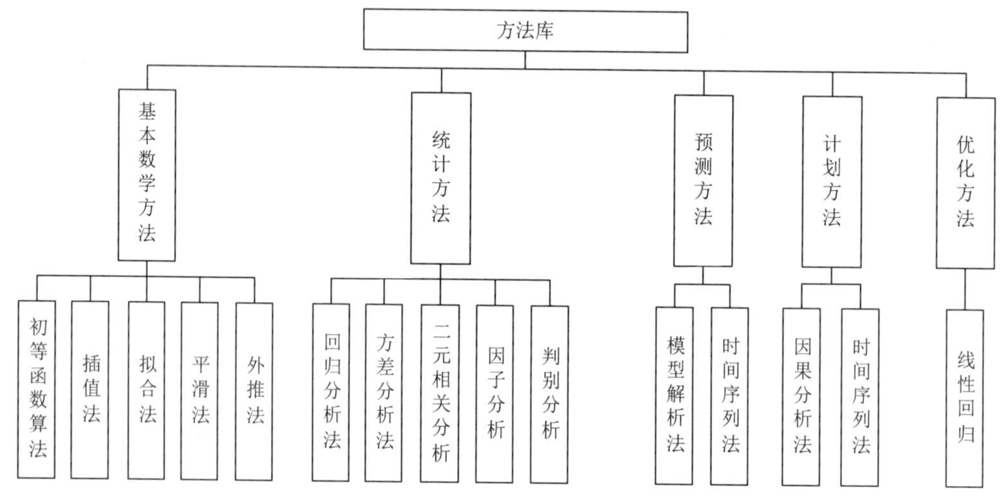

图 9-16　常用决策方法

在决策系统中，利用方法库求解问题的一般流程如图 9-17 所示。用户根据数据特点和解题要求从方法库中选择一个或若干个方法。选择方法时，用户可以通过方法库字典得到该方法的用途和使用说明。为了解题，通常需要将选出的若干方法加以组合，如将输入、

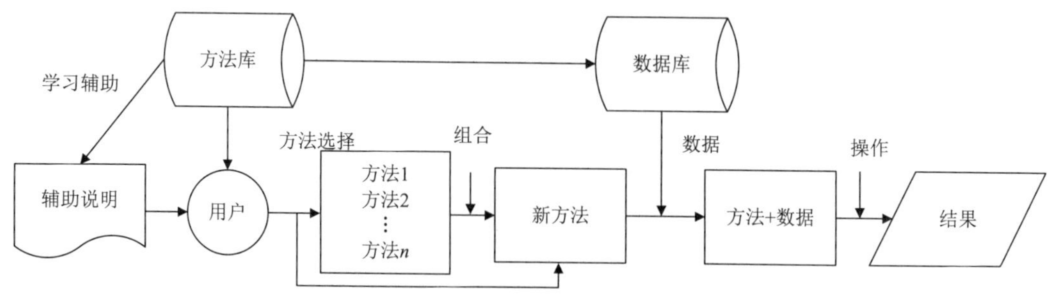

图 9-17　利用方法库求解问题的一般流程

参数转换、某个（些）数学方法、输出（包括报表或图形生成）等方法合成一个符合题意的新方法。在执行方法前，先在数据库中获取数据提供给方法；对于执行方法后获得的结果，如有必要，还可以调用分析结果的方法加以确认。

森林经营决策支持系统方法库中常用的方法主要是用于立地质量评价、生长收获预估、模型更新的计算方法，以及常用的数理统计方法，这些方法是以程序方式进行组织存储的，并且还存储了模型解析法、快速查找法、定距等分法、时间序列法及回归分析法，如图9-18所示。人工林立地质量评价方法主要采用地位指数法和树高模型法，地位指数法利用地位指数对林地立地质量进行评价，对于有地位指数的树种，系统通过快速查找法查找地位指数表，得到当前林地的地位指数，进而对其立地质量进行评价；对于没有地位指数的树种，利用不同立地条件下的树高模型进行立地质量评价，该方法主要采用定距等分法对不同立地条件下的林分平均高进行比较。林分生长收获预估方法主要根据林分生长收获模型通过模型解析法和时间序列法对林分生长收获进行预测。模型更新方法采用回归分析法拟合新的模型，更新模型库中的模型。

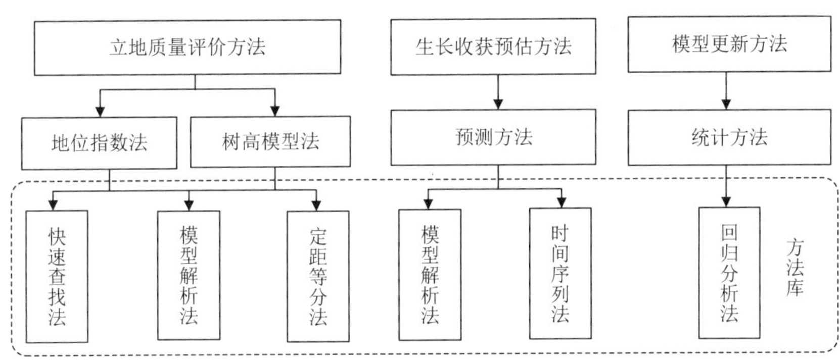

图9-18 森林经营决策支持系统的方法库

3. 知识库

决策支持系统中的知识库用于存储决策所需要的领域内各类知识，知识库管理系统存储、管理、调用及维护系统推理决策过程中用到的各类知识。一般情况下，决策支持系统通常将专家系统集成到决策支持系统中辅助决策，提高决策的可信度。因此，决策支持系统中的知识库与专家系统的知识库基本相同，由规则库与事实库构成。

例如，森林经营决策支持系统的知识库基本上与森林培育专家系统中的知识库相同，采用关系数据库构建，由造林模式与树种推理规则表、造林技术模式表、造林树种表、林木良种表、森林经营技术措施作业方法表、立地因子表、生长收获模型表7个表构成。知识库采用关系数据库构建。各表的关系模式如下：

造林模式与树种推理规则表(地区,规则编号,坡向,地貌,坡度,坡位,土壤厚度,土壤,…,立地类型名,造林技术模式)

造林技术模式表(造林地区,造林模式号,造林模式名,林种,培育目标,造林树种,适宜立地条件,混交类型,苗木规格,造林密度,株行距配置,整地方法,造林方法,土肥水管理作业,…)

造林树种表(树种代码,树种名称,树种别名,树种学名,树种特性,树种用途,采摘技术,育苗技术,造林技术,抚育技术,采伐更新技术,…)

林木良种表(良种名称,良种特性,选育单位,适宜地区,繁殖技术,栽培技术,…)

森林经营技术措施作业方法表(编号,经营技术措施类别,经营技术措施,详细技术,图例)
立地因子表(立地因子编号,立地因子名,名词解释,控制字段)
生长收获模型表(模型编号,树种编号,树种名,模型类型,模型表达式,模型变量名列表)

4. 数据库

决策支持系统中的数据库用于存储服务于决策过程中所需要的数据。DBMS 用于对数据库中的数据进行管理。

DBMS 为决策支持的分析处理提供以下服务:

1)根据主题需要,从数据库中抽取分析用的数据。在抽取过程中要对原始数据进行分类、求和、统计等处理。

2)在抽取过程中完成数据净化,即去掉不合格的原始数据,必要时还必须对缺损的数据加以补充。

3)建立数据库,对抽取过程中完成数据净化的数据进行存储。数据库建立需要解决数据量巨大及按照主题、粒度划分的数据组织问题。

4)DBMS 可以按主题对数据库中的数据进行查询与访问,可从不同的维度对数据进行查询和分析预测。

随着数据数量的增加,人们常把满足上述功能需求的 DBMS 称为数据仓库系统。数据仓库系统可以在关系数据库的基础上建立,利用 RDBMS 软件厂家提供的某些工具,或者自行设计软件实现数据仓库必备的功能。

9.4 林业信息、专家与决策支持系统

9.4.1 森林资源信息管理系统

森林资源信息管理系统主要用于对森林资源小班数据进行管理,为森林培育、经营管理提供小班数据、各种统计汇总表,为生产决策提供支持。

目前,森林资源信息管理系统从单一的信息管理平台发展到可以提供资源调查、资源监测、资源更新、资源信息管理、资源共享一体化服务的综合性平台。森林资源信息管理系统已经成为提升森林资源科学经营管理能力的重要手段,是现代林业建设的重要内容,对于促进信息共享,深化信息利用,提升管理能力意义重大。

县级森林资源管理信息系统的体系结构采用 C/S 两层结构,系统的详细介绍请参阅第 10 章。

9.4.2 森林培育、森林病害虫诊治专家系统

将现代信息技术用于整个森林的培育全过程中,通过信息技术将先进的森林培育技术送达基层林业局、林场、林企、林农手中,是提高森林质量、缓解木材供需矛盾、促进增收、提升林业产业化水平的有效途径。在国家课题支持下,北京林业大学林业信息化研究所开发的林业专家系统主要包含了森林培育专家系统、森林病害虫诊治专家系统等系统,该系统服务于基层林业局、林场、林企和林农。

森林培育专家系统（造林地与造林树种选择专家系统）根据用户依次输入的立地条件，对造林地立地因子进行推理分析和适地适树判别，选择适宜生长的造林和造林方案，供用户选择，也可由用户先选定造林树种，由系统查找与该方案匹配的造林地地块，并对造林方案进行详细设计，反馈给用户实施。对于速生丰产林还可以给出经济效益评价。森林培育专家系统的详细内容介绍请参阅 11.2 节。

森林病虫害诊治专家系统的设计宗旨是在林农不需要很强的专业知识的条件下也能快速准确地得到诊断结果，真正做到面向基层林农。具体诊断过程中，对于虫害，用户只需要选择害虫发生的具体树种、害虫发生在树种的哪个部位、害虫危害的主要症状，经过对这 3 个诊断结点的过滤，系统给出符合条件的害虫的形态特征描述和对应的图片信息，以及害虫危害症状的描述和对应图片信息，用户即可很容易通过比照做出正确的选择。对于病害，用户选择病害发生的具体树种、发生部位和危害症状，系统通过推理给出最终的诊断结果，同时给出诊断的森林病害详细信息和防治技术。当用户不能根据系统得出结论时，系统也提供 E-mail、留言板等方式发送害虫的危害图片与专家交流。森林病虫害诊治专家系统的详细内容请参阅第 12 章。

9.4.3　人工林经营决策支持系统

北京林业大学林业信息化研究所开发的人工林经营决策支持系统采用“Web 浏览器/Web 服务器/DBMS”三层 B/S 结构，用户使用 IE 浏览器作为客户端软件，人工林经营决策支持系统的咨询推理、解释等核心模块则安装在服务器上，知识库、数据库、方法库与模型库统一由数据库管理系统统一管理，系统通过因特网为用户提供森林培育决策支持服务。系统采用“平台+模块+客户化开发”的思想，建立人工林经营决策支持系统的通用框架，针对不同用户的个性化需求，只需要修改知识库、数据库与模型库的数据，即可实现为用户提供量身定做的人工林经营决策支持系统。

人工林经营决策支持系统由人工林造林专家系统、人工林抚育间伐与采伐模拟系统、人工林立地质量评价系统、造林树种与林木良种知识查询系统、人工林抚育与经营知识查询系统和知识、模型、方法与数据库管理系统 6 个系统构成。

1. 人工林造林专家系统

根据立地因子，按照专家推理方法，通过匹配森林培育知识库中适地适树规则，给出适合的立地类型名称、造林模式及造林树种信息，并根据模型库中的树种生长收获模型进行生长预估，计算其经济收益。

2. 人工林抚育间伐与采伐模拟系统

根据用户输入的林分信息、不同的经营目标、抚育间伐和采伐方案对林分生长收获进行预估，并对不同方案过程进行动态模拟。当用户选择不进行抚育间伐时，系统可按照培育时间对林分进行自然生长收获预估；当用户选择了抚育间伐方案后，系统根据抚育间伐因子，对间伐时间、间伐强度进行判断，完成抚育间伐过程的计算机模拟。

3. 人工林立地质量评价系统

该系统对有林地和无林地进行立地质量评价。根据用户选择的造林地区和造林树种，系统选择相应的立地质量评价方法（地位指数、树高生长模型等），给出立地质量评价。

4. 造林树种与林木良种知识查询系统与人工林抚育与经营知识查询系统

这两种系统提供决策支持系统中的造林树种培育技术、林木良种信息数据、经营类型模式、造林模式、生长收获模型、经营技术措施作业法等浏览查询。

5. 人工林经营决策知识、模型、方法与数据库管理系统

该系统实现了对人工林经营决策支持系统中的知识、模型、数据库的存储、更新和维护。

人工林经营决策支持系统启动后进入主界面（图 9-19），用户根据需求选择系统进入决策咨询界面。

图 9-19 人工林经营决策支持系统主界面

参 考 文 献

陈昌鹏，吴保国，贾永刚，等，2004．数据挖掘技术在森林资源信息管理中的应用[J]．河北林果研究(2)：149-153．

陈昌鹏，吴保国，2004．林业数据仓库的设计[J]．农业网络信息(4)：30-32．

丁全龙，吴保国，2006．一种基于产生式规则的造林专家系统的设计与实现[J]．农业网络信息(8)：16-18．

海占广，吴保国，2009．林分生长与收获模型数据库及模型解析器的研究[J]．计算机应用研究，26(1)：209-210，229．

韩焱云，2015．人工林经营决策支持系统关键技术研究与系统研建[D]．北京：北京林业大学．

贾永刚，吴保国，陈昌鹏，2004．森林资源管理信息系统体系结构的探讨[J]．林业资源管理(3)：66-68．

李成赞，2009．森林病虫害诊断及害虫预报专家系统的研建[D]．北京：北京林业大学．

李东，蔡剑，2005．决策支持系统与知识管理系统[M]．北京：中国人民大学出版社．

李志刚，2005．决策支持系统原理与应用[M]．北京：高等教育出版社．

马鸣远，2006．人工智能与专家系统导论[M]．北京：清华大学出版社．

王超群，吴保国，2013．立地评价系统的设计与实现[J]．计算机工程与设计，34(8)：2922-2928．

吴保国，郭艳荣，韩焱云，2016．一种森林经营决策支持模型自动更新方法：ZL2013 1 0204498 [P]．

吴保国，李成赞，马驰，等，2009．森林培育专家决策支持系统的研究[J]．北京林业大学学报，31(S2)：1-8．

吴保国，马驰，2009．森林培育专家系统中造林决策知识库设计与推理机求解算法研究[J]．北京林业大学学报，31(S2)：9-13．

吴保国，温亮宝，2006．森林重大病虫害诊治专家咨询系统的研究[J]．北京林业大学学报，28(6)：113-118．

薛华成，2012．管理信息系统[M]．6 版．北京：清华大学出版社．

张荣梅，2003．智能决策支持系统研究开发及应用[M]．北京：冶金工业出版社．

钟晶鸣，吴保国，金萌，2006．县级森林资源管理信息系统结构模式的探讨[J]．农业网络信息(8)：62-64．

第 10 章 森林资源管理信息系统案例

森林资源是林木、林地及其所在空间内的一切森林植物、动物、微生物，以及这些生命体赖以生存并对其有重要影响的自然环境条件的总称。森林资源管理信息系统是一个由人和计算机构成的能够对林业局或林场的森林资源进行管理的信息系统，是国家森林资源管理信息系统的重要组成要素之一。该系统的基本功能是建立林业局或林场的森林资源数据库，实现森林资源数据动态管理、数据更新、维护和管理，提供网络环境下的信息统计与查询、全方位的森林资源信息的多用途分析和综合利用，为林业局或林场的信息化建设和管理提供森林资源基础性平台，为上级林业管理部门的林业计划、生产、经营、造林管理提供决策数据服务。

10.1 森林资源管理信息系统概述

10.1.1 森林资源管理信息系统的开发原则

县级森林资源管理信息系统开发应坚持统一规划、统一设计的原则，既要满足近期县级森林资源管理的信息采集、传输、处理、存储和应用服务的需要，又要满足县级林业电子政务等长远发展的要求，应对接口留有充分的扩充余地，兼顾社会其他管理信息的要求。

10.1.2 森林资源管理信息系统的体系结构、用户和数据流程图

1. 森林资源管理信息系统的体系结构

根据森林资源管理的业务特点，管理的内容涉及空间数据编辑、专题图制作等功能，数据的交互性较强，使用范围小，主要用户固定，考虑到数据安全和数据共享的要求，森林资源管理信息系统通常采用 C/S 结构。由于森林资源管理信息系统中的森林资源数据库是整个单位各类林业业务系统的核心，因此森林资源数据库部署在服务器端，各应用系统由分布在多台机器上的客户端(角色)协同工作。图 10-1 所示为采用 Windows 200X Server、DBMS SQL Server，利用 GIS 提供的二次开发控件进行开发的森林资源管理信息系统的体系结构。

服务器端（平台）：在基础的网络设施上，部署森林资源数据库服务器，存储森林资源小班空间数据、森林资源小班属性数据、森林资源小班经营活动数据、森林资源统计表数据及代码库、方法库、模型库、知识库数据等，系统通过中间件技术提供空间及属性数据访问接口，实现空间数据和属性数据的同时同库管理。

客户端：在客户计算机上安装森林资源管理信息系统，系统各功能通过局域网调用森林资源管理信息系统服务器端的功能接口实现。

其他应用系统：在森林资源管理信息系统服务器端平台上，实现了造林专家决策支持

系统、抚育间伐专家决策支持系统、森林资源数据统计分析系统与森林资源时态数据浏览系统，以满足不同业务需求的应用系统。

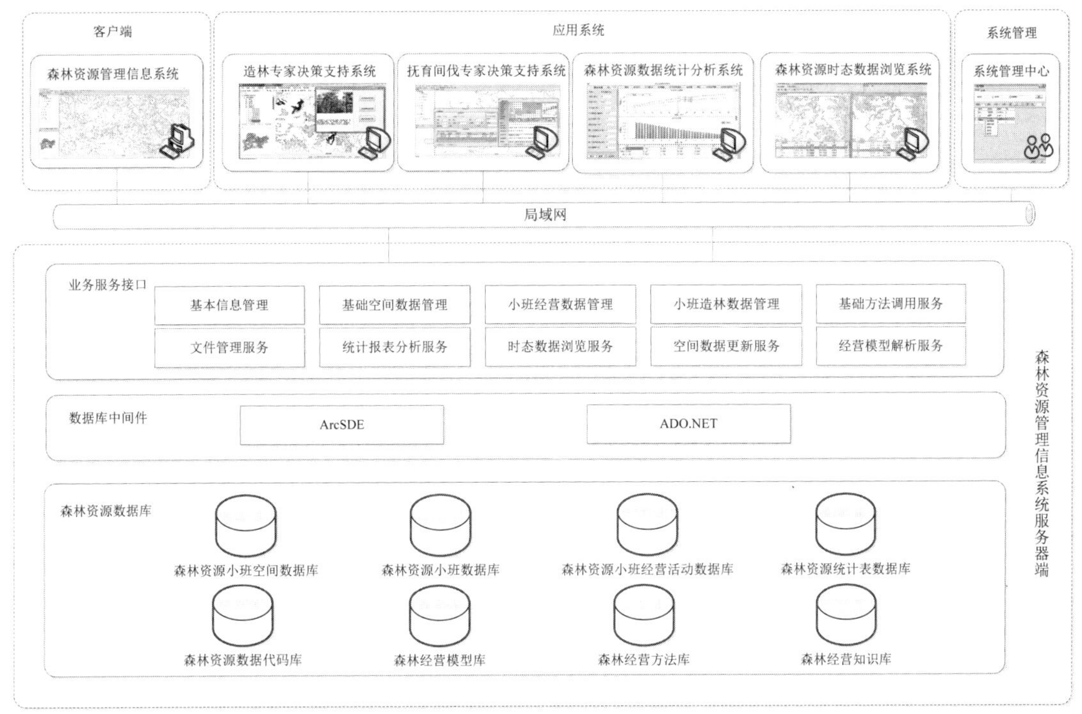

图 10-1 森林资源管理信息系统的体系架构

系统管理中心：部署在信息管理中心，由专业系统管理员为具体工作人员进行用户的创建与删除、角色和权限的授予与取消，以及进行一些后台信息的维护，如部门、日志信息等。

2. 森林资源管理信息系统的用户

森林资源管理信息系统划分了系统管理人员、森林资源管理人员、其他业务管理人员 3 类用户，系统为不同类别的用户分配了不同的系统功能：

1）系统管理人员：用户管理、数据维护等功能。

2）森林资源管理人员：文件操作、视图管理、系统工具、数据录入、专题图制图、数据统计、数据分析、空间数据浏览、统计报表、属性数据查询、空间数据查询、数据管理等功能。

3）其他业务管理人员：数据分析、空间数据浏览、统计数据查询、属性数据查询、空间数据查询、时态数据浏览等功能。

3. 森林资源管理信息系统的数据流程图

森林资源管理信息系统由森林资源小班空间数据库、森林资源小班数据库、森林资源小班经营活动数据库、森林资源统计表数据库、代码库、模型库组成，其系统核心功能包括数据浏览与查询、GIS 应用（包括地图管理、地图制图、地图校正、属性管理、勾绘图斑等）、森林资源数据统计报表（包括数据分析与数据可视化、数据导出等）、生长收获预估与模拟（包括二维曲线展示、三维可视化等）、数据库管理（包括数据更新、数据备份、数据导出）、数据上传与下载（包括数据加密上传至上级部门数据库、数据从上级部门数据库加密下载）。该系统的数据流程图如图 10-2 所示。

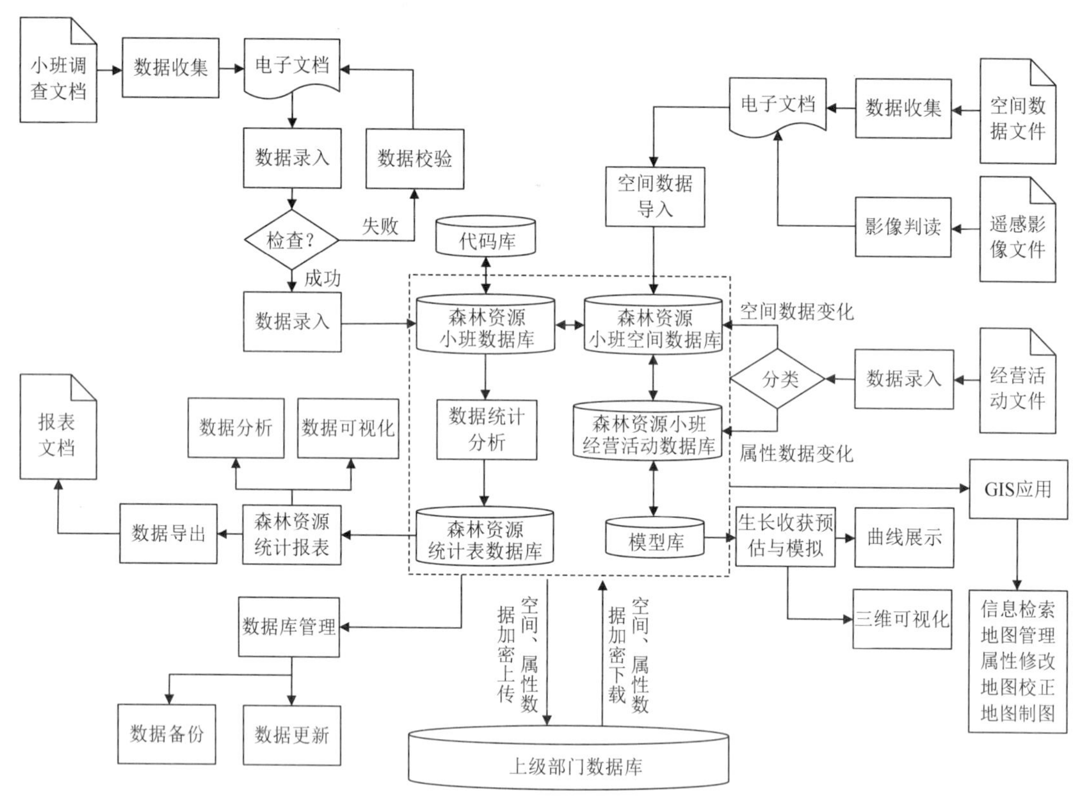

图 10-2 森林资源管理信息系统数据流程图

10.1.3 森林资源管理信息系统的功能结构

森林资源管理信息系统包括文件、视图、工具、属性查询、空间查询、专题图、统计报表、数据分析、数据输入、数据管理、数据维护、帮助等功能。森林资源管理信息系统的功能结构如图 10-3 所示。

1）文件：提供打开、保存、另存为、保存图片、退出 5 个子菜单选项。打开/保存用于打开/保存地图文件（*.mxd），另存为是将显示区中当前的地图另存到一个新的地图文件（*.mxd）中，保存图片是将显示区中当前的地图文件（*.mxd）保存为.bmp、.jpeg 等图像格式，退出用于退出系统。

2）视图：提供数据视图、版式视图、三维视图等子菜单选项。该系统启动后进入的默认界面为数据视图界面。

3）工具：提供标准工具条、编辑工具条、版式工具条等工具按钮对小班空间数据进行操作。

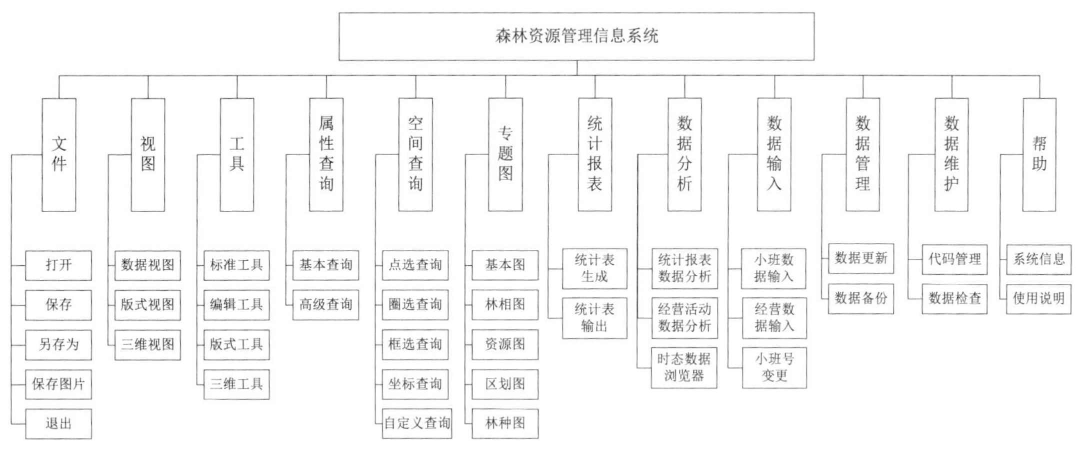

图 10-3　森林资源管理信息系统的功能结构

① 标准工具条按钮可对视图进行放大、缩小、平移、全图、后退、前进、刷新、选择要素、清空选择要素、测点、测线、测面、点选查询、圈选查询、框选查询、多边形查询等操作。

② 编辑工具条按钮可进行增加小班、分割小班、合并小班、分离小班及栅格向量化等操作。

③ 版式工具条按钮在版式视图下，可进行版式视图的放大、缩小、平移、查看全图、显示页面布局的真实大小、后退到上一界面、前进到曾经显示过的下一界面、添加指北针、添加比例尺、添加图例、添加文本、添加图片、清空所有图元、加载模板、保存模板、选择元素等操作。

4）数据输入：提供了小班数据录入和经营（经营活动）数据录入两个功能。

① 小班数据录入功能用于录入、修改和删除小班属性数据。

② 经营数据录入功能用于每年发生的各种正常与非常经营活动（盗砍盗伐、火灾等）造成小班数据发生变化的小班数据录入。

5）空间数据（GIS）数据浏览：对森林资源数据的空间数据的放大、缩小、平移等浏览操作，方便用户浏览感兴趣的小班数据。

6）属性查询：主要包括基本查询和高级查询两个功能，用户可根据森林资源的空间信息和属性信息来查询需要进行管理操作的小班。查询结果在一个列表中显示，用户可以通过单击选择图层上的某个小班，双击进入选择的小班属性信息表，然后对小班的属性数据进行浏览或修改。

7）空间查询：该系统为用户提供了多种查询方式，包括点选、圈选、框选坐标和自定义空间查询。用户可以选择不同的查询方式快速获取到小班的属性数据。

8）专题图：按照不同的应用方向生产不同的专题图。

9）统计报表：对小班数据进行统计汇总，生成森林资源统计表，选择统计表并输出到 Excel 中进行打印。

10）数据分析：对森林资源统计表中的数据通过统计图进行可视化分析、对经营活动数据进行统计分析、调用时态浏览器对不同年代的森林资源数据进行对比分析。

11）数据管理：对数据库进行更新与备份操作。数据备份是把当前数据库进行备份，数据更新是使用经营活动数据库存储的经营活动数据与模型库的生长模型对数据库进行更新，使当前的森林资源数据库中的数据成为最新版本。

12）数据维护：提供数据库中的代码表的更新、修改等功能。

系统启动后，显示区默认的界面为图 10-4 所示的系统数据视图界面。

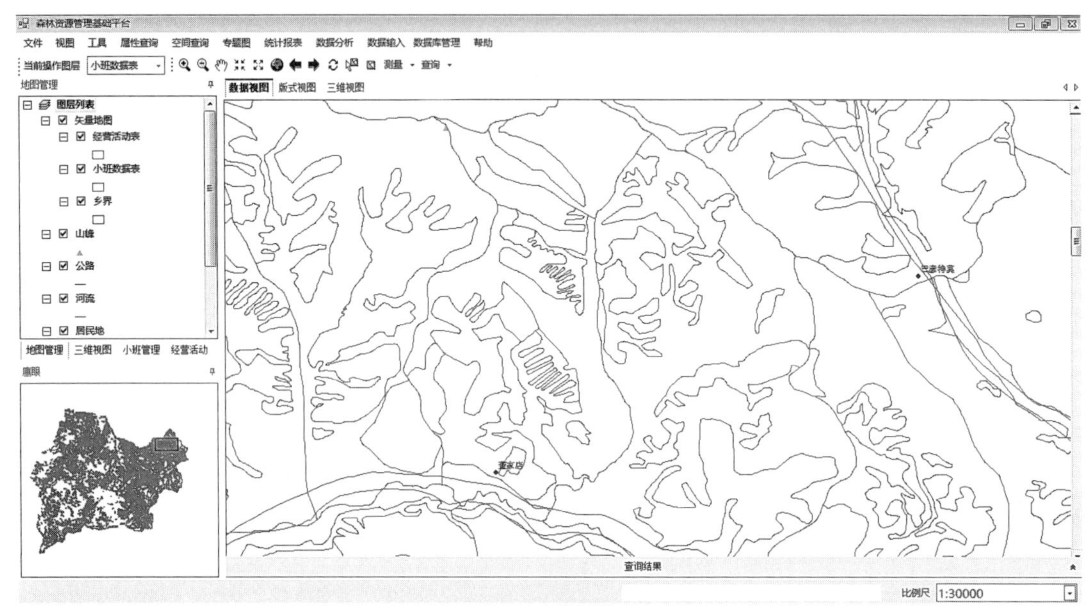

图 10-4 系统数据视图界面

数据视图界面：在系统主菜单栏下面的操作工具栏中，用户可以通过单击“放大”“缩小”“全图”“前进”“后退”“平移”“刷新”“选择要素”“清空选择要素”“查询”（点选查询、框选查询、多边形查询等）等功能按钮对显示区中的地图进行浏览与小班属性查看等操作。

版式视图界面：在版式视图显示的同时，工具栏中会相应地弹出版式工具条按钮供用户进行基本图、林相图、资源图、区划图、专题图、林种图等专题图的制作与编辑。例如，让用户自定义编辑专题图的名称，添加指北针、比例尺、图例、文本、图片等内容。

10.2 森林资源数据库设计

森林资源数据库由森林资源小班空间数据、森林资源小班属性数据、森林资源经营活动数据、森林资源统计、代码等一系列数据库组成，采用关系数据库进行构建。

10.2.1 森林资源小班空间与属性数据库

1. 森林资源小班属性数据库的关系模型

森林资源小班属性数据库的基本关系模型如图 10-5 所示，由小班基本因子、小班树种组成、散生木、四旁树等关系组成，这些关系主要存储小班的基本数据。其中小班基本因子表就是新建小班数据要素时形成的。由于篇幅的限制，在关系模型图中，只给出了小班基本关系，没有列出地类、林种、树种、分起源、龄组、龄级、自然度、生态功能等级、天然更新等级、森林受害等级、森林健康度等几十个关联的代码关系。

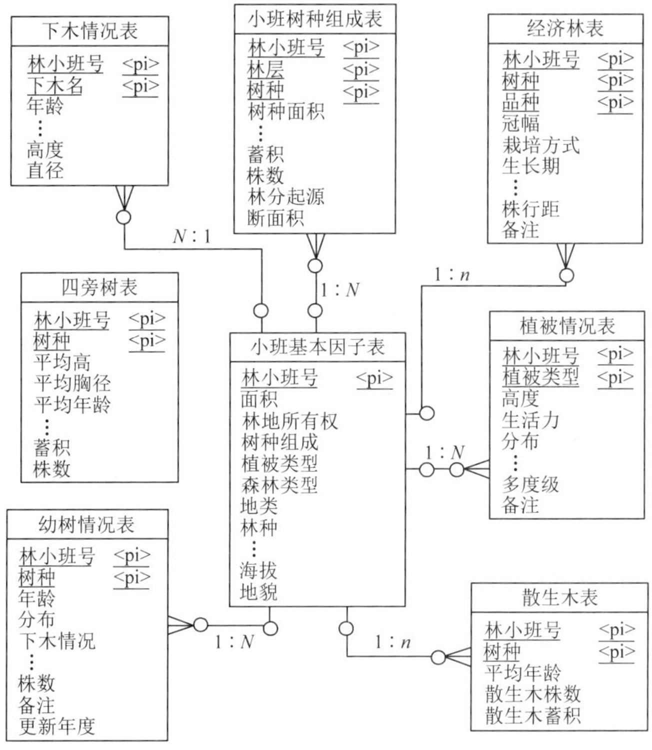

图 10-5　森林资源小班属性数据库的基本关系模型

2. 森林资源小班属性数据库的结构

森林资源小班属性数据库主要由 8 个关系模式（表）构成，各关系模式的名称与字段组成如表 10-1 所示。

表 10-1　森林资源数据库中存储小班数据的关系模式

序号	名称	字段组成
1	小班基本因子表	林小班号、乡镇（工区）名，村名，地类变化原因，面积，林地权属，林地使用权，林木权属，林木使用权，地貌，…，林种，优势树种（组），林分起源，林龄，龄组，龄级，平均胸径，平均树高，蓄积，株数，…，更新时间，备注
2	小班树种组成表	林小班号，树种，林分起源，平均年龄，平均胸径，平均树高，蓄积，…，备注
3	下木表	林小班号，树种，年龄，直径，树高，分布，生长状况，…，备注
4	幼树表	林小班号，树种，年龄，直径，树高，株数，生长状况，分布，…，备注
5	植被表	林小班号，种类，名称，高度，生长状况，分布，覆盖度，多度级，…，备注
6	四旁树表	林班号，树种，平均年龄，平均胸径，平均树高，…，备注
7	经济林表	林小班号，树种，品种，生长期，繁育方式，株行距，年产量，…，备注
8	散生木表	林小班号，树种，平均年龄，散生木株数，散生木蓄积，…，备注

表 10-1 中的各个表中的林小班编号采用区位顺序码，长度为 10 位（×× ××× ××× ××），其中，1～2 位为乡编号，3～5 位为村（林班）编号，6～8 位为小班编号，第 9～10 位为细班号。各个表之间可通过小班编号建立联系。

（1）小班基本因子表

小班基本因子表（FDB_A_XBYZ）用于存储小班调查数据，每个小班一条记录，对应于 GIS 中地图上的一个图斑。为保证森林资源信息管理系统中数据的一致性和正确性，为小班的属性信息中的必要字段设计了代码。代码是用来表征客观事物的一个或一组有序的符号，方便计算机处理和识别。通过对数据进行编码，有利于提高系统的通用化和资源共享水平，加快处理速度。在县级森林资源信息管理系统的数据库各个基本表中，哪些字段适合采用代码，哪些字段适合采用文字录入，并没有一个统一的标准，通常需要综合考虑。一般情况下，用于森林资源统计报表统计的属性，如地类、林种、优势树种等使用代码，这样录入数据时能保证数据的正确和统一。本数据库设计中，凡是参照（外键）的字段都是代码。但是，在查询浏览森林资源小班信息时，用户通常希望显示字段值的真正含义，而不是字段值代码，因此要将数据库中的代码转换为文字，这一般要涉及十几张表的连表查询，对于显示速度有一定影响。为了方便查询浏览，森林资源数据库中的小班基本因子表在实际使用时，通常不必追求关系数据模型的第 3 范式约束，满足第 1 范式或第 2 范式就可以。

因为小班数据存储到表中以后作为本底数据，如果不是小班数据输入错误，基本上不需要频繁地进行更新（插入、修改、删除）操作。每年因各种事件发生的小班数据变化记录在小班经营活动表中，然后利用经营活动表对小班基本因子表数据进行更新，关系的各种操作异常在这里不是主要问题。用户使用该表主要是进行查询操作，为了提高查询效率，减少连表查询操作，直接得到表中代码所代表的中文名称。因此，在建立该表时，给每个存储代码的字段（参照字段）增加一个代码名字段。例如，本表的地类可以修改为地类、地类名 2 个字段，在输入代码时，代码与代码名同时存储，这样查询时就不需要进行连表，直接得到代码所代表的中文名称。下面的小班树种组成表、幼树表等表也可采用类似方法处理。

（2）小班树种组成表

小班树种组成表（FDB_A_SZZC）用于存储小班中各树种的调查数据。目前运行的森林资源管理信息系统，由于数据库设计的缺陷，在数据库中每个小班一条记录，当一个小班为混交林时（由多个树种组成），只能记录优势树种，树种组成按十分法记载，如 6 杉 2 马 1 阔，表示该小班按蓄积量计算，杉木占 6/10，马尾松占 2/10，阔叶树种占 1/10。在统计查询时，只统计优势树种，丢失了其他小班树种的信息。因此，为了能将小班中调查的信息准确地记录下来，增加了小班树种组成表，记录小班的各种树种信息，满足不同用户的需要。

（3）幼树表

幼树情况表（FDB_A_YSQK）存储小班中林下生长的幼树数据。利用该表的信息可了解小班的更新情况。

（4）下木表

下木情况表（FDB_A_XMQK）存储小班中林下生长的灌木数据。利用该表的信息可了解小班的林下灌木的种类、分布与生长情况，以便进行小班生态多样性评价。

（5）植被表

植被情况表（FDB_A_ZBQK）存储小班中林下生长的植被数据。利用该表的信息可了解小班的林下植被的种类、分布、多度与生长情况，以便进行小班生态多样性评价。

（6）经济林表

经济林表（FDB_A_JJL）用于补充小班基本因子表中的经济林信息。该表存储了经济林小班的果品的品种、产量等详细数据，可方便用户对经济林小班进行管理。

（7）四旁树表

四旁树是村旁、宅旁、路旁和水旁路生长的乔木。按国家标准，达到有林地标准的四旁树（包括林网）单独划为小班，按公益林或商品林进行调查，该小班可以在空间上显示，作为四旁树小班存储到小班基本因子表中；对于达不到有林地标准的四旁树，以街道、行政村等为单位进行调查，因无法像小班那样记录其空间区域，因此这类四旁树数据不能记录到小班因子表中，但统计时将统计到村一级的表中。因此，四旁树表（FDB_A_SPS）用于补充小班基本因子表中四旁树信息，以方便用户查询与统计四旁树数据。

（8）散生木表

散生木是生长在竹林地、灌木林地、无立木林地、宜林地、未成林造成地和辅助生产林地中的林木及幼树林中的上一世代母树。在目前常用的森林资源数据库中，只记录小班中散生木优势树种的蓄积和株数，不能够记录其他详细的信息。利用散生木表（FDB_A_SSM）对小班基本因子表进行补充，以方便用户查询与管理散生木各树种的详细数据。

10.2.2 森林资源小班经营活动数据库

森林资源小班数据发生变化的原因主要有经营活动（造林、采伐、征占用小班等）、非经营活动（自然灾害与人为盗砍盗伐、毁林开荒等）、自然生长（树高、胸径、蓄积等）等，为了方便管理与描述，可将它们统称为经营活动或者事件。

森林资源小班数据的变化包括森林小班空间[面积变化、小班合并、小班分割、小班消失（土地征用）、新增小班（退耕还林）]的变化及小班属性值（地类、林种、树种、蓄积等）的变化。一个小班的空间形状变化通常会导致其他小班在空间上发生相应的变化，同时属性数据也会随之变化。

为了方便记录变化后的森林资源小班数据，对小班数据进行更新和回溯。森林资源小班经营活动数据结构与森林资源小班数据库相同，同样由 8 个关系模式（表）构成。这种设计的好处是方便小班进行更新。发生变化的小班，无论是小班空间变化还是属性值变化，都作为记录存储到森林资源小班经营活动数据库中。更新时，利用森林资源小班经营活动数据库中的小班记录对森林资源小班数据库中对应的小班记录进行替换即可完成更新。

10.2.3 森林资源统计数据库

由于各个省的森林资源的情况和关注的对象不一样，因此全国各省的森林资源统计表的数量和格式也不完全一样。《森林资源规划设计调查主要技术规程》（GB/T 26424—2010）中规定了 13 张统计表，其中主要统计表 7 张，其他统计表 6 张。各省市还会根据自身情况增加一些统计表。考虑到这些表的结构基本类似，且由于篇幅限制，在这里只给出各类森林、林木面积、蓄积统计表的关系模式 TJB2，如下所示：

```
TJB2(a0,a1,a2,a3,a4,a5,a6,a7,a8,a9,a10,a11,a12,a13,a14,a15,a16,a17)
```

该表的表栏头如图 10-6 所示，其最小统计单位到村或林班。

单位：hm²、m³、万株

<table>
<tr><td rowspan="4">统计单位</td><td rowspan="4">林木使用权</td><td rowspan="4">活立木总蓄积量</td><td colspan="9">有林地</td><td colspan="2" rowspan="2">疏林</td><td colspan="2" rowspan="2">四旁树</td><td rowspan="2">散生木</td></tr>
<tr><td rowspan="3">面积合计</td><td colspan="6">乔木林地</td><td colspan="2" rowspan="2">竹林</td></tr>
<tr><td colspan="2">小计</td><td colspan="2">纯林</td><td colspan="2">混交林</td><td></td><td></td><td></td><td></td><td></td></tr>
<tr><td>面积</td><td>蓄积</td><td>面积</td><td>蓄积</td><td>面积</td><td>蓄积</td><td>面积</td><td>株数</td><td>面积</td><td>蓄积</td><td>株数</td><td>蓄积</td><td>蓄积</td></tr>
<tr><td>1</td><td>2</td><td>3</td><td>4</td><td>5</td><td>6</td><td>7</td><td>8</td><td>9</td><td>10</td><td>11</td><td>12</td><td>13</td><td>14</td><td>15</td><td>16</td><td>17</td></tr>
<tr><td></td><td></td><td></td><td></td><td></td><td></td><td></td><td></td><td></td><td></td><td></td><td></td><td></td><td></td><td></td><td></td><td></td></tr>
</table>

图 10-6　各类森林、林木面积、蓄积统计表

其他各统计表的名称和字段组成与图 10-6 类似，统计表有多少列，则统计表结构的列数为“列数+1”，字段按 a0、a1、a2、…、an 进行命名，各列的字段类型由该列的字段值规定。

各统计表中的 a0 字段在统计表进行统计与排序时非常重要，a0 字段值代码的 1～2 位为乡代码，3～5 位为村代码，最后 1 位为林木使用权代码。全县合计时，在表中第 1 条记录的 a0 的值为 00000；全县分林木使用权合计时，如果有国有、集体、个人和其他 4 种权属，在表中第 2～5 条记录的 a0 值分别为 000001、000002、000003、000004。a2（林木使用权）字段值对应的中文分别为国有、集体、个人和其他。统计表中第 1 条记录为全县合计，第 2 条记录为全县按国有合计，第 3 条记录为全县按集体合计，第 4 条记录为全县按个人合计，第 5 条记录为全县按个人合计。

10.2.4　代码表的结构

1. 代码表的组成

由于森林资源数据库中的数据需要统计生成的统计表多达 13 张表，为了统计和输入的数据标准化，小班基本因子表中用于分类统计的字段全部使用代码。为了管理方便，将这些代码表分为林分因子类、地形因子类、土壤类、森林经营类和权属乡村名类 5 类。

（1）林分因子类

林分因子类主要由地类、森林类别、森林类型、林种、树种、林层、林分起源、龄组、龄级、年龄结构、群落结构、植被类型、植被综合盖度、自然度、生态功能等级、天然更新等级、森林受害等级、森林健康度、森林景观等级、公益林保护等级、林木质量、大径木蓄积比等代码表组成。

（2）地形因子类

地形因子类主要由地貌、坡度、坡向、坡位、坡型、可及度等代码表组成。

（3）土壤类

土壤类主要由母岩、母质、土壤名、土壤厚度、土壤结构、土壤质地、土壤湿度、土壤松紧度、土壤排水、土壤侵蚀强度等级、水土流失隐患等级、岩石裸露度、石漠化程度分级等代码表组成。

（4）森林经营类

森林经营类主要由森林事件（变化原因）、造林类型、林分经营作业法、工程类别代等代码表组成。

（5）权属乡村名类

权属乡村名类主要由权属、乡村名等代码表组成。

2. 代码表示例

在森林资源数据库中，各代码表的结构基本相同。代码表结构关系模式如下：

```
DM_代码表名(NO_ID,DM,MC,SM)
```

其中，“代码表名”使用代码字段的名称，如地类代码表的名称为 DM_DI_LEI；NO_ID 为序号；DM 为代码；MC 为代码名称；SM 为代码值的说明。

DM_DI_LEI、DM、MC、BZDM 和 SM 的数据类型均为字符型，长度根据代码与名称长度确定。

10.3 森林资源数据编辑

10.3.1 小班数据录入编辑

1. 森林资源小班属性数据录入编辑

森林资源小班属性数据录入编辑是对小班属性数据进行浏览查询、录入与修改。为了方便用户使用，在“数据录入”菜单提供了小班数据录入和经营活动数据录入两个选项。小班数据录入主要用于小班数据录入和小班数据修改，小班删除则需要在小班空间数据编辑功能中进行。

森林资源小班属性数据管理流程如图 10-7 所示。

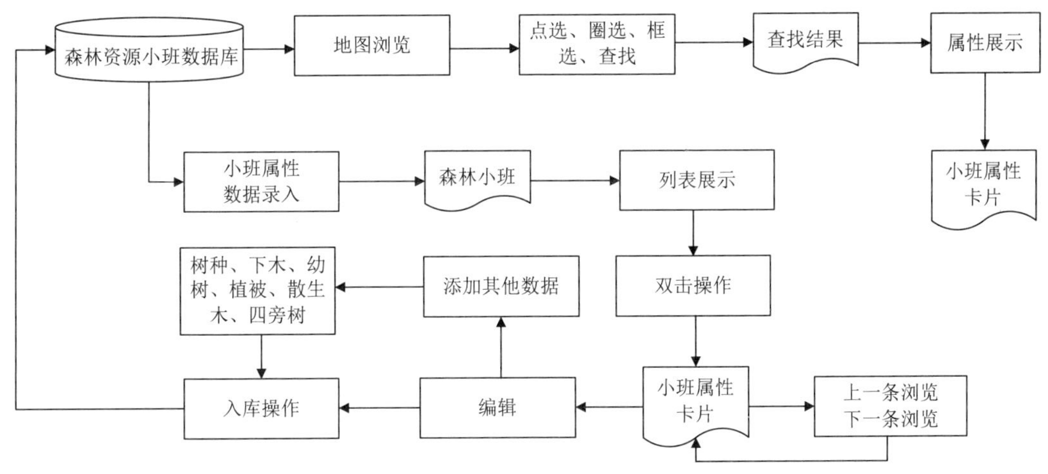

图 10-7　森林资源小班属性数据管理流程

小班属性数据录入：输入的小班必须是小班数据表中存在的小班。用户在图 10-8 所示的小班列表浏览页面中双击小班列表中要进行录入编辑的小班数据，跳转至图 10-9 所示的小班属性数据录入页面，用户可以通过单击“上一条”和“下一条”按钮切换小班。编辑小班数据时，可以通过选择选项卡进入表格形式的小班树种组成、下木、幼树、植被、散生木和四旁树的数据录入页面录入数据。用户通过小班号进行检索查找到需要补录或修改的小班，然后逐个对小班数据进行录入。用户也可以选择“未录入小班”选项卡，选择未录入数据的小班列表，对小班数据逐个进行录入。未录入小班通过其“面积”字段判断，当“面积”为空时判断为“未录入小班”。

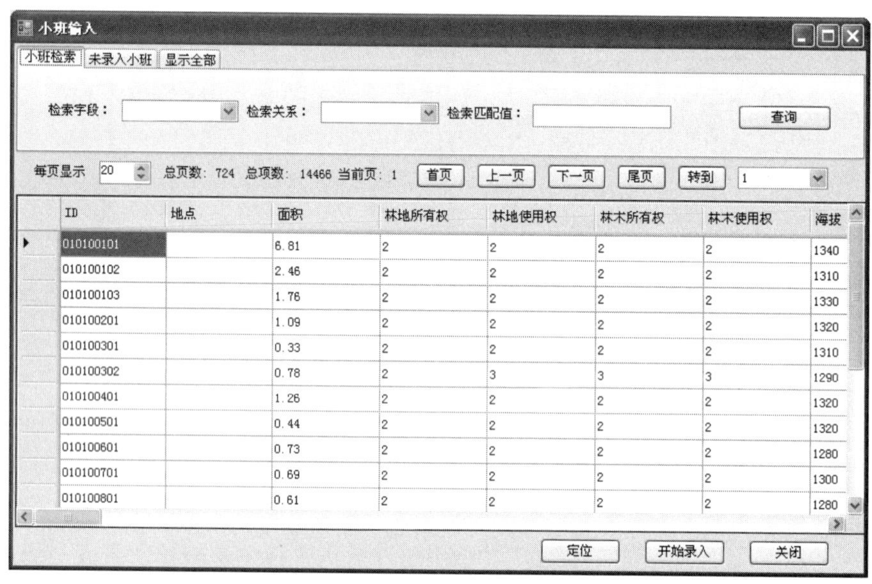

图 10-8　小班列表浏览页面

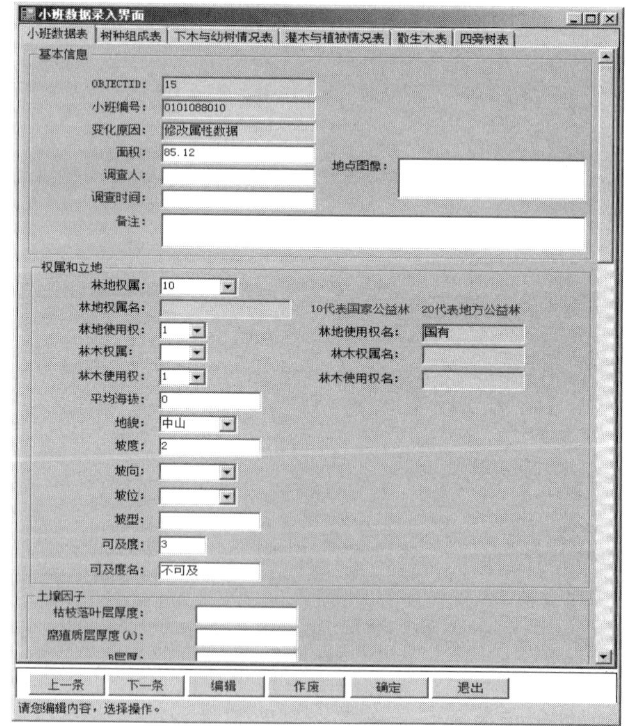

图 10-9　小班属性数据录入页面

用户通过点选、圈选、框选等查询操作方式，可获取查找的森林资源小班数据，并形成图 10-8 所示的小班列表浏览页面。

2. 小班空间数据编辑

小班空间数据编辑是对小班的空间数据进行更新，其流程如图 10-10 所示。

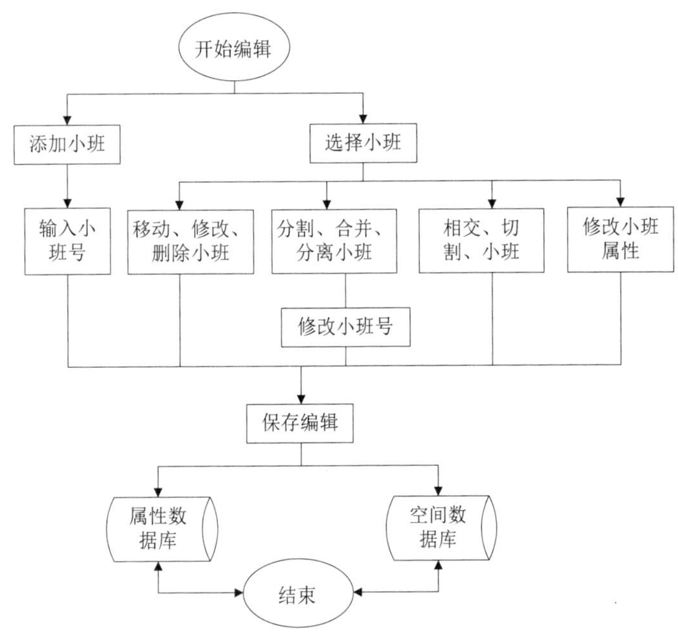

图 10-10 小班空间编辑流程

小班空间数据编辑操作步骤如下。

（1）开始、保存、停止编辑

打开编辑工具条，单击“开始编辑”按钮，便可以移动、修改、删除已选择的小班数据。但此时的编辑都是在内存中进行的，当单击“保存编辑”按钮时，“确定”则将进行的编辑保存到文件中；“取消”则将取消进行的所有操作，数据还原到刚刚开始编辑的状态。停止编辑就是停止编辑状态，如果没有保存就停止则会提示进行保存。

（2）撤销、重复、选择编辑

在编辑的过程中，如果出现错误编辑，可以选择撤销编辑功能，返回上一步操作。在进行相同操作时，可以使用重复编辑功能，重复上一步的操作。选择功能主要是选中要编辑的小班，选中后的小班会高亮显示。

（3）小班增加、删除、移动与修改

小班增加，在编辑图层中选择编辑的小班图层名称，单击“编辑”按钮，勾绘小班形状，双击结束编辑；小班删除，使用选择功能选中小班，当小班高亮显示后，按 Delete 键即可删除小班；小班移动和修改，使用选择功能选中小班，按住左键即可移动选中的小班，在选中的小班上双击，小班便会显示图形的各个结点，通过拖动各个结点的位置就可以修改小班的形状。

（4）修改小班的属性信息

用户可以通过空间图形选中小班，这时显示选择小班的属性信息供用户进行修改，修改小班的属性信息后保存，完成从空间选择修改属性信息的功能。

（5）小班合并、分割、分离、相交、切割

小班合并：首先通过选择功能选中需要合并的小班（可以是多个），在弹出的对话框选择合并小班中的一个小班属性作为合并后小班的属性，修改合并后小班的 ID 号和属性数据。

小班分割：通过选择功能选中要分割的小班，选择完毕后勾绘小班的分割线，确保分割线穿过整个小班，分割后的小班的属性信息和被分割的小班一致，应根据实际情况修改分割后小班的 ID 号和小班属性值。

小班分离：两个空间位置上不相邻，但是编号为同一小班的小班要分割成两个独立的小班。选中分离的小班，使用小班分离功能对小班分离，分离后小班的属性信息和分离前的小班的属性信息相同，应根据实际情况修改分离后小班的 ID 号和小班属性。

小班相交：首先选中小班，选择小班相交功能，小班的相交部分就作为一个独立的小班；然后输入小班的 ID 号和小班属性。

小班切割：将小班的重叠部分并入选中的小班。

（6）经营数据输入

完成上述空间数据编辑后，系统将涉及的小班记录自动插入经营活动数据库中。用户选择“数据输入”→“经营数据输入”命令，进入经营活动数据编辑页面，对这些小班属性数据进行修改，使其属性更新为当前小班现状。

3. 关键技术

（1）鹰眼导航显示与浏览

鹰眼功能是为了方便在显示较大地图时，有目的地选择区域观察细节或在大比例尺下显示地图局部时，可以通过导航图确定该区域在整幅地图中的位置，方便对图形显示的管理和操作。该系统利用 ArcGIS 的 MapControl 控件实现地图的鹰眼导航，具体技术流程如图 10-11 所示。

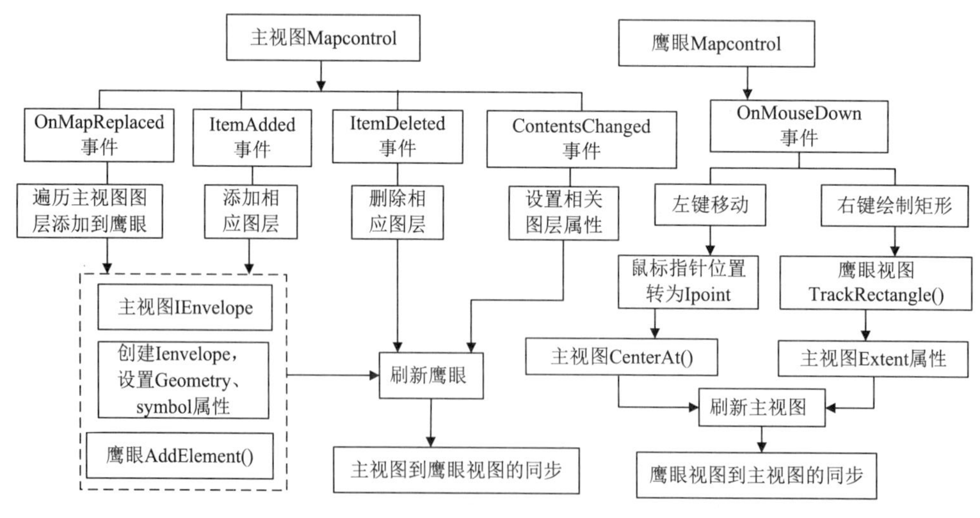

图 10-11　鹰眼导航技术流程

（2）空间数据浏览与编辑

小班空间数据编辑主要是通过用户空间交互实现小班删除、移动、绘制、分割等功能，用户点击空间编辑按钮进行对象编辑与修改。系统使用 DisplayFeedback 接口对象实现用户鼠标空间操作可视化交互，选择需要编辑的图层和小班对象；使用 ArcEngine 组件中的 EngineEditor 接口实现小班删除、移动、绘制、分割等功能；使用 edit sketch 接口中相关集合对象实现编辑功能；同时 EngineEditor 接口中封装的 StartOperation、AbortOperation、SaveOperation 等方法实现开始、取消、保存编辑功能，ILineMovePointFeedback 与 IpolygonMovePointFeedback 接口实现小班对象的移动。

（3）小班属性数据编辑

小班属性数据编辑不涉及空间属性操作，由于小班森林资源数据库采用关系型数据库存储，其属性数据修改比操作 shapefile 文件型简单，可以直接使用关系型数据库操作 SQL 语句进行相关操作，避免了使用 IWorkspaceEdit 接口编辑数据。由于属性数据编辑相关属性设置较多，其编辑页面使用 tabcontrolPanel 实现页面布局，利用 Datagridview 实现直接输入与删除，提高了输入效率，简化了代码难度。

10.3.2 小班经营活动数据编辑

森林资源小班数据因经营活动、非经营活动、自然生长而发生变化，这些变化包括森林小班空间[面积变化、小班合并、小班分割、小班消失（土地征用）、新增小班（退耕还林）]变化及小班属性值变化。记录这些变化数据，方便对小班数据进行更新和对小班数据变化历史进行回溯。

输入因经营活动造成变化的小班必须是小班基本因子表中存在的小班，如果输入发生变化的小班编号不存在时，系统认为输入的小班编号是错误的，将不允许输入小班数据。森林小班经营活动数据编辑分为两种情况：

1）森林资源小班因经营活动使属性发生变化。对于选林、采伐、抚育等各项经营活动及非经营活动造成的小班记录属性值发生变化的小班，将该小班记录从小班属性库中复制到森林资源小班经营活动库中，调用“经营数据录入”功能在森林资源小班经营活动库中修改该小班变化的属性值，分别在变化类型属性中写上变化原因，完成该小班的经营活动记录。

2）森林资源小班因经营活动使其空间发生变化。记录方法分为以下两步。

① 调用 GIS 的空间编辑功能模块对涉及的小班边界进行编辑，编辑完成后，直接修改因边界发生变化涉及的所有小班记录属性值，使其符合现状。

② 将这些边界发生变化涉及的小班记录（包括空间与属性数据）插入森林资源小班经营活动库中，在森林资源小班经营活动库中修改这些空间发生变化的小班的属性值，分别在变化类型属性中写上变化原因。

10.3.3 代码表管理

森林资源代码表管理主要是对林分因子类、地形因子类、土壤类、森林经营类和权属乡村名类等代码进行管理，对森林资源数据库中的所有代码表进行浏览、查询与更新。需要注意的是，根据各代码表权限的不同，有些代码表可由用户进行追加、修改、删除，有些则只能进行简单的浏览。

森林资源代码表管理功能结构如图 10-12 所示，具体功能描述如下。

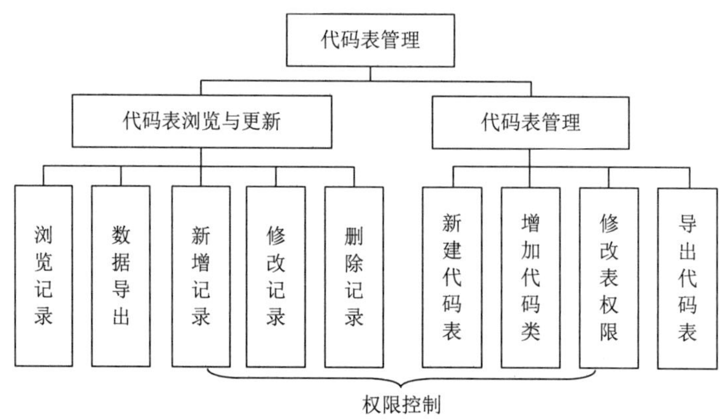

图 10-12　森林资源代码表管理功能结构

1. 代码表浏览与更新

代码表浏览与更新提供了对代码的添加、删除、修改、浏览与代码导出功能。根据各代码表权限的不同，部分代码表用户可以进行代码修改追加（如树种代码表），部分代码表不允许用户修改追加（如地类代码表）。对于不允许追加修改的代码表，系统仅提供浏览功能。

2. 代码表管理

用户可根据系统应用功能扩展情况添加新的代码类，修改各代码表的操作权限，以及在无须二次开发的情况下，完成新代码表的自动创建。同时，代码表管理对所有代码表提供了数据导出功能，可将代码表导出为 Excel 格式文档，方便与其他系统实现数据共享。

10.4　森林资源数据分析、统计与报表输出

10.4.1　森林资源数据统计

森林资源数据统计可以采用多种方式进行，如采用 SQL 语句在客户端进行，也可以采用存储过程（SQL 编写的程序）在数据库服务器端进行。但是，最方便的技术是采用存储过程。

受篇幅限制，此处只给出使用 SQL Server DBMS 的 SQL 编写的存储过程统计表“各类森林、林木面积、蓄积统计表”的实例（图 10-6）。统计程序中所涉及的各类森林、林木面积、蓄积统计表的表结构的关系模式参见本章 10.2.3 中的关系模式 TJB2。乡村代码表结构、权属代码表结构的关系模式参见本章 10.2.4 小节中的“2.代码表示例”的描述。各类森林、林木面积、蓄积统计表的表栏头如图 10-6 所示。

1. 使用 SQL Server 的存储过程进行统计

```
/*存储过程 TJB2
  统计表 2-各类森林、林木面积、蓄积统计表
  森林资源小班基本表 FDB_A_XBYZ、权属代码表 DM_QS、乡村代码表 DM_XC */
```

```
CREATE PROCEDURE TJB2 AS
//按村(林班)统计汇总-分林木使用权 T3-B
SELECT a0=LEFT(LXB_ID,5)+ LMShYQ, a1=CM,a2=QSM,
  a7=SUM(CASE  WHEN LF_DL='1111' THEN MJ END),
  a8=SUM(CASE  WHEN LF_DL='1111' THEN LF_GQXJ* MJ END),
  a9=SUM(CASE  WHEN LF_DL='1112' THEN MJ END),
  a10=SUM(CASE  WHEN LF_DL='1112' THEN LF_GQXJ* MJ END),
  a11=SUM(CASE  WHEN LF_DL='1130' THEN MJ END),
  a12=SUM(CASE  WHEN LF_DL='1130' THEN LF_GQZS* MJ END),
  a13=SUM(CASE  WHEN LF_DL='1200' THEN MJ END),
  a14=SUM(CASE  WHEN LF_DL='1200' THEN LF_GQXJ* MJ END),
  a17=SUM(LF_GQSSXJ*MJ)
INTO T3-B
FROM FDB_A_XBYZ JOIN FDB_DM_QS on FDB_A_XBYZ.LMShYQ=FDB_DM_ QS.QS
             JOIN DM_XC ON FDB_A_XBYZ.LEFT(LXB_ID,5)=DM_ XCM.XC
GROUP BY LEFT(LXB_ID,5)+LMShYQ, CM, QSM
//按村(林班)统计汇总-不分林木使用权 T3-A
SELECT a0=LEFT(a0,5)+'0',a1,a2='  ',
a7=SUM(a7),a8=SUM(a8),a9=SUM(a9),a10=SUM(a10),a11=SUM(a11),a12=
  SUM(a12),a13=SUM(a13),a14=SUM(a14),a17=SUM(a17)
INTO T3-A
FROM T3-B
GROUP BY LEFT(a0,5)+'0',a1,a2
//统计四旁树 (FDB_A_SPS)
SELECT a0=LEFT(LXB_ID,5)+'0',a1=CM,a2='  ',a15=SUM(XJ),a16=SUM(ZS)
INTO SPS-T
FROM FDB_A_SPS JOIN DM_XC ON FDB_A_SPS.LXB_ID=DM_XCM.XC
GROUP BY a0,a1,a2
UPDATE T3-A SET a15=FDB_A_SPS.a15,a16=FDB_A_SPS.a16 WHERE T3-A.a0=SPS-
  T.a0
//将按村(林班)统计汇总的分林木使用权 T3-B 记录插入 T3-A 表中
INSERT INTO T3-A(*) SELECT * FROM T3-B
//按乡统计汇总 T2-A
SELECT  a0=LEFT(a0,2)+'000'+RIGHT(a0,1),a1=XM,a2=a2,a7=SUM(a7),a8=SUM(a8),
  a9=SUM(a9),a10=SUM(a10),a11=SUM(a11),a12=SUM(a12),a13=SUM(a13),a14=
  SUM(a14),a17=SUM(a17)
INTO T2
FROM T3-A JOIN DM_XC ON T3-B.LEFT(a0,2)=DM_XCM.LEFT(XC,2)
GROUP BY a0,a1,a2
//按县统计汇总-分林木使用权 T1
SELECT a0='00000'+RIGHT(a0,1),a1='全县合计',a2=a2,a7=SUM(a7),a8=SUM(a8),
  a9=SUM(a9),a10=SUM(a10),a11=SUM(a11),a12=SUM(a12),a13=SUM(a13),a14=
  SUM(a14),a15=SUM(a15),a16=SUM(a16),a17=SUM(a17)
INTO T1
FROM T2
```

```
GROUP BY a0,a1,a2
//将村、乡、县的统计数据插入各类森林、林木面积、蓄积统计表中
DELETE FROM TJB2
INSERT INTO TJB2(*) SELECT * FROM T1
INSERT INTO TJB2(*) SELECT * FROM T2
INSERT INTO TJB2(*) SELECT * FROM T3-A
UPDATE TJB2 SET a5=a7+a9,a6=a8+a10,a4=a5+a11,a3=a6+a14+a16+a17
DROP TABLE T1,T2,T3-A,T3-B,SPS-T
GO
```

2. 使用 C#语言调研存储过程进行统计

1）创建一个 SqlConnection 对象，建立与 SQL server 的连接：

```
SqlConnection con=new SqlConnection("server=服务器名称;database=数据库名
  称;user=用户名;pwd=密码");con.open().
```

2）创建一个 SqlCommand 对象：

```
SqlCommand com=new SqlCommand('TJB2',con);
```

3）设置其 CommandType 属性为 StoredProcedureSql：

```
com.CommandType=StoredProcedureSql
```

4）调用 SqlCommand 对象的 ExecuteNonQuery()函数，完成存储过程的调用执行：

```
Com.ExecuteNonQuery()
Con.close().
```

10.4.2 森林资源统计表输出

该系统提供了标准和定制两种统计表输出功能。

1. 标准报表

选择“统计分析报表”→“统计表输出”命令，打开统计表输出界面。

生成统计表的具体操作步骤如下：

1）选择统计表。从统计表下拉列表中选择一种统计表进行统计，系统提供各类土地面积统计表，各类森林、林木面积蓄积统计表，林种统计表等 13 种森林资源二类调查统计表。

2）选择导出条件。选择按乡导出（在下拉列表中选择需要生成报表的乡镇，或者该乡镇所有的村）或者按村导出（在下拉列表中先选择某村所属的乡，再选择该村）。

3）选择林地（木）使用权。选中或取消选中“合计”“国有”“集体”“民营”“个人”“其他”等各类林地（木）使用权。

4）输出统计表。单击 Excel 按钮，将所选择的统计表数据导入 Excel 文件中。

2. 定制统计表

选择“统计分析报表”→“统计表定制”命令，在打开的统计表定制向导界面中根据具体需求定制统计表。

定制统计表的步骤如下：

1）选取字段。在“查询”选项卡中的“可用字段”中选取用于统计的字段。

2）筛选记录。在“筛选”选项卡中对统计的条件进行限定和筛选。

3）选取分组条件。在“分组”选项卡中选择“分组”字段与“分组条件”，实现对统计单位进行限定。

4）输出统计表。单击 Excel 按钮，将所选择的统计表数据导入 Excel 文件中。

3. 将统计表导出为.xls 格式

导出统计表时，根据 SqlServer 数据源指定 ADO.NET 的链接，为 SqlConnection 对象实例化，创建程序与 SQL Server 数据库的数据链接。使用 Open()方法打开连接后，以查询语句（查询输出的统计表）与实例化后的 SqlConnection 对象为基础，创建数据适配器对象 SqlDataAdapter 取出数据后，利用 Fill()方法填充至 DataTable()数据源对象中，等待进一步处理。将数据导入 Excel 中，还需要用到 Excel 程序集中的方法，在项目中，添加 Interop.Excel 和 Interop.Microsoft.Office.Core 的程序集引用。添加引用后，创建 Excel.Application 对象、Excel.Workbook 对象、Excel.Worksheet 对象。利用 Application 对象的 Open()方法将 Workbook 对象实例化。为 Worksheet 赋值，指定 Excel 文档模板（统计表的模板）的位置和需要导入数据的 ExcelTab。由行至列，遍历每一个 DataTable 单元格中的值。每遍历一个 DataTable 对象中的单元格，就在 Worksheet 对象的 Cells 中写入对应单元格的值。写入完成后，使用 Workbook 对象的 Save()方法保存数据。保存完成后，调用 Quit()方法退出 Application，并使用 Dispose()方法释放对象所占用的资源。

10.4.3　专题制作输出

专题制作提供了“基本图”“林相图”“资源图”“区划图”“林种图”5 种专题图制作功能，并提供专题图导出为.jpg 等格式图片功能。图 10-13 所示为小班基本图。

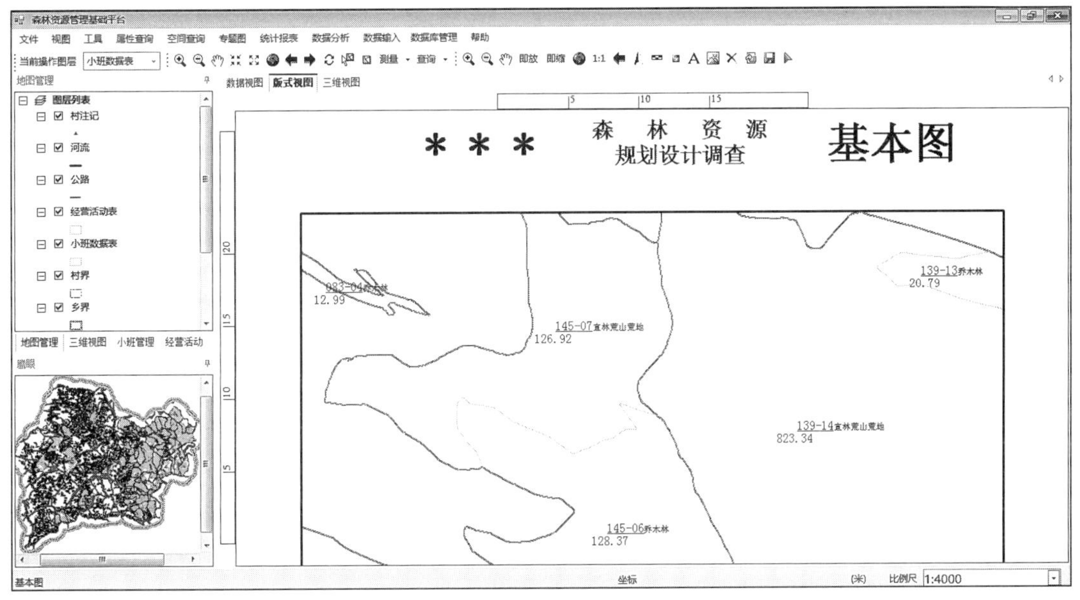

图 10-13　小班基本图

林业专题制图模块的实现主要利用了 ArcGIS Engine 的 MapControl 和 PageLayout Control 两个控件，以及 IActiveView、IFillSymbol、IFeatureLayer 等接口。利用 MapControl 控制地图数据的加载、地图符号的渲染、注记、调整地图的显示区域等，其是林业专题图分幅中用到的主要调控部件；利用 PageLayoutControl 控制地图的版式、文字说明、图例、指南针、比例尺等地图的附属部分，以及地图的整饰微调、专题图幅的输出等。专题图绘制流程如图 10-14 所示。

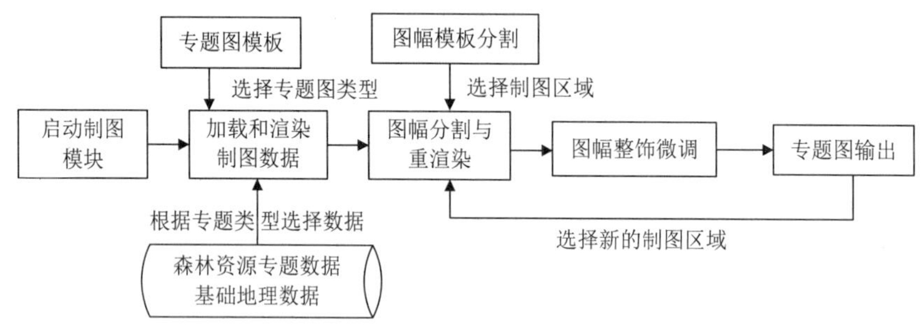

图 10-14 专题图绘制流程

10.5 森林资源数据查询与可视化分析

10.5.1 森林资源数据查询

森林资源管理信息系统提供了丰富的 GIS 空间分析功能（包括基本地图的放大、缩小、漫游、全图、刷新、前进、后退、鹰眼等功能），实现了空间到属性及属性到空间数据的双向查询，使森林资源数据间检索更加直观，可更加灵活地实现森林资源数据的管理。

1. 小班浏览与查询

小班浏览与查询实现了属性与空间数据的关联，通过用户指定的条件查询到满足条件的小班属性数据及地图空间位置信息。该系统提供了 3 种查询功能：

1）小班属性查询。通过查询对话框输入小班编号，显示该小班属性信息，并在图层中高亮显示该小班；如果不输入小班号，则显示全部小班信息。

2）简单查询。通过查询对话框选择“查询图层”，设置查询和查询条件（等于、大于、小于、大于等于、小于等于、不等于）值，查询满足条件的小班，并在数据视图窗口中显示该小班的属性信息，在图层中高亮显示满足条件的小班。

3）高级查询。模拟 ArcMap 中的字段计算器，实现利用 SQL 语句实现属性查询。

属性查询的关键技术：该系统采用 ArcEngine 中的 IQueryFilter、ISpatialFilter 接口实现属性查询。通过设置相关参数，调用 IFeatureClass 或者 ITable 的 Search 方法实现属性信息显示，通过 IFeatureCursor 游标遍历查询到的要素，获取相应的属性要素值。这种方式实现方式简单，但是当处理大数据量查询时效率较慢，在进行大图层要素查询时可利用 Identify 接口实现属性查询。

2. 空间查询

空间查询主要有坐标查询、点选查询、圈选查询、框选查询、多边形查询、空间条件查询等。空间查询实现了空间数据与属性数据的关联，通过用户指定的小班地图空间位置，小班属性信息以小班卡片形式显示。

1）坐标查询：通过输入小班坐标进行查询，查询在该坐标点所属的小班属性信息，并在数据视图中高亮显示小班。

2）点选查询：单击小班图层获取鼠标指针的坐标，从而获取该坐标点的小班属性信息，并在数据视图中高亮显示该小班。

3）圈选查询：单击中心点，拖动鼠标选取半径，查询圆圈内的小班属性信息，并在数据视图中高亮显示查询到的小班。

4）框选查询和多边形查询：在屏幕绘制多边形，查询多边形内的小班属性信息，并在数据视图中高亮显示查询到的小班。

5）空间条件查询：在“查询图层”下拉列表中选择需要查询的图层，在“目标图层”下拉列表中选择一个图层，在“拓扑关系”下拉列表中选择查询图层与目标图层的关系（这些关系包括相交、完全包含、完全在内部、边界线接触、交叠、外接矩形相交），单击“查询”按钮，所有满足查询条件的小班将显示在“小班列表”中，单击小班列表中的某一个小班，在数据视图中高亮显示该小班。

空间查询的关键技术如下：

1）获取查询区域：在图层列表中，MapControl_OnMouseDown()事件函数实现查询区域绘制，当为点查询时，获取鼠标指针坐标，并建立一个缓冲区，将其缓冲区赋值 IGeometry 对象；当为框选查询、圈选查询、多边形查询时，分别利用 MapControl 对象的 TrackRectangle()、TrackCircle()、TrackPolygon()为 IGeometry 对象赋值。

2）获取所查询要素（小班）集合：将需要查询的图层转化为 Identify 接口，调用其 Identify（IGeometry p）方法获取查询到的要素集合，返回一个 IArray 对象数组。

3）依据数组集合获取要素 ID，在属性数据库中查询要素相关属性信息：循环遍历数组对象元素，将其转化为 Ifeature 对象，通过其 Fields.FindField 方法查询小班 ID 号，通过 SQL 语句根据查询到的 ID 从属性数据库中查询到属性数据，并将其存到 Datatable 中。

4）查询结果显示：将查询图层转化为 IFeatureSelection 接口对象，并将查询到的要素集合对象通过 IFeatureSelection 对象的 Add 方法添加到查询图层的 IFeatureSelection 接口对象中，调用 MapControl 控件的 Refresh 方法实现查询要素高亮显示，将查询到的属性数据 Datatable 赋值给相应的小班卡片属性字段。

3. 森林小班经营活动数据浏览

森林小班经营活动数据浏览操作的方式和关键实现技术与小班数据浏览查询的方式与显示原理大体类似，在查询某一特定小班经营活动时，获取查询小班的小班编号，运用经营活动数据图层的查询游标 IFeatureCursor 获取经营活动属性信息。

10.5.2 森林资源统计数据可视化分析

森林资源统计数据可视化分析可实现对任意森林资源统计表中的数据进行选取、投影后生成相应统计图形，可为森林的经营管理提供辅助决策支持。

1. 系统功能

1）选择统计表：从统计表下拉列表中选择一种统计表进行统计。该系统提供各类土地面积统计表，各类森林、林木面积蓄积统计表，林种统计表等统计表的数据可视化。

2）选择需要进行统计的乡或村：单击“选择统计范围”中的一个统计单位，单击按钮，将该统计单位选入统计范围中，可以用相同的方式选择更多的统计单位。

3）选择统计字段：选择该类统计表中需要进行统计的字段（可多选）。系统根据用户选择的不同类型的统计表，在选择统计字段树状结构中显示不同的统计字段。单击“选择统计字段”的一个统计字段，单击按钮，将该统计字段选入选择统计字段右侧的控件栏中，可以用相同的方式选择更多的统计字段。

4）选择数据：单击统计图生成对话窗口中的“获取数据”按钮，系统以二维表的形式显示所选统计范围与统计字段。其中，可以进行统计的数值采用粉红色表示，双击使粉红色变为黄色，单击 V 按钮，将黄色单元格中的数值划入统计范围。

5）选择图表类型：在“图表类型”下拉菜单中选择生成的图表类型，可以选择柱状图、折线图、饼图，这里选择饼图。

6）生成可视化图表：单击统计图生成对话窗口中的“生成图表”按钮，生成图表，如图 10-15 所示。

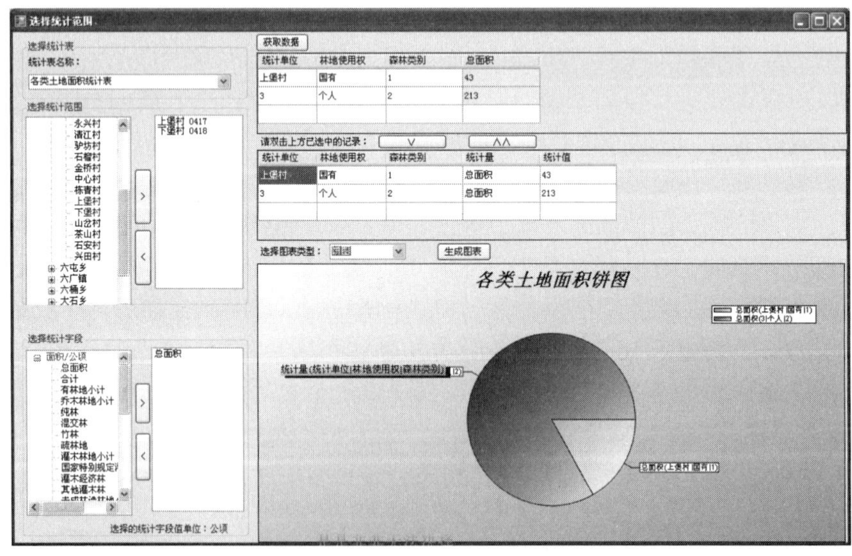

图 10-15 土地面积饼状统计图

2. 统计图实现技术

采用 TreeView 控件实现对统计单位与统计字段进行树形显示，便于用户查找选择。通过 ComboBox 控件选择统计表，通过构造查询条件从统计表中选择相关数据，通过 Datagridview 控件进行显示；再利用 ZedGraph 控件生成统计图。在数据可视化过程中，由于需要交互的数据较多，实现过程中需要运用 BindingSource 组件实现与数据库的数据绑定，提高了数据查询和显示的效率。其中，ZedGraph 是一个开源的.NET 图表类库，用于绘制 2D 的线性和柱形图表。

10.6　森林资源数据库更新

森林资源小班数据是森林资源管理的基础，由于每年森林资源都会发生变化，为了动态地管理森林资源，掌握森林资源的历史、现状及其变化，评定森林经营与利用效果，编制森林经营方案和安排各项经营活动，必须对森林资源小班数据进行更新。

10.6.1　森林资源数据库更新算法与模型解析

森林资源数据库更新是利用小班经营活动数据和生长量数据对森林资源小班数据表中的数据进行更新。在更新数据之前，首先需对原有数据库进行备份。更新分为经营活动数据更新和生长模型更新两种。首先要进行经营活动数据更新，即用小班经营活动数据对森林资源小班表的属性数据和空间数据进行更新；其次利用生长模型库中的生长模型通过模型解析对小班的胸径、树高、蓄积等计算后，对小班数据进行更新。数据更新完毕，最终形成下一年度的森林资源数据库。每一年度的森林资源数据库中都存储了当年的森林资源小班空间数据、小班空间属性数据、小班经营活动数据、各种生长模型、代码数据等数据，便于后期历史数据查询与浏览。

更新算法如下。

1. 森林资源数据库备份

森林资源数据库在进行更新前需要备份，应备份森林资源小班数据库、森林资源小班经营活动库等数据库，备份数据库命名规则为“原数据库名+年份+备份时间”。

2. 森林资源小班数据更新

1）从森林资源小班经营活动库中逐条取出小班经营活动记录覆盖森林小班数据库中对应的小班记录，采取先删除后插入方式。

2）扫描森林小班数据库中的小班记录，根据每一个小班的树种、龄组、立地条件在生长模型库中自动选择匹配的林分生长模型或生长率，对小班的胸径、树高、蓄积等属性值进行更新。如果没有生长模型与生长率，则不进行更新。然后将林分年龄加 1，并计算龄组是否进级。该操作每年只能进行一次，由系统进行检查控制。

需要说明的是，由于在一年中，同一个小班的数据可能会发生两次以上的变化，因此在森林资源小班数据变化表中可能会存在同一个小班编号两条以上变化记录的情况。针对这些问题，系统在遍历小班数据变化表时，按日期顺序进行更新。当同一个小班在一年内发生两次以上的经营活动时，就会更新两次，但因按日期顺序进行更新，故小班更新后数据以最后一次变化的数据为准。

3. 清空森林资源小班经营活动数据库

清空森林资源小班经营活动数据库中的所有记录。如果操作有误，可以将当前数据库更换为备份的数据库。

完成上面 3 个步骤之后，当前的森林资源数据库中的各数据库即可作为下一年初的数据。

森林资源小班数据更新流程如图 10-16 所示。

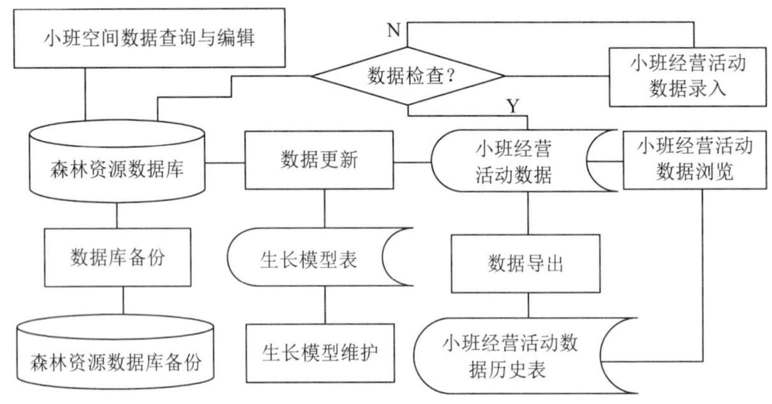

图 10-16　森林资源小班数据更新流程

模型解析方法：在小班记录中，平均高、平均直径、蓄积量等属性数据需要采用生长模型计算后进行更新。由于生长模型按字符串方式存储在关系表（模型表）中，因此，使用时需要对其进行解析。可以利用 SQL 或者 C++、C#等高级语言通过字符串操作函数对字符串模型公式进行解析。实验表明，在 C#中嵌入 Python 语言可以很方便地实现模型的解析。Python 的 eval（str [，globals [，locals]]）函数能直接计算字符串表达式的值。

10.6.2　更新功能实现关键技术

更新算法主要由自定义接口 updateXBTable（WorkSpaceJY, WorkSpaceXB, cleraJY）实现，其中参数 WorkSpaceJY 为经营活动数据库工作空间；WorkSpaceXB 为小班数据库工作空间；cleraJY 为 bool 值，判断是否删除经营活动数据库。

1. 获取经营活动数据库和待更新小班数据库工作空间

通过 OpenFileDialog 控件选择经营活动数据库和小班数据库文件所在位置，通过 IWorkspaceFactory 接口中的 Open 方法获取相关的工作空间。

2. 通过经营活动数据库更新小班数据库

依据自定义函数 updateXBTable 实现小班数据库更新，通过获取小班经营活动数据的 Ifeatureclass 接口对象，获取小班经营活动数据的 FeatureCursor 游标，循环遍历经营活动表记录，获取经营活动数据表中小班记录变化原因，依据变化原因分别调用 AddFeature、DeleteFeature、AlertRecord 函数实现小班数据空间属性更新和属性信息更新。

AddFeature 函数调用小班数据要素类中的 IWorkspaceEdit 接口对象，引用

IFeatureWorkspace 接口下的 OpenTable 函数获取 ITable 对象，利用其 CreateRow 函数创建一条小班记录，依据经营活动要素对其相关属性进行赋值，完成小班创建；DeleteFeature 函数通过经营活动要素，获取待删除小班 ID，调用小班数据 IWorkspaceEdit 接口中的 Delete 方法，删除该 ID 的小班要素；AlertRecord 函数通过先删除小班数据表中的要素，调用 DeleteFeature 函数，再用经营活动数据库中的要素替换，调用 AddFeature 函数。

3. 清空经营活动数据库

清空经营活动数据库中的数据分为删除属性数据和删除空间数据。删除属性数据通过构建 IQueryFilter 对象查询到经营活动数据库中的所有要素，通过调用 IFeatureWorkspace 接口下的 ITable 组件中的 DeleteSearchedRows 函数清空其属性数据；空间删除通过 IFeatureClass 接口下的 Search 方法获取到所有小班经营活动数据要素，通过 FeatureCursor 游标循环遍历，获取 Ifeature 对象，调用其 Delete 方法删除要素。

10.7　森林空间资源数据服务系统

森林空间数据服务系统是森林资源管理信息系统的一个子系统，系统通过专有网络为各级林业生产单位提供一系列森林资源空间信息服务。系统由访问用户权限设置模块、森林资源数据的上传模块、定制空间数据下载模块组成。客户端用户通过连接 Web 服务器，向服务器提出数据上传或下载请求；服务端则首先对用户权限进行验证，在满足相关权限后向服务请求者提供数据上传或下载服务。客户端和服务器端采用 SOAP 进行通信。

10.7.1　系统体系结构

系统选择 C#作为开发语言，使用 Web Service 服务技术，结合 AE（ArcGIS Engine）组件和 ArcSDE 数据库引擎开发了森林资源空间数据传输模块，实现了空间数据库的访问验证、用户安全验证、空间数据上传、定制空间数据（包括向量与栅格数据）下载功能，同时，通过访问与用户安全验证技术，实现林业数据的分级管理和分权查询。系统的体系架构如图 10-17 所示。

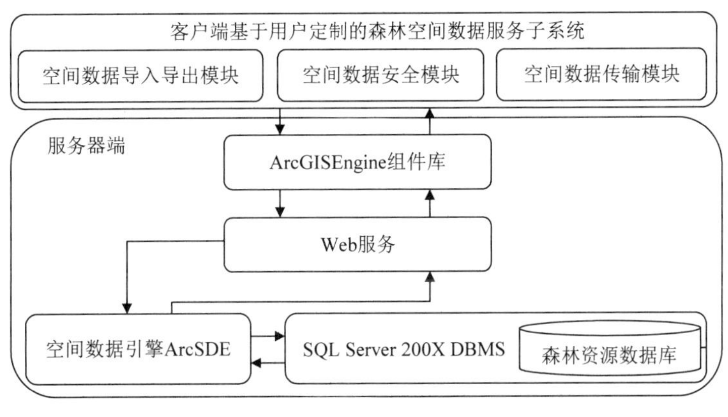

图 10-17　体系结构图

10.7.2 森林资源数据的下载

由于基层林业部门缺乏遥感数据处理与空间数据处理的技术人员，传统获取遥感数据方法不能满足基层林业部门的需要，并且费用较高，通过该功能可以很好地实现林业厅(局)为基层提供的空间数据和遥感数据的同步下载服务，解决了林业向量数据和遥感数据难匹配的技术难题，符合国家林业局建设的全国林地一张图，云计算、平台上移、服务下延的思想。

森林资源数据下载流程：当服务器 ArcSDE 连接与用户连接验证完成后，进入客户端的主界面，检查用户数据等级（如村、乡、县等）并在服务端获取森林资源向量空间数据，请求等级高于用户等级时，不能进行数据服务。等级验证通过后，要求用户设置保存路径、数据格式等数据基本属性，将数据下载到本地。空间数据流程中涉及下载向量和栅格数据切割技术的具体实现方法如下：

1）通过 Web 服务器上的 FeatureConvert 类中的 IFeatureDataConverter_ConvertFeatureClass 方法获取查询到的空间数据。该方法调用 Arcengine 中 IfeatureDataConverter 接口中的 ConvertFeatureClass()方法实现向量数据的下载。

2）同步栅格数据。下载过程中，需要判断是否需要下载栅格数据，用户可以利用 CBoxforGrid.Checked 选择是否下载栅格数据，如果选择下载栅格数据则调用 Web 服务器上的 WebService1 中的 service1 类中的 GdbRaterOutput()方法进行切割。其核心思想是通过 IfeatureWorkspace 接口中的 OpenFeatureClass()方法获取查询向量数据的数据范围（空间数据的最小外接矩形），将其转化为 Ienvelope。利用 ESRI.ArcGIS.DataManagementTools 命名空间中的 Clip 类，实例化该类一个对象，设置相关裁剪属性，最后调用 Geoprocessor 类中的 Execute()方法裁剪查询到的影像数据。

3）下载时，需要将下载的数据进行压缩，首先调用 CompressGdb()方法，该方法调用 C#中自带 ZipCompress.ZipFile 方法进行数据压缩；然后利用 DirHelper.GetFileSize()方法将压缩文件转化为流，传输到用户本地。

参 考 文 献

陈义彬，2005．县级森林资源信息管理系统的研究与设计[D]．北京：北京林业大学．

高飞，2011．森林资源小班数据更新与营造林工程管理系统的研建[D]．北京：北京林业大学．

海占广，吴保国，2009．林分生长与收获模型数据库及模型解析器的研究[J]．计算机应用研究，26(1)：209-210，229．

贾永刚，吴保国，陈昌鹏，2004．森林资源管理信息系统体系结构的探讨[J]．林业资源管理(3)：66-68．

申晋，2008．西山林场森林资源信息管理系统的研建[D]．北京：北京林业大学．

沈立辉，2015．森林资源经营管理平台与经营决策服务子系统的研建[D]．北京：北京林业大学．

汪璀，吴保国，2010．县级森林资源信息管理系统中数据更新方法的探讨[J]．农业网络信息(5)：38-40，54．

吴保国，1994．森林资源档案管理软件设计中几个问题探讨[J]．林业资源管理(5)：90-96．

杨思吉，吴保国，2014．森林资源时空数据异步更新与回溯算法研究[J]．地理与地理信息科学，30(3)：37-41．

钟晶鸣，2006．县级森林资源管理信息系统若干问题的研究[D]．北京：北京林业大学．

钟晶鸣，吴保国，金萌，2006．县级森林资源管理信息系统结构模式的探讨[J]．农业网络信息(8)：62-64．

第 11 章　森林培育专家决策支持系统案例

森林（人工林）培育专家决策支持系统是“十一五”科技支撑项目“速生丰产林生产经营过程信息化关键技术研究与应用”课题和“十二五”国家高技术研究发展计划（863 计划）“数字化森林与牧场经营管理关键技术”课题支持下研究开发的一个系统。该系统利用现代信息技术集成森林培育与管护、森林病虫害防治、林木收获利用等整个森林的经营管理的全过程中的相关技术手段和知识，通过因特网全方位为基层林业工作站、林场和林农提供森林培育过程中的造林地的诊断、造林树种与森林培育模式的决策等各个阶段的作业法等专家的全面决策支持和技术指导；提供专项的速生丰产林生产培育技术专家咨询，并对其经济效益进行计算和评价。

11.1　森林培育专家决策支持系统概述

11.1.1　森林培育专家决策支持系统的设计思想

森林培育专家决策支持系统要求能够充分利用网络，帮助决策者获取有效信息，并进行决策分析，即在信息收集、问题识别、可行方案的生成、方案的分析及最满意方案的选择等过程上，帮助决策者决策。由于决策者是决策的主体，最终决策是由人做出并由人执行的。因此，在系统的分析、设计与实现中应围绕决策者进行，即把决策者放在真正的主导地位，把决策者的意图充分贯彻到造林专家决策咨询系统中。

森林培育专家决策支持系统采用“平台+模块+客户化开发”的思想，建立森林培育专家决策支持系统的通用框架，为不同地区的用户提供一个通用平台，并针对不同用户个性化需求，只需要修改知识库、数据库与模型库的数据，即可实现为用户提供量身定做的森林培育专家决策支持系统。森林培育专家决策支持系统存储的知识库、数据库与模型库可由系统维护人员或林业专家在网络上通过客户端界面进行添加、修改等维护操作，可根据自身的需求对知识库中的规则进行添加或删减，实现整个系统的拓展与伸缩，不断丰富其内容。

森林培育专家决策支持系统的功能需要充分考虑到不同用户在整个森林培育过程中不同阶段的对培育技术的需求，利用信息技术集成了森林培育和速生丰产林经营全过程的各个方面的相关信息和技术手段，全方位为基层林业工作站、林场和林农提供需要的造林地的专家诊断与造林类型辅助决策，提供森林培育过程中各个阶段的作业法技术指导、森林病虫害专家诊治。森林培育专家决策支持系统必须具备如下功能：

1）适地适树，合理选择树种。系统根据造林地的立地条件为用户选择适合本地立地条件的树种和培育模式，提供我国经审定的林木良种信息和主要的造林树种的造林技术，以及各种作业法、造林模式，有效保证用户选择适宜的造林树种和品种，规避风险。

2）造林地的立地条件评价，对选择的速生树种提供收获预估。系统根据用户提供的造林地的条件，对造林地的立地条件进行评价。利用模型对选择的速生造林树种进行树高、胸径、材积、采伐经济效益收获预估，避免投资损失。

3）根据经营目标选择合理的培育模式。系统根据用户的经营目标，结合立地情况，为用户提供最优培育模式。

4）森林病虫害专家诊治。提高林场与林农的病虫害防治水平，减少损失，提高经济效益。

11.1.2 森林培育专家决策支持系统的结构

为了满足多用户在任意地点、任意时间同时上网咨询，并且有较好的稳定性和反馈速度，系统采用“Web 浏览器/Web 服务器/DBMS”三层分布技术体系结构（图 11-1），Web 服务器采用微软的 IIS 软件，森林培育专家决策支持系统的咨询推理、解释等核心模块则安装在服务器上，系统中的知识库、数据库与模型库统一由 SQL Server 200X DBMS 进行管理，系统通过因特网为用户提供森林培育决策支持服务。软件开发采用了基于 SOA 和 COM 组件的混合架构，利用 ASP 技术实现对知识库的访问及推理机的设计。

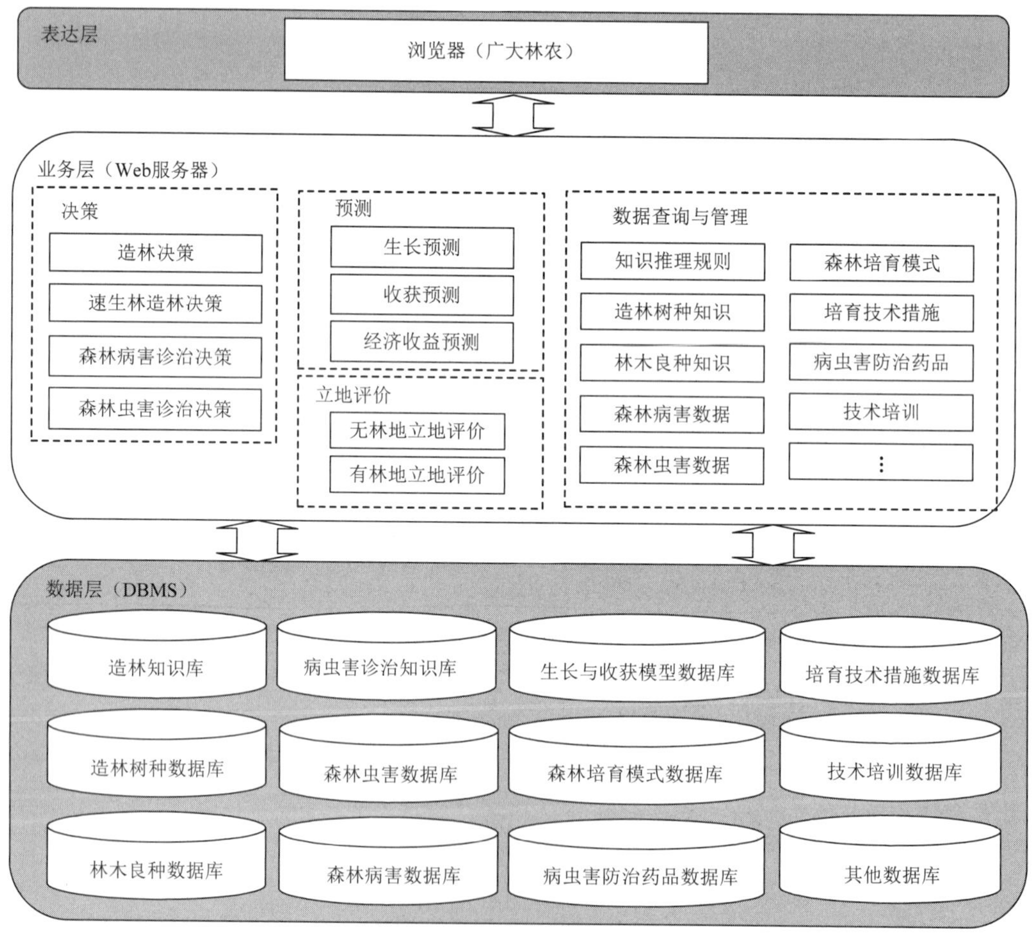

图 11-1 系统体系结构

11.1.3　森林培育专家决策支持系统的功能结构

森林培育专家决策支持系统主要由森林培育专家系统、森林病害诊治专家系统、森林害虫诊治专家系统、造林树种与林木良种知识查询系统、有害生物查询系统、森林培育作业技术与培育模式浏览、森林培育技术培训等构成，如图 11-2 所示。

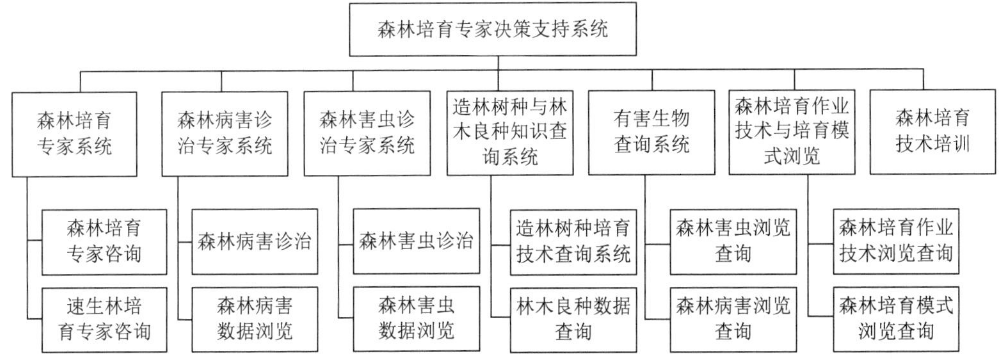

图 11-2　森林培育专家决策支持系统的功能结构

森林培育专家决策支持系统其中一些功能如下：

1）森林培育专家系统由森林培育专家咨询、速生林培育专家咨询 2 个功能构成。

2）造林树种与林木良种知识查询系统提供中国主要造林树种的栽培技术与林木良种数据查询。

3）森林病害诊治专家系统由森林害虫诊治和森林病害数据浏览 2 个功能构成。

4）森林害虫诊治专家系统由森林害虫诊治和森林害虫数据浏览 2 个功能构成。

5）有害生物查询系统由森林主要病害浏览查询、森林主要病害浏览查询构成。

6）森林培育作业技术与培育模式浏览提供主要的森林培育不同作业类型的详细技术和专家总结出来的华北地区的常用的各种造林模式的详细介绍的浏览，其中森林培育不同作业类型数据库存储了目前我国主要的森林培育不同作业类型、技术要点和直观的动画演示；森林培育模式中给出了造林的整地、混交、栽植、配置、抚育等详细培育技术，造林的具体施工说明书，以及作业法的实际图片和作业动画。

7）森林培育技术培训提供森林培育技术培训、林业知识和森林培育专家的资料。森林培育技术培训提供了生态林管护员培训、森林培育技术概论、杨树培育知识 3 本培训教材，用于林业基层工作人员、生态林管护人员和林农的技术培训，提高森林培育技术水平；林业知识提供常用的林业知识解释。

本决策支持系统的其他功能介绍见 11.5 节内容，系统运行具有良好的实时性，交互性好，操作简单，使用方便，适用于不同应用水平的用户需要，可代替造林专家进行决策咨询。而随着专家知识的逐步积累与完善，信息新技术的不断发展和越来越广泛的应用，该系统不仅对造林决策、森林病虫害诊断及防治具有指导性的作用，而且也将在新农村建设中具有非常积极的作用。

11.2 森林培育专家系统

11.2.1 森林培育专家系统的功能结构

森林培育专家系统主要由森林培育专家咨询、速生林培育专家咨询、造林树种培育技术查询和林木良种数据查询 4 个系统构成。森林培育专家系统框架如图 11-3 所示。

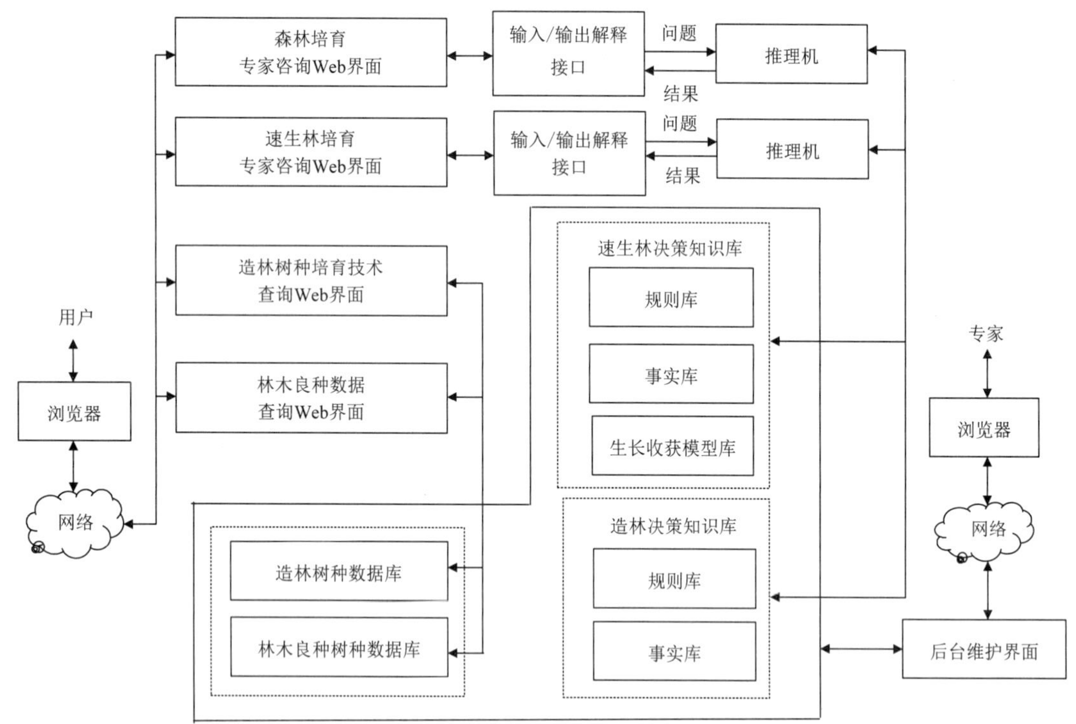

图 11-3 森林培育专家系统框架

森林培育专家系统各功能如下：

1. 森林培育专家咨询

用户通过选择地区、按提示选择自己造林地的立地条件，系统通过推理给出多个适宜的造林技术模式及造林树种，用户可以查阅该造林技术模式及造林树种来做出自己的决策。

2. 速生林培育专家咨询

用户通过选择地区、按提示选择自己造林地的立地条件，系统通过推理给出多个适宜生长的速生树种，用户可以查阅该树种的培育技术，并可以通过输入造林投入、利率等，得到经济效益最大年份和数量成熟年份。

3. 造林树种培育技术查询

用户进入浏览界面后，系统以表格方式显示多个树种的记录，用户可上下翻页和翻到指定页。用户可以单击每一个树种，查看专家提供的此树种详细的培育技术，并可将结果打印出来。系统提供单条件查询和组合条件查询两种查询方式。如果有图像，还可以通过鼠标滚轮对图像进行缩放。

4. 林木良种信数据查询

用户进入浏览界面后，系统以表格方式显示多个良种的记录，用户可上下翻页和翻到指定页。用户可以单击任意一个良种，查看此良种的详细信息，并可将结果打印出来。查询提供单条件查询、组合条件查询和通过地图查询 3 种查询方式。

11.2.2　森林培育专家系统造林决策推理流程

森林培育专家系统中造林地选择与造林设计辅助决策推理流程如图 11-4 所示。根据用户需求，无林地和有林地的决策流程的设计有所区别，对于无林地，系统首先根据立地因子信息，包括坡位、坡向、坡度、海拔、土壤类型等，反复匹配系统知识库中的规则，采用正向推理策略得到合适的造林模式及立地类型知识；然后利用存储于模型库中的无林地地位指数模型计算地位指数，根据得到的地位指数对无林地立地质量进行评价。在立地质量评价的基础上，基于不同立地进行林分生长与收获预测模拟，以曲线、表格等形式展示。

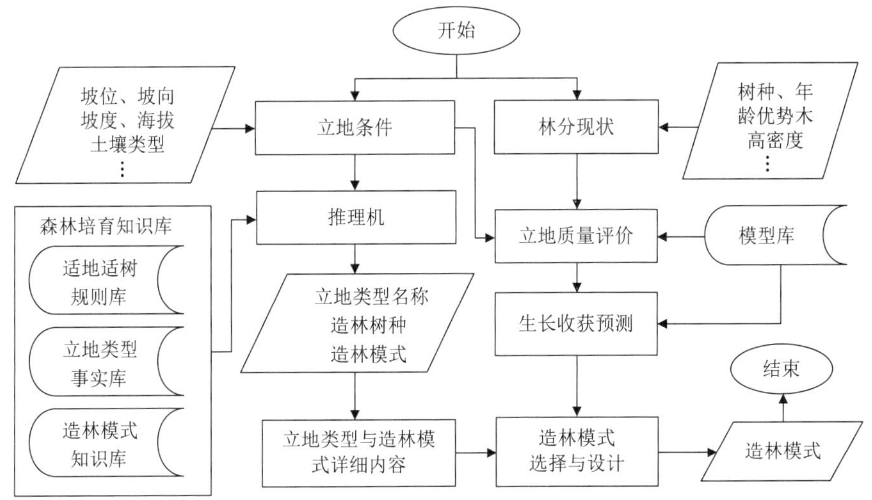

图 11-4　造林地选择与造林设计辅助决策推理流程

11.2.3　森林培育专家系统知识库

由于森林生长的长周期性和不可逆转性，造林设计的成果需要十几年后才能显示出来。因此，在造林时，适地适树最为重要，如果选择造林树种和造林方案失误，损失是不可估量的。我国自 1949 年之后虽然大面积造林，但与一些发达国家相比，森林的质量和数量还是比较低。造成这种现状的原因之一是林业企业与林农在森林培育过程中，树种选择和造林方案设计缺少专家的技术指导，缺乏规范的经营管理措施。在森林培育专家系统中，适地适树知识的表示与推理决策是其中的重要问题之一，两者是密切相关的。因此，知识表示总是与推理策略同时进行研究，目的是使知识表示最适合该问题的推理。迄今为止，在造林决策中还没有得到一种适合不同地区的造林知识表示模式。因此，系统采取了一个采用产生式规则与框架表示法相结合、适合不同地区通用的造林知识表示模式和推理机制。

1. 造林决策知识构成

造林专家确定造林树种时一般采用双向选择，一是在各树种适生的区域内，根据立地条件，选择生产潜力大和经济价值高的优良品种；二是根据既定的造林树种，选择与其生物学特性相适应的宜林地条件。造林专家的造林咨询流程如图 11-5 所示。如果违背了适地适树这个基本原则，宜林地造林条件与造林树种不相适应，就达不到造林的目的，林木生长缓慢，造成土地、劳力与资金的浪费。

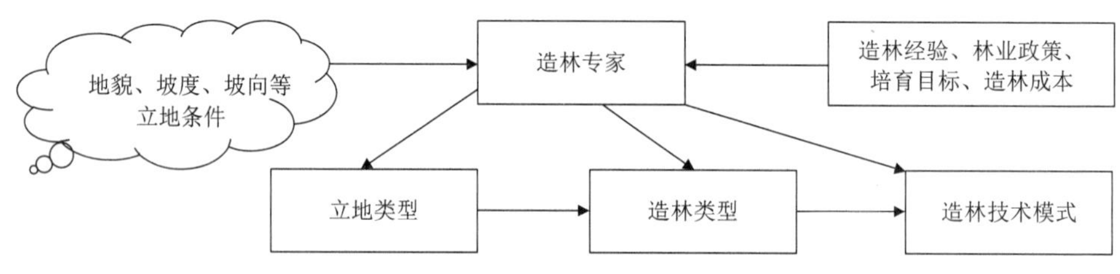

图 11-5 造林专家的造林咨询流程

林地立地条件主要包括地形、土壤、水文、生物、人为活动等因子，其中在一个立地类型区，由于水文、生物与人为活动条件基本相同，确定林地立地条件主要考虑如下因子。

（1）地形

地形因子包括海拔、坡向、坡度和坡位。

地貌多是以海拔为依据，海拔对很多因子都有影响。首先是气温，气候现代科学研究表明，气温会随着海拔变化而变化，通常海拔每提高 100m，气温降低 0.5℃。而温度决定着树种的活性，很多树种都对温度有要求。其次是降雨，一般来说，在海拔 2000m 以内的高山，雨量是随着海拔高度的提高而增加的。还有植被，高山与平地相比，前者的树木比后者多，植被繁茂有利于调节空气温度，增加地面覆盖度，从而改善温湿条件和增加土壤肥力等，所有这些都会造成树种生态环境的不同，对树种的生长带来一定的影响。

坡向作为地形因素之一，是导致植物物种多样性组成和结构特征产生差异的间接环境因子，不同的坡向影响植物的生存和生长。阴坡和阳坡的环境条件情况差别明显：一般阳坡土壤差，蒸发强烈，湿度变化幅度大，植被生长环境相对恶劣，导致树木的长势要差一些；而阴坡则刚好相反，因此往往阴坡有良好的森林分布，通常以水源涵养林为主。

坡度会影响太阳辐射平衡、日照时间和近地面风速，从而影响到土壤的温度与蒸发量，起到改善植树带小气候的作用。林木的栽植一般都是延等高线走，因此栽植区的宽度受地形、土壤条件的制约，当坡度比较大时栽植区的宽度不宜太宽，否则一方面施工困难，工程量增加；另一方面，在幼林期也容易引起水土流失，降低集水效果。当土壤较为紧实时，对林木的根系生长有影响，其宽度可大一些；如果坡面土壤非常疏松，则宽度可以适当小一些，以免由整地引起坡面水土流失。

（2）土壤

土壤因子包括土壤种类、土层厚度（总厚度及有效厚度）和酸碱度等。

土壤物理性状也会在很大程度上影响树种的生长，在某些情况下，它对林木生长的影响超过土壤肥力及其他土壤因子。因为土壤化学肥力和水分的有效性常受土壤物理性状所制约，然而影响土壤物理性状的土壤特性是很多的，也是极复杂的。根据大量调查，发现土壤有效层次的厚度是影响土壤物理性状的主要因素。

土壤松紧度是指土壤疏松紧实状况，也称坚实度或硬度，通常分为 4 种：松散、疏松、紧实和极紧。适当的松紧度可以增加土壤总孔隙和毛细管孔隙，从而增加土壤透水性、通气性和容水量，提高土壤温度，促进土壤中微生物活动，提高土壤中有效养分含量，从而更有利于植物生长。

由于各个地区地理位置、气候条件等大环境不尽相同，因此主导因子会有所不同。为使系统具有通用性，应考虑尽可能多的因子，以适应不同地区的咨询。本系统结合速生丰产林生物特性，以及农业专家系统知识表达方式的特点，主要选择以下几个因子：地貌、坡向、坡度、坡位、土层厚度、土壤松紧度、土壤酸碱度、土壤质地、土壤种类和土壤水分条件。

造林专家确定立地条件类型知识通常整理为表 11-1 所示的立地类型知识表。在具体决策时，根据表中的知识来确定立地类型与对应的造林技术模式，进而通过立地类型与造林模式对应表确定造林技术模式。造林技术模式设计表如表 11-2 所示。

表 11-1　立地类型知识表

类型号	类型名	地貌条件	坡度条件	坡位条件	坡向条件	土壤条件	造林技术模式
1	低山阳坡薄图（坚）	海拔小于 600m 的山地	坡度从缓坡到陡坡	山坡的上部、中部、下部及山谷	南坡、东南坡、西南坡	薄层土，土壤坚实，土壤 pH 呈中性，粗骨褐土	12、13、14、15
2	低山阳坡薄图（松）	海拔小于 600m 的山地	坡度小于 15°	山坡的上部、中部、下部	半阳坡、阳坡	薄层土，土壤疏松，土壤 pH 成中性，褐土	5、15、18
⋮							

表 11-2　造林技术模式设计表

模式序号	模式树种	混交比例	林种	立地类型号
1	油松+栓皮栎	50：50	水源涵养林兼用材林	5
2	油松+元宝枫	75：25	水源涵养林兼用材林	4、5、8
3	油松+侧柏	50：50	水源涵养林兼用材林	5、10
4	油松+沙棘	50：50	水源林兼经济林	5、9、10
5	侧柏+沙棘	50：50		2、3、4
⋮				

2. 造林决策知识表示方法

根据造林决策知识的表示清晰明确、符合人的思维习惯、易于理解、可读性好、修改和扩充知识方便的原则，采用产生式规则表示法来表示根据立地条件确定造林模式的知识，采用框架表示法表示造林立地条件、造林技术模式与树种知识等。

产生式规则表示法适合于表示因果之间的关系。造林专家根据造林地的立地条件判断而确定采用的造林树种及造林模式设计的推理思维就属于这种因果之间的关系。产生式规则表示由条件和结论两部分构成。产生式表示法表示造林决策知识实例如下：

IF 低山（地貌） AND 缓坡(坡度) AND 上部(坡位) AND 阳坡(坡向) AND 薄层土(土壤厚度) AND 中性土(土壤酸碱度) AND 坚硬(土壤坚实度) AND 壤土(土壤质地)

THEN 低山阳坡薄图(坚)立地类型

IF 低山阳坡薄图(坚) THEN 造林技术模式可以为 12 OR 13 OR 14 OR 15

框架表示法最突出的特点是善于表示结构性的知识，能够把知识的内部结构关系及知识之间的联系表示出来，因此在造林决策知识中，造林立地条件知识、造林树种知识、造林技术模式知识等事实性知识采用框架表示法进行表示比较方便。它具有知识表示清晰明确、易于理解、可读性好等优点。表 11-3 所示为用框架表示法表示的造林立地条件知识。

表 11-3　造林立地条件知识

框架名：	<地貌>	
父框架名：	<地形条件>	
属性槽：	<低山>	<海拔≤1500m 的山地>
	<中山>	<海拔为 1000～3499m 的山地>
	<高山>	<海拔为 3500～4999m 的山地>
框架名：	<坡度>	
父框架名：	<地形条件>	
属性槽：	<缓坡>	坡度为 6°～10° 的坡
	<陡坡>	坡度为 26°～35° 的坡
	<急坡>	坡度为 36°～45° 的坡
⋮		

3. 造林决策知识库设计

目前，森林培育专家系统中的造林决策知识库通常采用关系数据库来实现，其主要由若干个事实表和规则表组成。按照典型的推理规则知识表示方式，胡波（2005）在设计知识库时，采用基于决策树的规则性知识表示方式，将规则描述为树状结构，用树状规则表（规则号，规则条件，下一规则号）存储推理规则。这样设计的规则表使得各规则相互独立，清晰有效，但是该规则库中规则条数较多，一条完整的推理所需要的规则可能要很多条，这无形中增大了规则库的规模，推理过程中存在断链问题，而且在推理过程中要多次执行"匹配—执行"过程；另外，规则表的维护也比较困难。丁全龙（2006）在设计知识库时，对胡波的设计进行了改进，提出的知识库是通过编码的方式记录知识，该方法除了需要一个记录产生式规则的知识表（规则号，条件事实字符串，结论事实号）存储推理规则和结论事实号外，还需要由结论事实表、条件事实表和条件值事实表记录各种编码含义的元数据和地域信息与字段信息。该表示方法使知识库在输入知识时可以根据特定的情况选择输入属性类型，适用范围较广，灵活性较强，但是由于其涉及的表较多，结构复杂，并且表达不清晰，从专家知识整理来说较为困难，无疑增加了系统维护的难度。

在上面提到的两种规则库构建的造林决策专家系统的实际验证基础上，人们提出了一个新的知识库设计方案，使得其中的规则库设计能弥补上述两种规则库的缺点。新的知识库设计时为了使知识库及在此基础上设计的推理机和专家系统能适应不同的地区，在造林技术模式表通过增加"地区"字段来区别不同地区的造林技术模式，在规则表中增加了"地区”字段来区别不同地区的造林决策推理规则；通过立地因子表与立地因子分类表连接和“控制字段”控制相应的立地条件是否在专家系统推理过程中显示，如果为“0”则不显示，以适应不同专家的要求。通过这些方法解决了森林培育专家系统适应于不同地域的问题，在一定程度上解决了在不同的立地条件下应用专家系统的问题，而且实现了程序与数据库的分离。

造林决策知识库由立地因子表、立地因子分类表、造林技术模式表、造林树种表、作业方法表和造林决策推理规则表等 6 个表组成，如图 11-6 所示。

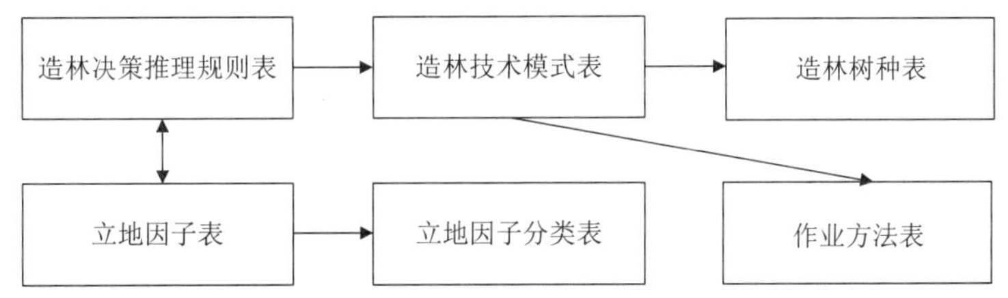

图 11-6　造林决策知识库的组成

1）立地因子表：存储造林决策的各种立地因子的编号与解释，以及该地区是否需要该立地因子的控制判别条件。其结构如下：

立地因子表(立地因子编号,立地因子名,名词解释,控制字段)

2）立地因子分类表：存储每个立地因子大类下各立地因子的编号、因子细类名和控制字段。其结构如下：

立地因子分类表(分类编号,立地因子细类编号,因子细类名,控制字段)

3）造林技术模式表：存储不同地区的造林技术模式的技术名称、培育目标、适应立地条件描述，其中造林模式描述详细地描述了林地清理方式、整地方式、造林树种的造林方法、混交类型、混交图式等。其结构如下：

造林技术模式表(造林地区,模式名,培育目标,适应立地条件描述,造林模式描述)

4）造林树种表：存储不同树种的树种名称、特征、栽培要点等描述。该表的数据主要用于帮助用户了解造林树种的各种信息，其结构如下：

造林树种(树种编号,树种名,树种特性,树种用途,选种技术,育苗技术,造林技术,…)

5）作业方法表：作业方法是在总结森林经营单位生产经营经验的基础上，根据经营目的而设计的造林营林技术。作业方法表的结构如下：

作业方法表(作业方法名,作业方法技术要点,作业图片)

6）造林决策推理规则表：存储造林专家适地适树的推理规则知识。根据表 11-1 所示的立地类型知识表的特点，设计的造林决策推理规则表由一个关系构成，其结构如下：

规则表(地区,规则编号,坡向,地貌,坡度,坡位,土壤厚度,土壤,…,立地类型名,造林技术模式)

造林决策推理规则表如表 11-4 所示。

表 11-4　造林决策推理规则表

地区	规则编号	地貌	坡度	坡位	…	造林技术模式
北京	北京 1	低山*中山*高山	缓坡*急坡	上部*中部*下部	…	12*13*14*15
北京	北京 2	平原*地山	缓坡	中部*下部	…	1*2*14*15
⋮						

在推理规则知识的存储上采用了用“*”分隔同一立地条件多个值的方法减少规则的条数。按照决策树的规则性知识的表示方式，假设一种立地类型包括的地貌条件为 X_1 个，坡度条件为 X_2 个，坡位条件为 X_3 个，…，X_n 个，那么描述该立地类型的规则数是 $X_1*X_2*X_3*\cdots*X_n$ 条。

为了减少规则条数，在表中将每条规则的每个条件的多个值用“*”号分开，那么一种立地类型描述该立地类型的规则数由 $X_1*X_2*X_3*\cdots*X_n$ 条变成了 1 条，这种存储方式大大减少了规则的条数，符合造林专家的知识构成，同时也方便对知识库的更新。

11.2.4 森林培育专家系统推理机

1. 推理方式

造林专家决策咨询系统的推理方式仿照用户请专家咨询方式进行，用户向专家提供造林地的地貌、度、坡向、母质等立地条件，造林专家根据用户提供的立地条件提出多种合适的造林树种和森林培育方案，并指出各种方案的培育目标和收益等情况，供用户选择后完成咨询活动。森林培育专家系统的推理流程如图 11-7 所示。

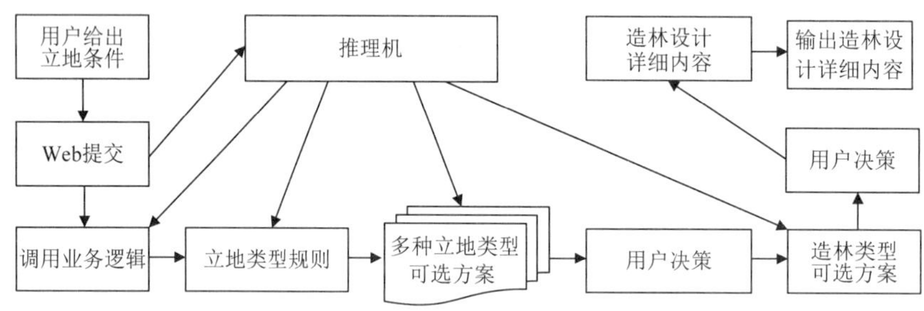

图 11-7 森林培育专家系统的推理流程

因此，森林培育专家系统的推理机采用人机交互式的逐步推理方式对立地类型进行推理，即由立地条件推导出立地类型，然后提供多个适合树种与造林技术模式供用户选择的过程。

2. 推理原则

根据造林专家的推理过程，可将知识库中各个立地因子的权重理解为多元统计中的主成分的概念，权重越大，即该因子对立地类型的确定程度越大。因此，在推理过程中遵循这样一个原则：始终满足较大权重（主成分因子最大）的因子的要求。如果权重小的因子使得权重大的因子无法求得结果，则舍去权重小的因子。需要说明的是，尽管权重被理解为主成分的概念，但是权重的取值并不是各个主成分的具体取值，只是主分量值的比较，所以在这里，权重代表的是一个顺序。

由于造林知识本身的复杂性和不确定性，森林培育专家知识主要是通过与专家进行交流、挖掘和整理论文及专著获取，许多森林培育专家的知识局限于自己研究的范围内，对研究范围外可能无法提供完整的知识，因此知识存在很大的不确定性。此外，由于知识不确定性的动态累积和传递，推理过程本身也存在不确定性。考虑到上述所有的不确定因素，造林专家决策咨询采用不精确推理比较合适。

推理机设计的推理搜索方式主要采用正向推理策略，即从一组事实出发，使用规则用以证明该事实是否成立。系统首先从客户端提交的立地因子（事实）中按照立地因子的权重由大到小逐个取出单个事实进行组合，将这些组合事实分别与规则库中立地类型规则关系中对应内容进行匹配。如果成功，添加下一个权重的事实重新组合；如果不成功，舍去当前事实并添加下一个权重的事实重新组合，依此类推，直至将所有的事实全部组合完成。最后得到造林地的立地类型，通过立地类型得到多个造林类型供用户选择。用户选择时可以查阅造林树种、林木良种、生长与收获等相关信息辅助进行决策。

3. 推理机求解算法

基于上面的推理方式与原则，设计了下面的推理机求解算法，推理流程如图 11-8 所示。

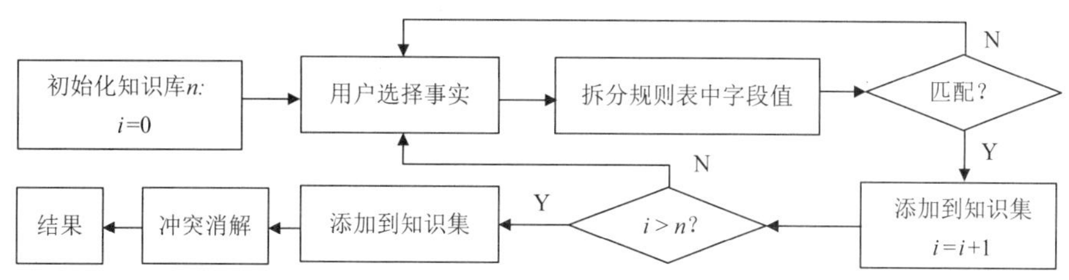

图 11-8　推理机推理流程

1）初始化知识库。初始化事实库立地因子表中控制字段为 1 的立地因子，以及立地因子具体分类表中控制字段为 1 的立地因子分类。设 n 为初始化立地因子的数目，即专家咨询推理过程中循环的数目；设 i 记录循环次数，i 的初始值为 0。

2）系统进入循环。系统按照立地因子的权重由大到小逐个从规则表中取出立地因子，用该立地因子中以“*”分开的事实询问用户，用户根据提示选择其中的一个（事实）。

3）系统每询问完一个立地因子，就拆分规则表中相应的立地因子值中以“*”分开的事实，匹配用户选择的值，如匹配成功，取出规则表中相应的知识集，如果知识集有记录，匹配成功，$i=i+1$；否则，知识集为空，匹配不成功，则 i 不变。

4）判断是否 $i>n$，如为真，则退出循环。

5）得到返回值列表，即规则表中的造林技术模式字段数组。

6）以“*”拆分返回值列表，得到数值重复造林技术模式编号数组。

7）对造林技术模式编号数组进行冲突消解，去掉重复值。

8）取出数值唯一的若干个造林技术模式编号供用户选择。

4. 推理机的冲突消解策略与可供选择方案的输出

由推理过程可知，用户选择相应的条件，根据规则库的设计，得出的结论会有一部分重复值。推理机的冲突消解策略通过 3 个步骤进行：拆分→组合→唯一化，保证了推理机的顺序执行。

系统将依照优化决策的目标，实现尽可能多的可选造林技术模式方案供用户决策。在决策时，可以选择造林技术模式中指定的造林树种、作业方法等进行浏览，在对各项目标考虑后，选择满意的造林技术模式方案。当选择后，用户可打印选择的造林技术模式方案。对于速生丰产林给出推荐方案的动态经济分析，使用户能够对各个方案的未来收益进行分析预测。系统还能够通过样地数据或用户输入的条件进行林分生长模拟，预测林分蓄积量并以图表形式展现模拟结果，使用户对自己的林分生产力有科学的了解。

11.3 速生林培育专家咨询系统

11.3.1 速生林培育专家咨询系统的功能结构与咨询流程

1. 速生林培育专家咨询系统的功能结构

速生林培育专家咨询系统主要由造林咨询、经济效益预测和知识库管理 3 部分构成，如图 11-9 所示。

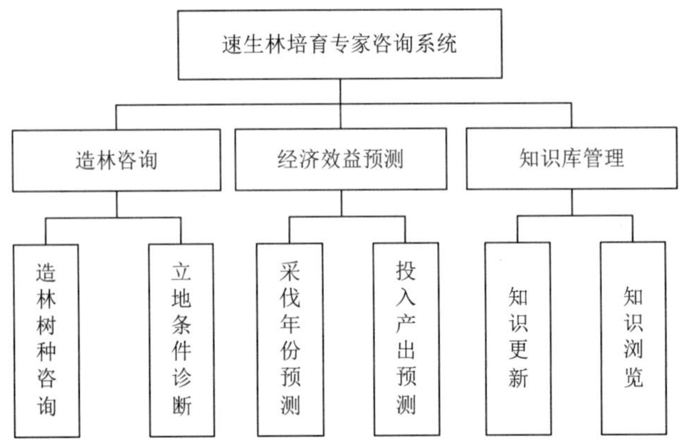

图 11-9 速生林培育专家系统功能结构

2. 速生林培育专家系统咨询流程

速生林培育专家系统咨询流程如图 11-10 所示。

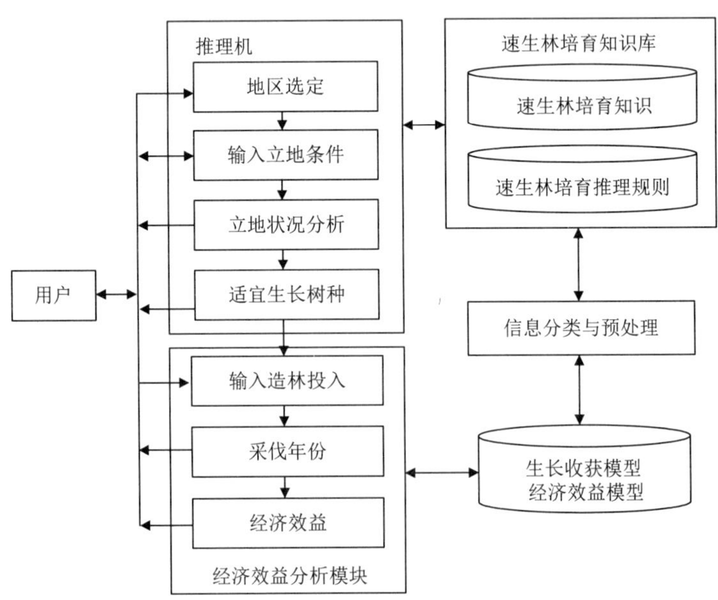

图 11-10 速生林培育专家系统咨询流程

11.3.2　速生林培育生长收获预估模型与决策标准

人工林从栽培到成熟是一个漫长的阶段，如红松可以生长几百年。人工林的成熟主要有自然成熟、数量成熟、工艺成熟和经济成熟 4 种。自然成熟是林分或树木生长到开始枯萎阶段时的状态，也称生理成熟；数量成熟是林分或树木的材积平均生长量达到最大值；工艺成熟是林分的胸径规格达到规定的材种范围；经济成熟是在林木的生长发育过程中，货币收入达到最多。

预估林分的成熟，必须建立林分的生长收获模型。通过林分的生长收获模型对人工林进行收获预测的基础手段一直受到国内外林业工作者的高度重视。

林农营造速生林的目的就是获取最大效益。因此，经济成熟的确定成为众多速生林投资者决策的依据。

1. 生长收获模型

树木的生长模型可分为单株木与林分生长模型两类，单株木生长模型又可分为胸径生长模型、树高生长模型与材积生长模型 3 种，林分生长模型主要有林分胸径生长模型、树高生长模型与蓄积生长模型。

生长收获模型要求以树种为对象，分立地条件好、中、差建立，最好按林分进行构建，年龄作为变量。最符合要求的树高、胸径、蓄积生长收获模型应以下面的形式建立：

$$Y = f(I, N, A)$$

式中，I 为立地条件；N 为造林密度；A 为年龄。

生长模型以字符串形式存储在模型库中，供收获预估系统进行调用。模型在模型库中，专家可根据实际需要进行模型修改或替换。

例如，本研究建立的系统使用的是河北栽培的四种主要速生杨树胸径与树高生长单株模型。

（1）速生杨单株模型

差：

$$D= \mathrm{EXP}\{3.0196747+0.4209797\log[1-\exp(-0.045A)]\}$$

$$H= 21.37755[1-\exp(-0.03*D)]^{0.66362}$$

中：

$$D= \mathrm{EXP}\{3.623291+0.5795344\log[1-\exp(-0.045A)]\}$$

$$H= 24.07148[1-\exp(-0.03D)]^{0.56663}$$

好：

$$D= \mathrm{EXP}\{4.0289+0.7136\log[1-\exp(-0.045A)]\}$$

$$H= 26.92103[1-\exp(-0.03D)]^{0.50436}$$

（2）毛白杨单株模型

差：

$$D= \mathrm{EXP}\{2.7712458+0.9588566\log[1-\exp(-0.117A)]\}$$

$$H= 17.43851[1-\exp(-0.036D)]^{1.09160}$$

中：

$$D= \mathrm{EXP}\{3.4191903+1.0525998\log[1-\exp(-0.117A)]\}$$

$$H=24.61143[1-\exp(-0.036D)]^{0.84239}$$

好：

$$D=\mathrm{EXP}\{3.80012+1.09051\log[1-\exp(-0.117A)]\}$$
$$H=32.19667[1-\exp(-0.036D)]^{0.75939}$$

（3）北京杨单株模型

差：

$$D=\exp\{2.776103+0.804712\ln[1-\exp(-0.06A)]\}$$
$$H=5.43050[1-\exp(-0.112D)]^{1.64447}$$

中：

$$D=\exp\{3.3073325+0.6880222\ln[1-\exp(-0.06A)]\}$$
$$H=21.10806[1-\exp(-0.112D)]^{1.60686}$$

好：

$$D=\exp\{3.65512+0.65322\ln[1-\exp(-0.06A)]\}$$
$$H=26.71619[1-\exp(-0.112D)]^{1.59670}$$

（4）加拿大杨单株模型

差：

$$D=\exp\{2.558286+2.535127\ln[1-\exp(-0.26A)]\}$$
$$H=25.93250[1-\exp(-0.026D)]^{0.96154}$$

中：

$$D=\exp\{3.3174545+1.9674346\ln[1-\exp(-0.26A)]\}$$
$$H=30.44508[1-\exp(-0.026D)]^{0.73873}$$

好：

$$D=\exp\{2.558286+2.535127\ln[1-\exp(-0.26A)]\}$$
$$H=35.72227[1-\exp(-0.026D)]^{0.63054}$$

二元材积模型：

$$V=0.00006405D^{2.013964}H^{0.758265}$$

这些模型存储在模型表中，收获预估系统就可以利用这些模型对不同杨树进行收获预估。

2. 采伐经济效益预估模型

由于经营速生丰产林是以营利为目的的投资行为，什么时候采伐收益最大？这就需要通过最优采伐期的决策来确定。确定速生林最优采伐期的依据是经济成熟龄，即林分经济收益最大时的林龄。确定经济成熟龄并计算采伐收益的计算方法有多种，常用的有包含贴现思想的贴现法、林地期望价法和内部收益率计算法，此外简单化的非贴现思想也是林农实际经营过程中所使用的方法。

由于本系统面向的用户是基层林农，因此要求系统提供的计算方式应该简单，易于理解，呈现给用户的计算结果应明确反映投资收益的效果。内部收益率法反映的是净现值为 0 时的折现率，林农不易理解，所以在本研究中采用林农相对易于理解的非贴现的市场价倒算方法、NPV（net present value，净现值）和 LEV（land expectation value，期望值）的计算方法来构造速生丰产林经济效益预估模型。

（1）非贴现的市场价倒算方法

该方法不考虑投资与收益的时间成本，虽然不被学术界认可，但是简单易懂，是基层林农经常使用的方法。该方法的基本思想就是考虑一个轮伐期内的收益与成本的差值，进而确定是否进行投资造林。其计算公式如下：

$$R_t = P_t V_t - C \tag{11-1}$$

式中，R_t 为 t 年的收益；P_t 为当前木材市场价格（元/m^3）；V_t 为采伐蓄积（m^3/hm^2）；C 为各年投入的总成本；t 为收入与支出发生的年份。

例 1　进行毛白杨造林，林地租金为 750 元/公顷年，管理费为 30 元/公顷年，更新造林费为 1500 元/公顷，目前市场木材价格为每立方米 600 元，造林密度为 300 株/hm^2。租金在初始时一次性给付。按中等立地条件材积收获计算采伐年龄为 5、6、…、20 年的收益值，如表 11-5 所示。从表 11-5 中可以得到毛白杨在各年的采伐预估收入。

表 11-5　年龄、材积和收益

采伐年龄/年	5	6	7	8	9	10	11	12	13	14	15	16	17	18	19	20
$V(t)$/(m^3/hm^2)	20.21	28.49	37.31	46.37	55.42	64.27	72.80	80.90	88.53	95.65	102.25	108.33	113.91	119.00	123.64	127.85
收益/元	6726	10914	15426	20082	24732	29262	33600	37680	41478	44970	48150	51018	53586	55860	57864	59610

（2）净现值方法

净现值方法也称贴现法，其主要特征是体现资金的时间价值，即将不同时期的货币按贴现率换成现值，然后计算其盈亏。其计算公式如下：

$$\text{NPV} = \sum_{t=0}^{n}\left[P_t V_t - C_t\right]\frac{1.0}{(1.0+r)^t} - C_1 \tag{11-2}$$

式中，P_t 为当前木材每立方米市场价格；V_t 为 t 年时每公顷林地皆伐收获的材积；C_t 为 t 年的管护费折现值；C_1 为造林成本和土地租金；r 为银行当前的利率。

例 2　采用例 1 的数据，假设银行贷款利率为 0.08/年，按中等材积收获计算采伐年龄为 5、6、…、20 年的 NPV 值，如表 11-6 所示。从表 11-6 中可以看出，毛白杨林龄在 11 年时采伐收益最高，11 年后开始下降。如果不是自己的林地，去掉每年的林地租金 750 元，则在林龄 13 年时采伐收益最高。

表 11-6　NPV 值

采伐年龄/年	5	6	7	8	9	10	11	12	13	14	15	16	17	18	19	20
NPV/元	2883	4654	6195	7416	8270	8748	**8871**	8665	8171	7429	6481	5364	4114	2761	1333	−148
NPV（无地租）	6633	9154	11445	13416	15020	16248	17121	17665	17921	**17929**	17731	17364	16864	16261	15583	14852

（3）林地期望价方法

林地期望价是指经营林地能永久取得土地纯收益。林地期望价采用 Faustmann 公式计算。该公式计算得到的林地期望价是林地一直用于同龄林经营所产生的效益折合到现在的价值。林地期望价理解为林地的合理价格，如 1hm^2 林地的经营效益相当于现在一次性获得数额为 N 元的收入，那么林地所有者以低于 N 元/hm^2 的价格把林地 70 年的使用权卖掉显然不合算。林农可以据此灵活地制定经营方案，使得采伐的收益最大化；也可以在林地流转期内，以合适的价格将林地转让出去。林地期望价公式如下：

$$\text{LEV}=[P_tV_t+P_aV_a(1+r)^{t-a}+\cdots-C(1+r)^t]/[(1+r)^t-1]-V/r \tag{11-3}$$

式中，LEV 为轮伐期为 t 年的林地期望价（元/hm^2）；t 为最优轮伐期；C 为总成本，包括地租（元/hm^2）、整地费用（元/hm^2）；V 为抚育管护费用（元/hm^2）等；P_t 为当前木材每立方米市场价格；V_t 为 t 年时每公顷林地皆伐收获的材积；P_a 为抚育 a 年后间伐木材每立方米的市场价格；V_a 为 a 年时每公顷林地间伐收获的材积；r 为当前银行利率。

例 3 采用例 1 的数据，假设银行贷款利率为 0.08/年，用自己的林地造林，按中等材积收获计算采伐年龄为 5、6、…、20 年的 LEV 值，如表 11-7 所示。从表 11-7 中可以看出，毛白杨的轮伐期应该为 10 年，此时林地的期望价最大，如果要长期租用该林地造林获取效益，该林地租用价格应小于 30105 元/hm^2。

表 11-7 不同轮伐期的林地期望价

轮伐期/年	5	6	7	8	9	10	11	12	13	14	15	16	17	18	19	20
LEV/元	20766	24696	27384	29058	29909	**30105**	29800	29110	28142	26976	25678	24300	22883	21456	20046	18669

11.3.3 速生林造林收获预估

收获预估系统设计思想是为不同地区的用户提供一个通用平台，将数学模型存储在关系数据库构建的模型库中，模型库中的模型与程序之间具有一定的独立性，即程序中不涉及具体的计算数据及其模型，从而保证了系统的通用性和灵活性。针对不同情况，专家可在网络上通过客户端界面随时调整、修改和增加模型库中不同树种的模型，即可实现为用户提供量身定做的收获预估系统。

1. 经济效益预估流程

根据速生林造林专家系统提供的速生丰产林造林树种，用户选择需要进行经济效益预测的速生丰产林树种，系统会在模型库中查找该树种的 3 种不同立地条件下的胸径生长模型、树高与胸径模型和二元材积模型，通过模型解析器进行解析，计算不同年龄的树木胸径，利用树木胸径得到该胸径的树高，通过二元材积模型得到该胸径的材积，然后调用投入产出初始参数库（存储贷款利率、整地费用等投入产出数据），通过用户根据决策需要进行调整，然后运用非贴现的市场价倒算方法、NPV 和林地 LEV 的计算方式建立的经济效益预估模型计算收获，最后调用 Web 展现模块，分最好、中和差生长情况，以图形和表格的方式对不同年龄的胸径、树高、材积和不同轮伐期的造林投资收益结果进行展现供用户决策。速生丰产林经济效益预估流程如图 11-11 所示。

2. 收获预估系统的功能结构

收获预估系统主要由模型库、投入产出初始参数库、模型解析器、收益预估决策模块和展示模块构成，具体如下：

1）模型库用于存放树种生长与材积收获模型。

2）模型解析器是将模型库采用文本方式存储的模型解析成数值表达式进行计算，使计算程序与模型相互独立，不会因模型库中的模型修改而重新修改程序。

3）投入产出初始参数库存储进行预估的目前每公顷的林地租金、造林整地与造林费用（包括苗木费用、肥料费用）、抚育管护费用、贷款利率等，这些参数可由用户在决策时进行调整。

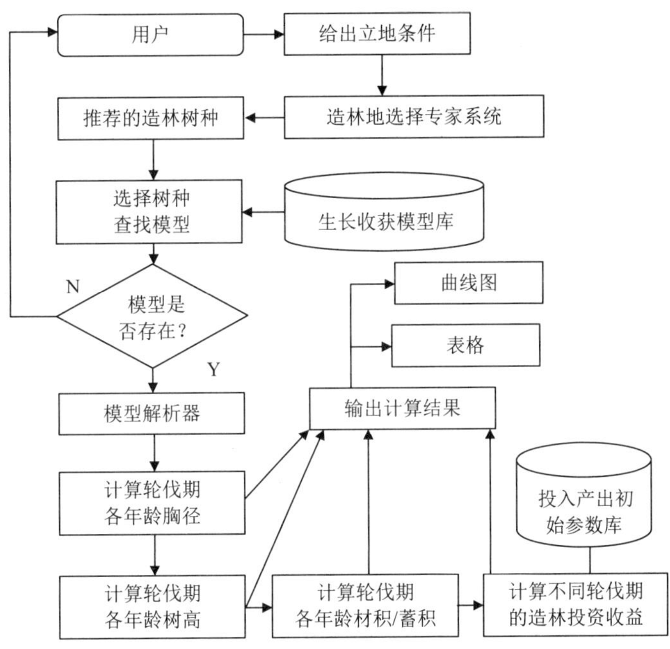

图 11-11　速生丰产林经济效益预估流程

4）收益预估决策模块提供一个交互窗口，供用户选择专家系统提供的造林树种，调整投入产出初始参数，调用图形和表格进行分析决策。

5）展示模块提供曲线图和表格分立地条件好、中和差 3 种生长情况展示不同年龄的树木胸径、树高、材积，不同年龄采伐时货币收入和 NPV，不同轮伐期的林地 LEV。

收获预估系统的功能结构如图 11-12 所示。

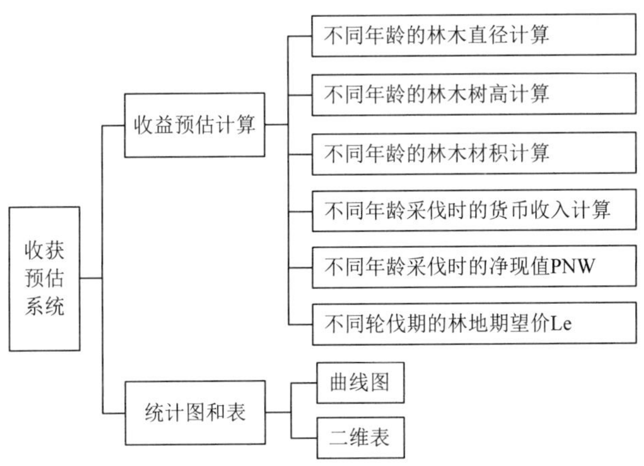

图 11-12　收获预估系统的功能结构

3. 模型库设计与模型解析器

收获预估系统中的模型库采用 SQL Server DBMS 建立和管理。收获预估系统中所有杨树品种的生长与收获模型在模型库中采用文本形式存放，然后通过模型解析器进行解析计算，最终实现杨树速生丰产林经济效益预估在 Web 上的展现。模型以字符串形式存储在模型库中，供收获预估系统进行调用。模型在模型库中，模型与系统程序分离，专家可根据实际需要进行模型修改或替换，修改后不需要修改程序。

（1）模型库设计

速生丰产林生长收获模型库由一个关系 FS_Model 构成。FS_Model 关系有模型编号、树种名称、模型类别、胸径生长模型、树高与胸径模型、二元材积模型、变量和备注 7 个属性。其中模型类别属性存储模型适合的立地条件，分好、中、差 3 个级别；胸径生长模型、树高与胸径模型和二元材积模型属性存储模型表达式。FS_Model 关系实例如表 11-8 所示。此种设计的好处是模型库简单直观，对于每个树种不同立地条件下进行收获预估所需要的模型只需要一条记录即可存储，减少了记录，方便管理人员或专家对模型库的维护。

表 11-8 FS_Model 关系实例

模型编号	树种名称	模型类别	胸径生长模型	树高与胸径模型	二元材积模型	变量	备注
101	毛白杨	好	EXP(3.80012+1.09051*LOG(1−EXP(−0.117*A),2.718282))	32.19667*(1−EXP(−0.036*D))^ 0.75939	(0.00006405*D^2.013964*H^0.758265)*300	A,D,H	
102	毛白杨	中	EXP(3.4191903+1.0525998*LOG(1−EXP(−0.117*A),2.718282))	24.61143*(1−EXP(−0.036*D))^0.84239	(0.00006405*D^2.013964*H^0.758265)*300	A,D,H	
⋮							

（2）模型解析器设计

模型解析器又称表达式解析器，其主要功能是计算代数表达式的值。模型解析器采用的是递归解析程序，用 C#语言开发完成。

模型解析器对模型的表达式进行解析主要分为词法分析、语法分析、语法检查和计算 4 个阶段。词法分析是对原始表达式进行逐个字符的扫描和解析，将其转换为一个记号流。语法分析就是根据原子结构表构造语法树，构造语法树时首先要确定各个操作符与运算符的优先级，优先级越低则越靠近根结点。语法检查是对语法分析的结果——语法树进行合法性检查。语法检查成功则可以对该语法树进计算；如果模型有错误，则将“模型语法有错误”写入该模型的备注中。模型解析器算法流程如图 11-13 所示。

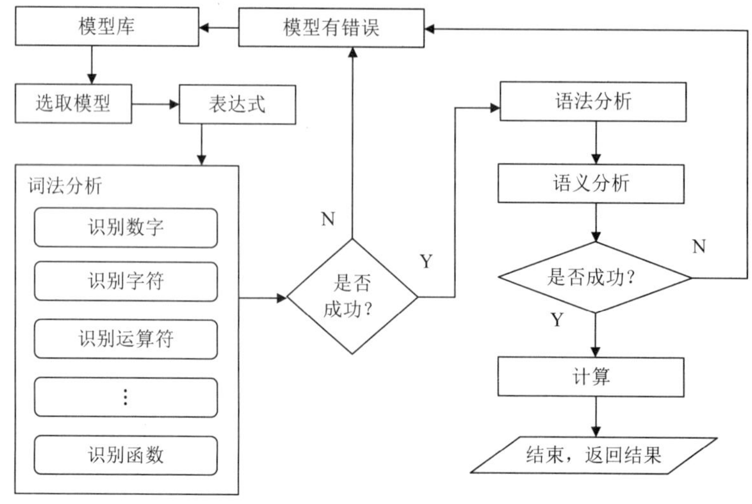

图 11-13 模型解析器算法流程

11.4　造林地的立地质量评价方法与评价系统

11.4.1　立地质量评价方法

营造人工林，必须适地适树。要想适地适树，就必须对造林地的立地质量进行评价。对于已有林分的林地，也需要通过立地质量评价对其生长的林分生长进行评价。

对于无林地的立地质量评价，主要采取下面 3 种方法：

1）专家的经验。根据专家的经验，构建专家评价知识库，通过评价专家系统，利用知识库中评价规则进行评价。这是一种比较容易实现的方法。

2）大数据分析方法。利用大数据分析方法，通过对当地森林资源调查数据与样地调查数据，进行树种、蓄积、胸径、树高与立地条件的关联分析，得到立地质量评价，获得不同立地条件下最适宜的造林树种与造林模式。

3）数量化方法。分别树种，通过数量化方法对立地因子（坡位、坡向、土壤类型、坡度、海拔、土层厚度和腐殖质厚度）和地位指数构建数量化地位指数方程，对无林地立地质量进行评价。数量化方法是一种最为科学的评价方法，其缺点是构造模型需要大量数据。

1. 专家经验评价方法实例

例如，通过查阅文献、实地调查和专家知识总结，内蒙古自治区营造华北落叶松的造林地的立地质量评价规则表示示例如下：

R1：

IF 内蒙古东南部 AND 山地地形 AND 海拔(500～1000m) AND 缓坡 AND 下坡位 AND 棕壤 AND 华北落叶松 (造林树种)

THEN 立地质量为中

R2：

IF 内蒙古中部 AND 山地地形 AND 海拔(1000～1500m) AND 阴向 AND 华北落叶松 (造林树种)

THEN 立地质量为差

R3：

IF 内蒙古中部 AND 丘陵地形 AND 土壤类型 (栗褐土) AND 陡坡 AND 华北落叶松 (造林树种)

THEN 立地质量为差

2. 平原地区杨树速生丰产林培育的立地条件评价方法实例

平原部分速生杨立地因子分值等级划分标准如表 11-9 所示。

表 11-9　平原部分速生杨立地因子分值等级划分标准

立地条件	好	中	差
土壤厚度	厚（>100cm）	中（60～100cm）	薄（20～60cm）
土壤质地	砂壤和壤土	砂土和黏土	非常板结的重黏土
土壤结构	粒状	块状	单粒状

续表

立地条件	好	中	差
地下水位	1.5～2.5m	0.5～1.5m	>2.5m 或<0.5m
地形	河滩、阶地	平地、沟谷	洼地
pH	中性（7.0～8.0）	微碱或微酸（8.0～8.5 或 6.5～7.0）	碱性或酸性（>8.5 或<6.5）
肥沃程度	土壤有机质>1.64% 全氮含量>0.13%	土壤有机质 0.83%～1.64% 全氮含量 0.05%～0.13%	土壤有机质<0.83% 全氮含量< 0.05%

对每个立地因子进行 0～5 分赋值，因各主导立地因子各自对林木生长的影响程度不同，应赋予不同的权重。根据当地实际的立地条件，确定各主导因子对林木生长影响的大小顺序，根据各因子在顺序中的位次，逆向赋予不同的权值：7、6、5、4、3、2、1，总和为 28。用各因子的权值除以总和，得出各因子的权重分别是 7/28、6/28、5/28、4/28、3/28、2/28、1/28。将各因子的打分乘上权重，可计算出各立地单元的得分值。立地条件等级划分标准如表 11-10 所示。

表 11-10　立地条件等级划分标准

项目	好	中	差	不适合造丰产林
分值范围	4～5	2～4	1～2	< 1

3. 数量化方法实例

无林地的立地质量评价是基于相同立地条件下的有林地进行研究的，无林地立地质量评价采用的是数量化地位指数模型。数量化地位指数模型的构建主要利用数量化 I 方法建立回归模型实现。本研究通过对研究区内的调查数据进行整理与分析，选取坡位、坡向、土壤类型、坡度、海拔、土层厚度和腐殖质厚度 7 个立地因子来构建数量化地位指数模型，用于研究区域内造林树种为华北落叶松的无林地立地质量评价。利用数量化 I 方法，通过回归建立内蒙古自治区营造华北落叶松的造林地的立地质量数量化地位指数模型。

依据地位指数的定义，数量化的理论和方法公式如下：

$$\mathrm{SI}_t = \sum_{i=1}^{m}\sum_{j=1}^{k} S_t(i,j) b_{ij} + \varepsilon_i \tag{11-4}$$

式中，SI_t 为第 t 块样地的地位指数；$S_t(i,j)$ 为第 t 块样地立地因子在第 i 个因子第 j 个分级指标的观测值；b_{ij} 为第 i 个立地因子，第 j 个分级指标的系数（得分值）；m 为立地因子；k 为分级指标；ε 为观测误差。

式（11-4）用于无林地立地质量评价，在获得有林地地位指数的基础上，判断相同立地条件下的无林地地位指数。在参数求解上，其具体实现步骤如下：

1）优势木平均高值换算为地位指数。根据本节得出的华北落叶松人工林差分型地位指数模型，将各样地优势木平均高值换算为地位指数。

2）建立地位指数与各立地因子的反映表，如表 11-11 所示。

表 11-11　地位指数与各立地因子的反映表

序号	地位指数	坡度 X_1/(°)			坡位 X_2			坡向 X_3		土壤类型 X_4			海拔 X_5/m			腐殖质厚度 X_6/cm			土层厚度 X_7/cm		
		缓坡<15	斜坡 16～25	陡坡>26	上	中	下	阴坡	阳坡	半阴半阳坡	灰色森林土	棕壤	500～1000	1000～1500	1500～2000	厚：>5	中：2～4.9	薄：<2	厚：>60	中：31～60	薄：<30
1	14.1	0	0	1	0	1	0	1	0	0	0	1	0	1	0	0	1	0	0	0	1
2	14.2	0	0	1	0	1	0	1	0	0	0	1	1	0	0	0	1	0	0	0	1
3	13.8	0	0	1	0	0	1	0	1	0	0	1	0	1	0	0	1	0	0	0	1
4	14.1	0	1	0	0	1	0	1	0	0	0	1	1	0	0	1	0	0	0	0	1
5	16.1	1	0	0	0	1	0	1	0	0	0	1	0	1	0	0	0	1	1	0	0
6	15.2	1	0	0	1	0	0	1	0	0	0	1	0	1	0	0	0	1	1	0	0
7	15.1	0	1	0	0	1	0	1	0	0	0	1	1	0	0	0	0	1	0	1	0
8	14.1	0	1	0	0	0	1	0	1	0	0	1	1	0	0	0	0	1	0	1	0
9	14.2	0	1	0	0	1	0	1	0	0	0	1	0	1	0	0	0	1	0	1	0
10	14.0	1	0	0	1	0	0	1	0	0	1	0	0	0	1	0	1	0	0	1	0
⋮	⋮	⋮	⋮	⋮	⋮	⋮	⋮	⋮	⋮	⋮	⋮	⋮	⋮	⋮	⋮	⋮	⋮	⋮	⋮	⋮	⋮

3）为求解式（11-4）中的 b_{ij} 的估计值，将其通过矩阵表达式形式进行表示，各因子按照表 11-11 的顺序组成矩阵 $\boldsymbol{X}$，地位指数组成矩阵 $\boldsymbol{Y}$，求 $\boldsymbol{X}$ 的转置矩阵 $\boldsymbol{X}^{\mathrm{T}}$，计算 $\boldsymbol{X}\boldsymbol{X}^{\mathrm{T}}$ 和 $\boldsymbol{X}^{\mathrm{T}}\boldsymbol{Y}$，建立方程组 $\boldsymbol{X}^{\mathrm{T}}\boldsymbol{X}\hat{b}_{ij}=\boldsymbol{X}^{\mathrm{T}}\boldsymbol{Y}$，求解方程组得出 $\hat{b}_{ij}=(\boldsymbol{X}^{\mathrm{T}}\boldsymbol{X})^{-1}\boldsymbol{X}^{\mathrm{T}}\boldsymbol{Y}$。

$$
\boldsymbol{X}=\begin{vmatrix}
0&0&1&0&1&0&1&0&0&0&1&0&1&0&0&1&0&0&0&1\\
0&0&1&0&1&0&1&0&0&0&1&1&0&0&0&1&0&0&0&1\\
0&0&1&0&0&1&0&1&0&0&1&0&1&0&0&1&0&0&0&1\\
0&1&0&0&1&0&1&0&0&0&1&1&0&0&1&0&0&0&0&1\\
1&0&0&0&1&0&1&0&0&0&1&0&1&0&0&0&1&1&0&0\\
1&0&0&1&0&0&1&0&0&0&1&0&1&0&0&0&1&1&0&0\\
0&1&0&0&1&0&1&0&0&0&1&1&0&0&0&0&1&0&1&0\\
0&1&0&0&0&1&0&1&0&0&1&1&0&0&0&0&1&0&1&0\\
0&1&0&0&1&0&1&0&0&0&1&0&1&0&0&0&1&0&1&0\\
1&0&0&1&0&0&1&0&0&1&0&0&0&1&0&1&0&0&1&0\\
\vdots&\vdots&\vdots&\vdots&\vdots&\vdots&\vdots&\vdots&\vdots&\vdots&\vdots&\vdots&\vdots&\vdots&\vdots&\vdots&\vdots&\vdots&\vdots&\vdots
\end{vmatrix}
\qquad
\boldsymbol{Y}=\begin{bmatrix}
14.1\\14.2\\13.8\\14.1\\16.1\\15.2\\15.1\\14.1\\14.2\\14.0\\\vdots
\end{bmatrix}
$$

利用 MATLAB R2011b 软件进行矩阵运算，求解式（11-4）中的 $\hat{b}_{ij}$，得到各类项目（立地因子）得分，如表 11-12 所示。

表 11-12　华北落叶松立地质量各类目得分

序号	主导因子 X_i	分级指标 X_{ij}	得分值
1	坡度	缓坡<15°	2.7837
		斜坡 16°～25°	2.2478
		陡坡>26°	0.6360

续表

序号	主导因子 X_i	分级指标 X_{ij}	得分值
2	坡位	上	1.0280
		中	1.6531
		下	2.9863
3	坡向	阳向（南、东南、西南坡）	1.2465
		阴向（北、西北、东北坡）	2.2234
		半阴半阳向（东、西坡）	2.1975
4	土壤种类	灰色森林土	2.1279
		棕壤	3.5396
5	海拔	低海拔（500～1000m）	2.1279
		中海拔（1000～1500m）	1.7729
		高海拔（1500～2000m）	1.7667
6	腐殖质厚度	厚：>5cm	1.2335
		中：2～4.9cm	2.7639
		薄：<2cm	1.6701
7	土层厚度	厚：>60cm	2.5197
		中：31～60cm	1.6118
		薄：<30cm	1.5359

在各类项目（立地因子）得分的基础上，以 X_i 表示各立地因子，X_{ij} 表示各立地因子的分级指标，如 X_1 表示立地因子“坡度”，X_{11} 表示坡度为“缓坡”，X_{12} 表示坡度为“斜坡”，X_{13} 表示坡度为“陡坡”；X_2 表示立地因子“坡位”，X_{21} 表示坡位为“上”，X_{22} 表示坡位为“中”，依此类推。

所以，针对培育华北落叶松人工林的无林地的立地质量评价，得到地位指数的预测模型如下：

$$\begin{aligned}\text{SI}=&2.7837X_{11}+2.2478X_{12}+0.6360X_{13}+1.0280X_{21}+1.6531X_{22}\\&+2.9863X_{23}+1.2465X_{31}+2.2234X_{32}+2.1975X_{33}+2.1279X_{41}\\&+3.5396X_{42}+2.1279X_{51}+1.7729X_{52}+1.7667X_{53}+1.2335X_{61}\\&+2.7639X_{62}+1.6701X_{63}+2.5197X_{71}+1.6118X_{72}+1.5359X_{73}\end{aligned}\quad(11\text{-}5)$$

式（11-5）中的 $X_{ij}(i=1,2,3,4,5,6,7;j=1,2,3)$ 取值为 1 或 0，SI 为地位指数。

4. 生长模型方法实例

选取当地各树种的平均树高生长模型进行验证，选择验证后的平均树高生长模型。利用该模型及各龄阶树高标准差 $H_i\pm2\sigma_i$，确定林分平均高生长曲线的上、下限曲线；根据上、下限曲线所夹的面积，采用等分方法确定好、中、差立地等级的上、下限，判定当前林分立地所属等级。

例如，选择 Richards 方程作为基本模型，立地条件为好[式（11-6a）]、中[式（11-6b）]、差[式（11-6c）]3 种情况下的杉木人工林林分平均高生长模型如下：

$$H_1=18.29698(1-\mathrm{e}^{-0.103407A})^{1.66829}\quad(11\text{-}6a)$$

$$H_2=16.658676(1-\mathrm{e}^{-0.07796A})^{1.37458}\quad(11\text{-}6b)$$

$$H_3 = 28.0439(1 - e^{-0.023604A})^{1.19559} \tag{11-6c}$$

式中，H 为平均树高；A 为林分年龄。

11.4.2　立地质量评价系统

立地质量评价系统根据人工林立地质量评价方法，对有林地和无林地分别进行评价。立地质量评价系统框架如图 11-14 所示。

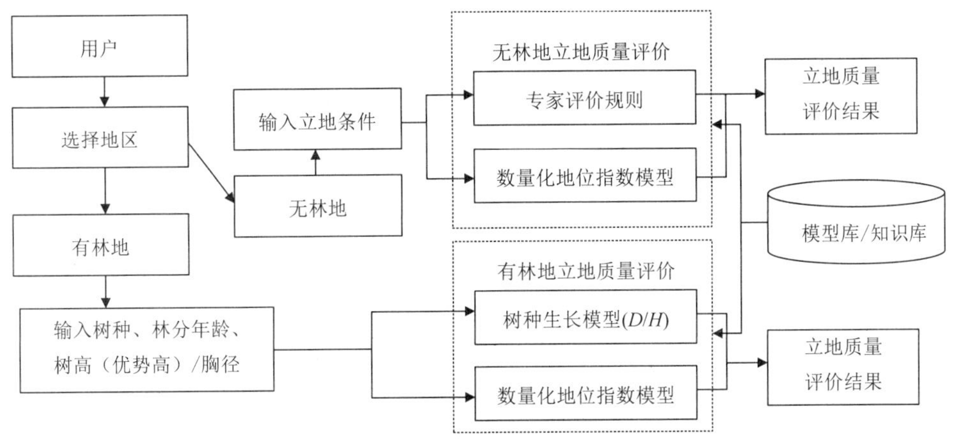

图 11-14　立地质量评价系统框架

对于有林地，主要采用地位指数法或者林分生长模型预测法进行立地质量评价。地位指数法是通过林分年龄和优势木高得到地位指数，然后根据地位指数判断林分的立地质量。尽管地位指数在立地质量评价研究中得到了广泛应用，但是许多树种没有构建地位指数表，评价立地质量时无法使用地位指数，这种情况下，应使用林分生长模型进行立地质量评价。系统通过人机交互界面获得用户输入的林地信息，通过调用模型库中的生长模型进行林分平均高或者平均胸径的计算，根据树高或胸径对林地进行立地质量评价。

对于无林地，评价系统在实现过程中主要利用专家系统的原理实现立地质量评价。用户通过系统界面选择当前需要造林地的信息，包括地区、地形、树种及其他立地因子，利用无林地专家评价系统根据立地质量评价规则对立地质量进行评价；如果有数量化地位指数模型，也可选择通过数量化地位指数模型进行判断，给出该立地营造该树种的无林地的立地质量。

无林地立地质量评价可以分为 4 个主要模块，包括知识获取模块、知识库、推理机及人机交互界面。知识获取模块提供了输入界面，供专家输入和存储特定的领域知识。知识库用来存储和管理领域专家的知识，包括规则和事实。推理机使用正向推理机制搜索立地质量评价知识。推理机通过正向推理机制搜索用户所选择的问题、规则和答案，然后通过知识库进行匹配，确定哪条规则适用。推理机的工作流程：首先，从专家给定的问题中选择一条供用户选择，系统会给出所有可能的答案，用户选择其中一个答案来回答该条提问；通过用户的响应，系统得到用户的答案，然后与知识库中的知识进行匹配，找到可能的匹配条件（立地条件）；根据用户的回答，最终给出立地质量评价结果。

11.5 森林培育专家决策支持系统中的其他系统

森林培育专家决策支持系统中的其他辅助系统主要由森林病害诊治专家系统、森林害虫诊治专家系统、有害生物查询系统、造林树种与林木良种知识查询系统、森林培育作业技术与培育模式浏览、森林培育技术培训等构成（图 11-2）。

11.5.1 森林病害、害虫诊治专家系统

森林病害、害虫诊治专家系统主要实现对森林病虫害的诊断功能。

1. 森林病害诊断功能

用户通过交互式界面逐步选择病害发生的树种、部位、典型症状等情况，系统就可以利用推理机，逐步得到最终的诊断结果。同时，用户可以查看病害的详细信息，以及具体的防治措施等信息。

2. 森林害虫诊断功能

用户通过交互式界面逐步选择害虫发生的树种、部位、典型症状等情况，系统就可以利用推理机，逐步得到初步的诊断结果；然后，用户可以进一步查看结果中害虫的形态特征、危害症状等详细信息与图像，最终确认诊断结果。同时，用户可以查看害虫的详细信息，以及具体的防治措施等信息。

3. 森林害虫预测预报功能

该模块主要实现害虫的发生期预测和发生量预测。用户只需要输入几个简单的参数，系统就可以根据数据库中的预测模型，通过数理统计等方法进行计算，得到最终的预测结果及结果可能的误差范围，方便用户及时进行防治工作。

森林病害、害虫诊治专家系统的详细介绍请参阅第 12 章。

11.5.2 查询系统

查询系统由有害生物查询、造林树种与林木良种知识查询系统、森林培育作业技术与培育模式浏览、森林培育技术培训等构成，提供相对应的知识供用户浏览、查询和学习。这些知识采用关系数据库的表进行存储。

1. 有害生物查询系统

用户进入病害或害虫浏览查询界面后，系统以表格方式显示多个病害或害虫的记录，用户可上下翻页或翻到指定页。用户可以单击每一个树种，查看专家提供的此病害或害虫详细信息，并将结果打印出来。系统提供单条件查询和组合条件查询两种查询方式。如果有图像，还可以通过鼠标滚轮对图像进行缩放。

2. 造林树种与林木良种知识查询系统

用户进入浏览界面后，系统以表格方式显示多个良种/树种的记录，用户可上下翻页或翻到指定页。用户可以单击每一个良种/树种，查看专家提供的此良种/树种的详细良种育种信息/培育技术，并可将结果打印出来。系统提供两种查询方式，分别如下：

1）普通查询：对指定内容进行模糊查询。查询结果以表格方式显示满足条件的造林树种，用户单击选择树种后便可获得该树种的培育技术。

2）高级查询：选择查询内容进行组合查询。查询结果以表格方式显示满足条件的造林树种，用户单击选择树种后便可获得该树种的培育技术。

3. 森林培育作业技术与培育模式浏览

该系统提供了河北、山东、北京等地区的主要的森林培育模式与培育技术措施作业法可视化资料数据库；提供了适合林农学习的生态管护员培训教程、森林培育技术概论和杨树速生林培育技术网络教材，供用户浏览、查询与学习。

1）森林培育作业技术浏览查询。用户进入浏览界面后，系统分类显示森林培育作业技术的类别、名称和定义等信息。用户可上下翻页或翻到指定页，双击选择的名称便可获取此培育作业技术的详细信息，并可将详细信息打印出来。

存储知识的表结构的关系模式如下：

森林培育作业技术措施知识表（编号，作业技术类别，作业技术名称，详细技术，图片，动画）

其中，图片和动画在表中存储的是该图片、动画的存储路径和文件名称。

2）森林培育模式浏览查询。用户进入浏览界面后，系统分类显示森林造林模式信息。用户可上下翻页或翻到指定页，双击选择的条目后，在新的窗口中以网页形式显示森林造林模式的详细信息，并可将详细信息打印出来。

存储知识的表结构的关系模式如下：

森林培育模式表（地区，造林模式号，造林模式名，培育目标（林种），造林树种，适宜立地条件，造林模式文件名）

4. 森林培育技术培训

森林培育技术培训提供森林培育技术的培训教材的信息浏览。存储森林培育技术的培训教材表结构的关系模式如下：

教材表（教材编号，教材类别，教材名称，作者，日期，章节，文件属性，链接地址）

11.6　森林培育专家决策支持系统运行实例

森林培育专家决策支持系统主页面如图 11-15 所示，用户在该页面上通过单击森林培育专家系统、森林病害诊治专家系统、森林害虫诊治专家系统、造林树种与林木良种知识查询系统、有害生物查询系统和森林培育作业法与培育模式浏览按钮进入下层系统。用户还可以通过单击菜单栏上的按钮进入技术培训页面与用户留言页面。

图 11-15　森林培育专家决策支持系统主页面

11.6.1　森林培育专家系统运行实例

进入森林培育专家决策支持系统后，单击“森林培育专家系统”系统，进入森林培育专家系统主页面。该页面提供了森林培育专家咨询、速生林培育专家咨询、造林树种培育技术咨询与林木良种数据查询 4 个选项供用户选择。

1. 森林培育专家咨询

单击“森林培育专家咨询”按钮，进入森林培育专家咨询页面。根据系统页面的交互提示信息进行选择。首先选择准备造林地区；然后根据系统的提问选择立地条件，包括坡度、坡位、坡向、海拔、土壤厚度和土壤种类等。其中土壤厚度选择页面如图 11-16 所示。

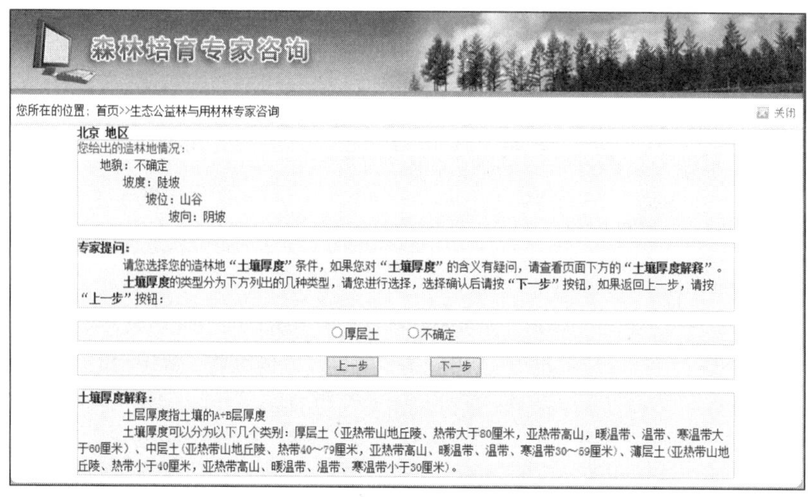

图 11-16　土壤厚度选择页面

当交互提示信息提问选择完成后，页面中提示提问已至最后一步，提示用户单击“专家咨询”按钮，进入图 11-17 所示的查看结果页面。

图 11-17　查看结果页面

单击“查看结果”按钮，进入图 11-18 所示的根据用户所选择的信息推理出来的适合该立地条件的造林树种和造林模式选择页面。用户选择某一树种的造林模式后，即可得到该造林模式的详细信息。

森林培育专家咨询

关闭

专家系统根据您所提供的造林地条件，系统认为您所咨询的地区比较适合下列造林模式，请您从中选择您自认为满意的造林模式，单击进入造林模式的详细信息：

造林树种	造林亚区	造林模式名	造林目标
	北京	油松+栓皮栎	水源涵养林兼用材林
	北京	油松+侧柏	水土保持林
	北京	油松+沙棘	水土保持林
	北京	黄连木+山桃	防护林兼经济林
	北京	核桃	经济林
	北京	枣树	经济林
	北京	柿树	经济林
	北京	花椒	经济林

图 11-18　造林树种和造林模式选择页面

2. 速生林培育专家咨询

单击“速生林培育专家咨询”按钮，根据系统页面的交互提示信息选择地区和立地条件。当提示输入的咨询条件输入完成后，系统给出该立地条件适宜种植的速生林树种。其中土壤厚度选择页面如图 11-19 所示。

用户还可以进入速生林收获预估系统，通过选择速生林树种，输入造林初始参数进行胸径、树高、材积生长的收获预估，以及经济效益的预测。速生林胸径、树高与材积生长收获页面如图 11-20 所示。单击“经济效益预测”按钮，进入各年度采伐时的经济效益预估页面。

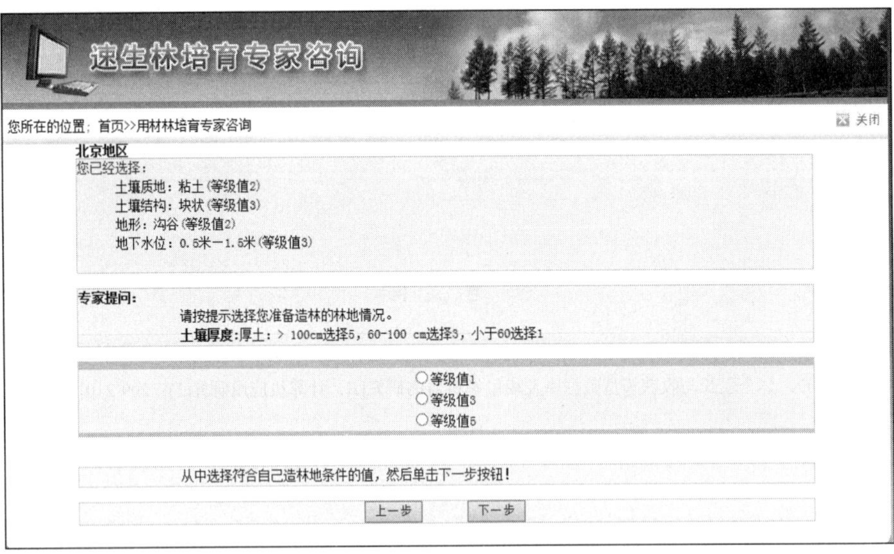

图 11-19　土壤厚度选择页面

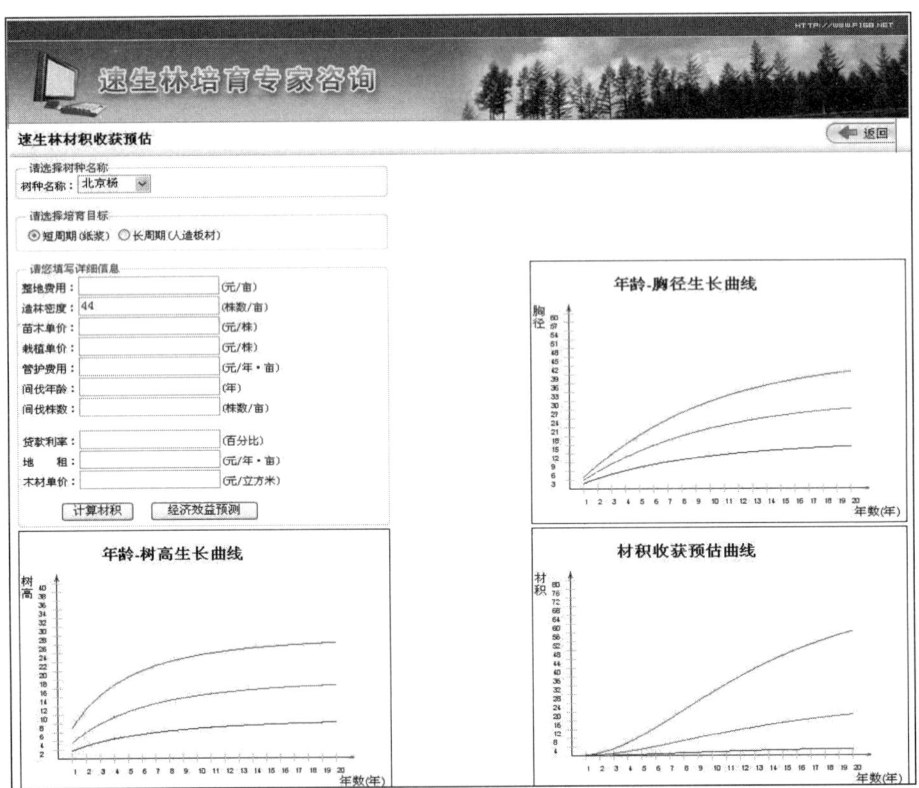

图 11-20　速生林胸径、树高与材积生长收获页面

11.6.2　立地质量评价系统

进入人工林立地质量评价系统后，系统提示用户选择无林地立地质量评价或有林地立

地质量评价。如果选择无林地立地质量评价，进入无林地立地质量评价系统页面，首先根据提示信息选择地区，然后选择准备造林的树种及各立地因子，如海拔、坡度、坡向、坡位、土壤种类等，系统对当前咨询立地进行立地质量评估，给出评价结果。

如果选择有林地立地质量评价，在有林地立地质量评价系统界面中选择地区、造林树种，然后输入当前林分的基本信息，如年龄、树高等。系统根据实际林分信息，给出当前林地立地质量评价结果。单击“下一步”按钮还可以对该立地条件下的当前林分生长收获进行预估。

参考文献

丁全龙，吴保国，胡波，2006．一种基于产生式规则的造林专家系统的设计与实现[J]．农业网络信息(8)：16-18.

海占广，吴保国，2009．林分生长与收获模型数据库及模型解析器的研究[J]．计算机应用研究(1)：209-210，229.

韩焱云，2005．人工林经营决策支持系统关键技术研究与系统研建[D]．北京：北京林业大学.

韩焱云，吴保国，刘建成，等，2014．不确定性推理在森林培育专家系统中的应用[J]．北京林业大学学报，36(1)：88-93.

胡波，吴保国，陆道调，2005．基于 ASP.NET 的造林专家系统[J]．林业资源管理(1)：20-23.

李成赞，2009．森林病虫害诊断及害虫预报专家系统的研建[D]．北京：北京林业大学.

马驰，2009．速生丰产林培育专家系统的研建[D]．北京：北京林业大学.

沈国舫，2001．森林培育学[M]．北京：中国林业出版社.

王超群，吴保国，2013．立地评价系统的设计与实现[J]．计算机工程与设计，34(8)：2922-2928.

吴保国，郭艳荣，韩焱云，2016．一种森林经营决策支持模型自动更新方法：ZL2013 1 0204498 [P].

吴保国，李成赞，马驰，等，2009．森林培育专家决策支持系统的研究[J]．北京林业大学学报，31(S2)：1-8.

吴保国，马驰，2009．森林培育专家系统中造林决策知识库设计与推理机求解算法研究[J]．北京林业大学学报，31(S2)：9-13.

吴保国，宋庭茂，许芳，1995．育苗生产技术咨询系统[J]．林业资源管理(2)：49-52.

吴保国，温亮宝，2006．森林重大病虫害诊治专家咨询系统的研究[J]．北京林业大学学报，28(6)：113-118.

张荔，吴保国，陆道调，2003．森林培育决策支持系统问题的初探[J]．林业资源管理：84-90.

WU B G, DING Q L, WAN L Y, 2007. A forestation planning expert decision advisory system[J]. New Zealand Journal of Agricultural Research, 50: 1399-1404.

WU B G, QI Y, MA CH, et al, 2010. Harvest evaluation model and system of fast-growing and high-yield poplar plantation[J]. Mathematical and Computer Modelling(51): 1444-1452.

第 12 章　森林病虫害诊治专家系统案例

森林病虫害诊治专家系统是运用现代信息技术手段，结合实际需要，根据森林病虫害诊断和防治的内容，利用专家系统、数据库技术、网络技术等信息技术，提取病虫害防治专家的知识和经验，面向基层林农，代替森林病虫害专家进行森林病虫害诊断和防治的系统。

12.1　系统总体设计

12.1.1　森林病虫害诊断专家系统的架构

1. 系统框架结构

森林病虫害诊断专家系统主要实现对森林病虫害的诊断及森林害虫的预测预报功能，为了满足系统功能和性能的需要，本系统采用三层 B/S 结构和基于 ASP.NET 标准的开发模式。三层 B/S 结构的第一层是客户层，客户或者专家通过浏览器来进行操作和数据交互；第二层是应用层，主要包括应用程序及业务逻辑等，主要负责接收用户请求、进行业务处理和访问数据库等；第三层是数据层，主要存放各种知识库、推理规则表、事实库等。其框架结构如图 12-1 所示。

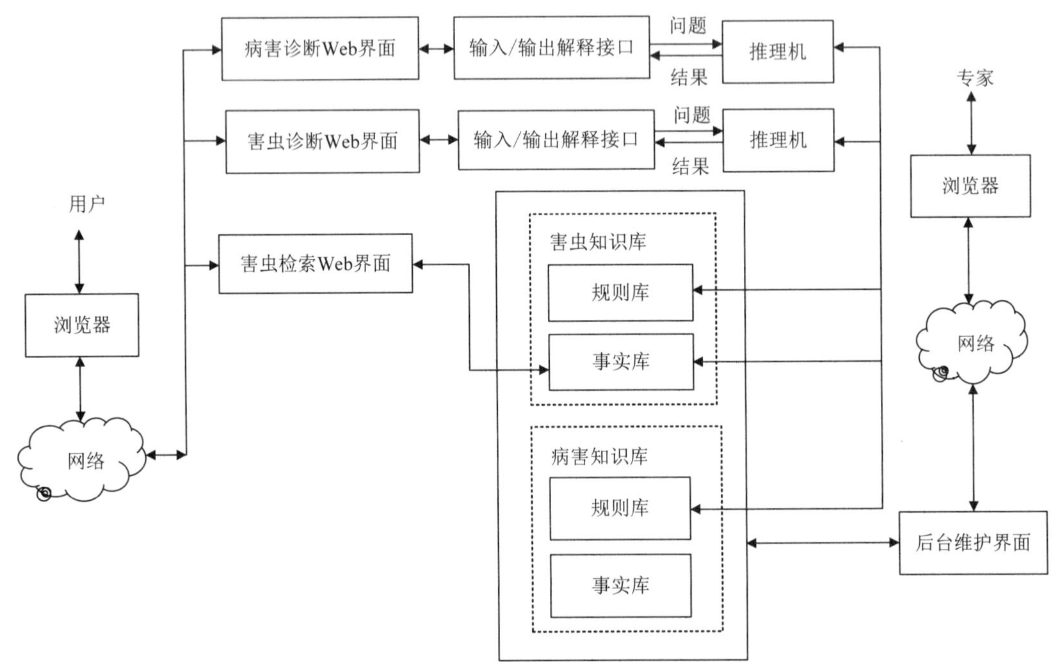

图 12-1　森林病虫害诊断专家系统框架结构

2. 系统运行的硬软件环境

服务器要求：只要能正常支持 Windows Server 2005 操作系统运行、硬盘存储空间大于 10GB 的服务器即可。

软件环境：WWW 服务器——IIS、C#、DBMS——SQL Server 200X。

12.1.2 森林病虫害诊断专家系统的功能结构

森林病虫害诊断专家系统提供病害和虫害诊断功能，其功能结构如图 12-2 所示。

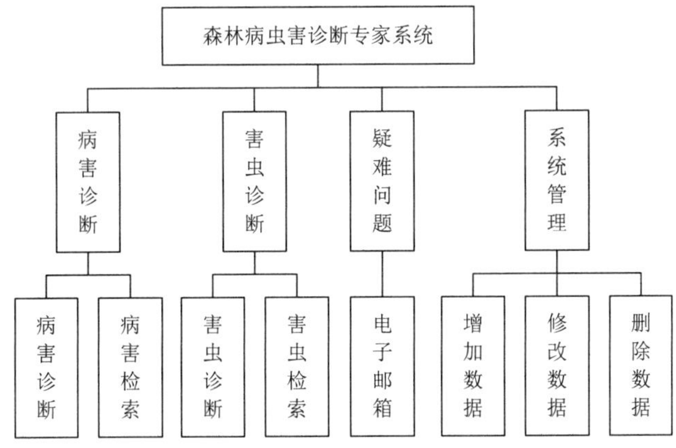

图 12-2 森林病虫害诊断专家系统功能结构

1. 病害诊断

森林病害具体诊断过程中的主线采用正向推理的推理策略，即采取用户首先需要选择病害发生的具体树种，然后选择病害发生在树种的哪个部位，接着让用户逐步选择病害的危害症状，经过这些诊断结点的层层细化，系统通过推理给出最终的诊断结果，同时给出诊断的森林病害详细信息和防治技术。正向推理的推理策略，在诊断过程中的每一个诊断结点，系统都提供了查看满足当前这些症状的病害。在具体的诊断步骤中，如果当前症状信息描述不够明了、通俗，用户无法准确进行下一步诊断，用户还可以采用反向推理的方式，从系统提供的满足当前症状条件的病害中查看具体病害的详细信息，如病害危害症状、症状图片等，然后与现实中的具体病害症状进行比对，最终得到诊断结果。

系统用户可以通过系统提供的人机交互界面对病害进行诊断、查询、浏览等操作。在实现过程中，系统会给出相应的文字描述，同时结合大量图片，操作界面也更加人性化，方便林农进行选择，力求每一步诊断都更加可行、更加准确。当用户不能根据系统给出的病害症状进行正向诊断时，用户还可以通过查看满足当前症状条件的所有病害信息，最终得到诊断结果。对于无法得到诊断结果的疑难病害，系统也提供 E-mail 方式供用户遇到疑难森林病害诊断系统无法准确诊断时，发送病害的危害图片给专家，与专家进行互动。

2. 害虫诊断

害虫诊断专家系统的设计宗旨是在林农不需要很强的专业知识的条件下也能快速准确

地得到诊断结果，真正做到面向基层林农。在具体诊断过程中，用户只需要选择害虫发生的具体树种，然后选择害虫发生在树种的哪个部位，接着选择害虫危害的主要症状，经过这 3 个诊断结点的层层细化、层层过滤，满足上述条件的害虫种类已经屈指可数，这时系统再给出符合条件的害虫形态特征描述和对应图片信息，以及害虫危害症状的描述和对应图片信息，用户即可很容易地通过比照做出正确的选择。用户单击系统提供的害虫名，可查看该害虫的详细信息。

系统也会以分页的形式列出知识库中的所有害虫的图片及相应的害虫名称，用户可以单击相应的害虫图片或害虫名称，对害虫的详细信息进行查询、浏览等操作。

12.2 森林害虫诊断专家系统

12.2.1 森林害虫诊断专家系统的知识库设计

森林害虫诊断专家系统的知识库采用关系数据库来实现，主要由事实表和规则表两部分组成。

1. 事实表

事实表主要由害虫表组成，害虫表存储了害虫的主要信息，包括害虫名、害虫寄主、害虫危害症状等信息。

森林害虫事实表关系模式表述如下：

森林害虫事实表(害虫代码,害虫名称,害虫别名,害虫拉丁学名,害虫类别,害虫分布,寄主名,危害症状,害虫形态特征,生活习性,害虫防治措施,害虫植物检疫,害虫图片,害虫危害图片,其他描述信息)

事实表的数据库记录实例如表 12-1 所示。系统害虫事实表中一共整理存储了 387 种害虫的详细信息和大量的图文信息，如沙棘象、臭椿皮蛾、灰线小卷蛾、枣镰翅小卷蛾、松叶小卷蛾、油松球果小卷蛾、宽尾凤蝶、枣飞象、黎氏青凤蝶、中华金带蛾、大球胸象、赤松毛虫、马尾松毛虫、油松毛虫、侧柏松毛虫、松小毛虫、黄翅大白蚁、云南岗缘蝽、蝶青尺蛾、直脉青尺蛾、毛白杨蚜虫、杨白潜叶蛾、绿鳞象、桉树大毛虫、黛袋蛾、落叶松红瘿球蚜、伊藤厚丝叶蜂、泡桐叶甲、泡桐网蝽、根瘤线虫等。

表 12-1 害虫事实表简单实例

害虫代码	害虫名称	害虫别名	害虫分布	寄主名	危害症状	生活习性	…
0101001	黄翅大白蚁	黄翅大蛩	安徽…	桉树…	取食树皮…	营群体生活…	
0101002	黑翅土白蚁	土栖白蚁	甘肃…	杉木…	啃食树皮…	入土营巢…	
0102001	台湾乳白蚁	家白蚁	安徽…	樟树…	树内筑巢…	有翅成虫当年羽化	
0201001	钻具木蠹蛾	…	吉林…	山杨…	林木被蛀…	幼虫经过 2 次越冬	
⋮	⋮	⋮	⋮	⋮	⋮	⋮	

2. 规则表

规则表是本专家系统的核心。规则表设计过程中，保持规则库的精练和简洁，避免规则冗余是规则表组织和管理中必须解决的首要问题，同时也为了使诊断过程更易操作，方便基层林农使用。

通过对领域专家进行害虫诊断方法的研究发现，病虫害专家在进行森林害虫诊断时，大多采用基于害虫特征的诊断方式。这种方式由于对专业知识要求过高，不适合基层林农使用。因此，诊断规则设计采取首先依据害虫发生的树种，然后根据受害部位（根、干、叶、花果、枝梢）、产生的典型症状（如孔洞、排出物、坑道、缺刻、点刻、瘿瘤、丝网、卷曲、变形等）来大致确定害虫所属的类群的正向推理方式，然后通过发现致害昆虫的某些虫态特征（卵、幼虫或若虫、蛹、成虫），根据其形态，同时通过害虫的详细危害症状描述进一步确定其具体种类的反向推理的诊断方法，最后给出针对害虫的防治方法。

害虫诊断采用的推理规则是以产生式规则表示的，推理规则表的关系模式表述如下：

森林害虫推理规则表(规则号,寄主名称,危害部位,危害方式,危害图片,害虫代码,其他描述信息…)

其中规则表的数据库记录实例如表12-2所示。

表12-2 害虫规则表实例

编号	寄主名称	危害部位	危害方式	害虫代码
1	杨类	叶部	取食叶片	0413002
22	杨类	树干	钻蛀树干	0411017
37	松类	叶部	取食叶片	0407001
67	松类	果实	蛀食球果	0411008
⋮	⋮	⋮	⋮	⋮

系统害虫规则表中一共整理存储了包括桉树、落叶松、马尾松、毛白杨、欧美杨、泡桐、杉木、松类、杨类、竹柳等在内的10多种常见速生树种的近200条推理诊断规则。

12.2.2 森林害虫诊断专家系统推理机设计

本系统采用了产生式规则中的正向推理和反向推理相结合的推理方式。

在诊断的前期阶段采用正向推理方式，系统用户只需要根据经验，首先选择害虫发生的树种，系统会根据用户的选择信息从害虫规则表中进行信息匹配，然后通过IF（条件）THEN（结论）的产生式规则得出发生在该树种的害虫所有的危害树种的部位信息，供用户进行下一步选择。同样的方式，在用户对害虫危害部位及害虫危害方式进行选择及系统进行推理决策之后，系统将给出正向推理阶段所得到的结论。正向推理阶段的结论可能是一种或者多种害虫，但是这样的结果只是初步诊断结果，用户想要得到最终的诊断结果，还需要经过反向推理阶段的进一步推理诊断。

在反向推理阶段，系统已经给出了可能的几种诊断结果，用户只需要假设其中一种害虫就是自己想要的最终诊断结果，即从诊断的目标结果出发，提出假设，然后系统会给出该害虫的详细信息，包括害虫危害的详细信息和对应的图片信息，以及害虫各个虫态阶段的形态特征及对应的形态特征图片，用户最终通过这些信息进行逐一验证，最终通过反向推理得到正确的结论。

12.3 森林病害诊断专家系统

12.3.1 森林病害诊断专家系统的知识库设计

本系统的事实库主要由病害表组成，病害表存储了病害的主要信息，包括病害名、别名、分布、危害与寄主、传播途径、植物检疫、危害症状、病原特征、发生发展规律、防治措施等信息。

1. 事实表

森林病害事实表采用关系数据库的关系进行存储。森林病害事实表的关系模式如下：

森林病害事实表(林木病害名称,林木病原拉丁名,林木病害类别,林木病害分布,林木病害寄主,林木病害症状,林木病原特征,发生发展规律,传播途径,防治措施,植物检疫,林木病原图片,林木病害图片,其他描述信息…)

其中，病害代码的取值规范由林木病害的分类所涉及寄主、危害部位和病害名 3 部分组成，遵循《林业资源分类与代码　林木病害》（GB/T 15161—1994）关于林业病害的林木资源分类与代码的编码规范。

系统的病害事实表中存储了 469 种病害的详细信息和大量的图文信息，如桉枯萎病、桉苗灰霉病、白绢病、猝倒病、根癌病、褐斑病、黄萎病、茎腐病、溃疡病、青枯病、桑寄生害、无根藤害、叶斑病、藻斑病、紫斑病、白粉病、花叶病、梢头海绵白腐、菟丝子害、叶枯病、铅笔柏梢枯病、白绢病、板栗白粉病、板栗溃疡病、板栗疫病、扁枝槲寄生、表白粉病、赤斑病、粉锈病、根癌病、褐斑病、黑斑病等。

2. 规则表

森林病虫害专家根据国内外资料和实践观察编写了常见的林木病害检索表。其中比较全面而且权威的有周仲铭先生的《林木病理学》著作中的林木病害检索表。专家利用该表进行诊断时，首先选择树种，确定发病部位，记载典型症状；然后判断是侵染性病害还是非侵染性病害，或者是机械创伤。根据受害部位（枝干、叶部、根部等）、典型病状（变色、坏死或腐烂、畸形、枯萎或萎蔫、流脂或流胶等）和病征（粉霉状物、锈状物、膜状物和线状物、颗粒状物、伞状物或马蹄状物、溢脓等），可以初步确定侵染性病害的病原类型（真菌、细菌、病毒、植原体、线虫、寄生性种子植物、藻类、螨类等），若发现新病害、疑难病害，或者多种病原复合侵染而症状复杂时，病原需要采集标本进行室内鉴定。对于非侵染性病害，要进一步确定主要原因，如温度、营养、水分失衡、有毒物质等。不同的病原可能引起相同的症状，单纯根据症状诊断不完全可靠，需要通过显微镜镜检和入土诱发试验来进一步分析发病原因或鉴定病原物。

以周仲铭（1979）的林木病害检索表为基础，依据病害检索表和病症在林木的各个生理部位的症状表现，结合病害图片数据库得到诊断结果，森林病害诊断知识体系可以采用语义网络进行标识，即可以直观地描述为一棵多叉判定树，如第 9 章中图 9-14 所示。

为了方便推理，推理规则表的关系模式表设计如下：

森林病害推理规则表(规则号,寄主名称,上结点,危害症状,下一节,所有前结点,病害代码)

病害推理规则表的实例如表 12-3 所示。

表 12-3　病害推理规则表实例

寄主	上结点	危害症状	下结点	所有结点	病害代码
杨类	1	为害花序	2		
杨类	1	为害叶、枝干、根部	3		
杨类	2	受害花序肥肿畸形，表面有黄色粉状物		1,2	038106
杨类	2	受害花序肥肿畸形，金黄色，不结种子		1,2	038x18
杨类	3	病害发生在枝干或根部	15		
杨类	3	病害主要发生在叶部	4		
杨类	4	在叶部形成各种斑点	5		
杨类	4	在叶部形成黄粉、白粉、煤污及花叶等	10		
杨类	5	继续咨询	6		
杨类	5	中央成灰白色，严重时病斑联合…		1,3,4,5	038118
杨类	6	病斑初呈水渍状，圆形，淡褐色…		1,3,4,5,6	038102
杨类	6	病斑初为黄色，中央灰褐色…	7		
⋮	⋮	⋮	⋮		⋮

12.3.2　森林病害诊断专家系统推理机设计

根据病害推理规则表，本系统采用的正向推理的每一步推理过程中都增加了反向推理策略的推理方式，解决了由于供选择条件太过专业而基层林农专业知识相对匮乏等而无法根据当前结点进行选择，诊断无法继续的难题。为了方便用户进行选择，在推理规则表中专门设计了症状图片字段，方便用户进行选择。

在诊断的整个主过程采用正向推理的策略，在推理诊断的每一步用户都可以选择反向推理策略。系统用户只需要根据经验，首先选择病害发生的树种，系统会根据用户的选择信息从病害推理规则表中进行信息匹配，然后通过 IF（条件）、THEN（结论）的产生式规则得出发生在该树种的病害规则中“上结点”为 1 的所有的危害症状信息（一般是病害危害部位），供用户进行下一步选择。用户对当前诊断结点进行选择之后，系统将通过产生式规则，从推理规则表中找到当前症状记录中的“下结点”的值，然后系统采用同样的方式，逐步正向推理，直到得到最终的诊断结果。正向推理阶段的结论只可能是一种病害，但是在正向推理诊断的过程中，如果因为供选择的危害症状描述不够清晰，为了方便用户正确地做出选择，在推理规则表中专门设计了“症状图片”字段，方便用户进行选择。用户还可以选择“查看”功能，系统会给出满足当前危害症状的所有病害信息，用户可以采用反向推理策略。在反向推理阶段，系统会给出几种可能的诊断结果，用户只需要假设其中一种病害就是自己想要的最终诊断结果，即从诊断的目标结果出发，提出假设，然后系统会给出该病害的详细信息，包括病害危害的详细信息和对应的图片信息，以及病害病原特征和对应的特征图片，用户最终通过这些信息进行逐一验证，最终通过反向推理得到正确的结论。同时，在推理诊断过程中增加了回退功能，当用户对诊断条件选择错误时，还可以回退，对之前的选择条件进行修正。推理诊断流程如图 12-3 所示。

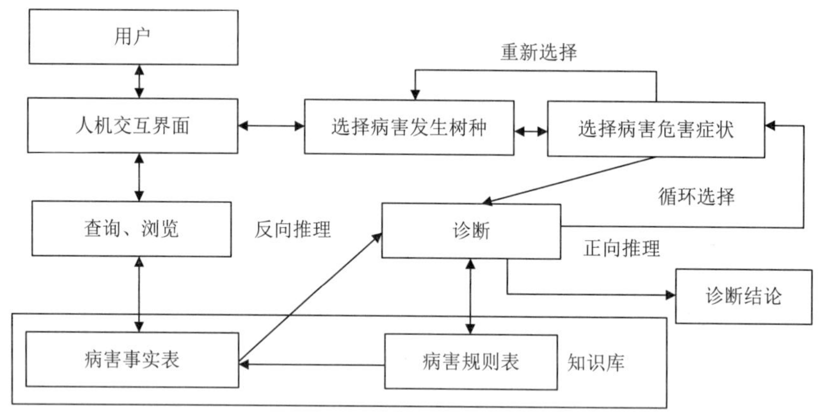

图 12-3　推理诊断流程

具体推理诊断的应用实例如下：

```
IF 病害发生的树种==松类
AND 病害发生症状 1==幼树或大树得病
AND 病害发生症状 2==针叶得病
AND 病害发生症状 3==针叶上有子实体
AND 病害发生症状 4==针叶上无黑色煤烟状物
AND 病害发生症状 5==针叶绿色，生有黄色泡状物
THEN 锈病
```

通过正向推理，一般都能得到一种诊断结果。但是在诊断过程中，用户在某一诊断步骤无法准确进行选择时，如在进行病害症状 3 选择时，用户不能确定针叶上是否有子实体，此时用户可以利用反向推理策略，查看满足当前所有症状的所有病害信息。在反向推理阶段，先假设其中某一种病害就是所要诊断的结果，然后继续通过 IF（条件）、THEN（结论）的产生式规则进行反向推理诊断。

```
IF（病害危害症状一致）
AND（病害危害症状图片吻合）
AND（病害病原特征描述一致）
AND（病害病原特征图片吻合）
AND（其他信息一致）
THEN 得到最终诊断结果，同时给出病害的详细信息和防治方法等
```

12.4　系统运行实例

12.4.1　森林病害诊断与病害信息浏览

在森林病害诊断专家系统总控页面中可以看到森林病害诊断和森林病害数据浏览 2 个链接按钮，用户可根据需要选择相应的功能。

1. 森林病害专家诊断

根据用户依次选择森林病害发生的树种、发生部位和症状，以及树种受害后的典型症状和典型症状图片，系统通过推理给出相应的诊断结果、诊断的森林病害详细信息和防治技术。系统诊断过程界面如图 12-4～图 12-6 所示。

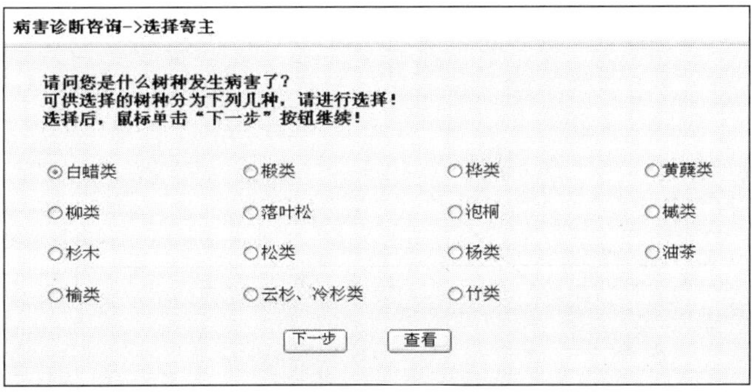

病害诊断咨询->选择寄主

请问您是什么树种发生病害了？
可供选择的树种分为下列几种，请进行选择！
选择后，鼠标单击“下一步”按钮继续！

⊙白蜡类　○椴类　○桦类　○黄蘖类
○柳类　○落叶松　○泡桐　○槭类
○杉木　○松类　○杨类　○油茶
○榆类　○云杉、冷杉类　○竹类

下一步　查看

图 12-4　选择树种

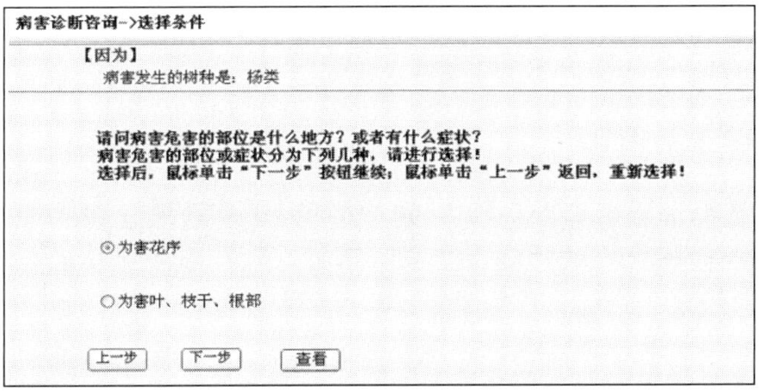

病害诊断咨询->选择条件

【因为】
病害发生的树种是：杨类

请问病害危害的部位是什么地方？或者有什么症状？
病害危害的部位或症状分为下列几种，请进行选择！
选择后，鼠标单击“下一步”按钮继续；鼠标单击“上一步”返回，重新选择！

⊙为害花序
○为害叶、枝干、根部

上一步　下一步　查看

图 12-5　选择危害部位

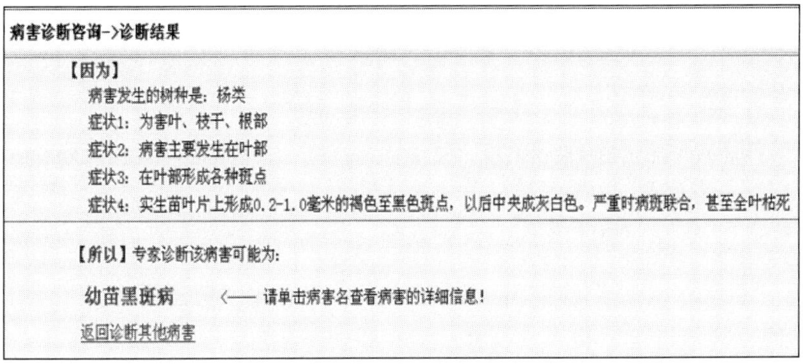

病害诊断咨询->诊断结果

【因为】
病害发生的树种是：杨类
症状1：为害叶、枝干、根部
症状2：病害主要发生在叶部
症状3：在叶部形成各种斑点
症状4：实生苗叶片上形成0.2-1.0毫米的褐色至黑色斑点，以后中央成灰白色。严重时病斑联合，甚至全叶枯死

【所以】专家诊断该病害可能为：
幼苗黑斑病　<—— 请单击病害名查看病害的详细信息！
返回诊断其他病害

图 12-6　诊断结果

如果某一结点无法进行选择，可以单击查看，然后系统会给出满足当前条件的所有病害，单击病害名称，可以查看对应的病害信息。得到病害诊断结果之后，可以单击病害名称，查看病害详细信息（图 12-7）。在查看诊断的森林病害详细信息时，有图片信息的页面，用户还可以用鼠标滚轮控制图片的显示尺寸，以更加清晰地看清楚图片的每个细节。如果需要，用户还可将结果打印出来。

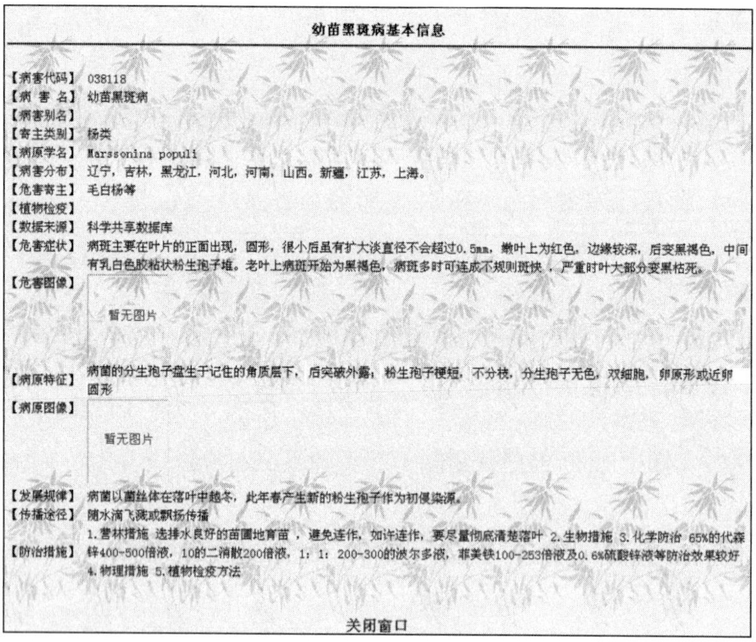

幼苗黑斑病基本信息

【病害代码】 038118
【病 害 名】 幼苗黑斑病
【病害别名】
【寄主类别】 杨类
【病原学名】 Marssonina populi
【病害分布】 辽宁，吉林，黑龙江，河北，河南，山西。新疆，江苏，上海。
【危害寄主】 毛白杨等
【植物检疫】
【数据来源】 科学共享数据库
【危害症状】 病斑主要在叶片的正面出现，圆形，很小后虽有扩大淡直径不会超过0.5mm，嫩叶上为红色，边缘较深，后变黑褐色，中间有乳白色胶粘状粉生孢子堆。老叶上病斑开始为黑褐色，病斑多时可连成不规则斑快 ，严重时叶大部分变黑枯死。
【危害图像】 暂无图片
【病原特征】 病菌的分生孢子盘生于记住的角质层下，后突破外露，粉生孢子梗短，不分枝，分生孢子无色，双细胞，卵原形或近卵圆形
【病原图像】 暂无图片
【发展规律】 病菌以菌丝体在落叶中越冬，此年春产生新的粉生孢子作为初侵染源。
【传播途径】 随水滴飞溅或飘扬传播
【防治措施】 1.营林措施 选择水良好的苗圃地育苗 ，避免连作，如许连作，要尽量彻底清楚落叶 2.生物措施 3.化学防治 65%的代森锌400-500倍液，10的二消散200倍液，1：1：200-300的波尔多液，菲美铁100-253倍液及0.6%硫酸锌液等防治效果较好 4.物理措施 5.植物检疫方法

关闭窗口

图 12-7　病害详细信息

2. 森林主要病害数据浏览

森林主要病害数据浏览可查询全国主要造林树种中能造成危害的 300 多种林木病害的症状、寄主、生物学特性、传播途径和防治方法等详细信息。系统能根据用户给出的单个条件或多个条件查询森林主要病害，得到所需要的森林病害详细信息。用户进入后，系统以表格方式显示（图 12-8）多个森林主要病害的记录，可上下翻页和翻到指定页。用户可以在浏览查询页面单击选择的森林病害的详细知识。

森林病害查询

您所在的位置：首页>>病害查询系统　　关闭 字体：大 中 小

病害查询：病害寄主类别 ▼　查询　高级查询 返回

注意：搜索系统支持模糊查询！

寄主类别	病害名	别名	植物检疫
杨类	褐斑病	黑斑病	
杨类	灰斑病		
杨类	角斑病		
杨类	毛白杨皱叶病	杨树绣球病	
杨类	缺铁黄化病		
杨类	锈病		
杨类	杨树东北球腔菌灰斑病	杨树灰斑病，黑脖子	
杨类	杨树黑斑病	杨树褐斑病	在苗木或接穗调运时应注意加强检疫。
杨类	杨树黑星病		
杨类	杨树花叶病毒病		
杨类	杨树霉斑病	蝇粪病	
杨类	杨树国小丛壳炭疽病	杨树黑叶病	
杨类	杨树杨壳针孢叶枯病	杨树叶枯病，杨树褐斑病	
杨类	杨树杨盘二孢灰斑病	杨树黑斑病	
杨类	杨叶斑病	斑枯病，灰斑病	实行产地检疫，在生长后期，到苗圃考察是否
杨类	叶枯病		
杨类	幼苗黑斑病		
杨类	大斑溃疡病		
杨类	干癌病	干腐病	
杨类	阔叶树心材白腐		

首页 上一页 下一页 尾页 页次：1/24 共470条 本页20条 跳到 GO

图 12-8　病害列表页

森林主要病害数据浏览查询提供了两种查询方式，分别如下：

1）普通查询：对指定项目的内容进行模糊查询。用户选择查询项目，在输入框中输入查询条件，单击“查询”按钮，满足查询条件的森林病害以表格方式显示出来，用户单击选择的森林病害后便可获得该森林主要病害的详细知识。

2）高级查询：对项目进行组合多条件查询。单击“高级查询”按钮，进入多条件查询构造窗口。在多条件查询构造窗口中，用户通过交互对话，构造多个条件进行查询。

12.4.2　森林害虫诊断与害虫信息浏览

森林害虫诊断专家系统由森林害虫诊断、森林主要害虫数据浏览和森林常用农药数据库浏览构成。诊断专家系统的森林害虫知识库存储了松类、杉木、杨类等200多种能造成危害的害虫数据、相应的诊断推理规则和100多种害虫图片。

森林害虫诊断专家系统总控页面中可以看到森林害虫诊断、森林害虫数据浏览和森林常用农药数据库浏览3个按钮，用户可根据需要选择相应的功能。

1. 森林害虫诊断

根据用户依次选择的害虫危害的树种、发生的部位、典型症状文字信息、图片信息和害虫的形态，系统通过推理机的推理给出若干种可能的害虫形态、症状照片和文字信息，供用户最后确认。系统诊断过程如图12-9～图12-11所示。在初步诊断结果页面中单击选择的害虫，进入害虫的详细信息显示页面。

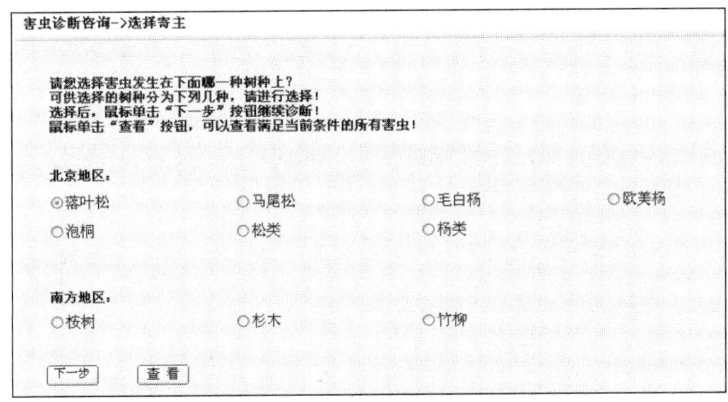

图12-9　选择寄主

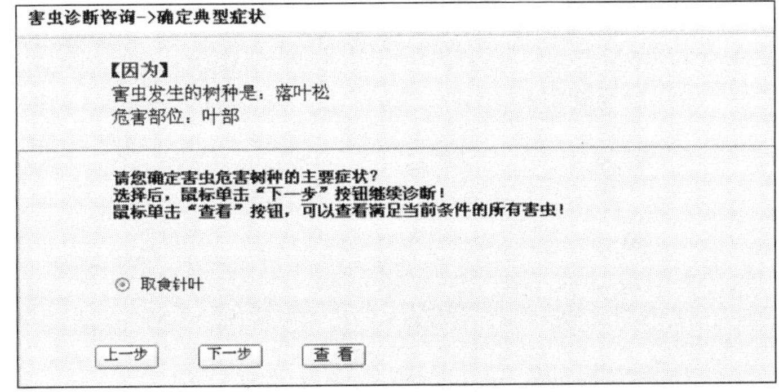

图12-10　选择症状

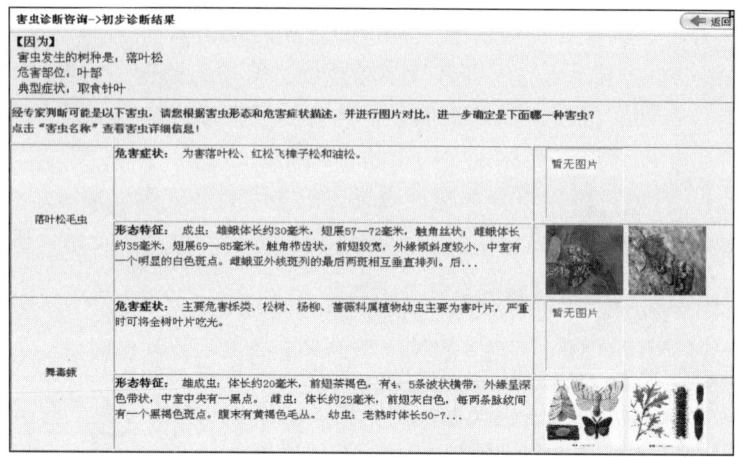

图 12-11 初步诊断结果

2. 森林主要害虫数据浏览

用户进入后，系统以表格方式显示多个森林主要害虫记录，如图 12-12 所示。用户可上下翻页和翻到指定页，系统浏览查询页面类似于病害浏览查询页面。用户可以在浏览查询页面中单击选择的森林害虫，查看此森林害虫的详细知识。

森林害虫名	森林害虫别名	植物检疫
黄翅大白蚁	黄翅大蜚	
黑翅土白蚁	土栖白蚁	
台湾乳白蚁	家白蚁	
黑胸散白蚁	黑胸异白蚁、黑胸网、中华散白蚁	
山林原白蚁		
钻具木蠹蛾	山杨木蠹蛾	
芳香木蠹蛾	蒙古木蠹蛾	
沙蒿线角木蠹蛾	沙蒿木蠹蛾	
沙柳线角木蠹蛾	沙柳木蠹蛾	
尺蠖蛾	步曲、大造桥虫	
松叶小卷蛾	松针小卷蛾、松针卷叶蛾	
肉桂双瓣卷蛾	肉桂蛀心虫	
枣镰翅小卷蛾	枣粘虫、枣实菜蛾	
苹果皮小卷蛾	苹小卷蛾、苹小卷叶蛾、苹果蠹蛾	从发生区调运的果实及包装物，应严格检疫
油松球果小卷蛾		
灰线小卷蛾	落叶松灰卷叶蛾、松针卷叶蛾	
夏梢小卷蛾		
松梢小卷蛾		
国槐小卷蛾	国槐叶柄小蛾、槐小蛾	
刺槐眉尺蛾	刺槐尺蛾、洋槐尺蛾	

图 12-12 以表格方式显示多个森林害虫信息页面

森林主要害虫浏览查询同样也提供了两种查询方式，分别如下：

1）普通查询：对指定项目的内容进行模糊查询。用户选择查询项目，在输入框中输入查询条件，单击“查询”按钮，满足查询条件的森林害虫以表格方式显示出来，单击选择的森林害虫后便可获得该森林主要害虫的详细知识。

2）高级查询：对项目进行组合多条件查询。用户单击“高级查询”按钮，进入多条件查询构造窗口。在多条件查询构造窗口中，用户通过交互对话，构造多个条件进行查询。

参考文献

李成赞，2009．森林病虫害诊断及害虫预报专家系统的研建[D]．北京：北京林业大学．

李成赞，吴保国，2009．面向林农的森林害虫诊断专家系统的研建[J]．农业网络信息(4)：14-16．

缪天宇，2007．基于 Web 的森林病虫害防治决策专家系统的研究与实现[D]．哈尔滨：东北林业大学．

温亮宝，2006．基于网络的森林病虫害诊断咨询专家系统研建[D]．北京：北京林业大学．

吴保国，温亮宝，2006．森林重大病虫害诊治专家咨询系统的研究[J]．北京林业大学学报，28(6)：113-118．

杨旺，1996．森林病理学[M]．北京：中国林业出版社．

张银，2006．果树病虫害预报预测系统研究[D]．北京：中国农业大学．

周仲铭，1979．林木病理学[M]．北京：中国农业出版社．